Probenahme und Analyse von Eisen und Stahl

Hand- und Hilfsbuch für Eisenhütten-Laboratorien

Von

Prof. Dipl.-Ing. O. Bauer und **Prof. Dipl.-Ing. E. Deiß**

Abteilungs-Vorsteher der Abteilung für Metallographie am Staatlichen Materialprüfungsamt Berlin-Dahlem

Ständiger Mitarbeiter in der Abteilung für allgemeine Chemie am Staatlich. Materialprüfungsamt Berlin-Dahlem

Zweite
vermehrte und verbesserte Auflage

Mit 176 Abbildungen
und 140 Tabellen im Text

Berlin
Verlag von Julius Springer
1922

ISBN-13: 978-3-642-98854-7   e-ISBN-13: 978-3-642-99669-6
DOI: 10.1007/978-3-642-99669-6

Vorwort zur zweiten Auflage.

Die freundliche Aufnahme, die unser Buch in Fachkreisen gefunden hat, gestattet wohl die Annahme, daß es einem Bedürfnis der Eisenhüttenchemiker entgegenkommt.

Auch in der vorliegenden zweiten Auflage sind wir unserem Grundsatz treu geblieben, nur solche Arbeitsverfahren und Methoden aufzuführen, die wir selbst erprobt und als einwandfrei befunden haben.

Im metallographischen allgemeinen Teil sind einige weitere Ätzverfahren mitgeteilt: z. B. Ätzung mit dem von Oberhoffer verbesserten Rosenhainschen Ätzmittel, Ätzung mit alkoholischer Salpetersäure, ferner das Abdruckverfahren mit Bromsilberpapier nach Baumann.

Die im Eisen und Stahl auftretenden Gefügebildner sind vervollständigt. Im metallographischen speziellen Teil sind die angeführten Beispiele über Seigerungen usw. ergänzt und vermehrt. Die Abschnitte über den „umgekehrten Hartguß", über „Zersetzungserscheinungen an Gußeisen" und über „Probenahme in besonderen Fällen" sind völlig umgearbeitet und durch kennzeichnende Lichtbilder erläutert.

Der zweite Teil „Analyse von Eisen und Stahl" hat gleichfalls eine Reihe von Ergänzungen und Umarbeitungen einzelner Kapitel erfahren. So ist bei der Bestimmung des Kohlenstoffs der Abschnitt über „Karbidkohle und Härtungskohle", bei der Bestimmung des Siliziums die Anwendung des Chlorverfahrens zur Ermittlung oxydischen Siliziums, z. B. in Ferrosilizium aufgenommen. Sind auch diese letzteren Verfahren nicht unbedingt den einwandfreien Verfahren zuzuzählen, so sind sie dennoch geeignet, dem Chemiker und Metallographen in manchen Fällen wichtige Anhaltspunkte zu geben; sie gehören somit zum notwendigen Rüstzeug des heutigen Eisen- und Stahlanalytikers. Neu eingefügt sind die Kohlenstoffbestimmung in Ferrochrom, ferner die Kapitel über die Bestimmung der seltener zu bestimmenden Stoffe Antimon, Uran, Zirkon, Stickstoff und Schlacke. Den Kapiteln über die Bestimmung der Legierungsmetalle Nickel, Kobalt, Chrom, Wolfram, Vanadin und Molybdän ist ein Abschnitt über die Erkennung dieser Metalle im Stahl beigegeben.

Berlin - Dahlem
______________ , im November 1921.
Steglitz

O. Bauer. E. Deiß.

Vorwort zur ersten Auflage.

Während ihrer langjährigen Tätigkeit im Königlichen Materialprüfungsamt haben die Verfasser in zahlreichen Fällen Gelegenheit gehabt, zu beobachten wie wenig sorgfältig und wie unsachgemäß vielfach bei der Probenahme für die chemische Analyse von Eisen und Stahl verfahren wird.

Der Praktiker geht meist von der Voraussetzung aus, daß das zu analysierende Material in allen Teilen des Querschnitts die gleiche chemische Zusammensetzung hat, daß es daher gleichgültig sei, wie und wo die Analysenspäne entnommen werden. Obige Voraussetzung trifft vielfach nicht zu.

Der dem Hüttenchemiker oft gemachte Vorwurf schlechter Übereinstimmung der gefundenen analytischen Werte ist oft unberechtigt; übersteigen doch die durch Seigerung bedingten Unterschiede in der chemischen Zusammensetzung des Materials innerhalb desselben Querschnitts oft um ein Vielfaches die Fehlergrenzen der analytischen Verfahren.

Die Möglichkeit dem Analytiker hier helfend beizuspringen, ist gegeben, seit die Metallographie, vor allem die in Deutschland in erster Linie durch E. Heyn ausgebildete und vertretene makroskopische Gefügeuntersuchung gestattet, schnell und sicher festzustellen, ob Seigerung vorhanden ist oder nicht.

Der erste Teil des Buches zeigt an der Hand zahlreicher, der metallographischen Praxis entnommener Beispiele, wie stark das Analysenergebnis durch unsachgemäße Probenahme beeinflußt werden kann.

Eine kurze Anleitung zur metallographischen Untersuchung ist vorausgeschickt, die notwendigen Apparate, die anzuwendenden Ätzverfahren und die kennzeichnenden Gefügebildner sind beschrieben.

Im zweiten Teil sind für die chemische Untersuchung geeignete Verfahren eingehend beschrieben. Bei der Zusammenstellung ist das Hauptgewicht darauf gelegt, nur solche Verfahren anzugeben, die sich bei langjährigem Gebrauch im Amt als durchaus sicher und zuverlässig erwiesen haben, die daher auch für Schiedsanalysen angewendet werden können. Von der Beschreibung der in Hüttenbetrieben vielfach gebräuchlichen Schnellverfahren ist abgesehen, da die Anforderungen, die an diese Verfahren gestellt werden, weniger auf hohe Genauigkeit der Werte als auf rasche Ausführbarkeit der Bestimmungen gerichtet sind.

Es ist den Verfassern eine angenehme Pflicht, dem Direktor des Königlichen Materialprüfungsamtes, Herrn Geheimen Oberregierungsrat Professor Dr. ing. h. c. A. Martens, sowie dem Unterdirektor Herrn Professor E. Heyn ihren Dank auszusprechen für die ihnen in liebenswürdigster Weise gewährte Erlaubnis, die Einrichtungen und Hilfsmittel des Amtes bei der Bearbeitung vorliegenden Buches ausgiebig benutzen zu dürfen. So entstammen z. B. sämtliche wiedergegebenen Lichtbilder der über 6000 Platten enthaltenden Sammlung des Königl. Materialprüfungsamtes.

Groß - Lichterfelde
———————————, im Januar 1912.
Steglitz

O. Bauer. E. Deiß.

Inhaltsverzeichnis.

Erster Teil.

Probenahme von Eisen und Stahl.

Von Professor Dipl.-Ing. O. Bauer.

I. Allgemeiner Teil.

Seite

Allgemeines über die Probenahme und über die Hilfsmittel zur Gewinnung einwandfreier Durchschnittsproben.

A. Die Bedeutung sachgemäßer Probenahme für die chemische Analyse 1

B. Einrichtung eines metallographischen Laboratoriums zur Unterstützung bei der Probenahme für die Analyse 3
   1. Hilfsmittel für die Probenahme 3
   2. Schleifen und Polieren 4
   3. Das Mikroskop 5

C. Nachbehandlung der Schliffe 7
   1. Ätzung mit Kupferammoniumchlorid nach E. Heyn 7
   2. Ätzung mit dem von Oberhoffer verbesserten Rosenhainschen Ätzmittel 8
   3. Ätzung mit alkoholischer Salzsäure nach A. Martens und E. Heyn . . 9
   4. Ätzung mit alkoholischer Salpetersäure nach A. Martens 10
   5. Abdruckverfahren auf Seide nach E. Heyn und O. Bauer 10
   6. Abdruckverfahren mit Bromsilberpapier nach Baumann 11

D. Metallographische Kennzeichen der im Eisen und Stahl auftretenden Gefügebildner 11
   1. Graphit, Temperkohle 11
   2. Ferrit 12
   3. Zementit 14
   4. Phosphit im Roheisen 14
   5. Perlit 15
   6. Austenit 17
   7. Martensit 18
   8. Troostit, Osmondit, Sorbit 18
   9. Ledeburit 21
  10. Phosphoranreicherungen im Flußeisen und Stahl 21
  11. Sulfideinschlüsse im Eisen 25
  12. Andere nichtmetallische Einschlüsse in Eisen 26

E. Ursache der örtlichen Verschiedenheiten in der chemischen Zusammensetzung des Materials 29

F. Über die Probenahme in der Werkstätte 30
   1. Allgemeines über die Probenahme 30
   2. Das Reinigen der Oberfläche der Proben 30
   3. Das Hobeln und Sammeln der Späne 31
   4. Das Ausglühen vor der Probenahme 31
   5. Probenahme von Materialien die sich bearbeiten lassen 32
   6. Probenahme von Material in Drahtform 33

II. Spezieller Teil.

Seite

Umstände, die die Entnahme einer einwandfreien Durchschnittsprobe erschweren.

G. Weißeisen, Ferromangan, Hartguß, Temperguß 33
   1. Ungleichmäßigkeiten in der Zusammensetzung von weißem Roheisen und
von Ferromangan 33
   2. Kügelchen- und Nierenbildung im Weißeisen 35
   3. Kristallbildungen in Hohlräumen 36
   4. Ausscheidungen auf der Oberfläche von Weißeisen 36
   5. Einfluß des Umschmelzens auf die chemische Zusammensetzung des Weißeisens 38
   6. Einfluß der Abkühlungsgeschwindigkeit auf die Zusammensetzung des Weißeisens. Hartguß 40
   7. Umgekehrter Hartguß 44
   8. Einfluß des Glühens auf die chemische Zusammensetzung des Weißeisens,
Tempern, Glühfrischen 45

H. Graues Roheisen, Gußeisen 50
   1. Probenahme beim grauen Roheisen 50
   2. Ungleichmäßigkeiten in der chemischen Zusammensetzung des grauen Roheisens und des Gußeisens 52
   3. Entmischungserscheinungen bei flüssigem Gußeisen 56
   4. Kügelchen und Nierenbildung 58
   5. Kristallbildungen und Ausblühungen bei grauem Roheisen 60
   6. Ausscheidungen auf der Oberfläche von grauem Eisen 61
   7. Einfluß der Abkühlungsgeschwindigkeit auf den Graphitgehalt und auf die
Art der Graphitausscheidung im Gußeisen 61
   8. Einfluß des Umschmelzens auf die chemische Zusammensetzung des Gußeisens 68
   9. Einfluß des Glühens auf graues Gußeisen 69
  10. Zersetzungserscheinungen an Gußeisen 71

I. Flußeisen und Flußstahl 78
   1. Entnahme der Durchschnittsprobe aus der flüssigen Charge 78
   2. Chemische Untersuchung der bereits erstarrten Blöcke 79
   3. Metallographische Untersuchung der bereits erstarrten Blöcke 86
   4. Chemische und metallographische Untersuchung der ausgewalzten Profile 92
   5. Beeinflussung der Analysenergebnisse durch die Art der Probenahme . . 94
     a) Profileisen 95
     b) Blech, Bandeisen, Flacheisen 101

K. Schweißeisen 108

L. Probenahme in besonderen Fällen 111

M. Schlußwort zum ersten Teil 118

Zweiter Teil.

Analyse von Eisen und Stahl.

Von Professor Dipl.-Ing. E. Deiß.

A. Kohlenstoff 119
   a) Gesamtkohlenstoff 121
     1. Die Verbrennung auf nassem Wege. Chromschwefelsäureverfahren
nach Corleis 122
     2. Bestimmung auf trockenem Wege durch Verbrennen im Sauerstoff-
strom 131
       Anwendbarkeit für Ferrochrom 138
     3. Bestimmung in kohlenstoffarmem Material (Barytverfahren) 140
   b) Graphit und Temperkohle 145
   c) Karbidkohle und Härtungskohle 147

Seite

B. Silizium 151

1. Bestimmung in säurelöslichem Material 151
    a) Auflösen mit Salzsäure 151
    b) Auflösen mit Salpetersäure 154
2. Bestimmung in säureunlöslichem Material (Aufschluß mit Magnesia-Natriumkarbonat 158
    Chlorverfahren zur Bestimmung oxydischen Siliziums im Ferrosilizium   160

C. Mangan 165

1. Bestimmung durch Gewichtsanalyse 165
    Abänderungen des Verfahrens für
    a) Manganreiche Legierungen 172
    b) Nickelreiche Legierungen 172
    c) Säureunlösliches Material 173
    d) Beschleunigung des Verfahrens 175
2. Maßanalytische Bestimmung des Mangans 177

D. Phosphor 189

1. Bestimmung in salpetersäurelöslichem Material 190
    a) durch Wägen des Molybdatniederschlages (nach Finkener) 190
    b) durch Wägen als Magnesiumpyrophosphat 193
2. Bestimmung in salpetersäureunlöslichem Material 194
3. Bestimmung in arsenhaltigem Material 195
4. Bestimmung in wolframhaltigem Material 197
5. Bestimmung in vanadinhaltigem Material 199
6. Bestimmung in titanhaltigem Material 201

E. Arsen 204

F. Antimon 207

G. Schwefel 208

1. Bestimmung in säurelöslichem Material 209
    a) Entwicklungsverfahren 209
        Abänderung für siliziumreiches Material 211
    b) Ätherverfahren 214
2. Bestimmung in säureunlöslichem Material 217

H. Kupfer 217

1. Fällung des Sulfides aus der salzsauren Lösung des Materiales 217
2. Fällung nach Entfernung des Eisens mit Äther 219

I. Nickel 220

Erkennung 221
1. Dimethylglyoximverfahren 221
    a) Fällung in Gegenwart von Eisen 222
    b) Fällung nach Entfernung der Hauptmenge Eisen 223
2. Elektrolytische Abscheidung 225

K. Kobalt 229

Erkennung 229
1. Trennung von Nickel mit Amylalkoholäther nach Rosenheim und
   Huldschinsky 229
2. Trennung von Nickel mit Dimethylglyoxim 231

L. Chrom 233

Erkennung 233
1. Bestimmung in säurelöslichem Material 234
    a) Ätherverfahren 234
    b) Aufschlußverfahren 242
2. Bestimmung in salpetersäureunlöslichem Material 243
    a) Aufschluß mit Magnesia-Natriumkarbonat 243
    b) Aufschluß mit Natriumsuperoxyd 244

M. Aluminium 247

N. Titan 250

1. Bestimmung in säurelöslichem Material 250
2. Bestimmung in säureunlöslichem Material 254

Seite

O. Eisen 256
   1. Bestimmung in säurelöslichem Material 257
      a) Jodometrisches Verfahren 257
      b) Permanganatverfahren 258
   2. Bestimmung in säureunlöslichem Material 260

P. Wolfram 262
   Erkennung 262
   1. Bestimmung in säurelöslichem Material 262
      a) Abscheidung als Trioxyd aus salzsaurer Lösung 262
         Verfahren α 263
         Verfahren β 266
      b) Natriumsuperoxydaufschluß 268
   2. Bestimmung in säureunlöslichem Material 269
   Anhang. Molybdänhaltiger Wolframstahl 271
      Phosphorhaltiger Wolframstahl 271

Q. Vanadin 273
   Erkennung 273
   1. Ätherverfahren 274
   2. Aufschlußverfahren 277

R. Molybdän 281
   Erkennung 281
      a) Bestimmung in Material mit geringerem Molybdängehalt 282
      b) Bestimmung in Material mit höherem Molybdängehalt 284

S. Uran 287
   Bestimmung 287

T. Zirkon 287
   Bestimmung 288

U. Sauerstoff 288
   Bestimmung nach Ledebur 289

V. Stickstoff 293
   Bestimmung 294

W. Schlacke 297
   Bestimmung 297

Sachverzeichnis 301

Erster Teil

Probenahme von Eisen und Stahl.

Von

Professor Dipl.-Ing. O. Bauer.

I. Allgemeiner Teil.

Allgemeines über die Probenahme und über die Hilfsmittel zur Gewinnung einwandfreier Durchschnittsproben.

A. Die Bedeutung sachgemäßer Probenahme für die chemische Analyse.

Die Probenahme von Massengütern und Rohstoffen der Eisen- und Stahlindustrie, z. B. von ganzen Wagenladungen Roheisen, Schiffsladungen von Eisenerzen, Manganerzen, Kohle, Koks usw. für die chemische Analyse ist in zahlreichen Einzelabhandlungen [1]) und in der einschlägigen Fachliteratur [2]) ausführlich beschrieben. Auf ihre Wichtigkeit für Beurteilung und Wertbemessung beim Ein- und Verkauf von Massengütern ist ausführlich hingewiesen. Mit vollem Fug und Recht untersteht sie auf größeren Hüttenwerken vielfach dem verantwortlichen Leiter des chemischen Laboratoriums, der ihre sachgemäße Handhabung entweder selbst beaufsichtigt oder durch einen seiner akademisch gebildeten Hüttenchemiker beaufsichtigen läßt. Auf die Probenahme von Massengütern soll daher im vorliegenden Buch nicht eingegangen werden.

Die Probenahme für die chemische Analyse von Zwischenprodukten (Roheisenmasseln, Blöcken, Knüppeln usw.) und Fertigerzeugnissen (Gußwaren, Walzeisen, Profileisen, Bleche usw.) der Eisen- und Stahlindustrie ist in der Fachliteratur meist nur sehr stiefmütterlich behandelt. Ihr Wert wird in der Technik selbst meist nicht richtig erkannt und gewürdigt. Vielfach hat in der Praxis der verantwortliche Leiter des chemischen Laboratoriums gar keinen

---

[1]) Vgl. C. Bender, „Das Nehmen von Durchschnittsproben für die chemische Analyse". Stahl u. Eisen 1903, Nr. 5. S. 309; ferner W. J. Rattle & Sohn, „Eng. and Min. Journ." 1905, 80. S. 824; ferner „Die Methoden für Probenahme und Untersuchung der Eisenerze bei der United States' Steel Corporation". Stahl u. Eisen 1910, Nr. 15. S. 556; ferner David W. Brunton, „Die neueren Methoden der Probenahme von Erzen". Bull. of the Americ. Institute of Min. Eng. 1909. S. 673; ferner „Über die Probenahme von Erzen und Kohlen". Stahl u. Eisen 1918. S. 25 u. 51.

[2]) Vgl. die Leitfaden für Eisenhütten-Laboratorien von Ledebur, Wedding u. a.

Einfluß auf die Entnahme der ihm zur Untersuchung übergebenen Analysenspäne. Er kann somit wohl die Gewähr für die Richtigkeit der Analyse übernehmen, nicht aber dafür, daß der gefundene Gehalt an einzelnen Stoffen, z. B. an Phosphor, Schwefel, Kohlenstoff usw. auch dem tatsächlichen Durchschnittsgehalt des zu untersuchenden Stückes entspricht, da die Zusammensetzung des Materials nicht unbedingt an allen Stellen des Querschnitts die gleiche zu sein braucht und es in vielen Fällen auch nicht ist.

Beanstandungen bezüglich der chemischen Zusammensetzung lassen sich aus obigem Grunde allein auf Grund der chemischen Analyse nicht immer erledigen, da das Analysenergebnis in hohem Maße durch die Art der Probenahme beeinflußt werden kann. Vergleichsanalysen, die von verschiedenen Chemikern mit Spänen aus ein und demselben Stück ausgeführt werden, haben nur dann einen Wert, wenn das hierfür zur Verwendung gelangende Material vorher auf Gleichartigkeit an allen Stellen des Querschnitts untersucht wurde. Auch ein großer Teil der Uneinigkeit der Chemiker bezüglich der anzuwendenden Analysenverfahren mag in Ungleichmäßigkeiten im Versuchsmaterial und in fehlerhafter Probenahme seinen Grund haben.

In einer an die „Iron Trade Review" gerichteten Mitteilung [1]) spricht sich H. E. Field über den Wert der chemischen Analyse für die Beurteilung von Gießereiroheisen wie folgt aus:

„Der Haupteinwand gegen die Benutzung der chemischen Analyse zur Wertbeurteilung des Roheisens war immer der, daß die Arbeiten der Chemiker so voneinander abwichen, daß es unmöglich war, einigermaßen übereinstimmende Ergebnisse zu erreichen."

Daß dieser dem Eisenhüttenchemiker gemachte Vorwurf nur bedingte Geltung hat, soll an zahlreichen Beispielen im „Speziellen Teil" dieses Buches dargetan werden. Übersteigen doch die im Material infolge örtlicher Entmischung (Seigerung) auftretenden Ungleichmäßigkeiten in der chemischen Zusammensetzung oft um ein Vielfaches die Fehlergrenzen der analytischen Verfahren. Letzteres gilt nicht nur für Gießereiroheisen, sondern für alle vorkommenden Eisen- und Stahlsorten.

Bei der Feststellung solcher örtlicher Verschiedenheiten im Material leistet die Metallographie dem häufig zu Unrecht geschmähten Chemiker die wertvollsten Dienste. In vielen Fällen ist die Feststellung, ob örtliche Unterschiede in der chemischen Zusammensetzung vorhanden sind, überhaupt nur mit Hilfe der Metallographie möglich.

Es liegt daher sowohl im Interesse des Werkes selbst wie auch im Interesse des Analytikers, daß

1. der verantwortliche Leiter des chemischen Laboratoriums zugleich metallographisch durchgebildet ist;

2. jedem chemischen Betriebslaboratorium ein, wenn auch nur kleines metallographisches Laboratorium angegliedert ist, und daß

3. in allen Fällen die Probenahme unter Kontrolle und Verantwortung des für die Analyse Verantwortlichen zu erfolgen hat [2]).

Die Kontrolle soll sich nicht nur auf Angabe der Stellen, an denen Späne zu entnehmen sind, erstrecken, sondern auch auf die Art der Entnahme, wie Hobeln oder Bohren und Sammeln der Späne in der mechanischen Werkstätte, da auch hierbei bei unsachgemäßem Arbeiten Fehlerquellen entstehen können, durch die das Ergebnis der Analyse stark beeinflußt werden kann, wie in den nachfolgenden Kapiteln gezeigt wird.

---

[1]) „Iron Trade Review." 26. Februar 1903. Aus „Stahl u. Eisen" 1903, Nr. 6. S. 428.
[2]) Eine Ausnahme hiervon macht selbstverständlich die Entnahme der laufenden Betriebsproben zur Kontrolle des Ofenganges usw.

Wo, wie auf vielen größeren Werken, eigene metallographische Laboratorien bereits bestehen, ist enger Anschluß des chemischen Laboratoriums an das metallographische oder umgekehrt dringend zu empfehlen.

Als ganz wesentlicher Vorzug der metallographischen Untersuchung gegenüber der rein analytischen muß eben hervorgehoben werden, daß erstere Aufschluß über den Aufbau des Stoffes, über die Art der Verteilung eines Fremdkörpers in ihm, vielfach auch Aufschluß über vorausgegangene fehlerhafte Behandlung [1]) gibt, während die chemische Analyse stets nur eine Pauschalanalyse ist.

B. Einrichtung eines metallographischen Laboratoriums zur Unterstützung bei der Probenahme für die Analyse.

Die im nachstehenden beschriebene Einrichtung ist im Anschluß an ein chemisches Laboratorium gedacht. Sie soll lediglich dem Zwecke dienen, den Analytiker bei der Probenahme für die Analyse von Eisen und Stahl zu unterstützen, ihn in Stand zu setzen, etwaige Ungleichmäßigkeiten in der Zusammensetzung des Materials, soweit es nach dem augenblicklichen Stand der „Metallographie des Eisens" überhaupt möglich ist, zu erkennen und dadurch Fehler in der Probenahme zu vermeiden. Es sind daher auch nur die für obigen Zweck unbedingt erforderlichen Apparate und Einrichtungen aufgeführt, die notwendigsten Ätzmittel und ihre Anwendungsweise beschrieben, sowie die kennzeichnenden metallographischen Reaktionen für die hauptsächlich in Betracht kommenden Gefügebestandteile und Fremdkörper im Eisen und Stahl erwähnt [2]). Allgemeine metallographische Kenntnisse (z. B. Kenntnis des Systems „Eisen-Kohlenstoff") sind, wie bereits im Abschnitt A erwähnt, beim Leiter des chemischen Laboratoriums als bekannt vorausgesetzt.

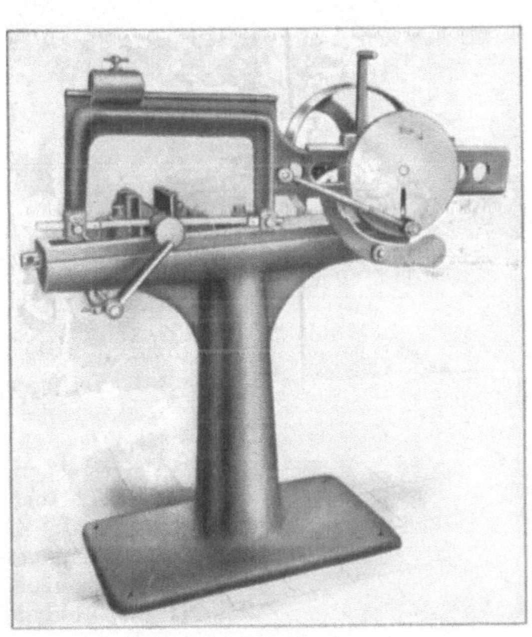

Abb. 1. Kaltsäge.

1. Hilfsmittel für die Probenahme. Für die Probenahme zur metallographischen Untersuchung gilt ganz allgemein folgende Grundregel: „Wo nur irgend angängig sind Scheiben über den ganzen Quer- oder Längsschnitt des zu untersuchenden Stückes zu entnehmen."

---

[1]) Vgl. z. B. E. Heyn, „Krankheitserscheinungen in Eisen und Kupfer". Zeitschr. Ver. dtsch. Ing. 1902. Bd. 46.

[2]) Über Einrichtungen großer metallographischer Laboratorien zur Ausführung wissenschaftlicher metallographischer Untersuchungen vgl. E. Heyn und O. Bauer, „Metallographie". Bd. 1. Sammlung Göschen. Berlin und Leipzig 1920. 2. Aufl.; ferner Goerens, „Einführung in die Metallographie". W. Knapp, Halle (Saale) 1915. 2. Aufl.; ferner Martens-Heyn, „Materialienkunde". Teil II, A. J. Springer, Berlin 1912.

Herausschneiden eines einzelnen kleinen Stückes aus größerem Profil ist für die Untersuchung wertlos, da ja alsdann der Zweck der metallographischen Untersuchung „Nachweis von Ungleichmäßigkeiten an verschiedenen Stellen des Querschnittes (Rand, Mitte)" verfehlt ist.

Das Herausschneiden und Abhobeln der Scheiben geschieht bei größeren Stücken zweckmäßig in der mechanischen Werkstätte des Werkes, jedoch nach Angabe des für die Untersuchung Verantwortlichen. Für kleinere Profile ist es empfehlenswert, im metallographischen Laboratorium eine kleine Kaltsäge, wie sie beispielsweise in Abb. 1 abgebildet ist [1]) und eine Hobelmaschine (siehe Abb. 2) [2]) zur Verfügung zu haben. Auf den in Abb. 1 und 2 dargestellten Maschinen lassen sich normale Schienenprofile noch bequem bearbeiten. Die Säge und die Hobelmaschine leisten zugleich bei Entnahme von Spänen für die chemische Analyse sehr gute Dienste.

Abb. 2.   Hobelmaschine.

2. Schleifen und Polieren. In den meisten Werken dürfte wohl eine alte, für andere Zwecke nicht mehr verwendete Drehbank zur Verfügung stehen. Sie eignet sich ausgezeichnet zur Verwendung als Schleifbank. Das Schleifen erfolgt auf hölzernen, aus verschiedenen Holzlagen zusammengeleimten Scheiben, die mit Schmirgelpapier beklebt sind. Zum Aufkleben des Schmirgelpapiers dient gewöhnlicher Tischleim. Die Schleifscheiben werden auf den Spindelkopf der Drehbank aufgeschraubt, wie in Abb. 3 schematisch angedeutet [3]). Der Durchmesser der Scheiben ist so zu wählen, daß wenn möglich das größte in Betracht kommende Profil ohne Zerteilung im ganzen geschliffen werden kann.

Aus praktischen Gründen ist jedoch ein erheblich größerer Durchmesser als etwa 340 bis 360 mm nicht empfehlenswert, da

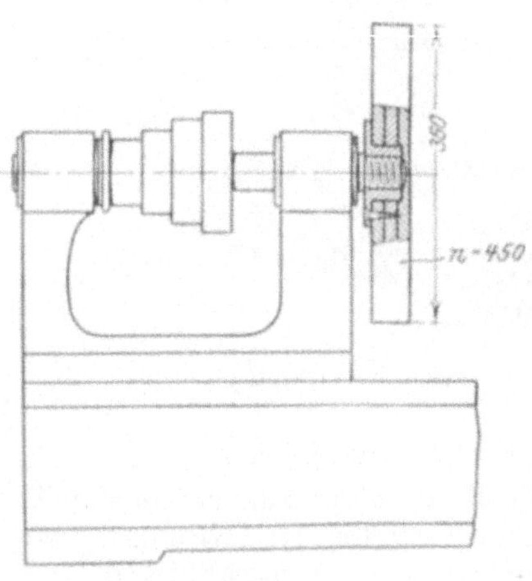

Abb. 3.   Schleifbank.

[1]) Die Säge ist von der Firma E. Sonnenthal jun., Berlin C 2, geliefert.
[2]) Lieferant G. Kärger, Werkzeugmaschinenfabrik, Berlin O.
[3]) Die hier beschriebene Schleifeinrichtung nach A. Martens und E. Heyn ist im Staatl. Materialprüfungsamt zu Berlin-Dahlem seit Jahren im Gebrauch.
Neuerdings werden auch vielfach Scheiben aus Metall (Gußeisen, Messing) zum Schleifen benutzt. Das Schmirgelpapier wird in diesem Falle mit einem Gemisch von 2 Teilen Gelatine und 1 Teil Stärke aufgeklebt und nach Abnutzung mit warmem Wasser entfernt.

erstens die zu schleifenden Stücke keinen erheblich größeren Umfang haben dürfen, weil sie sonst zu schwer zu handhaben sind und zweitens das Schmirgelpapier meist nur in Bogen von 450×340 mm im Quadrat im Handel erhältlich ist. Sind die Schleifscheiben erheblich größer, als die Bogen Schmirgelpapier, so müssen sie mit mehreren Bogen Papier beklebt werden. Die Berührungsstellen der einzelnen Bogen passen selten genau aneinander, wodurch beim Schleifen Risse auf den Metallschliffen entstehen.

Ist das Papier abgenutzt, so wird ein neuer Bogen auf den abgenatzten aufgeklebt. Das Überkleben kann mehrfach erfolgen. Zeigen sich schließlich Unebenheiten auf der Scheibe, so wird die mit Schmirgelpapier beklebte Fläche mit dem Plandrehstahl auf der Drehbank selbst abgedreht, worauf die so vorbereitete Holzscheibe mit neuem Papier beklebt werden kann [1]). Im Staatl. Materialprüfungsamt zu Berlin-Dahlem wird bereits seit Jahren Schmirgelpapier „Marke Hubert" in 7 Körnungen verwendet:

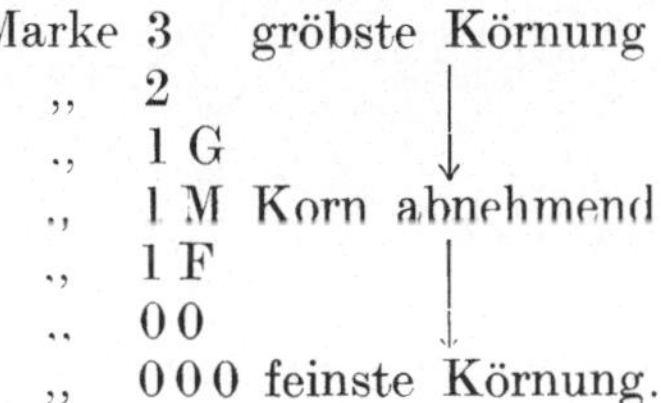

Im praktischen Betrieb wird es meist nicht nötig sein, alle Körnungen anzuwenden, es können einige übersprungen werden. Auf den Scheiben, die mit Marke 3 bis 00 beklebt sind, wird trocken geschliffen. Die Scheibe 000 benetzt man mit einigen Tropfen reinen, säurefreien Maschinenöls. Auf jeder Scheibe wird, ohne stark zu drücken, nur solange geschliffen, bis die Rillen auf dem Schliff, die von der vorhergehenden Scheibe herrühren, verschwunden sind [2]).

Das eigentliche **Polieren** geschieht auf einer mit Militärtuch bespannten Holzscheibe unter Verwendung von Polierrot (Eisenoxyd) und Wasser. Es soll ausdrücklich hervorgehoben werden, daß das im Handel erhältliche Polierrot ohne weitere Nachbehandlung (Schlämmen) verwendet werden kann [3]). Es wird mit Wasser in einem größeren Gefäß angerührt und mit einer Bürste auf der Tuchscheibe verrieben.

Der Schliff ist fertig, wenn er eine vollständig spiegelnde, glatte Fläche zeigt. Das vom Polieren noch anhaftende Polierrot wird unter fließendem Wasser abgespült, das Wasser durch Alkohol verdrängt und die Schliffffläche durch vorsichtiges Abtupfen mit einem reinen, weichen Handtuch getrocknet [4]).

3. Das Mikroskop. In vielen Fällen wird der Analytiker zum Nachweis grober Ungleichmäßigkeiten in der chemischen Zusammensetzung von Eisen und Stahl (z. B. Zonenbildung infolge grober Seigerung usw.) von der Ver-

---

[1]) Die Verwendung einer Drehbank als Schleifbank hat den Vorteil, daß die Drehbank jederzeit auch als solche benutzt werden kann, was bei den mannigfachen im Laboratorium vorkommenden kleinen Schlosser- und Mechanikerarbeiten vielfach sehr erwünscht ist.

Als Schleifer lernt man sich am besten einen älteren zuverlässigen Schlosser oder Mechaniker an, der mit der Bedienung der Maschinen (Drehbank, Säge, Hobelmaschine) vertraut ist und der gleichzeitig die Entnahme von Analysenspänen und die Ausführung der notwendigen Schlosser- und Mechanikerarbeiten im metallographischen und chemischen Laboratorium zu übernehmen hat.

[2]) Bezugsquelle für Schmirgelpapier in Berlin: Schuchardt u. Schütte, Spandauerstraße 28, 29.

[3]) Gutes Polierrot (Eisenoxyd) liefert die Firma: Chem. Fabrik Dr. J. Mayer, G. m. b. H., Pforzheim-Brötzingen.

[4]) Ausführliche Angaben über Schleifen und Polieren vgl. auch: E. Heyn und O. Bauer, „Metallographie". Bd. I. Sammlung Göschen. 1920. 2. Aufl.

wendung eines Mikroskopes absehen können, da sich die Ungleichmäßigkeiten bei geeigneter Nachbehandlung der Schliffe (vgl. Abschnitt C) vielfach bereits dem unbewaffneten Auge kenntlich machen.

Abb. 4. Mikroskop mit Martensschem Stativ mit Kugelgelenken.

Man bezeichnet nach Heyn die Untersuchung von Schliffflächen mit dem bloßen Auge ohne Anwendung optischer Hilfsmittel als „makroskopische Gefügeuntersuchung"[1]).

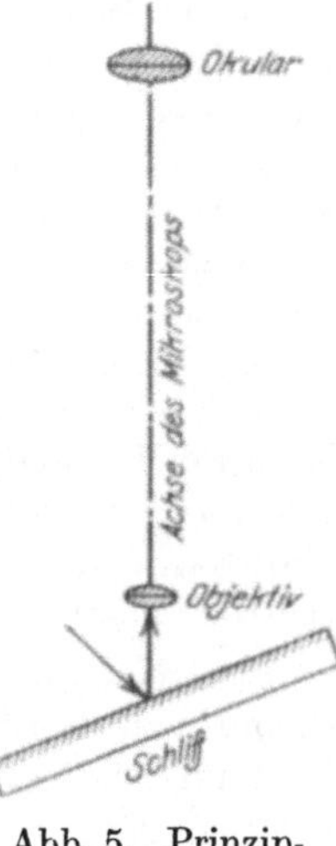

Abb. 5. Prinzipskizze zu Abb. 4.

In anderen Fällen, namentlich wo es sich um Erkennen feiner örtlicher Verschiedenheiten, beabsichtigter oder auch unbeabsichtigter Änderungen in der chemischen Zusammensetzung (Zementieren, Tempern, Verbrennen usw.) handelt, ist die „mikroskopische Gefügeuntersuchung" nicht zu umgehen[2]).

Für ein metallographisches Laboratorium, das lediglich den Zweck hat, dem Analytiker bei der Probenahme an die Hand zu gehen, kann von Aufstellung einer großen, teueren mikrophotographischen Einrichtung abgesehen werden. Es genügt das in Abb. 4 dargestellte Mikroskop. (Martenssches Stativ mit Kugelgelenken.)

Abb. 5 zeigt die Prinzipskizze. Der Schliff (S in Abb. 4) wird zur optischen Achse des Mikroskopes in eine geneigte Lage gebracht und durch schräg einfallendes, zerstreutes Tageslicht belichtet. Die spiegelnde Schlifffläche reflektiert die einfallenden Lichtstrahlen in die Achse des Mikroskops. Bei dieser Anordnung erscheint natürlich nur ein schmaler Streifen, scharf, während der übrige Teil der Schlifffläche unscharf ist. Dadurch aber, daß das Stativ zwei Kugelgelenke (K_1 und K_2 in Abb. 4) enthält, ist es möglich, das Mikroskop in jede beliebige Lage im Raum

---

[1]) Die Grundlagen der „makroskopischen Gefügeuntersuchung" von Eisen und Stahl verdanken wir E. Heyn. Vgl. z. B. E. Heyn, „Bericht über Ätzverfahren zur makroskopischen Gefügeuntersuchung des schmiedbaren Eisens und über die damit zu erzielenden Ergebnisse". Mitt. a. d. Kgl. Materialprüfungsamt 1906, H. 5.

[2]) Das Verdienst als Erster in Deutschland das Mikroskop in den Dienst der Metalluntersuchung gestellt zu haben gebührt A. Martens (seit 1878), auf dessen ersten mikroskopischen Untersuchungen an Metallschliffen alle anderen Forscher aufgebaut haben.

zu bringen, so daß selbst die größten Schliffflächen bequem an allen Stellen mit dem Mikroskop abgesucht werden können. Auch der Tisch T zum Auflegen kleiner Probestücke ruht auf einer Kugellagerung, so daß er bequem in jeden Winkel zur Mikroskopachse gestellt werden kann.

Als passende und für die Zwecke des Analytikers ausreichende Gläser können Objektiv A und Okular 2 empfohlen werden [1]).

C. Nachbehandlung der Schliffe.

In einzelnen Fällen genügt bereits das Schleifen und Polieren, um Aufschluß über die Verteilung gewisser Stoffe im Material zu gewinnen (vgl. Graphit, S. 12). In den meisten Fällen jedoch bedürfen die Schliffe, um Unterschiede erkennen zu lassen, einer Nachbehandlung. Hierfür kommen in erster Linie Ätzverfahren in Betracht.

Unter den zahlreichen in der Literatur vorgeschlagenen Ätzmitteln sollen hier nur einige wenige angeführt werden [2]), die bei sachgemäßer Anwendung in allen Fällen dem Analytiker ausreichenden Aufschluß darüber geben, ob er es mit einem in allen Teilen gleichmäßigen oder ungleichmäßigen Material zu tun hat. Die Ätzmittel sind:

1. Ätzung mit Kupferammoniumchlorid (nach E. Heyn) zur „makroskopischen Gefügeuntersuchung".

2. Ätzung mit dem von Oberhoffer verbesserten Rosenhainschen Ätzmittel, ebenfalls zur „makroskopischen Gefügeuntersuchung".

3. Ätzung mit alkoholischer Salzsäure (nach A. Martens und E. Heyn) zur „mikroskopischen Gefügeuntersuchung."

4. Ätzung mit alkoholischer Salpetersäure (nach A. Martens) ebenfalls zur „mikroskopischen Gefügeuntersuchung".

Zum Nachweis der Anreicherung von Sulfiden im Material ist vielfach auch noch das

5. Abdruckverfahren auf Seide (nach E. Heyn und O. Bauer) mit Erfolg anwendbar, ferner das

6. Abdruckverfahren mit Bromsilberpapier (nach Baumann); letzteres Verfahren zeigt bei kurzer Einwirkungsdauer ebenfalls vorwiegend Sulfideinschlüsse an, bei längerer Einwirkung kommen auch Phosphorseigerungen zum Abdruck.

1. Ätzung mit Kupferammoniumchlorid (nach E. Heyn). Die Wirkung der Kupferammoniumchloridlösung auf Eisen ist eine elektrolytische. Infolge Austausches zwischen dem Eisen der Probe und dem Kupfer der Lösung scheidet sich auf der geschliffenen Fläche schwammiges Kupfer ab, wobei ein äquivalenter Teil Eisen in Lösung geht. Der Kupferniederschlag wird durch Abwischen entfernt. Die Einwirkungsdauer beträgt in der Regel 1 bis 2 Minuten.

Die Lösung besteht aus 10 g Kupferammoniumchlorid (käuflich) in 120 ccm Wasser (destilliertes). Man bereitet sich zweckmäßig eine große Vorratsflasche (10 bis 12 l) vor, da die Lösung unbegrenzt lange haltbar ist. Das käufliche Salz ist meist nicht rein, es löst sich daher nicht ganz klar, sondern es entsteht beim Lösen eine weißliche Trübung, die sich schließlich als heller Niederschlag

---

[1]) Das Mikroskop wird von Carl Zeiß, Jena geliefert. Die Bezeichnungen der Gläser beziehen sich auf den Katalog der Firma Carl Zeiß.

[2]) Es sei hier ausdrücklich erwähnt, daß es keinen Wert hat möglichst viele verschiedene Ätzmittel anzuwenden; wertvoller ist es, wenn man einige wenige Mittel möglichst genau an den verschiedensten Materialien ausprobiert hat, und so mit ihrer kennzeichnenden Wirkungsweise allmählich ganz vertraut geworden ist.

zu Boden setzt (Kupferchlorür). Der Niederschlag braucht nicht abfiltriert zu werden, da er beim Ätzen nicht hinderlich ist.

Beim Ätzen verfährt man wie folgt:

Der Schliff wird vorher mit einem, mit absolutem Alkohol getränkten Wattebausch abgewischt, um etwaige Reste von Öl oder Fett (z. B. von Berührung mit den Fingern herrührend) zu entfernen, darauf wird er mit der geschliffenen Fläche nach oben rasch in der Ätzflüssigkeit untergetaucht. Die Ätzflüssigkeit befindet sich in einer großen, flachen Schale aus Glas, Porzellan oder Papierstoff [1]) wie in Abb. 6 schematisch dargestellt.

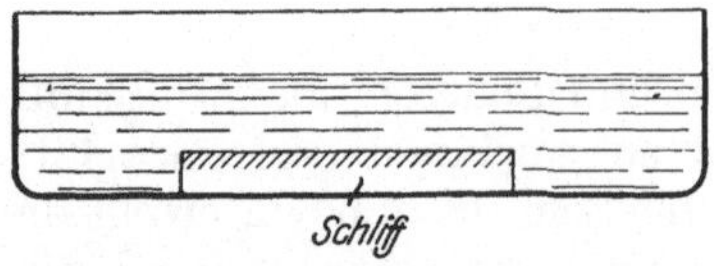

Beim Hineinbringen des Schliffes ist darauf zu achten, daß die Ätzflüssigkeit möglichst gleichmäßig die Schlifffläche überschwemmt, da sonst Streifen und Schlieren entstehen.

Abb. 6. Ätzschale mit Schliff.

Auch ist zu vermeiden, daß Luftbläschen auf der polierten Fläche haften bleiben. Wo letzteres der Fall war, scheidet sich kein Kupfer ab, es bleiben kleine rundliche spiegelnde Stellen in der sonst geätzten Fläche zurück.

Vom Moment des Einbringens des Schliffes in die Lösung bis zur Herausnahme ist für stete Bewegung der Ätzflüssigkeit durch Rühren oder Schütteln zu sorgen. Geschieht dieses nicht, so entstehen, namentlich bei großen Profilen, Konzentrationsänderungen in der Lösung, die zu verschieden starkem Angriff an verschiedenen Stellen des Schliffes führen und dadurch zu Täuschungen Veranlassung geben können.

War die Konzentration der Lösung [2]) die richtige (1 : 12) und die Temperatur nicht zu niedrig (Zimmerwärme von $16-18^0$ C ist die richtige Temperatur), so läßt sich nach Herausnahme des Schliffes das niedergeschlagene Kupfer mit einem Wattebausch unter fließendem Wasser leicht abwischen. Darauf wird der Schliff mit Alkohol (absolut) bis zur völligen Verdrängung des Wassers übergossen und endlich mit einem reinen weichen Handtuch vorsichtig abgetupft. Man spare nicht unnötig an Alkohol. Jedes zu wenig an Alkohol rächt sich durch nachträgliches Rosten der Schlifffläche. War dagegen das Wasser vollständig entfernt, so halten sich die Schliffflächen, im Exsikkator aufbewahrt, beliebig lange.

Die Ätzung mit Kupferammoniumchlorid dient in erster Linie der makroskopischen Gefügeuntersuchung. Sie eignet sich vorzüglich für weiches Eisen, Schweißeisen, weißes Roheisen, vor allem aber zum Nachweis von Phosphoranreicherungen (Seigerungen) in Flußmaterial. Die phosphorreicheren Mischkristalle färben sich hierbei tief dunkel und nehmen bei hohen Phosphorgehalten sogar einen bronzefarbenen Ton an, so daß sie sich von den hellbleibenden, phosphorarmen Stellen scharf abheben.

Für graphithaltige Roheisensorten ist sie nicht verwendbar, da sich infolge der galvanischen Einwirkung des Graphits das Kupfer sehr fest auf der geschliffenen Fläche niedersetzt. Ebenso schlagen Spezialstähle, wie nickelreiche und chromwolframreiche Stähle das Kupfer festhaftend nieder.

2. Ätzung mit dem von Oberhoffer verbesserten Rosenhainschen Ätzmittel [3]). Bei der Untersuchung kohlenstoffreicherer Materialien auf Phosphorseigerungen

---

[1]) Papierstoffschalen sind wegen ihrer Unzerbrechlichkeit sehr zu empfehlen.

[2]) Zu starke Lösungen greifen den Schliff zu rasch an und bieten keinen Vorteil. Ist die Lösung zu verdünnt, so schlägt sich das Kupfer so fest auf dem Eisen nieder, daß es sich nur schwer entfernen läßt.

[3]) P. Oberhoffer, „Über neuere Ätzmittel zur Ermittlung der Verteilung des Phosphors in Eisen und Stahl". Stahl u. Eisen 1916. S. 798.

versagt die Ätzung mit Kupferammoniumchlorid, da hierbei auch der Perlit tief dunkel gefärbt wird, so daß es nicht möglich ist, zu unterscheiden ob die Dunkelfärbung von Phosphorseigerungen oder von höherem Kohlenstoffgehalt herrührt. In solchen Fällen leistet das Oberhoffer-Rosenhainsche Ätzmittel sehr gute Dienste. Die Zusammensetzung der Lösung ist folgende:

500 ccm Wasser (dest.),

500 ccm Äthylalkohol,

0.5 g Zinnchlorür,

1.0 g Kupferchlorid,

30 g Eisenchlorid,

50 ccm Salzsäure (konzentriert).

Das Ätzmittel wirkt im Gegensatz zu Kupferammoniumchlorid rein lösend. Die phosphorärmeren Teile werden stärker angegriffen als die phosphorreicheren, letztere bleiben demnach hier (umgekehrt wie bei der Ätzung mit Kupferammoniumchlorid) hell und glänzend, während die phosphorärmeren Teile stark aufgerauht und dunkel erscheinen [1]).

Die Ätzdauer schwankt, je nach dem Kohlenstoff- und Phosphorgehalt, innerhalb einiger Minuten. Man ätzt in der Regel solange, bis der Schliff deutlich angegriffen und aufgerauht erscheint. Nach dem Herausnehmen aus der Ätzlösung wird der Schliff schnell mit Wasser abgespült und das Wasser durch Alkohol verdrängt, wie bei der Ätzung mit Kupferammoniumchlorid beschrieben. Die Ätzlösung ist unbegrenzt lange haltbar.

Auch dieses Ätzmittel dient vornehmlich der makroskopischen Gefügeuntersuchung mit dem besonderen Zweck des Nachweises von Phosphorseigerungen in kohlenstoffreicheren Materialien.

3. Ätzung mit alkoholischer Salzsäure (nach A. Martens und E. Heyn). Alkoholische Salzsäure wirkt ebenfalls rein lösend. Gewisse Bestandteile des kohlenstoffhaltigen Eisens werden starker angegriffen als andere, so daß mitunter ein mit alkoholischer Salzsäure geätzter Schliff den Eindruck eines reliefpolierten [2]) macht, indem gewisse Gefügebestandteile erhaben gegenüber anderen erscheinen. Dies ist ein weiterer Vorzug dieses Ätzmittels.

Die Lösung besteht aus

10 ccm Salzsäure (1,19 spez. Gew.)

auf 1000 ccm Alkohol (absolut).

Da auch diese Lösung unbegrenzt lange haltbar ist, so hält man einen größeren Vorrat (5 bis 10 Liter) bereit.

Die Ausführung der Ätzung ist dieselbe wie bei dem unter 2. beschriebenen Ätzmittel [3]). Die Ätzdauer ist jedoch beträchtlich länger. Sie schwankt bei nicht gehärtetem Stahl zwischen 3 und 15 Minuten und kann bei gehärteten Materialien noch erheblich länger währen. Im allgemeinen hört man mit dem Ätzen auf, wenn die anfangs spiegelnde Schlifffläche matt erscheint. Eine schnelle Prüfung unter dem Mikroskop läßt erkennen ob die Ätzung genügend weit vorgeschritten ist. Ist letzteres nicht der Fall, so wird der Schliff wieder in das Ätzbad gebracht. Stete Bewegung der Ätzflüssigkeit ist auch hier unbedingt erforderlich. Ist die Ätzung beendet, so wird der Schliff, ohne ihn erst mit Wasser abzuspülen (wie bei Kupferammoniumchlorid) sofort mehrmals mit absolutem Alkohol übergossen und endlich durch Abtupfen mit einem weichen Handtuch getrocknet.

---

[1]) Vgl. z. B. O. Bauer, „Nachprüfung eines neuen Ätzmittels zum Nachweis von Phosphoranreicherungen in Eisen und Stahl". Mitt. a. d. Kgl. Materialprüfungsamt 1917. Heft 4 u. 5. S. 204.

[2]) Über „Reliefpolieren" vgl. E. Heyn und O. Bauer. „Metallographie." Sammlung Göschen. Bd. I, S. 17. 1920.

[3]) Papierstoffschalen sind hier nicht empfehlenswert.

Die Ätzung mit alkoholischer Salzsäure dient in erster Linie der **mikroskopischen Gefügeuntersuchung.**

Sie eignet sich vorzüglich für alle Arten von Eisen und Stahl im gehärteten und nicht gehärteten Zustand. Zur deutlichen Kenntlichmachung von Phosphorseigerungen ist sie dagegen nicht geeignet. Spezialstahlsorten (Nickel, Chrom-Wolframstähle) werden durch alkoholische Salzsäure nur sehr langsam angegriffen, die Wirkung kann etwas verstärkt werden durch Zufügung einiger Kubikzentimeter einer 5 $\%$igen alkoholischen Pikrinsäurelösung.

4. Ätzung mit alkoholischer Salpetersäure (nach A. Martens). In gewissen Fällen empfiehlt es sich, die Salzsäure durch Salpetersäure zu ersetzen. Die Lösung hat die Zusammensetzung

4 ccm Salpetersäure (1,14 spez. Gew.),
100 ccm Alkohol (absolut).

Die Ausführung der Ätzung ist die gleiche wie bei alkoholischer Salzsäure, die Zeitdauer dagegen etwas kürzer. Das Ätzmittel dient ebenfalls ausschließlich der mikroskopischen Gefügeuntersuchung, es eignet sich besonders für Gußeisen (graues und weißes), ferner für Nickel-, Chrom- und Wolframstahlsorten, welche schneller angegriffen werden als durch alkoholische Salzsäure.

5. Abdruckverfahren auf Seide zum Nachweis von Sulfiden (nach E. Heyn und O. Bauer). Das Verfahren gründet sich auf die Tatsache, daß Schwefel im Eisen vorwiegend als Schwefeleisen bzw. Schwefelmangan auftritt und daß sowohl Schwefeleisen, wie auch Schwefelmangan mit verdünnter Salzsäure Schwefelwasserstoff entwickeln.

Die Ausführung ist folgende:

Auf die Schlifffläche wird ein Seidenläppchen gelegt und dieses mittelst eines Haarpinsels oder auch mit einem Wattebausch mit einer Lösung, die

10 g Quecksilberchlorid,
20 ccm Salzsäure (1,124 spez. Gew.),
und 100 ccm Wasser (destilliert)

enthält, befeuchtet.

Dort, wo im Schliff Sulfideinschlüsse vorhanden sind, wird Schwefelwasserstoff entwickelt, der aus der salzsauren Quecksilberchloridlösung schwarzes Schwefelquecksilber ausfällt, das an dem Seitenläppchen haften bleibt. Eine Einwirkungsdauer von 4 bis 5 Minuten ist in den meisten Fällen ausreichend.

Die während der Einwirkung auftretende starke Wasserstoffentwicklung bewirkt Blasenbildung des dünnen Seidenläppchens. Die Blasen sind vorsichtig mit dem frisch mit Lösung getränkten Pinsel herunterzudrücken. Überhaupt ist während der ganzen Versuchsdauer dafür zu sorgen, daß das Seidenläppchen stets dicht auf dem Schliff aufliegt. Von Zeit zu Zeit ist die bereits verbrauchte Lösung durch Überpinseln durch frische zu ersetzen.

Nach Beendigung der Einwirkung wird das Seidenläppchen abgehoben und mit Leitungswasser abgespült, um die Säure zu entfernen. Geschieht das Abspülen vorsichtig, so geht von dem recht fest haftenden schwarzen Schwefelquecksilber nichts verloren. Das Seidenläppchen bietet ein getreues Spiegelbild der Stellen im Material, an denen sich auf der Schlifffläche Anreicherungen von Sulfiden befanden [1].

Das Verfahren gibt befriedigende Ergebnisse überall dort, wo es sich um reichliche örtliche Ansammlung von Sulfideinschlüssen handelt. Ist der Schwefel-

---

[1] Phosphorreiche Stellen entwickeln unter der Einwirkung verdünnter Salzsäure Phosphorwasserstoff. Letzterer fällt aus salzsaurer Quecksilberchloridlösung zitronengelbes Phosphorquecksilber, eine Verwechslung mit dem schwarzen Schwefelquecksilber ist daher ausgeschlossen.

gehalt in geringer Menge und gleichmäßig verteilt im Material vorhanden, so erscheint eine allgemeine, schwache Graufärbung des Seidenläppchens, ohne daß einzelne Stellen deutlicher hervortreten.

6. Abdruckverfahren mit Bromsilberpapier (nach Baumann). Das Baumannsche Abdruckverfahren mit Bromsilberpapier hat, seiner einfachen Handhabung wegen, ebenfalls weite Verbreitung in der Praxis gefunden. Die Ansichten, ob es lediglich Schwefeleinschlüsse oder gleichzeitig auch Phosphorseigerungen anzeigt, sind jedoch noch nicht geklärt.[1] Da aber Schwefel und Phosphor meist an gleicher Stelle angereichert sind, so gibt das Verfahren in jedem Falle eine gute Handhabe zur Erkennung von Seigerungsstellen im Material[2].

Das Verfahren wird in der Weise ausgeführt, daß man zunächst die zu untersuchende Schlifffläche bis zu der Schmirgelkörnung 000 schleift. Ein Stück Bromsilberpapier wird in verdünnter Schwefelsäure

1 ccm Schwefelsäure (1,84 spez. Gew.)

auf 60 bis 100 ccm Wasser (destilliert)

etwa 1 Minute lang eingetaucht und dann mit der Schichtseite auf die zu untersuchende Eisenprobe aufgelegt.

Man läßt das Papier etwa 10 Sekunden auf dem Schliff liegen und hebt es dann vorsichtig ab.

An den Stellen, an denen Seigerungen im Material vorhanden waren, entsteht infolge der Einwirkung des Schwefelwasserstoffes (bzw. des Phosphorwasserstoffes) auf das Bromsilberpapier schwarzes Silbersulfid (bzw. Silberphosphid). Eine völlig scharfe Trennung zwischen Sulfideinschlüssen und Phosphorseigerungen ist nach meinen Erfahrungen jedoch nur mittelst des bereits besprochenen Abdruckverfahrens auf Seide (nach E. Heyn und O. Bauer) möglich.

D. Metallographische Kennzeichen der in Eisen und Stahl auftretenden Gefügebildner.

1. Graphit, Temperkohle (reiner Kohlenstoff). Zum metallographischen Nachweis von Graphit im Eisen und von der sich chemisch von Graphit nicht unterscheidenden Temperkohle ist Ätzung des Schliffes nicht erforderlich. Graphit erscheint unter dem Mikroskop, häufig auch schon mit dem bloßen Auge sichtbar, in Gestalt mehr oder weniger langer und dicker Adern[3] von dunkelgrauer bis tiefschwarzer Färbung. Gestalt, Größe und Anordnung der Graphitadern können je nach den Entstehungsbedingungen und der Art des Eisens sehr verschieden sein.

Abb. 7 zeigt auf der linken Hälfte (v = 117)[4] nesterförmig angeordneten Graphit, während die rechte Bildseite lange Graphitadern aufweist[5]. Die

---

[1] Nach einer neueren Arbeit von Oberhoffer und Knipping, „Untersuchungen über die Baumannsche Schwefelprobe und Beiträge zur Kenntnis des Verhaltens von Phosphor im Eisen", Stahl u. Eisen 1921, S. 1253, werden bei kurzer Einwirkungsdauer vorwiegend Schwefeleinschlüsse angezeigt, da im Vergleich zu der lebhaften Schwefelwasserstoffentwicklung die Entwicklung von Phosphorwasserstoff nur eine träge ist, bei langer Einwirkungsdauer treten jedoch Schwefel und Phosphor gleichzeitig in Erscheinung.

[2] Zahlreiche Abbildungen solcher Bromsilberpapierabzüge finden sich in der Arbeit von F. Wüst und H. L. Felser, „Der Einfluß der Seigerung auf die Festigkeit des Flußeisens". Metallurgie 1910. Bd. 7, S. 363.

[3] In Wirklichkeit entsprechen die Graphitadern Querschnitten durch mehr oder weniger große Graphitblätter.

[4] V = bedeutet lineare Vergrößerung, bei der die Aufnahme erfolgte.

[5] Die beiden Bildhälften entsprechen zwei verschiedenen Eisensorten.

Schliffe waren nicht geätzt, sondern nur poliert und geschliffen. Die anderen Gefügebestandteile treten erst nach geeigneter Ätzung in Erscheinung, der Graphit wird durch die Ätzung nicht verändert, wie aus Abb. 8 (v = 200) ersichtlich ist. Das Bild entspricht einem tiefgrauen Gußeisen nach Ätzung mit alkoholischer Salzsäure.

Temperkohle tritt meist (jedoch nicht ausschließlich) in Gestalt rundlicher Flecken von dunkler Farbe (grau bis schwarz) auf. Abb. 9 (v = 100) stellt ein getempertes Material dar. Der Schliff ist mit alkoholischer Salzsäure geätzt. Die dunklen, rundlichen Flecken sind Temperkohle. Abb. 10 (v = 365) zeigt ein getempertes Thomasroheisen. Die Temperkohle ist hier mehr langgestreckt ausgeschieden.

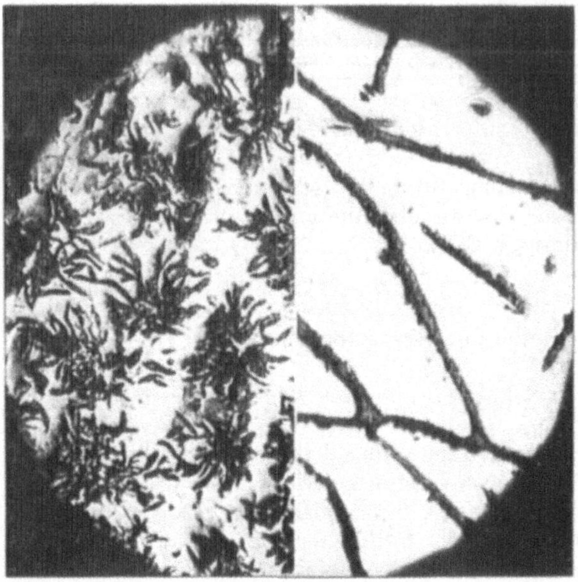

2. Ferrit (kohlenstofffreies Eisen, jedoch mit zahlreichen anderen Körpern, z. B. Phosphor, Mangan, Silizium, Nickel und vielen anderen Mischkristalle bildend). Ätzung mit Kupferammoniumchlorid. Makroskopisch oder bei schwacher Vergrößerung erscheinen die einzelnen Ferritkörner aufgerauht und, je nachdem von welcher Seite das Licht einfällt, mehr oder weniger hell und glänzend. Bei stärkerer Vergrößerung zeigt es sich, daß die Aufrauhung der Körner von Ätzfiguren[1]) herrührt, und daß jedem Korn eine ganz bestimmte Lage und Orientierung der Ätzfiguren zukommt. Sie sind geradezu kennzeichnend für den Ferrit und zugleich ein scharfes Mittel, die Grenzen der einzelnen Körner zu bestimmen. Abb. 11 zeigt auf der linken Hälfte Ferritkörner, die durch Ätzfiguren aufgerauht erscheinen.

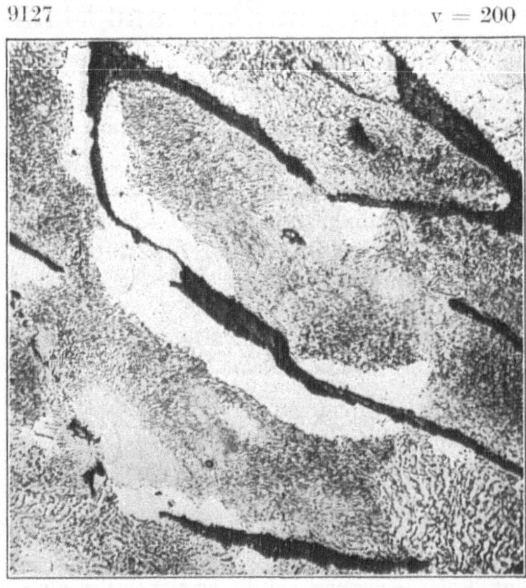

Abb. 7.   Graphit im Eisen.

Abb. 8.   Tiefgraues Gußeisen (geätzt).

----

¹) Vgl. auch E. Heyn, „Mikroskopische Untersuchungen an tiefgeätzten Eisenschliffen". Mitt. d. Kgl. techn. Versuchsanstalten 1898. S. 310.

Die lineare Vergrößerung ist 365 fach. Die rechte Bildhälfte läßt in 1650 facher linearer Vergrößerung die gleichmäßige Orientierung der Ätzfiguren in den einzelnen Ferritkörnern deutlich erkennen.

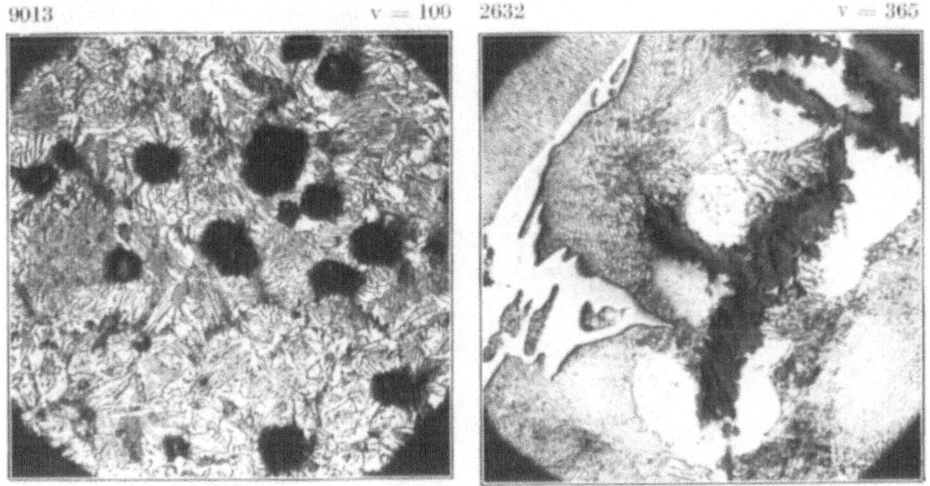

Abb. 9. Temperkohle (rundlich).   Abb. 10. Temperkohle (langgestreckt).

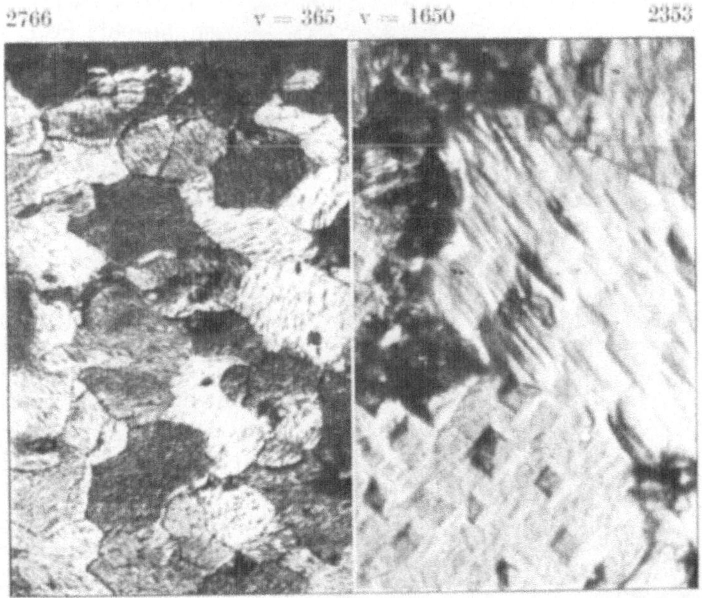

Abb. 11. Ferrit.

Ätzung mit alkoholischer Salzsäure. Ferrit wird erheblich schwächer angegriffen als beim Ätzen mit Kupferammoniumchlorid. Ätzfiguren treten nur nach sehr langer Einwirkungsdauer und selbst dann nur verschwommen auf. Bei kurzer Ätzdauer erscheint der Ferrit ungefärbt, bei lang fortgesetzter Ätzdauer erscheinen einige Ferritkörner zuweilen schwach gelblich angelaufen.

3. Zementit (Eisenkarbid Fe_3C mit 6,67 % Kohlenstoff; bildet mit anderen Karbiden z. B. mit Mangankarbid, Chrom-Wolframkarbiden Mischkristalle oder Doppelkarbide). Zementit wird weder von Kupferammoniumchlorid noch von alkoholischer Salzsäure merkbar angegriffen, er bleibt infolgedessen beim Ätzen der Schliffe ungefärbt, spiegelblank und glatt. Eine Verwechslung mit Ferrit ist daher ausgeschlossen. Infolge seiner Unangreifbarkeit erscheint der Zementit nach dem Ätzen dem Ferrit und Perlit gegenüber erhaben (im Relief). Abb. 12 entspricht dem Gefüge eines weißen Roheisens. Die lineare Vergrößerung ist 1650 fach. Die hellen Teile sind Zementit, die Grundmasse Perlit. Auch in Abb. 10 entspricht der glatte, helle Gefügebestandteil auf der linken Seite des Bildes dem Zementit; er steht dort deutlich im Relief.

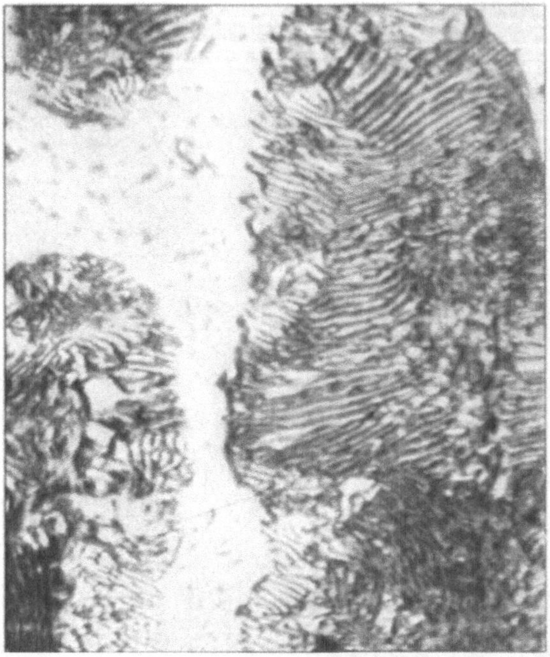

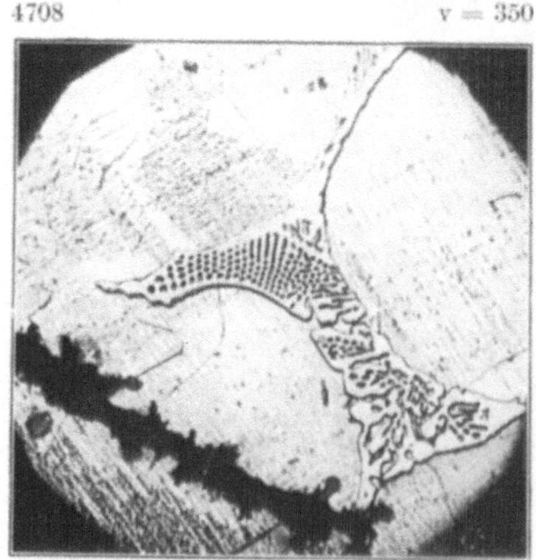

Abb. 12.   Zementit und Perlit.

Abb. 13. Phosphid-Eutektikum im Roheisen.

4. Phosphid im Roheisen (Eisenphosphid Fe_3P mit 15,58 % Phosphor)[1]. Zahlreiche Roheisensorten enthalten beträchtliche Mengen von Phosphor. Er tritt im Roheisen als freies Phosphid Fe_3P auf. Ebenso wie der Zementit wird das Phosphid durch die meisten Ätzmittel fast garnicht angegriffen, so daß es mitunter Schwierigkeiten bereitet zu unterscheiden, ob Phosphid oder Zementit vorliegt. Ein gutes Unterscheidungsmerkmal ist in den meisten Fällen bereits der eutektische Aufbau (ternäres Eutektikum) des Phosphids. Abb. 13 ($v = 350$) ist hierfür besonders kennzeichnend. Das Bild zeigt Phosphid-Eutektikum umgeben von Ferrit, ferner ein großes Graphitblatt. Mitunter ist die Unterscheidung zwischen Phosphid und Zementit allein auf Grund des Gefügeaufbaues schwierig, da auch im Zementit häufig kleine Einsprenglinge von Perlit auftreten (siehe z. B. Abb. 12), so daß er ein eutektikumähnliches

---

[1] Stead, „Eisen und Phosphor". Iron and Steel Institute 1900. — F. Wüst, „Beitrag zum Einfluß des Phosphors auf das System Eisen-Kohlenstoff". Metallurgie 1908. Heft 3. S. 85.

Gefüge zeigt. In solchen Fällen kann man die Unterscheidung durch Erzeugung von Anlauffarben bewirken [1]). Da der Zementit erheblich leichter oxydiert als das Phosphid, so wird das Phosphid noch hell erscheinen, wenn der Zementit bereits rot angelaufen ist.

Der Schmelzpunkt des Phosphid-Eutektikums im ternären System Eisen-Kohlenstoff-Phosphor liegt bereits bei 950° C. Ein phosphorreiches Roheisen ist daher für gewisse Konstruktionsteile aus Gußeisen, die im Betrieb auf hohe Temperaturen (über 950° C) erhitzt werden, nicht verwendbar.

5. Perlit (eutektisches Gemenge zwischen Ferrit und Zementit. Bildungstemperatur bei reinem Kohlenstoffeisen rund 700° C. Der Gehalt der Perlits an Kohlenstoff beträgt etwa 0,95 %).

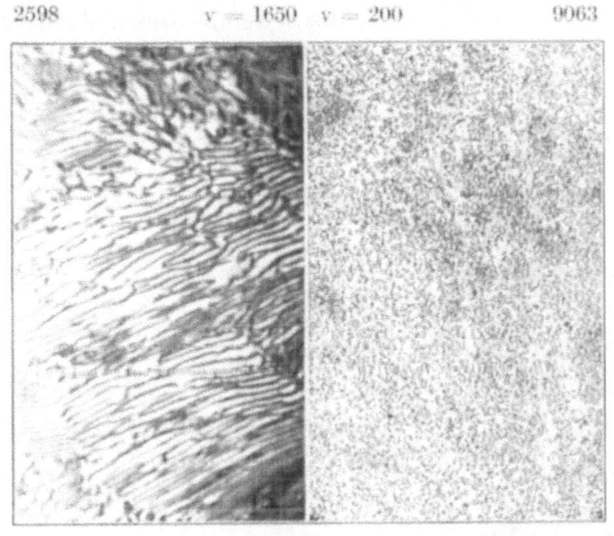

Abb. 14.

Der mikroskopische Aufbau des Perlits hängt in hohem Maße von der Geschwindigkeit des Durchgangs durch 700° C (Umwandlungspunkt) bei der

---

[1]) Beim Erwärmen einer Metallfläche an der Luft oxydieren in vielen Fällen einzelne Gefügebestandteile rascher als andere. Da mit der Oxydation die bekannten Anlauffarben auftreten, so nehmen die leichter oxydierbaren Gefügebestandteile eine andere Färbung an als die schwerer oxydierbaren.

Die Anlauffarben erscheinen in folgender Reihenfolge:

Farben-ordnung	Farbe im reflektierten Licht	Farben-ordnung	Farbe im reflektierten Licht
I.	schwarz	II.	purpur
	dunkel lavendelgrau		violett
	heller lavendelgrau		indigo
	sehr hell lavendelgrau		himmelblau
	bläulichweiß		heller himmelblau
	ziemlich weiß		sehr hell blaugrün
	gelblichweiß		hellgrün
	blaß strohgelb		gelbgrün
	braungelb		gelb
	orange		hellorange
	rot		rot

Abkühlung ab. Ist der Durchgang langsam, so bilden sich die einzelnen Ferrit- und Zementit-Lamellen deutlich aus. wie z. B. Abb. 14 (linke Bildhälfte v = 1650) zeigt. Wird der Durchgang beschleunigt, so können, je nach dem Grade der Beschleunigung alle Übergangsstufen vom Perlit über Sorbit, Osmondit, Troostit bis zum Martensit (siehe weiter unten) entstehen. Wird ein lamellarer Perlit längere Zeit bei etwa 700⁰ C erhitzt, so schrumpfen die Lamellen immer mehr zusammen, bis das Gefüge schließlich nur noch körnigen Perlit zeigt. Siehe z. B. Abb. 14 (rechte Bildhälfte v = 200).

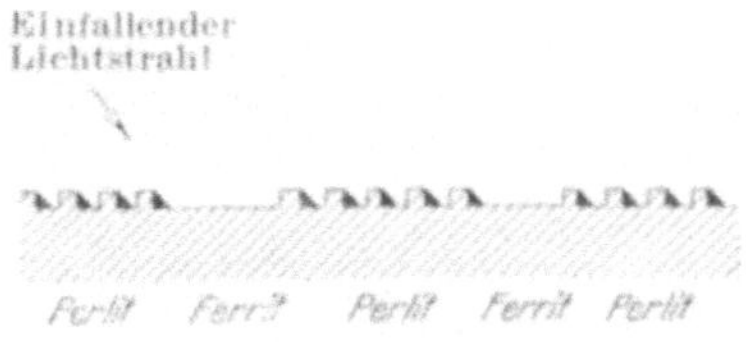

Die Beobachtung des Perlits gibt also innerhalb gewisser Grenzen einen Anhalt dafür, ob ein Material schnell oder langsam die kritische Temperatur bei der Abkühlung durchlaufen hat, sowie auch darüber, ob es eine besondere Glühbehandlung (körniger Perlit) durchgemacht hat, oder nicht.

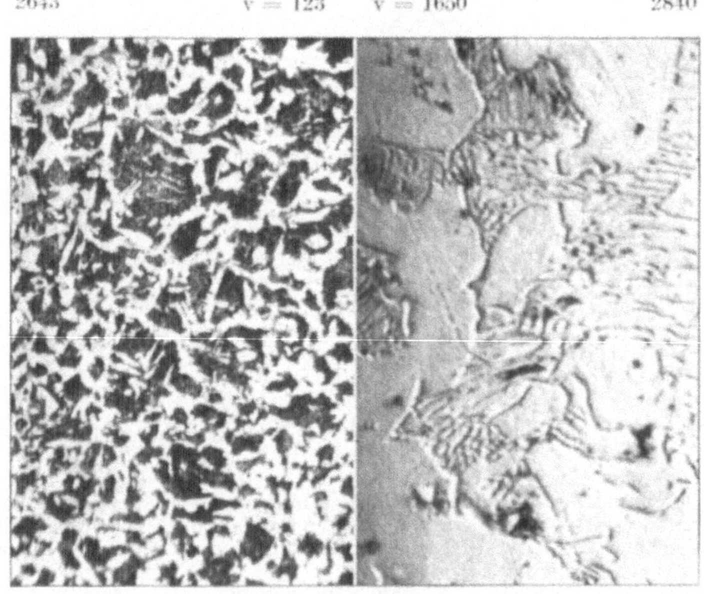

Abb. 15.

Ätzung mit Kupferammoniumchlorid. Der Perlit erscheint nach Ätzung stark dunkel gefärbt, so daß es vielfach schon dem unbewaffneten Auge

2643   v = 123   v = 1650   2840

Abb. 16. Perlit und Ferrit.

möglich ist, Kohlenstoffanreicherungen (perlitreiche Stellen) oder örtliche entkohlte Stellen (perlitarme Stellen) zu unterscheiden.

Die Dunkelfärbung ist in Wirklichkeit meist nur eine scheinbare, da weder Zementit, noch reiner (phosphorfreier) Ferrit durch Kupferammoniumchlorid gefärbt werden. Sie hängt mit der Entstehung eines Reliefs beim Ätzen zusammen. Da Zementit gar nicht, Ferrit aber stark angegriffen wird, so bilden sich Höhenunterschiede zwischen den einzelnen Lamellen oder Körnern aus, hinzu kommt noch die starke Aufrauhung des Ferrits infolge Ätzfiguren. Je nachdem wie das Licht einfällt, entstehen mehr oder weniger starke Schlagschatten, wie in Abb. 15 angedeutet. Diese Schlagschatten bewirken, daß das

Gesamtbild des Perlits auch bei deutlich lamellenförmigem oder körnigem Aufbau dunkel gefärbt erscheint.

Da Dunkelfärbung nach Ätzung mit Kupferammoniumchlorid auch noch aus anderen Gründen eintreten kann (höherer Phosphorgehalt, beschleunigter Durchgang durch die kritische Temperatur, bleibende Formveränderung in der Kälte)[1]), so empfiehlt es sich, stets der makroskopischen auch die mikroskopische Gefügeuntersuchung folgen zu lassen.

Ätzung mit alkoholischer Salzsäure. ˙In schwacher Vergrößerung erscheint auch hierbei der Perlit dunkler gefärbt als der Ferrit [2]), doch ist der Unterschied nicht so bedeutend wie bei Ätzung mit Kupferammoniumchlorid. Bei stärkerer Vergrößerung sind die einzelnen Lamellen von Ferrit und Zementit deutlich zu erkennen. Die linke Hälfte der Abb. 16 entspricht in 123facher linearer Vergrößerung einem Eisen mit $0{,}44\,^0/_0$ Kohlenstoff. Die dunklen Teile sind Perlit, die helle Grundmasse Ferrit. Die rechte Hälfte der Abb. 16 stellt dasselbe Eisen in 1650facher linearer Vergrößerung dar. Die einzelnen Lamellen von Ferrit und Zementit sind scharf zu unterscheiden, auch ist aus dem Bilde zu ersehen, daß von einer eigentlichen Dunkelfärbung des einen oder anderen Bestandteiles nicht die Rede sein kann, wohl aber sind deutliche Schlagschatten erkennbar.

Aus der Menge des neben Ferrit auftretenden Perlits kann man sogar den Kohlenstoffgehalt an einzelnen Teilen des Schliffes schätzungsweise mit recht

Abb. 17.   Austenit und Martensit.

großer Annäherung an den wirklichen Gehalt bestimmen. Ist x der durch Schätzung (genauer durch planimetrische Messung) gefundene Prozentgehalt der Gesamtfläche an Perlit, so entsprechen ganz allgemein x Flächenprozenten

Perlit (mit $0{,}95\,^0/_0$ Kohlenstoff) $\dfrac{0{,}95}{100}$. x Gewichtsprozenten Kohlenstoff im Eisen.

Die Schätzung oder Messung gibt nur bis zu etwa $0{,}5\,^0/_0$ Kohlenstoff genaue Werte.

6. Austenit (Mischkristalle von γ-Eisen und Eisenkarbid). Austenit kann erhalten werden, wenn Stahl mit hohem Kohlenstoffgehalt von hoher Temperatur so schroff wie möglich abgeschreckt wird. Mangan begünstigt die Entstehung von Austenit. In der Regel, z. B. bei manganarmem Material, wird nicht reiner Austenit erhalten, sondern daneben tritt noch Martensit auf.

Zum Ätzen abgeschreckten (gehärteten) Stahles ist Kupferammoniumchlorid nicht zu empfehlen, da sich das Kupfer so fest auf der Schlifffläche niederschlägt, daß es nur schwer wieder entfernt werden kann.

Ätzung mit alkoholischer Salzsäure. Austenit wird gar nicht angegriffen, er erscheint rein weiß und hellglänzend. Abb. 17 ($v = 365$) stellt

---

[1]) Vgl. E. Heyn, „Bericht über Ätzverfahren zur makroskopischen Gefügeuntersuchung des schmiedbaren Eisens und über die damit zu erzielenden Ergebnisse". Mitt. a. d. Kgl. Materialprüfungsamt 1906, Heft 5.

[2]) Wenn es sich nicht um sorbitischen Perlit handelt, so ist der Grund für die Dunkelfärbung der gleiche wie bei Ätzung mit Kupferammoniumchlorid.

einen Stahl mit $1{,}3\%$ Kohlenstoff dar (der Stahl war manganhaltig), der bei
1180^0 C in Wasser von 0^0 C abgeschreckt wurde. Die hellen nicht angegriffenen Flächen sind Austenit, während die dunkler erscheinenden, durch die Ätzflüssigkeit angegriffenen nadligen Teile Martensit entsprechen.

7. Martensit (entspricht dem beginnenden Zerfall der Mischkristalle γ-Eisen und Eisenkarbid). Martensit wird **rein** auch nur bei möglichst schroffer Abschreckung erhalten.

Ätzung mit alkoholischer Salzsäure. Kennzeichnend für Martensit ist sein ,bei fortschreitender Ätzung immer deutlicher hervortretender, nadliger Aufbau. Einzelne Nadeln werden stärker, andere weniger stark angegriffen, dadurch entsteht eine Aufrauhung der Schlifffläche. Reiner, durch möglichst schroffe Abschreckung erhaltener Martensit erscheint selbst nach langer Ätzdauer nahezu ungefärbt und hellglänzend. Abb. 18 (v = 875) entspricht reinem Martensit, der durch möglichst schroffes Abschrecken eines Kohlenstoffstahles

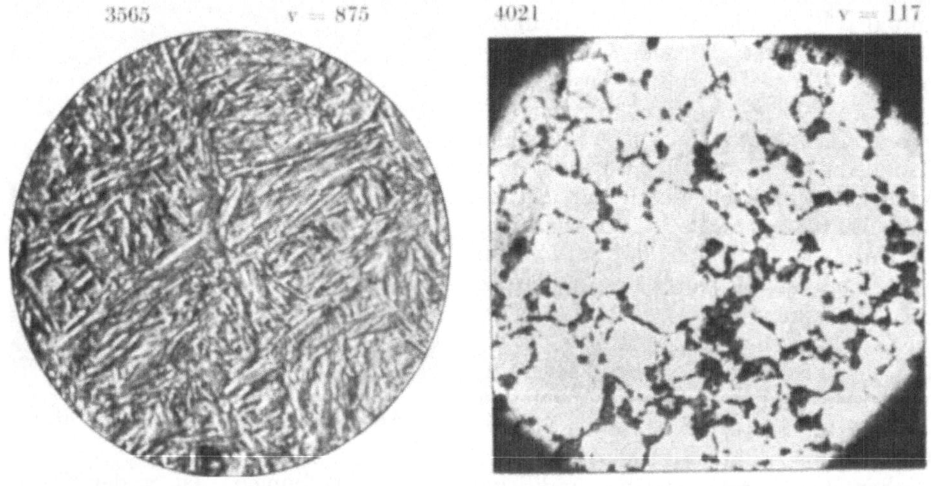

Abb. 18. Martensit.Abb. 19. Martensit und Troostit.

mit etwa 1% C erhalten wurde. Ist die Abschreckung weniger schroff oder ungleichmäßig, so treten nach Ätzung mehr oder weniger dunkel erscheinende Flecken, Adern usw. auf, sie entsprechen den im Abschnitt 8 zu beschreibenden Übergangsbestandteilen.

Abb. 19 zeigt das Gefüge eines weniger schroff abgeschreckten Stahles mit $0{,}95\%$ C (v = 117). Die helle Grundmasse ist Martensit, die dunklen Teile sind Troostit.

8. Troostit, Osmondit, Sorbit[1]) (Übergangsbestandteile zwischen Martensit und Perlit). Ist die Abschreckung nicht so schroff, daß Martensit entstehen kann, und ist andererseits die Abkühlung nicht langsam genug zur Bildung von Perlit, so entstehen Übergangsbestandteile zwischen Martensit und Perlit. Dieselben Übergangsbestandteile treten auch auf beim allmählichen Wiedererhitzen (Anlassen) eines vorher schroff abgeschreckten Stahles. Es wird dabei eine bestimmte gut gekennzeichnete Zwischenstufe Osmondit durchlaufen, sie entspricht für Werkzeugstahl mit etwa 1% Kohlenstoff einer Anlaßhitze

---

[1]) Vgl. E. Heyn und O. Bauer, „Über den inneren Aufbau gehärteten und angelassenen Werkzeugstahls. Beiträge zur Aufklärung über das Wesen der Gefügebestandteile Troostit und Sorbit". Mitt. a. d. Kgl. Materialprüfungsamt 1906. S. 529.

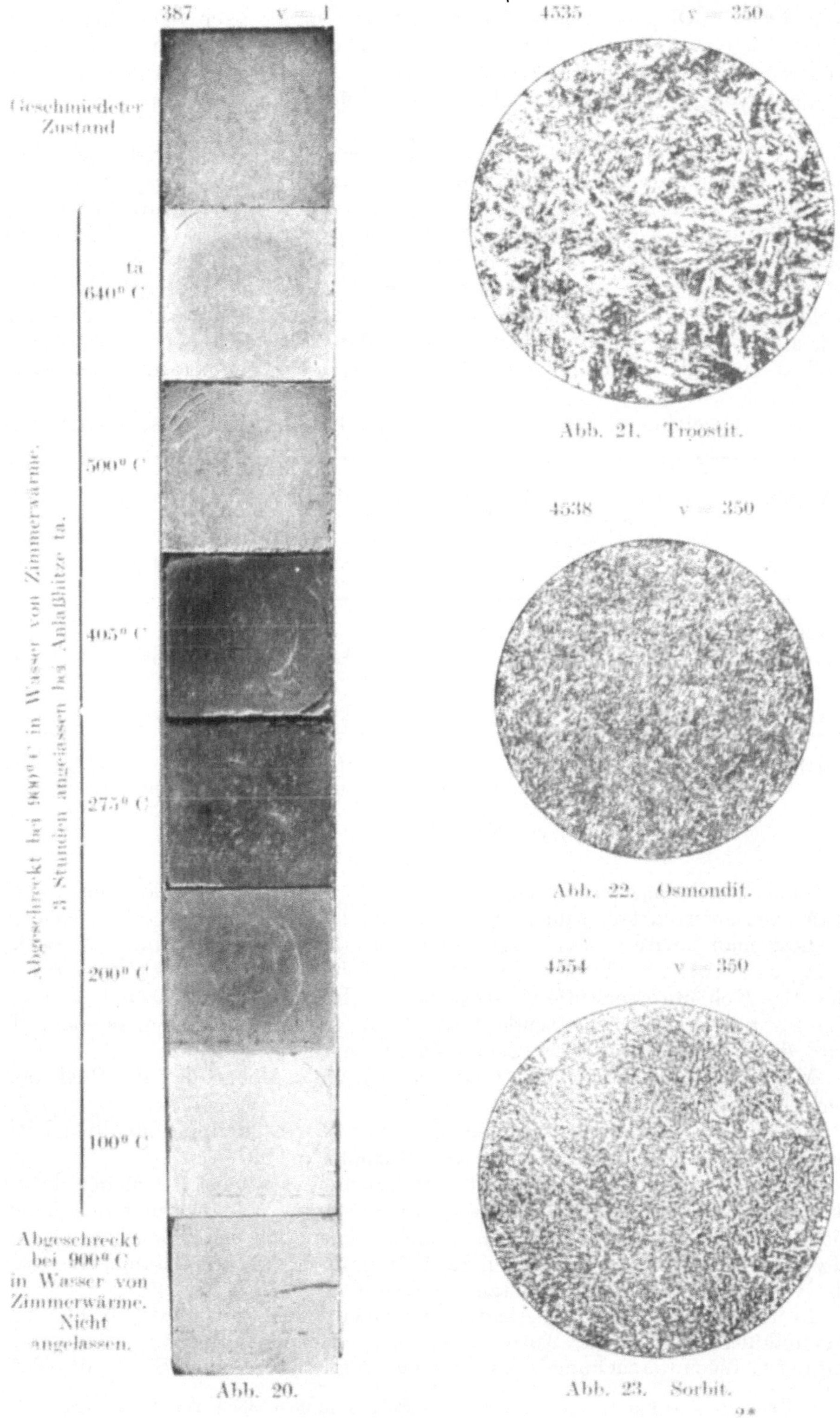

Abb. 20.

Abb. 21.   Troostit.

Abb. 22.   Osmondit.

Abb. 23.   Sorbit.

2*

von 400°C. Diejenigen Übergangsstufen, die näher nach dem Martensit zu liegen (sie entsprechen bei Werkzeugstahl Anlaßhitzen zwischen 0 und 400°C), gehören in die Gruppe der Troostite, die mehr nach dem Perlit zu liegenden (Anlaßhitzen zwischen 400 und 700°C entsprechend) in die Gruppe der Sorbite. Dazwischen (bei 400°C Anlaßhitze) liegt der Osmondit.

Ätzung mit alkoholischer Salzsäure. Ein charakteristisches Kennzeichen ist der Grad der Dunkelfärbung nach Ätzung mit alkoholischer Salzsäure.

Während der reine Martensit fast gar nicht gefärbt wird, nimmt mit steigender Anlaßhitze (Troostit) die Dunkelfärbung stetig zu, sie erreicht bei etwa 400°C (Osmondit) ihr Maximum, um von da ab nach dem Perlit zu wieder abzufallen (Sorbit). Mit der Dunkelfärbung geht Hand in Hand die Säurelöslichkeit in verdünnter Schwefelsäure. Abb. 20 zeigt die Wirkung der Ätzung mit alkoholischer Salzsäure an vorher bei 900°C schroff abgeschreckten Stahlproben mit 0,95% Kohlenstoff, die bei steigenden Temperaturen angelassen wurden.

Die kennzeichnenden Gefügemerkmale sind nachstehend zusammengestellt:

Troostit:	Der nadlige Aufbau ist noch zu erkennen. Einige Nadeln erscheinen dunkel, andere heller. Die Dunkelfärbung nimmt mit steigender Anlaßhitze zu. Vgl. Abb. 21 (v = 350) Stahl mit 0,95% Kohlenstoff bei 900°C abgeschreckt und bei 275°C angelassen.
Osmondit:	Der nadlige Aufbau ist nicht mehr zu erkennen. Die Dunkelfärbung hat ihr Maximum erreicht. Vgl. Abb. 22 (v = 350) Stahl mit 0,95% Kohlenstoff bei 900°C abgeschreckt und bei 405°C angelassen.
Sorbit:	Im Gefüge erscheinen kleine rundliche Zementitinselchen. Die Dunkelfärbung nimmt mit steigender Anlaßhitze ab. Vgl. Abb. 23 (v = 350) Stahl mit 0,95% Kohlenstoff bei 900°C abgeschreckt und bei 640°C angelassen.

Auch in chemischer Beziehung verhalten sich die verschiedenen Anlaßstufen zwischen Martensit und Perlit (Troostit, Osmondit und Sorbit) verschieden.

Löst man reinen Martensit unter Luftabschluß in verdünnter Schwefelsäure, so entweicht, bis auf einen kleinen Rest C_f, der Gesamtkohlenstoff als flüchtige Kohlenwasserstoffe C_h (sogenannte „Härtungskohle" nach Ledebur). Der im Rückstand verbleibende Rest C_f ist nicht an Eisen gebunden. Er wird durch starke Salzsäure nicht angegriffen.

Mit steigender Anlaßhitze (Troostit) steigt die Menge des im Rückstand verbleibenden Kohlenstoffs C_f.

Sie erreicht ihren Höchstwert bei etwa 400°C Anlaßhitze (Osmondit) ,gleichzeitig treten im Rückstand Spuren von Karbid C_c (Fe_3C) auf.

Wird die Anlaßhitze weiter gesteigert (Sorbit) so wächst die Menge des im Rückstand verbleibenden Karbids C_c (Fe_3C) unter Verringerung des freien, nicht an Eisen gebundenen Kohlenstoffs C_f, bis endlich bei etwa 700°C Anlaßhitze (Perlit) bis auf einen kleinen Rest freier Kohle C_f der Gesamtkohlenstoff als Eisenkarbid Fe_3C im Rückstand verbleibt [1]).

In Abb. 24 ist dieses Verhalten für einen Stahl mit 0,95% Kohlenstoff schaubildlich aufgetragen. Auf Grund der chemischen Analyse in Gemeinschaft mit der Gefügeuntersuchung ist es demnach möglich, bei einem Stahl mit 0,95%

---

[1]) Über die Ausführung der analytischen Bestimmungen siehe Teil II, S. 121.

Kohlenstoff mit ziemlicher Genauigkeit nachträglich festzustellen, in welchem Zustand der Vorbehandlung (gehärtet und bei einer bestimmten Temperatur angelassen) der Stahl vorliegt.

9. Ledeburit (Mischkristalle — Zementit Eutektikum mit 4,2 $^0/_0$ Kohlenstoff, Erstarrungstemperatur etwa 1146^0 C). Ledeburit wird erhalten bei schroffer Abschrekkung von weißem Roheisen während oder dicht unterhalb der Erstarrung. Alkoholische Salzsäure greift die Mischkristall-Lamellen (mit etwa 1,76 $^0/_0$ Kohlenstoff) ebenso an wie Martensit (siehe dort), die Zementit - Lamellen werden nicht angegriffen. Abb. 25 stellt in 350 facher linearer Vergrößerung das Gefüge eines bei 1087^0 C in Wasser abgeschreckten weißen Roheisens dar. Der Ledeburit ist grob ausgebildet, die Mischkristalle lassen martensitischen Aufbau erkennen [2]). In der Umgebung des Ledeburit-Eutektikums finden sich dunkle troostitähnliche Übergangsbestandteile.

10. Phosphoranreicherungen im Flußeisen und Stahl. Kohlenstofffreies Eisen vermag bis zu etwa 1,7 $^0/_0$ Phosphor in fester Lösung (als Mischkristall) zu halten [3]). Mit steigendem Kohlenstoffgehalt verringert sich die Löslichkeit des Eisens für Phosphor. Die phosphorreichen Mischkristalle sind meist grobkristallinischer als ihre phosphorärmere Umgebung. Abb. 26 zeigt in vierfacher Vergrößerung einen Streifen solcher

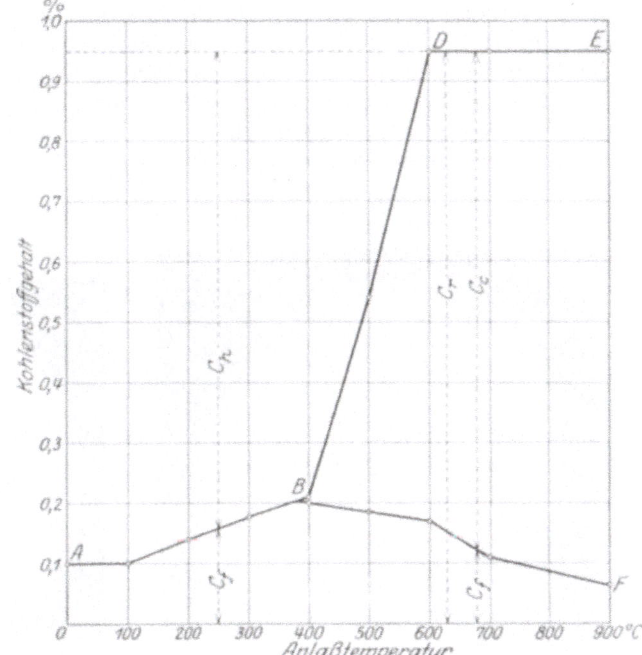

Abb. 24.   Verhalten eines Stahles mit 0,95 $^0/_0$ Kohlenstoff beim Lösen in verdünnter Schwefelsäure unter Luftabschluß.
C_h: Gasförmig entweichender Anteil des Kohlenstoffs.
C_f : Im Rückstand verbleibender, nicht an Eisen gebundener Kohlenstoff.
C_r: Gesamter im Lösungsrückstand verbleibender Kohlenstoff.
C_c: Im Rückstand verbleibender, an Eisen gebundener Kohlenstoff (Karbid = Fe_3C).

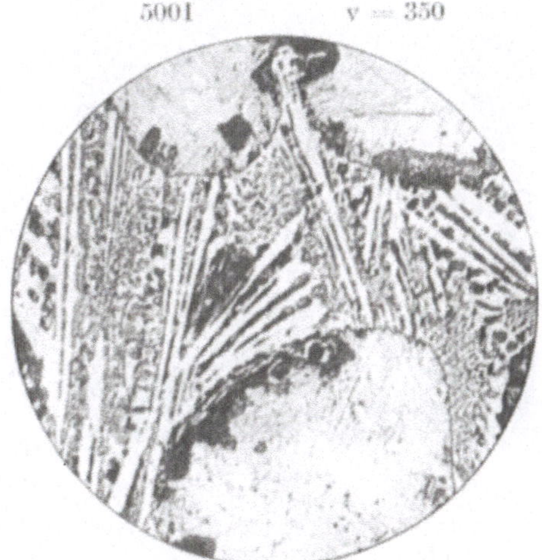

Abb. 25.   Ledeburit und Mischkristalle (Martensit).

---

[1]) Vgl. F. Wüst, „Über die Entwicklung des Zustandsdiagrammes der Eisen-Kohlenstofflegierungen". Metallurgie 1909, Heft 16.
[2]) Vgl. E. Heyn und O. Bauer, „Zur Metallographie des Roheisens". Stahl u. Eisen 1907, Nr. 44.
[3]) Stead, Eisen und Phosphor. Iron and Steel Institute. 1900.

grober Kristallkörner mit hohem Phosphorgehalt. Grobkristallinisches Gefüge
an sich ist jedoch noch kein Beweis für hohen Phosphorgehalt, da die Größe
der Ferritkristalle in erster Linie bedingt ist durch die Wärmebehandlung, die
das Material durchgemacht hat (Glühdauer, Glühtemperatur usw.).

Zur Erkennung phosphorreicher Stellen in kohlenstoffarmem Material leistet,
wie schon auf Seite 8 erwähnt, Ätzung mit Kupferammoniumchlorid

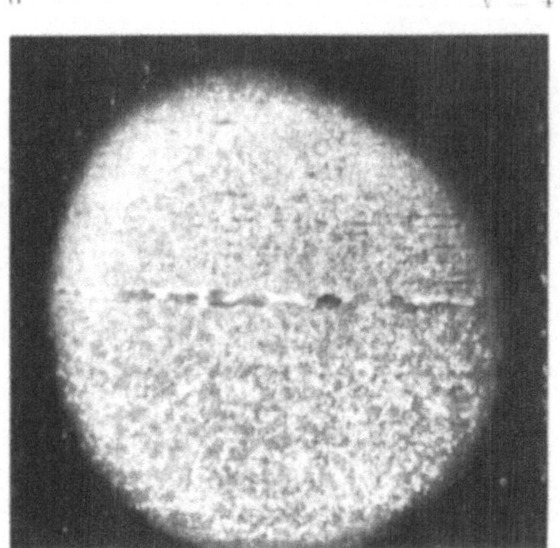

Abb. 26.   Grobkristallinische phosphorreiche Ferritkristalle.

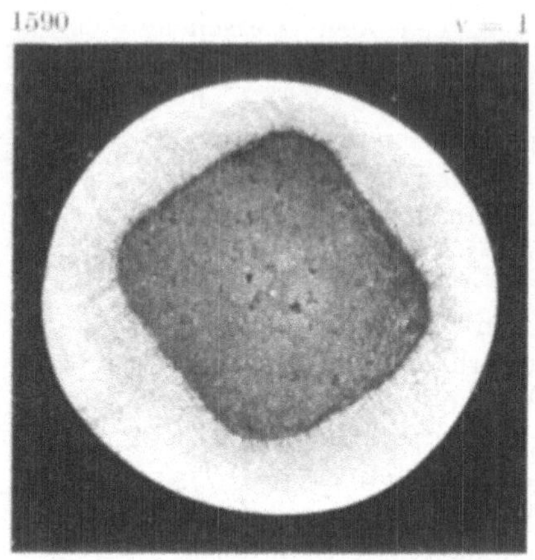

Abb. 27.   Rundeisen mit Kupferammoniumchlorid geätzt.

(nach E. Heyn) ausgezeichnete Dienste. Durch dieses Ätzmittel werden die
phosphorreichen Mischkristalle dunkel gefärbt, sie erhalten einen dunkel-
bräunlichen bis bronzefarbenen Ton[1]).

Abb. 27 zeigt einen mit Kupferammoniumchlorid geätzten Schliff eines Rundeisens [2]). Die chemische Analyse ergab:

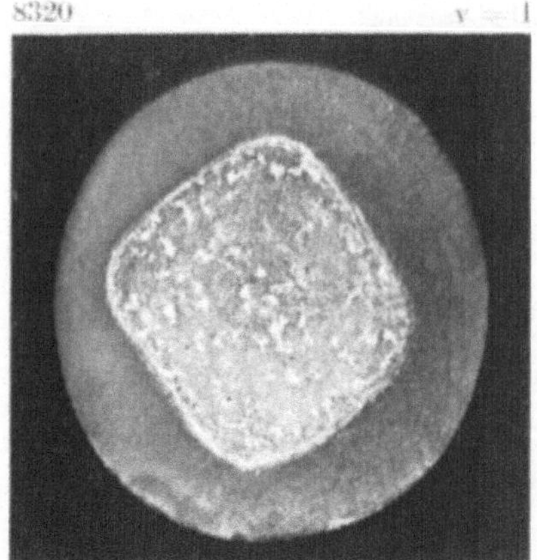

Abb. 28.   Rundeisen mit dem von
Oberhoffer verbesserten Rosenhainschen Ätzmittel geätzt.

	In der dunklen Kernzone	In der hellen Randzone
Phosphor . . .	0,147 %	0,065 %
Schwefel . . .	0,067 „	0,021 „

Die in den Abb. 103, 104 usw. wiedergegebenen Schliffe sind sämtlich mit Kupferammoniumchlorid geätzt.

Alle weisen eine mehr oder weniger
dunkel gefärbte Kern- und eine hell erscheinende Randzone auf. Die in den zugehörigen Tabellen angeführten chemischen
Analysen bestätigen deutlich den erwähnten

---

[1]) E. Heyn nimmt als Erklärung der Dunkelfärbung die Bildung von Phosphorkupfer
auf dem Schliff an.

[2]) Aus: „Nachprüfung eines neuen Ätzmittels zum Nachweis von Phosphoranreicherungen in Eisen und Stahl" von O. Bauer. Mitt. a. d. Kgl. Materialprüfungsamt 1917 S. 204.

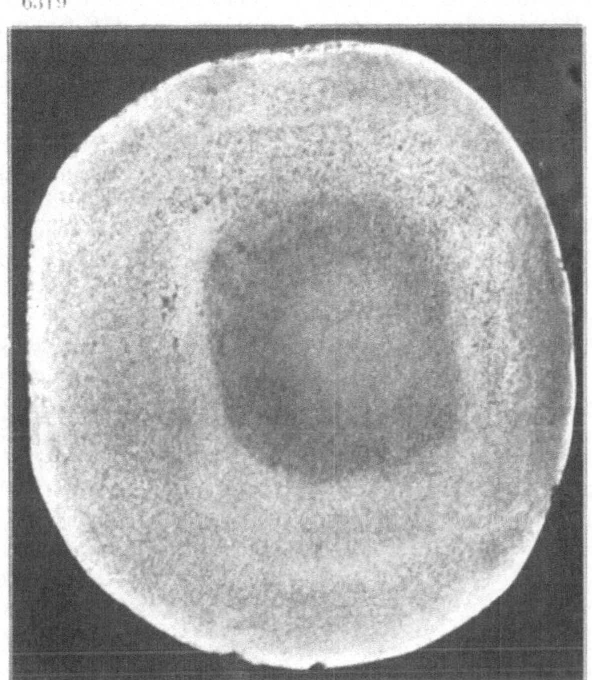

Abb. 29. Ätzung mit Kupferammoniumchlorid nach E. Heyn.

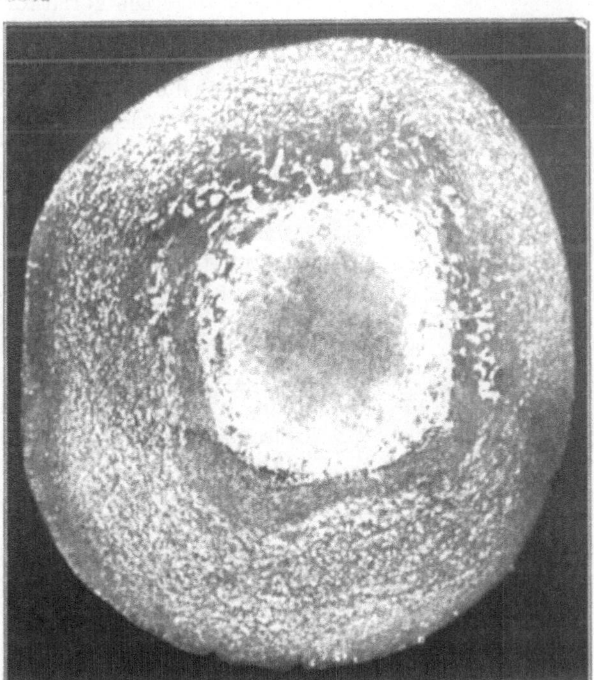

Abb. 30. Ätzung mit dem von Oberhoffer verbesserten Rosenhainschen Ätzmittel.

ursächlichen Zusammenhang zwischen Dunkelfärbung und Phosphorgehalt. Der Ton der Dunkelfärbung ist sehr charakteristisch, so daß für den Geübten ein Zweifel, ob die Färbung vom Phosphor oder von anderen Ursachen herrührt, kaum bestehen wird.

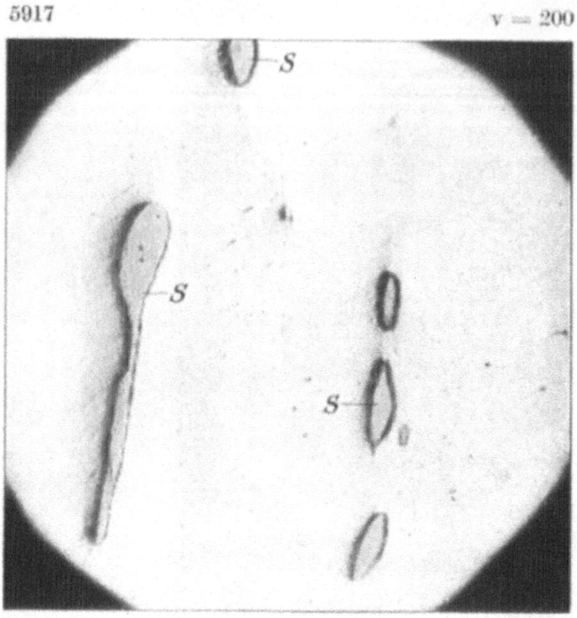

Der Ungeübte könnte vielleicht die durch höheren Phosphorgehalt bedingte Dunkelfärbung mit kohlenstoffreicheren Stellen verwechseln, die auch nach Ätzung etwas dunkler erscheinen. Bei stärkerer Vergrößerung ist jedoch Verwechslung wegen des in kohlenstoffreicherem Eisen reichlicher vorhandenen Perlits ausgeschlossen (vgl. S. 16). An Stellen, an denen Flußeisen im kalten Zustand deformiert worden ist, z. B. in der Umgebung von gestoßenen Nietlöchern treten auch dunklere Färbungen auf. Beobachtung der Ferritkörner bei stärkerer Vergrößerung gibt über die Entstehungsursache Aufschluß. Die Ferritkörner zeigen an solchen Stellen Formveränderungen, Ätzfurchen usw., so daß auch hier eine Verwechslung mit phosphorreicheren Stellen ausgeschlossen ist [1]. Bei kohlenstoffreichem Material (Stahl) versagt aber die Ätzung mit Kupferammoniumchlorid. In solchen Fällen leistet, wie schon erwähnt, das Oberhoffersche Ätzmittel sehr gute Dienste, da hierbei nur die phosphorreicheren Mischkristalle hell bleiben, alle anderen Teile des Schliffes aber dunkel erscheinen.

Abb. 28 zeigt z. B. den in Abb. 27 bereits wiedergegebenen Schliff des Rundeisens nach der Ätzung mit dem von Oberhoffer verbesserten Rosenhainschen Ätzmittel (s. S. 8). Der phosphorreiche Kern ist hier hell, während die phosphorärmere Randzone dunkel erscheint. Noch deutlicher tritt dieser Unterschied in kohlenstoffreicherem Material hervor (vgl. z. B. die beiden Abb. 29 und 30). Es handelt sich hier um ein Material mit 0,36 % Kohlenstoff.

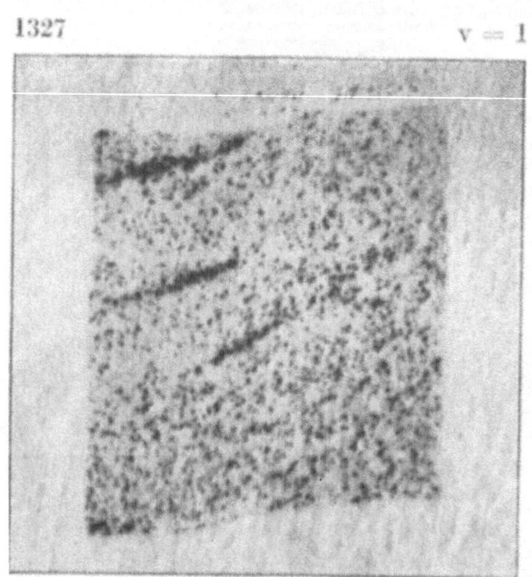

Abb. 31. Sulfideinschlüsse im Flußeisen.

Abb. 32. Schwefelabdruck auf Seide.

---

[1] Ausführlicheres hierüber vgl. E. Heyn, „Die Umwandlung des Kleingefüges bei Eisen und Kupfer durch Formänderungen im kalten Zustand und darauffolgendes Ausglühen". Zeitschr. Ver. dtsch. Ing. 1900, Bd. 44. Heft 14 u. 16.

Eine schwache Dunkelfärbung nach Ätzung mit Kupferammoniumchlorid (Abb. 29) ist auch hier im Kern erkennbar, jedoch erscheinen auch die übrigen Teile der Schliffffläche dunkel, so daß ein sicherer Schluß auf Phosphoranreicherung in der Kernzone aus obigem Bild nicht gezogen werden kann. Abb. 30 zeigt den mit dem Oberhofferschen Ätzmittel geätzten gleichen Schliff. Die Kernzone erscheint hell, die übrigen Teile der Schliffffläche sind nicht gleichmäßig dunkel gefärbt, sondern helle und dunkle Stellen liegen nebeneinander.

Die Analyse ergab:

	Phosphor
Aus der hellen Kernzone	0,150%
Zwischen Rand und Kernzone	0,135 „
Am äußersten Rand	0,116 „

Die Analyse zeigt deutliche Unterschiede in den Phosphorgehalten der hellen und dunklen Stellen. Das Oberhoffersche Ätzmittel ist hiernach gut geeignet zur Erkennung von Phosphorseigerungen in kohlen-

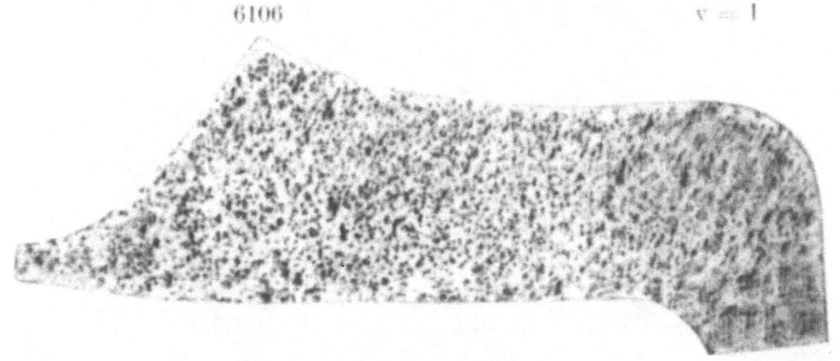

Abb. 33.　Schwefelabdruck auf Seide.

stoffreicheren Materialien. Für kohlenstoffarmes Flußeisen ist die Ätzung mit Kupferammoniumchlorid nach E. Heyn vorzuziehen.

11. Sulfideinschlüsse im Eisen. Wie bereits S. 10 erwähnt, tritt Schwefel in Eisen als Schwefeleisen bzw. Schwefelmangan auf.

Da weder Schwefeleisen noch Schwefelmangan mit Eisen Mischkristalle bilden, so lassen sich selbst sehr kleine Mengen von Sulfiden noch unter dem Mikroskop nachweisen. Es gehört hierzu jedoch ein geübtes Auge. Die Sulfide erscheinen unter dem Mikroskop meist als rundliche, oder bei gewalztem Material als langgestreckte Einschlüsse von fahlgelber bis blaßbläulicher Färbung. Sie werden durch Kupferammoniumchlorid nicht angegriffen. Verdünnte Säuren lösen sie unter Schwefelwasserstoffentwicklung. Abb. 31 zeigt in 200 facher Vergrößerung solche Sulfideinschlüsse S S im Flußeisen.

Ätzt man einen Sulfideinschlüsse enthaltenden Schliff mit alkoholischer Salzsäure, so färbt sich der Ferrit in unmittelbarer Umgebung der Einschlüsse dunkel. Die Dunkelfärbung findet ihre Erklärung in dem beim Ätzen freiwerdenden Schwefelwasserstoff, der das Eisen mit einem dünnen Hauch von Schwefeleisen überzieht. Ein gewisser Anhalt für die Natur der Einschlüsse ist schon hierdurch gegeben.

Bei gleichzeitiger Gegenwart anderer nichtmetallischer Einschlüsse (z. B. von Schlacken und anderer von der Desoxydation herrührender oxydischer Stoffe) macht aber das Erkennen der Sulfide mitunter große Schwierigkeiten. Zum Nachweis von Sulfidanreicherungen ist daher das S. 10 beschriebene Abdruckverfahren auf Seide sehr zweckdienlich.

Die Abb. 32 und 33 stellen nach diesem Verfahren behandelte Seidenläppchen in natürlicher Größe dar. Die dunklen Streifen und Punkte entsprechen Sulfideinschlüssen im Material.

12. Andere nichtmetallische Einschlüsse. Beim Schweißeisen wissen wir, daß die nichtmetallischen Stoffe vorwiegend Einschlüssen von Schweißschlacke [1]) entsprechen. Die Schweißschlackeneinschlüsse sind in der Regel gut durch ihre tief dunkelgraue bis tief blaugraue Färbung gekennzeichnet. Bei größeren Einschlüssen zeigt es sich, daß sie vielfach nicht einheitlich aufgebaut sind,

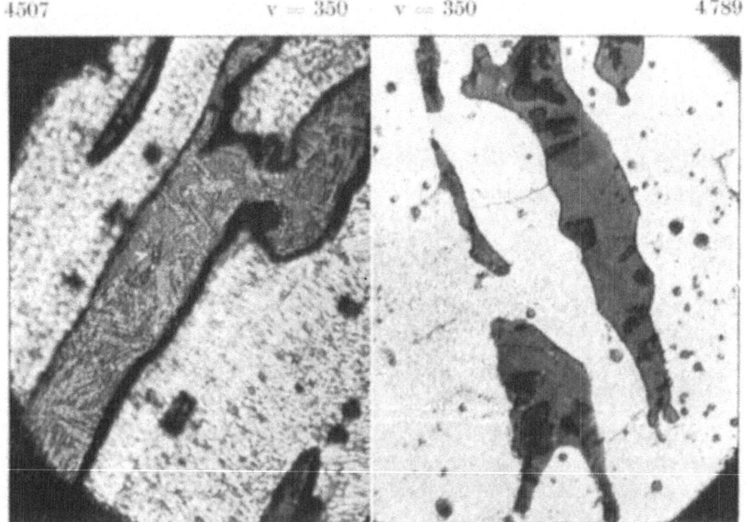

Abb. 34.   Schlackeneinschlüsse im Schweißeisen.

sondern daß in der Grundmasse zuweilen wohlausgebildete Kristalliten von hellerer Farbe auftreten; vgl. die linke Hälfte der Abb. 34 (v = 350). Bei anderen Schlacken liegen wieder in der Grundmasse rundliche Einschlüsse von dunklerer Färbung als wie die Grundmasse (vgl. die rechte Hälfte der Abb. 34 (v = 350)]. Dieser verschiedenartige Aufbau läßt auf verschiedene Oxydationsstufen des Eisens in der Schlacke schließen.

Bei Flußmaterial ist die Frage über die chemische Natur der nichtmetallischen Einschlüsse noch nicht endgültig geklärt [2]). Die Einschlüsse können je

---

[1]) Die Schweißschlacke kann je nach dem eingesetzten Material und dem Verlauf des Frischens außer oxydischen Eisenverbindungen auch noch beträchtliche Mengen an Phosphorsäure und Kieselsäure und geringere Mengen anderer Bestandteile enthalten.

[2]) Vgl. z. B. W. Rosenhain, „Schlackeneinschlüsse im Stahl". V. Internationaler Kongreß für Materialprüfung in Kopenhagen 1909; H. Hibbard, „The Solid Non-Metallic Impurities in Steel (Sonims)". Bull. of the Americ. Institute of Mining Engineers. Nr. 52. April 1911. S. 325; W. Rosenhain, „Schlackeneinschlüsse im Stahl". VI. Internationaler Kongreß für Materialprüfung in New York 1912; F. Giolitti und Zublena, „Über das Verhalten der in saurem Stahl eingeschlossenen Schlacken". Int. Zeitschr. Metallographie. Bd. VII, Heft 1, 1914, S. 35; Bd. VII, Heft 2, 1915, S. 113.

nach der Art der Herstellung des Materials, der verwendeten Desoxydationsmittel usw. sehr verschiedene Zusammensetzung und sehr verschiedenes Aussehen haben. Fast stets weichen sie jedoch im Aussehen deutlich von den oben
erwähnten Schweißschlackeneinschlüssen ab. Abb. 35 (v = 365) entspricht
einer groben Anhäufung nichtmetallischer Einschlüsse in einem Flußeisenblech.
Das Bild zeigt zugleich, daß die Einschlüsse nicht gleichartig sind, sondern daß
die Anhäufung aus mindestens drei verschiedenen Gefügebestandteilen besteht.

Wenn auch die Natur dieser Einschlüsse im Flußmaterial noch nicht geklärt
ist, so gelingt es doch auf Grund des von den Schweißeiseneinschlüssen abweichenden Aussehens in fast allen Fällen die Frage zu entscheiden, ob Schweiß-
oder Flußmaterial vorliegt.

F. Pacher [1]) unterscheidet im Flußeisen und Flußstahl mindestens drei
verschiedene Arten nichtmetallischer Einschlüsse:

a) Einschlüsse die aus dem feuerfesten Material der Pfanne, der Stopfen-
stangenverkleidung, des Stopfens und
Ausgußes der Eingußtrichter und beim
Gießen von unten, aus dem Trichterrohr
und von den Kanalsteinen stammen.

b) Mitgerissene Ofenschlacke. Solche
Einschlüsse müßten demnach die gleiche
Zusammensetzung und den gleichen Ge-
fügeaufbau wie die Ofenschlacke haben.

c) Einschlüsse, die das Enderzeugnis
aus der Reduktion mit Ferrosilizium,
Aluminium und Mangan darstellen.

Die unter a) und b) genannten Einschlüsse dürften im allgemeinen nur aus-
nahmsweise auftreten, der Hauptanteil
an den sich im Flußmaterial vorfinden-
den nichtmetallischen Einschlüssen
rührt unzweifelhaft von der unter c)
genannten Desoxydation des flüssigen
Bades her. Es ist verständlich, daß das
Aussehen und die chemische Zusammensetzung dieser Desoxydationsprodukte

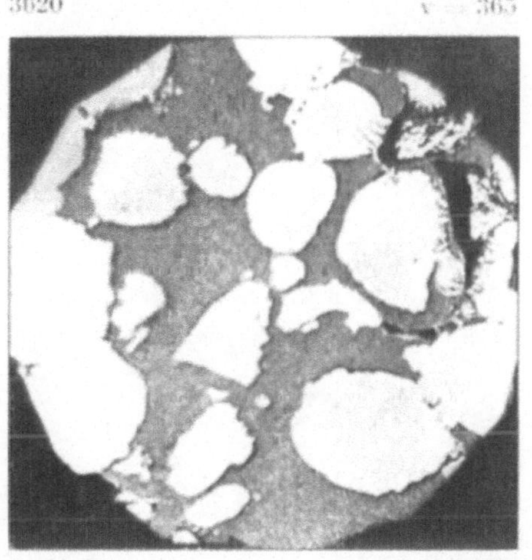

Abb. 35. Nichtmetallische Einschlüsse
im Flußeisen.

je nach dem angewendeten Verfahren verschieden sein wird. Solange noch
kein völlig einwandfreies Verfahren [2]) gefunden ist, die nichtmetallischen
Einschlüsse von dem sie umhüllenden Eisen quantitativ zu trennen und sie
dadurch der chemischen Analyse zugänglich zu machen, wird man nach wie vor
auf die qualitative mikroskopische Untersuchung angewiesen bleiben [3]), obgleich
auch diese bezüglich der Natur der verschiedenen Einschlüsse zur Zeit noch
nicht in allen Fällen Aufklärung zu schaffen vermag. In einzelnen Fällen,
wo es sich um besonders große Mengen von Einschlüssen handelt, ist es
gelungen sie rein mechanisch vom Eisen zu trennen, zu sammeln und zu
analysieren.

---

[1]) F. Pacher, „Über verschiedene Arten von Schlackeneinschlüssen im Stahl, ihre
mutmaßliche Herkunft und ihre Verminderung". Stahl u. Eisen 1912. S. 1647.

[2]) F. Wüst und N. Kirpach, „Über die Schlackenbestimmung im Stahl". Mitt.
a. d. Kaiser-Wilhelm-Institut für Eisenforschung zu Düsseldorf. 1920, Bd. 1. S. 31.

[3]) G. Mars, „Bestimmung der Schlackeneinschlüsse im Stahl". Stahl u. Eisen 1912.
S. 1557. P. Oberhoffer und K. d'Huart, „Beiträge zur Kenntnis oxydischer Schlackeneinschlüsse sowie der Desoxydationsvorgänge im Flußeisen". Stahl u. Eisen 1919. S. 165
u. 196.

C. Jäger[1]) konnte z. B. aus großen Schmiedeblöcken für die chemische Analyse ausreichendeMengen nichtmetallische Einschlüsse von „gelbsandigem Aussehen" sammeln. Die Analyse ergab:

	I. Analyse	II. Analyse
Manganoxydul	45,90 %	43,40 %
Eisenoxydul	18,27 „	18,36 „
Kieselsäure	36,75 „	37,70 „

Es handelt sich hier offenbar um Desoxydationsprodukte.

Chirurgische Instrumente (Scheren) die aus Elektrostahl (1 % Kohlenstoff, 0,35 % Mangan und 0,3 % Silizium) hergestellt waren, zeigten Risse, Aufspaltungen und Aufblätterungen. In den Spalten und Aufblätterungen war ein weißlicher Belag vorhanden. Die Instrumente waren im Laufe der Untersuchung mit Salzsäure abgebeizt worden. Die Analyse des Belages ergab im wesentlichen: Kieselsäure, neben Kalk und Eisenoxyd zu etwa gleichen Teilen. Der Eisenoxydgehalt rührt vermutlich zum größten Teil vom Beizen her. Der weiße Belag entspricht in seiner Zusammensetzung angenähert der beim elektrischen Ofen mit saurem Futter fallenden Schlacke.

K. Neu[2]) beobachtete gelegentlich einer Schienenwalzung aus Thomasmaterial, daß eine weiße schlackenartige Masse herausspritzte. Es gelang ihm die Masse aufzufangen und zu analysieren. Die betreffende Schienencharge hatte neben einem Zusatz von Spiegeleisen mit 12 bis 14 % Mangan und 50 % igem Ferrosilizium auch einen Zusatz von etwa 0,03 % Aluminium erhalten. Der Schienenblock hatte in der Kokille während des Gießens noch einen weiteren Aluminiumzusatz erhalten, der vermutlich etwas zu reichlich bemessen war. Die Analyse ergab:

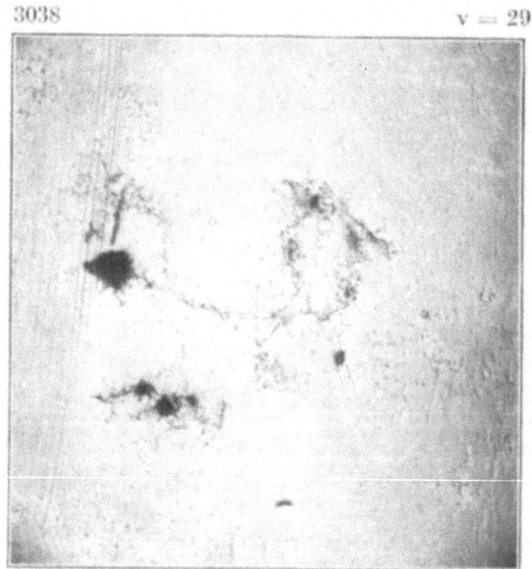

Abb. 36.   Tonerde (Al_2O_3) im Flußeisen.

Kieselsäure . . 28,80 %		Manganoxydul . 29,15 %
Tonerde . . . 37,50 „		Phosphorsäure . 0,25 „ .

Bei reichlichem Zusatz von Aluminium zum flüssigem Stahl oder Eisen tritt das Oxydationsprodukt des Aluminiums, die Tonerde (Al_2O_3) auch gelegentlich in Gestalt von feinen Verästelungen oder Schaumwänden auf.

Abb. 36 (v = 29) zeigt z. B. solche Tonerdeeinschlüsse in einem mit Aluminium desoxydierten Flußeisen[3]).

---

[1]) Stahl u. Eisen 1912. S. 1653.
[2]) Stahl u. Eisen 1912. S. 1654.
[3]) Über „Tonerde im Stahl" s. auch Stahl u. Eisen 1917. S. 40. Bericht von A. Stadeler über eine Arbeit von G. F. Comstock (Metallurgical and Chemical Engineering 1915. 1. Dez. S. 891).

Zur Erkennung nichtmetallischer Einschlüsse ist im allgemeinen Ätzung der Schliffe nicht erforderlich. Größere Ansammlungen machen sich sowohl beim Schweiß-, wie auch beim Flußeisen, meist schon dem bloßen Auge als dunkle Stellen und Flecken auf der glänzenden Schlifffläche kenntlich. Zum sicheren Nachweis kleiner Einschlüsse ist die mikroskopische Beobachtung nicht zu umgehen, da sonst leicht Schleiffehler und sonstige zufällige Verunreinigungen der Schlifffläche (z. B. Rost) für Schlacken und nichtmetallische Einschlüsse gehalten werden können.

E. Ursache der örtlichen Verschiedenheiten in der chemischen Zusammensetzung des Materials.

Im Abschnitt A wurde bereits auf die Wichtigkeit sachgemäßer Entnahme der Analysenspäne hingewiesen, „weil die Zusammensetzung des Materials nicht unbedingt an allen Stellen des Querschnitts die gleiche zu sein braucht und es in der Tat in vielen Fällen auch nicht ist". Die Ursache dieser örtlichen Verschiedenheit in der Zusammensetzung kann eine mehrfache sein.

1. Sie kann von der Erzeugung des Materials herrühren und ist daher oft unvermeidlich (Geburtsfehler). Hierher gehören alle die durch Seigerung bedingten Erscheinungen und örtlichen Ungleichmäßigkeiten. Sie schleppen sich durch den ganzen Werdegang des Materials durch und bereiten der Probenahme oft die größten Schwierigkeiten. Beim Gußeisen spielt ferner noch die Zeitdauer der Erstarrung und der Abkühlung nach der Erstarrung auf Menge und Art der Graphitausscheidung eine große Rolle. Große Gußstücke erstarren und kühlen langsamer ab als kleine, das gleiche gilt für verschiedene Querschnitte an einem und demselben Gußstück. Je langsamer die Abkühlung, um so reichlicher ist die Graphitausscheidung und umgekehrt.

2. Sie kann aber auch absichtlich im Verlauf der Weiterverarbeitung des Materials hervorgebracht sein. Sie hat dann meist eine Veredelung oder Brauchbarmachung des Materials für einen bestimmten Zweck im Auge. Hierher gehört z. B. das Zementieren, Tempern, das Einsatz-Härten usw.

3. Die Ungleichmäßigkeit in der Zusammensetzung kann endlich unbeabsichtigt und ohne Kenntnis des Erzeugers oder des Verbrauchers des Materials bei der Weiterverarbeitung oder während des Verbrauches im Betriebe (z. B. Entkohlung durch Verbrennen des Stahles, Zersetzungserscheinungen, Rost usw.) eingetreten sein. Wir können alle diese Erscheinungen als Krankheitserscheinungen bezeichnen. Sie sind oft der Grund für Beanstandungen eines an sich einwandfreien Materials.

In allen diesen und ähnlichen Fällen ist der Analytiker zur Erkennung solcher örtlicher Ungleichmäßigkeiten auf die Unterstützung der Metallographie angewiesen. In den späteren Kapiteln soll an der Hand von Beispielen aus der Praxis gezeigt werden, wie stark das Analysenergebnis unter Umständen durch die unter 1—3 genannten örtlichen Verschiedenheiten in der Zusammensetzung beeinflußt werden kann.

4. Wesentlichen Einfluß auf den Ausfall der chemischen Analyse kann endlich, selbst bei gleichmäßigem Material, die Art der Probenahme in der Werkstatt haben. Auf die durch unsachgemäße Probenahme bedingten Fehlerquellen wird im folgenden Abschnitt hingewiesen.

F. Über die Probenahme in der Werkstätte.

1. Allgemeines über die Probenahme. Als Regel für die Entnahme der Späne bei sämtlichen Materialien, die durch schneidende Werkzeuge bearbeitbar sind, gilt, daß, wo nur irgend angängig, für die Durchschnittsanalyse die Entnahme durch Hobeln über den ganzen Querschnitt, nicht etwa durch Bohren, Abdrehen usw. zu erfolgen hat, und daß, wo eine metallographische Untersuchung der chemischen Analyse vorausgegangen ist, die Späne stets möglichst dicht hinter dem für die metallographische Untersuchung bestimmten Schliff zu entnehmen sind. Abb. 37 zeigt, wie z. B. bei der Untersuchung einer Eisenbahnschiene zu verfahren wäre:

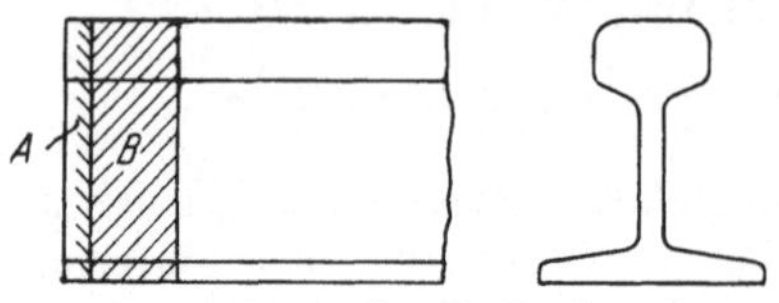

Abb. 37. Schema für die Probenahme.

A = Scheibe für die metallographische Untersuchung. Die durch Schraffur angedeutete Schnittfläche wird geschliffen, poliert und geätzt.

B = Analysenspäne durch Hobeln über dem ganzen Querschnitt entnommen.

Sind durch die vorhergehende metallographische Untersuchung grobe Unregelmäßigkeiten in der chemischen Zusammensetzung des Materials aufgedeckt, erscheint es infolgedessen wünschenswert, die Zusammensetzung an verschiedenen Stellen des Querschnitts zu ermitteln, so muß unter Umständen zum Bohren, Abdrehen usw. geschritten werden. Wo es sich aber um die Durchschnittsanalyse handelt, ist nur Hobeln über den ganzen Querschnitt zulässig. Zu jeder vollständigen Analyse gehören daher genaue Angaben über Art der Entnahme der Analysenspäne, wenn erforderlich unter Beifügung einer Skizze.

Die Skizze ist unerläßlich, wo es sich um Entnahme von Spänen aus verschiedenen Stellen des Querschnitts (Kern-Randzone usw.) handelt.

Vielfach wird dem rein mechanischen Teil der Probenahme, dem Reinigen des Stückes, dem Hobeln und Sammeln der Späne in der Werkstatt, nicht genügend Aufmerksamkeit gewidmet, trotzdem gerade auch hier bei nachlässigem Arbeiten stark gesündigt werden kann. Erstes Erfordernis ist natürlich, daß die Hobelmaschine sauber ist, daß nicht Späne von anderen Proben auf ihr liegen und daß alle Teile, die mit dem Probematerial in Berührung kommen können, frei von Öl, Fett, Seifenlösung usw. sind. Auch muß jede Möglichkeit ausgeschlossen sein, daß während der Arbeit Öl oder Fett usw. auf die bereits entnommenen Späne tropfen kann.

2. Das Reinigen der Oberfläche der Proben. Vor Entnahme der Späne ist die Oberfläche des Materials in allen Fällen erst sorgfältig auf äußere Verunreinigungen zu untersuchen und von ihnen zu reinigen. Es kommen zunächst zufällige lose haftende Verunreinigungen, z. B. von der Verpackung herrührende Reste, Schmutzteile vom Lagern auf dem Erdboden usw. in Frage. Sie lassen sich meist durch Absuchen, Abwischen und Abreiben mit Putzlappen, Bürste usw. entfernen. Farb- und Lackanstriche, Buchstaben und Nummern-Bezeichnungen, auch Rostansätze können durch Abreiben mit einer Drahtbürste entfernt werden, erforderlichenfalls sind auch Lösungsmittel für die Farbe (Alkohol, Äther, Benzin, Petroleum) anzuwenden, doch sollen nur solche Lösungsmittel verwendet werden, die das Eisen nicht angreifen.

Überzüge der Oberfläche, die von der Herstellung des Materials herrühren, z. B. Gußhaut, Zunder, Hammerschlag, Glühspan, haften meist erheblich fester als die zufälligen Verunreinigungen. Sie sind, wenn Abreiben mit der Stahldrahtbürste nicht zum Ziele führt, durch Abklopfen mit dem Hammer,

Feilen oder Abschmirgeln zu entfernen. Doch ist hierbei darauf zu achten, daß nicht größere Materialmengen mit entfernt werden.

3. Das Hobeln und Sammeln der Späne. Bei hartem Material sind beim Hobeln Schnittgeschwindigkeit und Spanstärke nicht zu groß zu nehmen. Die Späne springen sonst leicht weg und es entstehen Verluste, auch besteht die Gefahr, daß Stücke vom Schneidstahl abbrechen und in die Analysenprobe geraten. Kommt zufällig ein unter die Späne geratenes, abgesprungenes Stück des Werkzeuges mit zur Einwage, so ergibt die Analyse ein falsches Ergebnis, ohne daß der Grund nachträglich zu ermitteln ist. Beim Hobeln auf den Boden gefallene Späne sind grundsätzlich nicht aufzunehmen, da stets der berechtigte Einwand gemacht werden kann, daß das aufgehobene Material durch fremde Späne verunreinigt ist.

Überhaupt ist dem Auffangen und Sammeln der Späne in der Werkstätte die größte Sorgfalt zu widmen.

Der ungeschulte Arbeiter ist nur zu leicht geneigt, die beim Hobeln gewisser Eisensorten neben den groben Spänen entstehenden leichten, feinen, staub- und pulverförmigen Teile (z. B. Graphit beim Gußeisen, Schlacke beim Schweißeisen) nicht mit aufzunehmen, sie einfach liegen zu lassen oder sogar wegzublasen. Daß hierdurch sehr beträchtliche Fehler in der Analyse entstehen können, wird S. 51 und 108 gezeigt.

Zur Vermeidung von Verlusten empfiehlt es sich in allen Fällen, die Probe nach Art der Abb. 38 von kräftigem Glanzpapier umhüllt in die Backen der Hobelmaschine einzuspannen. Sind Schnittgeschwindigkeit und Spanstärke richtig gewählt, so daß Wegspringen der Späne beim Hobeln nicht stattfindet, so sind jetzt Verluste bei der Entnahme so gut wie ausgeschlossen, da sich sowohl die groben Späne wie auch die leichten und pulverförmigen Teile in der Papierumhüllung ansammeln und nach Ausspannen des Probestückes ohne Verluste in eine Pappschachtel oder besser noch in eine Glasflasche geschüttet werden können.

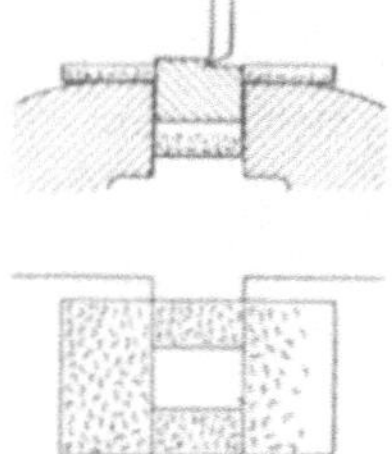

Abb. 38. Das Sammeln der Späne.

4. Das Ausglühen vor der Probenahme. Gehärteter Stahl ist, um ihn bearbeitbar zu machen, vor Entnahme der Späne auszuglühen. Die Glühtemperatur ist bei Kohlenstoffstählen so zu wählen, daß sie oberhalb des Perlitpunktes (700^0 C bei reinem Kohlenstoffstahl) liegt. $^1/_4$stündiges Glühen bei etwa 750 bis 800^0 C mit anschließendem langsamen Erkaltenlassen bis nahe unterhalb des Perlitpunktes ist ausreichend. Von etwa 600^0 C an kann die Abkühlung schnell erfolgen, da alsdann bei reinem Kohlenstoffstahl selbst Abschrecken in Wasser keine merkbare Härtesteigerung mehr hervorbringt.

Als ungefährer Anhaltspunkt für die erreichte Temperatur möge folgende Skala dienen. Es gilt angenähert für [1]):

Beginnende Rotglut	etwa $525-550^0$ C
Dunkle Rotglut	,, 700^0 C
Beginn der Kirschrotglut . .	,, 800^0 C
Kirschrotglut	,, 900^0 C
Helle Kirschrotglut	,, 1000^0 C
Dunkelorange	,, 1100^0 C
Hellorange	,, 1200^0 C
Weißglut	,, 1300^0 C
Helle Weißglut	,, 1400^0 C
Blendende Weißglut	,, 1600^0 C

---

[1]) Genaue Temperaturmessungen werden mit Hilfe von Thermoelementen ausgeführt. Vgl. E. Heyn und O. Bauer, „Metallographie". Bd. I. Sammlung Göschen. 1920.

Das Glühen kann im offenen Holzkohlenfeuer erfolgen. Wird das Ausglühen im Ofen (Röhrenofen, Muffelofen usw.) ausgeführt, so ist es empfehlenswert, zur Vermeidung starker Zunderbildung und damit verbundener oberflächlicher Entkohlung, vor und hinter die Probe einige Stücke Holzkohle zu legen, so daß die in den Ofen eintretende Luft an der glühenden Kohle vorbeistreichen muß, wobei der Sauerstoff der Luft zu Kohlenoxyd verbrennt. Die Zunderbildung läßt sich durch dieses einfache Mittel auf ein sehr geringes Maß beschränken. Der Einwand, daß durch das Kohlenoxyd oberflächliche Kohlung (Zementierung) der Probe eintreten könnte, ist unbegründet. Hierzu ist eine ganz erheblich längere Zeitdauer der Einwirkung erforderlich[1)][2)].

Erwähnt soll noch werden, daß durch gewisse Stoffe im Eisen der Perlitpunkt schnell in tiefere Temperaturzonen heruntergedrückt wird. Stoffe, die diese Wirkung haben, sind Mangan, Nickel u. a. Es ist hierauf bei der Abkühlung nach erfolgtem Ausglühen Rücksicht zu nehmen.

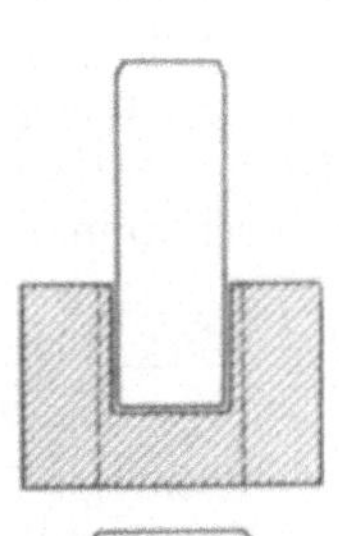
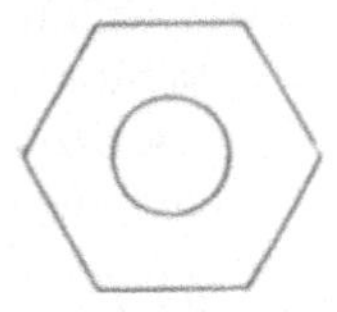

Abb. 39. Handstahlmörser.

5 Probenahme von Materialien, die sich nicht bearbeiten lassen. Gewisse Legierungen und naturharte Stähle lassen sich auch nach dem Ausglühen und langsamen Erkalten mit Werkzeugen aus gewöhnlichem Kohlenstoffstahl nicht bearbeiten. Weißes Roheisen darf nicht geglüht werden, da Temperkohleausscheidung eintreten kann. In einigen Fällen wird man mit Werkzeugen aus Spezialstahl (Chrom-Wolframstahl u. dgl.) zum Ziele kommen. Die Probenahme hat alsdann unter denselben Gesichtspunkten zu erfolgen, wie bereits beschrieben.

Läßt sich aber das Material weder mit Kohlenstoffstahl noch mit Spezialstahl bearbeiten, so bleibt nichts übrig, als an verschiedenen Stellen Stücke abzuschlagen und diese zu zerkleinern. Meist lassen sich bereits mit einem schweren Handhammer auf dem Stahlamboß Stücke abschlagen. Handelt es sich um große und sehr harte Proben, so verwendet man mit Vorteil auch ein Fallwerk, wo ein solches zur Verfügung steht.

Um weites Umherspritzen der abgeschlagenen Bruchstücke zu verhindern, umwickelt man die Probe in diesem Falle zweckmäßig mit einem reinen Leinwandlappen, doch versäume man nie, zwischen Probe und Bär des Fallwerks ein Eisenstück zwischen zu schalten, da sonst der Bär stark beschädigt werden kann. Selbstverständlich sind die Bruchstücke von etwa anhaftenden Zeugresten sorgfältig zu reinigen. Die wei-

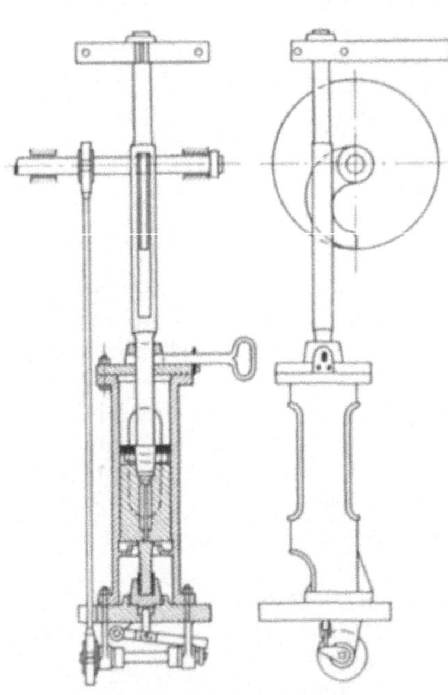

Abb. 40.   Roheisenklopfer.

tere Zerkleinerung der abgeschlagenen Bruchstücke erfolgt in einem Handstahlmörser, wie er in seiner einfachsten Form in Abb. 39 schematisch dargestellt ist.

[1)] Vgl. z. B. O. Bauer, „Einiges über das Zementieren". Stahl u. Eisen 1909, Nr. 18.
[2)] Es ist dem Verfasser beim $1/4$ stündigen Ausglühen unter Vorlage von Holzkohle in keinem Falle gelungen, auch nur die geringsten Spuren einer oberflächlichen Kohlung des Materials metallographisch nachzuweisen.

Für weißes Roheisen eignet sich zur Zerkleinerung sehr gut ein sogenannter Roheisenklopfer. Abb. 40 stellt einen Roheisenklopfer dar [1]).

Die von den einzelnen größeren Stücken stammenden feinen Pulver werden zu einem gemeinsamen Haufen vereinigt, aus dem alsdann in üblicher Weise (Haufenprobe, Viertelprobe) die für die Analyse bestimmte Durchschnittsprobe entnommen wird.

6. Probenahme von Material in Drahtform. Liegt das Material in Drahtform vor, so verfährt man bei dickem Draht zunächst in der Weise, daß man die einzelnen Drähte durch Hämmern auf dem Stahlamboß breitschlägt [2]), so daß sie mit der Blechschere zerschnitten werden können.

Jeder Draht wird nun in eine gleiche Anzahl annähernd gleich langer Abschnitte zerteilt. Für die Einwage werden von jedem der n-Drähte ein oder zwei Abschnitte entnommen und zu einer Durchschnittsprobe vereinigt. Die weitere Zerkleinerung der Abschnitte erfolgt wieder durch Zerschneiden mit der Schere. Besteht der Verdacht oder ist der metallographische Nachweis erbracht, daß die einzelnen Drähte nicht aus dem gleichen Material bestehen, so ist eine Durchschnittsprobe aus allen Drähten wertlos. In diesem Fall entnimmt man an verschiedenen Stellen je eines Drahtes einzelne Drahtabschnitte, die gesondert analysiert werden.

II. Spezieller Teil.

Umstände, die die Entnahme einer einwandfreien Durchschnittsprobe erschweren.

G. Weißeisen, Ferromangan, Hartguß und Temperguß.

Wo Hobeln über den ganzen Querschnitt wegen zu großer Härte des Materials ausgeschlossen ist, ist die Entnahme einer Durchschnittsprobe von größeren Stücken, die nicht im ganzen zerkleinert werden können, stets eine mißliche Sache, da es bei ungleichmäßiger Zusammensetzung des Materials nur schwer, in gewissen Fällen direkt unmöglich sein dürfte, durch Abschlagen einzelner Teile einen richtigen Durchschnitt für die Analyse zu erhalten. Der Analytiker versäume daher in solchen Fällen nie, bei Abgabe der Analysenergebnisse gleichzeitig Angaben über die Art der Probenahme zu machen, wo erforderlich unter ausdrücklichem Hinweis auf die Schwierigkeit, einen richtigen Durchschnitt zu erhalten.

1. Ungleichmäßigkeiten in der Zusammensetzung von weißem Roheisen und Ferromangan. Daß tatsächlich bei Weißeisen und Ferromangan recht beträchtliche Unterschiede in der Zusammensetzung innerhalb des Querschnitts vorkommen, zeigen die nachfolgenden Beispiele.

---

[1]) Aus A. Kayßer, „Wie muß das Hauptlaboratorium eines neuzeitlichen Eisenhüttenwerkes beschaffen sein“. Stahl u. Eisen 1907. S. 1353.

[2]) Bei dünnen Drähten, die sich leicht zerschneiden lassen, ist Breitschlagen nicht erforderlich.

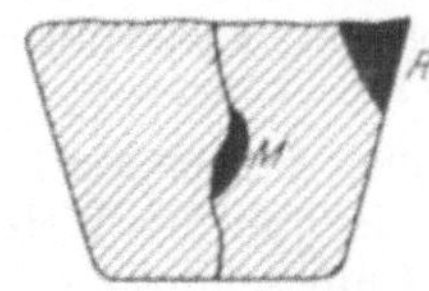

Abb. 41. Roheisen-
massel.

Von jeder mittelsten Bettmassel (der 15.) eines ganzen, 10 Bett großen Abstiches (Kokillenguß) wurden von C. Reinhardt[1]) nach Abb. 41 bei M (Mitte der Massel) und R (Rand der Massel) Stücke abgeschlagen und auf Mangan und Phosphor untersucht. Das Material war Thomas-Roheisen. Die Analysenergebnisse sind in Tabelle 1 zusammengestellt.

Tabelle 1.
Analysen von Thomas-Roheisenmasseln nach Reinhardt.

Mittelste Massel aus Bett	Mangan		Phosphor	
	Mitte %	Rand %	Mitte %	Rand %
1	2,33	2,33	2,171	2,559
2	2,43	2,54	2,138	2,535
3	2,54	2,64	2,106	2,624
4	2,69	2,79	2,025	2,406
5	2,74	2,85	2,335	2,501
6	2,79	2,85	2,116	2,495
7	2,85	2,95	1,976	2,205
8	3,00	3,00	2,089	2,300
9	3,00	3,00	2,381	2,381
10	3,10	3,16	2,430	2,689

Die Unterschiede zwischen Mitte und Rand sind namentlich im Phosphorgehalt bei fast allen Masseln beträchtlich.

Ein ähnliches Ergebnis ergab auch die Analyse zweier, von verschiedenen Thomas-Roheisensorten stammender Masseln A und B. Siehe Tabelle 2.

Tabelle 2.
Analysen von Thomas-Roheisenmasseln nach Reinhardt.

Massel	Mangan		Phosphor	
	Mitte %	Rand %	Mitte %	Rand %
A	2,72	2,43	2,56	3,09
B	3,52	3,57	2,60	2,76

Aus einer Massel wurden ferner noch von Reinhardt nach Maßgabe der Abb. 42 bei a, b, c, d, e und f Stücke abgeschlagen und analysiert. Es wurden gefunden:

Tabelle 3.
Analysen aus einer Massel nach Reinhardt.

Probe entnommen bei	Mangan %	Phosphor %
a	2,95	3,423
b	2,90	3,504
c	3,05	3,447
d	2,95	3,360
e	3,00	3,423
f	2,95	3,480

Abb. 42. Roheisen-
massel.

---

[1]) C. Reinhardt, „Über die Unhomogenität des Thomas-Roheisens". Repertorium der analytischen Chemie. 1887, Nr. 49. S. 742.

Hampe[1]) untersuchte das Bruchstück einer Massel von hochprozentigem Ferromangan. Er fand an den in Abb. 43 mit 1, 2, 3 und 4 bezeichneten Stellen folgende Mangangehalte:

Tabelle 4.
Analysen aus einer Massel Ferromangan nach Hampe.

Probe entnommen bei	Mangan %
1	82,82
2	81,97
3	81,10
4	80,17

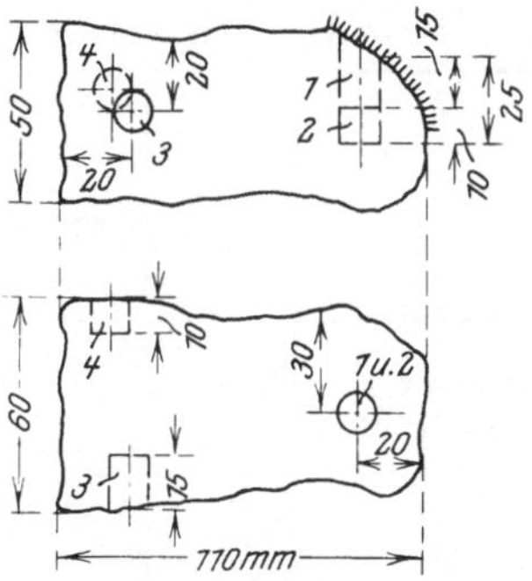

Die Unterschiede im Mangangehalt innerhalb des Querschnitts sind sehr beträchtlich. Wo wie beim Ferromangan der Wert des Materials nach der Höhe

Abb. 43. Bruchstück einer Massel.

des Mangangehalts beurteilt wird, können solche starke Schwankungen innerhalb einer Massel nur durch die Probenahme aus einer größeren Anzahl von Masseln einigermaßen ausgeglichen werden.

2. Kügelchen- und Nierenbildung (Spritzkugeln, Schwitzkugeln). Nicht selten sondern sich im Roheisen und in größeren Gußstücken abweichend zusammengesetzte Legierungen als selbständig ausgebildete Kügelchen oder Nieren bis zu Walnußgröße vom Muttereisen ab und bleiben innerhalb der Rohcisenmassel oder im Gußstück eingeschlossen. Oft sind sie dicht vom Muttermetall umhüllt, oft finden sie sich auch in einem Hohlraum eingelagert. Stets ist ihr Phosphor-, meist auch der Mangangehalt erheblich größer als der des Muttermetalls, während der Siliziumgehalt geringer ist. Platz[2]) untersuchte die Zusammensetzung solcher Kügelchen und Nieren; er fand:

Tabelle 5.
Analysen von Kügelchen und Nieren nach Platz.

	Graues Eisen mit weißem Rand			Meliertes Eisen			Meliertes rauhes Eisen	
	Kügelchen		Mutter-eisen	platte Kügelchen	Nieren[3])	Mutter-eisen	Kügel-chen	Mutter-eisen
	große	kleine						
Silizium	0,58 %	0,54 %	0,98 %	0,58 %	0,52 %	0,86 %	0,48 %	0,85 %
Phosphor	1,819 ,,	2,385 ,,	0,289 ,,	1,440 ,,	0,664 ,,	0,295 ,,	1,653 ,,	0,398 ,,
Mangan	1,17 ,,	1,22 ,,	0,72 ,.	1,02 ,,	0,78 ,,	0,70 ,,	2,25 ,,	1,92 ,,

Osann[4]) berichtet über ähnliche Erscheinungen nach Analysen von West, Munnoch und anderen.

Die Kügelchen haben infolge ihres meist recht hohen Phosphorgehaltes einen erheblich niedrigeren Erstarrungspunkt als das Muttereisen. Die dünnflüssige Legierung (Phosphideutektikum) wird beim Festwerden des Mutter-

---

[1]) K. Hampe, „Über die ungleiche Verteilung des Mangans in Ferromangan". Stahl u. Eisen 1893, Nr. 9. S. 392; aus Chem.-Zeit. 1893. S. 99.

[2]) B. Platz, „Die Wanzenbildung auf Roheisen und die Kügelchenbildung in Roheisen und Gußstücken". Stahl u. Eisen 1887, Nr. 9. S. 639.

[3]) Konvexe Bodenerhöhungen der größeren Hohlräume.

[4]) B. Osann, „Seigerungserscheinungen in Gußstücken". Stahl u. Eisen 1912. S. 143 u. 346.

metalls in die entstandenen Schwindungshohlräume hineingepreßt, wo sie zu rundlichen Gebilden erstarrt.

Tabelle 6.
Analysen von Spritzkugeln im Gußeisen, mitgeteilt von P. Munnoch.

	A	B			C	D	E			F	
	grau	weiß	weiß	meliert	meliert	meliert	meliert	grau	meliert	grau
Graphit . .	2,45 %	—	0,33 %	1,16 %	1,68 %	—	—	—	2,02 %	2,44 %
Geb. Kohlenstoff . .	0,85 ,,	2,20 %	2,00 ,,	1,25 ,,	1,05 ,,	1,00 %	—	—	0,75 ,,	0,76 ,,
Silizium . .	1,32 ,,	0,70 ,,	0,84 ,,	0,93 ,,	0,93 ,,	0,60 ,,	0,86 %	1,14 %	0,98 ,,	1,26 ,,
Mangan . .	0,43 ,,	0,63 ,,	0,59 ,,	0,48 ,,	0,36 ,,	0,63 ,,	—	—	0,50 ,,	0,45 ,,
Phosphor .	1,70 ,,	5,68 ,,	5,45 ,,	4,88 ,,	3,80 ,,	4,84 ,,	4,64 %	1,80 %	3,20 ,,	1,92 ,,
Schwefel . .	0,031 ,,	—	0,016 ,,	0,031 ,,	0,021 ,,	—	—	—	0,037 ,,	0,046 ,,

Analysen des Muttereisens.

	A	B	C	D	E	F
Graphit . .	2,74 %	2,80 %	2,90 %	3,25 %	2,80 %	2,85 %
Geb. Kohlenstoff . .	0,62 ,,	0,50 ,,	0,40 ,,	0,05 ,,	0,60 ,,	0,60 ,,
Silizium . .	1,63 ,,	1,72 ,,	1,70 ,,	1,77 ,,	1,95 ,,	1,65 ,,
Mangan . .	0,51 ,,	0,49 ,,	0,45 ,,	0,44 ,,	0,48 ,,	0,49 ,,
Phosphor .	0,88 ,,	0,83 ,,	0,89 ,,	1,23 ,,	0,95 ,,	0,84 ,,
Schwefel . .	0,091 ,,	0,118 ,,	0,114 ,,	0,107 ,,	0,105 ,,	0,119 ,,

3. Kristallbildungen in Hohlräumen. Die Masseln von kleinspiegeligem Puddelroheisen mit Mangangehalten von 5 bis 7 % Mangan enthalten im Innern oft Hohlräume, die mit fein ausgebildeten, blätterartigen Kristallen ausgefüllt sind. Beim Aufschlagen der Massel erscheinen die Kristallblätter spiegelblank, sie bedecken sich jedoch an der Luft bald mit einer bräunlichgelb bis tiefblauen Oxydhaut von so geringer Dicke, daß sie bei der Analyse vernachlässigt werden kann. Die chemische Untersuchung der Kristallblätter und des Muttermetalls ergibt stets eine wesentliche Verschiedenheit in der Zusammensetzung beider. Platz [1]) untersuchte mehrfach solche Kristalle nebst dem zugehörigen Muttereisen. Er fand:

Tabelle 7.
Analysen von Kristallbildungen nach Platz.

	I		II		III	
	Kristallblätter	Muttermetall	Kristallblätter	Muttermetall	Kristallblätter	Muttermetall
Silizium . .	0,260 %	0,395 %	0,229 %	0,521 %	0,101 %	0,313 %
Phosphor . .	0,171 ,,	0,525 ,,	0,378 ,,	0,591 ,,	0,272 ,,	0,561 ,,
Mangan . .	6,570 ,,	6,120 ,,	6,970 ,,	6,008 ,,	6,380 ,,	5,872 ,,
Kohlenstoff .	4,808 ,,	4,391 ,,	4,768 ,,	4,376 ,,	4,627 ,,	4,283 ,,

Die Kristalle sind stets ärmer an Phosphor und Silizium und reicher an Mangan und Kohlenstoff.

4. Ausscheidungen auf der Oberfläche von Weißeisen. Bekannt ist die Erscheinung, daß beim Stehen von flüssigem Weißeisen in der Pfanne mitunter

---

[1]) B. Platz, „Über Seigerungserscheinungen beim weißen Roheisen". Stahl u. Eisen 1886, Nr. 4. S. 244.

an der Oberfläche Ausscheidungen erscheinen, die in ihrer Zusammensetzung beträchtlich von der Zusammensetzung des Muttereisens abweichen. Ledebur[1]) fand bei weißem, manganhaltigem und phosphorhaltigem Roheisen (Thomasroheisen) Klumpen von bisweilen mehr als 500 g Gewicht.

Tabelle 8.

Analysen von Ausscheidungen auf der Oberfläche von Weißeisen nach Ledebur.

	Mangan	Schwefel
Die Klumpen enthielten	bis zu 9%	bis zu 3%
Das Muttereisen enthielt	3 bis 4 „	höchstens 0,3 „

Die Klumpen bestehen demnach vorwiegend aus Schwefelmangan. Sie sind bereits erstarrt, während das Muttereisen noch flüssig ist.

Bei stark halbiertem und grellem Roheisen finden sich häufig auf der Oberfläche des noch flüssigen Metalls bereits erstarrte, blatternartige Gebilde (von Ledebur als „Wanzen" bezeichnet) bis zu 10 mm Durchmesser. Sie bestehen vorwiegend aus oxydischen Verbindungen.

So ergab eine von Ledebur[1]) ausgeführte Analyse solcher Wanzen nachstehende Gehalte:

Tabelle 9.

Analyse einer „Wanze" nach Ledebur.

Kieselsaure	29,30%
Eisenoxyd	13,46 „
Eisenoxydul	46,73 „
Manganoxydul	6,40 „
Phosphorsäure	2,66 „
Mangansulfür	1,25 „

Platz[2]) untersuchte ebenfalls mehrfach solche „Wanzen". Einige der von ihm mitgeteilten Analysenergebnisse sollen hier angeführt werden:

Tabelle 10.

Analysen von „Wanzen" nach Platz.

Zusammensetzung der Wanzen.

	Sehr rauhes Weißeisen	Rauhes Weißeisen	Sehr rauhes Weißeisen	Rauhes Weißeisen	Weißes Puddelroheisen
Kieselsäure . .	4,12%	11,84%	4,92%	11,16%	8,49%
Phosphorsäure .	5,91 „	4,49 „	9,75 „	7,55 „	11,93 „
Manganoxydul .	8,97 „	11,14 „	12,80 „	11,54 „	0,46 „
Das zugehörige Muttereisen enthielt					
Silizium	0,13 %	0,56 %	0,21 %	0,50 %	0,31%
Phosphor . . .	0,408 „	0,407 „	0,752 „	0,768 „	2,03 „
Mangan	1,71 „	1,76 „	1,86 „	2,29 „	0,38 „

Geraten diese „Wanzen" beim Gießen versehentlich in die Gußform, so können die Oxyde durch den Kohlenstoff des Eisens zum Teil wieder reduziert werden. Es entstehen Metallkügelchen innerhalb des Gußstückes, deren Zusammensetzung von der des Muttermetalls beträchtlich abweicht.

---

[1]) A. Ledebur, „Handbuch der Eisen- und Stahlgießerei". III. Auflage. Leipzig 1901. S. 38.

[2]) B. Platz, „Die Wanzenbildung auf Roheisen und die Kügelchenbildung in Roheisen und Gußstücken". Stahl u. Eisen 1887, Nr. 9. S. 639.

Alle unter 2 bis 4 beschriebenen Erscheinungen können, wenn sie bei der Probenahme nicht beachtet werden, das Analysenergebnis stark beeinflussen.

5. Einfluß des Umschmelzens auf die chemische Zusammensetzung von Weißeisen. Unzulässig wäre es, wollte man aus der Zusammensetzung des ursprünglichen weißen Eisens auch auf die Zusammensetzung des durch Umschmelzen erzielten fertigen Gußstückes schließen, da das Eisen beim Umschmelzen recht beträchtlich seine Zusammensetzung ändert.

Von wesentlichem Einfluß ist die Art, wie das Umschmelzen (Tiegel, Flammofen, Kupolofen) vorgenommen wird.

Bei dreimaligem Umschmelzen weißen Roheisens in Graphittiegeln (3 Teile Graphit, $3^1/_4$ Teile Ton) fand Müller[1]) folgende Änderungen der chemischen Zusammensetzung:

Tabelle 11.
Analysen mitgeteilt von Müller.

	Kohlenstoff	Silizium	Mangan
Vor dem Umschmelzen	3,59 %	0,07 %	2,04 %
Nach einmaligem Umschmelzen	3,71 „	0,57 „	1,91 „
„ zweimaligem „	3,77 „	0,76 „	1,85 „
„ dreimaligem „	3,63 „	1,07 „	1,86 „

Das ursprünglich weiße Roheisen zeigte nach jedesmaligem Umschmelzen stärkere Graphitausscheidung, bei gleichzeitiger Zunahme des Silizium- und Abnahme des Mangangehaltes. Bei einem vierten Umschmelzen war das ursprünglich weiße Eisen völlig grau geworden. Leider sind die zugehörigen Graphitbestimmungen nicht ausgeführt.

Eine Probe Spiegeleisen mit etwa 12 % Mangan, die im Graphittiegel eingeschmolzen und im Ofen der langsamen Abkühlung überlassen wurde, zeigte nach dem Zerschlagen auf der unteren Hälfte B weißes hellglänzendes Bruchkorn, auf der oberen Hälfte A war das Bruchkorn matt und grau.

Die Gefügeuntersuchung und die chemische Analyse ergaben, daß in der oberen Hälfte A erhebliche Mengen Graphit zur Ausscheidung gekommen waren, während die untere Hälfte B weiß geblieben war.

Der Gesamtkohlenstoffgehalt war in B angereichert. Der Mangangehalt war durchgehend um etwa $2^1/_2$ % verringert (siehe Tabelle 12).

Tabelle 12.
Spiegeleisen mit 12 % Mangan nach dem Umschmelzen im Graphittiegel.

	Untere Hälfte B	Obere Hälfte A
Gesamtkohle	5,43 %	5,19 %
Graphit	0,31 „	1,80 „
geb. Kohle	5,12 „	3,39 „
Mangan	9,77 „	9,61 „
Silizium	0,94 „	0,88 „

Abb. 44 (v = 350) entspricht dem Gefüge der unteren weißen Hälfte B. Abb. 45 (v = 117) ist aus der oberen grauen Hälfte A aufgenommen.

Auch beim Umschmelzen im Flammofen treten starke Veränderungen in der Zusammensetzung ein, wie die nachstehenden Analysen zeigen [2]).

---

[1]) Stahl u. Eisen 1885. S. 181.
[2]) Aus: H. v. Jüptner, „Grundzüge der Siderologie“. III. Teil. S. 375. Leipzig 1904, bei A. Felix.

Tabelle 13.
Analysen mitgeteilt von v. Jüptner.

	I		II	
	vor	nach	vor	nach
	dem Umschmelzen		dem Umschmelzen	
Kohlenstoff	3,70 %	3,12 %	3,99 %	3,18 %
Silizium	0,135 „	0,021 „	0,205 „	0,025 „
Mangan	1,74 „	0,26 „	2,07 „	0,28 „
Phosphor	0,103 „	0,036 „	0,075 „	0,056 „
Schwefel	0,057 „	0,032 „	0,058 „	0,034 „

Beträchtlich ist die durch das Umschmelzen bedingte Verringerung des Mangan- und Siliziumgehaltes. Auch der Kohlenstoff, Phosphor- und Schwefelgehalt ist geringer geworden.

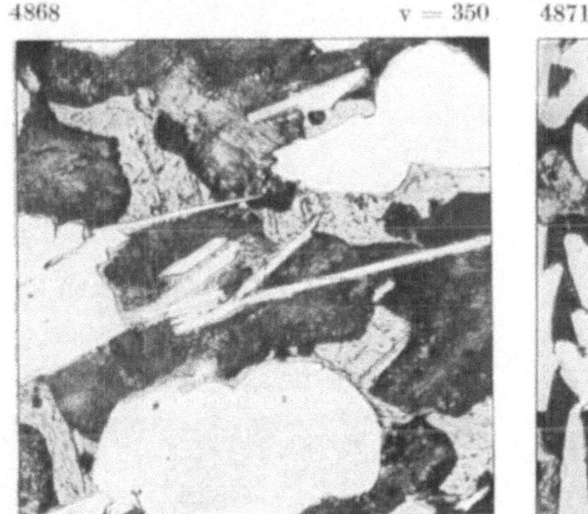

Abb. 44. Spiegeleisen „weiß“ erstarrt.   Abb. 45. Spiegeleisen „grau“ erstarrt.

Beim Umschmelzen im Kupolofen wird in erster Linie Mangan oxydiert. Dabei schützt das Mangan das Silizium vor der Oxydation. Bei hohen Mangangehalten (Spiegeleisen) tritt sogar Anreicherung von Silizium durch Reduktion aus den Ofenwandungen und aus der Schlacke ein, wie die nachstehenden von Köppen [1]) mitgeteilten Analysen zeigen:

Tabelle 14.
Analysen mitgeteilt von v. Köppen.

Spiegeleisen	I		II		III		IV		V	
	vor	nach	vor	nach	vor	nach	vor	nach	vor	nach
	dem Umschmelzen									
	%	%	%	%	%	%	%	%	%	%
Kohlenstoff . . .	3,98	4,13	4,40	4,62	4,48	4,60	4,62	4,96	3,63	3,67
Mangan	14,81	8,91	14,25	10,52	14,98	11,06	16,24	10,98	14,93	12,03
Silizium	0,14	0,50	0,12	0,49	0,12	0,42	0,40	0,66	0,33	0,41

[1]) E. v. Köppen, Dinglers polyt. Journ. Bd. 232. S. 53.

Der Kohlenstoffgehalt nimmt meist durch die innige Berührung des Eisens mit den glühenden Kohlen etwas zu. |Beim Schmelzen mit Koks macht sich häufig Anreicherung des Schwefelgehaltes bemerkbar.

6. Einfluß der Abkühlungsgeschwindigkeit auf die Zusammensetzung des Weißeisens. Hartguß. Je nachdem wie die Abkühlung nach dem Guß vor-

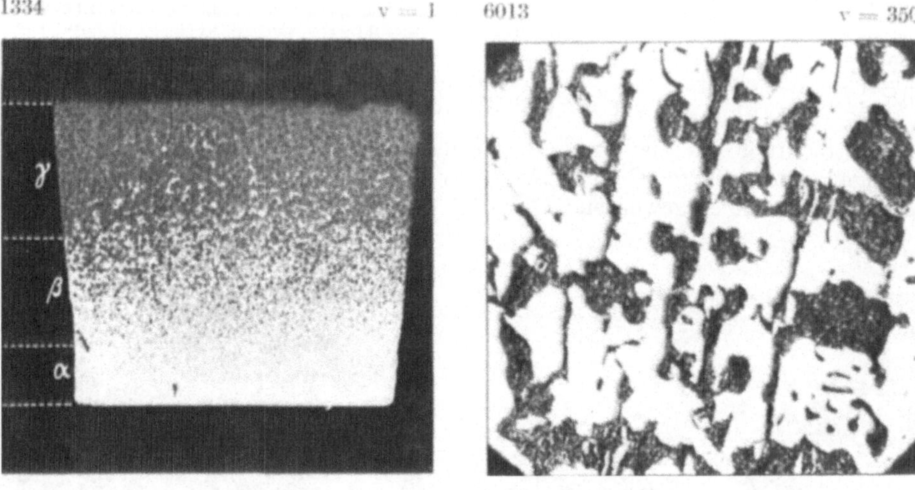

Abb. 46. Hartguß.

Abb. 47. Aus dem weißen Rand α aufgenommen.

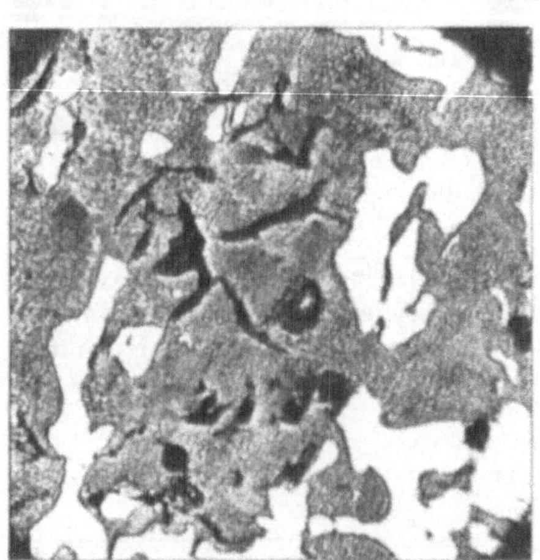

Abb. 48. Aus der Übergangszone β aufgenommen.

Abb. 49. Aus dem grauen Teil γ aufgenommen.

genommen wird, gelingt es ein und dasselbe Eisen das eine Mal weiß, das andere Mal grau erstarren zu lassen. Man macht hiervon für Herstellung des sog. Hartgußes Gebrauch, d. h. von Gußstücken, deren Oberfläche an bestimmten Stellen absichtlich rasch abgekühlt wird, so daß sich eine mehr oder weniger dicke Schicht weißen Eisens (α in Abb. 46) bildet. Die weiße, harte Schicht geht allmählich in halbiertes Eisen (β in Abb. 46) über und der Kern sowie die nicht rasch abgekühlten Teile erstarren grau (γ in Abb. 46).

Über die Tiefe der weißen Schicht (die sog. Härtetiefe) gibt die metallographische Gefügeuntersuchung Aufschluß.

Abb. 46 läßt bereits in natürlicher Größe den allmählichen Übergang vom weißen zum grauen Eisen erkennen.

Abb. 47 ist in 350facher linearer Vergrößerung aus dem weißen Rand α aufgenommen. Das Gefüge besteht aus Zementit und Perlit.

Abb. 48 (v = 350) entspricht der Übergangszone β (halbiertes Eisen). Neben Zementit und Perlit treten bereits kleine Graphitnester auf.

Abb. 49 (v = 350) entspricht dem grauen Teil γ. Große Graphitblätter liegen im Perlit. Zementit ist nur in sehr geringen Mengen vorhanden.

Eine Durchschnittsanalyse über den ganzen Querschnitt (α = weißer Rand, β = melierte Übergangszone und γ = grauer Kern) wäre in solchen Fällen wertlos. Wünschenswert kann es dagegen mitunter sein, die chemische Zusammensetzung der einzelnen Schichten α, β, γ zu kennen. Hier ist demnach für die chemische Analyse getrennte Probenahme aus den einzelnen Zonen am Platze. Nachdem durch die Gefügeuntersuchung die Tiefe der Schichten festgestellt ist, entnimmt man durch Abhobeln oder durch Bohren erst aus der grauen Zone γ Analysenspäne, darauf aus dem halbierten Teil β. Die dünne, noch bleibende harte weiße Schicht α, die sich nicht mehr bearbeiten läßt, wird schließlich zerschlagen.

In Tabelle 15 sind einige von Wedding und Cremer [1]) mitgeteilte Analysen von verschiedenen Hartgußproben zusammengestellt. Die Analysen sind nur aus Teil α (weiß) und Teil γ (grau) entnommen.

Die einzelnen Versuchsstücke wurden in die übliche Masselform gegossen. Der Boden der Form bestand aus Eisen, die Wände aus gewöhnlichem trockenem Formsand.

Tabelle 15.
Analysen mitgeteilt von Wedding und Cremer.

Bezeichnung der Probe		Gesamt-kohlen-stoff %	Graphit %	Sili-zium %	Mangan %	Phos-phor %	Schwe-fel %	Kupfer %	Härte-tiefe in mm
Nr. 1	weiß (α)	3,30	0,56	1,55	1,41	—	—	Spuren	} 7—12
	grau (γ)	3,27	2,45	1,57	1,23	—	—	—	
Nr. 2	weiß (α)	2,87	0,14	1,64	1,39	0,68	0,03	—	} 15—20
	grau (γ)	2,37	2,27	1,50	1,08	—	0,03	Spuren	
Nr. 3	weiß (α)	3,12	0,09	1,16	1,33	0,51	0,041	Spuren	} 20—28
	grau (γ)	3,07	2,43	1,22	0,87	0,49	0,039	—	
Nr. 4	weiß (α)	3,26	0,08	0,91	1,53	0,52	0,08	—	} 32—48
	grau (γ)	3,05	1,86	1,09	1,16	0,56	0,08	—	
Nr. 5	weiß (α)	3,16	0,06	0,86	1,02	—	—	—	} 36—50
	grau (γ)	2,53	1,56	0,82	0,82	0,82	—	Spuren	
Nr. 6	weiß (α)	3,07	0,03	0,75	1,05	0,62	0,03	—	} 55—75
	grau (γ)	2,42	1,52	0,70	1,01	0,59	0,03	—	
Nr. 7	weiß (α)	3,20	0,03	0,82	0,16	0,88	0,10	Spuren	} 35—90
	grau (γ)	2,89	2,27	0,81	0,15	0,88	0,10	—	

In allen Fällen ist der Gesamtkohlenstoff und der Mangangehalt im Teil α (weiß) höher als im grauen Teil γ.

<hr>

[1]) H. Wedding und F. Cremer, „Chemische und metallographische Untersuchungen des Hartgusses". Stahl u. Eisen 1907, Nr. 24. S. 835.

Zahlreiche chemische Analysen von Hartgußwalzen sind von de Loisy[1]) ausgeführt. In Tabelle 16 sind einige der von ihm gefundenen Werte angegeben. Es handelt sich hier um Hartgußwalzen französischen Ursprungs, die sich in der Praxis gut bewährt haben sollen.

Tabelle 16.
Analysen von Hartgußwalzen mitgeteilt von de Loisy.

Firma	Walze Nr.	Probe entnommen aus	Kohlenstoff			Silizium	Man-gan	Schwe-fel	Phos-phor
			gebund. %	Graphit %	Gesamt %	zium	gan	fel	phor
Perry & Co.	1	weißem Teil	2,10	0,45	2,55	0,68	0,38	0,152	0,502
		grauem ,,	1,22	1,20	2,42	0,70	0,39	0,178	0,475
,,	2	weißem Teil	2,85	0,35	2,70	0,75	0,40	0,137	0,590
		grauem ,,	0,98	2,00	2,98	0,70	0,48	0,162	0,577
,,	3	weißem Teil	1,90	0,68	2,58	0,91	0,40	0,162	0,502
		grauem ,,	1,14	1,75	2,89	0,89	0,38	0,181	0,464
,,	4	weißem Teil	2,52	0,60	3,12	0,42	0,47	0,094	0,528
		grauem ,,	0,40	2,50	2,90	0,65	0,48	0,106	0,625
Le Creusot	5	weißem Teil	1,70	1,40	3,10	0,63	0,50	0,082	0,427
		grauem ,,	0,48	2,50	2,98	0,65	0,50	0,065	0,479
,,	6	weißem Teil	2,37	0,54	2,91	0,72	0,87	0,071	0,649
		grauem ,,	0,91	1,97	2,88	0,74	0,86	0,064	0,645
,,	7	weißem Teil	1,99	0,82	2,81	0,80	0,76	0,091	0,528
		grauem ,,	0,68	2,11	2,79	0,81	0,78	0,088	0,531
,,	8	weißem Teil	2,17	0,85	3,02	0,71	0,79	0,086	0,629
		grauem ,,	0,61	2,46	3,08	0,67	0,81	0,089	0,624
,,	9	weißem Teil	2,41	0,49	2,90	0,64	0,68	0,098	0,611
		grauem ,,	0,82	2,09	2,91	0,62	0,71	0,101	0,608

Mit Ausnahme der Walzen 2, 3, 8, 9 zeigen die Analysen deutliche Anreicherung des Gesamtkohlenstoffgehaltes in der weißen (harten) Schicht.

Noch erheblicher sind die Unterschiede in den nachfolgend aufgeführten von Ledebur[2]) analysierten Hartgußstücken.

Tabelle 17.
Analysen mitgeteilt von Ledebur.

Gegenstand	Probe entnommen aus	Gesamt-kohlen-stoff %	Sili-zium %	Man-gan %	Phos-phor %	Schwe-fel %	Kupfer %
Hartgußpanzer von Gruson	weißem Teil	3,31	0,26	1,03	nicht bestimmt	nicht bestimmt	0,08
	grauem ,,	3,03	0,71	1,08	,,	0,08	nicht bestimmt
Hartguß Laufrad	weißem Teil	3,27	0,91	1,64	,,	0,03	,,
	grauem ,,	3,06	1,01	1,01	,,	0,03	,,
Hartguß Walze	weißem Teil	3,08	0,88	0,21	0,83	0,12	0,06
	grauem ,,	2,40	0,86	0,24	0,87	0,14	0,07
Hartguß Walze	weißem Teil	3,20	0,83	0,15	0,88	0,10	0,03
	grauem ,,	2,84	0,80	0,16	0,88	0,10	0,04

[1]) M. E. de Loisy, Revue de Métallurgie. „Mémoires Tome II." S. 862. 1906. Hieraus Auszug in Stahl u. Eisen 1906, Nr. 20. S. 1257.
[2]) Ledebur, „Handbuch der Eisen- und Stahlgießerei". Leipzig 1901. S. 33. Verlag B. F. Voigt.

Die Unterschiede im Gesamtkohlenstoffgehalt zwischen dem weißen und dem grauen Teil sind bei allen Gußstücken erheblich. Die Graphitgehalte gibt Ledebur nicht an. Beim Laufrad ist der Mangangehalt im weißen Teil angereichert, während beim Hartgußpanzer der Siliziumgehalt des grauen Teiles beträchtlich höher ist als im weißen Teil.

Nicht selten tritt auch „unbeabsichtigter Hartguß“ auf. Gießt man z. B. Roheisenmasseln in eiserne Kokillen, so kommt es leicht vor, daß die Masseln im unteren Teil „weiß“ erstarren.

Abb. 50 zeigt die Bruchfläche einer schwedischen HolzkohlenroheisenMassel, die im unteren Teil und an den Rändern „weiß“ und in der Mitte „grau“ erstarrt ist.

Die Analyse zeigte hier (siehe Tabelle 18), bis auf den Graphitgehalt, keine Unterschiede in der chemischen Zusammensetzung des Roheisens.

Tabelle 18.

Schwedisches Holzkohlen-Roheisen. Analyse ausgeführt von E. Deiß.

	Im Gesamtdurchschnitt %	Im weißen Teil %	Im grauen Teil %
Ges. Kohlenstoff	4,27	4,20	4,34
Graphit	1,79	0,68	2,89
Silizium . . .	0,54	0,53	0,55
Mangan	1,97	1,94	1,99
Phosphor . . .	0,018	0,018	0,018
Schwefel . . .	0,014	0,012	0,017

Im allgemeinen liegt auch kein Grund für die Anreicherung des einen oder anderen Bestandteiles (abgesehen vom Graphitgehalt) vor, da eine Seigerung infolge der schnellen Erstarrung nicht zu befürchten ist.

Die von den älteren Forschern (Wedding und Cremer, de Loisy, Ledebur) vielfach gefundenen niedrigeren Gesamtkohlenstoffgehalte im „grauen“ Teil dürften vielleicht auf Graphitverluste bei der Probenahme zurückzuführen sein [1]).

---

[1]) Näheres hierüber s. Abschnitt H, Graues Gußeisen. S. 50.

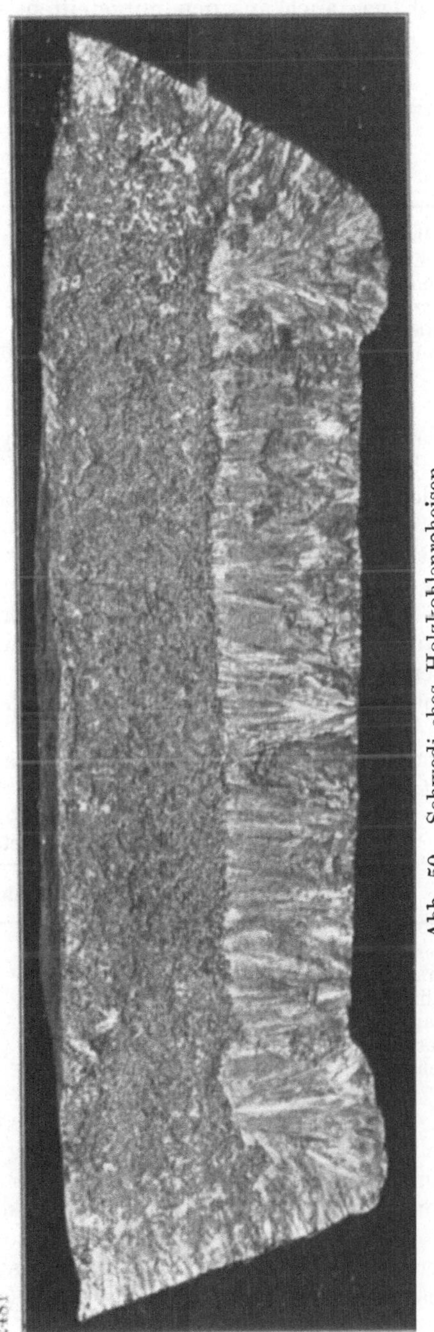

Abb. 50. Schwedisches Holzkohlenroheisen.

7. Umgekehrter Hartguß. Über einen eigenartigen „umgekehrten Hartguß"
berichtete im Jahre 1906 Davis [1]). Er fand in einem von ihm untersuchten
Gußstück an den Außenflächen graues Eisen, während der Kern weiß erstarrt
war, wie auch aus den mitgeteilten Analysen hervorgeht.

Tabelle 19.

Analyse eines Hartgußstückes mitgeteilt von Davis.

	Analyse des	
	äußeren grauen Teiles	inneren weißen Teiles
Silizium	2,61 %	3,16 %
Schwefel	0,106 „	0,102 „
Phosphor	0,60 „	0,74 „
Mangan	0,36 „	0,19 „
Graphitischer Kohlenstoff . . .	} 3,40 % (viel Graphit)	0,25 „
Gebundener „ . . .		3,04 „

Nächst der auffallenden Verteilung des Graphitgehaltes sind auch noch
die erheblichen Unterschiede im Mangan- und Siliziumgehalt in ein und demselben Gußstück bemerkenswert. Während der äußere graue Teil mangan-
reicher ist, ist der weiße innere Teil silizium- und phosphorreicher.

K. Harnecker [2]) glaubt die im umgekehrten Hartguß wahrnehmbare
örtliche Unterkühlung auf Phosphor und Schwefelseigerungen zurückführen
zu müssen.

Von anderer Seite ist wieder die Erscheinung des „umgekehrten Hartgußes"
häufig beobachtet und beschrieben worden [3]), ohne daß irgendwie erhebliche
Verschiedenheiten in der chemischen Zusammensetzung des inneren „weißen"
und äußeren „grauen" Eisens gefunden wurden.

Nach persönlicher Mitteilung von B. Osann hatte z. B. ein Gußstück im
inneren „weißen" und im äußeren „grauen" Teil folgende chemische Zusammensetzung:

Tabelle 20.

Analysen mitgeteilt von B. Osann.

	Äußerer grauer Teil	Innerer weißer Teil
Gesamtkohlenstoff	3,43 %	3,40 %
Graphit	2,26 „	0,35 „
Silizium	2,0 „	2,0 „
Mangan	0,36 „	0,36 „
Phosphor	0,97 „	0,98 „
Schwefel	0,152 „	0,146 „

Mit Ausnahme des Graphitgehaltes ist hier die Zusammensetzung die gleiche.
Auf eine Entmischung oder Seigerung kann daher in diesem Falle die Erscheinung nicht zurückgeführt werden. P. K. Nielsen [4]) gibt ebenfalls Analysen
von „umgekehrtem Hartguß", die in keinem Falle auf eine Seigerung hinweisen.
Auch die Untersuchungen Bardenheuers [5]) lassen Verschiedenheiten in
der chemischen Zusammensetzung des „weißen" und „grauen" Eisens im „umgekehrten Hartguß" nicht erkennen (siehe Tabelle 21).

[1]) George C. Davis, „The Iron Age". 1906. Vol. 78. S. 937.
[2]) Stahl u. Eisen 1919. S. 1307.
[3]) B. Osann, „Seigerungserscheinungen in Gußstücken". Stahl u. Eisen 1912. S. 349.
[4]) Gießerei-Ztg. 1918. 1. Okt. S. 299.
[5]) P. Bardenheuer, „Der umgekehrte Hartguß". Stahl u. Eisen 1921, Nr. 17. S. 569.

Tabelle 21.
Umgekehrter Hartguß. Analyse ausgeführt von Bardenheuer.

	Äußerer grauer Rand	Innerer weißer Kern
Gesamtkohlenstoff	3,19 %	3,24 %
Graphit	1,49 „	0,58 „
Silizium	1,55 „	1,57 „
Mangan	0,48 „	0,48 „
Phosphor	1,42 „	1,39 „
Schwefel.	0,183 „	0,197 „
Arsen	0,058 „	0,061 „

Der Schwefelgehalt ist hier als reichlich hoch zu bezeichnen.

Abb. 51 zeigt das kennzeichnende Bruchaussehen solchen „umgekehrten Hartgußes." Der ganze innere Teil ist weiß erstarrt, ringsum den weißen Kern befindet sich ein „grauer" Rand. Vielfach treten auch räumlich voneinander getrennte, mehr oder weniger große „weiße" Stellen im Gußstück auf [1]. Bei der Probenahme für die chemische Analyse machen sie sich durch ihre große Härte bemerkbar, sodaß bei der Graphitbestimmung darauf leicht Rücksicht genommen werden kann.

8. Einfluß des Glühens auf die chemische Zusammensetzung des Weißeisens. Tempern, Glühfrischen. Wird weißes Roheisen bei höheren Temperaturen (über 700° C) längere Zeit geglüht (Tempern), so tritt Zerfall des Eisenkarbides (Zementit) und der kohlenstoffreichen Mischkristalle (Martensit) ein. Es scheiden sich Kohle (Temperkohle) und Eisen (Ferrit) aus.

Dieser Zerfall setzt nicht gleichmäßig durch die ganze Masse des Gußstückes ein, sondern er beginnt an einzelnen

Abb. 51. Umgekehrter Hartguß.

Zentren, sich von da aus weiter verbreitend. Bei diesem Verfahren („black heart") ist Austreiben des Kohlenstoffs nicht beabsichtigt, sondern nur eine Umwand-

---

[1] Bisher ist es noch nicht gelungen, eine einwandfreie Erklärung für diese eigenartige Erscheinung zu finden. Von einigen Forschern wird angenommen, daß sie dem Druck der äußeren, bereits erstarrten Schicht auf die inneren Teile zuzuschreiben sei. Infolge des Druckes wird die Graphitausscheidung im Innern wegen der Unmöglichkeit der dazu erforderlichen Ausdehnung des Metalles verhindert. Ein solcher innen gehärteter Guß soll im allgemeinen nur bei reichlichem Siliziumgehalt des Eisens auftreten.

Von anderer Seite wird wieder angenommen, daß ein reichlicher Eisenoxydulgehalt, vor allem aber ein höherer Schwefelgehalt, schließlich auch noch ein Gasgehalt des Gußeisens die Entstehung des „umgekehrten Hartgusses" begünstigt.

Welche Erklärung die richtige ist, steht, wie schon erwähnt, zur Zeit noch nicht fest. Siehe auch B. Osann, „Die Erzeugung umgekehrten Hartgusses" und die Härtung von Gußstücken durch Gebläseluft". Stahl u. Eisen 1912. S. 1819.

lung der gebundenen Kohle in Temperkohle. Wie weit dieses Ziel erreicht ist, läßt sich metallographisch schneller und sicherer nachweisen als chemisch-analytisch. Abb. 10 S. 13 stellt ein 108 St. in Holzkohle geglühtes, ursprünglich weißes Roheisen dar. Größere Mengen von Temperkohle liegen im Ferrit, daneben treten Zementit und Perlit auf.

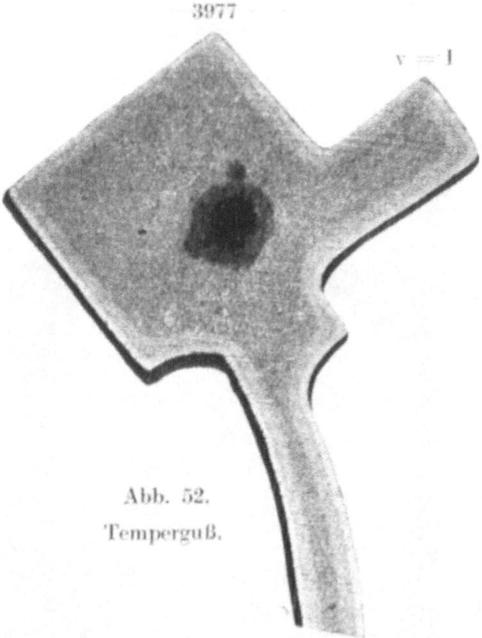

Abb. 9 S. 13 weist im Kleingefüge nur Temperkohle und Perlit auf.

Wird das Glühen in einer sauerstoffreichen Atmosphäre durchgeführt (Glühfrischen), so tritt gleichzeitig eine vom Rand des Gußstückes allmählich nach innen fortschreitende Entkohlung ein. Abb. 52 entspricht einem in dieser Weise behandelten Gußstück. Es weist drei Schichten oder Zonen mit verschieden hohen Kohlenstoffgehalten auf.

a) = kohlenstoffarme Randzone, vgl. Abb. 53 (v = 200),

b) = kohlenstoffreichere Übergangszone, vgl. Abb. 53 (v = 200),

c) = kohlenstoffreiche Kernzone mit Temperkohleausscheidung, vgl. Abb. 54 (v = 200).

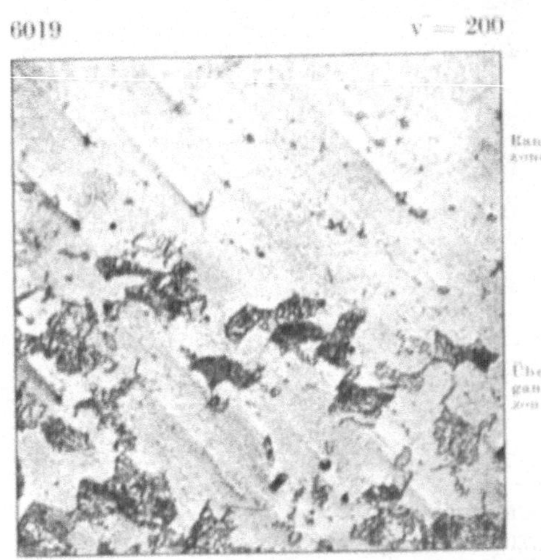

Abb. 52.
Temperguß.

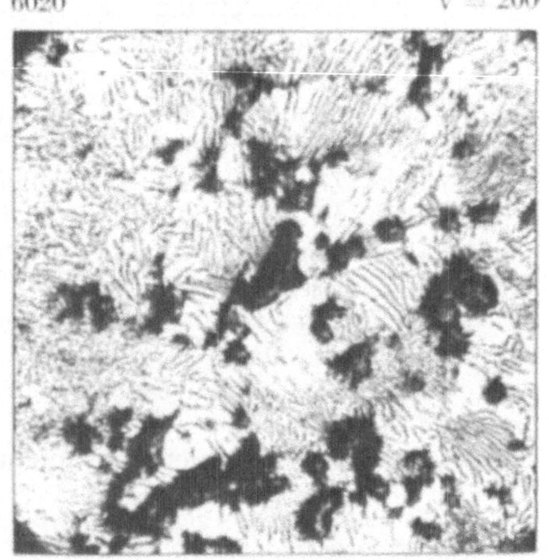

Abb. 53. Rand- und Übergangszone.   Abb. 54. Kernzone c.

Eine Durchschnittsanalyse wäre hier wertlos, da sie nichts über die Verteilung des Kohlenstoffs aussagt. In allen Fällen empfiehlt es sich bei der Untersuchung von Temperguß zunächst eine metallographische Untersuchung der rein chemischen vorausgehen zu lassen. Die chemische Analyse des in Abb. 52 dargestellten Tempergußstückes ergab folgendes:

Tabelle 22.
Analyse eines Tempergußstückes ausgeführt von E. Deiß.

	Analysenspäne entnommen aus Kernzone c (siehe Abb. 52 u. 54)	Analysenspäne entnommen aus Rand- und Übergangszone[1] a und b (siehe Abb. 52 u. 53)
Gesamtkohlenstoff .	3,48 %	1,45 %
Temperkohle	2,60 ,,	0,96 ,,
Gebundene Kohle . .	0,88 ,,	0,49 ,,
Silizium	0,65 ,,	0,66 ,,
Mangan	0,04 ,,	0,04 ,,
Phosphor	0,083 ,,	0,085 ,,
Schwefel	0,220 ,,	0,224 ,,
Kupfer	0,21 ,,	0,22 ,,
Nickel	0,05 ,,	0,05 ,,

In der Literatur finden sich zahlreiche Analysen, die die Ausscheidung der Temperkohle belegen. Von Einfluß auf die Temperkohle-Ausscheidung ist neben der Temperatur und der Zeitdauer des Glühens auch die chemische Zusammensetzung des Eisens. Silizium begünstigt, Mangan verhindert die Bildung von Temperkohle [2]).

Fünf verschiedene Sorten von weißem Eisen von der in Tabelle 23 mitgeteilten chemischen Zusammensetzung wurden 4 Stunden lang bei verschiedenen Temperaturen geglüht. Die Gehalte an Temperkohle und gebundener Kohle nach dem Glühen sind in Tabelle 24 mitgeteilt.

Tabelle 23.
Analysen mitgeteilt von G. Charpy und L. Grenet.

Nr.[3])	Kohlenstoff %	Silizium %	Mangan %	Schwefel %	Phosphor %
1	3,60	0,07	0,03	0,01	Spuren
2	3,40	0,27	Spuren	0,02	0,02
3	3,25	0,80	,,	0,02	0,03
4	3,20	1,25	0,12	0,01	0,01
5	3,30	2,10	0,12	0,02	0,01

Tabelle 24.
Analysen mitgeteilt von G. Charpy und L. Grenet.

Nr.	4 Stunden geglüht bei							
	1100°		1000°		900°		700°	
	Temper-kohle %	geb. Kohle %	Temper-kohle %	geb. Kohle %	Temper-kohle %	geb. Kohle %	Temper-kohle %	geb. Kohle %
1	1,15	1,74	1,03	1,74	—	—	1,87	0,43
2	1,26	1,93	1,00	1,62	—	—	—	—
3	1,61	1,26	1,60	1,52	1,67	1,17	2,56	0,38
4	2,10	1,02	2,20	0,98	2,32	0,90	—	—
5	2,18	1,00	2,10	0,93	2,33	0,90	2,67	0,28

[1]) Die beiden äußeren Zonen a und b sind gemeinsam abgehobelt und analysiert. Wäre die dünne äußerste Randzone a allein analysiert worden, so wären die Unterschiede noch bedeutend größer.

[2]) „Über den Einfluß des Siliziums beim Glühfrischen." Stahl u. Eisen 1902. S. 813. Aus G. Charpy und L. Grenet, „Sur l'équilibre des systèmes fer-carbone". Bull. de la soc. d'encouragement pour l'industrie nationale. 1902. S. 399.

[3]) Die Proben 1—4 waren vor dem Glühen frei von Graphit. Probe 5 enthielt 0,2 % Graphit.

Bei den meisten Proben ist gleichzeitig eine beträchtliche Abnahme des Gesamtkohlenstoffgehaltes zu beobachten. Neben der Abscheidung der Temperkohle ist daher eine kräftige Verbrennung des Kohlenstoffs nebenher gegangen, die sich besonders deutlich an der Oberfläche der Proben bemerkbar gemacht haben muß; der Kern wird daher erheblich kohlenstoffreicher sein, als wie es die Analysen erkennen lassen. Obiges Beispiel ist kennzeichnend dafür, daß die chemische Analyse allein in vielen Fällen zur Aufklärung über chemische Veränderungen im Material nicht ausreicht.

Folgende von Wüst[1]) mitgeteilte Analysen zeigen deutlich den sehr erheblichen Unterschied im Kohlenstoffgehalt zwischen Rand und Mitte.

Zwei Stäbe (10 mm Durchmesser) aus weißem Eisen wurden in Eisenoxyd eingebettet. Stab X wurde 110 Stunden lang bei 940° C, Stab VII 24 Stunden bei 960° C geglüht. Die Analyse ergab:

Tabelle 25.

Analysen mitgeteilt von Wüst.

Stab X	Rand	Mitte	Stab VII	Rand	Mitte
Gesamtkohle	1,07%	3,98%	Gesamtkohle	2,02%	3,97%
Temperkohle	0,21 „	3,86 „	Temperkohle	1,54 „	3,50 „
Gebundene Kohle . .	0,86 „	0,12 „	Gebundene Kohle . .	0,48 „	0,47 „

Das Ausgangsmaterial enthielt 4,17% Gesamtkohle und nur Spuren von Graphit.

Beim Glühen in Koks, Kohle usw. pflegt der Schwefelgehalt durch Aufnahme aus dem Glühmittel angereichert zu werden[2]).

Diese Anreicherung findet sich jedoch nur in den äußeren Schichten der geglühten Gegenstände. Der Mangan, Silizium und Phosphorgehalt erfährt in der Regel keine Veränderung. Nachstehende von Davenport[3]) ausgeführte Untersuchungen zeigen dieses Verhalten deutlich:

Tabelle 26.

Analysen mitgeteilt von Davenport.

Erster Versuch	Kohlenstoff %	Silizium %	Phosphor %	Schwefel %	Mangan %
Vor dem Glühen	3,44	0,44	0,31	**0,059**	0,53
Nach einmaligem Glühen	1,51	0,44	0,32	**0,067**	0,58
„ zweimaligem „	0,10	0,45	0,31	**0,083**	0,52
Zweiter Versuch					
Vor dem Glühen	3,48	0,58	0,28	**0,10**	0,58
Nach einmaligem Glühen	0,43	0,61	0,29	**0,14**	0,61
„ zweimaligem „	0,10	0,61	0,29	**0,16**	0,57

Das Anwachsen des Schwefelgehaltes ist deutlich erkennbar.

Da hier nur Durchschnittsanalysen angegeben sind, so kommen die Unterschiede im Schwefelgehalt zwischen Rand und Mitte nicht zum Ausdruck.

---

[1]) F. Wüst, Über die Theorie des Glühfrischens. Metallurgie 1908. S. 9.

[2]) Siehe auch: F. Wüst und E. Leuenberger, „Über den Einfluß der Glühdauer auf die Qualität des Tempergusses". Ferrum 1916. Heft 11/12. S. 161.

[3]) R. Davenport, „Chemische Untersuchungen über einige Punkte der Darstellung schmiedbaren Gusses". Dinglers polyt. Journ. Bd. 207. S. 51 (aus Mechanics Magazine. 1871. S. 392).

Ist bei größeren Stücken die Glühtemperatur nicht an allen Stellen die gleiche, oder steht das zu glühende Stück stellenweise unvollkommen mit dem Glühmittel (z. B. Eisenoxyd) in Berührung, so kann es vorkommen, daß einzelne Stellen nur unvollkommen oder gar nicht getempert werden. Es verbleiben in dem Gußstück weiße harte Stellen, die sich bei der Weiterverarbeitung oder im Betrieb unliebsam bemerkbar machen.

Dieser Fall trat z. B. bei einem unvollkommen getemperten Laufrade ein. An einer Stelle zeigte das Gefüge den für weißes Eisen kennzeichnenden Aufbau (vgl. Abb. 47), während es an allen übrigen Stellen des Laufrades reichliche Mengen von Temperkohle aufwies (vgl. Abb. 54).

Oft kann auch unbeabsichtigtes Tempern eintreten. Wüst[1]) beschreibt ein interessantes Beispiel für solche nicht beabsichtigte Temper- und Glühfrischwirkung. Eine Ölgasretorte aus weißem Eisen (s. Abb. 55) war lange Zeit im Betriebe der Einwirkung der Feuergase ausgesetzt. Die an den mit 1 bis 4 bezeichneten Stellen entnommenen Analysenspäne ergaben folgende Gehalte an den einzelnen im Eisen auftretenden Stoffen.

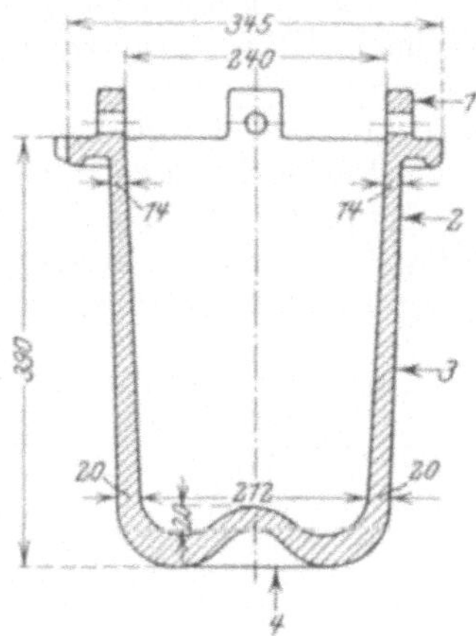

Abb. 55. Ölgasretorte.

Tabelle 27.
Analysen mitgeteilt von Wüst.

	Analysenspäne entnommen bei			
	1	2	3	4
Gesamtkohlenstoff	3,39 %	3,33 %	3,04 %	0,50 %
Graphit und Temperkohle . . .	0,48 „	1,05 „	2,10 „	0,47 „
Gebundene Kohle	2,91 „	2,28 „	0,94 „	0,03 „
Silizium	0,73 „	0,70 „	0,66 „	0,49 „
Mangan	0,48 „	0,46 „	0,44 „	0,39 „
Phosphor	0,081 „	0,074 „	0,073 „	0,079 „
Schwefel	0,128 „	0,159 „	0,230 „	0,498 „
Sauerstoff	0,05 „	0,12 „	0,35 „	0,75 „

Die bei 1 entnommenen Analysenspäne entsprechen etwa der ursprünglichen Zusammensetzung des Eisens. Durch die Glühfrischwirkung der Feuergase ist eine durchgreifende Veränderung in der chemischen Zusammensetzung eingetreten. Am weitgehendsten ist der Boden der Retorte verändert, der der Einwirkung der Feuergase am unmittelbarsten ausgesetzt war. Nächst der weniger auffallenden Abnahme des Gesamtkohlenstoffgehaltes und der mehr nach dem Boden zu stetig zunehmenden Menge der ausgeschiedenen Temperkohle (in Prozenten des Gesamtkohlenstoffgehaltes) ist die mehr nach dem Boden zu stetige Verringerung des Silizium- und gleichzeitig stetig zunehmende Menge des Schwefel- und Sauerstoffgehaltes bemerkenswert.

Man denke sich im vorliegenden Fall die Analysenspäne von nicht sachverständigen Händen willkürlich entnommen und verschiedenen chemischen Laboratorien zwecks Feststellung der durchschnittlichen Zusammensetzung des Retortenmaterials übersandt.

---

[1]) F. Wüst, „Veränderung des Gußeisens durch anhaltendes Glühen“. Stahl und Eisen 1903. S. 1136.

Das Ergebnis wäre eine Anzahl von Analysen, die scheinbar nichts miteinander gemein haben. Aufklärung über dieses auffallende Verhalten gibt sofort die metallographische Gefügeuntersuchung.

H. Graues Roheisen. Gußeisen.

1. Probenahme beim grauen Gußeisen. Hier wie in allen später zu besprechenden Fällen, bei denen Bearbeitung mit schneidenden Werkzeugen ohne weiteres möglich ist, sind, wenn es sich um Entnahme einer Durchschnittsanalyse handelt, die Probespäne stets durch Hobeln über den ganzen Querschnitt [1]), nicht etwa durch Anbohren zu entnehmen.

Beim Hobeln und Sammeln der Späne in der Werkstatt sind alle im Abschnitt F Seite 31 erwähnten Vorsichtsmaßregeln sorgfältig zu beachten, da sonst leicht große Verluste an Graphit eintreten können.

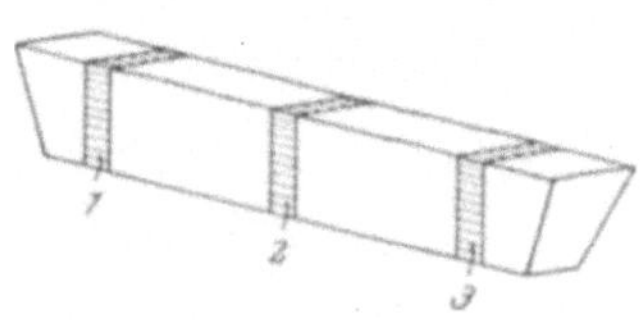

Abb. 56.   Roheisenmassel.

Für die Analyse eines einzelnen Stückes z. B. einer Massel entnimmt man an verschiedenen Stellen (in Abb. 56 mit 1, 2, 3 bezeichnet) annähernd gleiche Mengen Späne und vereinigt sie zu einer Durchschnittsprobe.

Späne von tiefgrauem Roh- und Gußeisen sind jedoch nie gleichmäßig groß. Beim Hobeln entsteht stets ein grober Anteil I und ein feinerer Anteil II.

Der feinere Anteil II enthält auch die beim Hobeln herausgerissenen Graphitblättchen. Durch längeres Schütteln der Späne in einer Glasflasche läßt sich meist noch ein dritter, feinster Anteil III absondern, der stets erheblich kohlenstoffreicher zu sein pflegt als die Anteile I und II. Beim Einfüllen und längeren Stehen in Probeflaschen sondern sich diese verschiedenen Spananteile allmählich ganz von selbst in Schichten übereinander. Die gröbsten Späne (Anteil I) liegen oben, dann folgt der mittlere Anteil II und im untersten Teil III befinden sich die feinsten, graphitreichsten Späne.

Selbst bei gutem Durchmischen ist es nicht leicht eine richtige Durchschnittsprobe für die Einwage zu entnehmen. Für genaue Analysen, z. B. Schiedsanalysen, wird es daher stets erforderlich sein, das gesamte Spanmaterial durch Absieben in mehrere (zwei bis drei) Unterteile von gleicher Spangröße zu zerlegen. Die Gewichte dieser Unterteile werden festgestellt. Von jedem dieser Unterteile werden Einwagen im Verhältnis ihrer Gewichte entnommen und zu einer Gesamteinwage vereinigt, wie das nachfolgende Beispiel zeigt:

Insgesamt waren m g (693 g) Späne durch Hobeln gewonnen. Durch Absieben wurden die Späne in drei Unterteile I, II und III geteilt.

$$\text{I} \quad \text{grober Teil} \quad = \alpha \text{ Gramm (469 g),}$$
$$\text{II} \quad \text{mittlerer Teil} = \beta \quad \text{,,} \quad \text{(193 g),}$$
$$\text{III} \quad \text{feinster Teil} \ = \gamma \quad \text{,,} \quad \text{(31 g).}$$
$$\alpha + \beta + \gamma = \text{m (693 g).}$$

Für eine Analyseneinwage von z. B. 1 g sind demnach abzuwägen.

$$\text{von} \quad \text{I} = \frac{\alpha}{\alpha + \beta + \gamma} = 0{,}6768 \text{ g}$$

$$\text{II} = \frac{\beta}{\alpha + \beta + \gamma} = 0{,}2785 \text{ g}$$

$$\text{III} = \frac{\gamma}{\alpha + \beta + \gamma} = 0{,}0447 \text{ g}$$

und zu einer Probe zu vereinigen.

---

[1]) Ausnahmen von dieser Regel werden später beschrieben.

Das in Abb. 57 dargestellte Messingsieb ist für obige Zwecke gut geeignet. Der obere Deckel muß gut schließen, damit nicht Verstäuben des feinen durchgegangenen Gutes eintritt. Maschenweiten von 900 Maschen auf 1 qcm und von 2500 Maschen auf 1 qcm dürften für alle analytischen Zwecke ausreichend sein.

Wie verschieden, namentlich im Gesamtkohlenstoff- und im Graphitgehalt, die chemische Zusammensetzung der einzelnen Siebanteile sein kann, mögen folgende Beispiele zeigen.

1. Beispiel. Von einem Quadratstab (130×130 mm) tiefgrauen Gußeisens wurden durch Hobeln über den ganzen Querschnitt insgesamt 189 g Späne entnommen.

Nach dem Durchsieben durch ein 900 Maschen-Sieb wurden erhalten:

I grober Teil 173 g
II feiner Teil   16 g [1]).

Die Analyse ergab:

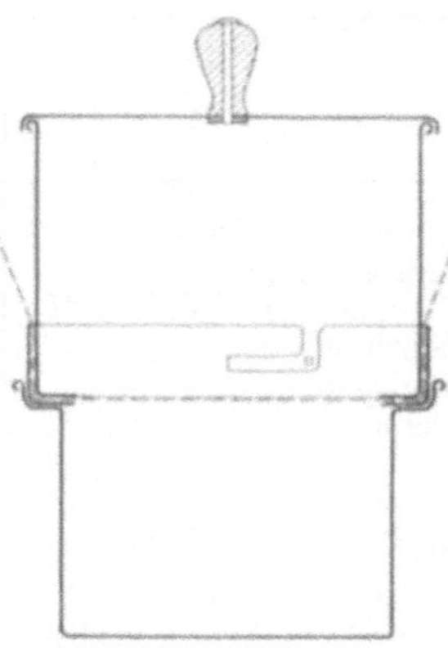

Abb. 57. Messingsieb.

Tabelle 28.
Tiefgraues Gußeisen. Analysen ausgeführt von E. Deiß.

	I im groben Teil	II im feinen Teil	Durchschnittsgehalt des Gußeisens berechnet aus I und II [2])
Gesamtkohlenstoff	2,62 %	11,66 %	3,39 %
Graphit	2,38 „	10,91 „	3,10 „
Gebundener Kohlenstoff . .	0,24 „	0,75 „	0,29 „
Silizium	2,44 „	2,27 „	2,42 „
Phosphor	0,51 „	0,56 „	0,515 „
Schwefel	0,08 „	0,073 „	0,079 „

Die Unterschiede im Graphit und Kohlenstoffgehalt in den einzelnen Teilen sind sehr beträchtlich.

2. Beispiel. Noch deutlicher treten die Unterschiede bei nachstehendem Beispiel hervor, bei dem drei Teile abgesiebt wurden. Von einer Massel grauen schwedischen Roheisens wurden durch Hobeln über den ganzen Querschnitt insgesamt 693 g Späne entnommen. Nach dem Durchsieben durch ein 900 und ein 2500 Maschensieb wurden erhalten:

I grober Teil   469 g
II mittlerer Teil 193 g
III feiner Teil   31 g.

[1]) Der Teil II zeigte beim leichten Schütteln noch deutliche Entmischung. Auf der Oberfläche sammelten sich schwarze glänzende Graphitblättchen, die sich deutlich von der grau erscheinenden Hauptmasse unterschieden. Hier wäre daher Anwendung eines zweiten feineren Siebes (2500 Maschen) angebracht gewesen, zumal die Einzelbestimmungen des Graphits recht erhebliche Schwankungen (12,64 % und 10,68 % im Mittel 11,66 %) aufwiesen, die nur auf Entmischung zurückgeführt werden können.

[2]) Der Ansatz für die Berechnung ist:

$$\frac{a\,I + b\,II}{I + II}$$

wo a den analytisch gefundenen Prozentgehalt des gesuchten Stoffes im Teil I und b den analytisch gefundenen Prozentgehalt des gesuchten Stoffes in Teil II bedeutet.

Für den Gesamtkohlenstoffgehalt ist demnach der Ansatz

$$\frac{2,62 \cdot 173 + 11,66 \cdot 16}{189} = 3,39\,\% \text{ Gesamtkohlenstoff.}$$

Die Analyse der drei einzelnen Teile ergab:

Tabelle 29.
Tiefgraues Gußeisen. Analysen ausgeführt von E. Deiß.

	I im groben Teil	II im mittleren Teil	III im feinen Teil	Durchschnittsgehalt des Roheisens berechnet aus I, II und III
Gesamtkohlenstoff . . .	3,53 %	4,04 %	22,0 %	4,50 %
Graphit	2,12 „	2,53 „	20,94 „	3,07 „
Gebundener Kohlenstoff	1,41 „	1,51 „	1,06 „	1,43 „
Silizium	0,80 „	0,83 „	0,76 „	0,80 „
Phosphor	0,051 „	0,044 „	0,030 „	0,048 „
Schwefel	0,017 „	0,014 „	0,013 „	0,016 „

Die Unterschiede im Graphit und Gesamt-Kohlenstoffgehalt sind hier noch bedeutend größer als im vorigen Beispiel.

Endlich wurde noch in je 1 g Gesamteinwage (entnommen im Verhältnis der Gewichte der Unterteile I, II und III wie auf S. 50 erläutert) der Gesamt-Kohlenstoff- und der Graphitgehalt analytisch ermittelt. Es wurden gefunden:

$$\text{Gesamtkohlenstoff} \quad . \ . \ . \ 4{,}43\,\%$$
$$\text{Graphit} \quad . \ . \ . \ . \ . \ . \ . \ . \ 3{,}03\,\text{„}$$
$$\text{demnach geb. Kohlenstoff } 1{,}40\,\text{„}$$

Die Werte stimmen recht gut mit den durch Rechnung ermittelten Durchschnittsgehalten aus obenstehender Tabelle 29 überein.

Aus obigen Untersuchungen ergibt sich für den Analytiker die Notwendigkeit, bei der Untersuchung graphithaltiger Eisensorten nicht nur bei der Entnahme der Späne in der Werkstatt, sondern auch bei der Einwage für die Analyse die äußerste Sorgfalt zu beobachten, da sonst nur zu leicht ganz falsche Ergebnisse erzielt werden.

2. Ungleichmäßigkeiten in der chemischen Zusammensetzung des grauen Roheisens, Gußeisens usw. Werden die Analysenspäne für eine Durchschnittsanalyse nicht durch Hobeln über den ganzen Querschnitt, sondern etwa durch Abhobeln einzelner Schichten entnommen, so kommen Ungleichmäßigkeiten in der chemischen Zusammensetzung des Gußstückes in der Analyse zum Ausdruck. Auch Anbohren ist für genaue Durchschnittsanalysen zu verwerfen, da das Analysenergebnis bei verschiedener Zusammensetzung des Materials durch die Tiefe des Bohrloches beeinflußt wird. Daß in der Tat bei grauem Eisen recht beträchtliche Unterschiede in der Zusammensetzung innerhalb des Querschnitts vorkommen, mögen folgende Beispiele zeigen.

Aus einer Massel grauen Thomasroheisens wurden nach Abb. 58 von 20 zu 20 mm Bohrspäne entnommen. Mangan- und Phosphorbestimmungen der Bohrspäne ergaben die in Tabelle 30 mitgeteilten Werte [1]).

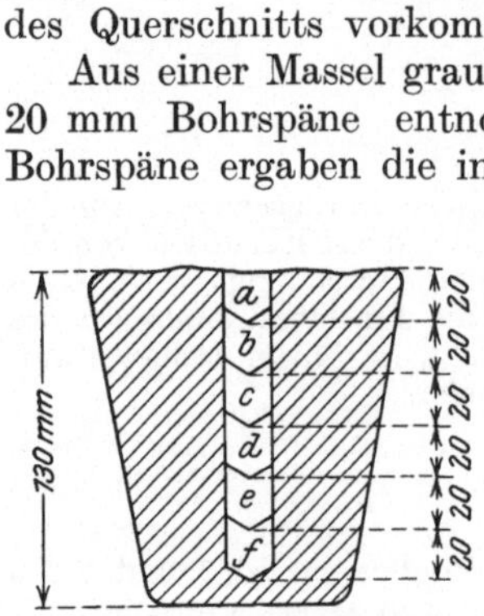

Abb. 58. Roheisenmassel.

Tabelle 30.
Analysen mitgeteilt von Reinhardt.

Bohrspäne entnommen bei	Mangan %	Phosphor %
a	3,42	2,91
b	3,11	2,41
c	3,22	2,65
d	3,11	2,58
e	3,06	2,39
f	3,17	2,65

[1]) Aus C. Reinhardt, „Über die Unhomogenität des Thomas-Roheisens". Repertorium der analytischen Chemie 1887, Nr. 49. S. 744.

In jedem Abstand von der Masseloberfläche ist der Phosphor- und Mangangehalt ein anderer.

Drei Masseln, I, II und III, beim Beginn, in der Mitte und am Ende eines Abstichs entnommen, wurden von Tabary [1]) an je drei Stellen auf ihren Gesamtkohlenstoffgehalt untersucht und zwar bei O = links, bei M = in der Mitte und bei U = rechts unten (s. Abb. 59). Tabary fand:

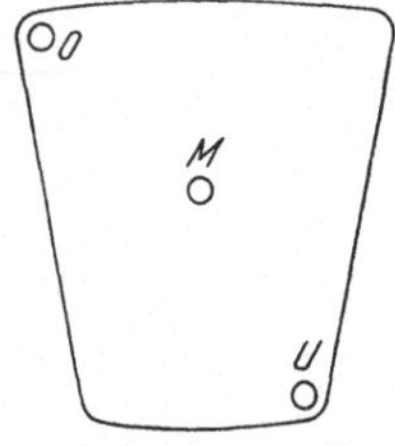

Abb. 59. Roheisenmassel.

Tabelle 31.
Analysen mitgeteilt von Tabary.

Späne entnommen bei	Gesamtkohlenstoff in Massel		
	I %	II %	III %
O = oben	3,53	3,55	3,44
M = in der Mitte .	3,55	3,72	3,55
U = unten	3,01	3,44	3,40

Der Gehalt an Kohlenstoff ist in der Mitte der Masselquerschnitte am größten und unten am kleinsten.

Eine von Ledebur [2]) untersuchte Massel tiefgrauen Roheisens aus Bilbao zeigte ein hiervon abweichendes Verhalten. Sie enthielt im Kern weniger Gesamtkohlenstoff als außen, auch war die Graphitbildung in der Mitte, wo sie sonst am beträchtlichsten zu sein pflegt (vgl. auch S. 44) geringer als außen. Der Kern war feinkörnig, lichtgrau, während der Rand grobkörnig, dunkelgrau erschien. Tabelle 32 gibt die Analysenergebnisse. Graphitbestimmungen sind leider nicht ausgeführt worden.

Tabelle 32.
Analysen mitgeteilt von Ledebur.

Bruchkorn	Gesamtkohlenstoff %	Silizium %	Mangan %	Phosphor %	Schwefel %
Außen { grobkörnig / dunkelgrau }	3,97	3,65	1,58	0,02	0,03
Innen { feinkörnig / lichtgrau }	3,41	3,68	1,32	0,01	0,02

Adämmer [3]) untersuchte eine Hämatit-Roheisenmassel. Er fand:

Tabelle 33.
Analysen mitgeteilt von Adämmer.

	Gesamtkohlenstoff %	Silizium %	Mangan %	Phosphor %	Schwefel %
Oben	3,86	1,74	1,01	0,033	0,116
Unten	3,71	1,74	0,99	0,031	0,081

Im oberen Teil sind Kohlenstoff und Schwefel angereichert.

---

[1]) P. Tabary, „Über die Verteilung des Gesamtkohlenstoffes im Gießereiroheisen". Stahl u. Eisen 1894. S. 1075.

[2]) A. Ledebur, „Handbuch der Eisen- und Stahlgießerei". Leipzig 1901. S. 33.

[3]) H. Adämmer, „Über Entmischung von Gußeisen". Stahl u. Eisen 1910, Nr. 22. S. 898.

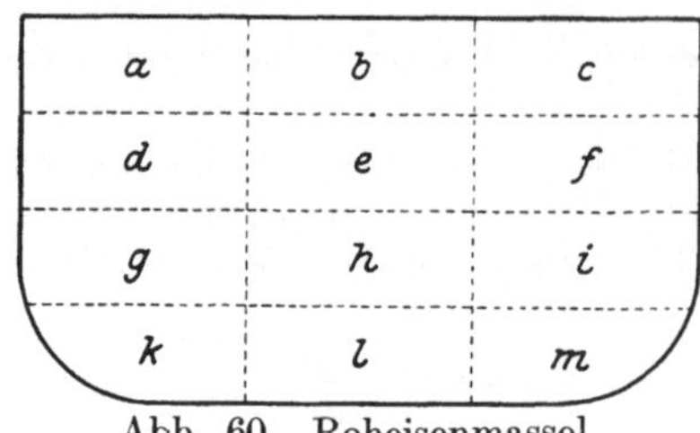

Abb. 60.   Roheisenmassel.

Auch J. E. Stead[1]) fand, daß in Roheisenmasseln sowohl Schwefel wie auch Mangan zum Teil recht ungleich verteilt sind. Die Stellen, an denen die Analysenspäne entnommen wurden, sind in Abb. 60 mit fortlaufenden Buchstaben a bis m gekennzeichnet. Die Analysenergebnisse sind in Tabelle 34 zusammengestellt:

Tabelle 34.
Analysen mitgeteilt von J. E. Stead.

	a %	b %	c %	d %	e %	f %	g %	h %	i %	k %	l %	m %
Schwefel .	0,14	0,105	0,14	0,068	0,07	0,079	0,047	0,044	0,047	0,054	0,04	0,052
Mangan .	2,4	2,42	2,42	2,34	2,40	2,37	2,19	2,28	2,10	2,22	2,13	2,10

Wenn schon innerhalb so kleiner Querschnitte, wie sie die Querschnitte von Masseln darstellen, so beträchtliche Unterschiede in der chemischen Zusammensetzung auftreten, so ist wohl anzunehmen, daß bei großen Gußstücken noch beträchtlich größere Unterschiede vorhanden sein werden. Das trifft denn auch tatsächlich zu, wie durch zahlreiche Analysen festgestellt ist.

Zunächst seien hier zwei von Adämmer mitgeteilte Analysen größerer Gußstücke aufgeführt.:

1. Heißdampfzylinder, Gesamtgewicht 3600 kg.

Die Wandstärke betrug 22—25 mm, in der Bohrung 45 mm und an den Flanschen 60 mm. Der Zylinder wurde ohne verlorenen Kopf gegossen. Die chemische Untersuchung ergab:

Tabelle 35.
Analysen mitgeteilt von Adämmer.

	Gesamt-kohlenstoff %	Silizium %	Mangan %	Phosphor %	Schwefel %
Einguß	3,59	1,31	0,86	0,37	0,072
Oberer Flansch . .	3,53	1,45	0,73	0,46	0,144
Unterer Flansch. .	3,29	1,22	0,65	0,36	0,101

Im oberen Flansch sind sämtliche Stoffe stärker angereichert als·im unteren.

2. Balkenförmiger Hohlkörper, Gesamtgewicht etwa 7000 kg, Wandstärke 150 mm. Der Guß des Hohlkörpers erfolgte von oben. Die Analyse ergab:

Tabelle 36.
Analysen mitgeteilt von Adämmer.

	Gesamt-kohlenstoff %	Silizium %	Mangan %	Phosphor %	Schwefel %
Oben	3,46	0,63	3,02	0,55	0,192
Mitte	3,39	0,63	3,05	0,46	0,142
Unten	3,41	0,63	3,08	0,46	0,080

Am beträchtlichsten ist der Unterschied im Schwefelgehalt.

---

[1]) Iron and Steel Inst. Frühjahrsversammlung 1893.

Daß der Schwefelgehalt vorwiegend das Bestreben hat, sich im mittleren und oberen Teil des Gußstückes anzureichern, kommt auch sehr deutlich in nachfolgenden von F. Wüst[1]) mitgeteilten Analysen zum Ausdruck.

Die Gußstücke hatten sämtlich dieselbe zylindrische Form und ein Nettogewicht von 5000 kg. Der Guß erfolgte steigend aus einem Kupolofen ohne Vorherd unter Zuhilfenahme einer großen Pfanne. Der Kohlenstoff und der Graphitgehalt wurden nicht bestimmt. Über die Art der Probenahme sind keine Angaben gemacht.

Tabelle 37.
Analysen mitgeteilt von Wüst.

Gußstück	Stelle, an der die Analyse entnommen wurde	Silizium %	Mangan %	Phosphor %	Schwefel %
1	Oben	1,71	0,68	0,480	0,112
	Mitte	1,72	0,65	0,467	0,110
	Unten	1,71	0,65	0,475	0,077
2	Oben	1,49	0,69	0,422	0,212
	Mitte	1,47	0,68	0,421	0,208
	Unten	1,49	0,54	0,435	0,111
3	Oben	1,44	0,50	0,437	0,094
	Mitte	1,42	0,51	0,455	0,086
	Unten	1,43	0,50	0,437	0,078
4	Oben	0,96	0,76	0,439	0,210
	Mitte	0,96	0,71	0,450	0,174
	Unten	0,97	0,57	0,464	0,100
5	Oben	1,07	0,50	0,408	0,094
	Mitte	1,07	0,59	0,412	0,095
	Unten	1,08	0,57	0,419	0,079
6	Oben	0,99	0,71	0,56	0,110
	Mitte	0,97	0,71	0,48	0,117
	Unten	1,17	0,71	0,49	0,099
7	Oben	1,40	0,74	0,47	0,121
	Mitte	1,33	0,82	0,58	0,115
	Unten	1,24	0,71	0,48	0,108
8	Oben	1,02	0,53	0,411	0,108
	Mitte	1,00	0,52	0,411	0,112
	Unten	1,04	0,53	0,419	0,104
9	Oben	1,51	0,99	0,535	0,295
	Mitte	1,51	1,01	0,545	0,311
	Unten	1,51	0,86	0,571	0,175
10	Oben	1,51	0,79	0,579	0,210
	Mitte	1,46	0,89	0,535	0,304
	Unten	1,43	0,73	0,569	0,162

Ebenso hebt Thomas D. West[2]) besonders die Anreicherung von Schwefel im oberen Teil größerer Gußstücke hervor. Er fand in vier Gußstücken:

Tabelle 38.
Analysen mitgeteilt von Thomas D. West.

	I Schwefel %	II Schwefel %	III Schwefel %	IV Schwefel %
Im oberen Teil	0,117	0,115	0,084	0,055
Im unteren Teil	0,083	0,094	0,070	0,047

[1]) F. Wüst, „Kupelofen mit Vorherd oder ohne Vorherd". Stahl u. Eisen 1903, Nr. 10. S. 1077.

[2]) Thomas D. West, „Metallurgy of Cast Iron". Cleveland Ohio. U. S. A. 1907. S. 134.

Analysen von vier Rädern aus Grauguß, zu denen die Proben einmal in der Nabe, nahezu aus der Mitte und das anderemal vom Kranz entnommen wurden, ergaben folgende Werte [1]):

Tabelle 39.

Analysen mitgeteilt von A. Martens.

Rad	Silizium		Phosphor		Mangan	
	Kranz %	Nabe %	Kranz %	Nabe %	Kranz %	Nabe %
A	0,72	0,58	0,284	0,265	0,23	0,21
B	0,67	0,62	0,301	0,287	0,24	0,21
C	0,65	0,52	0,367	0,360	0,24	0,21
D	0,48	0,45	0,266	0,250	0,33	0,32

Kohlenstoff und Schwefel wurden nicht bestimmt. Die Unterschiede zwischen Kranz und Nabe sind namentlich im Siliziumgehalt beträchtlich. Auch beim Phosphor liegen sie zum Teil noch außerhalb der Analysenfehlergrenze.

Aus obigen Beispielen ergibt sich, daß die Entnahme einer einwandfreien Durchschnittsprobe für die Analyse bei Masseln und kleinen Gußstücken nur durch Hobeln über den ganzen Quer- bzw. Längsschnitt zu erzielen ist, daß Anbohren oder Entnahme der Späne an einer willkürlichen Stelle nicht genügt, weil die Unterschiede in der chemischen Zusammensetzung selbst innerhalb kleiner Querschnitte beträchtlich sein können.

Bei großen Gußstücken, wo Entnahme der Späne über den ganzen Quer- bzw. Längsschnitt vielfach nicht möglich ist, wo demnach die Späne an bestimmten Stellen (am Einguß z. B.) entnommen werden müssen, darf die Analyse auch nicht als Durchschnittsanalyse bezeichnet werden. Der Analytiker versäume nie in solchen Fällen an der Hand einer Zeichnung oder Skizze genau anzugeben, wo und wie (Bohren oder Hobeln) die Späne entnommen wurden. Vor allem ist letzteres in Streitfällen, bei Schiedsanalysen usw. unbedingt erforderlich, so mancher Ärger kann dadurch erspart werden.

3. Entmischungserscheinungen beim flüssigen Gußeisen. Ist für ein großes Gußstück eine bestimmte chemische Zusammensetzung vorgeschrieben und wird die Durchschnittsanalyse verlangt, so verfährt man am besten in der Weise, daß man während des Gießens, zu Beginn, in der Mitte und am Ende des Gusses [2]) Proben entnimmt. Die Entnahme nur einer Probe aus dem flüssigen Bade genügt nicht, da flüssiges Gußeisen in geringem Maße ebenfalls zur Entmischung neigt. Aus den Proben werden in der üblichen Weise durch Hobeln über den ganzen Querschnitt Späne entnommen, die zu einem Gesamtdurchschnitt vereinigt und analysiert werden [3]).

Man erhält auf diese Weise Werte, die dem wirklichen Durchschnittsgehalt sehr nahe kommen, wie die nachfolgenden Beispiele zeigen; sie sind einer Arbeit von F. Wüst [4]) „Kupolofen mit Vorherd oder ohne Vorherd" entnommen.

1. Beispiel. Im Vorherd wurden 3000 kg Eisen angesammelt und während des Fließens des Eisens in die Pfanne in Zwischenräumen von je etwa einer Minute Eisenproben entnommen, welche bei der Analyse nachstehende Ergebnisse lieferten:

---

[1]) A. Martens, „Seigerung in Eisen u. Stahlgüssen". Stahl u. Eisen 1894. S. 797.
[2]) Mitunter ist es zweckmäßig die Proben auch häufiger zu entnehmen.
[3]) In diesen Proben ist nur der Gesamtkohlenstoffgehalt zu bestimmen. Die Bestimmung des Graphits wäre zwecklos, da im großen Gußstück ganz andere Graphitgehalte auftreten können als bei kleinen Proben. Siehe hierüber S. 62.
[4]) Stahl u. Eisen 1903. S. 1077.

Tabelle 40.
Analysen mitgeteilt von F. Wüst.

Nummer der Probe	Gesamt-kohlenstoff %	Silizium %	Mangan %	Phosphor %	Schwefel %
1	3,59	2,00	0,65	0,88	0,080
2	3,56	1,97	0,62	0,88	0,078
3	3,47	2,01	0,65	0,88	0,085
4	3,53	1,93	0,68	0,84	0,081
5	3,51	2,03	0,65	0,88	0,083
6	3,56	2,01	0,70	0,88	0,085
7	3,67	1,90	0,68	0,73	0,080
8	3,63	1,90	0,70	0,64	0,088
Mittel	3,56	1,97	0,67	0,83	0,083
Größte Schwankung vom Mittel aus .	0,11	0,07	0,05	0,19	0,005
In Prozenten . . .	3,1	3,6	7,1	24,1	6,0

Kohlenstoff, Silizium, Mangan und Schwefel zeigen nur geringe Schwankungen. Der Phosphorgehalt der beiden Proben 7 und 8 weicht beträchtlich von dem der anderen Proben ab.

2. Beispiel. Guß und Probenahme wie beim ersten Beispiel.

Tabelle 41.
Analysen mitgeteilt von F. Wüst.

Nummer der Probe	Gesamt-kohlenstoff %	Silizium %	Mangan %	Phosphor %	Schwefel %
1	3,11	2,26	0,58	1,168	0,121
2	3,16	2,27	0,60	1,188	0,123
3	3,19	2,24	0,65	1,203	0,124
4	3,19	2,25	0,68	1,206	0,122
5	3,16	2,27	0,58	1,207	0,123
6	3,24	2,25	0,62	1,187	0,124
7	3,13	2,27	0,62	1,203	0,122
8	3,12	2,25	0,63	1,197	0,120
9	3,13	2,27	0,63	1,218	0,110
10	3,15	2,24	0,59	1,206	0,115
11	3,19	2,24	0,63	1,185	0,114
12	3,10	2,23	0,61	1,179	0,113
13	3,18	2,27	0,66	1,129	0,118
14	3,13	2,20	0,64	1,163	0,121
15	3,12	2,24	0,57	1,176	0,120
Mittel	3,16	2,25	0,62	1,188	0,119
Größte Schwankung vom Mittel aus .	0,08	0,05	0,05	0,025	0,009
In Prozenten . . .	2,5	2,2	8,1	2,1	7,6

Die Schwankungen sind hier geringer als im ersten Beispiel. Immerhin zeigen auch diese Analysen, daß Gußeisen in flüssigem Zustand zur Entmischung neigt.

Über Entmischung in der Pfanne berichtet auch Adämmer[1]).

„Beim Gießen von Hartgußbüchsen stellte es sich einige Male heraus, daß sie verschieden hart ausfielen.

Die ersten Büchsen waren zu weich, die mittleren gut und die zuletzt, immer aus derselben Pfanne gegossenen, viel zu hart."

---

[1]) H. Adämmer, „Über Entmischung von Gußeisen". Stahl u. Eisen 1910. S. 898.

58   Umstände, die die Entnahme einer einwandfreien Durchschnittsprobe erschweren.

Die Analyse ergab folgendes:

Tabelle 42.
Analysen mitgeteilt von Adämmer.

	Gesamt-kohlen-stoff %	Graphit %	Geb. Kohlen-stoff %	Silizium %	Mangan %	Phosphor %	Schwefel %
Erstes Eisen aus der Pfanne . (erste Büchse)	3,82	3,0	0,82	0,85	0,84	0,09	0,130
Letztes Eisen aus der Pfanne . (letzte Büchse)	3,61	2,32	1,29	0,66	0,73	0,07	0,098

Eine Entmischung, namentlich beim Gesamtkohlenstoff, Silizium, Mangan und Schwefel, die hier nur im flüssigen Zustande stattgefunden haben konnte, ist unverkennbar. Die großen Unterschiede im Graphitgehalt können auch durch die verschiedene Temperatur des Bades zu Beginn und gegen Ende des Gusses bedingt sein.

Über einen sehr interessanten Fall starker Entmischung von Roheisen im Hochofen teilt H. Jüptner von Jonstorff nach Analysen von H. Rubricius folgendes mit [1]).

„Hans Rubricius erhielt bei Durchführung von Kontrollanalysen in Qualitätsroheisen bezüglich des Siliziumgehaltes so erhebliche Differenzen, daß er auf Verschiedenheiten in der Zusammensetzung schloß. Die wurde auch durch zahlreiche Versuche bestätigt, welche folgendes ergaben: Der Siliziumgehalt nimmt von den unteren Partien des Eisenkastens der Hochöfen nach oben hin zu, was wahrscheinlich vom Unterschied im spezifischen Gewicht herrühren dürfte. Bezüglich des Phosphors und Schwefels ergaben sich keine bemerkenswerten Unterschiede." Die gefundenen Siliziumgehalte sind in Tabelle 43 zusammengestellt.

Tabelle 43.
Analysen ausgeführt von Rubricius.

	Siliziumgehalt in Prozenten							Gesamt-mittel
	1	2	3	4	5	6	7	
Oben	2,46	2,48	2,50	2,53	2,54	2,58	2,6	2,52
	2,72	2,74	2,77	2,79	2,85	2,88	2,89	2,80
	1,81	1,83	1,84	1,86	1,89	2,16	2,20	1,93
	1,95	2,09	2,13	2,45	2,70	2,72	2,76	2,40
	1,49	1,50	1,54	1,66	1,82	1,84	1,88	1,68
	1,15	1,34	1,43	1,57	2,17	2,18	2,20	1,72
	1,38	1,44	1,45	1,60	1,63	1,72	1,79	1,57
Unten	1,13	1,15	1,15	1,19	1,33	1,40	1,42	1,25

4. Kügelchen- und Nierenbildung. Ebenso wie beim weißen Roheisen (s. S. 35) treten auch beim Grauguß mitunter Kügelchen und Nieren auf, deren Zusammensetzung meist recht beträchtlich von der Zusammensetzung des Muttermetalls abweicht. Wird bei der Probenahme auf diese Erscheinung

---

[1]) H. Freiherr Jüptner von Jonstorff, „Fortschritte im Eisenhütten-Laboratorium in den letzten 10 Jahren". Bd. 2. S. 509. Leipzig 1896, Verlag von Arthur Felix.

nicht geachtet, so können hierdurch voneinander abweichende Analysenergebnisse erhalten werden, ohne daß man den Grund zu erkennen vermag. Ledebur[1]) untersuchte mehrfach solche im Muttermetall eingeschlossene Nieren. In Tabelle 44 sind die von Ledebur mitgeteilten Ergebnisse zusammengestellt.

Tabelle 44.
Analysen mitgeteilt von Ledebur.

Eisen	Probe entnommen aus	Gesamt-kohlen-stoff %	Silizium %	Mangan %	Phosphor %	Schwefel %	Kupfer %	Arsen %	Tetan %
Tiefgraues Roheisen	Muttereisen .	3,76	3,14	0,85	0,88	0,01	0,06	0,06	0,12
	Niere	2,86	3,15	0,93	0,82	0,02	0,05	0,13	0,16
Tiefgraues westfälisches Roheisen	Muttereisen .	3,45	3,28	1,03	0,96	0,01	nicht	bestimmt	0,08
	Niere	2,67	3,18	1,05	1,27	0,01			0,10
Graues Gießerei-Roheisen	Muttereisen .	3,79	2,52	0,57	0,58	nicht bestimmt			
	Niere	3,11	2,22	0,70	1,25	„	„		

Platz[2]) teilt folgende Analysen von Kügelchen im Roheisen und in Gußstücken mit:

Tabelle 45.
Analysen mitgeteilt von Platz.

Eisen	Probe entnommen aus	Silizium %	Phosphor %	Mangan %
Gießereieisen Nr. 4 . .	Muttereisen	1,16	0,290	0,78
	Große und kleine Kügelchen zusammen ohne Auswahl	0,63	2,368	1,36
	Große Kügelchen	0,68	2,026	1,27
	Kleine Kügelchen (aus demselben Hohlraum)	0,62	3,303	1,48
Luxemburger Gießerei-eisen Nr. 5 (Luxemburger Bezeichnung)	Muttereisen	1,92	2,046	0,54
	Große Kügelchen	0,86	4,062	0,79
	Kleine Kügelchen	0,80	6,075	0,85
Gußstück	Muttereisen	1,21	0,334	0,73
	Kügelchen	0,92	1,446	0,90
Gußstück	Muttereisen	1,12	0,526	0,71
	Kügelchen	0,88	1,621	0,87

Auch auf der Oberfläche von Gußstücken erscheinen mitunter solche ausgeseigerte Kügelchen von Hirsekorn- bis Erbsengröße, deren Zusammensetzung stets wesentlich von der des Muttermetalls abweicht.

Eine von Ledebur[3]) angestellte Untersuchung solcher tropfenförmiger Ausseigerungen, welche auf der Oberfläche einer Herdgußplatte sich gebildet hatten, ergab:

---

[1]) Ledebur, „Handbuch der Eisen- und Stahlgießerei". Leipzig 1901. S. 34.
[2]) B. Platz, „Die Wanzenbildung auf Roheisen und die Kügelchenbildung in Roheisen und Gußstücken". Stahl u. Eisen 1887. S. 639.
[3]) Ledebur, „Handbuch der Eisen- und Stahlgießerei". Leipzig 1901. S. 36.

Tabelle 46.
Analysen mitgeteilt von Ledebur.

	Muttereisen (Herdgußplatte) $\%$	Ausgeseigerte ⌊Kügelchen $\%$
Gesamtkohlenstoff . . .	3,41	3,07
Silizium	2,04	1,63
Mangan	0,43	0,42
Phosphor	0,44	1,98
Schwefel	0,08	0,05
Kupfer	0,03	0,01

Ebenso wie beim Weißeisen unterscheiden sich auch beim grauen Eisen die Kügelchen in erster Linie durch ihren auffallend hohen Phosphorgehalt vom Muttereisen.

In den von Platz mitgeteilten Analysen (vgl. Tabelle 45) war auch der Mangangehalt angereichert, während der Siliziumgehalt in allen Fällen in den Kügelchen geringer ist als im Muttereisen.

5. Kristallbildungen und Ausblühungen beim grauen Roheisen. Eine Massel aus einem Holzkohlenhochofen wies eine größere Drüse auf, die mit gutausgebildeten Tannenbaumkristallen ausgefüllt war. Die Tannenbäume waren mit einem weißen Belag bedeckt. Die chemische Untersuchung des Muttereisens, der Kristalle und des Belages ergab:[1])

Tabelle 47.
Analysen mitgeteilt von Ledebur.

	Muttereisen $\%$	Kristalle $\%$	Weißer Belag
Gesamtkohlenstoff	3,11	3,28	
Silizium	1,85	2,00	nahezu reine
Schwefel	0,04	0,05	Kieselsäure
Phosphor	Spur	Spur	
Mangan	0,17	0,09	

In Vertiefungen an den Wandungen von Roheisenmasseln, jedoch nie an der Oberfläche, sondern stets an den Seitenwandungen, wo die Masseln von Sand eingehüllt gewesen waren, finden sich mitunter moos- oder asbestartige Ausblühungen von gelblich-weißer Farbe. Die chemische Analyse des Muttereisens und der Ausblühungen ergab [1]):

Tabelle 48.
Analysen mitgeteilt von Ledebur.

	Muttereisen	Ausblühung	
Gesamtkohlenstoff . . .	3,31 $\%$	Kieselsäure	75,95 $\%$
Silizium	3,27 ,,	Titansäure	1,12 ,,
Titan	0,03 ,,	Kaliumoxyd	1,80 ,,
Mangan	0,44 ,,		
Schwefel	0,02 ,,		
Phosphor	1,13 ,,		

[1]) A. Ledebur, „Über Bildung von Kieselsäure auf Roheisen". Stahl u. Eisen 1900. S. 582.

Als Entstehungsursache für diese Ausblühungen nimmt Ledebur die Bildung einer dampfförmigen Siliziumverbindung (vermutlich Schwefelsilizium) im Roheisen an. Sobald Luft hinzutreten kann, verbrennt das Schwefelsilizium unter Bildung von entweichender schwefliger Säure und Kieselsäure, die sich als weiße Ausblühung an den kälteren Wandungen oder in den Hohlräumen der Masseln absetzt.

6. Ausscheidungen auf der Oberfläche von grauem Eisen. Die Seite 37 bereits erwähnte Wanzenbildung beim Stehen von flüssigem Weißeisen in der Pfanne tritt auch beim grauen Eisen häufig auf.

Die Zusammensetzung der Wanzen steht meist in genauer Wechselbeziehung zur Zusammensetzung des zugehörigen Muttermetalls. Die in Tabelle 49 aufgeführten Analysen von Wanzen und Muttermetall sind von Platz [1]) mitgeteilt.

Tabelle 49.
Analysen mitgeteilt von Platz.
Zusammensetzung der Wanzen.

	Gießereieisen Nr. 1	Gießereieisen Nr. 3	Graues Puddelroheisen	Feinkörniges graues Eisen mit weißem Rand	Meliertes Graueisen
Kieselsäure . . .	32,43%	31,67%	29,42%	23,28%	20,46%
Phosphorsäure . .	0,39 „	0,64 „	1,36 „	2,02 „	2,32 „
Manganoxydul . .	13,01 „	11,91 „	11,23 „	9,61 „	8,97 „
			Das zugehörige Muttereisen enthielt		
Silizium	1,67 %	1,41 %	1,16 %	0,98 %	0,86 %
Phosphor	0,283 „	0,282 „	0,290 „	0,289 „	0,295 „
Mangan	0,96 „	0,91 „	0,78 „	0,72 „	0,70 „

7. Einfluß der Abkühlungsgeschwindigkeit auf den Graphitgehalt und auf die Art der Graphitausscheidung beim Gußeisen. Während die bisher besprochenen Ungleichmäßigkeiten in der chemischen Zusammensetzung des grauen Gußeisens durch Seigerung im flüssigen Zustand oder während der Erstarrung bedingt waren, sind ebenso wie beim Weißeisen (vgl. S. 40) auch beim Grauguß die Abkühlungsgeschwindigkeit nach dem Guß und die Zeitdauer der Erstarrung von großem Einfluß auf Menge und Art der Graphitausscheidung.

Gußstücke aus dem gleichen Gußeisen werden bei kleinem Querschnitt geringere Graphitgehalte und andere Art der Verteilung des Graphits aufweisen als bei großem Querschnitt. Innerhalb desselben Querschnitts kann trotz gleich hohen Gesamtkohlenstoffgehaltes der Graphitgehalt am äußeren Umfang des Probestückes, wo die Abkühlung einer schnellere ist, geringer sein als mehr nach der Mitte zu.

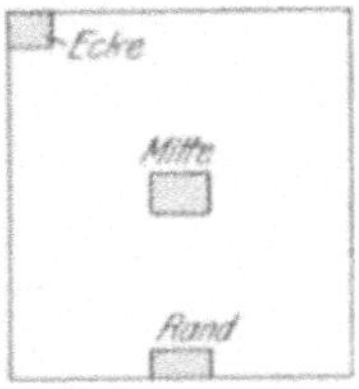

Da Menge und Art der Graphitverteilung von maßgebendem Einfluß auf die Festigkeitseigenschaften des Gußeisens

Abb. 61. Gußstab.

sind, so ist es oft wünschenswert, den Graphitgehalt aus einzelnen Teilen (Rand, Mitte usw.) gesondert zu bestimmen.

Wo es sich lediglich um Feststellung des Graphitgehaltes handelt, ist es ratsam, nicht Hobel- oder Bohrspäne zur Analyse zu verwenden, sondern an den Stellen, wo der Graphitgehalt bestimmt werden soll, kleine Stückchen (Scheiben oder Würfel) zu entnehmen, wie in Abb. 61 angedeutet. Man vermeidet auf diese Weise, ohne der analytischen Bestimmung irgendwelche Schwie-

---

[1]) B. Platz, „Die Wanzenbildung auf Roheisen und die Kügelchenbildung in Roheisen und Gußstücken". Stahl u. Eisen 1887. S. 639.

rigkeiten zu bereiten, die auf S. 50 ausführlich besprochenen Fehlerquellen bei der Probenahme und Einwage.

Das nachfolgend beschriebene Beispiel [1]) zeigt den Einfluß des Querschnitts auf den Graphitgehalt; zugleich kommt, namentlich an den Stellen mit größerem Querschnitt, die Verringerung der Graphitausscheidung an den Stabsecken durch die daselbst stattfindende schnellere Abkühlung deutlich zum Ausdruck.

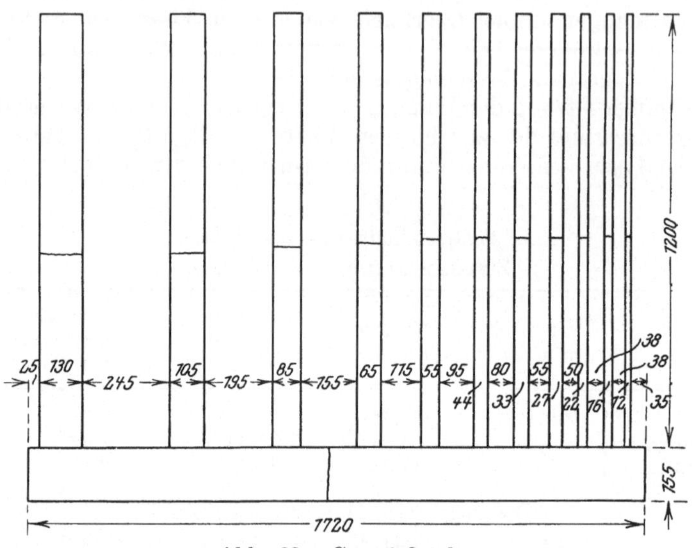

Abb. 62.   Graugußstäbe.

Es wurden Stäbe von verschiedener Dicke (12×12 mm bis 155×155 mm) nach Abb. 62 in einem Stück gegossen. Die durchschnittliche Zusammensetzung des Gußeisens war:

Gesamtkohlenstoff . . . . $3{,}3_8$ $^0/_0$

Silizium . . . . $2{,}5_1$,,

Mangan . . . . $0{,}8_1$,,

Phosphor . . . . $0{,}5_6$,,

Schwefel . . . . $0{,}09_5$,,

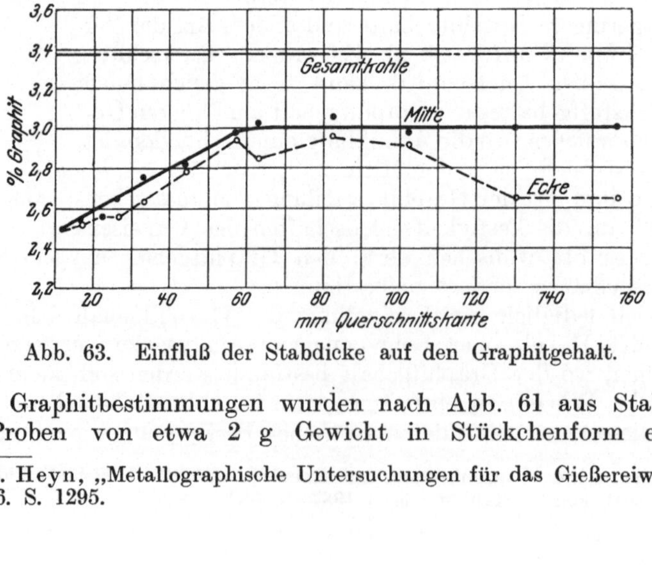

Abb. 63.   Einfluß der Stabdicke auf den Graphitgehalt.

Für die Graphitbestimmungen wurden nach Abb. 61 aus Stabmitte und Stabecke Proben von etwa 2 g Gewicht in Stückchenform entnommen.

<hr>

[1]) Aus: E. Heyn, „Metallographische Untersuchungen für das Gießereiwesen". Stahl u. Eisen 1906. S. 1295.

Die Analyse ergab die in Tabelle 50 mitgeteilten und in Abb. 63 graphisch
aufgetragenen Werte:

Tabelle 50.

Analysen mitgeteilt von E. Heyn.

Querschnitt mm × mm	Stabmitte		Stabecke	
	Graphitgehalt in %[1])	Graphitgehalt in % des Gesamtkohlenstoffs	Graphitgehalt in %[1])	Graphitgehalt in % des Gesamtkohlenstoffs
155 × 155	3,00	88,75	2,68	79,3
130 × 130	3,00	88,75	2,68	79,3
105 × 105	2,97	87,9	2,92	86,4
85 × 85	3,06	90,5	2,95	87,2
65 × 65	3,03	89,7	2,85	84,5
55 × 55	2,98	88,2	2,94	86,9
44 × 44	2,84	84,0	2,78	82,2
33 × 33	2,77	82,0	2,62	77,5
27 × 27	2,66	78,7	2,55	75,5
22 × 22	2,55	75,5	2,55	75,5
16 × 16	2,55	75,5	2,53	74,8
12 × 12	2,50	74,0		

{ Probeplättchen über den ganzen Querschnitt entnommen, entspricht Mitte und Ecke.

Aus der Tabelle 50 und aus Abb. 63 ergibt sich, daß der Graphitgehalt in
der Stabmitte in den dünnsten Stäben am niedrigsten ist. Er steigt geradlinig
mit zunehmendem Querschnitt an und erreicht bei 65 × 65 mm Querschnitt
seinen Höchstwert. Hiernach scheint unter den gewählten Versuchsbedingungen
(Gießhitze, Abkühlung nach dem Guß,
Siliziumgehalt des Eisens) bereits dieser Querschnitt (65 × 65 mm) ausreichend gewesen zu sein, um das Maximum der Graphitausscheidung im Kern
der Stäbe zu erreichen. An den Ecken
der Stäbe, wo die Abkühlung eine erheblich schnellere als in der Mitte ist,
ist der Graphitgehalt namentlich in
den Stäben mit großem Querschnitt
zum Teil erheblich niedriger als in
der Mitte. Bei den kleinen Stäben,
bei denen die Abkühlung auch im Kern
eine schnellere ist, verschwinden die
Unterschiede zwischen Stabecke und
Stabmitte.

An den Stabecken scheinen jedoch
auch Zufälligkeiten bei der Graphitausscheidung eine Rolle zu spielen,
da die gefundenen Werte ziemlich starke Schwankungen aufweisen.

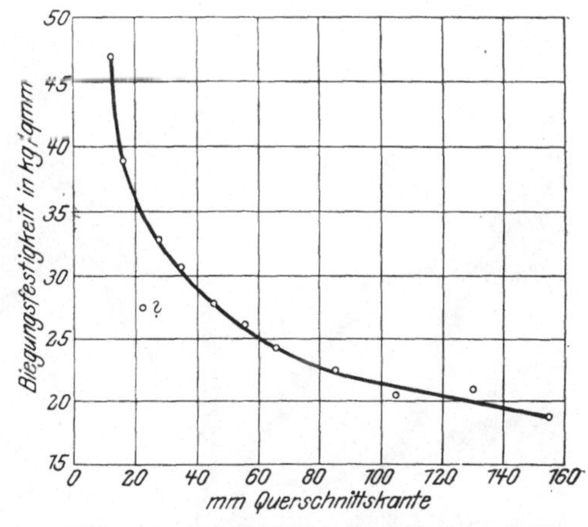

Abb. 64. Einfluß der Stabdicke auf die
Biegungsfestigkeit.

Auf die physikalischen Eigenschaften des Gußeisens hat neben der Menge
auch die Größe und Gestalt der einzelnen Graphitblätter wesentlichen Einfluß.
Über die Größe und Gestalt der Graphitblätter sagt die chemische Analyse
nichts aus, hier muß wieder die Metallographie den Analytiker unterstützen,
wenn es sich um Aufklärung besonderer Erscheinungen, beispielsweise verschiedener Festigkeit trotz gleicher chemischer Zusammensetzung, handelt.

---

[1]) Mittelwert aus 2—5 Einzelbestimmungen. Jede Einzelbestimmung ist mit einem
besonderen Probstückchen ausgeführt.

Aus der Mitte der Probestäbe.   v = 117   Vom Rand der Probestäbe.

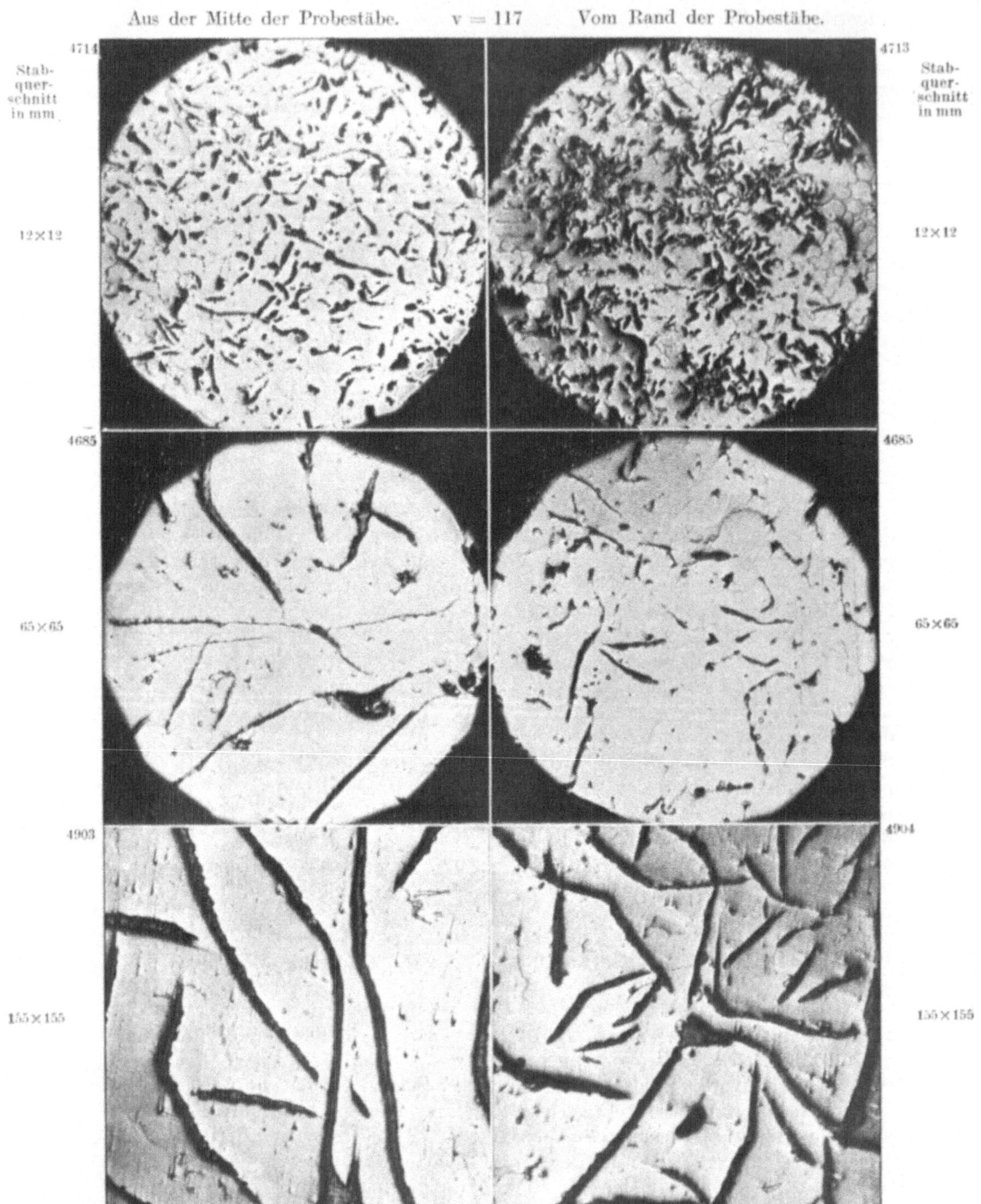

Abb. 65.
Einfluß der Stabdicke auf die Graphitausscheidung.

So zeigten z. B. die in Abb. 62 abgebildeten Gußstäbe die in Abb. 64 graphisch aufgetragenen Biegungsfestigkeiten in kg/qcm.

In dem Stab mit kleinstem Querschnitt und geringstem Graphitgehalt ist die Biegungsfestigkeit am größten. Sie fällt mit steigendem Graphitgehalt. Aber auch von 65 × 65 mm Querschnitt, von wo an der Graphitgehalt bis zu dem größten Querschnitt gleich hoch bleibt, ist deutliche und stetige Verringerung der Biegungsfestigkeit zu beobachten.

Die Erklärung hierfür liefert die metallographische Untersuchung. Vgl. Abb. 65. Die lineare Vergrößerung ist in allen Fällen die gleiche (117 fach).

Die Lichtbilder zeigen deutlich, wie mit zunehmendem Querschnitt die Größe der einzelnen Graphitblätter wächst. Der Unterschied zwischen dem Stab mit größtem Querschnitt (155 × 155 mm) und dem Stab mit kleinstem Querschnitt (12 × 12 mm) ist gewaltig. Es ist ohne weiteres verständlich, daß so lange und grobe Graphitblätter, wie sie z. B. in dem Stab mit 155 × 155 mm Querschnitt auftreten, infolge Unterbrechung des Zusammenhanges des Eisens auf Verminderung der Festigkeit hinwirken müssen.

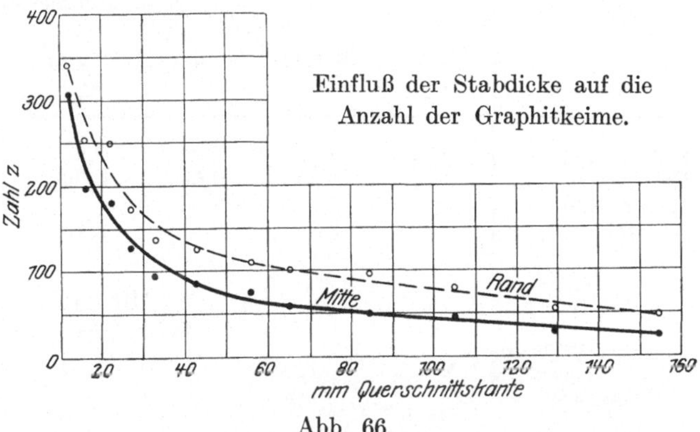

Abb. 66.

Zählt man die auf 1 qmm Fläche entfallenden einzelnen Graphitblättchen und trägt ihre Anzahl Z als Ordinaten und die Stabdicken als Abszissen graphisch auf, so ergibt sich für obige Versuchsreihe das Schaubild Abb. 66. In den Stäben mit kleinstem Querschnitt ist die Anzahl der einzelnen Graphitkeime am größten, und am kleinsten in den dicksten Stäben. In den Ecken und Rändern der Stäbe ist die Keimzahl, trotz geringerem Gesamtgehalte an Graphit größer als in den Stabmitten. Die einzelnen Graphitblättchen müssen demnach in den Stäben mit geringem Querschnitt und an den Ecken und Kanten geringere Abmessungen haben als in den Stäben mit größerem Querschnitt und in den Stabmitten. Das Ergebnis der Zählung der einzelnen Graphitkeime steht demnach in vollster Übereinstimmung mit dem metallographischen Befund.

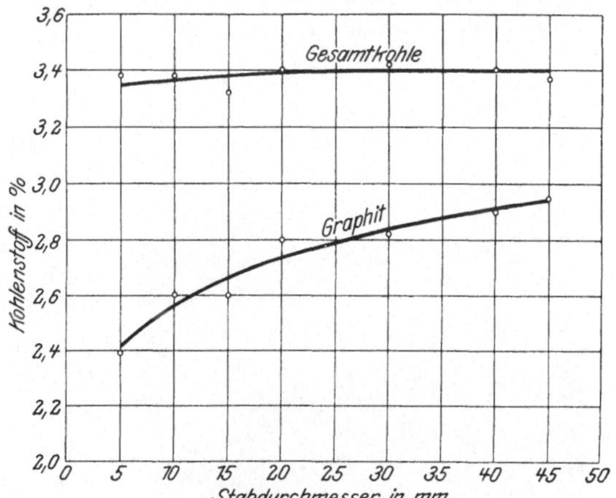

Abb. 67. Einfluß der Stabdicke auf den Graphitgehalt.

Den Einfluß der Stabdicke auf den Graphitgehalt zeigt auch deutlich folgendes Beispiel. Es ist einer Arbeit von Jüngst[1] entnommen. Sieben Rund-

---

[1] Jüngst, „Eine Phase aus dem Kapitel: Gußeisenprüfung". Stahl u. Eisen 1905. S. 415.

stäbe von 50 bis 5 mm Durchmesser, die gleichzeitig aus der gleichen Gußeisenmischung I mit $1,9_3\%$ Silizium, $0,5_5\%$ Mangan, $0,71_2\%$ Phosphor und $0,09_0\%$ Schwefel gegossen waren, enthielten:

Tabelle 51.

Analysen mitgeteilt von Jüngst.

	Stabdurchmesser						
	50 mm $\%$	40 mm $\%$	30 mm $\%$	20 mm $\%$	15 mm $\%$	10 mm $\%$	5 mm $\%$
Graphit	2,9₅	2,9₀	2,8₂	2,8₀	2,6₀	2,6₀	2,3₉
Geb. Kohlenstoff	0,4₂	0,5₀	0,6₀	0,6₀	0,7₂	0,7₈	0,9₉
Gesamtkohlenstoff	3,3₇	3,4₀	3,4₂	3,4₀	3,3₂	3,3₈	3,3₈

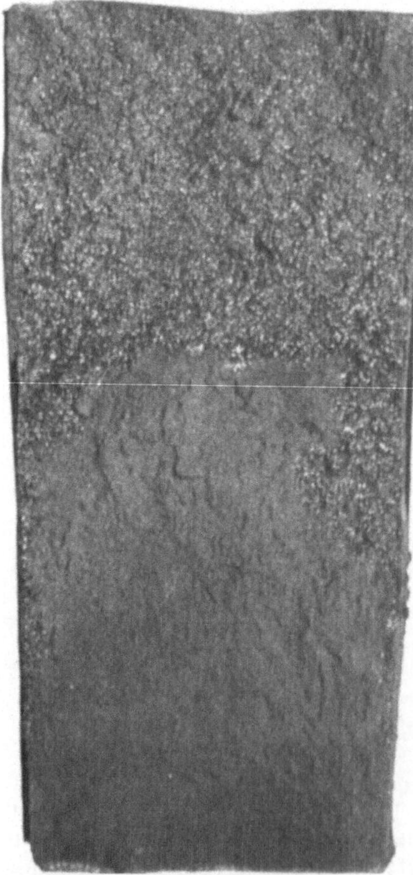

Mit Abnahme des Querschnitts der Probestäbe sinkt stetig der Gehalt an Graphit und steigt der Gehalt an gebundener Kohle, während der Gesamtkohlenstoffgehalt annähernd gleich hoch bleibt. (Vgl. auch Abb. 67).

Wesentliche Unterschiede im Graphitgehalt zwischen Rand und Mitte der Proben waren nach Jüngst hier nicht vorhanden. Die Anordnung, Zahl und Größe der einzelnen Graphitblätter wies jedoch auch bei diesen Probestäben zwischen Rand und Mitte beträchtliche Verschiedenheiten auf.

Interessant ist auch noch das nachfolgende Beispiel [1]), das ebenfalls deutlich zeigt, wie gerade beim grauen Gußeisen die chemische Analyse allein vielfach zur Aufklärung besonderer Erscheinungen nicht ausreicht.

Siliziumreiches Gußeisen (chemische Zusammensetzung siehe weiter unten) wurde in eine Sandform gegossen, die am Boden eine eiserne Platte zum Zweck des Abschreckversuches besaß. Oben war die Form offen.

Der Bruch im oberen Teil (siehe Abbildung 68) zeigte grobes Korn mit glänzenden Graphitblättchen; plötzlich absetzend wurde das Korn nach unten zu fein ohne sichtbare Graphitblättchen. Die chemische Analyse des oberen und unteren Teiles ergab folgendes:

Abb. 68. Graues Gußeisen.

[1]) Aus: E. Heyn, „Metallographische Untersuchungen für das Gießereiwesen". Stahl u. Eisen 1906, Nr. 21. S. 1295.

4856   v = 350   4854   v = 350

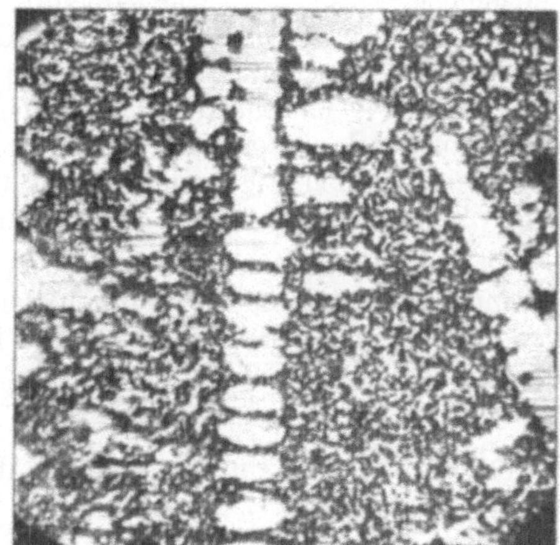

Abb. 69. Obere Hälfte.   Abb. 70. Untere Hälfte.

Tabelle 52.
Graues Gußeisen. Analyse mitgeteilt von E. Heyn.

	Im oberen grob- körnigen Teil $^0/_0$	Im unteren fein- körnigen Teil $^0/_0$
Gesamtkohlenstoff .	3,56	3,51
Graphit	3,42	3,41
Geb. Kohle	0,14	0,10
Phosphor	0,09	0,09
Mangan	0,94	0,94
Silizium	3,30	3,31
Schwefel	0,058	0,058

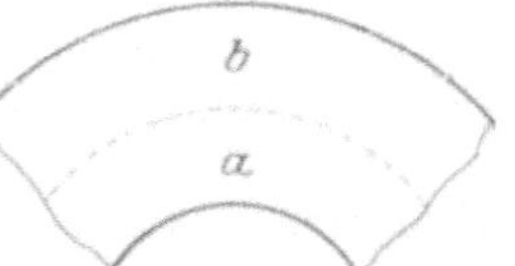

Abb. 71.
Bruchstück eines Ringes
aus grauem Gußeisen.

8353   v = 200   8352

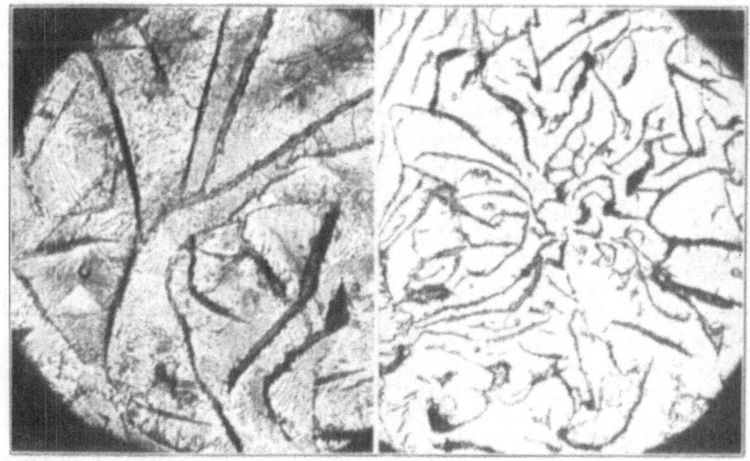

Abb. 72.

Die chemische Zusammensetzung ist demnach im oberen und unteren Teil die gleiche. Das Gefüge war jedoch in den beiden Teilen wesentlich verschieden. Der obere Teil zeigt lange große Graphitblätter (vgl. Abb. 69 v = 350), im unteren Teil tritt der Graphitgehalt in sehr feiner Verteilung auf (vgl. Abb. 70, v = 350). Die Graphitkeime sind hier nach Art der eutektischen Mischungen aufgebaut und entsprechen vermutlich dem eigentlichen Graphiteutektikum. Die mechanischen Eigenschaften des Gußstückes werden trotz gleicher chemischer Zusammensetzung im oberen und unteren Teil sehr verschiedene sein.

Das gleiche gilt auch für das in Abb. 71 wiedergegebene Probestück. Das Kleingefüge der Zone a entsprach dem Gefüge grauen Gußeisens, es bestand aus Graphit und Perlit (siehe Abb. 72 linke Bildhälfte). In der Zone b bestand das Gefüge ausschließlich aus Graphit und Ferrit (siehe Abb. 72 rechte Bildhälfte).

8. Einfluß des Umschmelzens auf die chemische Zusammensetzung des grauen Gußeisens. Ebenso wie beim Weißeisen (siehe S. 38) wird auch beim Graueisen durch Umschmelzen die chemische Zusammensetzung zum Teil, je nachdem wo und wie das Umschmelzen vorgenommen wird, recht beträchtlich verändert.

Auch hier kann demnach aus der Analyse des ursprünglichen Ausgangsmaterials nur annähernd auf die Analyse des fertigen Gußstückes geschlossen werden.

Beim Umschmelzen im Kupolofen wird Mangan am leichtesten oxydiert, während Silizium, solange der Mangangehalt noch hoch ist, nur wenig verbrennt; bei hohen Mangangehalten tritt sogar Anreicherung an Silizium durch Reduktion aus der Schlacke ein. Erst wenn die Hauptmenge des Mangans ausgeschieden ist, verbrennt das Silizium schneller.

Kohlenstoff bleibt im Kupolofen durch die unmittelbare Berührung des Eisens mit den glühenden Kohlen, aus denen es immer wieder Kohlenstoff aufnehmen kann, länger als im Flammofen vor Verbrennung geschützt. Bei hohen Mangangehalten pflegt der Kohlenstoff sogar eine kleine Anreicherung zu erfahren. Der Schwefelgehalt pflegt sich meist durch Schwefelaufnahme aus dem Brennstoff anzureichern, während der Phosphorgehalt nur geringe Veränderungen erfährt. Nachstehende Analysen, die sämtlich dem „Handbuch der Eisen- und Stahlgießerei" von Ledebur [1]) entnommen sind, mögen obiges erläutern.

Tabelle 53.
Analysen mitgeteilt von Ledebur.

	Graues manganhaltiges Roheisen		Gutehoffnungshütter Roheisen Nr. I		Coltness-Roheisen Nr. I		Gleiwitzer Roheisen	
	vor	nach	vor	nach	vor	nach	vor	nach
			dem Umschmelzen im Kupelofen					
	%	%	%	%	%	%	%	%
Gesamtkohlenstoff	4,58	4,67	4,15	3,49	4,05	3,49	4,17	3,68
Silizium	2,27	2,44	2,05	1,55	2,52	2,07	1,52	1,33
Mangan	3,67	2,58	0,77	0,12	1,27	0,46	2,08	0,73
Kupfer	nicht bestimmt	nicht bestimmt	0,06	0,05	0,05	0,07	0,08	0,08
Phosphor	„	„	0,61	0,72	0,72	0,87	0,33	0,47

---

[1]) III. Auflage. Leipzig 1901. S. 148.

Den Einfluß wiederholten Umschmelzens, namentlich die allmähliche Verringerung des Silizium- und Mangangehaltes sowie die Anreicherung des Schwefelgehaltes zeigen auch deutlich die nachstehenden Analysen.

Tabelle 54.
Analysen mitgeteilt von Ledebur.

Roheisen	Gesamt-kohlen-stoff %	Graphit %	Silizium %	Mangan %	Phosphor %	Schwefel %
vor dem Umschmelzen .	3,10	2,35	2,30	2,00	0,29	0,06
nach 1 mal. Umschmelzen	3,33	2,73	2,42	1,09	0,31	0 04
„ 2 „ „	3,32	2,57	2,29	0,80	0,32	0,05
„ 3 „ „	3,30	2,48	1,92	0,66	0,27	0,05
„ 4 „ „	3,34	2,54	1,38	0,44	0,30	0,10
„ 5 „ „	3,31	2,16	1,30	0,45	0,30	0,09
„ 6 „ „	3,34	2,08	1,16	0,36	0,28	0,20

9. Einfluß des Glühens auf graues Gußeisen. Auch bei grauem Gußeisen kann langanhaltendes Glühen in sauerstoffreicher Atmosphäre wesentliche Veränderung der Zusammensetzung, namentlich im Kohlenstoffgehalt bewirken. Ein interessantes Beispiel hierfür führt Wüst [1] an.

Zwei Tempertöpfe aus grauem Gußeisen wurden, der eine nach siebenmaligem, der andere nach elfmaligem Glühen bei 1000 bis 1050° C, analysiert. Die in Tabelle 53 mitgeteilten Analysen der Eingüsse dürften etwa der ursprünglichen Zusammensetzung des Eisens entsprechen. Es wurden gefunden:

Tabelle 55.
Analysen, mitgeteilt von Wüst.

	I. Tempertopf		II. Tempertopf	
	Einguß %	nach sieben-maligem Glühen %	Einguß %	nach elf-maligem Glühen %
Gesamtkohle .	3,66	0,10	3,74	0,28
Graphit	2,02	0,02	3,33	0,13
Silizium	1,58	1,70	1,59	1,45
Mangan	0,78	0,68	0,63	0,56
Phosphor . . .	0,267	0,368	0,089	0,062
Schwefel . . .	0,157	0,781	0,090	0,315

Das ursprünglich graue, graphithaltige Eisen ist durch die oxydierende Wirkung der Gase in schmiedbares Eisen umgewandelt. Auffallend ist in beiden Fällen der hohe Schwefelgehalt nach dem Glühen. Leider ist nicht angegeben, ob es sich nur um eine Anreicherung von Schwefel an der Oberfläche oder auch im Innern der Tempertöpfe handelt.

Platz [2] berichtet ebenfalls unter Angabe von Analysen über „Chemische Vorgänge beim Glühen und Tempern von Roheisen".

---

[1] F. Wüst, „Veränderung des Gußeisens durch anhaltendes Glühen". Stahl und Eisen 1903. S. 1136.
[2] Stahl u. Eisen 1885. S. 471.

Nach Platz tritt außer der Verbrennung von Kohlenstoff mitunter eine Ausseigerung und Verschlackung von Phosphor ein. Dies ist nicht unmöglich, da das in phosphorreichen Roheisensorten auftretende ternäre Eutektikum (Mischkristalle-Karbid-Phosphid) schon bei 950° C zu schmelzen beginnt.

Schließlich beeinflußt aber auch schon Glühen bei niedrigeren Temperaturen (unterhalb des Perlitpunktes) die chemische Zusammensetzung des Graugusses.

J. E. Hurst stellte Versuche „Über die Wärmebehandlung von grauem Gußeisen bei niedrigen Temperaturen" an [1]).

Er glühte kleine Proben (18×18×18 mm) aus 8 verschiedenen, grauen Gußeisensorten 150 Stunden bei 575 bis 600° und untersuchte sie alsdann chemischanalytisch.

Die chemische Zusammensetzung vor dem Versuch ist in Tabelle 56 angegeben. Tabelle 57 zeigt die Änderungen des Gehaltes an gebundener Kohle und an Graphit.

Tabelle 56.

Chemische Zusammensetzung von Graugußproben vor der Wärmebehandlung, mitgeteilt von J. E. Hurst.

Probe Nr.	Gesamt-kohlen-stoff %	Graphit %	Geb. Kohlen-stoff %	Silizium %	Mangan %	Phosphor %	Schwefel %
1	3,53	. 2,75	0,78	1,14	0,31	0,45	0,041
2	3,59	2,71	0,88	1,16	0,30	0,45	0,040
3	3,48	2,83	0,65	1,44	0,49	0,84	0,17
4	3,44	2,69	0,75	1,47	0,50	0,84	0,17
5	3,36	2,74	0,62	1,58	1,02	1,04	0,13
6	3,04	2,66	0,38	2,69	0,33	1,40	0,15
7	3,08	2,69	0,39	2,69	0,32	1,45	0,16
8	3,15	2,48	0,67	2,46	0,36	1,32	0,16

Tabelle 57.

Chemische Zusammensetzung der Graugußproben nach 150stündigem Glühen bei 575 bis 600° C, mitgeteilt von J. E. Hurst.

Probe Nr.	Gesamtkohlenstoff %	Graphit %	Geb. Kohlenstoff %
1	3,56	3,02	0,54
2	3,37	2,47	0,90
3	3,43	3,20	0,23
4	3,48	2,78	0,70
5	3,38	2,88	0,50
6	3,16	3,06	0,10
7	3,03	2,89	0,14
8	3,05	2,92	0,13

Hiernach hat, mit Ausnahme von Probe 2, beim Glühen unterhalb des Perlitpunktes noch eine beträchtliche Zerlegung des Perlit-Karbids stattgefunden. Ein höherer Siliziumgehalt begünstigt diese Zerlegung, sie war in den

---

[1]) Engineering 1919. 4. Juli. S. 1. Auszug in Stahl u. Eisen 1920. S. 825.

Proben mit mehr als $2\,^0/_0$ Silizium nahezu vollständig (vgl. auch die Abb. 70 und 72 rechte Bildhälfte).

Obige Beispiele lehren, daß aus der Analyse eines Graugußstückes das im praktischen Betrieb längere Zeit bis zum Erglühen erhitzt wurde, ein sicherer Rückschluß auf die ursprüngliche Zusammensetzung des Gußstückes nicht gezogen werden kann. Teils kann sich infolge Oxydation die Gesamtzusammensetzung wesentlich ändern, teils ändert sich, wenn das Glühen in reduzierender Flamme vorgenommen wurde ebenso wie beim weißen Eisen (siehe S. 45) nur das Verhältnis des Graphitgehaltes zur geb. Kohle.

Eine vorausgehende metallographische Untersuchung solcher Gußstücke auf Gleichartigkeit des Gefüges dürfte sich in allen Fällen empfehlen.

10. Zersetzungserscheinungen an Gußeisen. Eine Erscheinung muß hier noch erwähnt werden, deren Nichtbeachtung bei der Probenahme schwere Analysenfehler bedingen kann.

Lagern gußeiserne Gegenstände, z. B. Wasserleitungsröhren, jahrelang in feuchtem Boden, so treten mitunter an ihnen eigenartige Zersetzungserscheinungen auf. Das Eisen wird meist nur örtlich, ohne daß die Körper ihre Form verlieren, allmählich in eine weiche stumpfgraue mit dem Messer schneidbare Masse umgewandelt, die mitunter so spröde und bröckelig ist, daß sie zwischen den Fingern zerrieben werden kann.

Solange auch schon diese, in der Literatur vielfach als „Graphitierung" des Gußeisens, „Spongiose" oder „Eisenkrebs" bezeichnete Erscheinung bekannt war, so wenig geklärt war noch bis vor kurzem die Frage über die eigentliche Ursache der Zerstörung.

Auch über die wichtige Frage, ob nur graphithaltiges, graues Gußeisen oder auch graphitfreies, weißes Eisen zersetzt wird, finden sich in der Literatur widersprechende Angaben.

Durch eine im Jahre 1916 erschienene Arbeit [1]) von O. Bauer und E. Wetzel sind obige Fragen im wesentlichen geklärt worden.

Hiernach ist Feuchtigkeit in tropfbar flüssiger Form Vorbedingung für das Eintreten der Zersetzung. Elektrische Ströme beschleunigen sie in hohem Maße, ebenso Berührung des Gußeisens mit einem edleren Metall (Bronze, Kupfer, Messing usw.), sie tritt jedoch auch ein, wenn jede Möglichkeit des Zutritts äußerer elektrischer oder galvanischer Einwirkungen ausgeschlossen ist, nur schreitet sie alsdann erheblich langsamer vor. Schließlich ist die Zersetzung nicht nur auf „graues" graphithaltiges Eisen beschränkt; sie kann auch bei „halbiertem" und „weißem", völlig graphitfreiem Gußeisen auftreten.

Der Zersetzungsvorgang beim Gußeisen stellt sich nach O. Bauer und E. Wetzel als ein, dem eigentlichen Rostangriff des Eisens sehr nahe verwandter Vorgang dar. Nach Ergebnissen von Angriffsversuchen mit Lösungen scheint sogar die oberflächliche Zersetzung in eine weiche zusammenhängende Masse eine unmittelbare Begleiterscheinung eines jeden Rostangriffs beim Gußeisen zu sein. Die als Ionen in Lösung gehenden metallischen Bestandteile werden (wie bei jedem Rostangriff) je nach Maßgabe des vorhandenen, im Elektrolyten gelösten oder mitgeführten Sauerstoffs teils bereits an Ort und Stelle oxydiert, teils vom Elektrolyten entführt und an anderer Stelle als Oxyde abgeschieden.

---

[1]) „Zersetzungserscheinungen an Gußeisen" von O. Bauer und E. Wetzel in den Mitt. a. d. kgl. Materialprüfungsamt 1916. Heft 1. S. 11; desgl. Ferrum 1916/17. Heft 1—2.

Die an Ort und Stelle oxydierten Teile lagern sich zwischen den nicht angegriffenen Graphitblättern ab und verdichten sich dort allmählich, vermutlich auch unter Mitwirkung gewisser Salze (z. B. Kalksalze) aus dem Elektrolyten, zu einer mehr oder weniger festen oder mürben Masse. Gelegentliches Austrocknen begünstigt die Verfestigung der Masse.

Das Graphitnetzwerk im grauen Gußeisen unterstützt diese Ablagerung und Verkittung auch noch dadurch, daß es die anfangs schwammigen, weichen Oxydationsprodukte zusammenhält. Im weißen Eisen übernimmt der Zementit diese Rolle des Graphits.

Wie sehr das Analysenergebnis durch Außerachtlassung solcher zersetzter Stellen im Gußstück beeinflußt werden kann, soll an einigen Beispielen gezeigt werden.

1. Beispiel: M. Freund[1]) analysierte zersetzte Wasserleitungsröhren. Er fand:

Tabelle 58.

Analysen mitgeteilt von Freund.

	Im ursprüng-lichen Eisen %	An den zer-setzten Stellen %
Gesamtkohlenstoff . . .	2,5	8,10
Silizium	2,66	9,3
Phosphor	1,9	6,5
Eisen	nicht bestimmt	46,18 [2])

2. Beispiel: R. Krźiźan[3]) berichtet über örtliche Rohrzerstörungen einer 20 Jahre alten, gußeisernen Trinkwasserleitung. Die betreffenden Rohre waren innen und außen asphaltiert. Die Zerstörungen gingen von außen nach innen. Sie traten als unregelmäßig über die Rohroberfläche zerstreute, konische Löcher auf, die von einer schwarzbraunen, graphitartigen Masse umgeben waren, die so weich war, daß sie mit dem Messer geschabt oder geschnitten werden konnte.

Die Analyse des „nicht zersetzten" und des „zersetzten" Eisens ergab:

Tabelle 59.

Analysen mitgeteilt von R. Krźiźan.

	Im ursprüng-lichen Eisen %	An den zer-setzten Stellen %
Gesamtkohlenstoff . . .	3,13	11,42
Silizium	1,86	7,97
Phosphor	0,545	1,670
Schwefel	0,027	0,097
Mangan	0,392	1,363
Kupfer	0,078	0,298
Eisen	nicht bestimmt	nicht bestimmt
Spezifisches Gewicht . .	7,10	3,278

---

[1]) Dr. M. Freund, „Über eine eigenartige Zerstörung von Wasserleitungsröhren". Zeitschr. f. angewandte Chemie 1904, Heft 2.

[2]) Das Eisen zum größten Teil an Sauerstoff gebunden.

[3]) „Über Zerstörung von Wasserleitungsröhren" von K. K. Inspektor R. Krźiźan. Prag. Zeitschr. f. öffentl. Chemie 1912. Jahrg. XVIII, 30. Nov. S. 433/37.

3. Beispiel: Auf ähnliche Zersetzungserscheinungen an gußeisernen Rauchgasvorwärmeröhren weist auch Thomas Steel [1]) hin:. Er fand:

Tabelle 60.
Analysen mitgeteilt von Thomas Steel.

	Im noch nicht im Gebrauch gewesenen ursprünglichen Rohr	Im **nicht** zersetzten Teil des angefressenen Rohres
Graphit	2,76 %	2,41 %
Gebundene Kohle	0,34 „	0,19 „
Phosphor	1,25 „	1,28 „
Schwefel	0,11 „	0,09 „
Silizium	2,08 „	1,90 „

Im zersetzten Teil

Eisenoxyd	37,86 %	
Eisenoxydul	16,75 „	
Graphit	8,69 „	
Gebundene Kohle	0,0 „	
Phosphorsäure	9,48 „ = 4,14 % Phosphor
Schwefel	0,0 „	
Kieselsäure	13,30 „ = 6,21 % Silizium
Feuchtigkeit	13,34 „	

4. Beispiel: Ein gußeiserner Wasserleitungsabsperrschieber (siehe Abbildung 73), der 12 Jahre im Betrieb gewesen war, zeigte an den in Abb. 73 schwarz gezeichneten Stellen Zersetzungen. Bei a und b befanden sich Dichtungsringe aus Messing. An den Berührungsstellen zwischen Messing und Eisen war die Zersetzung am weitesten vorgeschritten.

Die Analyse des zersetzten und des nicht zersetzten Materials aus dem Schieber ergab das in Tabelle 61 auf S. 74 angeführte Resultat.

Nach Spalte g der Tabelle 61 hat das gegenseitige Mengenverhältnis der einzelnen Stoffe durch den Zersetzungsvorgang zum Teil recht wesentliche Änderungen erfahren.

Die geringe Zunahme des Gesamtkohlenstoffgehaltes könnte durch organische Ablagerungen aus dem Leitungswasser erklärt werden. Die gewaltige prozentuale Zunahme des

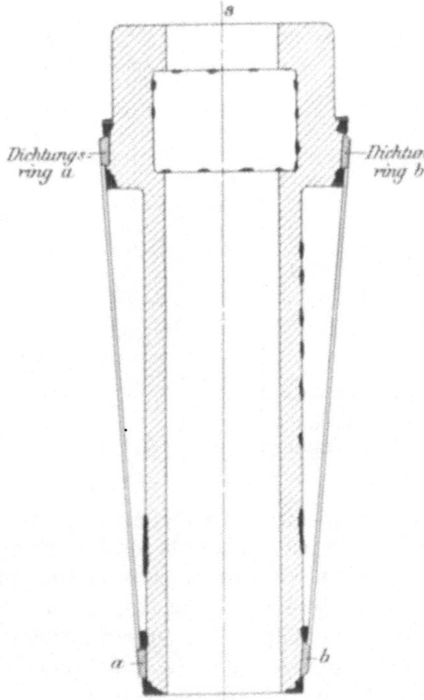

Abb. 73.
Schnitt durch den Absperrschieber.

---

[1]) Thomas Steel, „Corrosion of a Cast-Iron Pipe by fresch Water“. Journ. of the Society of Chemical Industry. 1910. Vol. XXIX. Nr. 19. S. 1141.

Schwefelgehaltes ist vermutlich auf den Gipsgehalt des Leitungswassers zurückzuführen.

Am stärksten hat das Eisen abgenommen. Über 80% des ursprünglich vorhandenen Eisens sind in Lösung gegangen und mit dem Wasser fortgeschwemmt worden, der Rest ist an Ort und Stelle in Form oxydischer Eisenverbindungen abgelagert. Silizium, Mangan und Titan haben um etwa 40% ihrer ursprünglichen Menge abgenommen; in etwas geringerem Maße die übrigen Verunreinigungen des Gußeisens.

Tabelle 61.

Chemische Untersuchung des gußeisernen Wasserleitungsabsperrschiebers, ausgeführt von E. Deiß.

	a	b	c	d	e	f	g
	Chemische Zusammensetzung		Chemische Zusammensetzung des zersetzten Materials auf wasser-, sauerstoff- und kalkfreie Substanz bezogen	Verhältnis des Graphitgehaltes aus Spalte c zum Graphitgehalt in Spalte a	$a \times 4{,}304 =$	$c - e$	Danach berechnet sich die Zu- bzw. Abnahme eines jeden Stoffes in Prozenten der ursprünglich vorhandenen Menge nach der Formel $\frac{100 \cdot f}{e}$
	des nicht zersetzten Materials $\%$	des zersetzten Materials $\%$	$\%$	$\dfrac{c}{a}$			
Gesamtkohlenstoff	3,57	12,32	15,94		15,37	+ 0,57	Zunahme um 3,7$\%$
Graphit	3,12	10,39	13,43		13,43	+ 0,00	± 0
Silizium	1,84	3,57	4,61		7,92	− 3,31	Abnahme um 41,8$\%$
Mangan	0,53	1,01	1,30		2,28	− 0,98	„ „ 43,0 „
Phosphor	1,08	2,87	3,71		4,65	− 0,94	„ „ 20,2 „
Schwefel	0,08	1,61	2,08	13,43	0,34	+ 1,74	Zunahme „ 511,7 „
Kupfer	Spuren	Spuren	Spuren	$\overline{3,12}$	—	—	—
Nickel	Spuren	Spuren	Spuren		—	—	—
Titan	0,29	0,60	0,77	=	1,25	− 0,48	Abnahme um 38,4$\%$
Vanadin	0,09	0,23	0,30		0,39	− 0,09	„ „ 23,1 „
Chrom	0,03	0,08	0,10	4,304	0,13	− 0,03	„ „ 23,0 „
Eisen	92,49	55,00	71,12		398,08	−326,96	„ „ 82,1 „
Wasser bei 120° C entweichend .	—	3,66	—		—	—	—
Kalk	—	nicht bestimmt, jedoch deutlich nachweisbar	—		—	—	—
Sauerstoff u. etwas chemisch gebundenes Wasser	—	Rest	—		—	—	—

5. Beispiel: An Heizflaschen einer Warmwasser-Heizanlage traten nach 6jähriger Betriebsdauer besonders in der Nähe der Flanschenverschraubungen, ganz ähnliche Zersetzungserscheinungen auf.

Die Analyse hatte das in Tabelle 62 zusammengestellte Ergebnis.

Die beim Kupfer errechnete geringe Zunahme von 4% liegt noch innerhalb der Fehlergrenzen des Rechnungsverfahrens. Schwieriger ist es, eine ausreichende Erklärung für die Zunahme des Gesamtkohlenstoffgehaltes um $12{,}7\%$ zu finden. Eine Ablagerung von Ruß aus den Feuergasen wäre denkbar. Die große Zunahme des Schwefelgehaltes dürfte auf den Gehalt an schwefliger Säure in den Feuergasen zurückzuführen sein. Die prozentualen Abnahmen der übrigen Stoffe (Eisen um mehr als 80%, Mangan um etwa 45%) stimmen annähernd mit den in Tabelle 61 (Wasserleitungsabsperrschieber) mitgeteilten Zahlen überein.

Der Umstand, daß die Zersetzungen vorwiegend an den Flanschenverbindungen der Heizflaschen auftraten, läßt darauf schließen, daß die Flanschenverschraubungen nicht dicht hielten, so daß Wasser durchdringen und unter Einwirkung der Rauch- und Feuergase zersetzend wirken konnte. Auch die Möglichkeit gleichzeitiger Einwirkung thermoelektrischer Einflüsse ist in diesem Falle nicht von der Hand zu weisen.

Tabelle 62.
Chemische Untersuchung der gußeisernen Heizflasche, ausgeführt von E. Deiß.

	a	b	c	d	e	f	g
	Chemische Zusammensetzung		Chemische Zusammensetzung des zersetzten Materials auf sauerstoff- und wasserfreie Substanz bezogen	Verhältnis des Graphitgehaltes aus Spalte c zum Graphitgehalt in Spalte a	$a \times 5{,}075$ $=$	$c - e$	Danach berechnet sich die Zu- bzw. Abnahme eines jeden Stoffes in Prozenten der ursprünglich vorhandenen Menge nach der Formel $\dfrac{100 \cdot f}{e}$
	des nicht zersetzten Materials	des zersetzten Materials					
	$\%$	$\%$	$\%$	$\dfrac{c}{a}$			
Gesamtkohlenstoff	3,40	11,73	19,44		17,25	+ 2,19	Zunahme um $12{,}7\%$
Graphit	**3,19**	**9,77**	**16,19**	**16,19**		+ 0,00	$\pm$
Silizium	2,33	6,38	10,57		11,77	— 1,20	Abnahme um $10{,}2\%$
Mangan	0,45	0,75	1,24	16,19	2,28	— 1,04	,, ,, 45,6 ,,
Phosphor	0,39	0,89	1,47	3,19	1,98	— 0,51	,, ,, 25,7 ,,
Kupfer	0,05	0,16	0,26		0,25	+ 0,01	Zunahme ,, 4 ,,
Schwefel	0,104	1,28	2,12	=	0,53	+ 1,59	,, ,, 300 ,,
Eisen	92,10	39,16	64,89		467,41	—402,52	Abnahme ,, 86,1 ,,
Wasser bei 120^0 C entweichend .	—	9,13	—	5,075	—	—	—
Sauerstoff und chemisch gebundenes Wasser .	—	Rest	—		—	—	—

6. Beispiel: Endlich sei noch ein Beispiel erwähnt, das beweist, daß nicht nur graphithaltiges graues, sondern auch graphitfreies weißes Roheisen in gleicher Weise zersetzt werden kann.

Abb. 74 gibt ein auf der Oberfläche emailliertes Sieb aus „weißem" Roheisen wieder. Das Sieb hatte 12 Jahre im Abflußbecken unter dem Sammelbehälter für destilliertes Wasser auf einem Korridor des Materialprüfungsamtes gelegen. Das

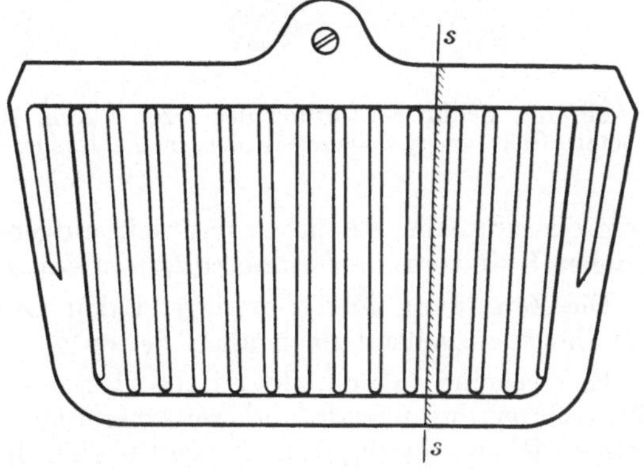

Abb. 74. Siebeinsatz aus „weißem" Roheisen (emailliert).

Becken war zeitweilig trocken, zeitweilig mit Wasser gefüllt; hauptsächlich war destilliertes Wasser durch dasselbe getropft, daneben auch noch das beim Scheuern des Korridors abfließende Spülwasser. Die Emailleschicht war im Laufe der Jahre an vielen Stellen abgesplittert. Dort, wo das Eisen freigelegt war, befanden sich weiche, zersetzte Stellen. Abb. 75 ($v = 5$) stellt einen Schliff s (siehe Abb. 74) durch das Sieb dar. Die zersetzten Stellen heben sich von dem nicht zersetzten Material deutlich ab.

Wie die Zersetzung im grauen Gußeisen fortschreitet, zeigen sehr deutlich die beiden Abb. 76 und 77. Abb. 76 ist in 12facher und Abb. 77 in 200facher

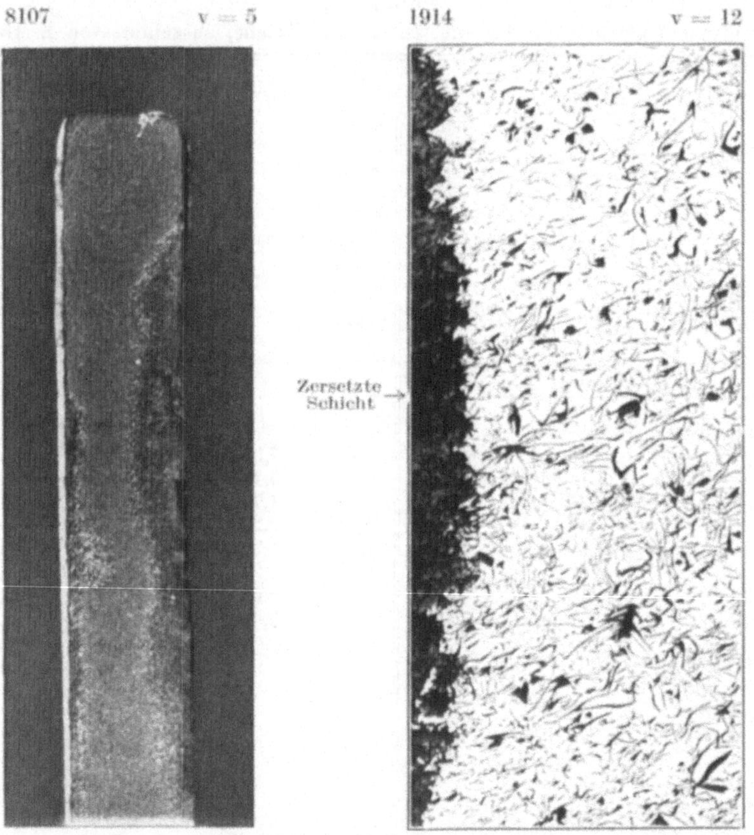

<table>
<tr><td>Abb. 75. Schliff s—s durch das zersetzte Sieb aus „weißem" Roheisen.</td><td>Abb. 76. Graues Gußeisen in feuchtem, tonigem Erdboden 15 Monate gelagert.</td></tr>
</table>

Vergrößerung aus einem Probestück aufgenommen, das 15 Monate lang in tonigem Erdboden, der mit destilliertem Wasser durchtränkt war, gelagert hatte.

Die Zersetzung folgt vorwiegend den Graphitblättern und verbreitet sich von ihnen ausgehend nach allen Seiten.

Es erscheint daher nicht ausgeschlossen, daß der Graphit eine gewisse, den Elektrolyten ansaugende und weiterbefördernde Kapillarwirkung ausübt. Beim weißen Eisen vermag der Zementit eine Kapillarwirkung nicht auszuüben. In der Tat ist beim weißen Eisen der Übergang von zersetztem zu nicht zersetztem Material im allgemeinen schroffer als beim grauen Gußeisen.

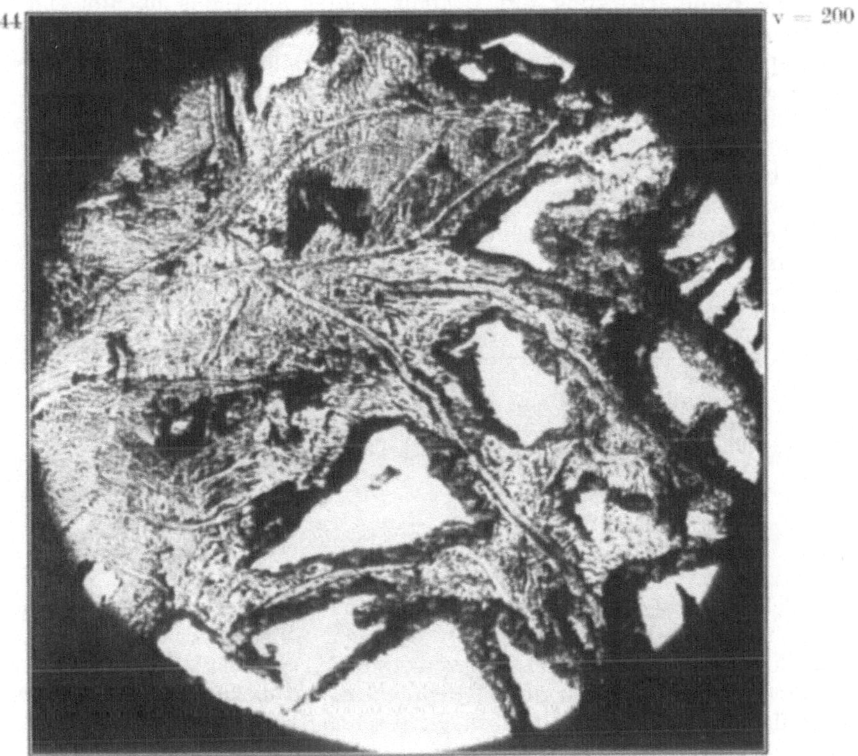

Abb. 77. Übergang von zersetztem zu nicht zersetztem Material (s. Abb. 76).

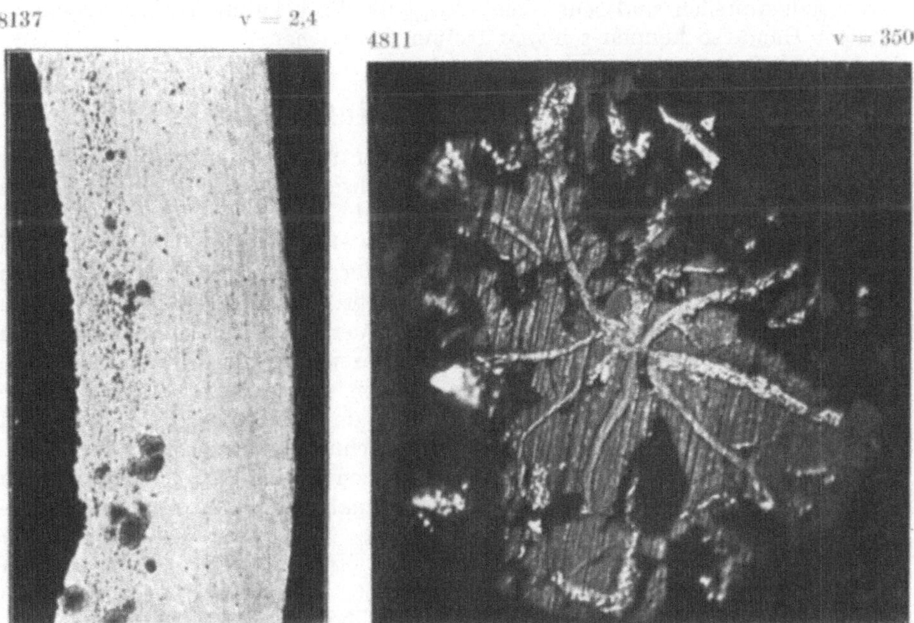

Abb. 78. Durch Schwefelsäure
zersetztes Gußeisen.

Abb. 79. Zersetztes Gußeisen mit grau bis weiß
erscheinenden Graphitblättern.

Auf eine Kapillarwirkung des Graphit deutet auch das nachfolgend beschriebene Beispiel hin.

7. Beispiel: Eine gußeiserne Rohrleitung für starke Schwefelsäure zeigte auf der inneren Rohroberfläche Anzeichen von Zersetzung.

Abb. 78 stellt einen Schliff aus dem Rohr dar. Er zeigt an der der inneren Rohrwandung entsprechenden Seite eine sich von dem übrigen gesunden Material deutlich abhebende Zone, auf der sich Ausblühungen und Ausschwitzungen von Salzen (Eisensulfat) bildeten. Für die chemische Analyse wurden durch Hobeln über den ganzen Querschnitt Späne entnommen.

Die Analyse ergab:

Tabelle 63.

Chemische Untersuchung einer gußeisernen Leitung für Schwefelsäure, ausgeführt von E. Deiß.

Gesamtkohlenstoff	3,23 %
Silizium	1,77 „
Phosphor	1,48 „
Gesamtschwefel	0,323 „
Davon sind enthalten	
als Sulfidschwefel	0,109 %
als Sulfatschwefel	0,214 % = 0,54 % SO_3

Bei solchen zersetzten Gußeisengegenständen erscheint der Graphit meist nicht tiefschwarz, sondern grau bis grauweiß. Siehe Abb. 79, ferner auch Abb. 77.

Der hellere Farbton des Graphits im zersetzten Material ist jedoch lediglich auf stärkere Lichtreflexion der sich gut polierenden Graphitblätter, gegenüber geringerer Lichtreflexion der zersetzten mürben, oxydischen Grundmasse zurückzuführen.

Hiermit wollen wir die Besprechung der beim Roheisen und Gußeisen (weiß oder grau) möglichen Fehlerquellen bei der Probenahme für die Analyse beschließen.

Der Fehlerquellen sind sehr viele! Liegt die Probenahme in nicht sachverständiger Hand, so können schwere Irrtümer entstehen.

J. Flußeisen und Flußstahl.

1. Entnahme der Durchschnittsprobe aus der flüssigen Charge. Handelt es sich um die Entnahme der Durchschnittsprobe aus einer ganzen Charge, so verfährt man am sichersten in der Weise, daß man zu Beginn und gegen Ende des Gusses, unter Umständen bei großen Chargen auch noch in der Mitte kleine Probeblöckchen von etwa 5 bis 8 kg Gewicht gießt. Die Blöckchen werden nach Abb. 80 in ihrer Längsachse in der Mitte durchgeschnitten. An der in Abb. 80 durch Schraffur bezeichneten Schnittfläche werden durch Hobeln über den ganzen Längsschnitt Analysenspäne entnommen. Die Späne aus den einzelnen Probeblöckchen werden zu einem Gesamtdurchschnitt vereinigt und analysiert.

Unter Umständen ist es auch zweckmäßig, die einzelnen Probeblöckchen gesondert zu analysieren und aus den Einzelanalysen das Mittel zu nehmen. Man erhält dadurch zugleich einen Überblick darüber, ob Entmischung der Charge im flüssigen Zustand eingetreten ist, was in der Regel, wenn das Bad heiß genug war, nicht der Fall zu sein pflegt.

In Tabelle 64 sind die Analysen solcher Probeblöckchen aus zwei verschiedenen Chargen A und B (je etwa 15 t)

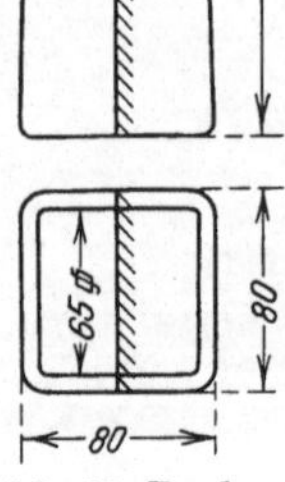

Abb. 80. Probeblöckchen.

mitgeteilt. Es handelt sich um Siemens-Martinmaterial. Aus jeder Charge
wurden 4 große Blöcke in Kokillen gegossen.

Tabelle 64.

**Analysen von Probeblöckchen, während des Gusses der Chargen entnommen.
Analysen ausgeführt von E. Deiß.**

Charge	Probeblöckchen entnommen	Kohlenstoff %	Silizium %	Mangan %	Phosphor %	Schwefel %	Kupfer %
A	Zu Beginn des Gusses	0,21	0,21	0,74	0,024	0,032	0,054
	Am Ende des Gusses	0,21	0,20	0,73	0,023	0,031	0,053
B	Zu Beginn des Gusses	0,34	0,26	0,78	0,026	0,034	0,055
	Am Ende des Gusses	0,34	0,25	0,78	0,025	0,035	0,054

Die Unterschiede in der chemischen Zusammensetzung zwischen Beginn
und Ende des Gusses beider Chargen sind sehr gering, sie liegen noch innerhalb
der Versuchsfehlergrenzen der analytischen Verfahren. Entmischung im flüssigen
Zustande hat demnach nicht stattgefunden. Der Gesamtdurchschnitt aus den beiden Blöckchen je einer Charge dürfte mit
allergrößter Annäherung dem wirklichen durchschnittlichen Gehalt der beiden Chargen an den einzelnen Stoffen entsprechen.
Zu beachten ist jedoch, daß die auf obige Weise gewonnenen
Durchschnittsanalysen keinen Aufschluß geben über die Verteilung der Fremdkörper im erstarrten Block.

2. Chemische Untersuchung der bereits erstarrten Blöcke. Ist
die Probenahme während des Gusses, wie im vorhergehenden Abschnitt beschrieben, versäumt worden,
so dürfte es nicht nur schwierig, kostspielig und zeitraubend, sondern bei großen Blöcken vielfach direkt
unmöglich sein, aus den bereits erstarrten Blöcken
Analysenspäne zu entnehmen, die dem wirklichen
Durchschnitt der Charge entsprechen.

Das flüssige Eisen bildet mit den meisten in ihm
auftretenden Fremdkörpern Mischkristalle. Für die
Erstarrung von Mischkristallen gilt ganz allgemein:

„Die Mischkristalle sind stets reicher am Bestandteil mit der höchsten Schmelztemperatur als die
Schmelze, mit der sie im Gleichgewicht stehen", oder:

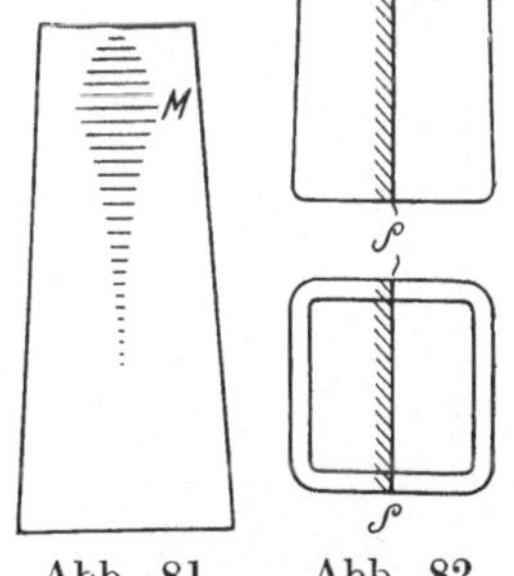

Abb. 81.   Abb. 82.
Gußblöcke.

„Die Schmelze hat im Vergleich zu den Mischkristallen einen größeren Gehalt an demjenigen Bestandteil, durch dessen Zusatz die Erstarrungstemperatur
erniedrigt wird."

Da nun die Erstarrungstemperatur des reinen Eisens (1528° C) durch fast
alle im technischen Eisen teils als Verunreinigungen auftretenden, teils absichtlich zugesetzten Stoffe erniedrigt wird, so ergibt sich hieraus für die Erstarrung eines großen Flußeisenblockes, daß zunächst an den kalten Kokillenwandungen Mischkristalle auskristallisieren, die reiner an sämtlichen, die Erstarrungstemperatur des Eisens erniedrigenden Fremdkörpern (in erster Linie
Phosphor, Schwefel, auch Mangan und Kohlenstoff) sind als die später erstar-
renden Anteile der Schmelze.

Die Fremdkörper müssen demnach bei weiter fortschreitender Erstarrung
immer mehr nach dem Teil des Blockes zurückgedrängt werden, der am längsten

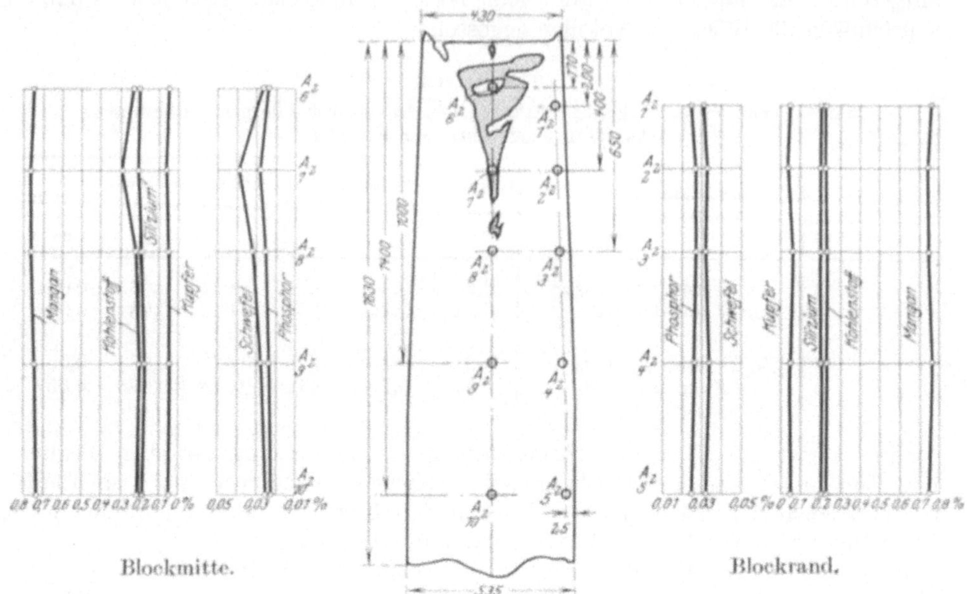

Blockmitte.   Blockrand.

Abb. 83.   Charge A.

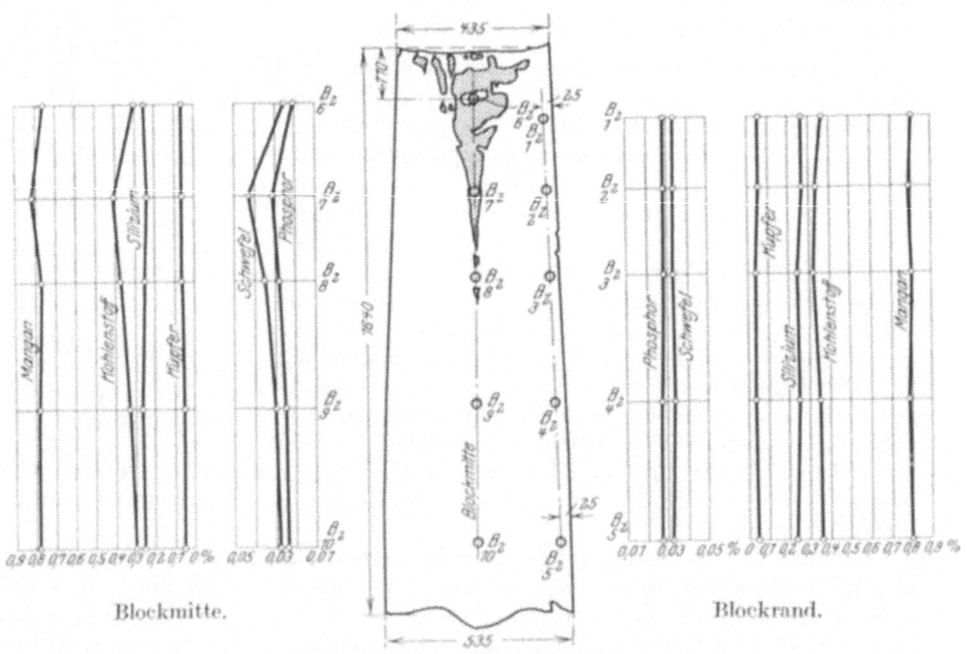

Blockmitte.   Blockrand.

Abb. 84.   Charge B.

flüssig bleibt. Bei größeren Blöcken liegt dieser am längsten flüssig bleibende
Teil in der Blockmitte in der Nähe des Kopfes des Blockes, etwa bei M in Abb. 81.
Es tritt also während der Erstarrung Entmischung oder Seigerung ein.

Für die Technik ist es oft von größter Wichtigkeit festzustellen, ob Seigerung vorhanden ist oder nicht, da für gewisse Zwecke nur ein möglichst seigerungsfreies Material zur Verwendung gelangen darf.

Zur Feststellung der Seigerung im Block auf chemisch-analytischem Wege kann man in der Weise verfahren, daß man einen Block aus der zu untersuchenden Charge nach Abb. 82 der Länge nach in der Mitte bei S—S durchschneidet und aus der in Abb. 82 durch Schraffur gekennzeichneten Schnittfläche an bestimmten Stellen aus Blockmitte und Blockrand Bohrspäne entnimmt und gesondert analysiert. Trägt man die gefundenen Prozentgehalte an den einzelnen Stoffen graphisch auf (siehe weiter unten), so erhält man einen guten Überblick über die ungefähre Verteilung der Fremdkörper im Material. Immerhin ist zu berücksichtigen, daß hierbei immer nur die Zusammensetzung an einzelnen

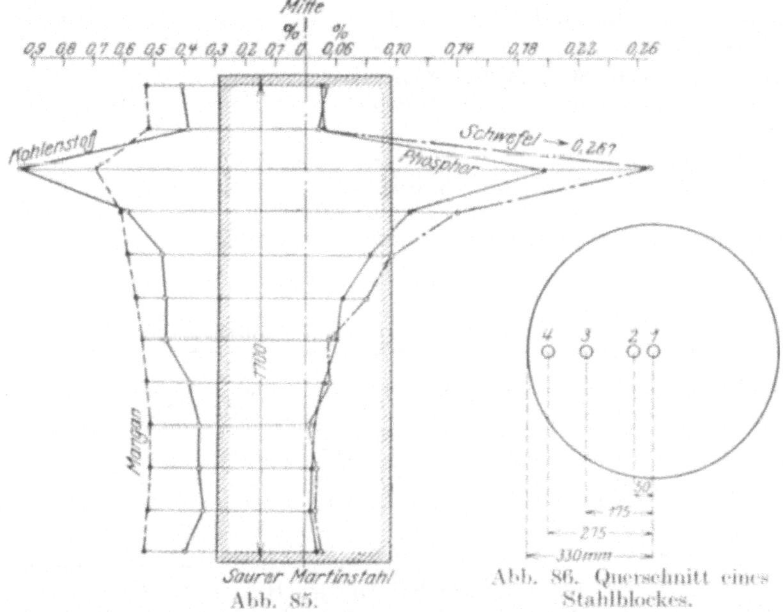

Abb. 85.

Abb. 86. Querschnitt eines Stahlblockes.

vorher bestimmten Punkten (an den Bohrlöchern) ermittelt wird, das Mittel aus allen Einzelbestimmungen also noch keineswegs den durchschnittlichen Gehalt des Blockes an den betreffenden Stoffen angibt.

Die Schaubilder Abb. 83 und 84 sind auf oben beschriebene Art erhalten worden. Die Chargen-Durchschnittsanalysen der beiden Blöcke aus Charge A und B sind bereits in Tabelle 64 mitgeteilt [1]).

Trotz des niedrigen Durchschnittsgehaltes an Phosphor und Schwefel findet sich selbst hier deutliche Anreicherung an diesen Stellen in der Mitte des Blockes am Kopfende. Auch Kohlenstoff und Mangan sind angereichert, während Silizium und Kupfer keine Seigerung aufweisen. Am Rand sind die Gehalte sämtlicher Stoffe am Kopf und Fuß der Blöcke nahezu die gleichen.

Mit steigendem Durchschnittsgehalt der Charge an den einzelenen Fremdkörpern pflegt gleichzeitig die Seigerung zu steigen. Dies zeigt sehr deutlich das nachfolgende Beispiel [2]).

---

[1]) Aus E. Heyn und O. Bauer, „Versuche über die Wirksamkeit des Harmetverfahrens zum Dichten von Blöcken". Mitteilungen a. d. Kgl. Materialprüfungsamt 1912. Heft 1. S. 1.

[2]) Vgl. E. Heyn, „Über die Nutzanwendung der Metallographie in der Eisenindustrie". Stahl u. Eisen 1906, Nr. 10; entnommen aus Talbot: Iron and Steel Institut. 1905.

Die durchschnittliche Zusammensetzung einer Thomascharge (Proben aus der Pfanne entnommen) war:

Kohlenstoff 0,38 %	Mangan 0,52 %
Phosphor 0,052 „	Schwefel 0,061 „

Im Block war sehr beträchtliche Entmischung eingetreten, wie aus dem Schaubild Abb. 85 hervorgeht (Analysenspäne aus Blockmitte entnommen). Phosphor und Schwefel sind besonders hoch im Kopfende des Blockes angereichert. Beträchtlich ist auch die Anreicherung von Kohlenstoff [1]).

Die Gußtemperatur und die dadurch beeinflußte Abkühlungsgeschwindigkeit nach dem Guß, vor allem aber das Temperaturgefälle zwischen Blockrand und Blockmitte [2]) beeinflußt namentlich hinsichtlich des Kohlenstoffgehaltes sehr wesentlich die Seigerung.

S. Kneight [3]) goß aus derselben Charge zwei Stahlblöcke von 660 mm Durchmesser; das eine Mal möglichst kalt, das andere Mal möglichst heiß. Dicht unterhalb des Lunkers wurden von den Blöcken Scheiben abgeschnitten, aus denen nach Abb. 86 Analysenspäne entnommen wurden.

Die Analysenergebnisse sind in Tabelle 65 zusammengestellt.

Tabelle 65.

Analysen mitgeteilt von S. Kneight.

(Siehe Abb. 86.)

Prozent	Im kalt gegossenen Block Späne entnommen bei				Im heiß gegossenen Block Späne entnommen bei			
	1 (Mitte)	2	3	4 (Rand)	1 (Mitte)	2	3	4 (Rand)
Kohlenstoff . . .	0,50	0,50	0,27	0,21	0,32	0,46	0,32	0,22
Silizium	0,45	0,35	0,35	0,34	0,45	0,42	0,46	0,38
Phosphor	0,088	0,074	0,032	0,021	0,088	0,057	0,040	0,032
Schwefel	0,160	0,110	0,071	0,051	0,147	0,100	0,058	0,047
Mangan	0,74	0,71	0,68	0,68	0,81	0,83	0,76	0,72
Kupfer	0,98	0,48	0,38	0,24	0,85	0,75	0,46	0,25

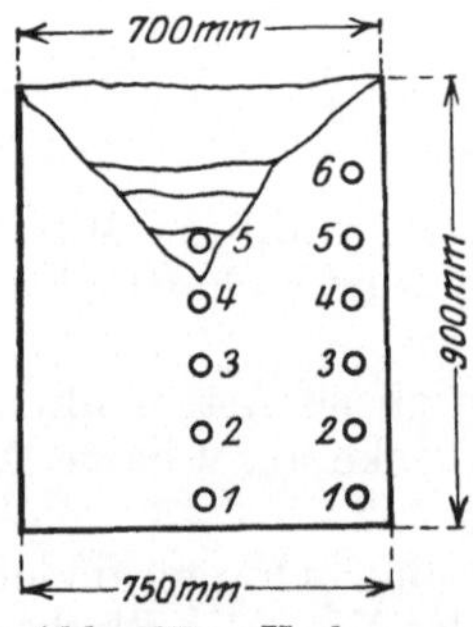

Abb. 87. Verlorener Kopf eines Stahlblockes.

In dem „kalt" gegossenen Block ist namentlich der Kohlenstoffgehalt in der Blockmitte (bei 1) sehr erheblich angereichert, während er in dem „heiß" vergossenen Block nur geringe Unterschiede zwischen Rand und Mitte aufweist. Phosphor und Schwefel sind bei beiden Blökken im Kern angereichert. Interessant ist die Anreicherung von Silizium und Kupfer im „kalt" vergossenen Block, da im allgemeinen Silizium und Kupfer keine große Neigung zum Seigern besitzen.

L. Cubillo [4]) untersucht den „verlorenen Kopf" eines 16 t Stahlblockes mit etwa 0,56 % Kohlenstoff.

---

[1]) Weitere Beispiele von Seigerungen in Flußeisenblöcken finden sich: A. Martens, „Seigerung in Eisen und Stahlgüssen". Stahl u. Eisen 1894, Nr. 18. S. 797; ferner: F. Wüst und H. L. Felser, „Der Einfluß der Seigerungen auf die Festigkeit des Flußeisens". Metallurgie 1910, H. 12. S. 363; ferner A. Obholzer, „Zur Frage der Vermeidung von Lunkerbildung". Stahl u. Eisen 1907, H. 32. S. 1155.

[2]) Siehe auch: O. Bauer und H. Arndt, „Seigerungserscheinungen". Mitt. a. d. Staatl. Materialprüfungsamt 1921. Heft 2.

[3]) S. Kneight, „Seigerungserscheinung in Stahlguß". The Iron Age 1910. Bd. 85. Nr. 9. S. 496. Metallurgie 1910, Heft 21. S. 687.

[4]) L. Cubillo, „Herstellung und Wärmebehandlung von Kanonenstahl". Iron and Steel Institute 1912. Daraus Bericht in Stahl u. Eisen 1912. 18. Juli. S. 1195.

Abb. 87 stellt einen Schnitt durch den verlorenen Kopf dar, die Stellen an denen die Analysenspäne entnommen wurden sind in Abb. 87 eingezeichnet. Er fand zwischen Mitte und Rand folgende Unterschiede (Tabelle 66):

Tabelle 66.
Analysen mitgeteilt von L. Cubillo.
(Siehe Abb. 87.)

| Bohrspäne entnommen bei | Aus der Mitte des verlorenen Kopfes | | | | Bohrspäne entnommen bei | Vom Rand des verlorenen Kopfes | | | |
	Kohlenstoff %	Silizium %	Mangan %	Phosphor %		Kohlenstoff %	Silizium %	Mangan %	Phosphor %
1	0,57	0,19	0,53	0,024	1	0,56	0,19	0,60	0,021
2	0,67	0,21	0,61	0,029	2	0,46	0,19	0,58	0,018
3	1,18	0,23	0,62	0,029	3	0,57	0,19	0,57	0,017
4	1,61	0,26	0,62	0,033	4	0,43	0,19	0,58	0,017
5	2,48	0,28	0,61	0,049	5	0,44	0,19	0,57	0,018
—	—	—	—	—	6	0,50	0,19	0,59	0,019

Auch hier wieder fällt die außerordentliche Anreicherung des Kohlenstoffgehaltes (Probe 5) in der Mitte des verlorenen Kopfes auf. Sie ist nur zu erklären [1]), wenn angenommen wird, daß das Temperaturgefälle zwischen Blockrand und Blockmitte während der Erstarrung ein sehr großes war.

Zur Erläuterung des oben Gesagten mag auf das Erstarrungsschaubild der Eisen-Kohlenstofflegierungen (Abbildung 88) verwiesen werden.

Als Beispiel ist ein Stahl mit 0,33 % Kohlenstoff gewählt.

Die sich zu Beginn der Erstarrung ausscheidenden Mischkristalle haben nicht $0,3\%$ ($= x'$), sondern nur etwa $0,05\%$ ($= x$) Kohlenstoff.

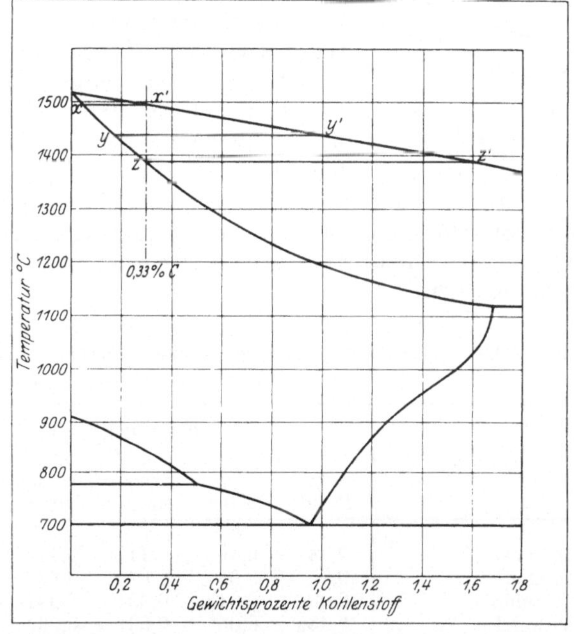

Abb. 88. Erstarrungs- und Haltepunktsschaubild der Eisen-Kohlenstofflegierungen.

Im Verlauf der fortschreitenden Erstarrung ändert sich der Kohlenstoffgehalt der auskristallisierenden Mischkristalle nach x — y — z, der der Schmelze nach x' — y' — z'. Der letzte zur Erstarrung kommende Rest der Schmelze besitzt also im vorliegenden Falle etwa $1,6\%$ ($= z'$) Kohlenstoff.

Während des ganzen Erstarrungsvorganges spielt sich aber gleichzeitig ein Diffusionsvorgang zwischen noch flüssiger Schmelze und bereits ausgeschiedenen Mischkristallen ab. Die zuerst ausscheidenden kohlenstoffarmen Mischkristalle nehmen mit sinkender Temperatur durch Diffusion immer mehr Kohlen-

---

[1]) Voraussetzung ist natürlich, daß keine nachträgliche Kohlung während des Gusses (etwa durch Holzkohle usw.) vorgenommen wurde.

stoff aus der noch flüssigen Schmelze und aus den sie berührenden kohlenstoffreicheren Mischkristallen auf, so daß zum Schluß alle Kristalle die gleiche chemische Zusammensetzung besitzen.

Obiges gilt jedoch nur dann, wenn die Abkühlung so langsam und gleichmäßig war, daß sich das, der jeweiligen Temperatur entsprechende Gleichgewicht zwischen Kristallen und Schmelze wirklich einstellen konnte.

Verläuft die Abkühlung schnell, besteht also ein starkes Temperaturgefälle zwischen Blockrand und Blockmitte, so kann der beschriebene Ausgleich durch Diffusion nur unvollkommen eintreten. Die an den kalten Kokillenwandungen erstlich auskristallisierenden Mischkristalle bleiben kohlenstoffärmer und die später erstarrende Schmelze bleibt kohlenstoffreicher.

Im vorstehend gewählten Beispiel mit $0{,}3\,^0/_0$ Kohlenstoff (Abb. 88) kann der Unterschied zwischen Blockrand und Blockmitte bei schneller und ungleichmäßiger Abkühlung innerhalb der Werte $0{,}05$ und $1{,}6\,^0/_0$ Kohlenstoff liegen.

Wenn es praktisch durchführbar wäre, einen Stahlblock so langsam und gleichmäßig zur Erstarrung zu bringen, daß zwischen Blockrand und Blockmitte kein Temperaturgefälle besteht, so wäre auch keine irgendwie erhebliche Seigerung zu befürchten.

Aber nicht nur bei großen Blöcken, sondern auch bereits bei kleineren Stahlgußstücken macht sich, namentlich bei reichlichem Gesamtkohlenstoffgehalt, die Seigerung unliebsam bemerkbar.

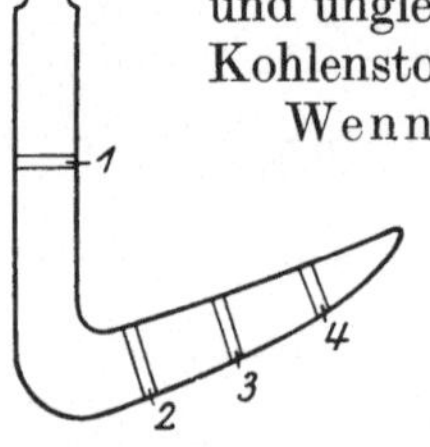

Abb. 89. Anker aus Stahlguß.

C. Waldeck[1]) untersuchte einen Anker aus Stahlguß. Nach Maßgabe der Abb. 89 wurden bei 1—4 Scheiben abgeschnitten, aus denen dann vom Rand und aus der Mitte Analysenspäne entnommen wurden. Die chemische Untersuchung ergab:

Tabelle 67.

Chemische Untersuchung eines gegossenen Ankers. Analysen mitgeteilt von C. Waldeck.
(Siehe Abb. 89.)

Prozent	Analsyenspäne entnommen aus Scheibe							
	1		2		3		4	
	vom Rand	aus der Mitte	vom Rand	aus der Mitte	vom Rand	aus der Mitte	vom Rand	aus der Mitte
Kohlenstoff . . .	0,16	0,40	0,11	0,43	0,11	0,44	0,11	0,43
Mangan	0,70	0,65	0,67	0,68	0,68	0,68	0,65	0,68
Phosphor	0,035	0,040	0,034	0,052	0,036	0,054	0,036	0,051
Schwefel	0,050	0,052	0,038	0,062	0,038	0,062	0,042	0,058
Silizium	0,41	0,37	0,47	0,42	0,46	0,42	0,45	0,43

Die Kohlenstoffseigerung ist sehr erheblich.

Die Seigerung wird aber nicht nur von den Abkühlungsverhältnissen, sondern auch von der Weiterverarbeitung beim Auswalzen beeinflußt.

Wird z. B. ein Block ausgewalzt, noch bevor er im Kern völlig erstarrt war[2]), so treten ganz eigenartige Verschiebungen in der Anreicherung der einzelnen Bestandteile auf, die die Seigerungsverhältnisse zwischen Blockrand und Blockmitte direkt umzukehren scheinen.

---

[1]) C. Waldeck, „Untersuchung eines Ankers". Stahl u. Eisen 1919. S. 320.
[2]) Letzteres kann z. B. eintreten, wenn der Block zu kurze Zeit in der Tiefgrube belassen wurde.

Sehr interessante Versuche über den Einfluß des Auswalzens noch nicht völlig erstarrter Blöcke auf die Seigerung sind von K. Neu [1]) veröffentlicht.

1. Versuch. Ein Block I von 2010 kg Gewicht wurde von 450×450 mm (unterer Blockquerschnitt) auf 220×175 mm heruntergeblockt, nachdem er nur 15 Minuten in einer ungeheizten Tiefgrube gestanden hatte. Beim Walzen bauchte der Block stark auf und platzte beim dritten Stich, wobei aus den geplatzten Stellen flüssiger Stahl herauslief.

Aus der Blockmitte wurde eine Querscheibe entnommen, und an den in Abb. 90 mit 0—5 bezeichneten Stelle angebohrt.

Ein zweiter Block II von dem gleichen Guß wurde erst nach völliger, sehr langsamer Erstarrung in der Gießgrube in gleicher Weise ausgewalzt und darauf wie oben die Analysenspäne durch Anbohren entnommen.

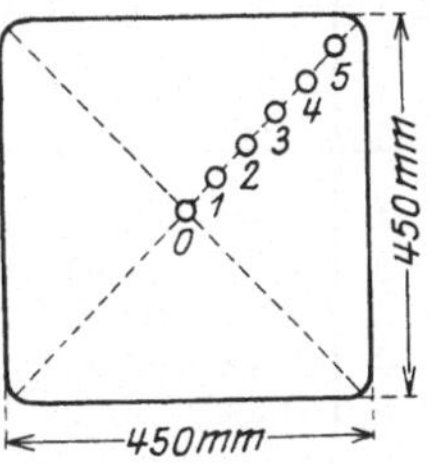

Abb. 90. Querschnitt eines Gußblockes.

Die Analysenergebnisse sind in Tabelle 68 zusammengestellt.

Tabelle 68.

Analysen mitgeteilt von K. Neu.

(Siehe Abb. 90.)

Bohrspäne entnommen bei	Block I v o r dem völligen Erstarren des Kernes ausgewalzt				Bohrspäne entnommen bei	Block II in der Gießgrube langsam und völlig erstarrt und dann erst ausgewalzt			
	Kohlenstoff %	Phosphor %	Mangan %	Schwefel %		Kohlenstoff %	Phosphor %	Mangan %	Schwefel %
0	0,09	0,035	0,96	0,027	0	0,33	0,065	1,04	0,071
1	0,16	0,030	0,88	0,020	1	0,32	0,070	0,98	0,067
2	0,26	0,035	0,98	0,041	2	0,32	0,070	1,00	0,071
3	0,38	0,075	1,06	0,127	3	0,33	0,070	1,00	0,076
4	0,34	0,065	0,98	0,085	4	0,32	0,075	1,00	0,071
5	0,36	0,040	1,00	0,081	5	0,33	0,075	1,00	0,081

Im Gegensatz zu den früher besprochenen Beispielen ist hier im Block I der Kohlenstoff am Blockrand höher als in der Blockmitte. Die größte Anreicherung an sämtlichen Stoffen findet sich bei Probe 3, also etwa in der Mitte zwischen Rand und Kern. Der langsam abgekühlte Block II zeigt keine Seigerung.

2. Versuch. Von einem weiteren Block, mit einem unteren Querschnitt von 450×450 mm, der nach dem Gießen ebenfalls nur 15 Minuten in der ungeheizten Tiefgrube gestanden hatte und dann in 15 Stichen auf 220 × 150 mm ausgewalzt wurde, entnahm Neu drei Abschnitte: K = vom Kopf, M = aus der Mitte und F = vom Fuß. Die Stellen, an denen die Analysenspäne entnommen wurden, sind in Abb. 91 mit 1—5 gekennzeichnet.

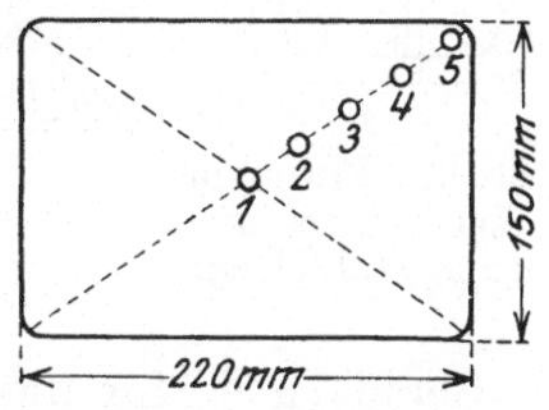

Abb. 91. Querschnitt eines Gußblockes.

Das Ergebnis der chemischen Untersuchung ist in Tabelle 69 mitgeteilt.

---

[1]) K. Neu, „Über interessante Erscheinungen in Stahlblöcken während des Auswalzens". Stahl u. Eisen 1912. S. 397; ferner 1912. S. 1363.

Tabelle 69.
Analysen mitgeteilt von K. Neu.
(Siehe Abb. 91.)

Analysenspäne entnommen bei	Block vor dem völligen Erstarren des Kernes ausgewalzt											
	Abschnitt K vom Kopf des Blockes				Abschnitt M aus der Blockmitte				Abschnitt F vom Fuß des Blockes			
	C %	P %	Mn %	S %	C %	P %	Mn %	S %	C %	P %	Mn %	S %
1	0,13	0,030	0,72	0,010	0,10	0,030	0,92	0,015	0,12	0,025	0,78	0,010
2	0,31	0,060	0,82	0,025	0,23	0,030	0,80	0,020	0,26	0,030	0,84	0,020
3	0,45	0,080	0,92	0,035	0,36	0,050	0,88	0,030	0,44	0,105	0,94	0,030
4	0,42	0,095	0,88	0,045	0,48	0,180	0,90	0,095	0,40	0,095	0,88	0,050
5	0,39	0,090	0,86	0,040	0,39	0,095	0,89	0,060	0,38	0,100	0,92	0,050

Die Seigerungserscheinungen sind die gleichen wie beim 1. Versuch. K. Neu nimmt an, daß der noch flüssige Kern durch den starken Druck beim Walzen in die teilweise erstarrten aber noch teigartigen Massen an den Außenwandungen des Blockes hineingepreßt wird und daß dadurch diese Umkehrung der sonst beobachteten Seigerungserscheinungen verursacht wird. Der geringe Kohlenstoffgehalt im Kern der Blöcke findet hierdurch jedoch keine allen Ansprüchen genügende Erklärung.

3. Metallographische Untersuchung der bereits erstarrten Blöcke. Die Feststellung, ob Seigerung im Block vorhanden ist oder nicht, ist praktisch von höchster Bedeutung; kann doch vielfach die Verwendbarkeit des Materials für bestimmte Zwecke durch das Vorhandensein starker Seigerungen in Frage gestellt werden.

Je dichter die Analysenspäne entnommen werden, um so besseren Überblick erhält man über die Art der Verteilung der Fremdkörper.

Die oben beschriebene rein chemisch-analytische Feststellung ist jedoch sehr zeitraubend und kostspielig, auch muß der auf beschriebene Weise untersuchte Block wieder eingeschmolzen werden, da er zum Auswalzen nicht mehr geeignet ist.

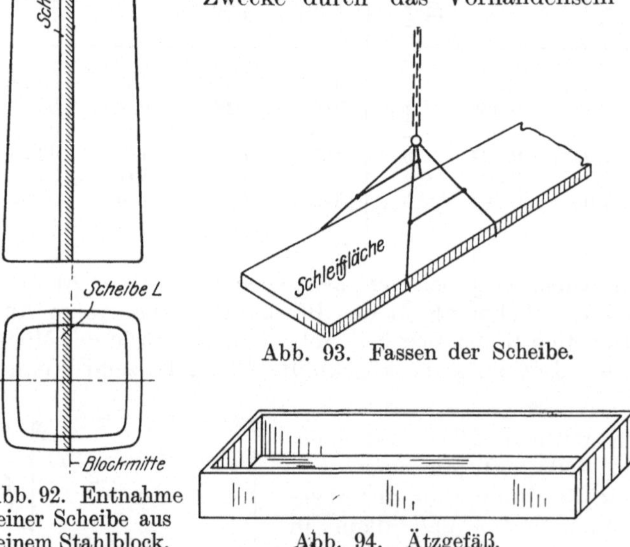

Abb. 92. Entnahme einer Scheibe aus einem Stahlblock.

Abb. 93. Fassen der Scheibe.

Abb. 94. Ätzgefäß.

Gerade hier, für die schnelle und sichere Erkennung solcher Seigerungen im Material (vor allem von Phosphorseigerungen), hat mit großem Erfolg die makroskopische Gefügeuntersuchung eingesetzt (Ätzung der Schliffflächen mit Kupferammoniumchlorid nach E. Heyn, vgl. auch S. 21).

Sie gibt schnell und sicher Aufschluß, ob Seigerung vorhanden ist oder nicht, läßt scharf die Begrenzung der Seigerungszonen erkennen und gibt bei einiger Erfahrung sogar einen ungefähren Anhalt über die Höhe der Seigerung.

Bei der Untersuchung großer Blöcke verfährt man zur Feststellung etwaiger Zonenbildung infolge Seigerung am sichersten in der Weise, daß man nach Abb. 92 eine Scheibe L aus dem ganzen Block entnimmt. Die Scheibe wird an der in Abb. 92 schraffiert gezeichneten Schnittfläche geschliffen und poliert [1]. Nach dem Reinigen der Schliffläche mit Alkohol wird die Scheibe nach Abb. 93 gefaßt und in ein ausreichend großes Holzgefäß (s. Abb. 94), das die Ätzflüssigkeit (Kupferammoniumchlorid 1:12) enthält, untergetaucht.

Nach 2—3 Minuten Ätzdauer wird die Scheibe wieder herausgehoben, der Kupferbeschlag mit reiner Putzwolle oder Watte unter strömendem Wasser abgewischt und schließlich das Wasser wieder durch Übergießen von absolutem Alkohol verdrängt.

Die Behandlung ist also im wesentlichen die gleiche wie bei kleinen Schliffen (vgl. Abschnitt B und C). Abb. 95 stellt eine nach oben beschriebenem Verfahren geätzte Scheibe aus einem 3 t Block [2] dar. Zonenbildung ist im vorliegenden Falle nicht vorhanden, das Material ist nahezu seigerungsfrei.

Nicht immer wird es an-

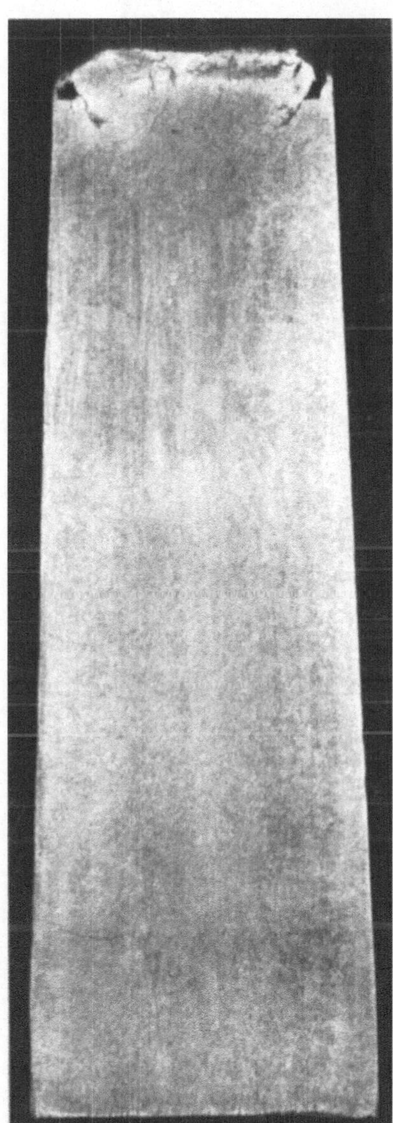

Abb. 95. Geätzte Scheibe aus einem 3 t Block.

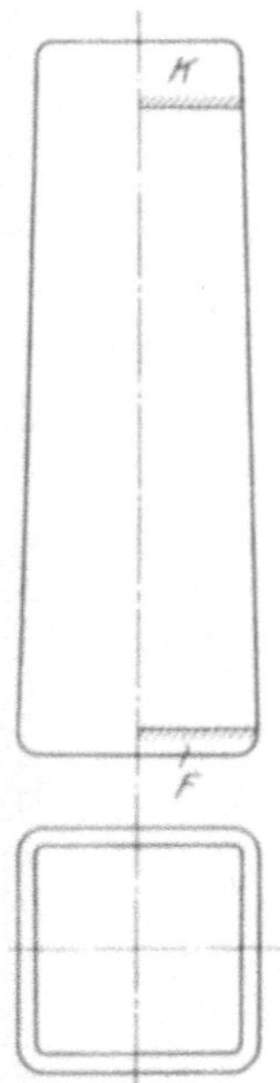

Abb. 96. Entnahme von Querschliffen aus einem Block.

[1] Es ist natürlich bei so großen Flächen nicht leicht, einen völlig einwandfreien rißfreien Schliff zu erhalten. Für die nachfolgende Ätzung mit Kupferammoniumchlorid zur makroskopischen Untersuchung auf Seigerungen genügt jedoch auch ein weniger feiner Schliff. Man verfährt etwa wie folgt: Die Fläche wird zunächst auf der Hobelmaschine eben gehobelt. Darauf werden die Riefen des Hobelstahles durch Abschmirgeln mit einer Schmirgelscheibe mittlerer Körnung entfernt. Das endgültige Schleifen erfolgt mittels Lederscheiben (Holzscheiben mit Leder überzogen), auf die feines Schmirgelpulver aufgeleimt war. Das Polieren geschieht schließlich mit einer Filzscheibe unter Verwendung von Polierrot und Öl. Bei dem auf S. 4 Abschnitt B beschriebenen Schleif- und Polierverfahren für kleinere Profile, wurde die zu schleifende Fläche unter stetiger Hin- und Herbewegung an die auf ruhender Achse befindlichen rotierenden Schleifscheiben angedrückt. Bei so großen Schliffflächen, wie im vorliegenden Falle, befindet sich der Schliff in der Ruhelage und die rotierenden Schleifscheiben bewegen sich über ihn hin.

[2] Der Block war nach dem Harmetschen Preßverfahren während der Erstarrung gepreßt, dadurch erklärt es sich, daß er gar keine Lunker aufweist.

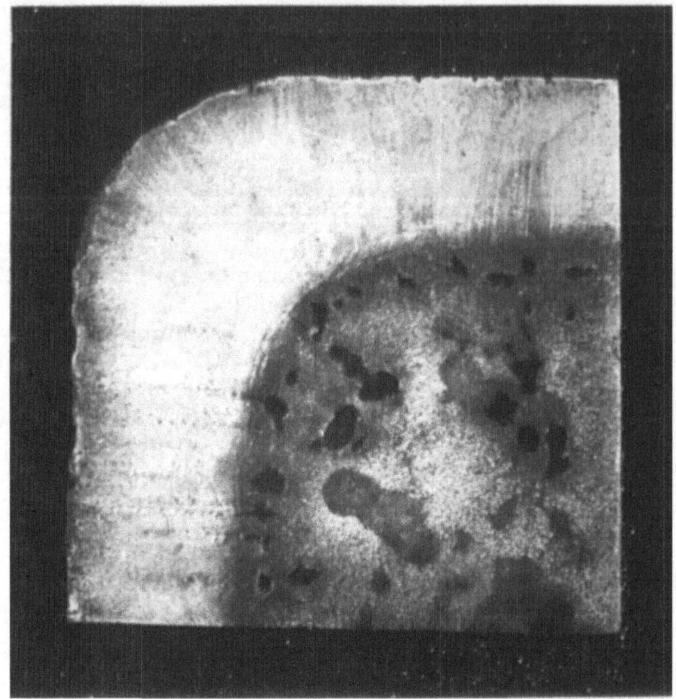

Abb. 97.   Schliff K vom Kopf des Blockes.

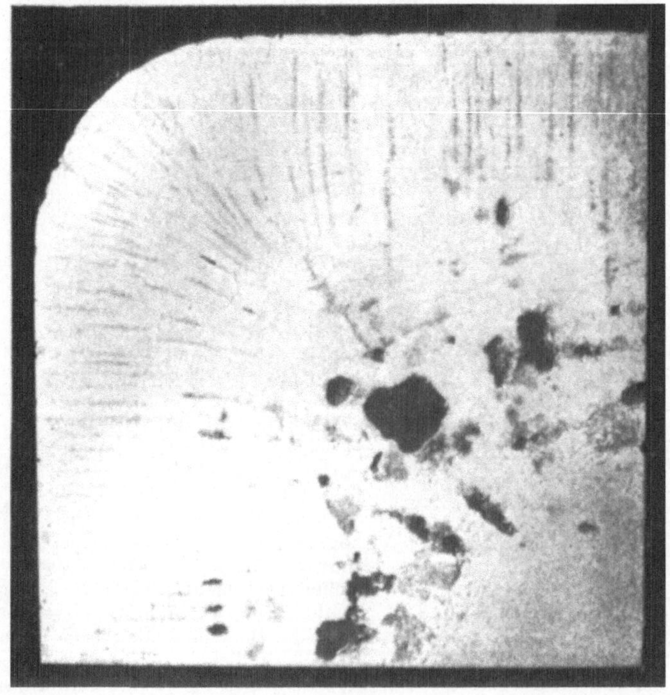

Abb. 98.   Schliff F vom Fuß des Blockes.

gängig und auch nicht immer notwendig sein, so große Scheiben herauszuarbeiten, zu schleifen, zu polieren und zu ätzen. Vor allem wird man in allen den Fällen hiervon absehen müssen, in denen der Block zum Auswalzen bestimmt ist.

Will man trotzdem einen ungefähren Anhalt über die Art der Verteilung der Fremdkörper im Block erhalten, so genügt es, wenn man nach Abb. 96 vom Kopfende K, wo erfahrungsgemäß die Seigerungen ihren Höchstwert erreichen und vom Fußende F, wo die Seigerungen am geringsten sind, je ein Viertel des Blockquerschnittes, nach vorhergehendem Schleifen und Polieren der Ätzprobe unterwirft.

Abb. 97 stellt das Viertel eines Blockquerschnittes vom Kopfende K, Abb. 98 das Viertel vom Fußende F eines Thomasblockes[1] dar. Die tiefschwarzen Stellen in den mit Kupferammoniumchlorid geätzten Schliffen sind Blasenhohlräume.

Ein Kranz von größeren Blasen trennt die Flächen in je eine innere Kern- und äußere Randzone. Die Kernzone ist in beiden Schliffen dunkler gefärbt als die äußere Randzone. Vorwiegend in der Kernzone liegen größere und kleinere tiefdunkel erscheinende Flecken, in denen der Phosphorgehalt besonders hoch angereichert ist. Die Dunkelfärbung nach Ätzung mit Kupferammonium- chlorid ist in erster Linie ein Kennzeichen für höheren Phosphorgehalt (vgl. Seite 22). Stets pflegen aber die übrigen verunreinigenden Bestandteile, vor allem sulfidische und oxydische Verbindungen an den gleichen Stellen ange- reichert aufzutreten, wo der Phosphorgehalt ein höherer ist, so daß man bei vorhandener starker Dunkelfärbung mit Sicherheit auch auf höheren Gehalt an Schwefel- und oxydischen Verbindungen schließen kann[2].

Bemerkenswert ist, daß im Kopfende des Blockes die Grenze zwischen Kern- und Randzone durch ein besonders dunkles Band scharf gekennzeichnet ist, während am Fußende (s. Abb. 98) allmählicher Übergang ohne dunkles Grenzband vorhanden ist. Auch ist im Schliff F vom Fußende des Blockes die Dunkelfärbung in der Kernzone nur gering gegenüber dem Schliff K vom Kopf des Blockes[3]. Hieraus kann ohne weiteres geschlossen werden, daß zwischen den Gehalten an fremden Bestandteilen zwischen Kopf und Fuß des Blockes beträchtliche Unterschiede bestehen müssen. Die aus den einzelnen Zonen entnommenen Analysenspäne bestätigen diesen Schluß.

Es wurden gefunden:

Tabelle 70.
Analysen mitgeteilt von E. Heyn.

| | Vom Kopfende K des Blockes | | Vom Fußende F des Blockes | |
| | Kernzone | Randzone | Kernzone | Randzone |
	%	%	%	%
Kohlenstoff	0,11	0,06	0,07	0,07
Mangan	0,52	0,48	0,47	0,46
Phosphor	0,15	0,07	0,08	0,05

[1] Aus E. Heyn, „Über die Nutzanwendung der Metallographie in der Eisenindustrie". Stahl u. Eisen 1906. Nr. 10.

[2] In Zweifelsfällen gibt hier die mikroskopische Untersuchung und das Schwefel- abdruckverfahren auf Seide (vgl. S. 25) Aufschluß.

[3] Zahlreiche weitere Beispiele finden sich in den bereits S. 82 Fußanmerkung [1] er- wähnten Arbeiten. Siehe ferner:

P. Oberhoffer: „Schieferbruch und Seigerungserscheinungen".Stahl u.Eisen 1920. S.872.

G. K. Burgess und R. A. Hadfield, „Seigerungen in Stahlblöcken". Bulletin of the American Institute of Mining Engineers. Februar 1915. Nr. 98. S. 455; daraus Auszug in Ferrum 1915/16. Heft 11/12. S. 176.

B. Talbot „Über die Herstellung dichten Flußeisens durch seitliche Pressung des Blockes bei noch flüssigem Kern". Iron and Steel Institute Mai 1913. Hieraus Auszug in Ferrum 1913/14. XI. S. 249.

Der Liebenswürdigkeit von Herrn K. Neu verdankt der Verfasser die in Abb. 99 wiedergegebene Scheibe eines der noch im halbflüssigen Zustand

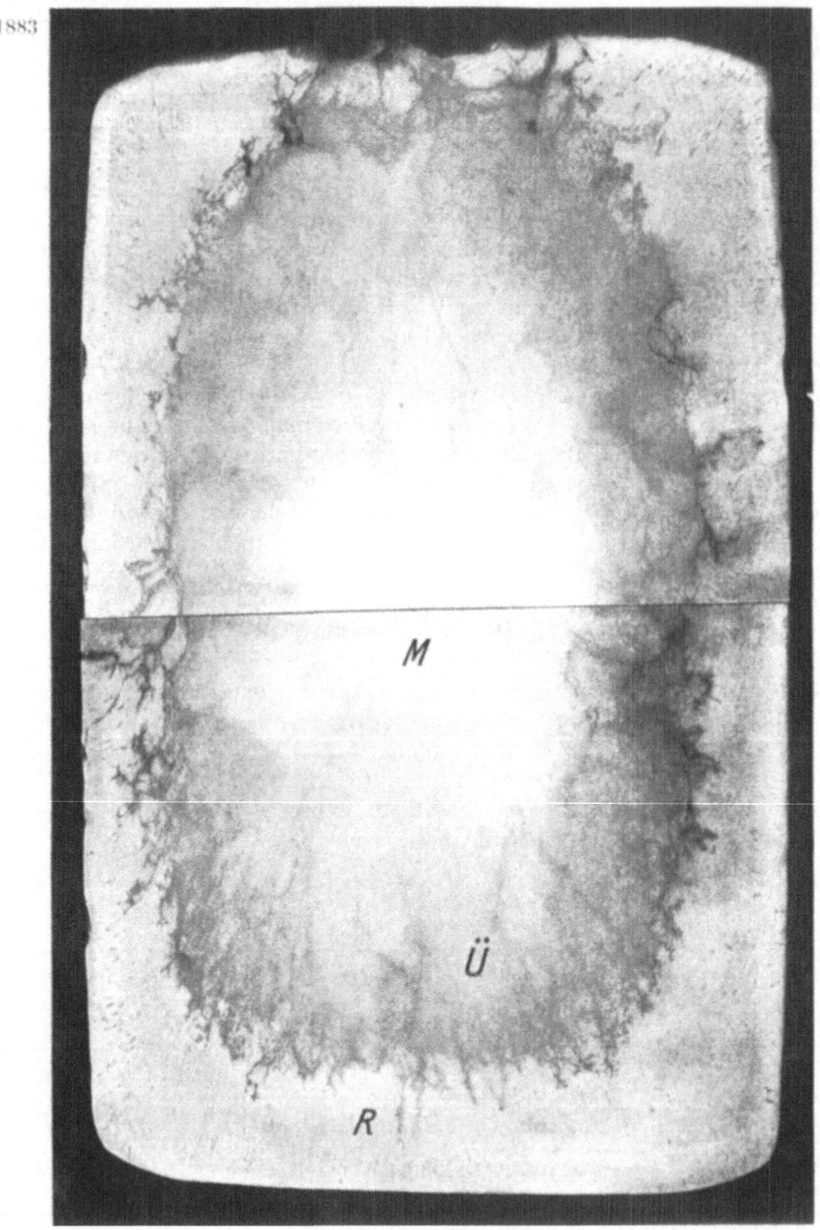

Abb. 99. Scheibe aus einem im halbflüssigen Zustand ausgewalztem Block.

ausgewalzten Blöcke [1]). Die Scheibe wurde geschliffen, poliert und mit Kupferammoniumchlorid geätzt. Der Schliff zeigt drei verschiedene Zonen:

---

[1]) Siehe S. 85.

R = Randzone mit mittlerem Kohlenstoffgehalt (siehe Abb. 100 v = 110).

Ü = Übergangszone mit noch höherem Kohlenstoffgehalt (siehe Abb. 101
 v = 110) und starken Phosphorseigerungen.

M = mittlere Zone mit niedrigem Kohlenstoffgehalt (siehe Abb. 102. v = 110)
 und unbedeutenden Phosphorseigerungen.

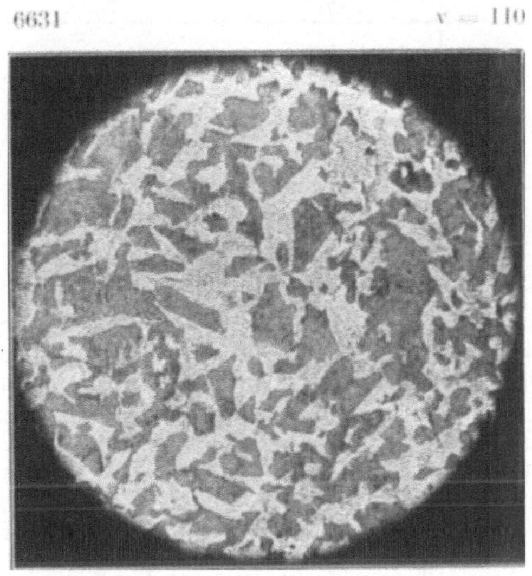

Abb. 100.   Bei R aufgenommen (s. Abb. 99).

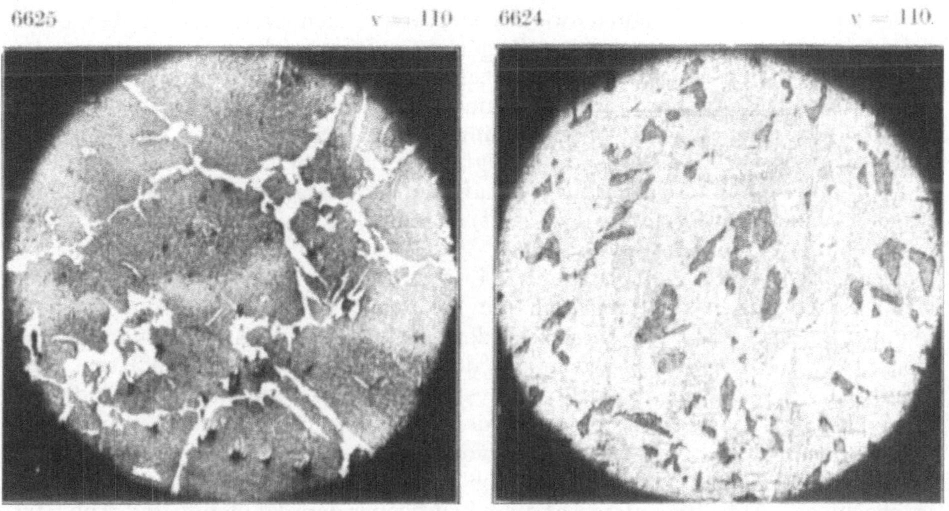

Abb. 101 Bei Ü aufgenommen   Abb. 102. Bei M aufgenommen
     (s. Abb. 99).   (s. Abb. 99).

Die chemische Analyse aus den drei Zonen ergab folgende Zahlen (siehe
Tabelle 71 auf Seite 92).

Tabelle 71.
Chemische Analyse eines in halbflüssigem Zustand gewalzten Blockes (s. Abb. 99).
Ausgeführt von E. Deiß.

	Analysenspäne entnommen		
	aus der Randzone R %	aus der Übergangszone Ü %	aus der Mitte M %
Kohlenstoff	0,33	0,42	0,13
Silizium	0,13	0,12	0,16
Mangan	0,92	0,94	0,81
Phosphor	0,099	0,128	0,033
Arsen	0,057	0,067	0,025
Schwefel	0,053	0,069	0,010
Kupfer	0,03	0,04	0,02
Chrom	0,027	0,024	0,014

Schliff und Analyse bestätigen die Angabe von K. Neu, wonach die Seigerungserscheinungen in Flußeisenblöcken sich umkehren können, wenn der Block zum Auswalzen kommt bevor noch der Kern völlig erstarrt war[1]).

Die makroskopische Gefügeuntersuchung (Ätzprobe) gibt nach obigen Beispielen ein gutes Bild von der Verteilung der Fremdkörper im Block. Sie zeigt, ob Zonenbildung infolge Seigerung vorhanden ist, gibt klar und eindeutig die Begrenzungen der einzelnen Zonen (Kern- und Randzone) an und gestattet dadurch wo erforderlich auch getrennte Probenahme für chemische Analyse und Festigkeitsversuche aus den einzelnen Zonen.

4. Chemische und metallographische Untersuchung der ausgewalzten Profile.
Die Seigerung im Flußmaterial läßt sich nie ganz umgehen. Durch geeignete Gegenmaßregeln ist es im Betrieb möglich, ihr wenigstens bis zu einem gewissen Grade entgegenzuwirken.

Es ist daher für ein Hüttenwerk von Nutzen, sich laufend über den Grad der in den Blöcken stattgehabten Seigerung zu unterrichten.

Die Probenahme aus den Blöcken selbst, wie im vorigen Abschnitt beschrieben, zum Zwecke der Ätzung wäre als laufende Betriebskontrolle zu umständlich und betriebsstörend. Die Untersuchung von Abschnitten der ausgewalzten Profile vom Kopf- und Fußende genügt aber für diesen Zweck.

Wird aus einem mit Seigerungen behafteten Block irgend ein Profil (Knüppel, Träger, Schiene, Blech usw.) ausgewalzt, so macht die Seigerungszone die ganze Profilgebung mit.

Der in den beiden Abb. 103 und 104 dargestellte I-Träger ist aus demselben Thomasblock ausgewalzt, aus dem die beiden Schliffe Abb. 97 und 98 entnommen waren. Abb. 103 entspricht dem Kopf-, Abb. 104 dem Fußende des Blockes. Am Kopfende ist wieder das dunkle Grenzband zwischen Kern- und Randzone sichtbar, am Fußende fällt es weg. Die Blasenhohlräume sind verschweißt. Die Übereinstimmung in der Zonenbildung zwischen Block und ausgewalztem Profil tritt deutlich hervor.

Die Abb. 105 und 106 beziehen sich auf einen zu Knüppeln ausgewalzten Thomasblock. Abb. 105 entspricht auch hier wieder dem Kopfende und Abb. 106 dem Fußende des Blockes. Die Seigerungserscheinungen sind ganz ähnliche, wie bei dem vorher besprochenen. Beispiel.

---

[1]) Vgl. auch die Arbeit von E. Houber „Zwei neue Mittel zur Erzielung dichter Stahlblöcke". Revue universelle des Mines, de la Métallurgie, des Travaux publics, des Sciences et des arts appliqués à l'industrie Mars 1913. Hieraus Auszug in Ferrum 1914/15. XII. Heft 6. S. 82.

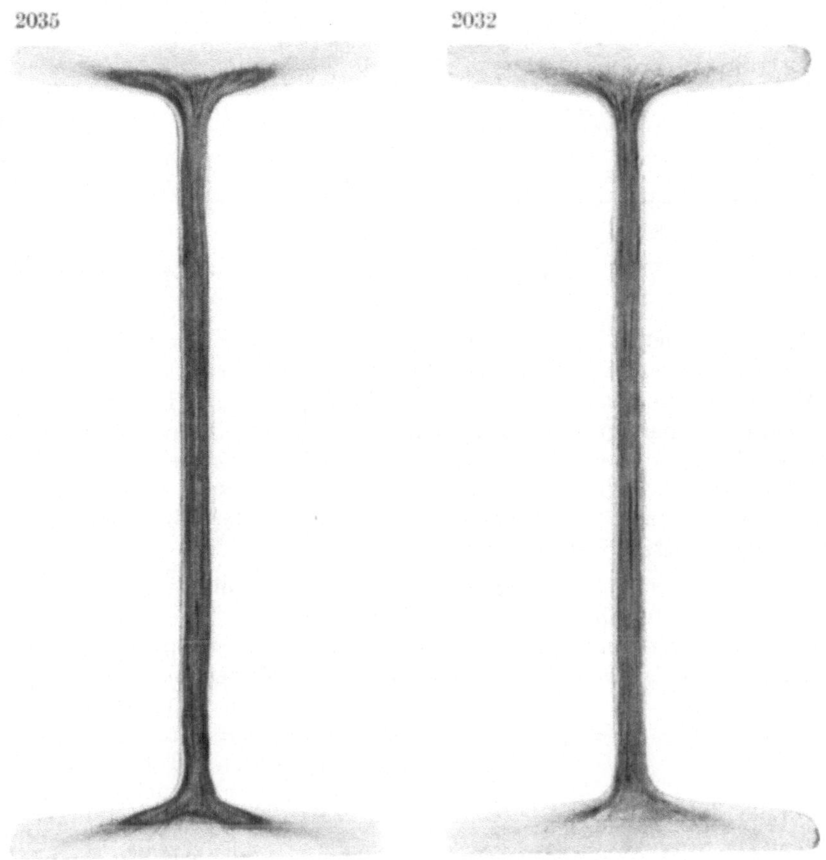

Abb. 103. Vom Kopf des Blockes.   Abb. 104. Vom Fuß des Blockes.

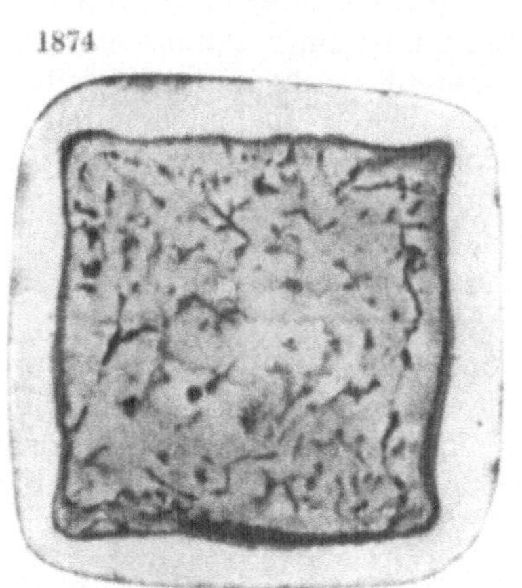
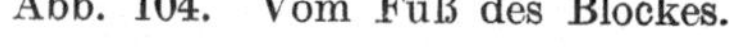
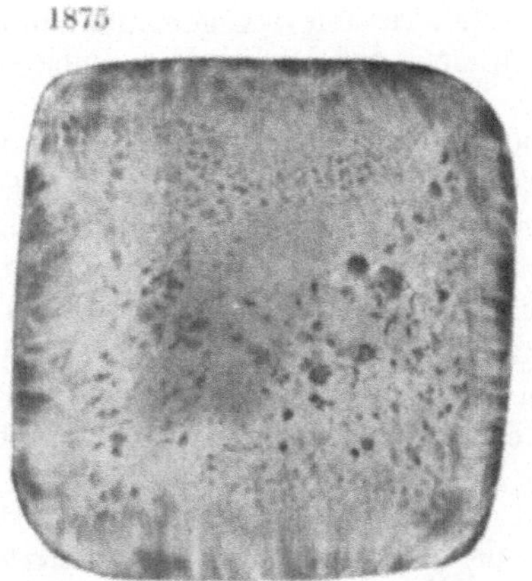

Abb. 105. Vom Kopf des Blockes.   Abb. 106. Vom Fuß des Blockes.

Die Analysen aus Kern- und Randzone ergaben:

Tabelle 72.

Analysen ausgeführt von E. Deiß.

	Dem Kopfende des Blockes entsprechend		Dem Fußende des Blockes entsprechend	
	Kern %	Rand %	Kern %	Rand %
Kohlenstoff	0,11	0,08	0,09	0,09
Mangan	0,52	0,50	0,48	0,52
Phosphor	0,125	0,080	0,075	0,080

Auch hier wieder sind die Unterschiede zwischen Kern und Rand im Kopfende beträchtlich, während sie im Fußende nahezu vollständig verschwinden.

Will man sich einen Überblick über die Seigerungsverhältnisse im Material verschaffen, so genügt es nach obigem nicht bei der Untersuchung irgend eines Walzprofils nur von einem Ende einen Abschnitt zu entnehmen, sondern es ist unbedingt erforderlich von beiden Enden (dem Kopf- und Fußende des Blockes entsprechend), unter Umständen auch noch aus der Mitte (der Blockmitte entsprechend) Ätzproben herzustellen.

5. Beeinflussung der Analysenergebnisse durch die Art der Probenahme.
Wird bei der Probenahme für die chemische Analyse auf diese Seigerungserscheinungen keine Rücksicht genommen, werden die Analysenspäne von sachunkundiger Hand in unsachgemäßer Weise gewonnen, so können die eigenartigsten, voneinander in weitgehendem Maße abweichenden Analysen erhalten werden, ohne daß ein Analysenfehler vorzuliegen braucht.

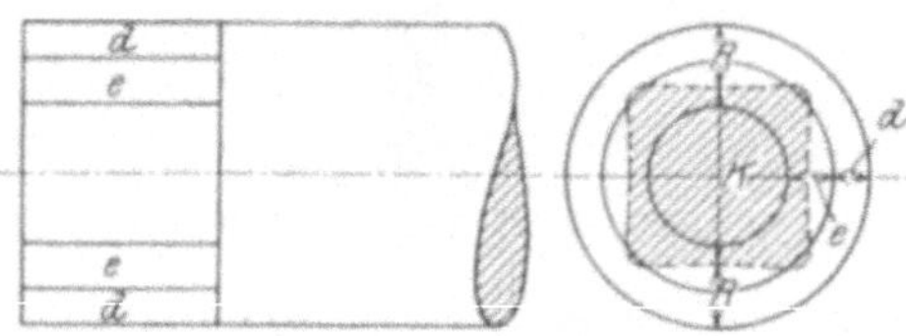

Als Regel für die Entnahme einer Durchschnittsprobe aus einem beliebigen Walzerzeugnis gilt auch hier:

Abb. 107.   Fehlerhafte Probenahme.

Die Analysenspäne sind wo nur irgend angängig durch Hobeln über den ganzen Querschnitt, nicht etwa durch Anbohren oder Abdrehen zu entnehmen.

Handelt es sich dagegen nicht um die Entnahme einer Durchschnittsprobe, sondern soll durch die Untersuchung festgestellt werden, ob Zonenbildung infolge Seigerung, oder ob sonstige Verschiedenheiten in der chemischen Zusammensetzung des Materials vorhanden sind, so hat die metallographische Untersuchung (Ätzprobe) der chemischen vorauszugehen.

Im nachfolgenden soll an einer Anzahl von Beispielen aus der metallographischen Praxis gezeigt werden, wie stark das Analysenergebnis durch falsche Probenahme beeinflußt werden kann.

Durchaus fehlerhaft wäre es z. B. bei einem runden Walzprofil, die Entnahme der Analysenspäne durch Abdrehen einzelner Schichten, wie in Abb. 107 angedeutet zu bewirken. Ist Zonenbildung infolge Seigerung vorhanden, so würde die Analyse der bei d aus der Randzone R abgedrehten Späne ein ganz falsches Bild von der wirklichen durchschnittlichen Zusammensetzung des Materials geben, da nur der seigerungsarme Teil analysiert wurde. Würde nun, um Kontrollbestimmungen zu erhalten, weiter abgedreht werden (e in Abb. 107), so würde, starke Seigerung vorausgesetzt, der Analytiker jetzt viel höhere Phosphor- und Schwefelgehalte finden als zuerst.

Wie stark die Unterschiede sein können, mögen einige Beispiele zeigen.

a) Profileisen. 1. Beispiel. Abb. 108 stellt die Handzeichnung der Schlifffläche eines gebrochenen Schraubenbolzens dar. Der Schliff zeigte nach der Ätzung mit Kupferammoniumchlorid deutliche Trennung in helle Randzone R und dunkle, vierkantige Kernzone K. Die dunkle Färbung der Kernzone ließ auf Phosphoranreicherung in ihr schließen. Der Anteil der Kernzone K an der Gesamtfläche ist größer als der der Randzone.

Die Messung ergab:

    Kernzone   1552 qmm
    Randzone   823 ,,
    Ganze Fläche 2375 qmm

Die Phosphorbestimmungen ergaben:

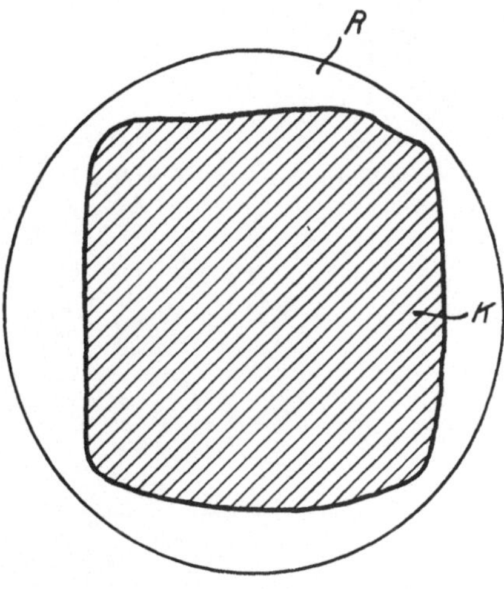

Abb. 108.
Querschliff aus einem Profileisen.

Tabelle 73.
Analyse ausgeführt von E. Deiß.

Späne entnommen	Phosphor $^0/_0$
aus Randzone R	0,077
,, Kernzone K	0,110
Durch Hobeln über den ganzen Querschnitt . . .	0,100

Berechnet man den durchschnittlichen Phosphorgehalt aus den Flächenanteilen von Kern- und Randzone und aus den, diesen Zonen zukommenden Phosphorgehalten, so ergibt sich als Durchschnittswert

$0,099\,^0/_0$ Phosphor [1];

er steht in sehr guter Übereinstimmung mit dem analytisch gefundenen Durchschnittsgehalt von $0,100\,^0/_0$.

2. Beispiel. Abb. 109 zeigt die geätzte Schlifffläche einer gebrochenen Pleuelstangenschraube [2]. Die Kernzone K enthält zahlreiche, nach Ätzung dunkelgefärbte Flecken, in denen reichliche nichtmetallische, kleine Einschlüsse liegen. Die hellerscheinende Randzone R ist durchsetzt von dunklen Linien, die senkrecht zu den Seiten des die Innenzone umgrenzenden Vierecks angeordnet sind. Sie stammen von Blasenreihen her, die im Block senkrecht zur Blockkante nach innen gingen und beim Auswalzen zugeschweißt wurden. Aus dem viereckigen Querschnitt der Kernzone ist noch zu erkennen, daß der Block, aus dem die Stange stammte, viereckigen Querschnitt hatte.

Die Analyse ergab:

---

[1] $\dfrac{1552 \cdot 0,110}{2375} + \dfrac{823 \cdot 0,077}{2375} = 0,099\,^0/_0$ Phosphor.

[2] Aus E. Heyn, „Einiges aus der metallographischen Praxis". Stahl u. Eisen 1906. Nr. 1.

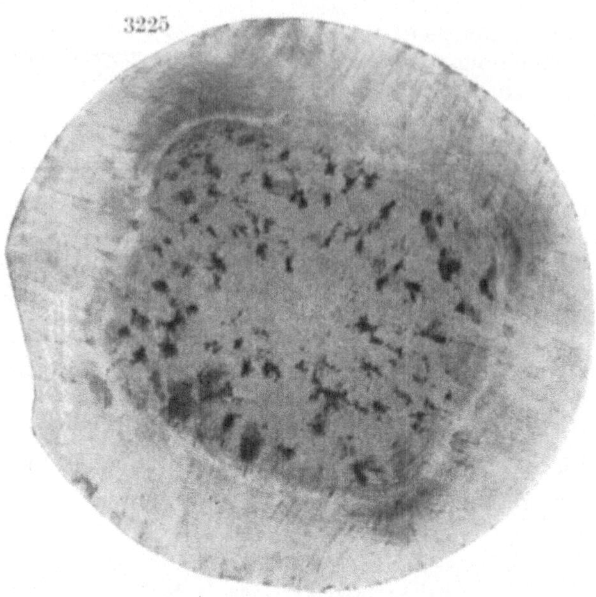

Abb. 109.   Querschliff aus einer Pleuelstangenschraube.

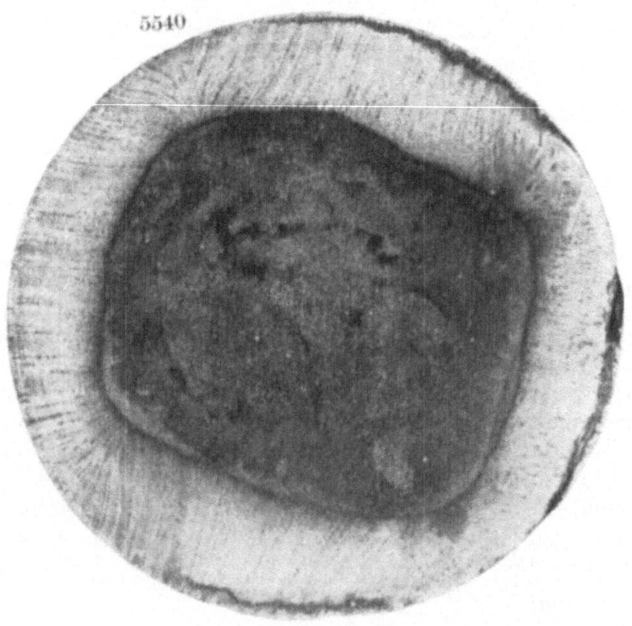

Abb. 110.   Querschliff einer Welle aus Thomas-Material.

Tabelle 74.

Analysen ausgeführt von E. Deiß.

	Kernzone K %	Randzone R %
Kohlenstoff . . .	0,11	0,09
Phosphor	0,080	0,050
Schwefel	0,080	0,040
Mangan	0,72	0,70
Silizium	Spuren	Spuren
Kupfer	0,02	0,02
Nickel	0,07	0,07

Kohlenstoff, Phosphor und Schwefel sind in der Kernzone angereichert.

3. Beispiel. Noch erheblich stärkere Seigerung zeigt der in Abb. 110 wiedergegebene Schliff einer Welle aus Thomasmaterial.

Die Analyse ergab:

Tabelle 75.

Analyse ausgeführt von E. Deiß.

	Kernzone K %	Randzone R %
Kohlenstoff . . .	0,079	0,042
Silizium	Spuren	Spuren
Mangan	0,47	0,43
Phosphor	0,141	0,073
Schwefel	0,082	0,031
Kupfer	0,02	0,02

4. Beispiel. Abb. 111 entspricht dem Querschnitt eines Quadrateisenstabes. Es handelt sich ebenfalls um Thomasmaterial. Der Schliff zeigte in der schwach dunkel gefärbten Kernzone zahlreiche kleine, nichtmetallische Einschlüsse anscheinend sulfidischer Art. Die Analyse aus Kern- und Randzone ergab:

Tabelle 76.

Analysen ausgeführt von E. Deiß.

	Kernzone K %	Randzone R %
Kohlenstoff	0,092	0,096
Mangan . .	0,41	0,38
Sihlizium . .	0,012	0,014
Posphor .	0,060	0,050
Schwefel . .	0,073	0,030
Kupfer . .	0,074	0,050
Stickstoff .	0,010	0,009

Neben der schwachen Anreicherung von Phosphor ist der erheblich höhere Schwefelgehalt der Kernzone beachtenswert.

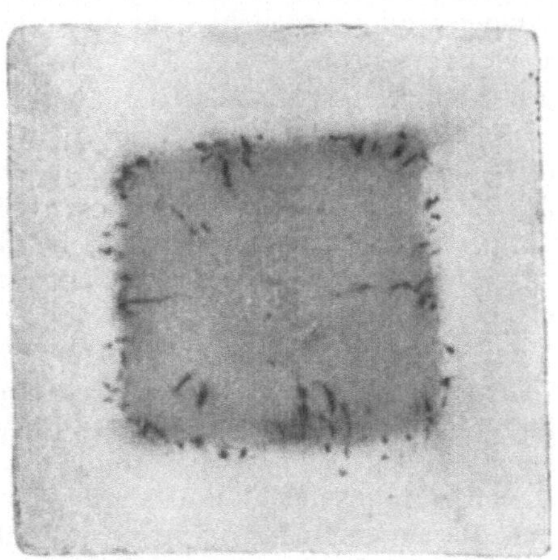

Abb. 111. Querschliff aus einem Quadrateisen.

5. Beispiel. Sehr starke örtliche Phosphor- und Schwefelanreicherung in der Kernzone war in einem Bolzen aus Flußeisen vorhanden. Abb. 112 zeigt den Querschliff des Bolzens. Die Analyse ergab:

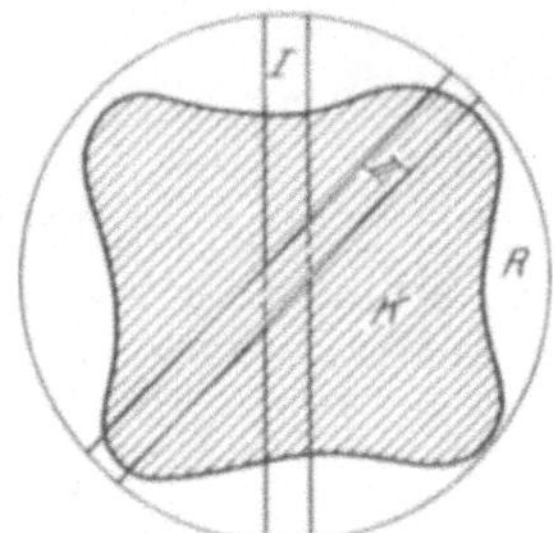

Tabelle 77.
Analyse ausgeführt von E. Deiß.

	Kernzone %	Randzone %
Phosphor .	0,120	0,042
Schwefel. .	0,080	0,018

Abb. 112.   Querschliff aus einem Bolzen.

Abb. 113.   Einfluß der Lage des Bohrloches auf das Analysen-Ergebnis.

Wollte man in den besprochenen Beispielen die Entnahme der Späne für die Durchschnittsanalyse nicht durch Hobeln über den ganzen Querschnitt, sondern durch Anbohren bewerkstelligen, so können hierbei, selbst wenn die Bohrlöcher durch den ganzen Stab durchgehen, falsche Ergebnisse erzielt werden.

Wird z. B. durch einen Rundstab [1]), nach Abb. 113, ein Loch I durchgebohrt, so entsprechen die so gewonnenen Späne nicht dem wirklichen Durchschnitt, wie er durch Hobeln über den ganzen Querschnitt erzielt werden kann. Selbst die Lage des Loches (vgl. I und II in Abb. 113) hat einen gewissen Einfluß auf das Endergebnis. Bei Loch I gelangen mehr Späne aus der seigerungsfreien Kernzone zur Analyse als bei Loch II. Die Späne aus Loch I werden infolgedessen phosphor- und schwefelärmer erscheinen als die Späne aus Loch II.

Obiges gilt natürlich nicht nur für Rund- oder Quadrateisen, sondern für jedes andere Profil, sofern Trennung in Kern- und Randzone infolge Seigerung vorhanden ist.

Aber selbst bei richtiger Probenahme können in bestimmten Fällen Analysenunterschiede entstehen. Angenommen wird, daß das Material der rohen Stange vor Ablieferung auf seinen Phosphorgehalt untersucht war und zwar unter richtiger Probenahme durch Hobeln über den ganzen Querschnitt; es wurden z. B. a% Phosphor ermittelt. Die Stange wurde vom Abnehmer abgedreht und eingebaut. Infolge eines vorzeitigen Bruches wurde die Phosphorbestimmung an der abgedrehten Stange kontrolliert. Die Probenahme geschah wieder wie früher in der richtigen Weise durch Hobeln über den ganzen Querschnitt. Der nun gefundene durchschnittliche Phosphorgehalt (b%) wird jetzt erheblich höher sein als früher (a%), wenn die Stange phosphorreiche Ausseigerungen in der Kernzone enthielt und wenn beim Abdrehen der größere Teil der phosphorarmen Randzone entfernt wurde. Aufschluß über dies verschiedene Verhalten kann nur die Ätzprobe des ursprünglichen und des abgedrehten Querschnittes geben.

---

[1]) Aus E. Heyn, „Einiges aus der metallographischen Praxis“. Stahl u. Eisen 1906. Nr. 1.

Mitunter, bei sehr starker Seigerung, dürfte es sich empfehlen von der Entnahme einer Durchschnittsprobe abzusehen und Kern und Randzone getrennt zu analysieren. Unter Berücksichtigung der Flächenanteile an Kern und Randzone läßt sich alsdann (wie bereits Seite 95 gezeigt) der durchschnittliche Gehalt an Phosphor und Schwefel mit großer Genauigkeit berechnen. Auch in der richtig entnommenen Durchschnittsprobe mischen sich die Späne aus Kern und Rand willkürlich. Je nachdem ob nun der Analytiker zufällig mehr Späne aus der Kernzone oder aus der Randzone zur Einwage bringt, bekommt er verschiedene Ergebnisse. Obiges gilt jedoch nur, wenn die Seigerung sehr stark ist und nur kleine Einwagen zur Analyse kommen. Gutes Durchmischen der Späne vor Entnahme der Einwage für die Analyse ist daher stets zu empfehlen.

Wie schon S. 92 erwähnt und wie auch aus der Abb. 103 ersichtlich, macht die Seigerungszone die ganze Formgebung durch Walzen, Schmieden usw. mit, ohne daß sie an die Oberfläche der Profile austritt. Durch Abfließen des Materials der Randzone beim Auswalzen eines Profils nach den dickeren Teilen treten jedoch ganz beträchtliche Verschiebungen in den Flächenanteilen von Kern- und Randzonen innerhalb des Querschnittes auf. So ist z. B. der Flächenanteil der Kernzone an der Gesamtfläche im Steg des I-Trägers (Abb. 103) erheblich größer als in den Flanschen. Die gleiche Erscheinung tritt auch bei Schienen und anderen Profilen auf. Abb. 114 stellt die Handzeichnung eines geätzten Schienenabschnittes dar. Die Kernzone K ist schraffiert gezeichnet.

Die Flächenanteile zwischen Kern- und Randzone betragen:

Tabelle 78.

| | Flächenanteil in % der Fläche | |
| | Kernzone K | Randzone R |
	%	%
Im Kopf der Schiene	32,1	67,9
Im Steg „ „	63,4	36,6
Im Fuß „ „	14,4	85,6

Abb. 114. Verteilung der Seigerungszone in einem Schienenprofil.

Die chemische Analyse ergab:

Tabelle 79.
Analyse ausgeführt von E. Deiß.

| | Kernzone K | Randzone R |
	%	%
Phosphor	0,127	0,063
Schwefel	0,060	0,023
Mangan	0,55	0,50

Die Unterschiede in der chemischen Zusammensetzung zwischen Kernzone K und Randzone R sind beträchtlich.

Ein richtiger Durchschnitt für die Analyse ist nur durch Hobeln über den ganzen Querschnitt des Schienenprofils zu erzielen. Hobeln über einen Teil des Querschnitts (z. B. nur über die Hälfte) gibt falsche Werte, weil die Flächenanteile zwischen phosphor- und schwefelreicher Kernzone K und phosphor- und schwefelarmer Randzone R an den verschiedenen Stellen des Querschnitts verschieden groß sind (vgl. Tabelle 78).

Ähnliche Verhältnisse zeigen auch die folgenden Beispiele:

Von Trägern die zum Teil ähnliche starke Seigerungen aufwiesen, wie in Abb. 103, wurden aus dem seigerungsfreien Flansch und aus dem geseigerten Steg Analysenspäne entnommen.

Die chemische Analyse ergab:

Tabelle 80.

Analysen von Trägern ausgeführt von E. Deiß.

Träger	Analysenspäne entnommen aus	Kohlenstoff $\%$	Mangan $\%$	Phosphor $\%$	Schwefel $\%$
I	Flansch	0,037	0,61	0,069	0,032
	Steg	0,052	0,66	0,120	0,081
II	Flansch	0,036	0,57	0,044	0,036
	Steg	0,061	0,64	0,096	0,118
III	Flansch	0,029	0,60	0,057	0,027
	Steg	0,062	0,63	0,132	0,096
IV	Flansch	0,040	0,57	0,049	0,040
	Steg	0,070	0,63	0,085	0,089
V	Flansch	0,028	0,54	0,060	0,030
	Steg	0,037	0,54	0,084	0,055
VI	Flansch	0,030	0,56	0,061	0,031
	Steg	0,037	0,54	0,086	0,055
VII	Flansch	0,033	0,56	0,059	0,032
	Steg	0,034	0,58	0,096	0,063
VIII	Flansch	0,032	0,54	0,061	0,035
	Steg	0,036	0,55	0,088	0,054

Kohlenstoff und Mangan weisen geringere, Phosphor und Schwefel jedoch beträchtliche Seigerung auf.

Abb. 115 entspricht dem Querschliff einer Grubenschiene. Im Schliff sind drei Zonen erkennbar:

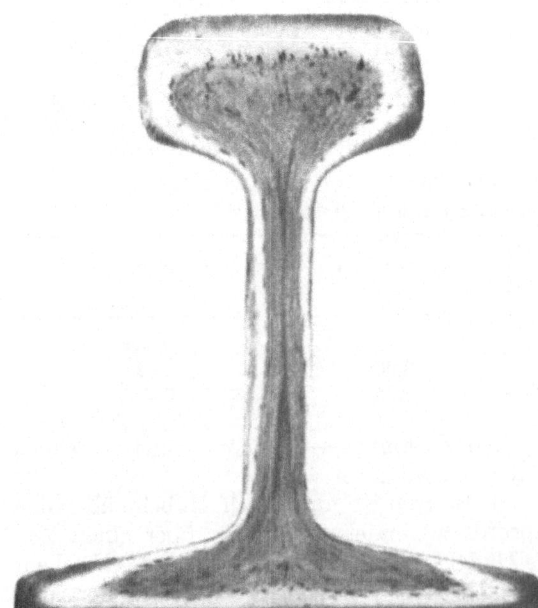

Abb. 115. Querschliff einer Grubenschiene.

α) eine dünne, rings um den Rand des Schliffes sich erstrekkende, nach Ätzung dunkel erscheinende Randzone R_1;

β) eine mittlere, nach Ätzung hell erscheinende Zone R_2;

γ) eine nach Ätzung tief dunkel erscheinende Kernzone K. In der Kernzone K lagen kleine, vermutlich von der Desoxydation herrührende nichtmetallische Einschlüsse.

Die chemische Analyse ergab:

Tabelle 81.

Analysen ausgeführt von E. Deiß.

	Kernzone K $\%$	Randzone R_1 und R_2 $\%$
Phosphor . .	0,158	0,115
Schwefel . .	0,064	0,042

Entsprechend der eigentümlichen Verteilung der phosphorreichen Zonen ist der durchschnittliche Phosphorgehalt in den beiden Randzonen $R_1 + R_2$ ebenfalls hoch.

Abb. 116 zeigt den Querschliff der Hälfte eines eisernen Balken und Abb. 117 den Querschliff aus einem Winkeleisen.

Beide Schliffe weisen starke Zonenbildung infolge von Seigerung auf. Die Analyse ergab:

Tabelle 82.
Analysen ausgeführt von E. Deiß.

	Balken (Abb. 116)		Winkeleisen (Abb. 117)	
	Kernzone K $\%$	Randzone R $\%$	Kernzone K $\%$	Randzone R $\%$
Phosphor	0,11	0,06	0,15	0,077
Schwefel	0,13	0,06	0,075	0,031

Die Unterschiede in den Flächenanteilen an Kern- und Randzone an verschiedenen Stellen des Querschnitts sind aus den beiden Abb. 116—117 deutlich erkennbar.

b) **Bleche, Flacheisen, Bandeisen.** Sehr viel wird auch bei der Entnahme der Analysenspäne aus Blechen, Flacheisen, Bandeisen usw. gesündigt. An einer Reihe von Beispielen soll gezeigt werden, wie stark die Unterschiede in der chemischen Zusammensetzung innerhalb des Querschnitts mitunter sein können und wie notwendig eine der chemischen Analyse vorausgehende . metallographische Untersuchung vielfach ist.

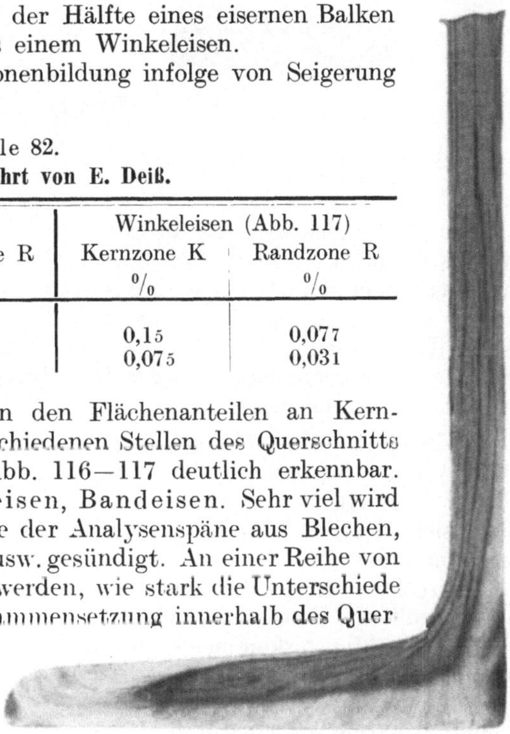

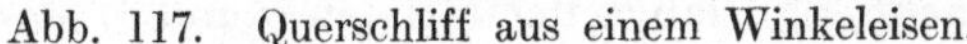

Abb. 116. Querschliff aus einem eisernen Balken.

1. Beispiel. Der nachfolgend beschriebene Fall bietet hierfür ein geradezu klassisches Beispiel [1]).

Ein stark rotbrüchiges Kesselblech sollte von verschiedenen Analytikern auf seinen Schwefelgehalt untersucht werden. Die Analysenspäne wurden den verschiedenen Laboratorien versiegelt zugesandt. Die einlaufenden Analysenergebnisse schwankten innerhalb der Grenzwerte $0,067\,\%$ und $0,240\,\%$ Schwefel. Das sind Unterschiede, die ganz außerhalb jeder, durch die verschiedenen Verfahren bedingten Versuchsfehlergrenzen liegen.

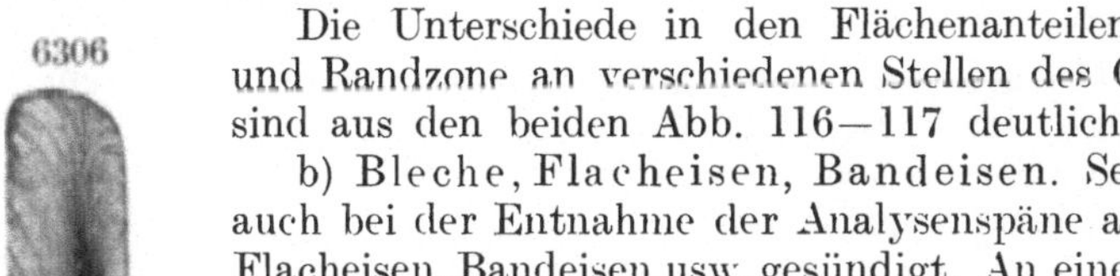

Abb. 117. Querschliff aus einem Winkeleisen.

Aufklärung über diese auffallende Erscheinung ergab die metallographische Untersuchung.

Es bestand im Blech starke Zonenbildung infolge Seigerung. Die nach Feststellung der Seigerung aus den verschiedenen Zonen entnommenen Späne (siehe Abb. 118) ergaben folgende Gehalte an Schwefel:

---

[1]) Vgl. auch: E. Heyn und O. Bauer „Metallographie". I. Teil. Sammlung Göschen. 1920. S. 58.

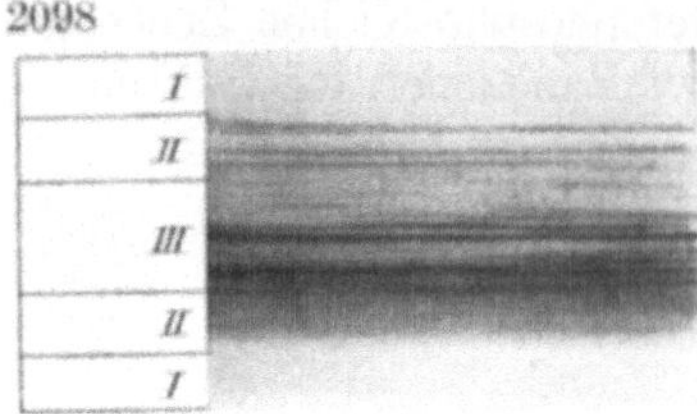

Abb. 118. Rotbrüchiges Kesselblech.

Tabelle 83.

Analysen mitgeteilt von E. Heyn.

Späne entnommen aus	Schwefel %
Zone I	0,067
„ II	0,201
„ III	0,240

Die Analysenspäne, die an die einzelnen Laboratorien geschickt wurden, waren vermutlich fehlerhafterweise durch schichtenweises Anbohren oder Abhobeln entnommen worden, so daß das eine Laboratorium Späne aus der schwefelarmen Zone I, das zweite Späne aus der schwefelreicheren Zone II und das dritte Laboratorium Späne aus der schwefelreichsten Zone III erhielt. Eine richtige Durchschnittsprobe wäre nur durch Hobeln über den ganzen Querschnitt zu erzielen gewesen.

2. Beispiel. Abb. 119 stellt die Handzeichnung eines Schliffes aus einem sehr spröden Kesselblech dar. Der Schliff zeigte bereits vor dem Ätzen zwei sich deutlich abhebende Streifen γ und δ.

Mikroskopisch kleine bläuliche, nichtmetallische Einschlüsse, wie sie in Flußeisen häufig vorkommen[1]), lagen besonders angereichert in der Zone zwischen den Streifen γ und δ, auch kleine, gelblichgraue Einschlüsse lagen insbesondere längs dieser Streifen.

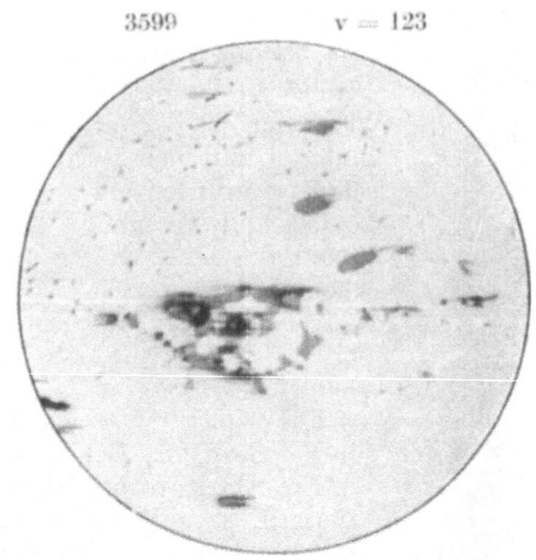

Abb. 120. Sulfideinschlüsse.

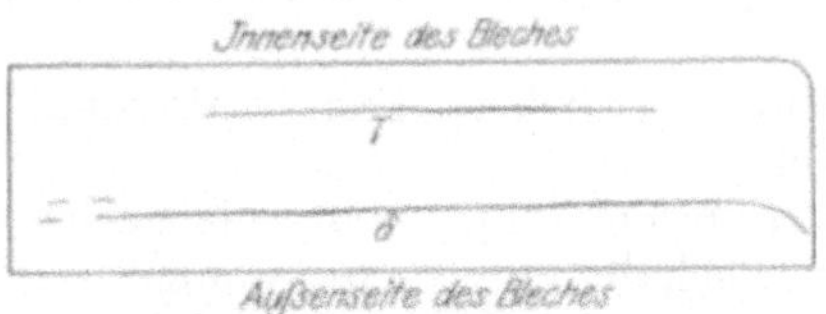

Abb. 119. Seigerungsstreifen in einem Kesselblech.

Abb. 120 zeigt in 123facher linearer Vergrößerung eine Gruppe solcher Einschlüsse. Diese Art von Einschlüssen erregte den Verdacht, daß längs der Streifen γ und δ, sowie in der Zone zwischen γ und δ Ausseigerung von Schwefelmetallen stattgefunden hatte.

Die Seidenläppchenprobe (vgl. S. 10) bestätigte diesen Verdacht.

Abb. 121 entspricht einem von obigem Blech aufgenommenen Schwefelabdruck auf Seide.

Die analytische Schwefelbestimmung der nach Abbildung 122 a, b, c entnommenen Späne ergab die in Tabelle 84 mitgeteilten Werte.

Abb. 121. Schwefelabdruck auf Seide.

---

[1]) Vermutlich von der Desoxydation herrührend.

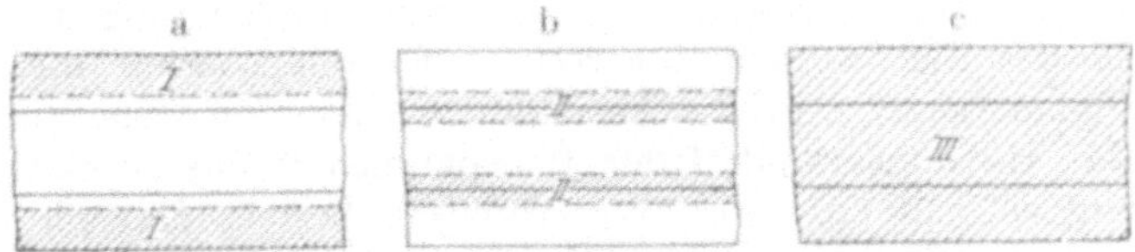

Abb. 122.   Probenahme aus einem Kesselblech.

Tabelle 84.
Analysen ausgeführt von E. Deiß.

Probespäne entnommen	Schwefel %	Phosphor %
Aus den äußersten Schichten des Bleches bei I in Abb. 122 a	0,04	0,088
Aus der Umgebung der Streifen γ und δ bei II in Abb. 122 b	0,16	0,203
Durch Hobeln über den ganzen Querschnitt bei III in Abb. 122 c	0,10	0,168

Nach Ätzung mit Kupferammoniumchlorid zeigte der Schliff eine stark dunkelgefärbte Kernzone und zwei etwas hellere Randzonen (vgl. Abb. 123).

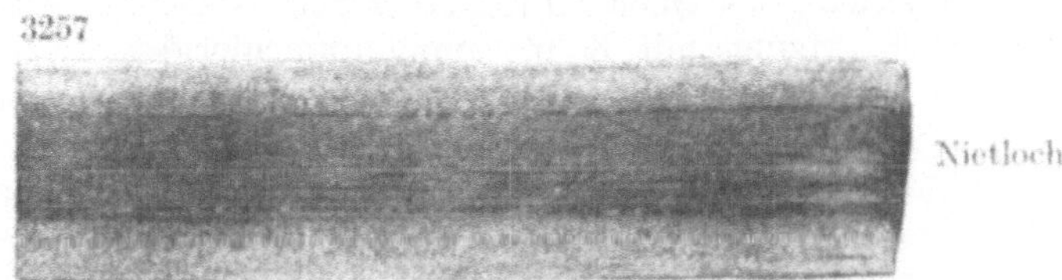

Abb. 123.   Querschliff mit Kupferammoniumchlorid geätzt.

An dem Abbiegen der Streifung an der Stelle des Nietloches erkennt man, daß das Nietloch gestanzt, nicht gebohrt wurde. Die Streifen γ und δ sind nach dem Ätzen noch deutlicher geworden. Sie bestehen aus großen prismatischen Ferritkristallen, die erheblich größer sind als die Ferritkristalle der Umgebung. Abb. 26 zeigt einen Teil des Streifens γ in etwa 4facher Vergrößerung.

Die starke Dunkelfärbung nach Ätzung mit Kupferammoniumchlorid sowie die großen Abmessungen der Ferritkristalle lassen auf besonders hohen Phosphorgehalt innerhalb der Streifen schließen. Die Analyse ergab in der Umgebung der dunkeln Streifen die in Tabelle 84 bereits mitgeteilten Werte. Sowohl Schwefel wie Phosphor sind in der Umgebung der dunklen Streifen hoch angereichert.

3. Beispiel. Über einen ähnlichen Fall sehr starker Seigerung berichtet E. Preuß[1].

„Eine Kesselbaufirma hatte von einem Hüttenwerke einen Kesselboden fertig bezogen und vor dem Einnieten des Bodens in den Kessel nur noch ein Mannloch angebracht. Nach Fertigstellung des Kessels riß der Boden bei der Wasserdruckprobe auf. Das Hüttenwerk, das die Schadenersatzpflicht abzulehnen suchte, vertrat die Ansicht, daß der Kesselboden bei dem Einziehen des Mannloches einer unsachgemäßen Wärmebehandlung unterzogen und dadurch spröde geworden sei und Anrisse erhalten habe. Die Untersuchung mit Hilfe der Kerbschlagbiegeprobe ergab für diese Behauptung der Hütte keinen Anlaß. Dagegen zeigte die Ätzprobe, daß das Material des Bleches stark ge-

---

[1] E. Preuß „Der wirtschaftliche Nutzen der Materialprüfungen für die Praxis". Zeitschrift des Verbandes Deutscher Architekten- und Ingenieur-Vereine 1912. Heft 4 u. 5.

seigert hatte, wodurch starke örtliche Phosphoranreicherungen besonders in der Mittelzone des Bleches, der Kernzone, aufgetreten waren, die die Ursache großer Sprödigkeit sind. Auf die Feststellung dieser Phosphoranreicherungen antwortete das Hüttenwerk, daß der Phosphorgehalt des Bleches nur $0{,}04\,^0/_0$ betrage, indem es sich auf seine Werksanalyse berief. Danach lag also der Phosphorgehalt innerhalb zulässiger Grenzen. Es konnte jedoch festgestellt werden, daß die Späne für die chemische Analyse des Hüttenwerkes nur von der Oberfläche des Bleches entnommen waren, die infolge der Seigerung stets phosphorärmer ist, als die Kernzone. Es hatte also eine Selbsttäuschung des Hüttenwerkes stattgefunden. Späne, die aus der Mittelzone des Bleches entnommen wurden, ergaben einen Phosphorgehalt von $0{,}16\,^0/_0$, also 4 mal mehr als die Hütte festgestellt hatte.‟

Dieses Beispiel ist kennzeichnend dafür, wie wenig sachgemäß noch vor nicht gar zu langer Zeit bei der Probenahme der Fertigerzeugnisse in der Praxis verfahren wurde; die Verhältnisse haben sich allerdings inzwischen wesentlich gebessert, da metallographisches Wissen und Können immer mehr Gemeingut der Eisenhüttenchemiker geworden ist.

4. Beispiel. Sehr ähnliche Verhältnisse in der Verteilung von Phosphor fanden sich innerhalb des Querschnitts eines Schiffsbleches. Abb. 124 zeigt den Querschliff nach Ätzung mit Kupferammoniumchlorid.

Im Bilde sind erkennbar: Eine hellere Randzone, eine dunklere Kernzone mit zahlreichen , nach Ätzung tief dunkel erscheinenden Streifen und zwei besonders große Streifen, die die Begrenzung zwischen Kern- und Randzone bilden. Die Analyse ergab:

Abb. 124.   Querschliff aus einem Schiffsblech.

Tabelle 85.
Analysen ausgeführt von O. Bauer.

Späne entnommen	Phosphor $^0/_0$
Aus der Randzone	0,088
Aus der Kernzone	0,119
Aus den dunklen Streifen und deren Umgebung .	0,200

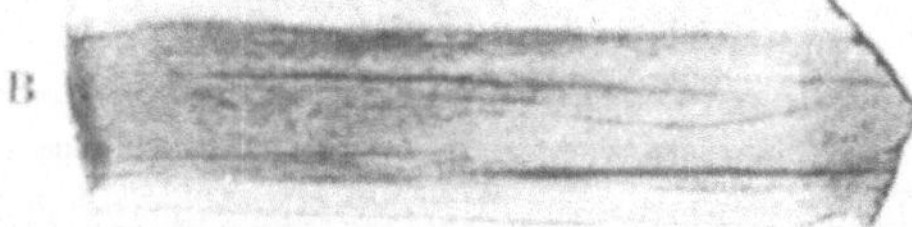

Abb. 125.   Querschliffe aus Schiffsblechen.

Abb. 126.   Querschliff aus einem Schiffsblech.

Wegen der geringen Dicke der Streifen mußte hier wie auch im Beispiel 2 bei der Probenahme auch ein Teil der Umgebung der Streifen mitgenommen werden, so daß der Phosphorgehalt des Materials in den dunklen Streifen in Wirklichkeit noch höher ist als wie er durch die Analyse gefunden wurde.

In den Abb. 125 und 126 sind die geätzten Schliffflächen' dreier Schiffsbleche A, B und C dargestellt. Alle drei Bleche zeigen starke Zonenbildung infolge Seigerung. Die Analyse ergab:

Tabelle 86.

** Analysen ausgeführt von O. Bauer. **

Späne entnommen aus		Phosphor %	Schwefel %
Blech A	Randzone	0,08	nicht bestimmt
	Kernzone	0,16	
Blech B	Randzone	0,153	0,069
	Kernzone	0,282	0,180
Blech C	Randzone	0,140	0,066
	Kernzone	0,250	0,150

597

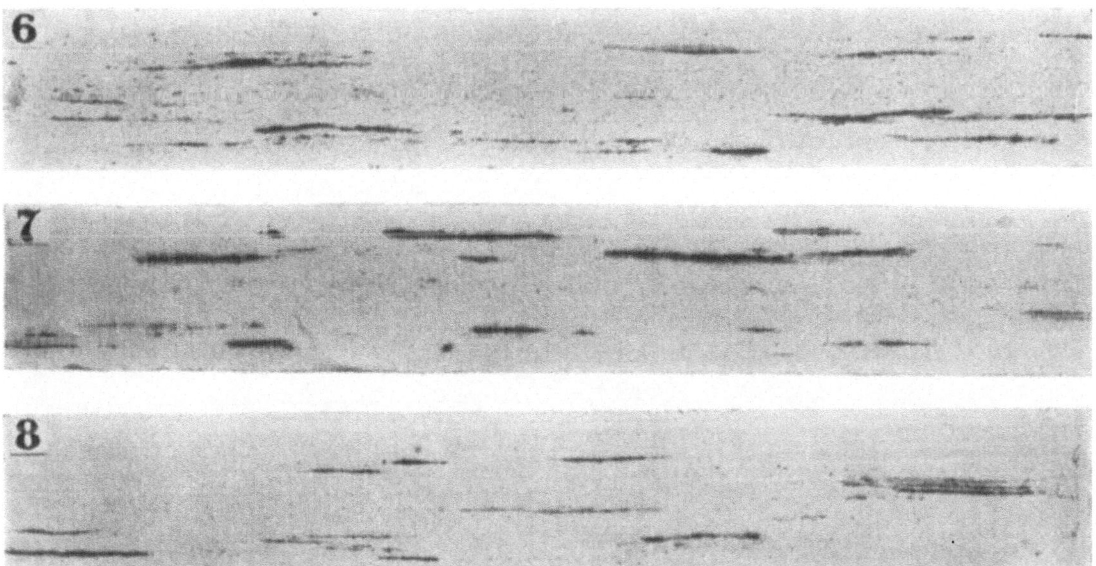

Abb. 127. Schwefelabdrücke auf Seide.

5. Beispiel. Mitunter kommt es auch vor, daß die Seigerungsgebiete nicht so scharf begrenzt sind wie in den bisherigen Beispielen, sondern, daß über den ganzen Querschnitt unregelmäßig verteilt, mehr oder weniger breite Seigerungsstreifen liegen, so daß von einer eigentlichen Trennung in Kern- oder Randzone nicht gesprochen werden kann.

Abb. 127. stellt Schwefelabdrücke auf Seide von drei Blechstreifen dar, in denen unregelmäßig verteilt starke Seigerungsstreifen lagen. Die Analyse ergab:

 Umstände, die die Entnahme einer einwandfreien Durchschnittsprobe erschweren.

Tabelle 87.
Analysen ausgeführt von O. Bauer.

Späne entnommen	Phosphor %	Schwefel %
Über den ganzen Querschnitt	0,078	0,06
Aus den Seigerungsstreifen	0,183	0,101

In allen bisher besprochenen Beispielen wäre eine richtige Durchschnittsprobe nur durch Hobeln über den ganzen Querschnitt zu erreichen gewesen. Es kann aber auch Fälle geben, bei denen trotz Hobeln über den ganzen Querschnitt die gewonnenen Späne nicht dem Durchschnitt des Materials entsprechen.

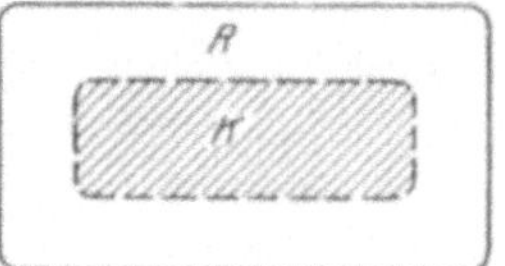

Abb. 128. Zonenbildung
in einer Bramme.

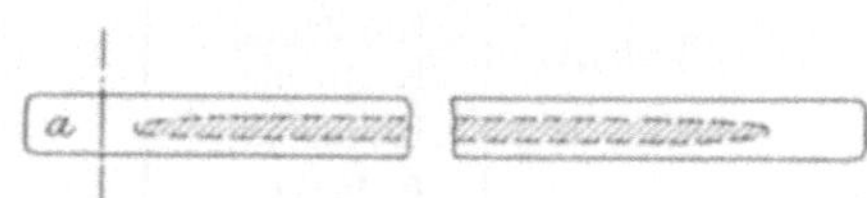

Abb. 129. Auskeilen der Kernzone
in einer Blechtafel.

Wird aus einer Bramme, deren Kernzone K wie in Abb. 128 dargestellt angeordnet war, eine Blechtafel ausgewalzt, so keilt die Kernzone K nach den Seiten und Enden der Blechtafel zu aus, ähnlich wie in Abb. 129 schematisch dargestellt und wie aus Abb. 130 ersichtlich.

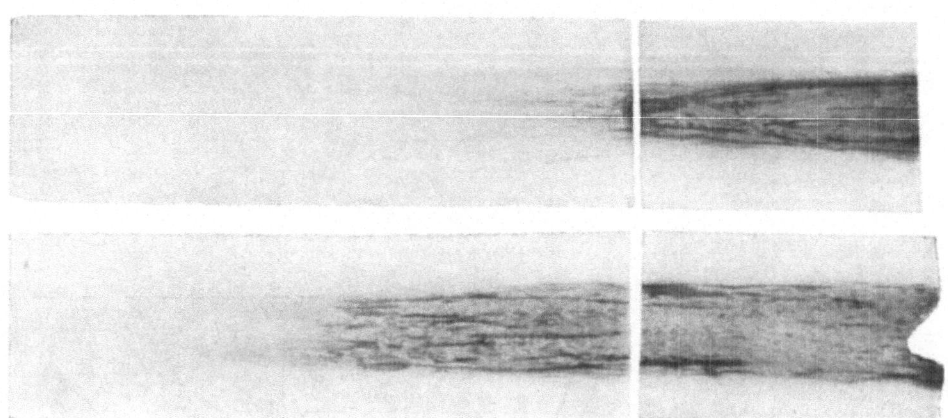

Abb. 130. Auskeilen der Kernzone in Kesselblechen.

Werden nun bei a (siehe Abb. 129) durch Hobeln über den ganzen Querschnitt die Analysenspäne entnommen, so wird die Analyse trotz beabsichtigter richtiger Entnahme der Späne doch nicht den wirklichen Durchschnittsgehalt des Materials an Phosphor und Schwefel angeben, weil die Kernzone K bei der Probenahme nicht berücksichtigt wurde, die Späne in Wirklichkeit nur der Randzone R entstammen.

So ergab z. B. die Analyse eines Bleches, das ähnliche Auskeilung der Kernzone wie in der Abb. 130 dargestellt aufwies, folgendes:

Tabelle 88.
Analysen mitgeteilt von O. Bauer.

Späne entnommen	Phosphor %	Schwefel %
Durch Hobeln über den Querschnitt bei a (s. Abb. 129), demnach nur Randzone R	0,048	0,033
Durch Hobeln über den ganzen Querschnitt (Randzone R + Kernzone K)	0,085	nicht bestimmt
Nur aus der Kernzone K	0,110	0,101

Zur Vermeidung solcher Fehler bei der Probenahme aus Blechen gilt sowohl für die chemische wie auch für die metallographische Untersuchung als Regel die Späne bzw. Schliffe nicht an den Rändern der Blechtafel bei a—a oder b—b in Abbildung 131 zu entnehmen, sondern aus der Mitte bei c—c oder d—d.

Ganz ähnliches Auskeilen der Kernzone nach den beiden Seiten zu zeigt auch der in Abb. 132 dargestellte Querschliff eines Bandeisens.

Die Gesamtquerschnittsfläche beträgt — 1450 qmm, davon entfallen auf die

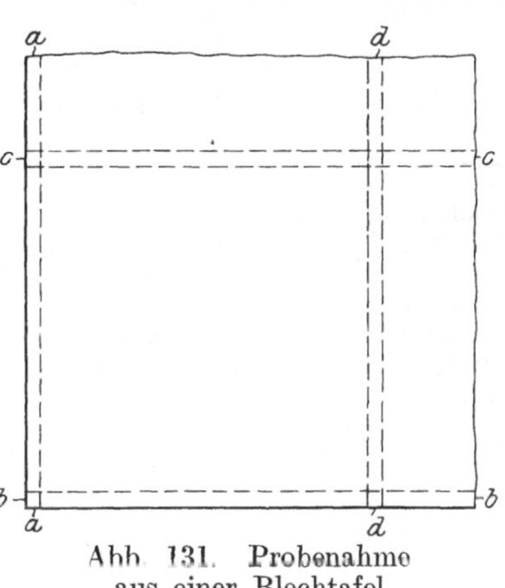

Abb. 131. Probenahme aus einer Blechtafel.

Randzone R = 980 qmm = 67,6 % der Gesamtfläche
Kernzone K = 470 „ = 32,1 „ „ „

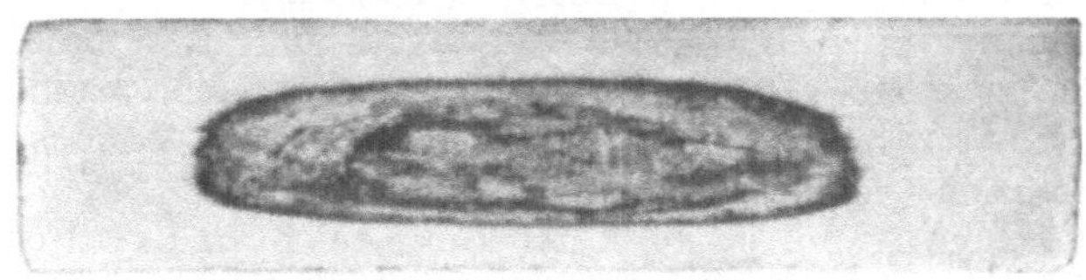

Abb. 132. Querschliff eines Bandeisens.

Die chemische Analyse ergab:

Tabelle 89.
Analysen ausgeführt von E. Deiß.

Späne entnommen	Phosphor %	Schwefel %
Aus Randzone R	0,083	0,023
Aus Kernzone K	0,140	0,028
Durch Hobeln über den ganzen Querschnitt	0,100	0,027

Berechnet man den durchschnittlichen Phosphorgehalt aus den Flächenanteilen von Rand- und Kernzone und aus den in diesen Zonen gefundenen Phosphorgehalten, so ergibt die Rechnung als durchschnittlichen Phosphorgehalt des Bandeisens den Wert

$$\frac{470 \cdot 0,140}{1450} + \frac{980 \cdot 0,083}{1450} = 0,10\,\% \ \mathrm{P.}$$

Er stimmt genau mit dem analytisch gefundenen Phosphorgehalt überein. Auch hier wäre durch Hobeln über den Querschnitt in der Längsrichtung des Bandeisens nur die Randzone zur Analyse gekommen, das Ergebnis der beabsichtigten Durchschnittsanalyse also ein falsches gewesen.

Schließlich mögen noch einige Gesamtanalysen aus Kern- und Randzone von Kesselblechen mitgeteilt werden, die zeigen, daß neben Phosphor und Schwefel namentlich auch der Kohlenstoffgehalt im Kern und Rand recht verschieden sein kann.

Tabelle 90.
Analysen von Kesselblechen ausgeführt von E. Deiß.

	I Kesselblech		II Kesselblech		über den ganzen Querschnitt
	aus der Kernzone %	aus der Randzone %	aus der Kernzone %	aus der Randzone %	%
Kohlenstoff	0,08	0,04	0,10	0,04	0,09
Silizium	Spur	Spur	0,01	0,01	0,01
Mangan	0,51	0,50	0,45	0,42	0,45
Phosphor	0,117	0,060	0,093	0,046	0,071
Schwefel	0,072	0,028	0,087	0,034	0,057
Kupfer	Spur	Spur	0,11	0,09	0,10
Chrom	0,01	0,01	Spur	Spur	Spur
Arsen	nicht bestimmt	nicht bestimmt	0,052	0,028	nicht bestimmt

K. Schweißeisen.

Für die Entnahme der Durchschnittsprobe aus Schweißeisen gilt das gleiche wie für die Probenahme aus Gußeisen und Flußeisen. Die Späne sind, wo irgend angängig, durch Hobeln über den ganzen Querschnitt zu entnehmen.

Da Schweißeisen in der Regel größere Mengen von Schweißschlacke enthält, die beim Hobeln zum Teil zu Pulver zerrieben wird, so sind beim Sammeln der Analysenspäne alle auf Seite 31 ausführlich beschriebenen Vorsichtsmaßnahmen zu beachten, da sonst leicht größere Verluste entstehen.

Der pulverförmige Anteil ist in erster Linie reich an oxydischen Eisenverbindungen, auch der Phosphor- und Siliziumgehalt pflegt in ihm angereichert zu sein. Meist wird es daher auch hier erforderlich sein, Späne und Pulver im Verhältnis ihrer Gewichte gesondert einzuwiegen[1]).

Die folgenden Beispiele mögen obiges erläutern:

Bei der Probenahme aus einer Schweißeisenstange wurden 40 g Hobelspäne erhalten, davon waren 0,905 g pulveriges Material.

Die Analyse ergab:

Tabelle 91.
Analysen ausgeführt von E. Deiß.

	In den groben Spänen %	Im Pulver %
Kohlenstoff	0,1	nicht bestimmt
Silizium	0,09	,,
Mangan	0,21	,,
Phosphor	0,32	0,44
Schwefel	0,03	nicht bestimmt
Kupfer	0,09	,,

---

[1]) Vgl. S. 50.

Bei der Probenahme aus einem Schweißeisenkesselblech wurden 42 g grobe Späne und 1,3 g Pulver erhalten.

Die Silizium- und Phosphorbestimmungen ergaben:

Tabelle 92.
Analysen ausgeführt von E. Deiß.

	In den groben Spänen $^0/_0$	Im Pulver $^0/_0$
Silizium	0,06	0,30
Phosphor	0,23	0,37

Sowohl Phosphor vor allem aber Silizium findet sich im Pulver angereichert.

Es ist durch die Herstellungsart begründet, daß das Schweißeisen an den verschiedenen Stellen seines Querschnittes verschiedene chemische Zusammensetzung hat. Bei im Paket geschweißten Stücken werden mitunter die verschiedenartigsten Materialien zusammengeschweißt, so daß je nachdem wo die Probespäne entnommen werden, die verschiedensten Analysen erhalten werden.

Abb. 133 ist kennzeichnend für ein im Paket geschweißtes Eisen. Wie schon nach Ätzung mit Kupferammoniumchlorid makroskopisch erkennbar ist, besteht das Eisen aus unter sich verschiedenen Materialien. Bei einem ähnlichen Eisen ergaben an verschiedenen Stellen entnommene Probespäne Kohlenstoffgehalte, die zwischen 0,4 und 0,11 $^0/_0$ C schwankten.

Bei Puddeleisen ist der Unterschied in erster Linie bedingt durch die ungleichmäßige Verteilung der Schweißschlacke und damit zusammenhängend der phosphorreicheren, silizium- und sauerstoffreicheren Stellen im Material.

Abb. 134 stellt den Querschliff von einem Schäkel aus Puddeleisen dar. Die starke Dunkelfärbung an einzelnen Stellen des Schliffes läßt auf örtlich angereicherten Phosphorgehalt schließen. Die Analyse ergab:

Tabelle 93.
Analysen mitgeteilt von O. Bauer.

Probespäne entnommen	Phosphor $^0/_0$
Durch Hobeln über den ganzen Querschnitt .	0,17
Durch Anbohren der dunklen Stellen	0,30

Bei einem Kesselblech aus Schweißeisen wurden in den durch Hobeln über den ganzen Querschnitt entnommenen Spänen 0,18 $^0/_0$ Phosphor gefunden. In den nach Ätzung dunkel erscheinenden Stellen jedoch 0,29 $^0/_0$ Phosphor.

Abb. 135 und 136 stellen Ätzproben von Flacheisen (Schweißeisen) dar. Die in Abb. 135 ziemlich gleichmäßig über den ganzen Querschnitt auftretende starke Dunkelfärbung läßt auf hohen durchschnittlichen Phosphorgehalt schließen. Die Analyse ergab 0,25 $^0/_0$ Phosphor.

Aus Abb. 136 ist erkennbar, daß die Phosphoranreicherung nur örtlich vorhanden ist. Es wurden gefunden:

Tabelle 94.
Analysen mitgeteilt von O. Bauer.

Probespäne entnommen	Phosphor $^0/_0$
Durch Hobeln über den ganzen Querschnitt .	0,07
Durch Anbohren der dunklen Streifen	0,16

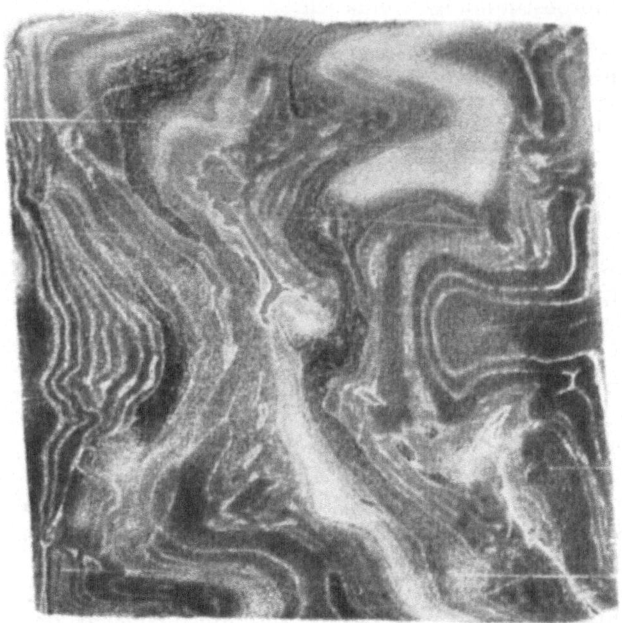

Abb. 133. Schweißeisen im Paket geschweißt.

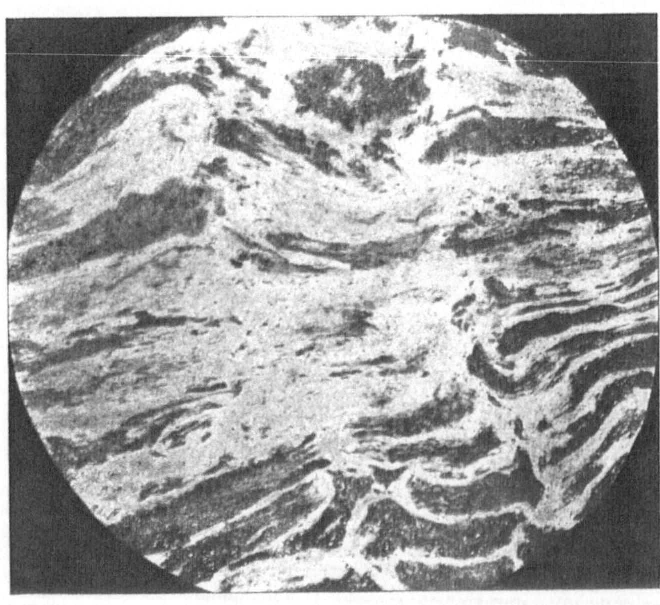

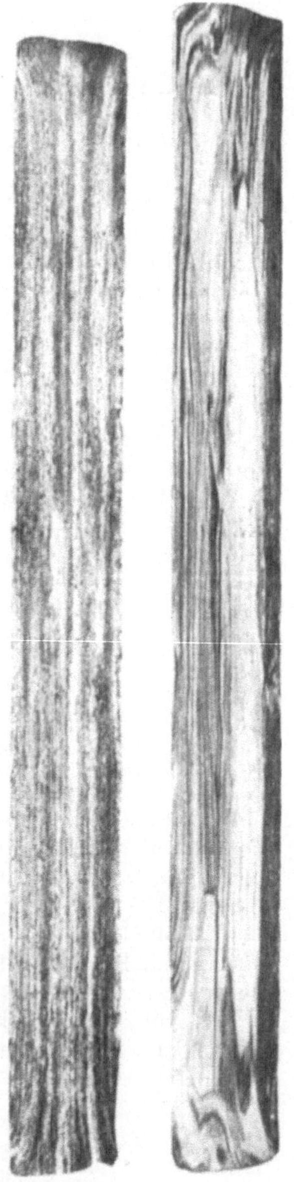

Abb. 134. Puddeleisen.

Abb. 135.   Abb. 136.
Flacheisen (Schweißeisen).

Aus obigen Beispielen ergibt sich, daß innerhalb ein und desselben Schweißeisenstückes starke Unterschiede in der chemischen Zusammensetzung an den verschiedenen Stellen des Querschnitts und Längsschnitts bestehen können. Im Gegensatz zum Flußeisen, wo die Seigerungen an bestimmte, meist scharf abgegrenzte Zonen gebunden sind, liegen sie im Schweißeisen willkürlich über den ganzen Querschnitt und Längsschnitt verteilt.

Um einen einigermaßen richtigen Durchschnitt zu erhalten, sind daher beim Schweißeisen die Späne durch Hobeln über den ganzen Querschnitt an mehreren Stellen des Probestückes zu entnehmen und zu einer Durchschnittsprobe zu vereinigen. Auf die Berücksichtigung des bei der Probenahme fallenden feinen Pulvers ist bereits hingewiesen.

Die Angabe der dritten Dezimale bei der Analyse (selbst für Phosphor und Schwefel) ist beim Schweißeisen wertlos, weil die Zusammensetzung innerhalb des Materials zu starken Schwankungen unterworfen ist.

L. Probenahme in besonderen Fällen.

In gewissen Fällen werden Unterschiede in der chemischen Zusammensetzung innerhalb der Querschnitte im weiteren Verlauf der Fabrikation absichtlich herbeigeführt; hierher gehört z. B. das Zementieren. Das Verfahren bezweckt einem aus weichem, kohlenstoffarmen Material hergestellten Gegenstand durch Kohlenstoffaufnahme eine der mechanischen Abnutzung besser widerstehende härtere Oberfläche zu verleihen.

In solch einem Falle hätte eine Durchschnittsanalyse, bei der die Späne durch Hobeln über den ganzen Querschnitt entnommen sind, wenig Wert. Wichtig dagegen ist die Feststellung, wieviel Kohlenstoff aufgenommen ist und wie weit die kohlenstoffreiche Zone reicht. In allen solchen und ähnlichen Fällen hat der chemischen Untersuchung die metallographische vorauszugehen.

Vielfach werden die Gegenstände nach der Zementierung bei Rotglut abgeschreckt (Oberflächenhärtung, Härten im Einsatz). Die kohlenstoffreichere äußere Schicht nimmt an der Härtung teil, während der kohlenstoffarme Kern weich bleibt.

Sollen solche im Einsatz gehärtete Gegenstände analysiert werden, so müssen sie, um sie bearbeitbar zu machen, erst ausgeglüht werden.

Bei Ausglühen ist erstens darauf zu achten, daß keine Kohlenstoffverbrennung durch oberflächliche Oxydation eintritt. Die hierbei anzuwendenden Vorsichtsmaßregeln sind bereits S. 32 besprochen. Zweitens ist auch darauf Rücksicht zu nehmen, daß kein Abfließen des Kohlenstoffs aus der kohlenstoffreichen Randschicht nach dem kohlenstoffarmen Kern zu stattfindet. Die Glühdauer ist daher möglichst kurz (etwa $1/_4$ Stunde) und die Glühtemperatur möglichst niedrig (etwa 750 bis 800° C) zu bemessen. Handelt es sich um reines Kohlenstoffeisen (nicht Spezialstahl), so kann man die Probestücke, nachdem die Ofentemperatur unter 700° C (etwa auf 630 bis 650°) gefallen ist, um Zeit zu sparen, wieder in Wasser ablöschen, da Härtung unterhalb des Perlitpunktes (700° C) nicht mehr eintritt. Werden obige Vorsichtsmaßregeln beim Ausglühen eingehalten, so ist der Abfluß des Kohlenstoffs nur sehr gering.

Wird die Temperatur beim Ausglühen hoch gehalten (etwa 1000° C und höher), wird ferner die Glühdauer unnötigerweise lange ausgedehnt (z. B. mehrere Stunden), so findet beträchtliches Abfließen des Kohlenstoffs nach den kohlenstoffarmen Teilen zu statt. Die nachfolgende metallographische und chemische Untersuchung gibt dann ein falsches Bild von der ursprünglichen Verteilung des Kohlenstoffs im Probestück. Das nachfolgende Beispiel zeigt, wie stark

112 Umstände, die die Entnahme einer einwandfreien Durchschnittsprobe erschweren.

bei langer Glühdauer und hoher Glühtemperatur der Abfluß des Kohlenstoffs aus dem kohlenstoffreichen Teil nach den kohlenstoffarmen Teilen sein kann.

Arnold und M. William [1]) steckten in einen ausgebohrten, zylindrischen Mantel aus nahezu kohlenstofffreiem Eisen einen genau hineinpassenden Stahlkern mit $1{,}78\,\%$ Kohlenstoff und glühten beide 10 Stunden lang im luftleeren Raum bei 1000^0 C. Abb. 137 zeigt die Verteilung des Kohlenstoffs im Querschnitt nach dem Glühen. Der innere schraffierte Teil stellt den Stahlkern,

Abb. 137. Abfließen des Kohlenstoffs aus dem Kern nach dem Rande zu.

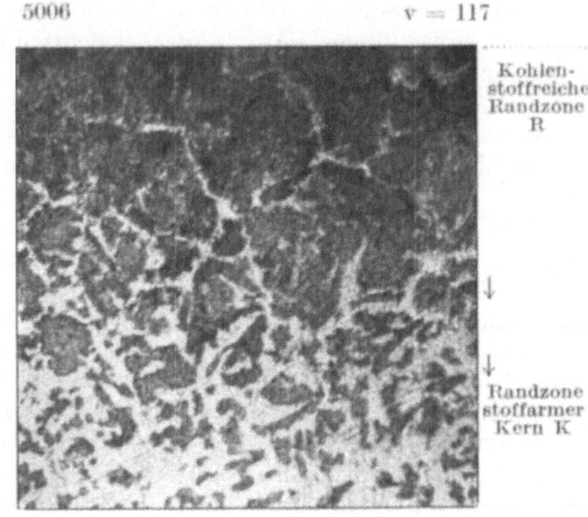

Abb. 139. Übergang von K zu R.

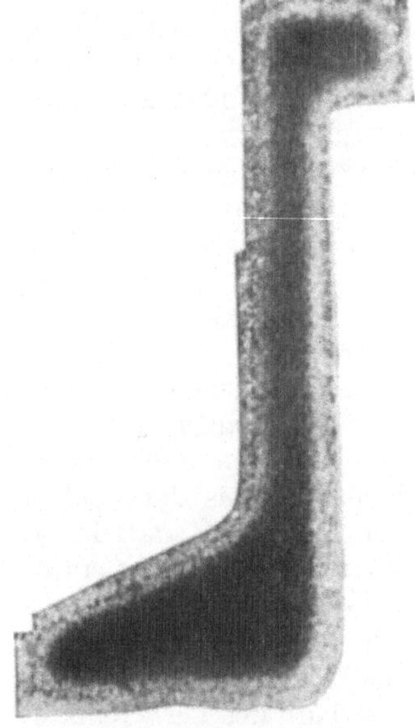

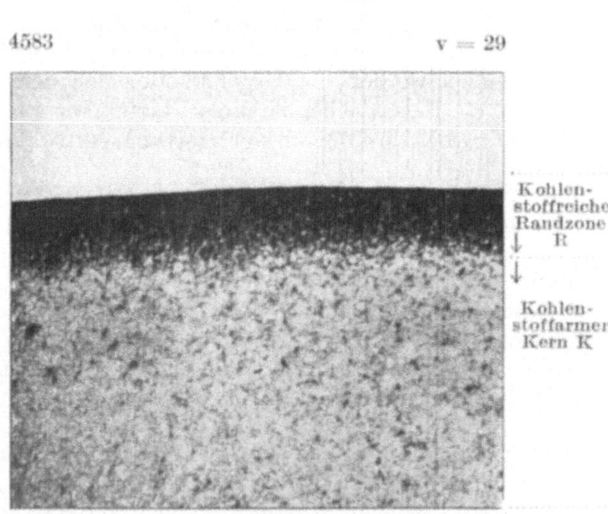

Abb. 138. Im Einsatz gekohlte Lagerschale (Querschnitt).

Abb. 140. Übergang von K zu R (ausgeglüht).

der äußere Teil den Eisenmantel dar. Die Kreislinien bezeichnen die einzelnen Schichten, welche nacheinander durch Abdrehen entfernt und auf ihren Kohlenstoffgehalt untersucht wurden. Die eingeschriebenen Ziffern lassen das all-

---

[1]) Journal of the Iron and Steel Institute. 1899. I. S. 85; daraus Stahl u. Eisen. 1899. S. 618 u. Ledebur, Handbuch der Eisenhüttenkunde. 1900. III. Auflage. Bd. 3, S. 1027.

mähliche Abfließen des Kohlenstoffs aus dem Stahl in das weiche Eisen deutlich erkennen.

Die metallographische Gefügeuntersuchung gestattet mit großer Schärfe die Tiefe der gekohlten Schicht festzustellen, zugleich gibt sie einen ungefähren Anhalt über die Höhe des aufgenommenen Kohlenstoffgehaltes.

Abb. 138 stellt in 4facher linearer Vergrößerung den Querschnitt einer im Einsatz gekohlten kleinen Lagerschale dar. Die Dicke der kohlenstoffreichen Randschicht R (im Lichtbild hell erscheinend) betrug etwa 0,65 mm. Die Randzone R enthielt 0,95% Kohlenstoff, während der Kern K (im Lichtbild dunkel erscheinend) nur etwa 0,1% Kohlenstoff aufwies.

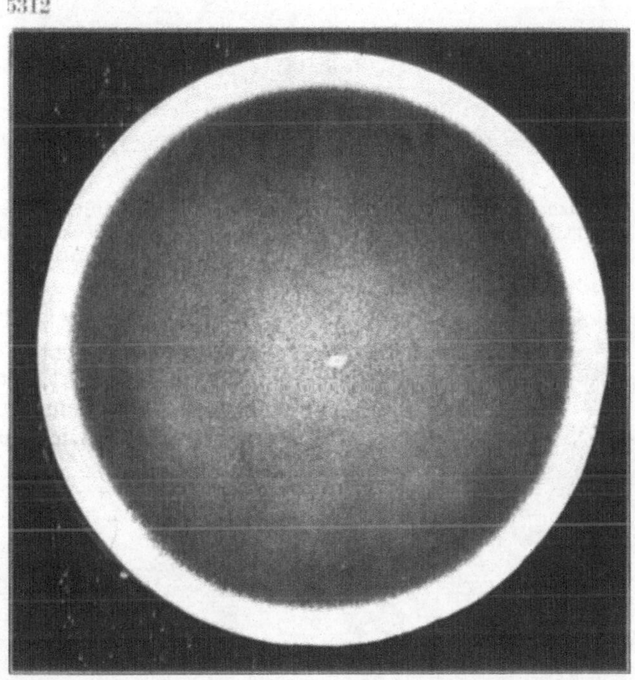

Abb. 141. Im Einsatz gekohlter und gehärteter Stahlbolzen.

Der Übergang von dem hohen Kohlenstoffgehalt der Zone R zu dem niedrigen Kohlenstoffgehalt der Zone K erfolgt ziemlich schroff, wie Abb. 139 in 117facher linearer Vergrößerung zeigt.

Einen ähnlich schroffen Übergang von gekohlter Randzone R zum kohlenstoffarmen Kern K zeigt auch Abb. 140 in 29facher linearer Vergrößerung. Das Bild ist aus dem Querschliff einer im Einsatz gehärteten Achse aufgenommen. Vor der Untersuchung wurde die Achse ausgeglüht (wie oben beschrieben), da die Randzone glashart und nicht bearbeitbar war. Die Dicke der gekohlten Zone beträgt hier nur etwa 0,3 mm. Die Abb. 140 zeigt zugleich, daß bei kurzer Glühdauer und niedriger Glühtemperatur die Gefahr des Abfließens von Kohlenstoff nach dem Kern zu nur gering ist.

Abb. 141 zeigt den Querschnitt durch einen im Einsatz gekohlten und gehärteten Stahlbolzen vor dem Ausglühen.

Die Randzone weist reinen Martensit auf (siehe Abb. 142, v = 200). Eine nur sehr dünne Übergangszone zeigt Flecken von Troostit-Osmondit im Martensit (siehe Abb. 143, v = 200), während der Kern in der Hauptsache aus Troostit-

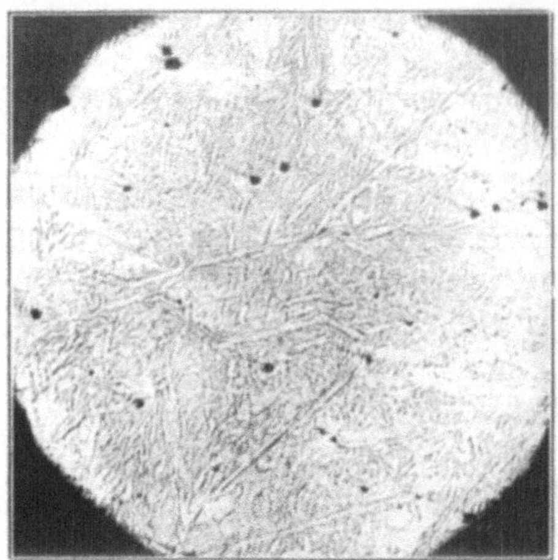

Abb. 142. Randzone aus Abb. 141.
Martensit.

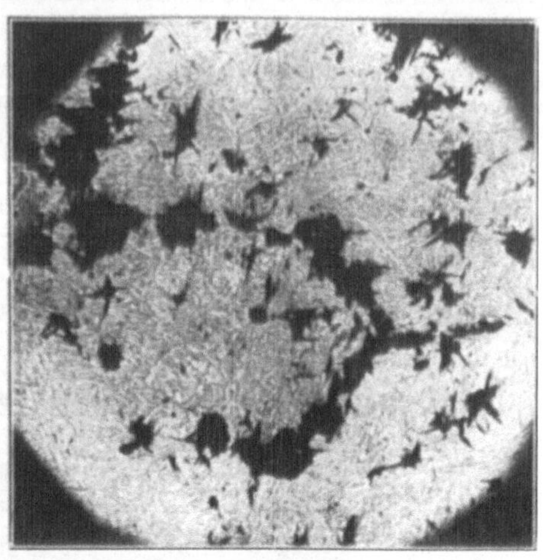

Abb. 143. Übergangszone aus Abb. 141.
Martensit mit Flecken von Troostit-
Osmondit.

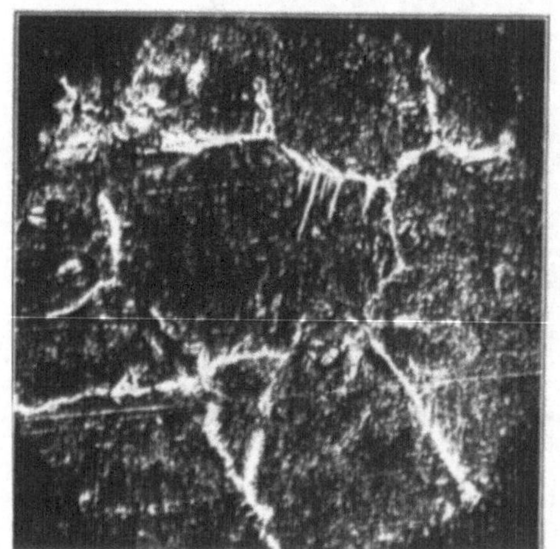

Osmondit besteht (s. Abb. 144, v = 200).
Die gekohlte Randzone war hier etwa
5 mm dick und glashart. Analysenspäne
konnten erst nach dem Ausglühen entnommen werden. Die Analyse ergab:

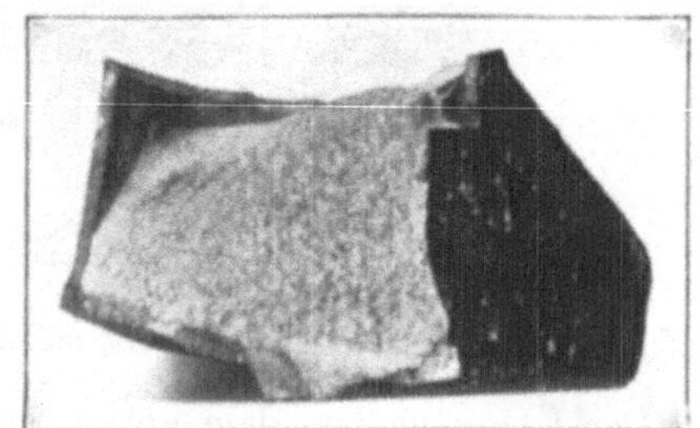

Abb. 144. Kernzone aus Abb. 141.
Troostit-Osmondit.

Abb. 145. Im Einsatz gekohlter und gehärteter Zahn eines Fräsers aus Schnelldrehstahl.

Tabelle 95.
Im Einsatz gekohlter Stahlbolzen. Analyse ausgeführt von E. Deiß.

	Im Kern %	In der gekohlten Randzone %
Kohlenstoff	0,48	0,95
Silizium	0,12	
Mangan	0,72	
Phosphor	0,020	nicht
Schwefel	0,053	bestimmt
Kupfer	0,16	
Nickel	0,04	

Zwei ebenfalls im Einsatz gekohlten Rundstahlproben wiesen folgende chemische Zusammensetzung auf:

Tabelle 96.
Im Einsatz gekohlte Rundstahlproben. Analysen ausgeführt von E. Deiß.

	Rundstahl I		Rundstahl II	
	Im Kern $\%$	In der gekohlten Randzone $\%$	Im Kern $\%$	In der gekohlten Randzone $\%$
Kohlenstoff	0,40	0,75	0,53	0,91
Silizium	0,10		0,13	
Mangan	0,81	nicht bestimmt	0,69	nicht bestimmt
Phosphor	0,053		0,025	
Schwefel	0,073		0,051	
Kupfer	0,13		0,17	

Nach obigen Beispielen überschreitet der Kohlenstoffgehalt der gekohlten Randzone im allgemeinen nicht wesentlich den eutektischen Gehalt von 0,9 bis 1$\%$ Kohlenstoff. In allen solchen und ähnlichen Fällen wird das gekohlte und gehärtete Material wie beschrieben zunächst ausgeglüht. Darauf wird für die Analyse die gekohlte Randzone, nachdem ihre Dicke durch das

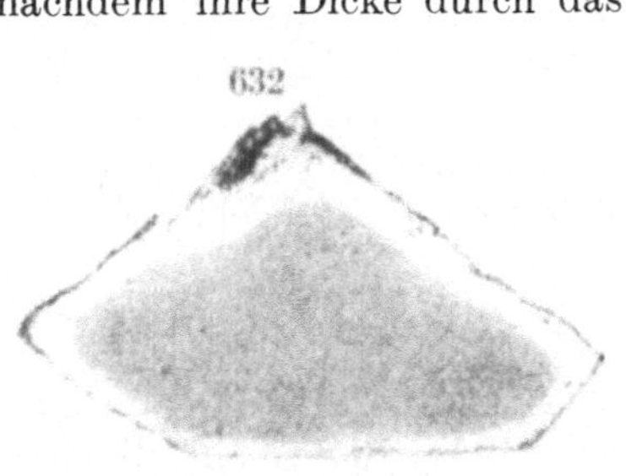

Abb. 146. Durch zu langes Glühen oberflächlich entkohltes Stahlgußstück.

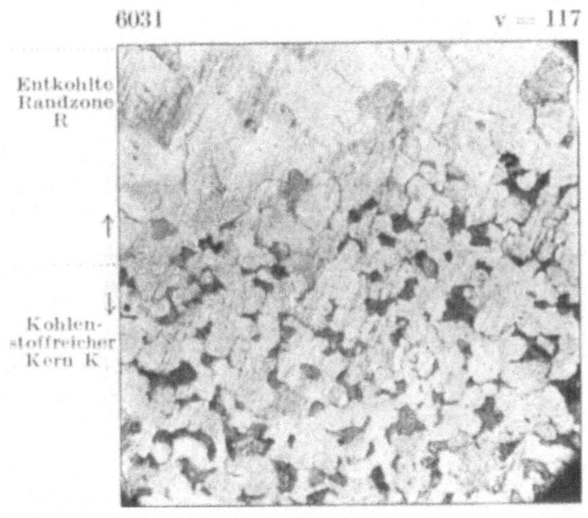

Abb. 147. Übergang von R zu K.

Mikroskop festgestellt ist, abgedreht oder abgehobelt und aus dem Kern werden schließlich in üblicher Weise die Analysenspäne durch Hobeln über den ganzen noch verbliebenen Querschnitt entnommen.

Nur in einigen wenigen Fällen läßt sich das Ausglühen der im Einsatz gekohlten und gehärteten Stücke umgehen, wenn die Randzone so spröde und glashart ist, daß sie sich rein mechanisch von dem weicheren Kern trennen läßt. Abb. 145 zeigt z. B. den Zahn eines Fräsers aus Schnelldrehstahl, bei dem die gekohlte Randzone sich durch Schläge mit dem Stahlhammer von dem Kern abschlagen ließ.

Die Kohlenstoffbestimmung ergab im Kern 0,58$\%$ und in der Randzone 1,10$\%$ Kohlenstoff.

Durch langandauerndes Glühen in sauerstoffreicher Atmosphäre tritt der der Kohlung entgegengesetzte Vorgang, Entkohlung in der äußeren Schicht ein. In Abb. 146 ist in natürlicher Größe ein Stück Stahlguß abgebildet [1].

---

[1] Aus E. Heyn. „Über die Nutzanwendung der Metallographie in der Eisenindustrie". Stahl u. Eisen 1906. Nr. 10.

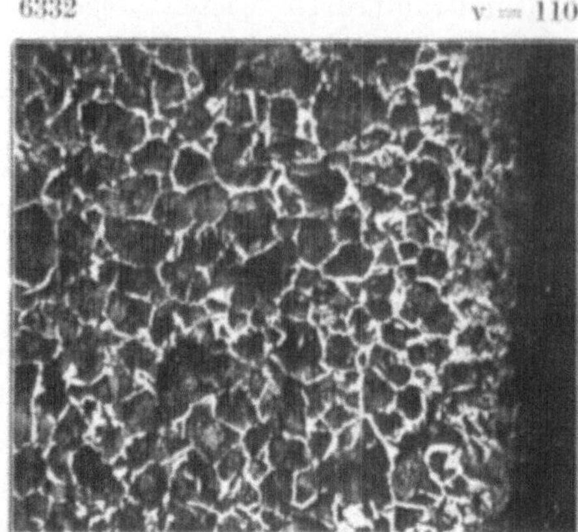

Abb. 148. Bei 900° C geglüht (¹/₂ Stunde).

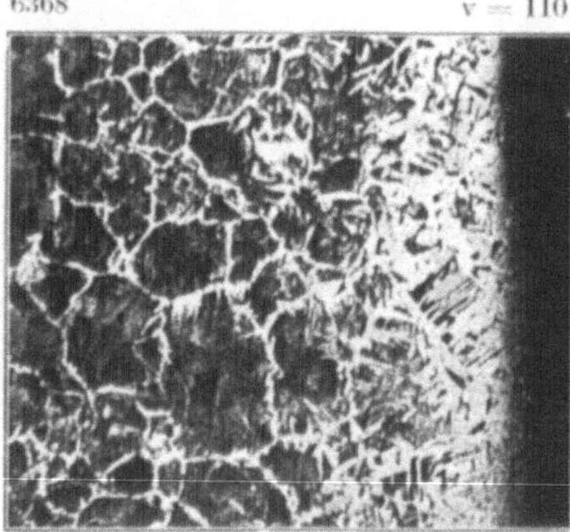

Abb. 149. Bei 1000° C geglüht (¹/₂ Stunde).

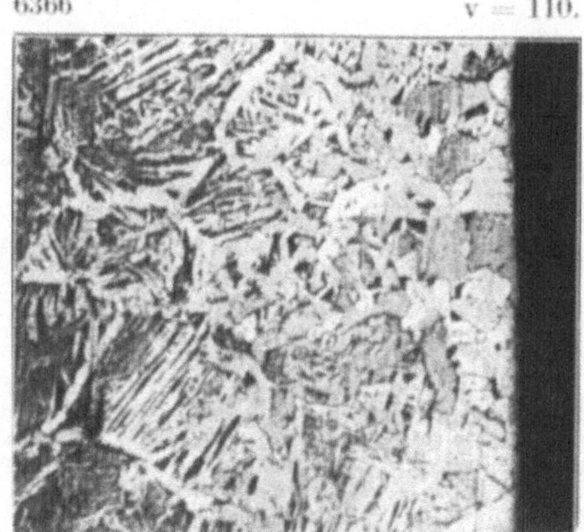

Abb. 150. Bei 1200° C geglüht (¹/₂ Stunde).

Schon die Ätzung mit Kupferammoniumchlorid gibt infolge der dunkleren Färbung des kohlenstoffreicheren Kernes einen guten Überblick über die Tiefe der entkohlten Schicht. Der Übergang von der entkohlten Randzone zum kohlenstoffreichen Kern ist in Abb. 147 in 117facher linearer Vergrößerung dargestellt. Die mikroskopische Untersuchung gibt auch ohne Analyse ein klares Bild von dem Grade der Entkohlung. Ähnliche Erscheinungen können bei Werkzeugstählen eine recht unangenehme Rolle spielen. Die Entkohlung ist manchmal nur in einer Schicht von ganz geringer Dicke vorhanden oder sie tritt nur örtlich auf. Wenn diese teilweise Entkohlung gerade an Stellen eingetreten ist, wo Härte erforderlich ist, so machen sich Übelstände geltend, die sich nur beseitigen lassen, wenn man die Ursachen kennt.

Bei kurzer Glühung, wie sie für das Ausglühen gehärteter Materialien zwecks Probenahme für die chemische Analyse erforderlich ist, ist die Entkohlung unerheblich, sofern nicht unnötigerweise zu hoch geglüht wird (siehe auch das auf Seite 32 Gesagte).

So zeigt z. B. Abb. 148 (v = 110) das Kleingefüge[1]) einer Stahlgußprobe mit 0,49% Kohlenstoff nach ¹/₂stündigem Ausglühen bei 900° C; eine die Analyse irgendwie beeinflussende Entkohlung am äußeren Umfang ist noch nicht eingetreten.

Abb. 149 (v = 110) zeigt dieselbe Probe nach ¹/₂stündigem Ausglühen bei 1000 ° C. Die Entkohlung am äußeren Umfang tritt hier bereits deutlich in Erscheinung, sie wächst von jetzt ab schnell mit steigender Glühtemperatur. Siehe z. B. Abb. 150 (v = 110), die Probe wurde ¹/₂ Stunde bei 1200° C geglüht.

Schließlich sei noch auf solche Fälle hingewiesen, wo an Konstruktionsteilen Ausbesserungen, z. B. Schweißungen, vorgenommen wurden.

Es bedarf wohl keines besonderen Hinweises, daß bei der Probenahme

---

¹) Aus E. Heyn und O. Bauer, „Einiges über Kerbschlagversuche und über das Ausglühen von Stahlformguß, Schmiedestücken u. dgl.“. Stahl u. Eisen 1914. S. 231.

für die Analyse das angeschweißte Stück nicht mit dem ursprünglichen Konstruktionsteil gleichzeitig zerspant werden darf.

Stets wird es daher in solchen Fällen erforderlich sein, der Probeentnahme für die Analyse eine metallographische Untersuchung vorausgehen zu lassen, um einwandfrei festzustellen, wie weit sich die Flickstelle in das Material hinein erstreckt.

Unter Umständen kann es auch vorkommen, daß durch die Schweißarbeit oder durch das Anwärmen vor dem eigentlichen Schweißen eine Änderung in der chemischen Zusammensetzung des ursprünglichen Materials eintritt, die bei Nichtbeachtung das Analysenergebnis stark beeinflussen kann.

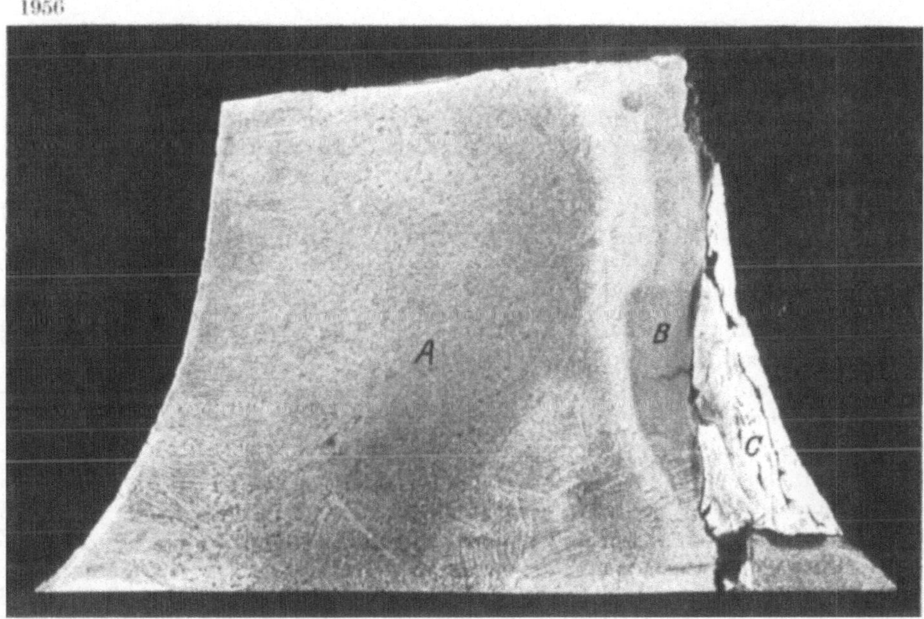

Abb. 151. Geschweißter Propellerflügel.

Ein sehr kennzeichnendes Beispiel hierfür ist in Abb. 151 wiedergegeben. Die Abbildung stellt den Schliff durch das Bruchstück eines elektrisch geschweißten Propellerflügels dar[1]). Bei C war ein ganz kohlenstoffarmes Material aufgeschweißt. Der Kohlenstoffgehalt bei A (fern von der Schweißstelle) und bei B (unmittelbar an der Schweißstelle) weist sehr große Unterschiede auf, wie aus Tabelle 97 (siehe S. 118) hervorgeht.

Eine chemische Durchschnittsanalyse, ohne vorausgegangene metallographische Untersuchung wäre in solchen und ähnlichen Fällen, wo es sich um zufällige, unbeabsichtigte örtliche Änderungen der chemischen Zusammensetzung handelt, natürlich wertlos, da sie ein ganz falsches Bild von der wirklichen Materialbeschaffenheit ergeben würde.

---

[1]) Aus E. Heyn und O. Bauer, „Untersuchung eines gebrochenen Propellerflügels". Mitteil. a. d. Kgl. Materialprüfungsamt 1913. S. 168.

Tabelle 97.

Geschweißter Propellerflügel. Analysen ausgeführt von E. Deiß.

	Analysenspäne bei A entnommen %	Analysenspäne bei B entnommen %
Kohlenstoff.	0,26	0,90
Silizium	0,42	
Mangan	0,47	
Phosphor.	0,031	nicht
Schwefel	0,014	bestimmt
Kupfer.	0,04	
Nickel	2,78	

M. Schlußwort zum ersten Teil.

Die in den Kapiteln G bis L angeführten Beispiele mögen genügen, um zu zeigen, wie wichtig die Art der Probenahme für den Ausfall der chemischen Analyse ist. Hat man es doch in vielen Fällen in der Hand, das Ergebnis der Analyse, je nachdem wie und wo die Probespäne entnommen werden, innerhalb recht weiter Grenzen (vgl. Kapitel G Seigerungserscheinungen im Flußeisen) zu variieren.

Natürlich ist dadurch unrechten Machenschaften Tür und Tor geöffnet. Letzteren kann der Analytiker mit Erfolg nur dann entgegentreten, wenn er selbst metallographisch durchgebildet ist und wenn die Verantwortung für die Probenahme und die Leitung derselben in seinen Händen liegt.

Hat der verantwortliche Leiter des chemischen Laboratoriums keinen Einfluß auf die Probenahme, so kann er auch nur die Gewähr für richtige Ausführung der einzelnen analytischen Bestimmungen der ihm übergegebenen Probespäne übernehmen. nicht aber dafür, daß die Analyse auch wirklich das anzeigt, was sie anzeigen soll; sei es die durchschnittliche chemische Zusammensetzung einer Massel oder eines Gußstückes, sei es richtige Angaben über Verteilung der Stoffe im Gußstück, oder über Zersetzungserscheinungen und andere Fehler und Krankheiten des Materials. Eine treue Helferin und Beraterin in allen diesen Fragen ist dem Analytiker die Metallographie. Sie gewährt ihm, richtig angewendet, Schutz vor so manchen ungerechtfertigten Angriffen.

Zweiter Teil.

Analyse von Eisen und Stahl.

Von

Professor Dipl.-Ing. **Eugen Deiß.**

A. Kohlenstoff.

Der Kohlenstoff tritt in Eisen und Stahl sowohl im gebundenen als auch im freien Zustand auf. Bei gebundenem Kohlenstoff sind zwei verschiedene Arten zu unterscheiden, je nachdem langsam abgekühltes oder durch schroffes Abschrecken gehärtetes bzw. nach dem Abschrecken angelassenes Material vorliegt.

Im langsam abgekühlten, also nicht gehärteten Eisen oder Stahl ist der in gebundenem Zustande vorkommende Kohlenstoff stets als Eisenkarbid von der Zusammensetzung Fe_3C vorhanden; das Eisenkarbid erscheint je nach dem Kohlenstoffgehalt des Materials als selbständiger Gefügebestandteil (Zementit) oder als eutektisches Gemenge Eisen-Eisenkarbid (Perlit). Der im freien Zustande vorhandene Kohlenstoff kann in der Form von Graphit oder Temperkohle vorliegen. Sichere Verfahren zur unmittelbaren Bestimmung des gebundenen Kohlenstoffs sind nicht bekannt. Nach den eingehenden Untersuchungen von Mylius, Foerster und Schöne[1] sowie anderen läßt sich zwar beim Lösen langsam abgekühlten Stahls in verdünnter Säure unter Luftabschluß die Eisenkohlenstoffverbindung Fe_3C größtenteils abscheiden; doch verläuft die Abscheidung des Karbides nicht quantitativ, ein kleiner Teil des Karbides zerfällt während des Lösungsvorganges unter Abscheidung von freiem Kohlenstoff, welcher neben etwa vorhandenem Graphit oder Temperkohlenstoff dem Eisenkarbid beigemengt bleibt[2].

Zur Bestimmung des gebundenen Kohlenstoffs in langsam abgekühltem Material ist es daher zweckmäßiger, den Gehalt an Gesamtkohlenstoff, sowie den an Graphit bzw. Temperkohle zu ermitteln; der Gehalt an gebundenem Kohlenstoff ergibt sich dann als Unterschied beider Werte.

Graphit und Temperkohle verhalten sich chemisch völlig gleichartig; sie lassen sich auf chemischem Wege nicht voneinander trennen. Die Unterscheidung beider Arten ist nur auf metallographischem Wege möglich (vgl. S. 11).

Anders liegen die Verhältnisse bei gehärtetem, d. h. schroff abgekühltem (abgeschrecktem) oder nach dem Abschrecken wieder erwärmtem (angelassenem)

---

[1] Zeitschr. anorg. Chem. 13 (1897), 38.
[2] Vgl. Kurvenbild Abb. 24, S. 21.

Stahl oder Eisen. Bei derart behandeltem Material tritt der gebundene Kohlenstoff noch in einer weiteren Form auf, die nach Ledebur als „Härtungskohle" bezeichnet wird. Die Härtungskohle ist als wesentlicher Bestandteil am Aufbau der Gefügebildner Martensit, Troostit, Osmondit, Sorbit und Ledeburit beteiligt (vgl. im ersten Teil des Buches S. 18 bis 20).

Chemisch unterscheidet sich die Härtungskohle wesentlich von den übrigen Arten des Kohlenstoffs im Eisen dadurch, daß sie beim Lösen des Stahls in verdünnter Säure unter Luftabschluß fast ganz in gasförmig entweichende Kohlenwasserstoffe übergeht. Während des Lösungsvorganges wird gleichzeitig, ähnlich wie dies beim Eisenkarbid der Fall ist, ein kleiner Teil der Härtungskohle unter Abscheidung von freiem Kohlenstoff zersetzt, der neben etwa vorhandenen anderen Kohlenstoffarten (Eisenkarbid, Graphit) im Lösungsrückstand verbleibt.

Die unmittelbare Bestimmung des Härtungskohlenstoffgehaltes ist daher ebensowenig durchführbar wie die des Karbidkohlenstoffgehaltes.

In welcher Form die Härtungskohle an Eisen gebunden vorliegt, ob sie beispielswiese eine vom Eisenkarbid Fe_3C verschiedene Eisenkohlenstoffverbindung bildet, oder ob eine feste Lösung von Eisenkarbid oder von kolloidalem Kohlenstoff in Eisen anzunehmen ist, die den besonderen Charakter der Härtungskohle bedingt, hat durch die bisher ausgeführten Untersuchungen noch nicht erwiesen werden können.

Die Mengen der verschiedenen Kohlenstoffformen, die sich beim Lösen gehärteten oder angelassenen Stahls in verdünnter Säure unter Luftabschluß ergeben, sind abhängig von der Anlaßtemperatur.

Heyn und Bauer haben in ihrer Arbeit „Über den inneren Aufbau gehärteten und angelassenen Werkzeugstahls"[2]) an einem Kohlenstoffstahl mit 0,95°/₀ C die Ermittlung der verschiedenen Kohlenstoffarten bei den verschiedenen Anlaßtemperaturen durchgeführt und die gewonnenen Ergebnisse in dem auf S. 21 wiedergegebenen Kurvenbild veranschaulicht. Sind demnach von einem beliebigen, 0,95°/₀ Gesamtkohlenstoff enthaltenden Stahl die beim Lösen auftretenden verschiedenen Kohlenstoffformen der Menge nach bekannt, so läßt sich an Hand des Kurvenbildes und des Gefügebildes angeben, ob das Material in gehärtetem Zustand vorliegt oder bei welcher Temperatur es angelassen worden ist (vgl. auch S. 20). Die von Heyn und Bauer gewonnenen Ergebnisse sind zunächst nur auf einen Kohlenstoffstahl mit 0,95°/₀ anwendbar; es ist anzunehmen, daß sich das Kurvenbild bei anderen Kohlenstoffstählen ähnlich gestaltet, aber voraussichtlich mit gewissen Verschiebungen zu rechnen ist, so daß die Ermittlung der Anlaßtemperatur allgemein an Hand der verschiedenen Kohlenstoffbestimmungen nicht ohne weiteres möglich ist. Um diese Möglichkeit zu haben, wäre es sehr zu begrüßen, wenn die Untersuchungen von Heyn und Bauer auch auf Kohlenstoffstähle mit anderen, höheren und niedrigeren Kohlenstoffgehalten ausgedehnt würden, damit die Ermittlung der Wärmebehandlung auch an anderen beliebigen Stahlsorten ausgeführt werden kann.

Für den Analytiker besteht nun nach dem vorher Gesagten die Aufgabe, die einzelnen Formen des Kohlenstoffs, die beim Lösen des Stahls oder Eisens in verdünnter Säure auftreten, ihrer Menge nach zu bestimmen.

Zur besseren Übersicht ist das Verhalten der verschiedenen Kohlenstoffarten gegen verdünnte Säuren in nachstehender Tabelle 98 zusammengestellt; dabei sind der Vereinfachung wegen für die verschiedenen Kohlenstoffanteile die Abkürzungen mit verwendet, die schon von Heyn und Bauer benutzt worden sind.

---

¹) Mitteilungen aus dem Kgl. Materialprüfungsamt 24 (1906), 29.

Es bedeutet:

C_h: den Anteil Härtungskohle, der beim Lösen gasförmig entweicht;

C_f: den freien, nicht an Eisen gebundenen Kohlenstoffanteil im Lösungsrückstand;

C_r: den gesamten Kohlenstoff des Lösungsrückstandes;

C_c: den an Eisen als Fe_3C gebundenen Kohlenstoffanteil im Lösungsrückstand;

C_{gr}: den in Form von Graphit oder Temperkohle vorhandenen Kohlenstoff; und ΣC: den Gesamtkohlenstoffgehalt der Probe.

Tabelle 98.

Verhalten der verschiedenen Kohlenstoffarten im Eisen beim Lösen des Eisens in verdünnter Säure (insbesondere Schwefelsäure und Salzsäure).

	a) bei Luftabschluß	b) bei Luftzutritt
Graphit und Temperkohle	bleiben ungelöst (C_{gr})	bleiben ungelöst (C_{gr})
Karbidkohle	verbleibt größtenteils als Fe_3C im Rückstand (C_c); ein kleiner Teil wird unter Abscheidung von freiem Kohlenstoff zersetzt und verbleibt beim Rückstand (C_f)	entweicht als Kohlenwasserstoff
Härtungskohle	entweicht größtenteils als Kohlenwasserstoff (C_h); ein kleiner Teil wird unter Abscheidung von freiem Kohlenstoff zersetzt und verbleibt als solcher im Rückstand (C_f)	entweicht als Kohlenwasserstoff

Von den verschiedenen Kohlenstoffarten können unmittelbar bestimmt werden:

ΣC, der Gesamtkohlenstoffgehalt,

C_{gr}, der Graphit- bzw. Temperkohlegehalt, und

C_r, der gesamte Kohlenstoffgehalt des Lösungsrückstandes; letzterer setzt sich zusammen nach $C_r = C_{gr} + C_c + C_f$.

Weiter läßt sich C_c berechnen aus dem Eisengehalt des Lösungsrückstandes entsprechend der Formel Fe_3C.

Um die Menge des freien, nicht an Eisen gebundenen Kohlenstoffs C_f zu erfahren (der sowohl aus Karbidkohle als auch aus Härtungskohle durch Zersetzung beim Lösungsvorgang entstanden sein kann), verwendet man die Gleichung

$C_r = C_{gr} + C_f + C_c$, die nach C_f aufgelöst lautet: $C_f = C_r - (C_{gr} + C_c)$.

Den Wert für C_h, den gasförmig entweichenden Anteil der Härtungskohle, kann man endlich berechnen nach

$$C_h = \Sigma C - C_r,$$

so daß damit sämtliche zur Feststellung der Wärmevorbehandlung eines Stahles nach Heyn und Bauer erforderlichen Werte bestimmt sind.

a) Gesamtkohlenstoff.

Die Verfahren zur Bestimmung des Gesamtkohlenstoffs durch unmittelbare Verbrennung des Probematerials bieten nach den neuerdings gewonnenen Erfahrungen ohne Zweifel einen höheren Grad von Sicherheit als die älteren Verfahren, die auf der Abscheidung des Kohlenstoffs (mittels Kupfersalzlösungen, Quecksilbersalzlösung, Chlorgas u. a.) und nachfolgender Verbrennung des abgeschiedenen Kohlenstoffs beruhen[1]). Da die unmittelbaren Verfahren sich außerdem durch raschere Ausführbarkeit auszeichnen, so ist ihnen unbedingt der Vorzug vor anderen Verfahren zu geben.

Im allgemeinen kann man sich für die unmittelbare Verbrennung zweier verschiedener Wege bedienen: 1. Des Verfahrens auf nassem Wege (Verbrennung mittels Chromschwefelsäure nach Corleis). 2. Des Verfahrens auf trockenem Wege (Verbrennung im elektrisch erhitzten Röhrenofen mit Sauerstoff).

1. Die Verbrennung auf nassem Wege. Chromschwefelsäureverfahren nach Corleis[2]).

Grundlagen des Verfahrens. Proben von Eisen und Stahl werden nach hinreichender Zerkleinerung durch Kochen mit Chromschwefelsäure gelöst unter gleichzeitiger Oxydation des gesamten Kohlenstoffs zu Kohlendioxyd. Ein kleiner Teil des Kohlenstoffs pflegt bei diesem Vorgang in Kohlenoxyd oder Kohlenwasserstoff überzugehen und entzieht sich, falls keine geeigneten Vorsichtsmaßregeln getroffen sind, auf diese Weise der Bestimmung. Durch Zusatz von Kupfersulfatlösung zur Chromschwefelsäure wird nach Corleis[2]) die Bildung solcher Kohlenstoffverbindungen zwar vermindert, doch empfiehlt es sich stets, um Verluste zu vermeiden, die mit Luft gemischten Gase nochmals zu verbrennen, um sicher allen Kohlenstoff in Form von Kohlendioxyd zu erhalten. Das entstandene Kohlendioxyd wird mit Natronkalk aufgefangen, durch Wägen bestimmt und daraus der Gesamtkohlenstoffgehalt der Probe berechnet.

Erforderliche Apparate und Lösungen. Zur Verbrennung mit Chromschwefelsäure dient der mit eingeschliffenem Kühler versehene Kolben K, z. B. des Göckelschen Apparates (Abbildung 152)[3]). Um den Kolben gegen Zerspringen beim Erhitzen zu schützen, wird die untere Kugelhälfte des Kolbens, wie in Abb. 153 angedeutet, mit Asbestpapier beklebt; man schneidet zu diesem Zweck aus etwa $^1/_2$ mm starker Asbestpappe geeignete spitzwinklige Stücke, befeuchtet sie mit Wasser, legt sie fest an die Kolbenwand und trocknet den fertiggeklebten Kolben in einem geräumigen Trockenschrank bei etwa 100° C.

Der Aufbau des ganzen zur Verbrennung notwendigen Apparates ergibt sich aus Abb. 153.

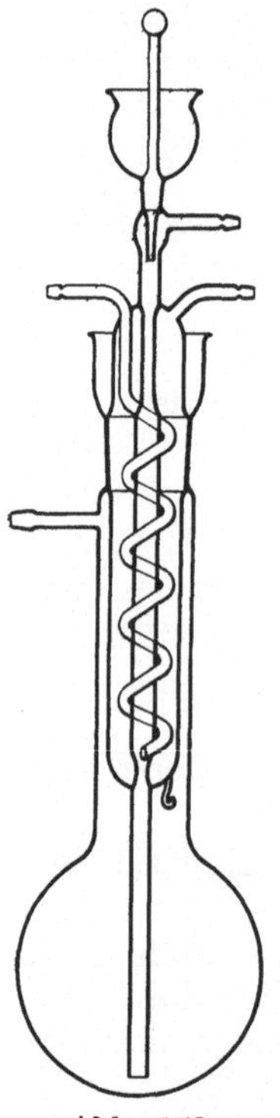

Abb. 152.

An das Gaseinleitrohr des Verbrennungskolbens sind mittels Gummischlauches Waschapparate angeschlossen, die dazu dienen, die der Druckluftleitung oder einem Luftgasometer zu entnehmende

---

[1]) Vgl. hierzu Dillner in dem Bericht über den Vergleich der Methoden zur Bestimmung von Kohlenstoff und Phosphor im Stahl von Jüptner v. Jonstorff, Blair, Dillner und Stead in Iron and Steel Institute 1904 und Bimonthly Bull. of the Amer. Inst. of Mining Engineers 1905, S. 289 u. 643. (Stahl u. Eisen 25. [1905]. 773.)

Außerdem Blair, Stahl u. Eisen 1909, 800.

[2]) Stahl u. Eisen 14. (1894), 581. Bericht der Chemikerkommission des Vereins Deutscher Eisenhüttenleute.

[3]) Zeitschr. f. angew. Chem. 1900, 1034. Der Göckelsche Apparat ist von der Firma Dr. Heinr. Göckel u. Co., Berlin NW 6, Luisenstr. 21 oder von Bleckmann u. Burger, Berlin, Auguststr. 3, zu beziehen. Außer dem Göckelschen Apparat sind noch zahlreiche andere Apparate zur Kohlenstoffbestimmung nach dem Chromschwefelsäureverfahren beschrieben und empfohlen worden, u. a. von Corleis, Gerstner, Wüst, Grzeschik, Preuß, Kurek.

Luft vollständig von Kohlendioxyd zu befreien. Zwei Waschflaschen W_1, W_2 mit starker Kalilauge und ein großes U-förmiges Rohr U oder auch ein Trockenturm mit groben Ätzkalistücken reichen für diesen Zweck aus.

Die aus dem Verbrennungskolben entweichenden Gase gehen zunächst durch eine kleine Waschflasche mit konzentrierter Schwefelsäure S und zwar läßt man das Einleitrohr der Waschflasche nicht in die Schwefelsäure eintauchen, sondern etwa 3 mm über der Schwefelsäureoberfläche ausmünden. Man erreicht dann, daß beim Kochen mitgerissene Wasser- und Schwefelsäuredämpfe zurückgehalten werden, ohne befürchten zu müssen, daß wesentliche Mengen von Kohlenwasserstoffen in die Schwefelsäure übergehen.

An die Schwefelsäurewaschflasche S schließt sich ein kleines Verbrennungsrohr V aus schwer schmelzbarem Glas oder Porzellan mit einer Füllung von

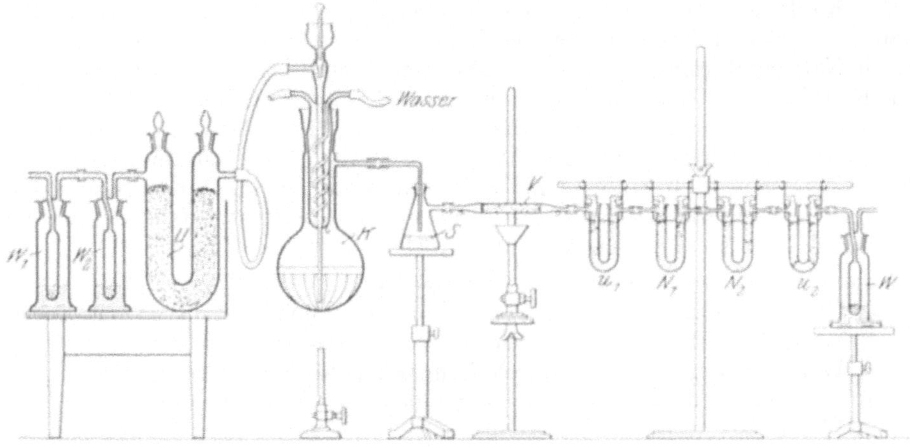

Abb. 153.

Kupferoxyd oder Platinasbest[1]) an. Verwendet man Glasröhren, so schützt man diese gegen Zerspringen beim Anheizen durch Umhüllen mit einem Stückchen Eisendrahtnetz. Das Verbrennungsrohr bezweckt, die in den durchziehenden Gasen vorhandenen kleinen Mengen von Kohlenoxyd oder Kohlenwasserstoff vollständig zu Kohlendioxyd zu verbrennen.

Ehe das Kohlendioxyd aufgefangen werden kann, müssen noch die letzten Anteile von Feuchtigkeit aus den Verbrennungsgasen entfernt werden; dies geschieht in dem auf das Verbrennungsrohr folgenden kleinen U-Rohr u_1, das zwischen Glaswollstopfen lose eingeschüttetes Phosphorpentoxyd enthält.

Aus diesem Phosphorpentoxydrohr gelangen die Gase in die zur Aufnahme des Kohlendioxyds bestimmten Natronkalkröhren N_1 und N_2 und zwar schalte man der größeren Sicherheit wegen stets zwei solcher Röhrchen hintereinander ein. Die Füllung des ersten Röhrchens kann dann voll ausgenützt werden, da das zweite Röhrchen durch Gewichtszunahme sofort anzeigt, wenn das erste mit Kohlendioxyd gesättigt ist. Beide Röhrchen erhalten eine Füllung von Natronkalk und Phosphorpentoxyd; man füllt zunächst einen Schenkel ganz und den anderen zur Hälfte mit Natronkalk, gibt einen Glaswollstopfen in den halbgefüllten Schenkel und füllt trockenes Phosphorpentoxyd auf. Sodann werden die noch freien Seiten des Natronkalks und des Phosphorpentoxyds

---

[1]) Die mehrfach als Verbrennungsröhren empfohlenen Platinkapillaren haben sich nach unseren Erfahrungen für dauernden Gebrauch nicht bewährt, da das Platin bei häufigem Erhitzen kristallinisch und gasdurchlässig wird.

durch je einen nicht zu dicht aufgesetzten Glaswollstopfen verschlossen. Das Korn des verwendeten Natronkalks soll etwa 1 bis 1,5 mm Durchmesser haben; ist viel staubfeines Pulver dazwischen, so muß dieses, um Verstopfen der Röhrchen zu vermeiden, durch Absieben entfernt werden.

Für den Versuch sind die Röhrchen so an das Phosphorpentoxydrohr anzuschließen, daß die Verbrennungsgase stets auf der Natronkalkseite des Röhrchens eintreten. Bei umgekehrter Anordnung würden erhebliche Gewichtsverluste durch Entweichen von Wasserdampf entstehen. Auch bei Anwendung von Röhrchen, deren Phosphorpentoxydfüllung infolge langen Gebrauchs ganz oder größtenteils durch Wasseraufnahme zerflossen ist, können Gewichtsverluste eintreten.

Zur Erhöhung der Sicherheit verbindet man das zweite Natronkalkröhrchen N_2 mit einem Phosphorpentoxyd enthaltenden Röhrchen u_2 und dieses mit einer Kalilauge enthaltenden Sicherheitswaschflasche W, um zu verhindern, daß bei etwaigem Zurücksteigen des Gasstroms Feuchtigkeit oder Kohlendioxyd in die Natronkalkröhrchen gelange. Die letzte Waschflasche W dient gleichzeitig zur Kontrolle der Geschwindigkeit der durch den Apparat ziehenden Gase.

Die Verbindungen zwischen den einzelnen Teilen des Apparates werden durch guten, dichten Gummischlauch hergestellt. Beim Zusammensetzen ist darauf zu sehen, daß hinter dem Verbrennungskolben die benachbarten Teile stets dicht aneinanderstoßen (also Glas an Glas) und keinesfalls durch einen Teil leeren Gummischlauchs getrennt sind.

Für die Versuche hält man folgende Lösungen vorrätig:

a) Chromsäurelösung: 720 g Chromsäure, die nicht chemisch rein zu sein braucht, aber frei von organischen Stoffen sein muß, werden mit 700 ccm Wasser übergossen und durch Erhitzen gelöst.

b) Kupfersulfatlösung: 400 g kristallisierter Kupfervitriol werden mit Wasser gelöst und die Lösung auf 2 Liter verdünnt.

Auskochen der Chromschwefelsäurelösung. Nach Herausnehmen des eingeschliffenen Kühlers werden in den Kolben K 35 ccm Chromsäurelösung a, 150 ccm Kupferlösung b und 200 ccm konzentrierte Schwefelsäure spez. Gew. 1,84 eingefüllt. Darauf wird der Kühler wieder eingesetzt, Wasser durch den Kühler geleitet und die Mischung zur Entfernung etwa in der Lösung vorhandener organischer Stoffe ausgekocht; die hinter dem Verbrennungsrohr V angehängten Apparate werden dabei ausgeschaltet. Während des Auskochens wird ein langsamer Strom von kohlendioxydfreier Luft durch den Apparat geschickt, sowie gleichzeitig das Verbrennungsrohr V erhitzt. Das Auskochen der Lösung wird mindestens eine Stunde lang fortgesetzt, damit man sicher ist, daß die Lösung beim späteren Erhitzen keine wesentlichen Mengen von Kohlendioxyd oder anderer durch Natronkalk absorbierbarer Stoffe mehr entwickelt; dann dreht man die Brenner aus und läßt im Luftstrom erkalten.

Verwendet man frische Chromsäurelösung, über deren Gehalt an organischen Stoffen nichts bekannt ist, so ist es notwendig, nach dem Auskochen mit der Lösung zunächst einen blinden Versuch durchzuführen, um festzustellen, welche Gewichtsmengen die Natronkalkröhrchen bei weiterem Auskochen während der Dauer eines Versuchs noch aufnehmen. Die Kenntnis der Höhe dieser Gewichtszunahmen ist übrigens in jedem Fall für die Beurteilung der Genauigkeit der erhaltenen Werte von Wichtigkeit.

Blinder Versuch. Zur Ausführung des blinden Versuches werden die Natronkalkröhrchen mit trockenem, weichem Leder leicht abgerieben und nach etwa $1/2$ stündigem Liegen im Wagenkasten gewogen, nachdem durch kurzes Öffnen der Hähne Druckausgleich hergestellt ist. Die gewogenen Röhrchen werden dann nach oben gegebener Beschreibung mit den übrigen Teilen des Apparates verbunden, die Hähne geöffnet, langsam kohlendioxydfreie Luft durch den Apparat geleitet und der mit ausgekochter Chromschwefelsäurelösung beschickte Verbrennungskolben, sowie das Verbrennungsrohr während weiterer 2—3 Stunden (der üblichen Dauer eines Verbrennungsversuches) erhitzt. Danach werden die Hähne der Absorptionsröhrchen geschlossen, die Flammen ausgedreht und die abgenommenen Röhrchen nach etwa $^3/_4$- bis 1stündigem Liegen im Wagenkasten unter den gleichen Bedingungen wie zuerst gewogen.

Treten bei solchen blinden Versuchen erhebliche Gewichtsänderungen der Natronkalkröhrchen auf, so müssen die Ursachen hierfür näher ermittelt werden; Zunahmen können außer auf Verunreinigungen der Chromsäurelösung auch darauf zurückzuführen sein, daß kleine Mengen von Phosphorpentoxyd oder Natronkalk in die an den Natronkalkröhrchen befindlichen Verbindungsröhrchen gelangt sind, sei es durch zu rasches Durchleiten des Luftstroms oder beim Füllen der Röhrchen. Beim Liegen an der Luft nimmt ein solches Röhrchen durch Aufnahme von Feuchtigkeit und Kohlensäure ständig an Gewicht zu. Daher ist darauf zu achten, daß die Verbindungsröhrchen frei von Phosphorpentoxyd und Natronkalk bleiben; nötigenfalls reinigt man sie vor dem ersten Wägen durch sorgfältiges Auswischen mit einem Stückchen zusammengerollten Filtrierpapiers.

Geringe Gewichtszunahmen der Natronkalkröhrchen, wie sie bei blinden Versuchen fast immer zu beobachten sind, sollten bei den eigentlichen Versuchen in Abzug gebracht werden. Näheres hierüber s. S. 128 und Tabelle 99.

Die nach einem Blindversuch verbleibende Chromschwefelsäurelösung kann nach erfolgtem Abkühlen vorteilhaft für die Ausführung des eigentlichen Verbrennungsversuches Anwendung finden.

Ausführung der Bestimmung. Für die Ausführung der Kohlenstoffbestimmung wird in folgender Weise weiter verfahren:

Während die ausgekochte Chromschwefelsäurelösung (vgl. S. 124) abkühlt, wägt man die erforderlichen Natronkalkröhrchen unter den bekannten Vorsichtsmaßregeln, sowie die Eisen- oder Stahlprobe, deren Gehalt an Gesamtkohlenstoff bestimmt werden soll.

Über das Einwägen des Probematerials für die Analysen ist ganz allgemein folgendes zu bemerken:

Genaues Abwägen bestimmter Mengen (z. B. 5 oder 10 g bis auf Zehntelmilligramme) auf der Analysenwage erfordert viel Zeit und ist für die Empfindlichkeit der Wage nicht von Vorteil; wenn es sich um die Ermittlung geringer Gehalte (Bruchteile von Prozenten) in einer großen Einwage handelt, ist so genaues Abwägen der Proben als überflüssig zu verwerfen.

In vielen Fällen läßt sich eine gute Handwage benutzen, und zwar stets, wenn die Fehler, die durch das Einwägen auf der Handwage infolge der Ungenauigkeit der letzteren entstehen, unter der Genauigkeitsgrenze liegen, die überhaupt bei dem benutzten Analysenverfahren erreichbar ist.

Eine gute Handwage zeigt keine größeren Wägefehler als $\pm$ 0,01 Gramm, wovon man sich zeitweise zu überzeugen hat.

Bezeichnet man mit E die Einwage in Grammen, mit G den Prozentgehalt des zu untersuchenden Materials an dem zu bestimmenden Körper, und mit g die zulässige Abweichung von G, die bei dem benutzten Analysenverfahren erfahrungsgemäß auftritt, so ist die Benutzung der Handwage allgemein in den Fällen zulässig, wo $\dfrac{g \cdot E}{G}$ größer ist als der bei Benutzung der Handwage entstehende mögliche Fehler von $\pm$ 0,01 Gramm.

Zum Beispiel:

1. Kohlenstoffbestimmung in Stahl mit $1\,^0/_0$ C.

$$g = \pm\ 0{,}01\,^0/_0; \quad E = 3 \text{ Gramm}; \quad G = 1\,^0/_0.$$

$$\frac{g \cdot E}{G} = \frac{0{,}01 \cdot 3}{1} = 0{,}03, \text{ also größer als } 0{,}01.$$

Die Einwage kann hier mit der Handwage vorgenommen werden.

2. Kohlenstoffbestimmung in Roheisen mit 3% C.

$$g = \pm\, 0,01\%;\quad E = 1 \text{ Gramm};\quad G = 3\%.$$

$$\frac{g \cdot E}{G} = \frac{0,01 \cdot 1}{3} = 0,0033, \text{ also kleiner als } 0,01.$$

Die Verwendung der Handwage zum Einwägen ist hier nicht zulässig.

Von Roheisen mit $3{-}4\%$ Kohlenstoffgehalt werden je 1 g, von Stahl mit etwa $0,3\%$ und mehr Kohlenstoffgehalt je 3 g und bei Proben mit geringerem Kohlenstoffgehalt als $0,3\%$ bis zu 5 g in einem Wägeschiffchen oder Porzellantiegel abgewogen; feinpulverige Proben (z. B. graues Roheisen) wägt man am besten in kleine Glaseimerchen ab, die dann zur Verbrennung mittels feinen Platindrahtes an den kleinen, am Kühler vorhandenen Haken angehängt werden [1]).

Nachdem die Chromschwefelsäurelösung hinreichend abgekühlt ist, schaltet man die Natronkalkröhrchen an, gibt in den am oberen Teil des Kühlers angebrachten Einfülltrichter etwas konzentrierte Schwefelsäure zur Abdichtung des Stopfens und prüft nun den ganzen Apparat auf Dichtheit. Zu diesem Zweck schließt man sämtliche Hähne hinter dem Verbrennungsrohr und dreht den die Luftzuführung regelnden Quetschhahn vor dem Verbrennungskolben auf. Nach kurzer Zeit darf keine Luftblase mehr im Kolben erscheinen, andernfalls befinden sich zwischen Kolben K und Phosphorpentoxydröhrchen u_1 undichte Stellen, die ausgebessert werden müssen. Hat sich die Strecke zwischen Kolben K und Phosphorpentoxydrohr u_1 als dicht erwiesen, so läßt man durch Öffnen des ersten Hahns am Phosphorpentoxydröhrchen den Luftstrom in dieses Röhrchen eintreten; man wartet kurze Zeit, bis keine Luft mehr in den Kolben K nachdringt, öffnet den zweiten Hahn, wartet wieder bis Stillstand eingetreten ist und so fort bis zum letzten Hahn am hinteren Phosphorpentoxydrohr u_2. Dieser letzte Hahn wird, nachdem sich der Apparat als luftdicht erwiesen hat und die Luftzuführung abgesperrt ist, vorsichtig geöffnet, damit der Luftüberschuß aus dem Apparat allmählich entweichen kann. Rasches Entweichenlassen der Luft kann infolge Mitreißens von Phosphorpentoxydstaub in die Natronkalkröhrchen oder aus ihnen zu Gewichtsänderungen der Röhrchen und damit zu fehlerhaften Werten führen.

Ist der Luftüberschuß entfernt, so wird der Kühler herausgehoben, die abgewogene Probe eingeschüttet (oder bei Einwage im Glaseimerchen dieses an den Haken am Kühler gehängt), der Kühler rasch wieder eingesetzt und über der eingeschliffenen Stelle zwischen Kühler und Kolbenhals etwas konzentrierte Schwefelsäure zum besseren Abdichten eingegossen. Man hebt den Kühler hierauf nochmals ein klein wenig in die Höhe und läßt einen Teil der Schwefelsäure in den Kolben nachfließen, wodurch etwaige Reste der Probe, die beim Einschütten an den Wandungen des Kolbens hängengeblieben sind, heruntergespült werden.

Man zündet dann sogleich die Flamme unter dem Verbrennungsrohr V an, leitet langsam kohlendioxydfreie Luft durch den ganzen Apparat und erhitzt den Kolben, mit kleiner Flamme beginnend, allmählich zum Kochen der Chromschwefelsäure[2]). Das Kochen unter Durchleiten von Luft wird etwa 3 Stunden

---

[1]) Für die Entnahme einwandfreier Durchschnittsproben und beim Abwägen kleiner Probemengen für die Analyse ist vor allem das im ersten Teil des Buches (S. 50) Gesagte zu beachten, wenn fehlerfreie Werte erhalten werden sollen.

Die Späne für die Verbrennung mit Chromschwefelsäure dürfen im allgemeinen nicht über 1 mm dick sein, wenn die Verbrennung innerhalb $2{-}3$ Stunden beendet sein soll. Dickere Stücke können durch Zerschlagen, Aushämmern, Breitwalzen und nachfolgendes Zerschneiden zerkleinert werden. Hartgezogener Draht, sowie stark silizium- oder wolframhaltige Stahlproben können oft nur bei weitgehender Zerkleinerung innerhalb $3{-}4$ Stunden völlig verbrannt werden.

[2]) Mit dem Durchleiten von Luft muß gleich nach Einschütten des Probematerials begonnen werden. Da die abgekühlte Chromschwefelsäure noch geringe Oxydationswirkung

lang fortgesetzt, wobei der Apparat ständig der Aufsicht bedarf, um übermäßiges Kochen zu vermeiden und den Luftstrom zu regeln; in der letzten Viertelstunde kann der Luftstrom ein wenig verstärkt werden, um die letzten Anteile etwa noch vorhandenen Kohlendioxyds aus dem Kolben K auszutreiben und zur Absorption zu bringen.

Die Verbrennung ist in der Regel nach 3stündigem Kochen beendet; man schließt dann die Natronkalk- und Phosphorpentoxydröhrchen, löscht die Flammen aus, nimmt die Natronkalkröhrchen ab und läßt sie im Wägeraum während $^3/_4$—1 Stunde liegen, bevor sie unter den üblichen Vorsichtsmaßregeln gewogen werden.

Nach Abkühlen der Flüssigkeit im Verbrennungskolben hebt man den Kühler heraus, nimmt den Kolben ab und entleert vorsichtig die verbrauchte Chromschwefelsäure in einen Behälter mit Wasser, wobei man darauf achtet, ob alles gelöst ist oder ob am Boden des Kolbens etwa noch ungelöste Teile der Probe vorhanden sind. Letzteres kommt mitunter bei besonders schwer löslichem Material oder bei ungenügender Zerkleinerung des Probematerials vor. Bei Wiederholung des Versuchs nach dem gleichen Verfahren muß dann die Probe weiter zerkleinert oder die Zeit des Kochens verlängert werden, wenn es überhaupt möglich ist, auf diese Weise völlige Verbrennung zu erzielen.

Die Gewichtszunahme a (in Grammen) des ersten Natronkalkröhrchens N_1 gibt die Menge des entstandenen Kohlendioxyds; daraus berechnet sich der Prozentgehalt der eingewogenen Probe (Gewicht der Einwage = e Gramm) an Gesamtkohlenstoff wie folgt:

$$\% \text{ Kohlenstoff} = \frac{27{,}273 \cdot a}{e}.$$

Die Gewichtszunahme des zweiten Natronkalkröhrchens, die bei noch frischer Füllung des ersten Röhrchens nur unerheblich ist, braucht für die Berechnung des Kohlenstoffgehaltes nicht in Rechnung gezogen zu werden. Hat dagegen das zweite Röhrchen erheblich zugenommen, so besagt dies, daß das erste Röhrchen nicht mehr wirksam ist, und für die Berechnung des Kohlenstoffgehaltes sind die Gewichtszunahmen in beiden Röhrchen erforderlich.

Weiteres über die Berechnung der Kohlenstoffwerte ist aus den nachfolgenden Abschnitten zu entnehmen.

Urprüfung des Chromschwefelsäureverfahrens durch Verbrennen von Natriumoxalat. Um ein Urteil über die Genauigkeit der nach dem Chromschwefelsäureverfahren gefundenen Werte zu erhalten, kann man sich mit Vorteil der Verbrennung abgewogener Mengen von reinem Natriumoxalat ($Na_2C_2O_4$) nach Sörensen bedienen, das sich bekanntlich in der Maßanalyse als gut brauchbare Titersubstanz erwiesen hat.

Für die Verbrennung wägt man 0,2 bis 0,3 g des reinen, sorgfältig getrockneten Salzes im Glaseimerchen genau ab und verbrennt unter Einhaltung der oben angegebenen Versuchsbedingungen in der vorher 1 Stunde lang ausgekochten Chromschwefelsäuremischung.

Aus 1 Molekül $Na_2C_2O_4$ entstehen bei der Oxydation 2 Moleküle CO_2; daher müßte bei richtigem Verlauf des Verbrennungsvorganges 1 g des reinen Salzes 0,6567 g Kohlendioxyd liefern.

---

besitzt, so können sich anfangs kleine Mengen an Wasserstoff und Kohlenwasserstoffen entwickeln; werden diese nicht durch Einleiten von Luft von Anfang an verdünnt und fortgeführt, so bilden sich mit der Luft im Apparat Gasgemische, die bei bestimmten Konzentrationen an Wasserstoff und Kohlenwasserstoffen in dem erhitzten Verbrennungsrohr zur Entzündung gelangen und heftige Explosionen herbeiführen können.

Beispiele.

a) Ergebnisse von blinden Versuchen. Bei dreistündigem Kochen von Chromschwefelsäuremischungen, die vorher bereits eine Stunde lang ausgekocht worden waren, unter Durchleiten kohlendioxydfreier Luft, zeigten die ersten Natronkalkröhrchen (N_1) folgende Gewichtszunahmen[1]:

$$\text{Versuch } 1:\ 0,0017 \text{ g}$$
$$,,\quad 2:\ 0,0020\ ,,$$
$$,,\quad 3:\ 0,0022\ ,,$$
$$,,\quad 4:\ 0,0010\ ,,$$
$$,,\quad 5:\ 0,0030\ ,,$$

Daraus ergibt sich die durchschnittliche Gewichtszunahme des ersten Natronkalkröhrchens nach 3stündigem Kochen zu 0,0020 g. Man darf wohl annehmen, daß unter Einhaltung sonst gleicher Versuchsbedignungen bei der Verbrennung von Eisen- und Stahlproben eine ebenso hohe Gewichtszunahme eintritt; demnach würden bei Einwagen von 3 g die für den Kohlenstoffgehalt gefundenen prozentischen Werte, berechnet aus der Gewichtszunahme des ersten Natronkalkrohres, um den durchschnittlichen Betrag von $0,02\,^0/_0$ zu hoch ausfallen.

Bei wiederholtem Auskochen einer und derselben Chromschwefelsäuremischung wurden folgende Gewichtszunahmen der beiden Natronkalkröhrchen gefunden:

Tabelle 99.

Chromschwefelsäure vorher eine Stunde ausgekocht	Gewichtszunahmen in Grammen	
	1. Natronkalkrohr (N_1)	2. Natronkalkrohr (N_2)
noch eine Stunde gekocht	0,0009	0,0002
,, 2 Stunden ,,	0,0018	0,0005
,, 3 ,, ,,	0,0010	0,0001
,, 3 ,, ,,	0,0016	0,0008
Gesamtzunahme in 9 Stunden	0,0053	0,0016

Es mag bemerkt werden, daß die Gewichtsveränderungen der zweiten Röhrchen sich innerhalb der Wägefehler bewegen.

b) Versuche mit Natriumoxalat. Bei Versuchen, die durch Verbrennen von reinem, trockenem Natriumoxalat (Sörensen) in oben beschriebener Weise ausgeführt wurden, konnten die in Tabelle 100 zusammengestellten Gewichtszunahmen der Natronkalkröhrchen beobachtet werden.

Zu den Versuchen 9 bis 12 (Tab. 100) wurde anstatt der Menge Kupfersulfatlösung für die Chromschwefelsäuremischung die gleich große Menge Wasser verwendet, was aber im Vergleich zu den mit Kupfersulfat ausgeführten Versuchen keinen merklichen Einfluß auf die Ergebnisse hat.

Die in Tabelle 100 mitgeteilten Versuchsergebnisse lassen folgende, zunächst für die Oxalatverbrennung gültigen Schlußfolgerungen zu:

1. Die ermittelten kleinen Zunahmen des zweiten Natronkalkrohres kommen für die Berechnung der Kohlenstoffmenge nicht mehr in Betracht, außer in Fällen, wo die Füllung des ersten Röhrchens bereits so weit erschöpft ist, daß sie nicht mehr die ganze Menge entwickelten Kohlendioxyds aufzunehmen vermag (Versuche 6 bis 8, Tabelle 100).

2. Falls die Fällung des ersten Röhrchens nicht erschöpft ist, findet sich alles Kohlendioxyd im ersten Röhrchen vor; die Gewichtszunahme des ersten

---

[1] Die Versuche wurden zu verschiedenen Zeiten aufgeführt.

Röhrchens ist indessen stets etwas höher, als der berechneten Kohlendioxydmenge entspricht.

Tabelle 100.

Nr. des Versuchs	Einwage an Natriumoxalat in g	Hieraus berechnete Menge an Kohlendioxyd in g	Beobachtete Gewichtszunahme		Gewichtsüberschuß gegen die berechnete Menge CO_2	
			im 1. Rohr g	im 2. Rohr g	im 1. Rohr (g)	im 2. Rohr (g)
1	0,1045	0,0686	0,0707	0,0010	0,0021	0,0010
2	0,1000	0,0657	0,0660	0	0,0003	0
3	0,2000	0,1313	0,1325	0	0,0012	0
4	0,2000	0,1313	0,1328	0,0013	0,0015	0,0013
5	0,3000	0,1970	0,1997	0,0008	0,0027	0,0008
6	0,3000	0,1970	0,1755	0,0223	—	0,0008
7	0,3954	0,2597	0,2418	0,0205	—	0,0026
8	0,4047	0,2658	0,2651	0,0016	—	0,0009
9	0,1000	0,0657	0,0671	0	0,0014	0
10	0,1000	0,0657	0,0683	0	0,0026	0
11	0,1000	0,0657	0,0673	0	0,0016	0
12	0,3000	0,1970	0,1975	0,0004	0,0005	0,0004

Da das angewandte Natriumoxalat (nach Sörensen) rein ist, können die beobachteten Zunahmen nicht auf vorhandene Verunreinigungen des Natriumoxalats zurückgeführt werden. Sieht man von Wägefehlern ab, so beträgt der Gewichtsüberschuß (Mittelwert einer größeren Zahl zu verschiedenen Zeiten ausgeführter Versuche) etwa 0,002 g, also rund ebensoviel wie bei den blinden Versuchen (s. S. 128) gefunden wurde.

Damit gewinnt die Annahme, daß die beim Verbrennen von Eisen und Stahl gefundenen Kohlendioxydmengen um einen entsprechenden Betrag zu hoch ausfallen, an Wahrscheinlichkeit.

Man muß also damit rechnen, daß die Kohlenstoffwerte nach dem Chromschwefelsäureverfahren im allgemeinen etwas zu hoch ausfallen. Mit der Annahme eines durchschnittlichen Gewichtsüberschusses von 0,002 g können die Unterschiede betragen:

$$\text{bei Einwagen von } 1 \text{ g } 0{,}05\,\%$$
$$\text{,,} \qquad \text{,,} \qquad \text{,, } 3 \text{ ,, } 0{,}02 \text{ ,,}$$
$$\text{,,} \qquad \text{,,} \qquad \text{,, } 5 \text{ ,, } 0{,}01 \text{ ,,}$$

(Vgl. hierzu die Kohlenstoffwerte in Tabelle 101.)

c) Versuche mit verschiedenem Probematerial. Ergebnisse einiger Versuche sind in nachstehender Tabelle 101 (s. Seite 130) zusammengestellt.

Hierzu ist noch folgendes zu bemerken:

Zu den Versuchen a und b der Probe 4 (Tab. 101) wurden die durch Hobeln erhaltenen Späne während 4 Stunden mit der Chromschwefelsäurelösung gekocht. Nach Abbrechen der Versuche zeigte sich, daß besonders bei Versuch a unangegriffenes Material zurückgeblieben war. Die Versuche wurden daher wiederholt (Versuche c und d), nachdem das Material durch Aushämmern und Zerschneiden weiter zerkleinert worden war.

Wurde das Kochen auf $4\frac{1}{2}$ Stunden ausgedehnt, so blieben im Kolben nur noch klare Stückchen von gallertigem Siliziumdioxyd zurück, welche die Form der zum Versuch benützten Probestückchen beibehalten hatten.

Bei Probe 5 (Chromwolframstahl in Form feiner Späne) schied sich während des Versuchs gelbe Wolframsäure in erheblicher Menge aus, die beim Kochen starkes Stoßen der Chromschwefelsäurelösung verursachte. Unzersetztes Material war nach vierstündigem Erhitzen nicht mehr wahrnehmbar.

Tabelle 101.

Nr.	Probematerial	Versuch Nr.	Einwage in g	Gewichtszunahme		Kohlenstoffgehalt in %	Kohlenstoffgehalt, berechnet aus der um 0,002 g verminderten Auswage in %
				im 1. Rohr g	im 2. Rohr g		
1	Weiches Flußeisen	a)	4,000	0,0093	[0,0007]	0,06	0,05
		b)	4,000	0,0085	[0,0009]	0,06	0,04
2	Stahl mit hohem Kohlenstoffgehalt	a)	3,000	0,1422	[0]	1,29	1,27
		b)	3,000	0,1420	[0]	1,29	1,27
3	Nickelstahl mit 24% Nickel	a)	3,000	0,0820	0,0012]	0,75	0,73
		b)	3,000	0,0845	[0,0015]	0,77	0,75
4	Siliziumstahl mit 1,65% Silizium	a)	3,000	0,0720	[0,0003]	0,65	0,64
		b)	3,000	0,0832	[0,0006]	0,76	0,74
		c)	3,000	0,0843	[0[	0,77	0,75
		d)	3,000	0,0845	[0,0003]	0,77	0,75
5	Chromwolframstahl mit hohem Wolframgehalt	a)	3,000	0,0889	[0,0008]	0,81	0,79
		b)	3,000	0,0898	[0,0011]	0,82	0,80
6	Graues Roheisen	a)	1,0000	0,1563	[0,0011]	4,26	4,21
		b)	1,0000	0,1570	[0,0006]	4,28	4,23

Genauigkeit der nach dem Chromschwefelsäureverfahren erhaltenen Werte.

Sieht man von Verschiedenheiten in der Zusammensetzung des Probematerials ab, über die im ersten Teil des Buches das Notwendige gesagt ist, so kommen für den Grad der Genauigkeit der nach dem Chromschwefelsäureverfahren erhaltenen Werte im wesentlichen die beim Wägen entstehenden Fehler, sowie die Gewichtszunahme der Natronkalkröhrchen, die nicht von dem aus der Probe entstehenden Kohlendioxyd herrühren, in Betracht.

Unter der Annahme, daß die beim Wägen entstehenden Fehler nicht größer sind als $\pm$ 0,001 g und die ersten Natronkalkröhrchen im Durchschnitt um 0,002 g zu hohe Gewichtszunahmen aufweisen (vgl. die blinden Versuche und die mit Natriumoxalat ausgeführten S. 128 u. 129), kann man bei den Bestimmungen mit einem Fehler von + 0,001 bis + 0,003 g Kohlendioxyd rechnen.

Die Fehler würden bei der Berechnung des Prozentgehalts in jedem Falle in der 2. Dezimale zum Ausdruck kommen und würden z. B. bei 3 g Einwage zwischen 0,01 bis 0,03 % bei 5 g Einwage zwischen 0,005 bis 0,02 % betragen.

Hieraus folgt, daß die Werte für den Kohlenstoffgehalt in der zweiten Dezimalstelle unsicher sind; um dies auszudrücken, ist es üblich, die unsichere Ziffer mit kleinerer Schrift zu schreiben. Dieser Grundsatz ist in vorliegendem Buch streng durchgeführt (vgl. z. B. die prozentischen Werte in Tab. 101 und den folgenden Tabellen).

Die Angabe weiterer Dezimalen ist — falls nicht etwa mit erheblich größeren Einwagen oder überhaupt nach genaueren Verfahren gearbeitet wird — nicht allein überflüssig, sondern sie zeigt auch, daß der betreffende Analytiker ein Urteil über den zu erreichenden Genauigkeitsgrad des Verfahrens nicht besitzt[1]).

Bei sorgfältiger Ausführung der Kohlenstoffbestimmungen kann man erwarten, daß die erhaltenen Werte bei bestimmten Kohlenstoffgehalten nicht über einen gewissen Höchstbetrag voneinander bzw. vom wirklichen Gehalt

---

[1]) F. W. Küster setzt seinen „Logarithmischen Rechentafeln" das Motto vor: Der Mangel an mathematischer Bildung gibt sich durch nichts so auffallend zu erkennen, wie durch maßlose Schärfe im Zahlenrechnen. Hagen.

abweichen, und man kann dafür bei durchschnittlicher Einwage von 3 g Probe etwa folgende Werte als höchstzulässige Abweichungen von Kohlenstoffgehalten aufstellen[1]:

bei einem Kohlenstoffgehalt		höchstzulässige Abweichung
von	bis	
$0,0_2$	$0,1_5\,^0/_0$	$\pm\ 0,00_5\,^0/_0$
$0,1_5$	$1,0_0$,,	$\pm\ 0,0_1$,,
$1,0_0$	$2,0_0$,,	$\pm\ 0,0_2$,,
$2,0_0$ und mehr ,,		$\pm\ 0,0_3$,,

Größere Genauigkeiten, wie sie z. B. Bischoff[2] für kohlenstoffarmes Material angibt, lassen sich mit Rücksicht auf die vorhandenen Fehlerquellen kaum erreichen.

Anwendbarkeit des Chromschwefelsäureverfahrens.

Zur Verbrennung mit Chromschwefelsäure zum Zweck der Kohlenstoffbestimmung eignen sich alle Sorten von Eisen, Stahl und Spezialstahl, sowie eine Reihe anderer im Stahlbetrieb Verwendung findender Metalle und Legierungen. So lassen sich nach oben angegebener Arbeitsweise folgende Stoffe rückstandslos verbrennen: Ferromangan, Chrommangan, Ferrovanadium, Ferromolybdän, Ferrotitan, Mangantitan, Ferrobor, Nickelmetall, auch Molybdänmetall in Form feinen Pulvers. Dagegen konnte das Verfahren nicht angewandt werden auf folgende Stoffe, die auch nach vierstündigem Erhitzen mit Chromschwefelsäure ganz oder zum größten Teil unangegriffen zurückblieben: Ferrosilizium, Ferrowolfram, Wolframmetall, Ferrophosphor, Ferrochrom, Molybdänmetall in Form von Draht oder Blech.

2. Bestimmung des Gesamtkohlenstoffs auf trockenem Weg durch Verbrennen im Sauerstoffstrom.
(Erhitzung im elektrisch geheizten Röhrenofen.)

Grundlagen des Verfahrens. Beim Erhitzen im Sauerstoffstrom auf etwa 1100—1200° C verbrennen Eisen und Stahl vollständig zu Eisenoxyd; gleichzeitig gehen auch die übrigen im Metall vorhandenen Elemente in Oxyde über. Von letzteren Elementen bilden Kohlenstoff und Schwefel flüchtige Verbindungen, die aufgefangen und bestimmt werden können, und zwar gibt der Kohlenstoff bei genügender Sauerstoffzufuhr Kohlendioxyd, der Schwefel Schwefeldioxyd oder -trioxyd.

Wollte man die Gase ohne weiteres im Natronkalkrohr auffangen und aus der Gewichtszunahme den Kohlenstoff berechnen, so würden die Werte je nach dem vorhandenen Schwefelgehalt zu hoch oder bei unvollständiger Verbrennung (Kohlenoxydbildung) um einen entsprechenden Betrag zu niedrig ausfallen.

Zur Bestimmung des Kohlenstoffgehalts müssen daher die Gase, ehe sie in die Absorptionsröhrchen geleitet werden, durch geeignete Mittel von den vorhandenen Schwefelsauerstoffverbindungen befreit und etwa entstandenes Kohlenoxyd zu Dioxyd verbrannt werden[3].

---

[1] Vgl. hierzu z. B. O. Pettersson und A. Smitt, Zeitschr. f. anal. Chem. 32. (1893). 389. Für die Einhaltung höchstzulässiger Abweichungen ist natürlich stets vorausgesetzt, daß das Material in allen Teilen gleichmäßig zusammengesetzt ist. Wie bei nicht gleichmäßig zusammengesetztem Material zu verfahren ist, ergibt sich aus den Beispielen im ersten Teil des Buches. (S. 50 u. ff.)

[2] Stahl u. Eisen 22. (1902.) 727.

[3] Vgl. hierüber die eingehende Arbeit von Müller und Diethelm, Zeitschr. f. angew. Chem. 23. (1910.) 2114.

Erforderliche Apparate. Zur Erhitzung des Porzellanrohrs, in dem die Verbrennung des Probematerials vorgenommen werden soll, ist ein elektrisch heizbarer Horizontalröhrenofen (nach Heraeus)[1]) mit Regulierwiderstand und Anschluß an die Starkstromleitung zweckdienlich.

Ist die Bestimmung von Kohlenstoff häufig auszuführen, so ist die Beschaffung eines Röhrenofens von weitem Durchmesser sehr zu empfehlen; in diesen können nach Bedarf mehrere Porzellanrohre eingesetzt und gleichzeitig erhitzt werden, wozu nicht viel mehr Strom verbraucht wird als zur Erhitzung eines einzelnen Rohres nötig ist.

Zur Messung der im Ofen herrschenden Temperatur bedient man sich eines Thermoelementes aus Platin- und Platinrhodiumdrähten, sowie eines Millivoltgalvanometers [1]) [2]).

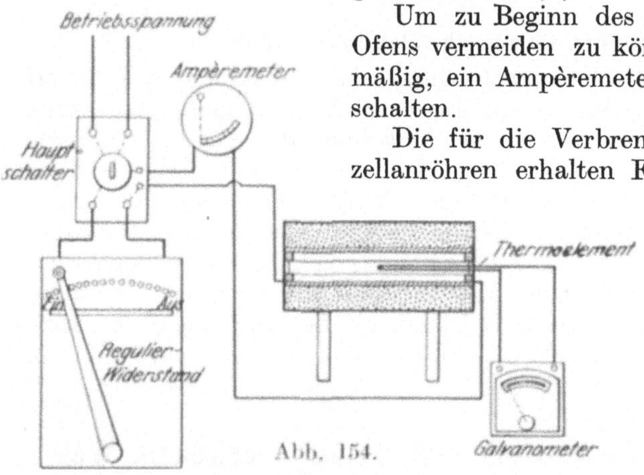

Abb. 154.

Um zu Beginn des Anheizens Überlastung des Ofens vermeiden zu können, ist es ferner zweckmäßig, ein Ampèremeter in den Stromkreis einzuschalten.

Die für die Verbrennungen erforderlichen Porzellanröhren erhalten Füllungen von Kobaltoxydpulver und Chromatgemisch[3]), die durch Stopfen aus groben Asbestfäden voneinander getrennt sind. Das Chromatgemisch würde bei der hohen Temperatur im Ofeninnern bald schmelzen und seine Wirksamkeit einbüßen; es wird deshalb in dem aus dem Ofen herausragenden Teil des Porzellanrohrs untergebracht, so daß es durch strahlende Wärme aus dem Ofeninnern noch genügend erhitzt wird, um die Verbrennung etwa noch durchziehender Reste von Kohlenoxyd zu Dioxyd und die Bindung der Schwefelsauerstoffverbindungen sicher zu bewirken.

---

[1]) Die Kosten für Beschaffung der zur elektrischen Verbrennung erforderlichen Einrichtung lassen sich nach den Preislisten von Heraeus, Hanau, aus dem Jahre 1911 beispielsweise wie folgt veranschlagen:

1 horizontaler Röhrenofen (Type D), 50 mm lichte Weite, 30 cm Rohrlänge etwa   80 Mk.
     dazu erforderliches Platin (etwa 10 g nach Tagespreis) . . . . . „   70 „
1 Vorschaltwiderstand . . . . „   80 „
1 ungeeichtes Thermoelement mit Schutzröhren . . . . „   60 „
1 Zeigergalvanometer von Siemens u. Halske . . . . „   160 „

Vorstehender Ofen erfordert bei 220 Volt Spannung etwa 10 Ampère, um Temperaturen von 1100 bis 1200° C zu liefern.

Auch der von Heraeus, Hanau, zu beziehende kleinere Horizontalofen nach Mars ist gut brauchbar, falls das Porzellanrohr in gleicher Weise wie oben beschrieben mit Kobaltoxyd und Chromatgemisch beschickt wird. Wegen der geringeren lichten Weite des Marsschen Ofens (25 mm) läßt sich nur ein Porzellanrohr darin unterbringen.

Außer den Platinfolieöfen der Firma Heraeus, Hanau, sind noch die mit Karborundumstäben als Widerstand versehenen Öfen der Firma Seibert, Berlin-Pankow (Wollankstr. 7) geeignet; sie zeichnen sich besonders dadurch aus, daß sie in wenigen Minuten auf die erforderliche Verbrennungstemperatur des Stahls gebracht werden können.

[2]) Genaueres über die Messung hoher Temperaturen vgl. „Metallographie", I. Teil, von E. Heyn und O. Bauer, Sammlung Göschen, Leipzig.

[3]) Das Chromatgemisch wird hergestellt durch Vermischen von 9 Teilen Kaliumchromat und 1 Teil Kaliumbichromat, kräftiges Erhitzen der gepulverten Mischung im Porzellantiegel bis zum Sintern und Zerstoßen der erkalteten Masse zu grobem Pulver.

Abb. 155.   Kohlenstoffbestimmung durch Verbrennen mit Sauerstoff.

Das Kobaltoxyd als nicht schmelzender Teil wird in etwa 2 bis 6 cm langer Schicht zwischen Asbestwollstopfen vor dem Chromatgemisch in dem im Ofen erhitzten Teil des Rohres untergebracht, so daß die Verbrennungsgase erst über das Kobaltoxyd und dann über das Chromatgemisch hinweggehen müssen.

Ein Plan für die Schaltung des Röhrenofens und des Thermoelementes ist in Abb. 154 wiedergegeben.

Der Aufbau des gesamten Apparates ist aus beistehender Abb. 155 ersichtlich; seine einzelnen Teile mögen hier der Reihe nach und zwar in der Richtung des Sauerstoffdurchganges beschrieben werden.

Für die Entnahme des erforderlichen Sauerstoffes ist ein Gasometer aufgestellt, der aus einer Bombe mit komprimiertem Sauerstoff gefüllt werden kann.

Den Gebrauch eines Gasometers kann man umgehen und den Sauerstoff unmittelbar der Bombe unter Vorschaltung eines Druckreduzierventils entnehmen. Aus dem Gasometer bzw. der Bombe geht der Sauerstoff zunächst zur Reinigung durch mehrere Waschflaschen mit starker Kalilauge, dann durch ein größeres Natronkalkrohr und zuletzt durch ein Rohr mit Phosphorpentoxyd. Ein Gummischlauchstück mit Quetschhahn führt von letzterem Rohr zum Porzellanrohr, oder, falls mehrere Rohre in einem Ofen gleichzeitig erhitzt werden, zu einem gegabelten Rohrstück und von da zu den verschiedenen Porzellanrohren. Die Porzellanrohre sowie das in Schutzrohre gseteckte Thermoelement werden mit Hilfe von Asbestwolle in den Mündungen des Ofens festgehalten, und zwar ist besonders darauf zu achten, daß die verschiedenen Rohre weder die Ofenwandungen noch sich gegenseitig berühren. Um die Rohre in der richtigen Lage zueinander zu halten, bedient man sich noch besser entsprechend durchbohrter Platten aus dicker Asbestpappe oder aus porösem Porzellan (wie sie zum Trocknen feuchter Kristalle im organischen Laboratorium benutzt werden), durch die zu beiden Seiten des Ofens die verschiedenen Rohre hindurchgesteckt werden (vgl. Abb. 155, S. 133). Das Ausfüllen des Raums zwischen den Rohren mit Asbestwolle ist bei Verwendung der Tonplatten überflüssig.

Das Thermoelement wird so in den Ofen eingeführt, daß seine Lötstelle an die heißeste Stelle des Ofens, die Ofenmitte, kommt. Die Drahtenden des Thermoelements werden mit den Polen des Galvanometers verbunden; man überzeugt sich gleich nach Einschalten des Hauptstroms, ob die Verbindung in richtiger Weise erfolgte: Die Nadel des Galvanometers muß nach der Skalaseite zu ausschlagen. Die Porzellanrohre werden mit der Kobaltoxyd- und Chromatfüllung auf der Seite des Gasaustrittes in den Ofen eingeschoben, so daß der Sauerstoff erst durch den leeren vorderen Teil des Porzellanrohres, der für die Einführung des Schiffchens bestimmt ist, dann durch das Kobaltoxyd und das Chromatgemisch hindurch gehen muß, um schließlich in die an das Porzellanrohr angeschlossenen Absorptionsröhrchen zu gelangen. Das erste dieser Röhrchen enthält zwischen Glaswollstopfen Phosphorpentoxyd und bezweckt, in den Gasen enthaltene Feuchtigkeit zurückzuhalten; die beiden folgenden enthalten Natronkalk und Phosphorpentoxyd und dienen zur Aufnahme des Kohlendioxyds. Sie werden in gleicher Weise wie beim Chromschwefelsäureverfahren (S. 123) beschrieben, gefüllt und behandelt. An das zweite Natronkalkröhrchen ist endlich eine Sicherheitswaschflasche mit konzentrierter Schwefelsäure angeschlossen, die verhindern soll, daß beim etwaigen Zurücksteigen der Gase Feuchtigkeit in die Natronkalkröhren gelangt. Gleichzeitig läßt sie am Durchgehen der Gasblasen die Geschwindigkeit des Gasstromes erkennen.

Zu den Verbrennungen werden nur außen glasierte Porzellanröhren benutzt. Bei einer Länge des Röhrenofens von 30 cm sind 50 cm lange Rohre ausreichend.

In einem Ofen, dessen inneres Rohr 50 mm lichte Weite besitzt, lassen sich neben dem Thermoelement leicht vier Porzellanröhren von 12 mm äußerem Durchmesser (bei 10 mm lichter Weite) unterbringen. Um Raum zu sparen, bringt man dann das ausgestreckte Thermoelement seiner Länge nach in ein beiderseits offenes, enges Rohr aus Marquartmasse und setzt dieses so in die Achse des Ofens zwischen die 4 Porzellanrohre, daß die Lötstelle des Thermoelementes in den Ofenmittelpunkt zu liegen kommt.

Zur Aufnahme des Probematerials verwendet man unglasierte Porzellanschiffchen von ca. 8 mm Breite, etwa 5—6 mm Höhe und 70—80 mm Länge[1]).

Ausführung der Bestimmung. Nach Wägen der Natronkalkröhrchen unter den beim Chromschwefelsäureverfahren angegebenen Vorsichtsmaßregeln (vgl. S. 124, Abschnitt: Blinder Versuch) wird das Probematerial auf dem ausgeglühten Porzellanschiffchen abgewogen. Von Stahl und Eisen mit mittlerem bis hohem Kohlenstoffgehalt genügen in der Regel Einwagen von 1 g, die auf Hartporzellanschiffchen von 7 cm Länge, 8 mm Breite und 5 mm Höhe Platz finden. Für größere Einwagen von 2 bis 3 g, die für kohlenstoffarmes Material nötig sind, kann man Schiffchen von 13 cm Länge, 7 mm Breite und 6 mm Höhe verwenden. Da beim Einwägen des Materials darauf zu achten ist, daß die Probe nicht über das Schiffchen hinausragt, um Anbacken der schmelzenden Oxyde an das Rohrinnere zu verhüten, so können lockere Späne, wie sie häufig zur Analyse kommen, nicht ohne weiteres verwendet werden. Solche lockeren Späne sucht man vorher durch Zusammenklopfen im Diamantmörser in dichtere und flachere Form zu bringen[2]).

Es ist aber nicht erforderlich, das Probematerial möglichst weitgehend zu zerkleinern; feine Späne und Pulver verbrennen zwar mit Leichtigkeit, die Verbrennung setzt aber meist so plötzlich ein und verläuft so rasch, daß Sauerstoffmangel eintreten kann (der Bildung von Kohlenoxyd veranlaßt) und die Flüssigkeit der letzten Waschflasche zurückzusteigen droht, wenn nicht die Sauerstoffzufuhr schnell verstärkt wird. Weniger heftig, aber doch vollständig geht die Verbrennung bei Verwendung grober Späne oder dicker Stückchen vonstatten; Roheisenstückchen von 2 mm Dicke ließen sich beispielsweise ganz glatt verbrennen, während gleich große Stückchen des nämlichen Materials beim Chromschwefelsäureverfahren nach vierstündigem Kochen kaum angegriffen worden waren.

Während des Abwägens von Natronkalkröhrchen und Probematerial läßt man einen langsamen Sauerstoffstrom durch das ausgeglühte Porzellanrohr gehen, dann schaltet man die geschlossenen Natronkalkröhrchen an, schiebt mit Hilfe eines passend gebogenen Drahtes oder eines Glasstabes das Schiffchen mit dem Probematerial bis zur Mitte des Porzellanrohrs ein, schließt das Porzellanrohr und prüft zunächst, ob der ganze Apparat dicht hält. Zu diesem Zweck läßt man durch Öffnen des Quetschhahns Sauerstoff in den Apparat eintreten und wartet ab, bis durch die Waschflaschen beim Gasometer keine Gasblasen mehr hindurchgehen. Hat sich der Apparat so weit als dicht erwiesen, so öffnet man, dem Sauerstoffstrom folgend, der Reihe nach die Hähne der Absorptionsröhrchen, wobei man jedesmal das Aufhören des Gasdurchganges abwartet. Den Sauerstoffüberdruck läßt man nach Zudrehen des Quetschhahnes für die Sauerstoffzufuhr aus dem letzten Hahn allmählich entweichen. Dann wird langsam Sauerstoff durch den ganzen Apparat geleitet und mit dem Anheizen begonnen.

---

[1]) Geeignete Porzellanschiffchen können von W. C. Heraeus, Hanau, sowie von der Firma Ströhlein, Düsseldorf, Adersstraße, bezogen werden.

[2]) Über Zusätze bei besonders schwierig verbrennendem Probematerial wie Ferrochrom, Ferrosilizium u. a. s. S. 138, unter „Anwendung des Verfahrens".

Das Arbeiten mit einem Heraeus-Ofen von 50 mm lichter Weite, dessen erreichbare Höchsttemperatur zu 1300° mit einem Stromverbrauch von $10^1/_2$ Amp. bei 220 Volt Spannung angegeben ist, gestaltet sich beispielsweise wie folgt:

Der Vorschaltwiderstand bleibt zunächst eingeschaltet. Nach Einschalten des elektrischen Stromes wird der Widerstandshebel so weit gerückt, bis das Ampèremeter 10 Ampère anzeigt. Mit dem Sinken der Stromstärke um 1 bis 2 Ampère wird jedesmal weiterer Widerstand ausgeschaltet, so daß der Stromverbrauch auf etwa 10 Ampère bestehen bleibt.

Das Galvanometer zeigt bei einem Verbrennungsversuch z. B. folgendes Fortschreiten der Temperatur im Ofen an:

nach   5 Minuten   200° C
,,   15   ,,   650° C
,,   30   ,,   850° C
,,   45   ,,   980° C
,,   60   ,,   1060° C
,,   67   ,,   1100° C

Zwischen 850 und 980° C setzt gewöhnlich die Verbrennung ein, was an plötzlichem Langsamerwerden des Gasstromes in der letzten Waschflasche und am rascheren Durchströmen des Sauerstoffs durch die vorderen Waschflaschen erkennbar wird. Um zu vermeiden, daß Luft in die Natronkalkröhrchen infolge Zurücksteigens gelangt, muß man dann die Sauerstoffzuführung, solange die Verbrennung dauert, verstärken.

Die Temperatur des Ofens wird schließlich etwa 10 Minuten auf 1150 bis (höchstens) 1200° C gehalten und währenddessen langsam Sauerstoff durchgeleitet.

Nach dieser Zeit ist die Verbrennung sicher beendet. Der elektrische Strom wird dann ausgeschaltet, der Widerstandshebel zurückgestellt und noch eine Viertelstunde langsam Sauerstoff durchgeleitet, um alles Kohlendioxyd aus dem Porzellanrohr und dem Phosphorpentoxydrohr auszutreiben. Die Natronkalkröhrchen werden hierauf geschlossen, abgenommen, zum Temperaturausgleich in den Wagenkasten gebracht und wie gewöhnlich nach $^3/_4$ bis 1 Stunde gewogen. Nach Abnehmen der Natronkalkröhrchen schließt man auch den Quetschhahn für die Sauerstoffzufuhr ab und läßt den Ofen abkühlen.

Beabsichtigt man gleich anschließend weitere Verbrennungen in dem Ofen auszuführen, so wägt man während des Abkühlens neues Probematerial ab, wägt die Natronkalkröhrchen für die nächste Verbrennung und holt, wenn inzwischen der Ofen sich auf 600° C oder darunter abgekühlt hat, das Schiffchen mit einem reinen Eisen- oder Messingdrahthaken aus dem Porzellanrohr heraus. Dann leitet man noch etwa fünf Minuten Sauerstoff durch das Rohr, hängt die frisch gewogenen Natronkalkröhrchen an und schiebt die neue Probe in das Porzellanrohr ein. Der elektrische Strom wird dann wieder eingeschaltet und im übrigen wie zu Anfang beschrieben weiter verfahren. Das Anheizen des noch warmen Ofens bis zur Erreichung der zur Verbrennung erforderlichen Temperatur erfordert erheblich weniger Zeit und Strom, was bei häufiger Ausführung der Bestimmung ins Gewicht fällt. Beim Verbrennen von groben Spänen oder Stücken werden oft ganz lose im Schiffchen sitzende Oxydstücke erhalten, die sich leicht entfernen lassen; bei feinem Material schmelzen die Oxyde fest am Schiffchen an, welches dann meist unbrauchbar wird. Das Reinigen der auf diese Weise unverwendbar gewordenen Schiffchen etwa durch Herauslösen des Eisenoxyds mit Salzsäure lohnt sich nicht.

Für die Berechnung der Kohlenstoffwerte gilt der beim Chromschwefelsäureverfahren (S. 127) angegebene Ansatz.

Beispiele.

a) Ergebnisse von blinden Versuchen. Die Gewichtsveränderungen der Natronkalkröhrchen bei Ausführung blinder Versuche (Durchleiten von Sauerstoff durch das erhitzte Porzellanrohr und durch die Natronkalkröhrchen wie beim wirklichen Versuch) fallen sowohl positiv wie negativ aus und betragen im allgemeinen nicht mehr als $\pm$ 0,0005 g. Sie sind also niedriger als beim Chromschwefelsäureverfahren und bewegen sich innerhalb der Grenzen der Wägungsfehler.

Tabelle 102.

Nr.	Probematerial	Versuch Nr.	Einwage in g	Kohlenstoff durch Verbrennen im Sauerstoffstrom bestimmt			Zum Vergleich[3]
				Gewichtszunahmen		Kohlenstoffgehalt %	Kohlenstoffgehalt nach dem Chromschwefelsäureverfahren %
				im 1. Rohr g	im 2. Rohr g		
1	Weiches Flußeisen	a)	2,773	0,0056	[0,0015]	0,06	0,06
		b)	2,001	0,0034	[0,0008]	0,05	
2	Stahl mit mittlerem Kohlenstoffgehalt	a)	1,9475	0,0386	0	0,54	0,53
		b)	2,0971	0,0398	0	0,52	
3	Stahl mit hohem Kohlenstoffgehalt	a)	2,0006	0,0948	0	1,29[1]	1,29
		b)	2,0044	0,0949	0	1,29[1]	
4	Roheisen, feine Späne	a)	1,0023	0,1137	[0,0006]	3,09	3,14
		b)	1,0053	0,1145	[0,0003]	3,10	
5	Gußeisenstückchen von 2 mm Dicke	a)	0,9970	0,1285	0	3,52	3,59[2]
		b)	1,0019	0,1295	0	3,53	

b) Ergebnisse mit verschiedenem Probematerial. In vorstehender Tabelle 102 sind die Ergebnisse einiger Verbrennungsversuche nach dem oben beschriebenen Verfahren und zum Vergleich die entsprechenden, nach dem Chromschwefelsäureverfahren erhaltenen Werte zusammengestellt.

Die Tabelle enthält die Ergebnisse der Kohlenstoffbestimmung in Ferrochrom mit und ohne Anwendung eines oxydationsbeschleunigenden Zusatzes (vgl. unten Abschnitt über die „Anwendbarkeit des Verfahrens" S. 138).

Genauigkeit der durch Verbrennen im Sauerstoffstrom erhaltenen Werte.

Die bei blinden Versuchen festgestellten Gewichtsänderungen der Natronkalkröhrchen bleiben innerhalb der Grenzen der Wägefehler. Unter der Annahme, daß die Wägefehler beim Wägen der Natronkalkröhrchen nicht über $\pm$ 0,0005 g betragen, würden sich daraus

für Einwagen von 1 g Unterschiede von $\pm$ 0,015,

für Einwagen von 2 g Unterschiede von $\pm$ 0,007

bei den Kohlenstoffwerten in Prozenten berechnen.

---

[1] Nach der Verbrennung wurden beide Proben wieder gewogen; sie zeigten folgende Gewichtszunahmen (infolge Aufnahme an Sauerstoff):

Einwage a) um 0,8169 g,

Einwage b) um 0,8128 g,

woraus sich das Verhältnis von Fe : O annähernd wie 2 : 3 berechnet; bei der Verbrennung entsteht danach Oxyd Fe_2O_3.

[2] Nach dem Chromschwefelsäureverfahren in Form feiner Späne (Durchschnittsprobe) verbrannt.

[3] In dieser Spalte sind die Kohlenstoffwerte angegeben, die sich aus der gefundenen Auswage an CO_2 (ohne Abzug) berechnen; zieht man von der CO_2-Auswage 0,002 g ab (vgl. S. 128), so erhält man bei Berechnung des Kohlenstoffgehaltes Werte, die noch besser mit den durch direktes Verbrennen im Sauerstoffstrom gefundenen übereinstimmen.

Das Verfahren der direkten Verbrennung im Sauerstoffstrom stellt sich demnach in bezug auf die Genauigkeit der damit erzielten Werte günstiger als das Chromschwefelsäureverfahren. Die Wägefehler kommen bei diesem Verfahren ebenfalls in der zweiten Dezimalstelle zum Ausdruck, so daß bei den angenommenen kleinen Einwagen von 1 bis 3 g als zulässige Abweichungen bei genauen Bestimmungen die für das Chromschwefelsäureverfahren angegebenen Zahlenwerte (s. S. 131) beibehalten werden können.

Um den Einfluß der Wägefehler auf die Ergebnisse zu vermindern und genauere Kohlenstoffwerte zu erhalten, kann man größere Probemengen (10 bis 15 g) einwägen und in einem weiten Porzellanrohr auf größeren Schiffchen verbrennen[1]).

Anwendbarkeit des Verfahrens.

Das Verfahren der Kohlenstoffbestimmung durch Verbrennen des Materials mit Sauerstoff bei 1150 bis 1200° C ist auf alle Arten von Material anwendbar, die sich nach dem Chromschwefelsäureverfahren verbrennen lassen. Auch die meisten der mit Chromschwefelsäure schwieriger oder nicht verbrennbaren Wolframstähle und Wolframlegierungen, Ferromolybdän und andere bieten der Verbrennung mit Sauerstoff keine Schwierigkeit; Zusätze von oxydationsbeschleunigenden Stoffen sind nur in gewissen Fällen bei besonders widerstandsfähigem Material wie Ferrochrom, Siliziumkarbid, (Karborundum) u. a. erforderlich. Entstehen bei der Verbrennung eines Probematerials wie Ferrovanadin, Ferromolybdän u. a. Stoffe, die durch Überkriechen über den Rand des Schiffchens das Porzellanrohr in Gefahr bringen, so setzt man der eingewogenen Probe ein aufsaugendes Mittel wie Tonerde, Manganoxyd oder andere hinzu.

Ohne den Zusatz eines die Oxydation beschleunigenden Mittels läßt sich die Kohlenstoffbestimmung nicht sicher durchführen bei den verschiedenen Arten von Ferrochrom, sowie verschiedenen Siliziumlegierungen, besonders Siliziumkarbid. Die Verbrennung dieser Proben ohne Zusatz, auch bei feinst gepulverter Probe, liefert bei der Wiederholung stets Gewichtszunahmen der Natronkalkröhrchen.

Zur Ausführung der Kohlenstoffbestimmung in Ferrochrom usw. mischt man die abgewogene, aufs feinste gepulverte Probe (von kohlenstoffreichem Ferrochrom 0,5 g, von kohlenstoffarmem 1 bis 2 g) in einem Achatschälchen mit etwa der gleichen bis dreifachen Menge eines geeigneten Zusatzes und verbrennt die Mischung im Porzellanschiffchen in der üblichen Weise. Als Zusätze eignen sich besonders: Wismutmetall oder Wismutoxyd, die ein in der Hitze fließendes Oxyd geben, oder Kobaltoxyd, welches in der Hitze nicht schmilzt. Kohlenstoffarmes Ferrochrom, welches sich nicht fein pulvern läßt, verwendet man in Form möglichst kleiner Späne oder Stückchen, die man mit dem Zusatzmittel mengt und überstreut.

Bei allen schwer verbrennenden Proben überzeuge man sich durch nochmaliges Verbrennen der Probe, ohne erst das Schiffchen aus dem Ofen zu nehmen, daß keine Gewichtszunahme der Natronkalkröhrchen mehr stattfindet; findet eine solche statt, so wiederhole man die Verbrennung auch ein drittes oder viertes Mal.

Bei Proben, die sich auch bei Anwendung solcher Zusatzmittel nur unvollkommen verbrennen lassen, würde schließlich noch das Chlorverfahren zu versuchen sein. Es besteht in der Verflüchtigung von Eisen, Silizium und anderen Metallen in Form der Chloride; im Rückstand verbleiben Kohlenstoff, nicht flüchtige Chloride und Schlackenteile. Das Verfahren setzt voraus, daß

---

[1]) H. Augustin, Zeitschr. f. angew. Chem. 24. (1911). 1800.

die Probe keine reduzierbaren Oxyde enthält (z. B. Kieselsäure, die in Ferrosilizium vorkommt oder Eisenoxyd); bei Gegenwart von derartigen Oxyden kann infolge einer Einwirkung des Chlors auf Kohlenstoff und Oxyd Bildung von Kohlenoxyd (bzw. Chlorkohlenoxyd $COCl_2$) und damit Kohlenstoffverlust eintreten, z. B. nach:

$$Fe_2O_3 + 3\ C + 3\ Cl_2 = 2\ FeCl_3 + 3\ CO.\ \text{oder}$$
$$SiO_2 + 2\ C + 2\ Cl_2 = SiCl_4 + 2\ CO.$$

Das Chlorverfahren besitzt keinesfalls die Vorzüge eines absolut zuverlässigen Verfahrens und kann daher nur als Notbehelf in Fällen zur Anwendung kommen, wenn alle anderen Verfahren versagen.

Über die Ausführung des Chlorverfahrens vgl. bei Silizium S. 160.

Um den Kohlenstoff in dem beim Chlorverfahren erhaltenen Rückstand zu bestimmen, bringt man den Inhalt des Schiffchens (vgl. S. 162) in ein Becherglas, kocht mit Salzsäure aus, filtriert über Asbest und wäscht die Säure gut aus. Asbest und Rückstand werden wie bei Graphit angegeben, getrocknet und verbrannt.

Bei Ferrochrom kann der bei der Chlorbehandlung verbleibende Rückstand jedoch noch nicht in dieser Weise zur Kohlenstoffbestimmung benutzt werden, da Chromchlorid, welches bei der Behandlung mit Chlor nicht verflüchtigt wurde, mit Säure nicht in Lösung geht; um dies zu ermöglichen, erhitzt man den Rückstand sofort nach dem Herausnehmen aus dem Verbrennungsrohre in einem anderen Verbrennungsofen im Wasserstoffstrom (näheres s. S. 162); den dabei erhaltenen grauen Rückstand löst man im bedeckten Becherglas mit Salzsäure (wobei sich Wasserstoff entwickelt) und verfährt mit dem nunmehr verbleibenden Rückstand, wie beim Graphit (S. 146) angegeben. Es scheint, daß beim Lösen der reduzierten chromhaltigen Rückstände mit Salzsäure Kohlenstoffverluste durch Entwicklung von Kohlenwasserstoff eintreten; man achte daher darauf, daß das Chrom schon bei der Chlorbehandlung möglichst vollständig verflüchtigt wird.

Es muß nochmals bemerkt werden, daß bei Anwesenheit von Oxyden im Probematerial (Siliziumdioxyd, Chromoxyd, Eisenoxyd oder andere) der Kohlenstoffgehalt nach dem Chlorverfahren zu gering ausfällt. Die Anwesenheit von Oxyden in dem beim Chlorverfahren erhaltenen Rückstand gibt sich an dem Auftreten von Wassertröpfchen an den kühleren Stellen des Verbrennungsrohres zu erkennen, wenn man die Probe im sauerstofffreien Wasserstoffstrom erhitzt.

Es ist daher zweckmäßig, besonders bei oxydhaltigem Probematerial dieses schon vor der Chlorbehandlung im Wasserstoffstrom kurze Zeit zu erhitzen, bis kein Wasserdampf mehr entsteht.

Als Notbehelf kann mitunter auch das Kupferchlorid-Verfahren zur Abscheidung und Bestimmung des Kohlenstoffs herangezogen werden. Es beruht darauf, daß die Eisenprobe mit neutraler Kupferchloridlösung umgesetzt wird, wobei unter Abscheidung von Kupfer das Eisen gelöst wird, während Kohlenstoff als solcher zurückbleibt. Nach Lösen des Kupfers mit Salzsäure unter Erwärmen kann der Kohlenstoff in gleicher Weise wie Graphit nach der Abscheidung abfiltriert und bestimmt werden.

Infolge der Fehlerquellen, die dem Kupferchloridverfahren und ähnlichen Verfahren der gleichen Art anhaften, können die mit diesem Verfahren erzielten Werte nicht als unbedingt zuverlässig bezeichnet werden.

Versuche. Eine Ferrochromprobe, die bei direkter Verbrennung mit Wismut im Sauerstoffstrom Kohlenstoffgehalte von

$$6{,}2_3 - 6{,}3_3 - 6{,}4_3\ \text{im Mittel}\ 6{,}3_3\,{}^0/_0$$

ergab, lieferte nach dem Chlorverfahren bei völliger Verflüchtigung des Chromchlorides $6{,}2_5\,{}^0/_0$ Kohlenstoff.

Um den Einfluß von Oxyden bei der Chlorbehandlung oxydhaltigen Ferrochroms festzustellen, wurde verschiedenen Einwagen von je 0,5 g der gleichen Ferrochromprobe 0,05 g eines Oxydes zugemischt und der Kohlenstoffgehalt der Probe nach dem Chlorverfahren bestimmt. Dabei wurden folgende Werte erhalten:

Tabelle 103.

Versuch Nr.	Zugesetztes Oxyd	Kohlenstoffgehalt nach dem Chlorverfahren	Verlust
1	—	6,25%	—
2	Eisenoxyd Fe_2O_3	3,83 „	2,42%
3	Chromoxyd Cr_2O_3	4,21 „	2,04 „
4	Kieselsäure SiO_2	5,41 „	0,84 „

3. Bestimmung des Gesamtkohlenstoffs in kohlenstoffarmem Material. (Barytverfahren.)

Wie die Versuche der Kohlenstoffbestimmung nach den im vorstehenden beschriebenen Verfahren erkennen lassen, ist die Genauigkeit der für kohlenstoffarmes Material erhaltenen Werte (vgl. z. B. Tabelle 101 und 102 Nr. 1) keine große, da einerseits die vorhandenen Fehlerquellen nicht mit Sicherheit zu vermeiden sind und andererseits die Einwagen nicht beliebig viel größer als 3 bis 5 g genommen werden können, ohne daß die Ausführung der Verfahren erschwert würde.

Die Genauigkeit der Kohlenstoffbestimmung kann aber dadurch erhöht werden, daß man den Kohlenstoff nicht in Form von Kohlendioxyd, das ein verhältnismäßig niedriges Molekulargewicht besitzt, zur Wägung bringt, sondern in Form einer Verbindung von höherem Molekulargewicht, ein Weg, der bei bei der vorbildlich gewordenen Bestimmung des Phosphors als phosphormolybdänsaures Ammon schon seit langem in Anwendung ist.

Grundlagen des Verfahrens. Das beim Verbrennen des Kohlenstoffs gebildete Kohlendioxyd wird durch Auffangen mit Barytwasser in Bariumkarbonat übergeführt, dieses mit Salzsäure gelöst, das Bariumsalz mit verdünnter Schwefelsäure gefällt und das entstandene Bariumsulfat bestimmt. Der Kohlenstoff wird also nach diesem Verfahren in Form von Bariumsulfat gewogen, wobei ein Atom Kohlenstoff = 1 Molekül $BaSO_4$ entspricht.

Die Grundlagen dieses Verfahrens sind nicht neu; die Überführung des Kohlendioxyds in Bariumkarbonat ist z. B. schon von O. Pettersson und Smitt[1]), sowie von Aupperle[2]) für die Bestimmung von Kohlenstoff in Eisen und Stahl verwertet worden. Es fehlte aber bisher eine zweckmäßige Form für die Ausführung des Verfahrens, die es ermöglicht, das Zutreten von Kohlendioxyd aus der Luft möglichst vollkommen auszuschließen.

Erforderliche Apparate und Lösungen. Zur Verbrennung des Probematerials verwendet man das im vorhergehenden beschriebene Verfahren der Verbrennung im Sauerstoffstrom durch Erhitzen im elektrischen Ofen. Anstatt der Natronkalkröhrchen wird aber zum Auffangen des Kohlendioxyds hinter dem Verbrennungsrohr ein Kugelrohr mit Barytlauge und an dieses eine Barytlauge enthaltende Waschflasche angeschaltet, die durch ein Natronkalkrohr gegen das Eindringen von Kohlendioxyd aus der Luft geschützt ist (Abb. 156).

---

[1]) Berichte 23. (1890). 1401 und Zeitschr. f. anal. Chem. 32. (1893). 385.
[2]) Journ. Amer. Chem. Soc. 28. (1906). 858 und Chem.-Ztg. Repert. 1906. 316.

Zum Abfiltrieren und Auswaschen des im Kugelrohr gefällten Bariumkarbonatniederschlages unter Ausschluß von Kohlendioxyd dient die nach Abb. 157 zusammengestellte Vorrichtung, bestehend aus Saugflasche, Rohrtrichter und mehreren Natronkalk enthaltenden Röhren.

Der Bariumkarbonatniederschlag muß mit kohlendioxydfreiem Wasser ausgewaschen werden; die Herstellung des kohlendioxydfreien Wassers erfolgt durch Auskochen von destilliertem Wasser und Erkaltenlassen unter Durchsaugen von kohlendioxydfreier Luft. Das Wasser wird unter Ausschluß der Luftkohlensäure in eine mit Hebervorrichtung und Natronkalkrohr versehene Vorratsflasche abgefüllt. (Obere Flasche in Abb. 157.) Die für die Bestimmungen erforderliche Barytlauge wird wie folgt hergestellt: 194 g kristallisiertes Chlorbarium werden in einer etwa 5 l fassenden Flasche mit Wasser gelöst; hierzu kommen 64 g Ätznatron, die man in Wasser gelöst zugibt. Nach Auffüllen auf 5 l schüttelt man das Ganze tüchtig um. Wenn der dabei sich bildende Bariumkarbonatniederschlag abgesetzt und die überstehende Lösung völlig klar ist, wird die aus der Abb. 158 ersichtliche Entnahmevorrichtung auf die Flasche gesetzt. Der am Heberrohr angebrachte Hahn wird durch einen übergeschobenen Gummistopfen mit passendem Röhrchen vor dem Verstopfen infolge Kohlendioxydzutritts geschützt.

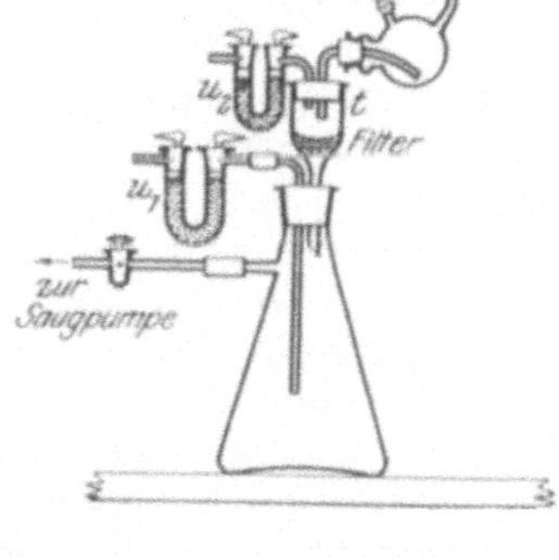

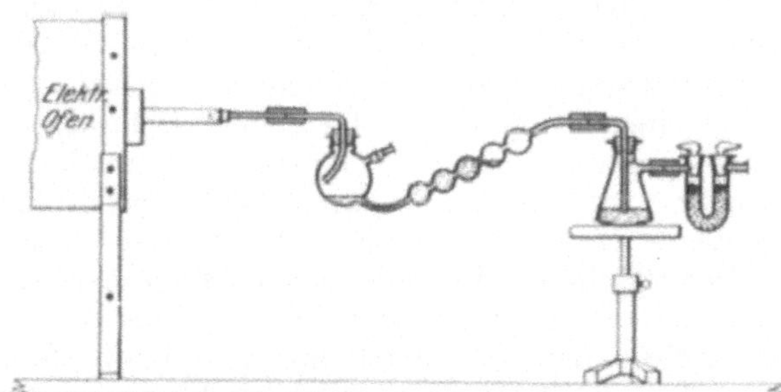

Ausführung der Bestimmung. Man wägt 1 bis 2 g des Probematerials auf einem wie bei vorigem Verfahren vorbereiteten Hartporzellanschiffchen ab und schiebt das Schiffchen mit Probe in das Heizrohr, das in den elektrischen Röhrenofen eingesetzt ist. An das Porzellanrohr ist das leere, trockene Kugelrohr mit leerer Waschflasche und bereits gefülltem Natronkalkrohr angeschlossen. Um zunächst aus dem Rohr und den damit verbundenen Apparaten vorhandenes Kohlendioxyd zu entfernen, wird während etwa 20 Minuten ein langsamer Strom von kohlendioxydfreiem Sauerstoff durchgeleitet. Nach dieser Zeit nimmt man die an das Kugelrohr angeschlossene Waschflasche ab, ohne das Durchleiten von Sauerstoff zu unterbrechen, füllt klare Barytlauge aus der Vorratsflasche ein und schließt die Waschflasche wieder an das Kugelrohr an. Wenn nach weiterem, etwa 15 Minuten langem Durchleiten von Sauerstoff die Barytlauge in der Waschflasche

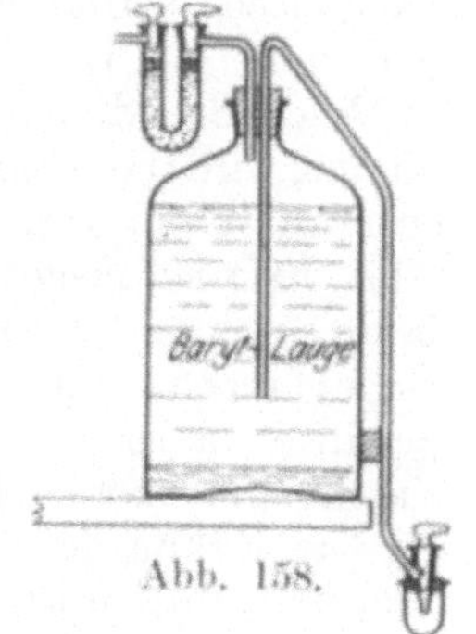

Abb. 158.

keine Trübung aufweist, in den Apparaten also kein Kohlendioxyd mehr vorhanden ist, füllt man in das Kugelrohr so viel klare Barytlauge ein, daß die Lauge beim Durchgehen des Sauerstoffs höchstens bis zur vorletzten Kugel der Kugelrohrvorlage gelangt (etwa 15 bis 25 ccm) und verbindet das Kugelrohr wieder mit Porzellanrohr und Waschflasche. Beim Einfüllen der Barytlauge setze man die Kugelrohrvorlage nicht unnötig dem Zutritt kohlendioxydhaltiger Luft aus.

Ehe die Verbrennung der Probe erfolgen kann, muß nun der Apparat auf seine Dichtheit geprüft werden. Zu dem Zweck wird ein Hahn am Natronkalkrohr hinter der Waschflasche geschlossen und weiterer Sauerstoff in den Apparat eingelassen. Wenn der Apparat dicht ist, so kommt der Sauerstoffstrom nach kurzer Zeit zum Stillstand. Etwa vorhandene undichte Stellen müssen ausgebessert werden. Ist der Apparat in Ordnung, so läßt man durch vorsichtiges Öffnen des Hahns am Natronkalkrohr den Sauerstoffüberschuß allmählich entweichen und leitet dann durch Einschalten des elektrischen Stromes die Verbrennung der Probe ein. Die Verbrennung selbst wird im übrigen genau so ausgeführt, wie sie beim vorhergehenden Verfahren beschrieben ist[1]). (S. S. 135.)

Während des Verbrennens kann man die zum Filtrieren des Bariumkarbonatniederschlages erforderliche Vorrichtung nach Abb. 157 vorbereiten; man verfährt dabei in folgender Weise: In den rohrförmigen Trichter t bringt man etwas Glaswolle, legt auf diese ein der Weite des Rohrtrichters entsprechendes Porzellansiebplättchen und auf dieses ein passend geschnittenes Stück Filtrierpapier (Weißbandfilter). Dieses Filter bedeckt man mit etwas gereinigtem, trockenem Asbest, wie er beim Filtrieren des Graphits (S. 146, Anm. 2) benützt wird, und verteilt diesen mit Hilfe der Spritzflasche und unter schwachem Saugen mit der Wasserstrahlpumpe zu einer gleichmäßigen, dichten Schicht.

Der so vorbereitete Trichter befindet sich in der einen Bohrung eines doppelt durchbohrten Gummistopfens auf einer Saugflasche; die andere Bohrung des Gummistopfens enthält ein Glasrohr, an das ein Natronkalkrohr u_1 mit langer Natronkalkschicht angeschlossen ist. Die Saugflasche steht durch ein Glasrohr mit Hahn, sowie durch eine Wasser enthaltende Waschflasche mit der Wasserstrahlpumpe in Verbindung. Der Trichter wird mit einem doppelt durchbohrten Gummistopfen verschlossen, dessen eine Bohrung mit dem Natronkalkrohr u_2 versehen ist, während die andere zentrale Bohrung vorläufig durch ein Glasstabstück verschlossen ist. Zur Entfernung des im Filtrierapparat vorhandenen Kohlendioxyds saugt man einen langsamen Luftstrom durch das oben am Trichter befindliche Rohr u_2 und nach einiger Zeit durch das an der Saugflasche befindliche Rohr u_1, schließt dann den zur Pumpe führenden Hahn und stellt die Wasserstrahlpumpe ab.

Nach Beendigung der Verbrennung, die etwa $1^1/_2$ bis 2 Stunden in Anspruch nimmt, wird das Kugelrohr abgenommen und die daran befindliche Waschflasche entfernt; dann wird das Glasstabstück aus dem Stopfen des Trichters (t vgl. Abb. 157) herausgenommen und das Einleitröhrchen am Kugelrohr, ohne daß beide auseinandergenommen werden, an Stelle des Glasstabstückes in die Bohrung eingeschoben. Das freie Ende des Kugelrohres wird mit dem Schlauchstück der in etwa 100 bis 120 cm Höhe über dem Arbeitstisch aufgestellten Wasserflasche (mit kohlendioxydfreiem Wasser) verbunden.

Die Hähne der beiden Natronkalkrohre u_1 und u_2 werden geschlossen, die Wasserstrahlpumpe in Gang gesetzt und durch Öffnen des Hahns zwischen Pumpe und Saugflasche ein langsamer Luftstrom durch den Apparat gesaugt.

---

[1]) An dem Trübwerden der Barytlauge beim Verbrennen kann man beobachten, daß die Entwicklung von Kohlendioxyd bei den meisten Materialien um etwa 700° C einsetzt, also früher als die eigentliche Verbrennung des Eisens beginnt.

Die Geschwindigkeit des durchziehenden Luftstroms kann man nach der Aufeinanderfolge der Luftblasen in der Waschflasche beurteilen.

Die Barytlauge samt dem flockigen Bariumkarbonatniederschlag aus dem Kugelrohr wird dadurch in den Trichter abgehebert und durch das Filter abfiltriert[1]), während durch das Natronkalkrohr u_3 kohlendioxydfreie Luft nachdringt. Ist alles Flüssige durchfiltriert, so öffnet man den Hahn des vorher durch Ansaugen mit Wasser gefüllten Hebers der über dem Arbeitstisch angebrachten Wasserflasche (die Hähne des großen Natronkalkrohres u_3 können dauernd geöffnet bleiben), und läßt etwas Wasser in das Kugelrohr einfließen. Während des Durchfließens schüttelt man das Kugelrohr, um anhaftende Reste von Barytlauge zu entfernen. Dann schließt man den Hahn am Heber und läßt alle Flüssigkeit abfiltrieren unter dauerndem schwachem Saugen mit der Wasserstrahlpumpe. Das Auswaschen des Kugelrohrs wird in dieser Weise noch mehrmals wiederholt. Um eine etwas reichlichere Menge Wasser in die große Kugel des Kugelrohres zu bekommen, kann man beim Einfließen) lassen den an der Kugel befindlichen Hahn kurze Zeit öffnen und etwas Luft austreten lassen. Nach etwa sechsmaligem Auswaschen wird Kugelrohr und Filter samt Niederschlag in den meisten Fällen frei von Barytlauge sein. Nach genügendem Waschen nimmt man das Kugelrohr sowie den Trichter ab, löst den im Trichter vorhandenen Bariumkarbonatniederschlag mit verdünnter Salzsäure in ein kleines Becherglas, spült dann Kugelrohr und Einleitrohr mit Salzsäure und Wasser aus und gießt die dabei erhaltene Lösung gleichfalls durch das Asbestfilter zur Hauptmenge der Barytlösung. Kugelrohr, Einleitrohr und Filter werden gründlich mit Salzsäure und Wasser ausgewaschen, die erhaltene Lösung auf dem Dampfbad auf etwa 10 ccm eingeengt und in einen gewogenen Porzellantiegel übergeführt. Das Becherglas wird mit wenig verdünnter Salzsäure nachgewaschen; dann wird der Lösung im Porzellantiegel verdünnte Schwefelsäure zugegeben, um sämtliches Barytsalz in Bariumsulfat überzuführen, und zur Trockne eingedampft. Zuletzt erhitzt man auf dem Finkenerturm (Abb. 161, S. 152) vorsichtig, um überschüssige Schwefelsäure, die in jedem Fall vorhanden sein muß, abzurauchen, und bringt Tiegel mit Niederschlag über der vollen Bunsenflamme kurze Zeit zum Glühen. Das Bariumsulfat wird nach Erkalten des Tiegels gewogen.

Anstatt die Barytlösung im Porzellantiegel einzudampfen, kann man auch aus der stark eingeengten, nur noch schwach salzsauren Barytlösung durch Zusatz verdünnter Schwefelsäure in geringem Überschuß das Barium ausfällen, den Niederschlag absitzen lassen, nach Klärung der Lösung abfiltrieren, im gewogenen Platin- oder Porzellantiegel veraschen, glühen und das Bariumsulfat wägen.

Berechnung. Da jedes Atom Kohlenstoff einem Molekül Bariumkarbonat bzw. einem Molekül Bariumsulfat entspricht, so berechnet sich der Prozentgehalt des angewandten Materials an Kohlenstoff bei e Gramm Einwage und einer Auswage von a Gramm Bariumsulfat wie folgt:

$$\% \text{ Kohlenstoff} = \frac{5.14\,a}{e}.$$

Beispiele.

a) Ergebnisse von blinden Versuchen. Die blinden Versuche wurden bei der Verbrennung von Probematerial in oben angegebener Weise durchgeführt,

---

[1]) Das Filtrat ist anfänglich stets klar; es trübt sich oft nach einiger Zeit, aber nicht infolge trüben Filtrierens, sondern durch geringe in der Saugflasche vorhandene Mengen Kohlendioxyd, die in der Saugflasche verbleiben, wenn nicht sorgfältig mit CO_2-freiem Wasser ausgespült und lange genug CO_2-freie Luft durchgeleitet wird.

jedoch kein Schiffchen eingeschoben. Das Rohr wurde unter Durchleiten von Sauerstoff erhitzt und der Sauerstoff durch die mit klarer Barytlauge beschickte Kugelröhre geleitet. Nach Beendigung der Versuche zeigte die Barytlauge

Tabelle 104.

Probe-Nr.	Bezeichnung des Materiales	Verbrennung im Sauerstoffstrom bei elektr. Erhitzung						Nach dem Chromschwefelsäureverfahren (Seite 122)[2]
		Barytverfahren			Auffangen der CO_2 im Natronkalkrohr (Verfahren Seite 131)			
		Einwage in g	Gewogen g $BaSO_4$	Gehalt an C in %	Einwage in g	Gewogen g CO_2	Gehalt an C in %	% C
1	Spezialstahl (Chrom, Wolfram u. Vanadin enthaltend)	0,9997 0,9996	0,1151 0,1151	0,592 0,592	2,210	0,0486	0,60	0,62
2	Gewöhnlicher Stahl	1,0150 1,0045	0,1307 0,1295	0,662 0,662	1,674 1,713	0,0401 0,0413	0,65 0,66	0,66
3	Nickelmetall [1]	1,5064 1,0033	0,0567 0,0390	0,193 0,200	1,0085 1,0060	0,0073 0,0074	0,20 0,20	0,22
4	Kesselblech (Flußeisen)	2,534 2,517	0,0221 0,0219	0,045 0,045	2,399	0,0046	0,05	0,05
5	Weiches Flußeisen	3,015 2,502	0,0294 0,0226	0,050 0,046	2,773 2,001	0,0056 0,0034	0,06 0,05	0,06
6	Silikomangan	1,191 1,807	0,0122 0,0183	0,053 0,052	1,104	0,0037	0,09	Wird nicht angegriffen
7	Weiches Flußeisen	2,50 2,50	0,0069 0,0070	0,014 0,014	1,996	0,0014	0,02	0,02
8	Wolframmetall	1,001 1,007	0,0035 0,0032	0,018 0,016	1,327 1,002	0,0013 0,0016	0,03 0,04	Wird nicht angegriffen
9	Sehr weiches Flußeisen	2,536 2,688	0,0059 0,0057	0,012 0,011	2,681 2,660	0,0019 0,0016	0,02 0,02	0,03
10	Prähistorischer Pfriem	0,2040 0,2043	0,0130 0,0138	0,327 0,348	— —	— —	— —	—

nur sehr geringe Trübung von Bariumkarbonat. Die Barytlösung wurde filtriert, das Bariumkarbonat in Sulfat übergeführt und letzteres gewogen.

Erhalten wurden

bei Versuch 1: 0,0010 g $BaSO_4$
bei Versuch 2: 0,0012 g   ,,

b) Versuche mit verschiedenem Probematerial. Zum Vergleich sind in vorstehender Tabelle 104 außer den nach dem Barytverfahren erhaltenen Kohlenstoffwerten noch die bei Anwendung der beiden im vorhergehenden beschriebenen Verfahren erhaltenen angegeben.

Genauigkeit der nach dem Barytverfahren erhaltenen Kohlenstoffwerte.

Nach dem Ergebnis der ausgeführten blinden Versuche könnte der Kohlenstoffgehalt einer Probe bei 1 g Einwage um 0,005 % und bei 2 g Einwage um

---

[1] Nickelmetall wird im Sauerstoffstrom bei 1200° C nicht völlig verbrannt; die Späne überziehen sich mit einer Schicht Oxyd, das bei 1200° C noch nicht schmilzt. Trotzdem scheint der Kohlenstoff vollständig zu verbrennen, wie aus der Übereinstimmung der Ergebnisse mit dem Ergebnis der Chromschwefelsäureverbrennung hervorgeht.

[2] Die hier angegebenen Kohlenstoffwerte sind aus der gefundenen Menge CO_2 ohne Abzug berechnet (vgl. hierzu S. 128 und Tabelle 102, Anm. 3).

rund 0,003 % zu hoch gefunden werden; die beim Wägen des Bariumsulfats entstehenden Fehler machen bei sorgfältigem Arbeiten nur unwesentliche Beträge aus, so daß sich mit dem Barytverfahren Werte für den Kohlenstoff erreichen lassen, die bei 2 g Einwage um höchstens $+ 0,003 \%$ vom wirklichen Wert abweichen.

Da die Fehler erst in der 3. Dezimale des prozentischen Kohlenstoffwertes auftreten, so können die Werte bis zur unsicheren (daher kleinzuschreibenden) 3. Dezimale angegeben werden.

Als höchst zulässige Abweichungen lassen sich folgende einhaltbare Beträge für das Barytverfahren angeben, unter der Voraussetzung, daß wenigstens 2 g Einwage benutzt werden:

für Kohlenstoffgehalte von 0,01o bis 0,25 %   ± 0,002

„   „   „ 0,25 bis 0,60 %   ± 0,004.

Anwendbarkeit des Barytverfahrens.

Das Verfahren eignet sich vor allem für kohlenstoffarmes Material jeglicher Art, sofern im Sauerstoffstrom bei Temperaturen bis zu 1200° C dessen Verbrennung möglich ist. Bei höheren Kohlenstoffwerten als 0,60 % ergeben sich erhebliche Mengen Bariumsulfat, so daß man mit kleineren Materialmengen arbeiten müßte.

Da indessen beim Abwägen kleiner Probemengen nicht immer genaue Durchschnittsproben erhalten werden, so sind bei größeren Kohlenstoffgehalten die Verfahren 1 und 2 geeigneter.

Außerdem eignet sich das Verfahren vorzüglich in allen Fällen, wenn es sich um die Kohlenstoffbestimmung in einem beliebigen Material handelt, von dem nur sehr geringe Mengen zur Verfügung stehen. (Tabelle 104, Probe 10 zeigt die Untersuchung eines prähistorischen Pfriems, von dem seiner Erhaltung wegen nur geringe Mengen entnommen werden konnten.)

b) Graphit und Temperkohle.

Grundlagen des Verfahrens. Graphit und Temperkohle verhalten sich in chemischer Beziehung so gleichartig, daß sie auf analytischem Wege nicht voneinander getrennt werden können. Ihre gemeinsame Abscheidung und Trennung von gebundenem Kohlenstoff beruht darauf, daß sie durch kochende verdünnte Salpetersäure nicht verändert werden. während die Arten des gebundenen Kohlenstoffs dabei in flüchtige oder salpetersäurelösliche Kohlenstoffverbindungen übergehen.

Ausführung der Bestimmung (nach Ledebur). Von tiefgrauem Roheisen werden 1 g, von hellgrauem oder von getempertem Eisen 2—5 g, von hochprozentigem Nickelstahl 5—10 g abgewogen [1]), in einem hohen Becherglas von 300—600 ccm Inhalt bei aufgedecktem Uhrglas mit verdünnter Salpetersäure (spez. Gewicht 1,2) gelöst und zwar verwendet man für jedes Gramm Eisen etwa 25 ccm dieser Säure. Um bei der anfangs eintretenden heftigen Einwirkung der Säure Verluste infolge Überschäumens zu vermeiden, kühlt man durch Eintauchen des Becherglases in kaltes Wasser oder unter der Wasserleitung ab. Läßt die Einwirkung nach, so führt man schließlich durch Erwärmen auf dem Sandbad oder der Asbestplatte den Lösungsvorgang zu Ende. Enthält

---

[1]) Für die Bestimmung des Graphits oder der Temperkohle ist es vielfach zweckmäßig, nicht Späne, sondern Stückchen für die Analyse zu verwenden; dies gilt namentlich für solche Fälle, bei denen es darauf ankommt, den Graphit- oder Temperkohlengehalt an verschiedenen Stellen des Querschnittes eines Probestückes zu ermitteln; vgl. das im ersten Teil des Buches, S. 61 hierüber Gesagte.

die Probe viel Silizium (z. B. graues Roheisen), so gibt man nach erfolgter
Lösung $^1/_2$—1 ccm Flußsäure [1]) zu, um das gebildete gallertige Siliziumdioxyd,
das beim Filtrieren das Filter verstopfen würde, zu lösen. Dabei ist aber darauf
zu achten, daß nicht kleine Teilchen von Paraffin, die bei Aufbewahrung der
Flußsäure in Paraffinflaschen oft auf der Säure schwimmen, mit in das Becherglas gelangen. Die Lösung des Eisens oder Stahls wird dann, mit einem Uhrglas bedeckt, auf dem Asbestdrahtnetz über kleiner Flamme 1—2 Stunden
lang im schwachen Sieden erhalten, darauf mit Wasser verdünnt, zum Absitzen des Ungelösten kurze Zeit stehen gelassen und durch ein gut laufendes
und dichtes Asbestfilter [2]) in einen Erlenmeyerkolben abfiltriert.

Wenn die ganze Flüssigkeit samt dem unlöslichen Rückstand aus dem
Becherglas aufs Filter gebracht ist, reibt man die an den Wänden des Becherglases haftenden Teile mit Hilfe von etwas trockenem Asbest und unter Anwendung eines Glasstabes, über dessen schwach gebogenes Ende ein Stückchen
glatter (schwarzer) Gummischlauch gezogen ist, ab, spült das Becherglas mit
warmem Wasser aufs Filter aus, und wäscht Filter und Rückstand mit Wasser
säurefrei.

Den Rückstand auf dem Asbestfilter kann man nach vorherigem Auskochen
der Chromschwefelsäurelösung nach dem Chromschwefelsäureverfahren verbrennen.

Das feuchte Filter samt Rückstand wird zu diesem Zweck mit einer Pinzette
vorsichtig aus dem Trichter gehoben und auf einem Uhrglas in etwas trockenen
ausgeglühten Asbest eingehüllt; der Trichter wird mit trockenem Asbest ausgerieben und die Reste zur Hauptmenge gegeben. Den ganzen Asbestknäuel
wirft man nach Herausheben des Kühlers in den Verbrennungskolben ein und
verfährt dann zur Verbrennung des Graphits und der Temperkohle bis zur
Wägung des Kohlendioxyds in der bei Bestimmung des Gesamtkohlenstoffs
beschriebenen Weise (vgl. S. 122).

Sehr bequem gestaltet sich auch die Verbrennung des abfiltrierten Graphits
mit Sauerstoff im elektrischen Ofen nach dem auf S. 131 angegebenen Verfahren. Man packt das feuchte Filter unter Zuhilfenahme einer Pinzette in
ein ausgeglühtes Porzellanschiffchen, reibt die am Trichter haftenden Graphit-
reste mit etwas trockenem Asbest heraus und bringt die Reste zur Hauptmenge
ins Schiffchen; hierauf trocknet man das Schiffchen samt Inhalt im Trockenschrank bei 105° C und verbrennt den Graphit in der für den Gesamtkohlenstoff angegebenen Weise (S. 135).

Die Berechnung erfolgt gleichfalls wie bei Bestimmung des Gesamtkohlenstoffs angegeben.

---

[1]) Die Flußsäure gießt man am besten aus einem reinen Platintiegel ins Becherglas,
so daß sie nicht mit den Wandungen des Becherglases in Berührung kommt.

[2]) Asbest zur Herstellung guter Filter wird auf folgende Weise erhalten:
Langfaseriger Asbest wird in etwa 1 cm lange Stücke (nicht wie üblich in dünne lange
Fäden) zerzupft; diese werden mehrmals mit starker Salzsäure unter Erwärmen ausgezogen,
bis sie frische Salzsäure nicht mehr erheblich gelb färben, und mit heißem Wasser säurefrei gewaschen. Die gewaschenen Asbestflocken werden auf dem Dampfbad getrocknet
und in großem Porzellantiegel ausgeglüht.

Zur Herstellung des Asbestfilters wird etwas von diesem Asbest locker in einen gewöhnlichen kurzen Trichter eingelegt; durch Aufspritzen von Wasser aus der Spritzflasche verteilt man den Asbest so gleichmäßig im Trichter, daß die weiteren Poren der Asbestauflage
durch feine Asbestaufschlämmung geschlossen werden und das Filter dicht hält.

Ob das Filter dicht ist, erkennt man daran, daß beim Aufgießen von Wasser aufs Filter
und Abfließenlassen die in der Trichterröhre befindliche Wassersäule nicht ausläuft.

So hergestellte Asbestfilter laufen rasch und sind, falls nicht zu geringe Mengen Asbest
angewandt wurden, hinreichend dicht, um zum Abfiltrieren von nicht leicht trübe durchgehenden Niederschlägen zu dienen.

Ausführung bei säureunlöslichem Material (Ferrosilizium, säurefestem Gußeisen u. a.).

Die zu untersuchende Probe wird in einer Platinschale mit der erforderlichen Menge verdünnter Salpetersäure übergossen, ein Uhrglas aufgedeckt und nach Zusatz einer kleinen Menge Flußsäure bis zum Eintreten der Reaktion erwärmt. Bei Zusatz zu großer Flußsäuremengen tritt die anfangs zögernde Reaktion plötzlich sehr stürmisch ein, so daß Kühlung durch Einstellen der Schale in kaltes Wasser erforderlich wird. Nach dem Nachlassen der Reaktion wird von neuem etwas Flußsäure eingetragen, bis die Probe zersetzt ist und weiterer Flußsäurezusatz keine merkliche Reaktion mehr hervorruft. Das Uhrglas wird dann abgespritzt und die Platinschale mit ihrem Inhalt auf einem Asbestdrahtnetz während etwa 1—2 Stunden nahe am Sieden erhalten. Nach dem Abkühlen wird der Rückstand über Asbest filtriert, ausgewaschen und wie oben angegeben weiter behandelt.

Beispiele.

In Tabelle 105 sind Ergebnisse einiger Graphitbestimmungen zusammengestellt.

Tabelle 105.

Nr.	Probematerial	Versuch	Einwage in g	Gewichtszunahme im 1. Rohr g	Gewichtszunahme im 2. Rohr g	Graphit in %
1	Roheisen	a)	1,0000	0,1260	[0]	3,44
		b)	1,0000	0,1284	[0]	3,50
2	Nickelstahl	a)	5,000	0,1056	[0]	0,58
	(mit 24% Ni)	b)	5,000	0,1056	[0,0024]	0,58
3	Nickelstahl	a)	6,00	0,0054	[0,0006]	0,02
	(mit 26% Ni)	b)	6,00	0,0052	[0,0008]	0,02
4	Säurefestes	a)	1,0018	0,0244	[0]	0,66
	Gußeisen	b)	1,0002	0,0240	[0]	0,65

Anmerkung. Die Bestimmung des Gehaltes an Gesamtkohlenstoff ergab in den 3 Proben:

Probe Nr. 1 . . . . 4,27%
Probe Nr. 2 . . . . 0,76 „
Probe Nr. 3 . . . . 0,19 „
Probe Nr. 4 . . . . 0,67 „

c) Karbidkohle und Härtungskohle.

Grundlagen des Verfahrens. Wie bereits im allgemeinen Teil über „Kohlenstoff" (S. 119) dargelegt, wird beim Lösen einer Eisen- oder Stahlprobe in verdünnter Schwefelsäure unter Luftabschluß die vorhandene Karbidkohle zum größeren Teil (C_c) in Form von Eisenkarbid Fe_3C abgeschieden, während der größere Teil der Härtungskohle (C_h) gasförmig entweicht. Gleichzeitig entsteht aus dem Rest sowohl der Karbidkohle als auch der Härtungskohle infolge eines nicht näher bekannten Zersetzungsvorganges beim Lösungsprozeß eine kleine Menge freier Kohlenstoff (C_f).

Der Anteil Karbidkohle (C_c), der bei dieser Arbeitsweise in dem unlöslichen Rückstand bleibt, wird nach Mars [1]) am besten aus dem Eisengehalt des Lösungsrückstandes ermittelt; man erhält den Anteil an Karbidkohle durch Multiplikation der Eisenmenge mit 0,0717 (entsprechend der Zusammensetzung des Eisenkarbids, Fe_3C).

---

[1]) Mitteil. a. d. Kgl. Materialprüfungsamt 25. (1907). 115.

Um den Anteil an Härtungskohle (C_h) zu ermitteln, bestimmt man den Gesamtkohlenstoffgehalt (ΣC) des Materiales und in einer besonderen Probe den gesamten Kohlenstoffgehalt des Lösungsrückstands (C_r); der Anteil an Härtungskohle ergibt sich dann aus der Differenz

$$C_h = \Sigma C - C_r.$$

Es sei indessen, um Mißverständnissen vorzubeugen, darauf hingewiesen, daß die so ermittelten Werte für den Karbidkohle- und Härtungskohlegehalt nicht als die wirklichen Gehalte des Materiales angesprochen werden dürfen, sie stellen eben die bei der eingeschlagenen Arbeitsweise entstandenen Anteile an Karbidkohle bzw. Härtungskohle dar. Um ein vollständigeres Bild über die Verteilung der verschiedenen Kohlenstoffarten zu erlangen, kann man noch den Gehalt an Graphit bzw. Temperkohle ermitteln und hiermit nach

$$C_f = C_r - (C_{gr} + C_c)$$

den Gehalt an freiem Kohlenstoff im Rückstand bestimmen.

Erforderliche Apparate. Die Auflösung des Probematerials sowie die anschließende Filtration des Rückstandes bei Luftabschluß wird am besten in dem von Mars [1] angegebenen Karbidbestimmungsapparat durchgeführt.

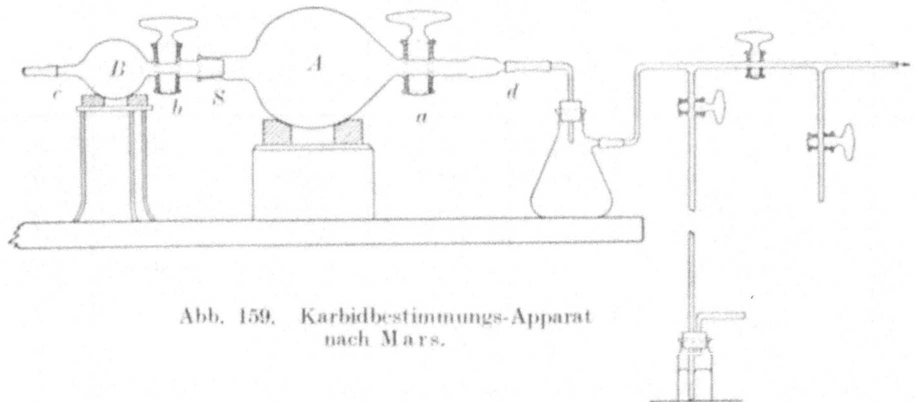

Abb. 159. Karbidbestimmungs-Apparat nach Mars.

Der Apparat (vgl. Abb. 159) besteht aus einem kugelförmigen Lösungsgefäß A, etwa 1 l fassend, das an seinem unteren Ende einen mit einem 10 mm weit gebohrten Hahn a versehenen Rohransatz mit verengter Spitze d besitzt. Über den Rohransatz kann für die Filtration des Kolbeninhalts das eingeschliffene Filtrierröhrchen C (Abb. 160) gesetzt werden.

Dem Hahn a gegenüber ist an dem Lösungsgefäß in S ein weithalsiger Tropftrichter mit ebenfalls 10 mm weiter Hahnbohrung b eingeschliffen. Die obere Öffnung des Tropftrichters B ist zu einer etwa 7 mm weiten Tülle c ausgezogen, so daß ein Gasschlauch darüber gestülpt werden kann.

Zweckmäßig nimmt man das Auflösen des Probematerials im gasverdünnten Raum vor, indem man den Rohransatz bei d mit einer Wasserstrahlpumpe (unter Zwischenschaltung einer leeren Flasche und eines Absperrhahnes sowie Nebenschaltung eines Barometers) verbindet.

Um in luftfreiem Gasstrom arbeiten zu können, benutzt man nach Mars Leuchtgas; zum Schluß muß das Leuchtgas durch Kohlendioxyd verdrängt werden. Zweckmäßiger ist die Verwendung von Wasserstoffgas, das man einem Kippschen Apparat entnimmt; zur Verdrängung des Wasserstoffs kann Kohlendioxyd benutzt werden, das man einem zweiten Kippschen Apparat entnimmt.

[1] Mitteil. a. d. Kgl. Materialprüfungsamt 25. (1907). **113.**

Ausführung der Versuche. Nachdem der Lösungskolben gut ausgespült und mit Alkohol und Äther getrocknet ist, wird der Tropftrichter abgenommen und die abgewogene Probe [1]) (bei Stahl 3—5 g, bei Eisen je nach Kohlenstoffgehalt mehr oder weniger) in den wagerecht in einen Korkring gelegten Lösungskolben A eingebracht (vgl. Abb. 159). Der Tropftrichter B wird dann wieder aufgesetzt und durch c ein langsamer Strom Wasserstoff eingeleitet; die Hähne b und a werden geöffnet, der Wasserstoff entweicht durch den Rohransatz bei d. Ist die Luft aus dem Kolben A verdrängt, so schließt man die Hähne a und b, stellt den Apparat senkrecht in einen Stativring und füllt den Tropftrichter bis zum Rande mit verdünnter Schwefelsäure vom spez. Gew. 1,10 bei 18° C, die man vorher durch längeres Einleiten von Wasserstoffgas von Sauerstoff möglichst befreit hat. Dann setzt man den Schlauch zum Wasserstoffapparat auf, öffnet den Hahn am Wasserstoffapparat und bei b und läßt die Schwefelsäure in den Kolben A einfließen. Ist dies geschehen, so bringt man den Kolben wieder in die wagerechte Lage, öffnet auch den Hahn a und läßt langsam Wasserstoff durch den Apparat von c nach d gehen, den man bei d mit Hilfe der angeschlossenen Wasserstrahlpumpe absaugt. Sobald der Lösungsprozeß im Gange ist, kann man die Zuleitung von Wasserstoffgas abstellen und den Vorgang unter stärkerer Wirkung der Saugpumpe vor sich gehen lassen. Gegen Ende des Lösungsvorganges schaltet man das Barometer ein, sperrt die Wasserstrahlpumpe ab und kann nun mit Hilfe des Barometers erkennen, ob sich noch weiteres Gas entwickelt. Hat die Gasentwicklung aufgehört, so läßt man wieder vorsichtig Wasserstoffgas zuströmen, bis der Unterdruck im Lösungskolben ausgeglichen ist, sperrt alsdann den Hahn a ab und setzt auf die Schliffstelle bei d das Filtrierröhrchen auf, das man

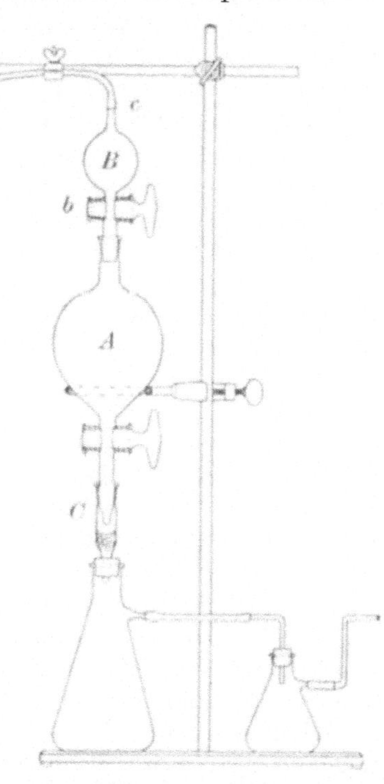

Abb. 160. Karbidbestimmung nach Mars.

entsprechend für die Filtration vorbereitet hat. Man leitet danach unter Wiederöffnen des Hahnes a Wasserstoff durch das Filtrierröhrchen. Dann schließt man den Hahn a, bringt den Apparat in senkrechte Stellung (Abb. 160), indem man ihn so in einen Ring einhängt, daß der untere Rohransatz des Filtrierröhrchens auf eine Saugflasche aufgesetzt werden kann. Die Saugflasche wird an die Wasserstrahlpumpe angeschlossen und ist zur Aufnahme des Filtrates bestimmt, also genügend groß zu wählen.

Nachdem die Wasserstrahlpumpe schwach in Gang gesetzt ist, läßt man die Flüssigkeit aus A in das Filtrierröhrchen fließen und spült, nachdem alle Flüssigkeit abgelaufen ist, den Lösungskolben wiederholt mit Waschflüssigkeit unter Wasserstoffdruck nach in gleicher Weise wie zu Anfang das Einfüllen der Lösungsflüssigkeit erfolgte. Hahn b wird geschlossen, Tropftrichter B bis

---

[1]) Bei weichem Eisen oder Stahl verwende man durch langsames Abdrehen oder Hobeln erhaltene Späne, bei hartem Material gröberes Pulver, das man durch Zerklopfen des Materials im naturharten Mörser herstellt, wobei stets darauf geachtet werden muß, daß das Material sich nicht erwärmt.

zum Rand gefüllt — man verwendet als Waschflüssigkeit ausgekochtes, mit Wasserstoff gesättigtes Wasser, dann etwas Alkohol und schließlich etwas Äther — der Wasserstoffschlauch aufgesetzt und Hahn b langsam geöffnet, worauf die Flüssigkeit die Wände des Lösungskolbens abspült und die letzten Reste des Lösungsrückstandes auf das Filter bringt.

Um den Rückstand zu trocknen, verstärkt man den Wasserstoffgasstrom und bringt durch leichtes Erwärmen mit dem Bunsenbrenner oder mit Hilfe eines erwärmten Asbeststreifens den Äther zum Verdunsten. Alsdann wird an Stelle des Wasserstoffapparates ein Kippscher Kohlensäureapparat angeschlossen und der Wasserstoff im ganzen Apparat durch Kohlensäure verdrängt. Dies ist nötig, weil der im Wasserstoff (oder Leuchtgas) getrocknete kohlehaltige Rückstand pyrophore Eigenschaften besitzt und in Berührung mit Luft verbrennen würde.

Der getrocknete Lösungsrückstand kann zur Bestimmung des in ihm vorhandenen Kohlenstoffgehaltes (C_r) benutzt werden; in diesem Falle wird das Filtrierröhrchen mit einer Asbestschicht versehen, die man auf einer zuerst eingelagerten Lage Glasperlen aufbringt. Der Rückstand kann ferner der Bestimmung des in ihm als Fe_3C vorhandenen Karbidkohlegehaltes (C_c) dienen, in welchem Falle man nur den Eisengehalt bestimmt; das Filtrierröhrchen wird dann nicht mit einem Asbestfilter, sondern mit einem Papierschlammfilter versehen.

Zur Bestimmung des Kohlenstoffgehaltes im Rückstand entfernt man die Asbestschicht mit dem Lösungsrückstand aus dem Röhrchen und packt sie in ein Porzellanschiffchen für die Verbrennung im elektrischen Ofen. Die dem Filtrierröhrchen fest anhaftenden Teilchen reibt man mit Hilfe einer Pinzette und etwas frischem trockenem Asbest heraus und trocknet den Inhalt des Schiffchens bei 105° C. Die Verbrennung im Sauerstoffstrom nach S. 135 ergibt den Kohlenstoffgehalt des Rückstandes C_r.

Für die Eisenbestimmung im Rückstand wird die Papierfilterschicht mit dem darauf befindlichen und etwa an den Wänden des Röhrchens verbliebenen Lösungsrückstand mit Hilfe einer Pinzette herausgenommen und in einem Porzellantiegel verascht. Die Asche wird mit konzentrierter Salzsäure 1,12 aufgenommen, etwa vorhandenes Kupfer wird durch Schwefelwasserstoffwasser gefällt und abfiltriert. Das Filtrat wird eingedampft und mit Salpetersäure oxydiert, danach wiederholt mit Salzsäure eingedampft und das erhaltene Eisenchlorid mit eingestellter etwa $\frac{n}{10}$-Thiosulfatlösung (nach S. 257) titriert.

Aus dem Eisengehalt ergibt sich die Menge der im Lösungsrückstand als Fe_3C vorhandenen Karbidkohle C_c durch Multiplizieren mit 0,0717; bei der Titration des Eisens mit Thiosulfatlösung entspricht 1 ccm $\frac{n}{10}$-Thiosulfatlösung = 0,0004 g C_c.

Nach erfolgter Ermittlung des Gesamtkohlenstoffgehaltes $\varSigma C$ nach dem Verfahren S. 122 oder 135, sowie des Graphit- bzw. Temperkohlegehaltes C_{gr} nach S. 145 lassen sich nun sämtliche beim Lösen der Probe auftretenden Kohlenstoffanteile ermitteln.

Der Gehalt des Lösungsrückstandes an Karbidkohle entspricht dem aus dem Eisengehalt berechneten Wert C_c; der Anteil an gasförmig entweichender Härtungskohle berechnet sich zu

$$C_h = \varSigma C - C_r;$$

der im Lösungsrückstand vorhandene Anteil an freiem Kohlenstoff beträgt:

$$C_f = C_r - (C_{gr} + C_c).$$

Beispiel.

Untersuchung einer gehärteten und angelassenen Stahlprobe. Die Analyse ergab folgende Werte:

ΣC . . . . 0,8$_9$ $^0/_0$

Graphit . . . . fehlt

Karbidkohle + freier Kohlenstoff = C_r . . 0,06$_7$ $^0/_0$

Karbidkohle C_c [1]) . . . . 0,01$_5$,,

Demnach C_f . . . . 0,05$_2$,.

und C_h . . . . 0,8$_2$,,

B. Silizium.

1. Bestimmung in säurelöslichem Material.

Grundlagen der Verfahren. Beim Behandeln von Eisen und Stahl mit Säuren geht das in säurelöslichem Material als (Eisen-) Silizid vorhandene Silizium in Siliziumdioxyd über. Sehr wahrscheinlich treten bei der Behandlung mit Salzsäure vor der Bildung des Siliziumdioxydes leicht zersetzliche flüchtige Zwischenkörper auf (SiH_4, $SiCl_4$), z. B.: 1. $FeSi + 6HCl = FeCl_2 + SiCl_4 + 6H$, die im Augenblick ihres Entstehens mit stets anwesendem Wasser Siliziumdioxyd bilden: 2. $SiCl_4 + 2H_2O = SiO_2 + 4HCl$; bei der großen Geschwindigkeit der Umsetzung treten jedoch keine Verluste an Silizium ein (vgl. hierzu die in Tabelle 106 zusammengestellten Beispiele).

Das entstehende Siliziumdioxyd bleibt in den sauren Lösungen (besonders in salpetersauren) in erheblicher Menge als Kolloid gelöst. Erst durch Erhitzen des beim Eindampfen salzsaurer (oder schwefelsaurer) Lösungen verbleibenden Rückstandes auf mindestens 135^0 C geht Siliziumdioxyd in unlösliche Form über und kann durch Auswaschen mit Salzsäure von den löslichen Chloriden der übrigen Metalle getrennt werden.

Verfahren a): Auflösen des Probematerials mit Salzsäure.

Ausführung der Bestimmung. Von grauem Roheisen oder Siliziumstahl (bis zu $5^0/_0$ Si enthaltend) werden 2—4 g, von weißem Roheisen, Flußeisen oder gewöhnlichem Stahl 5—10 g in flachen Porzellanschalen von 12—15 cm Durchmesser eingewogen. Die Schale wird mit Uhrglas bedeckt und die Probe durch Zusatz von Salzsäure vom spez. Gew. 1,12 in Lösung gebracht; auf je 1 g Metall verwende man etwa 10 ccm Säure.

Wenn die Hauptwirkung der Säure vorüber ist, setzt man die Schale aufs Dampfbad und erwärmt bis zur völligen Lösung des Materials. Danach spritzt man das Uhrglas sorgfältig mit heißer verdünnter Salzsäure ab, um daran haftendes Siliziumdioxyd abzuspülen. Die Lösung in der Porzellanschale wird zur Trockene eingedampft (was bei Eisenchlorürlösungen ziemlich rasch durchführbar ist). Die Schale mit dem trockenen Rückstand wird auf den Finkenerturm (s. Abb. 161) gestellt und unter häufigem Drehen der Schale während etwa einer Stunde erhitzt, bis keine Salzsäuredämpfe mehr entweichen und der Inhalt der Schale braun (samtartig) geworden ist. Um die zum Unlöslichmachen

---

[1]) Der Wert für C_c wurde aus dem Eisengehalt des Lösungsrückstandes berechnet. Aus 2 g Einwage wurde ein Eisengehalt entsprechend 0,75 ccm $\frac{n}{10}$-Thiosulfat gefunden. Da entsprechend der Formel Fe_3C 1 C äquivalent mit 3 Fe ist, so entspricht 1 ccm $\frac{n}{10}$-Thiosulfat = 0,0004 g C. Der Gehalt an C_c war somit $\frac{0{,}75 \cdot 0{,}0004 \cdot 100}{2} = 0{,}015^0/_0$.

des Siliziumdioxyds notwendige Temperatur von 135° C gleichmäßiger einhalten zu können, kann man auch den trockenen Rückstand im Trockenschrank während einer Stunde auf diese Temperatur erhitzen. Auch ein Sandbad kann zum Erhitzen verwendet werden.

Nach beendigtem Erhitzen bedeckt man die Schale mit Uhrglas und läßt erkalten. Ohne das Uhrglas abzunehmen, übergießt man die erkaltete Masse

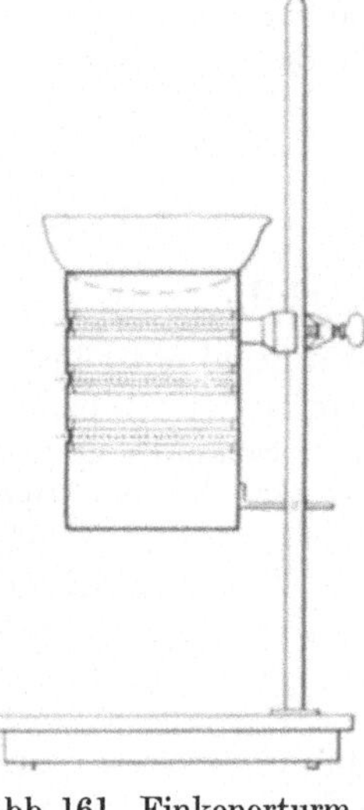

mit konzentrierter Salzsäure [1]) (spez. Gew. 1,12), wobei starke Erwärmung eintritt, und erhitzt zur vollständigen Lösung der Chloride auf dem Dampfbad unter zeitweisem Umrühren mit einem Glasstab.

Bleibt dabei ein schwerer dunkelroter Rückstand (Eisenoxyd) am Boden ungelöst, was auf zu starkes örtliches Erhitzen hindeuten würde, so muß dieser durch weiteres Erhitzen oder Eindampfen der Lösung und Wiederlösen mit etwas rauchender Salzsäure in Lösung gebracht werden.

Die Lösung wird dann mit Wasser stark verdünnt, kurze Zeit absitzen gelassen und durch ein 9 cm-Filter (z. B. Weißbandfilter von Schleicher und Schüll) in einen Erlenmeyerkolben abfiltriert [2]).

Enthält die Probe viel Silizium und befürchtet man baldiges Verstopfen der Filterporen oder auch Trübegehen des Siliziumdioxydes, so kann man vor dem Filtrieren etwas aufgeschlämmte Papiermasse auf das Filter bringen, die man durch tüchtiges Schütteln von kleinen Stücken aschefreien Filtrierpapiers mit heißem Wasser in einem verschlossenen Erlenmeyerkolben herstellt [3]).

Abb. 161. Finkenerturm.

Nachdem alles Flüssige aufs Filter gegeben und die Schale mittels Spritzflasche ausgespült ist, entfernt man den in der Schale oft ziemlich fest haftenden

---

[1]) Etwa 10 ccm auf jedes Gramm Einwage.

[2]) Langes Stehenlassen bietet keinen Vorteil, da Siliziumdioxyd zum Teil wieder kolloid in Lösung gehen kann.

[3]) Das Filtrieren kann man sich übrigens stets sehr erleichtern durch richtiges Anlegen der Filter (vgl. auch Raaschou, Zeitschr. f. anal. Chem. 49. (1910). 759), worüber einige Worte gesagt sein mögen.

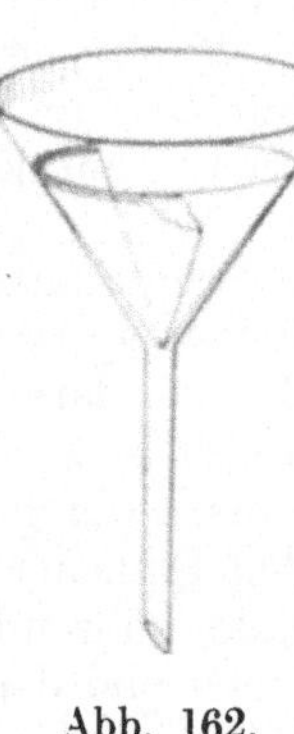

Filter, die ganz an den Trichterwandungen anliegen, filtrieren bekanntlich schlecht; Filter dagegen, die nur mit ihrem oberen Rand am Trichter sitzen, sonst aber lose im Trichter hängen, filtrieren gut; dementsprechend falte man die Filter nicht genau im rechten Winkel, sondern so, daß der Winkel des Filters wenig größer ausfällt als der des Trichters.

Um ferner zu verhüten, daß zwischen Filter und Trichter offene Kanäle entstehen, durch die ein Teil des Niederschlags hindurchgezogen wird, reiße man, wie in der Abb. 162 angedeutet, die Ecken der an der Trichterwand anliegenden Falte ab.

Zum Anlegen des Filters faßt man den Trichter mit der linken Hand, legt das gefaltete Filter hinein und hält es mit dem Zeigefinger der linken Hand in der richtigen Lage fest. Dann füllt man das Filter aus der Spritzflasche mit Wasser voll, hält das Ablaufrohr des Trichters zu, hebt das Filter an der Glaswand etwas hoch, um die Luft aus dem Trichterrohr nach oben zu lassen, setzt das Filter wieder tiefer und preßt durch Andrücken des Filters an die Trichterwand die zwischen

Abb. 162.

Filter und Glaswand vorhandenen Luftblasen heraus. Dann erst läßt man das Ablaufrohr los und gießt weiteres Wasser auf, wobei sich im Trichterrohr keine Luftblase mehr zeigen soll; ferner muß nach Ablaufenlassen des Wassers das Trichterrohr gefüllt bleiben.

Beim Filtrieren gieße man nicht bis über den Filterrand Flüssigkeit auf, wenn man Trübdurchgehen vermeiden will.

Für Massenfiltrationen eignen sich am besten kurze Trichter und Erlenmeyerkolben.

Rest von Siliziumdioxyd, indem man die Schale mit einem alkoholbefeuchteten Stück aschefreien Filters ausreibt. Dies kann mit der Hand oder auch mit einem kräftigen Glasstab, der an seinem gebogenen Ende mit etwas glattem (schwarzem) Gummischlauch überzogen ist, geschehen [1]).

Filter und Rückstand werden mit heißer verdünnter Salzsäure (etwa 100 ccm konzentrierter Salzsäure auf 500 ccm verdünnt) ausgewaschen, bis das Ablaufende mit verdünnter Ferrizyankaliumlösung keine Blaufärbung mehr liefert. Den noch feuchten Rückstand samt Filter verascht man im gewogenen Platintiegel und glüht mit kräftiger Flamme, bei größeren Mengen Siliziumdioxyd kurze Zeit auf dem Gebläse und wägt. Das Glühen und Wägen des Siliziumdioxyds wird fortgesetzt, bis sein Gewicht sich nicht mehr ändert.

Das Siliziumdioxyd, das bei weißem Roheisen, Flußeisen, Stahl usw. nach dem Auswaschen grau gefärbt ist, wird beim Veraschen meist vollkommen weiß. Bei genauen Bestimmungen darf man sich aber nicht darauf verlassen, daß solch weißes Siliziumdioxyd auch völlig rein ist, man bestimmt vielmehr die Menge des vorhandenen Dioxyds durch Abrauchen mit Schwefelsäure und Flußsäure.

Zu diesem Zweck wird das Siliziumdioxyd im Platintiegel mit etwas verdünnter Schwefelsäure [2]) befeuchtet, dann wird reine Flußsäure [3]) (1—3 ccm) zugesetzt und auf dem Dampfbad soweit als möglich eingedampft. Danach setzt man den Tiegel auf den Finkenerturm und raucht durch allmählich gesteigertes Erhitzen die Schwefelsäure fort; durch Glühen des Tiegels über freier Flamme zersetzt man schließlich vorhandene Sulfate und wägt nach dem Erkalten.

Gewöhnlich bleiben nach dem Abrauchen trotz sorgfältigen Auswaschens kleine Mengen Eisen- oder Manganoxyd zurück, bei wolfram-, titan-, chrom- oder vanadinhaltigem Material finden sich außerdem mehr oder weniger große Mengen dieser Stoffe in dem Abrauchrückstand vor.

Bei der Bestimmung des Siliziums in Graueisen bleibt mit dem abgeschiedenen Siliziumdioxyd auch aller Graphit zurück, zu dessen völliger Verbrennung kräftig erhitzt werden muß. Wäscht man mit verdünnter Salzsäure aus, so gelingt es hierbei nur schwierig, so reines Siliziumdioxyd zu erhalten, daß es mit Flußsäure-Schwefelsäure abgeraucht werden kann, weil stets Eisen in wesentlichen Mengen zugegen bleibt. Um das Eisen aus dem abfiltrierten Rückstand vollständiger zu entfernen, empfiehlt es sich nach Auswaschen der Hauptmenge Eisenlösung (mit heißer verdünnter Salzsäure) die bei der Zersetzung der Karbide entstandenen Stoffe mit Alkohol herauszulösen und danach weiter mit verdünnter Salzsäure auszuwaschen, bis das Ablaufende keine Eisenreaktion mehr gibt. Anstatt das Siliziumdioxyd aus dem Gewichtsverlust beim

---

[1]) Bei Gegenwart selbst geringer Mengen von Wolfram, bleibt meist ein sehr festhaftender, gelb gefärbter Rand in der Schale zurück, der sich durch Ausreiben nicht ganz entfernen läßt. Man entfernt ihn durch Ausreiben mit einem Stück Filtrierpapier, das man mit wenig Ammoniak getränkt hat (vgl. bei Wolfram, S. 263).

[2]) Da der Zusatz von Schwefelsäure beim Abrauchen den Zweck hat, die Bildung flüchtiger Fluoride zu verhindern, so muß die Menge der Schwefelsäure nach der Menge der vorhandenen Verunreinigungen (nicht nach der Menge vorhandenen Siliziumdioxyds) bemessen werden. Zu geringer Schwefelsäurezusatz würde bei Gegenwart der Oxyde z. B. von Aluminium, Chrom, Titan, Vanadin u. a. durch teilweises Mitverflüchtigen der Fluoride dieser Metalle zu hohen Gewichtsverlust und damit zu hohe Siliziumwerte zur Folge haben. Ist Wolframtrioxyd zugegen, so darf vor und nach dem Abrauchen nur mit kräftigem Bunsenbrenner (nicht auf dem Gebläse) erhitzt werden, da andernfalls das Wolframtrioxyd ständig an Gewicht abnimmt.

[3]) Von der Reinheit der Flußsäure muß man sich stets bei Verwendung einer frischen Flasche durch Abdampfen einer kleinen Menge (wie sie gewöhnlich zum Abrauchen verwendet wird) mit etwas Schwefelsäure im Platintiegel und Glühen versichern.

Abrauchen mit Schwefelsäure-Flußsäure zu bestimmen, kann man das Siliziumdioxyd auch durch Aufschließen und nochmaliges Abscheiden reinigen; dazu verfährt man in folgender Weise:

Man vermengt den geglühten Rückstand im Platintiegel mit etwa der sechsfachen Menge seines Gewichts an reinem Natriumkaliumkarbonat, legt den Deckel auf und erhitzt, bis die Masse ruhig fließt. Dann läßt man erkalten, bringt Tiegel samt Deckel in ein kleines Becherglas (z. B. von 150 ccm Inhalt), gibt Wasser zu, bis der Tiegel fast davon bedeckt ist und erhitzt auf dem Dampfbad. Nachdem die Schmelze vom Tiegel losgelöst ist, nimmt man Tiegel und Deckel heraus, spritzt mit Wasser ab und reinigt von anhaftendem Siliziumdioxyd. Die Lösung spült man in eine kleine Porzellanschale, bedeckt mit Uhrglas und fügt Salzsäure im Überschuß zu. Dann erwärmt man zum Verjagen des Kohlendioxyds, spritzt das Uhrglas ab und dampft zur Trockene ein. Der trockene Rückstand wird wieder, wie oben beschrieben, zum Unlöslichmachen des Siliziumdioxyds erhitzt, nach Erkalten mit Salzsäure und Wasser behandelt, wobei die Chloride in Lösung gehen, und das abgeschiedene Siliziumdioxyd abfiltriert, ausgewaschen, verascht und gewogen wie angegeben. Es empfiehlt sich, zur größeren Sicherheit auch das gereinigte Siliziumdioxyd mit Flußsäure-Schwefelsäure abzurauchen.

Geringe Mengen von Siliziumdioxyd befinden sich noch in der Haupteisenlösung (erstes Filtrat), die aber bei sonst richtiger Arbeitsweise vernachlässigt werden können, da sie selten mehr als Bruchteile von Milligrammen betragen. Zu ihrer Abscheidung muß das Filtrat nochmals eingedampft, nach Erhitzen bei 135° C wieder gelöst und filtriert werden.

Das Hauptfiltrat zusammen mit dem in Salzsäure gelösten, bzw. aufgeschlossenen Abrauchrückstand vom Siliziumdioxyd kann für Bestimmungen von Mangan, Kupfer, Nickel, Chrom, Aluminium, jedoch nicht für Phosphor und Schwefel weiter verwendet werden.

Verfahren b): Auflösen des Probematerials mit Salpetersäure.

Für dieses Verfahren werden die gleichen Probemengen, wie beim Lösen in Salzsäure, in passenden, möglichst flachen Porzellanschalen abgewogen. Nach Aufdecken eines Uhrglases wird durch Zugabe von verdünnter Salpetersäure (spez. Gew. 1,18) gelöst, und zwar nimmt man für jedes Gramm Probe etwa 12 ccm Säure und setzt diese in kleinen Mengen hinzu, wobei man vor jedem neuen Zusatz das Nachlassen der einsetzenden heftigen Reaktion abwartet. Ist alle Säure zugegeben, so führt man durch Erwärmen auf dem Dampfbad vollständige Lösung herbei. Falls beim Lösen trübbraune Ausscheidungen auftreten, so sind diese durch Zusatz weiterer Salpetersäure und Erhitzen in Lösung zu bringen, so daß schließlich ziemlich klare, mehr oder weniger dunkle braune Lösungen erhalten werden. Man nimmt dann das Uhrglas ab und dampft auf dem Dampfbad möglichst weit zur Trockene ein. Da sich gegen Schluß des Eindampfens auf der Lösung eine Decke bildet, die das vollständige Eindampfen erschwert, so bewirkt man von Zeit zu Zeit durch Drehen und Schwenken der Schale, daß der noch flüssige Teil sich über der eingetrockneten Schicht ansammelt.

Weniger zweckmäßig ist es, das rasche Eindampfen unter ständigem Umrühren mit einem Glasstab zu erzielen, schon aus dem Grunde, weil bei dem später erforderlichen starken Glühen Splitterchen vom Glasstab abspringen können und die Bestimmung des Siliziums dadurch fehlerhaft würde.

Nach vollständigem Eindampfen der salpetersauren Lösung stellt man die Schale auf den Finkenerturm oder das Sandbad — auch eine etwa 3 mm dicke

Asbestplatte, die auf einer mittels Fletcherofens erhitzten Eisenplatte aufgelegt ist, eignet sich hierfür gut — und erhitzt zunächst gelinde.

Beim Erhitzen muß anfänglich, bis alle Salpetersäure verdampft ist, darauf geachtet werden, daß kein Spritzen eintritt. Wenn keine Blasen mehr entstehen, erhitzt man ohne Uhrglas stärker (auf dem Finkenerturm durch Fortnehmen der unteren Drahtnetze), bis zur Zersetzung der Nitrate. Schließlich erhitzt man nach Aufdecken eines Uhrglases auf einem Asbestdrahtnetz über dem Dreibrenner oder Mastebrenner bis keine roten Stickoxyddämpfe mehr gebildet werden, also die Nitrate völlig zersetzt sind. Die Oxyde nehmen dabei schwarzbraune Farbe an und lösen sich teilweise von der Schale ab.

Nach Erkalten werden die Oxyde mit wenig rauchender Salzsäure (spez. Gew. 1,19) durchfeuchtet und kurze Zeit in der Wärme stehen gelassen. Dann gibt man etwa 10 ccm konz. Salzsäure für jedes Gramm Einwage hinzu und erwärmt unter Umrühren mit dem Glasstab, bis alles Eisenoxyd in Lösung gegangen ist.

Da die vollständige Abscheidung des Siliziumdioxyds durch Glühen der Nitrate nicht genügend sichergestellt ist, so ist es notwendig, die salzsaure Lösung zur Trockene einzudampfen und zum Unlöslichmachen des Siliziumdioxyds einige Zeit bei 135° C zu erhitzen. Nach Erkalten wird durch Anfeuchten mit rauchender Salzsäure und Zusatz von konzentrierter wieder gelöst und das jetzt unlösliche Siliziumdioxyd nach hinreichender Verdünnung der Lösung abfiltriert. Filter und Siliziumdioxyd werden mit heißer, verdünnter Salzsäure ausgewaschen bis zum Ausbleiben der Eisenreaktion (Prüfung mit Rhodanammoniumlösung).

Bei graphitfreiem Material bleibt hierbei das Siliziumdioxyd in Form eines fast farblosen, gallertigen oder auch weißen Niederschlags auf dem Filter zurück; bei Vorhandensein von Wolfram in der Probe ist das Siliziumdioxyd durch mitabgeschiedenes Wolframtrioxyd mehr oder weniger gelb gefärbt.

Graphithaltiges Siliziumdioxyd, wie es aus Graueisen erhalten wird, erfordert im allgemeinen die gleiche Behandlung, wie beim vorhergehenden Verfahren beschrieben.

Zur Ermittlung der Menge des vorhandenen Siliziumdioxyds ist auch bei diesem Verfahren das gewogene rohe Siliziumdioxyd mit Schwefelsäure-Flußsäure abzurauchen.

Zur Abscheidung noch geringer Siliziumdioxydmengen aus dem Hauptfiltrat verfährt man wie auf S. 154 beschrieben.

Das Filtrat vom Siliziumdioxyd, vereinigt mit dem Aufschluß bzw. der salzsauren Lösung des Abrauchrückstandes kann für die Bestimmung weiterer Stoffe wie Mangan, Kupfer, Nickel, Aluminium, Chrom, Phosphor, auch von Eisen u. a., nicht aber von Schwefel, benützt werden.

Berechnung. Um aus der gefundenen Siliziumdioxydmenge den Gehalt des Probemateriales an Silizium zu ermitteln, dient folgender Ansatz, worin a die ausgewogene Menge Siliziumdioxyd und e die Menge der Einwage bedeutet:

$$\% \, \mathrm{Si} = \frac{46{,}93 \, a}{e}.$$

Beispiele.

Die Ergebnisse von vergleichenden Versuchen mit verschiedenem Probematerial nach beiden Verfahren sind in Tabelle 106 zusammengestellt.

Die angegebenen Mengen Siliziumdioxyd sind durch Abrauchen des rohen Siliziumdioxyds mit Schwefelsäure-Flußsäure als Gewichtsverlust ermittelt.

Tabelle 106.

Nr.	Probematerial	Verfahren a) (Lösen mit Salzsäure)			Verfahren b) (Lösen mit Salpetersäure)		
		Einwage g	SiO_2 g	Si $^0/_0$	Einwage g	SiO_2 g	Si $^0/_0$
1	Stahl	5	0,0354	0,33	6	0,0405	0,32
2	Siliziumstahl	5	0,1761	1,65	6	0,2105	1,65
3	Chromstahl	5	0,0215	0,20	6	0,0256	0,20
4	Chromwolframstahl	5	0,0246	0,23	6	0,0298	0,23

Aus der Übereinstimmung der Si-Werte nach beiden Verfahren ergibt sich, daß die beiden angewandten Verfahren als gleichwertig zu betrachten sind.

Weitere Beispiele mit verschiedenem Probematerial.
Bestimmung nach Verfahren b.

Tabelle 107.

Nr.	Probematerial	Einwage g	SiO_2 g	Si $^0/_0$
5	Martinroheisen	2	0,0804	1,89
6	Ferrovanadin [1]	5	0,0784	0,74
7	Flußeisen K	10	0,0055	0,03
8	Flußeisen B [2]	10	0,0014	Spuren unter 0,01

Genauigkeit der nach beiden Verfahren erhaltenen Werte.

Als wesentliche Fehlerquellen können für die Siliziumbestimmung nach obigen Verfahren in Betracht kommen:

1. Verunreinigung der angewandten Säuren durch Siliziumdioxyd.

2. Auflösung von Siliziumdioxyd aus dem Material der Porzellanschalen.

3. Löslichkeit des Siliziumdioxyds in den salzsauren Eisenlösungen.

4. Vorhandensein nichtflüchtiger Verunreinigungen in der Flußsäure (Eisenoxyd, Tonerde, Alkalien).

Die beiden ersten Fehlerquellen würden Vermehrung, die beiden andern Verminderung der Siliziumdioxydwerte herbeiführen.

Diese Fehlerquellen können teilweise ausgeschaltet werden.

Die Höhe der Fehlerquelle 1. kann durch Ausführung von Leerversuchen ermittelt werden, die man mit gleich großen und aus den gleichen Flaschen entnommenen Säuremengen in gleicher Weise wie die eigentlichen Versuche ausführt. Etwa sich ergebende Siliziumdioxydmengen sind vom entsprechenden Versuchswert abzurechnen.

Das beim Leerversuch gefundene Siliziumdioxyd könnte indessen noch aus dem Material der benützten Porzellanschale stammen (2.). Erhebliche Fehler dieser Art können tatsächlich bei Verwendung frischer, noch nicht mit Säuren ausgekochter Porzellanschalen vorkommen. Mehrfach in Verwendung gewesene Schalen aus gutem Porzellan geben im allgemeinen keine wägbaren Mengen von Siliziumdioxyd an Säuren ab.

---

[1] Von Goldschmidt, 26$^0/_0$ Vanadin enthaltend. Der hohe Vanadingehalt beeinträchtigt die Abscheidung des SiO_2 nach beiden Verfahren nicht. Von dem abgeschiedenen Siliziumdioxyd werden nur geringe Vanadinpentoxydmengen zurückgehalten, die beim Abrauchen mit Flußsäure-Schwefelsäure zurückbleiben.

[2] Aus dem Filtrat konnten nach nochmaliger Abscheidung keine wägbaren Mengen von Siliziumdioxyd mehr erhalten werden.

Flußsäure hält häufig geringe Mengen Eisenoxyd und Tonerde in Lösung, die beim Abrauchen zurückbleiben. Es ist daher nötig, daß man zeitweise (bei Verwendung neuer Lieferungen) durch Leerversuche die Menge der beim Abdampfen und Glühen abgemessener Säuremengen zurückbleibenden Stoffe ermittelt.

In den geringen Mengen zum Abrauchen erforderlicher reiner Säure sind diese Stoffe aber kaum in solchen Mengen vorhanden, daß die Ergebnisse der Siliziumbestimmungen beeinträchtigt würden.

Über die möglichen Fehler, die durch geringe Löslichkeit des bei 135° C abgeschiedenen Siliziumdioxyds in salzsauren Eisenlösungen bedingt sind, liegen in der Literatur keine genaueren Angaben vor [1]). Aller Wahrscheinlichkeit nach sind aber diese Fehler nicht größer als die durch Wägefehler oder Nichtberechnung der Filterasche (von aschefreien Filtern) verursachten.

Unter der Annahme, daß die Fehler bei der Siliziumbestimmung insgesamt $\pm$ 1 mg bei der Auswage nicht übersteigen, würde sich bei 10 g Einwage ein Fehler von $\pm$ 0,005% Si ergeben.

Bei diesem niedrig angenommenen Fehler von 1 mg Auswage können also die Siliziumwerte in Prozenten im günstigsten Falle bis zur 2. Dezimale genau sein.

Erheblich größere Einwagen als 10 g bereiten der Ausführung der Siliziumbestimmung bedeutend größere Schwierigkeiten, so daß die erzielten Werte kaum genauer ausfallen.

Geringere Werte als 0,01% Si lassen sich bei obigen Verfahren nicht mehr sicher ermitteln; sie müssen als „Spuren weniger als 0,01%" bezeichnet werden (vgl. Beispiel 8 der Tabelle 107).

Höchstzulässige Abweichungen bei Siliziumwerten.

Entsprechend den Fehlerquellen und der möglichen erreichbaren Genauigkeit bei Siliziumbestimmungen können etwa folgende Unterschiede als noch einhaltbar bezeichnet werden:

bei Siliziumgehalten		zulässige Abweichung
von	bis	
0,01%	0,25%	$\pm$ 0,005%
0,25 ,,	1.00 ..	$\pm$ 0,01 ,,
1,00 ,,	5,00 ..	$\pm$ 0,02 ..
5,00 ,,	10,00 ..	$\pm$ 0,03 ,,

Anwendbarkeit der Verfahren a und b.

Alle in Salzsäure oder Salpetersäure löslichen Eisensorten. Legierungen, auch die meisten übrigen salzsäurelöslichen Metalle (z. B. Nickel, Chrom, Mangan. Aluminium, Molybdän) können zur Bestimmung des Siliziumgehaltes nach den Verfahren a oder b untersucht werden.

Bis zu 5% Silizium enthaltende Eisensorten lassen sich noch ohne besondere Schwierigkeiten lösen, Proben mit über 5 bis etwa 10% lösen sich nicht immer vollständig, so daß man hierfür mit Vorteil auch das im nächsten Abschnitt beschriebene Aufschlußverfahren anwenden kann.

---

[1]) Wie z. B. das früher als unlöslich angesehene Bromsilber sich als in geringer Menge wasserlöslich herausgestellt hat. so wird man ohne Zweifel auch bei dem als unlöslich geltenden Siliziumdioxyd annehmen müssen, daß es z. B. in salzsauren Eisenlösungen wenn auch nur in sehr geringem Maße löslich ist. und zwar dadurch, daß das unlöslich abgeschiedene Siliziumdioxyd durch Quellung (Wasseraufnahme) in Kolloid übergeht. Die hierdurch bedingte Fehlerquelle wird um so größer werden, je längere Zeit das Siliziumdioxyd mit Lösungen in Berührung bleibt.

2. Bestimmung des Siliziums in säureunlöslichem Material.
(Aufschluß mit Magnesia-Natriumkarbonat.)

Grundlagen des Verfahrens. Fein gepulverte Metalle und Legierungen können durch Erhitzen mit Mischungen aus reinem Natriumkarbonat und reiner Magnesia vollständig aufgeschlossen werden [1].

Der Aufschlußvorgang, bei dem zunächst Oxydation der Metalle erreicht wird, beruht auf dem teilweisen Zerfall des Natriumkarbonats beim Erhitzen in Natriumoxyd und Kohlendioxyd; das entstehende Kohlendioxyd wirkt auf Metall unter Bildung von Metalloxyd und Kohlenoxyd ein [2]. Die Umsetzungen entsprechen folgenden Gleichungen:

$$\text{a) } Na_2CO_3 \rightleftarrows Na_2O + CO_2,$$
$$\text{b) } Si + 2CO_2 = SiO_2 + 2CO.$$

Durch den Zusatz von Magnesia kommt die Aufschlußmasse nicht ins Schmelzen, sie bleibt vielmehr locker, so daß das entstehende Kohlenoxyd rasch entweichen und die Umsetzung vollständig verlaufen kann.

Nach erfolgtem Aufschluß wird durch Lösen in Säuren und Abscheidung des Siliziumdioxyds, wie früher beschrieben, die Bestimmung zu Ende geführt.

Erforderliche Aufschlußmischungen. Zweckmäßig hält man sich zwei Mischungen von reinstem Natriumkarbonat und reinster Magnesia vorrätig, und zwar die natriumkarbonatreichere nach Rothe [3], bestehend aus 2 Teilen Natriumkarbonat und 1 Teil Magnesia, und die magnesiareichere nach Eschka [4] aus 1 Teil Natriumkarbonat und 2 Teilen Magnesia. Ihre Herstellung erfolgt durch inniges Mischen der Bestandteile in der Reibschale.

Man schließt gewöhnlich mit der Rotheschen Mischung auf und verwendet die nach Eschka erst dann, wenn bei Verwendung der Rotheschen Mischung Schmelzung eintreten sollte.

Ausführung des Verfahrens. Das Haupterfordernis für das Gelingen der Aufschlüsse ist, daß das Probematerial als möglichst feines Pulver zur Anwendung gelangt. Je feiner die Probe gepulvert ist, um so rascher und vollständiger geht das Aufschließen vor sich. Grobe Stücke zerschlägt man im Diamantmörser und zerreibt sie, wenn angängig, in der Achatreibschale, bis sie, ohne Rückstand zu hinterlassen, durch ein Sieb von 2500 Maschen auf den Quadratzentimeter hindurchgehen.

Von hochprozentigem Material (Siliziummetall, Ferrosilizium) reicht für die Siliziumbestimmung eine Einwage von 0,3—1 g aus, bei Legierungen mit wenig Silizium verwendet man bis 5 g (Ferrochrom, Ferrowolfram u. a.). Für das Aufschließen ist ein geräumiger Platintiegel erforderlich, der zuvor durch Ausschmelzen mit Natriumkaliumkarbonat gereinigt wird. Vorsichtshalber gibt man auf den Boden des Tiegels in etwa 3—4 mm hoher Schicht Magnesia-Natriumkarbonatmischung und erhitzt bis zum leichten Zusammenbacken der Mischung, bevor die Probe eingebracht wird [5]. Das abgewogene Metallpulver wird in einer reinen Achatschale mit etwa der 7—8fachen Menge Aufschlußmischung innig vermischt, das Gemenge ohne Verlust (auf untergelegtem schwarzem Glanz-

---

[1] In einzelnen Fällen kann auch Aufschließen mit Natriumkarbonat oder Ätznatron allein von Erfolg sein, der Aufschluß findet aber dabei unter Spritzen und erheblich schwieriger statt als der Aufschluß mit den angegebenen Mischungen.

[2] Deiß, Chem.-Ztg. 34. (1910). 781.

[3] Mitteil. a. d. Kgl. Materialprüfungsamt 25. (1907). 51.

[4] Zeitschr. f. anal. Chem. 13. (1874). 344.

[5] Unterläßt man die oben angegebene Vorsichtsmaßregel, und bringt die Metallmischung in den nicht durch Magnesiamischung geschützten Tiegel, so findet unvermeidlich ein Angriff des Platintiegelmaterials an den Stellen statt, wo Metallpulver und Platin miteinander in Berührung kommen.

papier) in den Tiegel gebracht; Reibschale samt dem benützten Spatel werden mit weiterer Aufschlußmischung sorgfältig ausgerieben und diese Anteile ebenfalls in den Tiegel eingefüllt. Sodann legt man den Deckel auf den Tiegel und erhitzt über kräftigem Brenner etwa eine halbe Stunde lang, und zum Schluß $1/2$—1 Stunde über der Gebläseflamme. Steht ein elektrischer Muffelofen [1]) zur Verfügung, so kann man diesen mit Vorteil verwenden. Man muß aber darauf achten, daß der Tiegel nicht mit den glühenden Muffelwandungen in Berührung kommt, damit nicht infolge örtlicher Überhitzung der Platintiegel an der Muffel anklebt und sowohl Muffel wie Tiegel beschädigt werden; man hilft sich dadurch, daß man den Tiegel in ein Platindreieck setzt, dessen Enden senkrecht nach unten gebogen sind, so daß nur die drei Enden auf den Boden der Muffel zu stehen kommen (vgl. Abb. 163).

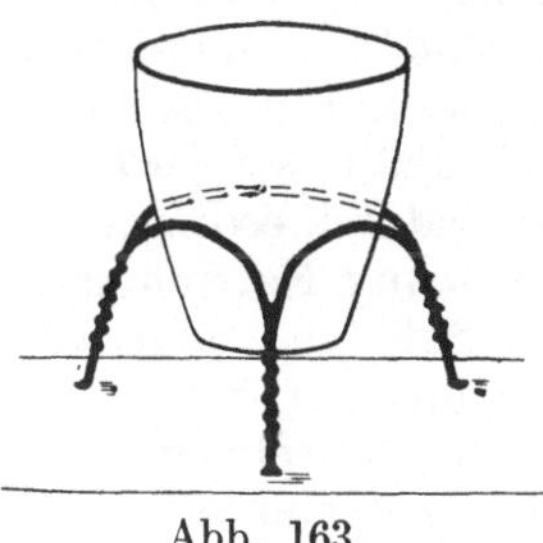

Abb. 163.

Hat man so lange wie angegeben erhitzt, so nimmt man den Tiegel vom Feuer und läßt ihn erkalten. Die ganze Aufschlußmasse ist zu einem fest zusammenhaftenden, aber an keiner Stelle am Tiegel festgebackenen Kuchen zusammengesintert und läßt sich daher durch einfaches Umstülpen nahezu quantitativ aus dem Tiegel entfernen. Daß dabei ein Angriff des Platintiegels stattfindet, ist nach der Beschaffenheit des Aufschlusses so gut wie ausgeschlossen. In der Tat war nach Aufschlüssen von mehreren Grammen verschiedener Legierungen keine Gewichtsabnahme am verwendeten Platintiegel bemerkbar.

Für die Bestimmung des Siliziumdioxyds im Aufschluß verfährt man weiter in der Weise, daß man den Kuchen in eine Porzellanschale bringt und da zunächst mit Wasser aufweicht; der Platintiegel wird sorgfältig mit Wasser aus gewaschen und etwa vorhandene Reste des Aufschlusses mit Salzsäure unter Erwärmen herausgespült. Diese Reste gibt man nach Aufdecken eines Uhrglases zur Hauptmenge in die Porzellanschale, gibt dann weitere Salzsäure [2]) bis zur Zersetzung des vorhandenen Natriumkarbonats hinzu und erwärmt zur völligen Lösung von Magnesia, Eisenoxyd u. a. auf dem Dampfbad. Die Lösung des Aufschlusses wird soweit als möglich eingedampft, dann, um alles Siliziumdioxyd unlöslich zu machen, der Rückstand einige Zeitlang in üblicher Weise auf 135° C erhitzt [3]), nach Abkühlenlassen wieder mit Salzsäure vom spez. Gew. 1,19 angefeuchtet und durch Zusatz von nicht zuviel konzentrierter Salzsäure und Erwärmen alles Lösliche gelöst.

Das unlöslich zurückgebliebene Siliziumdioxyd wird abfiltriert und im übrigen in gleicher Weise verfahren wie bei den vorher beschriebenen Abscheidungsweisen angegeben ist. Zur Prüfung des Filtrates auf noch vorhandene Reste von Siliziumdioxyd wiederholt man die Abscheidung durch Eindampfen.

Sollten beim Abfiltrieren noch schwer am Boden sitzende, schwarze Teilchen von unaufgeschlossenem Material vorhanden sein (sie unterscheiden sich von etwaigen Graphitteilchen dadurch, daß sie beim Zerdrücken mit einem Glas-

[1]) Geeignete Öfen mit eingebautem Vorschaltwiderstand liefert z. B. W. C. Heraeus, Hanau; auch solche von der Firma Carl Issem, Berlin-Reinickendorf können als sehr brauchbar empfohlen werden. Die Beschaffungskosten für einen Ofen beliefen sich 1912 auf etwa 250—300 M.

[2]) Bei Anwendung von 10 g Aufschlußmittel sind etwa 45 ccm konzentr. Salzsäure (sp. Gew. 1,12) ausreichend.

[3]) Das Eindampfen erfordert wegen der erheblichen Menge von Chlormagnesium mehr Zeit; ferner ist bei stärkerem Erhitzen des flüssig bleibenden Eindampfrückstandes Neigung zum Verspritzen vorhanden, daher muß das Erhitzen sorgfältig überwacht werden.

stab knirschen), so muß das abfiltrierte und gut ausgewaschene Siliziumdioxyd verascht und mit Natriumkaliumkarbonat im bedeckten Platintiegel aufgeschlossen werden; die Wiederabscheidung des Siliziumdioxyds geschieht wie früher beschrieben.

Zum Schluß wird das Siliziumdioxyd, nachdem man sich durch mehrmaliges Glühen und Wiederwägen überzeugt hat, daß keine Gewichtsabnahme durch Wasserverlust mehr stattfindet, in bekannter Weise mit Schwefelsäure-Flußsäure abgeraucht und der dabei bleibende Rückstand in Abrechnung gebracht.

Ist der Abrauchrückstand, der beim Verjagen des Siliziumdioxyds durch Flußsäure-Schwefelsäure verbleibt, irgend erheblich und von heller Farbe, so kann in dem Rückstand noch etwas Magnesia zurückgeblieben sein, herrührend von unvollständig ausgewaschenen Resten der Salzlösung. Da die Magnesia beim Abrauchen mit Flußsäure-Schwefelsäure leicht Schwefelsäure zurückhält, so wird dadurch ein zu hoher Abrauchrückstand gefunden. Um den dadurch bedingten Fehler auszuschalten, schließt man den Abrauchrückstand mit wenig Natriumkarbonat auf, laugt mit Wasser aus, filtriert und fällt im mit Salzsäure angesäuerten Filtrat die Schwefelsäure mit Chlorbarium. Das Bariumsulfat wird abfiltriert, ausgewaschen, verascht und gewogen und ergibt durch Multiplizieren mit 0,3430 die im Rückstand vorhandene Menge SO_3, die vom gefundenen Abrauchrückstand in Abzug gebracht werden muß.

Durch Abzug der auf diese Weise verminderten Menge des Abrauchrückstandes von der gefundenen Menge des gesamten Siliziumdioxyds erhält man die wahre Menge Siliziumdioxyd.

Die bisher beschriebenen Verfahren der Siliziumbestimmung ergeben stets den Gesamtsiliziumgehalt des Probematerials, gleichgültig ob das Silizium in Form des Metalls oder in Form von Sand, Schlacke oder Silikaten vorhanden ist.

Für Stahlwerke, die Ferrosilizium als das Oxydationsmittel verwenden, kann aber nur der Gehalt des Ferrosiliziums an metallischem Silizium in Betracht kommen, während der Gehalt des Materials an Sand, Schlacke oder Silikaten wertlos ist.

Da die Bestimmung des Gehalts an metallischem Silizium auf direktem Wege nicht durchführbar ist, so kann man durch Ermittlung des Gehalts an Gesamtsilizium und an oxydischem Silizium den Gehalt an metallischem Silizium berechnen. Die Ermittlung des in oxydischer Form vorhandenen Siliziums kann mit Hilfe des Chlorverfahrens erfolgen, wenngleich dieses Verfahren, besonders bei Anwesenheit von viel Kohlenstoff, keinen Anspruch auf Zuverlässigkeit der damit zu erreichenden Werte erheben kann. Wie schon beim Kohlenstoff, Abschnitt „Anwendbarkeit des Verfahrens", S. 138 gesagt, kann zwischen Kohlenstoff, Kieselsäure und Chlor Umsetzung eintreten, wobei Kohlenoxyd und Siliziumchlorid, also flüchtige Stoffe, gebildet werden. (Vgl. hierzu auch die Versuche Nr. 1 und 4 der Tabelle 103, S. 140.) Da das Chlorverfahren darauf beruht, daß Eisen und Silizium als Chloride verflüchtigt werden, während Siliziumdioxyd und Kohlenstoff zurückbleiben sollen, so würde bei Stattfinden der genannten Umsetzung sowohl ein Verlust an Siliziumdioxyd als auch an Kohlenstoff eintreten, was bei Beurteilung der Werte in Betracht gezogen werden muß.

Chlorverfahren zur Bestimmung des oxydischen Siliziums in Ferrosilizium.

Erforderliche Apparate. 1. Ein kleiner Verbrennungsofen mit einem etwa 40—50 cm langen Porzellanrohr oder Glasrohr aus schwerschmelzbarem Glas; lichte Weite des Verbrennungsrohres 10 mm. Das Rohr ist mit feiner Holzkohle beschickt und dient zur Reinigung des Chlors von Sauerstoff.

2. Ein kleiner Verbrennungsofen mit einem Glasrohr aus schwerschmelzbarem Glas, etwa 50 cm lang, lichte Weite 15—20 mm; das eine Ende des Rohrs ist rechtwinklig umgebogen und ausgezogen. Das Rohr dient zur Aufnahme des Porzellanschiffchens mit der zu untersuchenden Probe.

3. Eine Chlorbombe oder, falls diese nicht vorhanden, ein Apparat zur Entwicklung von Chlor aus Braunstein und Salzsäure mit den erforderlichen Waschflaschen zum Zurückhalten von Salzsäure und Wasserdampf.

Für die Untersuchung von Ferrochrom ist zur Entfernung etwa unverflüchtigt zurückgebliebenen, unlöslichen Chromchlorids ein Wasserstoffapparat oder eine Bombe mit Wasserstoff, und zur Reinigung des Wasserstoffs von Sauerstoff ein Verbrennungsofen mit Platinasbestrohr, sowie zum Erhitzen des beim Chloraufschluß entstandenen Rückstandes im Wasserstoffstrom ein weiterer Verbrennungsofen mit einem 40—50 cm langen Glasrohr von 15 bis 20 mm lichter Weite erforderlich.

Die Apparate sind in folgender Weise zusammengestellt: Das Chlorgas aus der Bombe (bzw. das durch Wasser von Säure gereinigte Chlor aus einem Chlorentwickler) geht durch eine leere Waschflasche, sodann durch eine Waschflasche mit konzentrierter Schwefelsäure und wird im ersten Verbrennungsrohr, das Holzkohlenpulver enthält und durch einen Dreibrenner erhitzt wird, von etwa

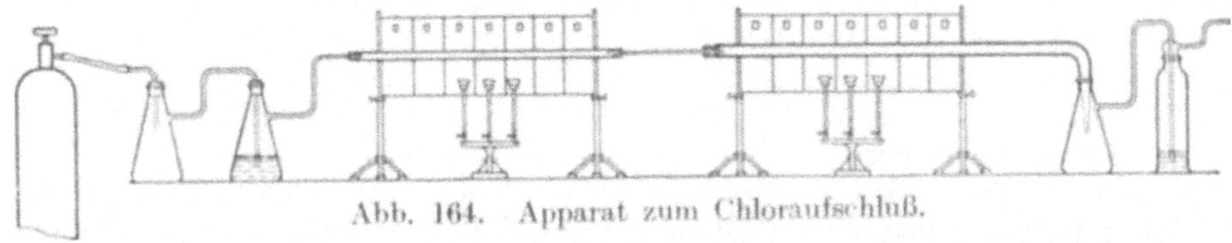

Abb. 164. Apparat zum Chloraufschluß.

vorhandenem Sauerstoff befreit. Das reine Chlor wird im 2. Rohr über die Probe geleitet, die nach erfolgter Verdrängung der Luft durch Chlor durch einen Brenner erhitzt wird. Die entstehenden flüchtigen Produkte werden durch eine leere Waschflasche in eine zweite Waschflasche mit konzentrierter Schwefelsäure und von da mittels eines Glasrohrs in einen gut ziehenden Abzugskanal geleitet.

Ausführung der Versuche. Das zu untersuchende Material (1—5 g) wird in einem genügend großen, innen und außen glasierten Porzellanschiffchen abgewogen und in diesem in das zweite Verbrennungsrohr eingeschoben. Nachdem die Verbindung mit dem ersten Verbrennungsrohr hergestellt ist, wird mit der Durchleitung von Chlorgas begonnen, zunächst eine Zeitlang ohne Erhitzung der Rohre. Ist die ganze Apparatur mit Chlorgas angefüllt, so wird mit der Erhitzung des die Kohle enthaltenden ersten Rohres begonnen, ohne daß die Chlorzufuhr unterbrochen wird. Nach etwa 10—20 Minuten währendem Durchleiten des Chlors wird auch mit dem Erhitzen des die Probe enthaltenden Rohres begonnen und zwar erhitzt man zuerst von der dem Chloreintritt zu gelegenen Seite der Probe (auf der Abbildung also von links) her zunächst den Teil des Rohres vor dem Schiffchen, und rückt dann mit dem Erhitzen ganz allmählich weiter vor in der Richtung des Chlorstroms. Schreitet man mit dem Erhitzen der zu chlorierenden Probe zu rasch vor, so daß also eine größere Probemenge auf einmal mit dem Chlor reagieren kann, so wird die Chloraufnahme eine derart heftige, daß die Chlorzufuhr aus der Bombe nicht mehr ausreicht und das Chlor, von der rechten Seite des Apparates her, zugleich mit Luft, angesaugt wird. Dadurch entsteht die Gefahr, daß ein Teil des Kohlenstoffs oder ein Teil des noch nicht chlorierten Siliziums zu Dioxyd verbrennt,

wodurch die Bestimmung fehlerhaft wird. Man hat daher ganz besonders darauf
zu achten, daß stets nur eine möglichst kleine Probemenge mit dem Chlor
reagiert und die Flamme stets nur ganz allmählich weiter gerückt wird; bei
Eintritt starker Chloraufnahme ist außerdem die Chlorzufuhr entsprechend
zu verstärken.

Die Menge des nach dem Chlorieren verbleibenden Rückstandes ist je nach
dem Probematerial verschieden groß; bei Silizium oder Ferrosilizium hinter-
bleibt meist nur ein geringer Rückstand, der außer Kieselsäure und Kohle
noch die im Probematerial vorhanden gewesenen basischen Teile (z. B. von
Schlacke herrührende) enthält.

Bei Ferrochrom hinterbleiben oft größere Mengen schwerflüchtiger violetter
Rückstände, die außer Kohlenstoff und Schlacke noch viel Chrom als Trichlorid
enthalten. Bei gut geleiteter und hinreichend lange fortgesetzter Chlorierung
kann indessen fast das ganze Chrom mit dem Eisen verflüchtigt werden. Ist
das ganze Probematerial zersetzt und entweichen auch bei weiterem Erhitzen
im Chlorstrom keinerlei flüchtigen Stoffe mehr aus dem Probematerial, so dreht
man die Flammen unter der Probe ab und läßt im Chlorstrom erkalten. Dann
wird auch die Erhitzung des Kohlerohrs eingestellt, mit der Chlorzufuhr aufgehört und das erkaltete Schiffchen vorsichtig herausgeholt.

Zur Bestimmung des Kieselsäuregehalts in dem Rückstand schüttet man
den meist ganz locker im Schiffchen befindlichen Rückstand in eine Porzellanschale, bringt den Rest aus dem Schiffchen mit Hilfe eines Pinselchens dazu,
setzt konzentrierte Salzsäure zu und dampft zur Trockene ein. Die Kieselsäure
des Rückstandes wird durch Erhitzen bei 130° C nach S. 151 unlöslich gemacht
und im übrigen wie dort weiter angegeben, bestimmt.

Man kann auch, was besonders bei größeren Rückstandsmengen zu empfehlen
ist, den Inhalt des Porzellanschiffchens trocken in einen Platintiegel schütten,
die Reste mit Hilfe eines Pinselchens dazu bringen und mit etwas Natriumkarbonat das Ganze aufschließen. Den Aufschluß behandelt man zur Abscheidung der Kieselsäure weiter wie auf S. 154 angegeben.

Um die bei der Untersuchung von Ferrochrom verbleibenden Rückstände
in Lösung zu bringen, muß man das etwa vorhandene Chromchlorid im Wasserstoffstrom — wenigstens teilweise — zu Chlorür reduzieren. Der hiefür nötige
Apparat ist entsprechend dem in Abb. 164 wiedergegebenen aufgebaut, nur daß
zwischen den beiden Verbrennungsrohren ein U-förmiges Rohr mit Phosphorpentoxyd eingeschaltet ist. Der Wasserstoff, der einer Bombe oder einem
Wasserstoffentwicklungsapparat entnommen wird, geht durch eine leere und
eine mit konzentrierter Schwefelsäure beschickte Waschflasche, gelangt dann
in das Porzellanrohr des ersten Verbrennungsofens, das Platinasbest als Füllung
enthält, und von da durch das U-förmige, mit Phosphorpentoxyd gefüllte Rohr
in das Glasrohr des zweiten Verbrennungsofens durch eine leere sowie eine zweite,
Schwefelsäure enthaltende Waschflasche zum Abzug. Der erste Verbrennungsofen dient zum Reinigen des Wasserstoffgases von vorhandenem Sauerstoff,
der zu Wasser verbrannt wird und in dieser Form im Phosphorpentoxydrohr
zurückgehalten wird. Im Rohr des zweiten Ofens findet die Reduktion des
Rückstandes statt.

Die Ausführung der Reduktion erfolgt in der Weise, daß das Schiffchen
mit dem Rückstand vom Chlorverfahren in das Glasrohr des 2. Ofens eingeschoben wird und das Glasrohr wieder mit dem Phosphorpentoxydrohr verbunden wird. Man schickt dann etwa 10—15 Minuten lang einen langsamen
Wasserstoffgasstrom durch den Apparat, prüft schließlich, ob eine mit Hilfe
eines Reagenzglases entnommene Probe des am Apparatende entweichenden
Gases beim Anzünden ruhig abbrennt. Sobald dies der Fall ist, kann die Flamme

des ersten Ofens angezündet werden. Nach weiteren 5 Minuten langsamen Durchleitens von Wasserstoff wird auch die Flamme unter dem Schiffchen im zweiten Ofen argesteckt. Sobald keine Dämpfe mehr aus dem Rückstand im Schiffchen entweichen, ist die Reduktion beendet. Man löscht die Flamme unter dem zweiten Ofen und läßt im Wasserstoffstrom abkühlen. Dann löscht man auch die Flamme des ersten Ofens (wenn man nicht gleich eine zweite Probe zu reduzieren hat), nimmt das Schiffchen heraus, schüttet den Inhalt in ein Becherglas, deckt ein Uhrglas auf und bringt unter Erwärmen auf dem Dampfbad mit Salzsäure in Lösung. Aus der erhaltenen Lösung scheidet man Siliziumdioxyd in der beim Verfahren a (S. 151) beschriebenen Weise ab und bestimmt es, wie dort angegeben.

Berechnung. War die für den Chloraufschluß verwendete Einwage e Gramm, die Auswage an Siliziumdioxyd a Gramm, so beträgt der Gehalt der Probe an Siliziumdioxyd (in Form von Sand, Schlacke oder sonstigen Silikaten vorliegend)

$$\frac{100\,a}{e}\ \%\ SiO_2.$$

War nach einem der vorher angegebenen Verfahren der Gesamtgehalt an Silizium in der Probe zu $S\,\%$ gefunden worden, so zeigt die Probe hinsichtlich ihres Siliziumgehaltes folgende Zusammensetzung:

Sie enthält

$$\frac{100\,a}{e}\ \%\ \text{Siliziumdioxyd (in Form von Sand, Schlacke oder Silikaten vorhanden),}$$

$$S - \frac{46{,}93\,a}{e}\ \%\ \text{Silizium als Metall vorhanden}$$

$$\overline{\ S\quad \%\ \text{Gesamtsilizium als Metall berechnet.}}$$

Voraussetzung für die Zuverlässigkeit des nach dem Chlorverfahren ermittelten Wertes für das Siliziumdioxyd bleibt jedoch die Abwesenheit von Kohlenstoff, wie für die Zuverlässigkeit des Kohlenstoffwertes nach dem Chlorverfahren die Abwesenheit von Oxyden in dem Probematerial.

Beispiele.

Siliziumbestimmungen in verschiedenen Probematerialien.

Tabelle 108.

Nr.	Probematerial	Einwage g	Siliziumdioxyd in g	Silizium in $\%$
1	Ferrosilizium etwa 75 prozentig	1,0000 1,0000	1,6684 1,6664	78,3 78,2
2	Ferrosilizium etwa 90 prozentig	0,3491 0,6412	0,6829 1,2528	91,8 91,7
3	Silicomangan	0,6210 0,8642	0,3074 0,4279	23,2 23,2
4	Säurebeständiges Gußeisen	1,5392 1,5538	0,4690 0,4758	14.30 14,37
5	Ferrosilizium [1])	0,8000 0,8000	1,5006 1,5022	88,0 88,1

[1]) Probe 5 lieferte beim Chloraufschluß erheblichen Rückstand; dieser enthielt, auf die Einwage berechnet $1{,}81\,\%$ SiO_2 (entsprechend $0{,}85\,\%$ Si); die Probe enthält demnach neben $87{,}23\,\%$ Si als Metall noch $1{,}81\,\%$ Kieselsäure (SiO_2).

Genauigkeit der Siliziumwerte beim Aufschlußverfahren.

Da die Einwagen beim Aufschlußverfahren in der Regel nicht so groß genommen werden können wie dies bei den Auflösungsverfahren noch möglich ist, so müssen die bei diesen Verfahren besprochenen Fehlerquellen hier stärker ins Gewicht fallen; die Genauigkeit des Aufschlußverfahrens ist also eine geringere.

Erhebliche Fehler können durch etwaigen Siliziumdioxydgehalt der Aufschlußmischung in die Bestimmungen hineingetragen werden. Man muß sich daher jedesmal bei Anwendung frischer Mischungen durch Ausführung blinder Versuche überzeugen, daß das verwendete Material — und zwar in solcher Menge, wie es bei Versuchen verwendet wird — frei von Siliziumdioxyd ist oder aber es muß ermittelt werden, welcher SiO_2-Gehalt jeweils bei den Versuchen in Abzug gebracht werden muß.

Bemerkt sei, daß die erforderlichen Stoffe — Magnesia und Natriumkarbonat — von solcher Reinheit im Handel beschafft werden können, daß z. B. in 10 g Rothescher Mischung wägbare Mengen von SiO_2 nicht nachweisbar sind, was aber natürlich keineswegs besagen soll, daß Leerprüfungen ein für allemal zu unterlassen sind.

Zulässige Abweichungen bei den Siliziumwerten nach dem Aufschlußverfahren.

Unter Berücksichtigung der Fehlerquellen des Verfahrens können die zulässigen Abweichungen, soweit sie höherprozentige Siliziumlegierungen betreffen, wie folgt zusammengefaßt werden:

bei Siliziumgehalten in %		zulässige Abweichung
von	bis	
1,00	10,00	$\pm$ 0,03%
10,00	20,00	$\pm$ 0,04 ,.
20,0	50,0	$\pm$ 0,05 ,,
50,0	100,0	$\pm$ 0,1 ,,

Anwendbarkeit des Aufschlußverfahrens.

Die Anwendbarkeit des Verfahrens erstreckt sich im wesentlichen auf alle in Säuren nicht oder schwer lösliche Metalle und Legierungen, sofern sie auf mechanischem Wege in feinpulvrige Form gebracht werden können. Titanlegierungen machen eine Änderung des Verfahrens notwendig, da beim Ausscheiden des Siliziumdioxyds aus salzsauren, titanhaltigen Lösungen ein großer Teil Titandioxyd mit dem Siliziumdioxyd unlöslich zurückbleibt und die sichere Ermittlung des Siliziumgehaltes dadurch erschwert wird.

Abänderung der Siliziumbestimmung für Titanlegierungen.

Man verfährt in folgender Weise:

Der wie oben angegebene, mit Rothe- oder Eschka-Mischung erhaltene Aufschluß der Titanlegierung wird mit kaltem Wasser aufgeweicht; die Stücke werden in der Achatreibschale zerdrückt und das Ganze in ein Becherglas gespült. Unter Vermeidung jeglicher Erwärmung wird mit starker Salzsäure versetzt, bis die Lösung stark sauer ist; darauf wird sie 1—2 Stunden in der Kälte stehen gelassen.

Dann wird unter Umrühren allmählich auf dem Dampfbad erwärmt, wobei der Aufschluß sich innerhalb einiger Stunden klar löst. Die Lösung wird nach Zusatz von verdünnter Schwefelsäure eingedampft, bis alle Salzsäure verjagt ist, danach in eine Platinschale übergeführt und schließlich auf dem Finkenerturm erhitzt, bis weiße Schwefelsäuredämpfe abzurauchen beginnen.

Sowie dies erreicht ist, stellt man das Erhitzen ein und läßt abkühlen. Der Rückstand wird durch Zusatz von Wasser in Lösung gebracht, das vorhandene unlöslich gewordene Siliziumdioxyd abfiltriert, mit verdünnter Salzsäure eisenfrei gewaschen und im übrigen wie bei den früher beschriebenen Verfahren weiter behandelt; nach dem Wägen des Siliziumdioxyds wird mit Schwefelsäure-Flußsäure abgeraucht.

Beispiele.

Tabelle 109.

Nr.	Probematerial	Einwage g	Gefunden SiO_2 g	Siliziumgehalt $^0/_0$
1	Titanmetall	1,001	0,1022	4,79
		1,0008	0,0998	4,69
2	Ferrotitan	0,8527	0,0662	3,65
		0,5096	0,0391	3,60

C. Mangan.

In Eisen und Stahl findet sich Mangan in wechselnden Mengen; der Gehalt daran in Flußeisen und Stahl bleibt meist unter $1^0/_0$, nur in seltenen Fällen (Manganstahl) ist er höher. Größere Manganmengen sind in manchen Roheisensorten, in Weißstrahleisen, Manganstahl und Spiegeleisen vorhanden; in den höherprozentigen Ferromanganen, die mit jedem beliebigen Mangangehalt hergestellt werden, außerdem in Silikomangan, Chrommangan und anderen Manganlegierungen, bildet das Mangan einen der Hauptbestandteile.

1. Bestimmung des Mangans durch Gewichtsanalyse.

Grundlagen des Verfahrens. Zur Trennung des Mangans von Eisen in Roheisen, Stahl und sonstigen manganarmen Legierungen eignet sich am besten das bekannte Ätherverfahren von Rothe. Zu dessen Ausführung muß Eisen als Ferrisalz, Mangan als Oxydulsalz in salzsaurer Lösung vorliegen.

Beim Ausäthern nach Rothe gehen außer dem Mangan noch andere Metalle, sowie Säuren in die salzsaure Lösung über. Um daher aus der ausgeätherten Lösung das Mangan in Form eines reinen Manganniederschlages abscheiden zu können, muß man vorher die übrigen Metalle nach geeigneten Verfahren entfernen.

Erforderliche Apparate und Lösungen. Zur Trennung des Ferrichlorids von den Chloriden des Mangans, Nickels, Aluminiums u. a. Metalle durch Äther ist ein Rothescher Schüttelapparat späterer Ausführung[1] (vgl. Abb. 165) erforderlich.

Für vorteilhaftes Arbeiten beim Ausäthern ist es zweckmäßig, die folgenden Lösungen in größeren Mengen (1—2 l) vorrätig zu halten:

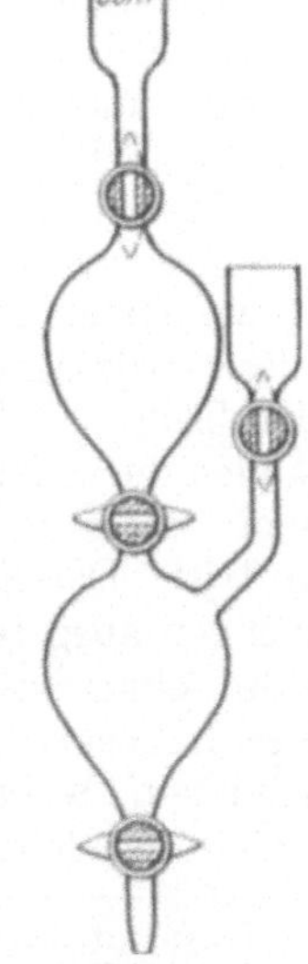

Abb. 165.
Schüttelapparat nach Rothe.

---

[1] Erstmals abgebildet in der „Denkschrift zur Eröffnung des Kgl. Materialprüfungsamtes" von Martens und Guth, Berlin bei Julius Springer 1904. S. 55; der Apparat ist in zwei Größen zu beziehen von Bleckmann & Burger, Berlin, Auguststr. 3. Der kleinere Apparat, mit etwa 110 ccm fassenden Kugeln, eignet sich für Einwagen bis zu 5 g Stahl, der größere, mit etwa 250 ccm fassenden Kugeln, für Einwagen bis zu 15 g Stahl.

1. Salzsäure vom spez. Gewicht 1,10.

2. Äthersalzsäure 1,19, d. h. Salzsäure vom spez. Gew. 1,19 mit Äther gesättigt. Ihre Herstellung erfolgt durch allmähliches Zugeben von Äther zu Salzsäure vom spez. Gew. 1,19 unter Umschütteln und, da erhebliche Wärmeentwicklung eintritt, unter zeitweisem Kühlen, bis ein Teil Äther auf der Flüssigkeit schwimmend bleibt. 100 ccm Salzsäure vom spez. Gew. 1,19, nehmen etwa 150 ccm Äther auf.

3. Äthersalzsäure 1,10, d. h. Salzsäure vom spez. Gew. 1,10 mit Äther gesättigt. Ihre Herstellung erfolgt wie die der Äthersalzsäure vom spez. Gew. 1,19. 100 ccm Salzsäure vom spez. Gew. 1,10 nehmen etwa 30 ccm Äther auf.

Für die weitere Trennung des Mangans durch Aufschließen dient eine geräumige Platinschale von 11—13 cm Durchmesser mit zwei seitlichen, am Schalenrand horizontal angelöteten Ansätzen. Bei Ausführung der Schmelze wird die Schale mit geeigneten Haltern, die an den Ansätzen zu beiden Seiten der Schale befestigt werden, gehalten (nach Rothe benützt man z. B. kleine Feilkloben, siehe Abb. 166, S. 169).

Ausführung der Bestimmung. Von Stahl und Eisen mit geringem Mangangehalt (bis etwa $1\,^0/_0$) werden 10 g, von Material mit höherem Mangangehalt 5 g abgewogen, in eine Porzellanschale von 15 bzw. 14 cm Durchmesser gebracht und nach Bedecken mit einem Uhrglas durch allmählichen Zusatz von verdünnter Salpetersäure 1,18 spez. Gew. gelöst. Die weitere Behandlung bis zum Abfiltrieren und Veraschen des Siliziumdioxyds geschieht genau so wie bei Verfahren 1b der Siliziumbestimmung (siehe S. 154) beschrieben ist [1]).

Bleibt beim Abrauchen des Siliziumdioxyds ein dunkel gefärbter (manganhaltiger) Rückstand, so muß dieser aufgeschlossen (s. S. 154) und für sich auf Mangan untersucht werden.

Das gesamte beim Verfahren 1b (s. S. 155) erhaltene Filtrat wird in der Porzellanschale eingedampft, bis es ganz dickflüssig geworden ist, aber noch keine Kristalle ausgeschieden enthält. Die Lösung ist dann zum Ausäthern fertig. Man gießt diese konzentrierte Lösung so vollständig wie möglich in die obere Kugel des Schüttelapparates (Abb. 165), was bei der weiten Bohrung der Einfüllhähne leicht vonstatten geht, und läßt gut ablaufen. Sodann werden die in der Schale verbliebenen Anteile mit kleinen Mengen Salzsäure vom spez. Gew. 1,10 ebenfalls dazu gespült, und zwar gibt man zu jedem Ausspülen 1—2 ccm dieser Salzsäure in die Schale, sammelt durch Drehen der Schale die anhaftenden Teile der Eisenlösung und läßt diese in den Apparat einfließen. Das Ausspülen der Schale wird in dieser Weise so oft wiederholt, als noch beim Zugeben von Salzsäure in die Schale gelbe Färbung von vorhandenem Eisenchlorid auftritt. Das Einspülen der Eisenlösung muß mit möglichst geringen Salzsäuremengen ausgeführt werden, wenn die Ausätherung gut gelingen soll, und man kann ohne besondere Schwierigkeiten die Schale mit 10—15 ccm Salzsäure eisenfrei bekommen. Zuletzt ist der Inhalt der oberen Kugel gut durchzuschütteln, wobei mehr oder minder starke Erwärmung eintritt, je nach dem Gehalt an Eisenchlorid, und sodann unter der Wasserleitung bis auf unter

---

[1]) Anstatt des bei der Siliziumbestimmung nach Verfahren 1b erhaltenen Filtrats kann man für die Manganbestimmung auch das nach Verfahren 1a (S. 151) erhaltene verwenden. Die Lösung muß in diesem Falle vorher oxydiert werden. Man engt die Lösung zu diesem Zweck in der Porzellanschale stark ein, bis sich am Rand der Lösung Salzkrusten (Eisenchlorür) abzuscheiden beginnen. Dann deckt man ein Uhrglas auf und fügt zur heißen noch salzsauren Lösung in kleinen Mengen verdünnte Salpetersäure (spez. Gew. 1,18) hinzu, so lange noch Dunkelfärbung und Entwicklung von Stickoxyd eintritt. Ist die Einwirkung vorüber, so spritzt man das Uhrglas ab und dampft die Lösung zur Vertreibung der Salpetersäure zweimal mit konzentrierter Salzsäure ein. Die konzentrierte Eisenlösung ist dann ebenfalls zum Ausäthern vorbereitet.

15⁰ C abzukühlen, um eine Reduktion von Eisenchlorid beim Hinzufügen von Äther möglichst zu vermeiden.

Nach Vorschriften, die Rothe für sein Verfahren zur Entfernung des Eisenchlorids aus salzsauren Lösungen durch Äther ausgearbeitet hat, wird nun zu der im Schüttelapparat befindlichen Eisenlösung soviel äthergesättigte Salzsäure 1,19 gegeben, daß auf je 1 g in der auszuäthernden Lösung vorhandenes Eisen 6 ccm dieser Äthersalzsäure kommen, und das Ganze durch Umschütteln gemischt. Dieser Zusatz von Äthersalzsäure 1,19 bezweckt einmal, die für das Ausäthern günstigste Salzsäurekonzentration der Lösung herzustellen, sodann auch die Erwärmung, die bei Zugabe von Äther zur Eisenlösung auftreten würde, im Apparat möglichst zu vermeiden. Nach Vermischen der Lösungen füllt man den übrigen Raum der Kugel bis auf einen kleinen Teil mit Äther an, schließt den Hahn und schüttelt tüchtig durch. Sollte dabei noch eine geringe Erwärmung eintreten, so kühlt man unter fließendem Wasser ab.

Den Apparat befestigt man durch Einklemmen der Verengung über dem oberen Hahn in einer Stativklemme und überläßt ihn nach dem Umschütteln einige Zeit der Ruhe. Man erhält dann eine obere grüne Lösung, im wesentlichen Eisenchlorid in Äther gelöst enthaltend, und darunter die salzsaure Lösung der sonst noch vorhandenen Metalle. Letztere zeigt je nach Art und Menge der vorhandenen Metalle verschiedene Farbe.

Bei Anwesenheit von Nickel ist sie hellgrün, bei Gegenwart von Chrom etwas dunkler grün gefärbt; Kobalt färbt die salzsaure Lösung blau, welche Färbung beim Verdünnen in rosa übergeht, bei Vanadin entsteht eine blaugrüne Färbung, die bei Verwendung superoxydhaltigen Äthers bräunlichrot oder schmutzigblau oder blaugrün erscheint. Fehlen derartige Legierungsmetalle, so zeigt die ausgeätherte Lösung meist hellgelbe oder hellgrüne Farbe von geringen Mengen Chrom oder Nickel, wie sie in jedem Stahl vorkommen, mitunter auch von kleinen Resten Eisen. Kleine Mengen von Titan färben die Lösung oft braungelb; bei größeren Titanmengen scheidet sich unter Umständen flockiges Titandioxyd aus (vgl. hierüber den Abschnitt über Titan S. 252).

Die salzsaure Lösung wird jetzt aus der oberen Kugel in die untere, leere abgelassen mit der Vorsicht, daß nichts von der ätherischen Eisenchloridlösung in die untere Kugel oder die Bohrung des mittleren Hahnes gelangt. Den nach einiger Zeit im unteren Teil der oberen Kugel noch angesammelten Rest salzsaurer Lösung läßt man gleichfalls in die untere Kugel ab. Um den Teil der salzsauren Lösung, der sich in der Bohrung des Hahns (zwischen beiden Kugeln) befindet, in die untere Kugel zu bringen, gibt man in die obere Kugel wenige ccm Äthersalzsäure 1,10, ohne umzuschütteln und läßt die über dem Hahn angesammelte Salzsäure in die untere Kugel ab. Man hat nun in der oberen Kugel hauptsächlich Eisenchlorid in salzsäurehaltigem Äther gelöst als olivgrüne Flüssigkeit, die noch Reste der in der salzsauren Lösung vorhandenen Metalle teils in Lösung, teils den Gefäßwandungen anhaftend, enthält, in der unteren Kugel die salzsaure Lösung, in der sich die übrigen Metalle neben nur wenig Eisen befinden. Zur Entfernung der in der Lösung der oberen Kugel befindlichen Reste von Mangan-, Nickel- u. a. Metallchloriden gibt man 10 ccm Äthersalzsäure 1,10 zur Lösung, und um die kleinen Mengen Eisenchlorid aus der salzsauren Lösung der unteren Kugel zu entfernen, füllt man die untere Kugel bis auf einen kleinen Raum mit Äther, schließt die Hähne und schüttelt das Ganze tüchtig durch. Nach erfolgter Trennung der Schichten in beiden Kugeln ist in der oberen weiteres Metallchlorid aus der ätherischen Lösung in die salzsaure übergegangen, gleichzeitig mit kleinen Mengen Eisenchlorid. In der unteren Kugel hingegen ist aus der schon bis auf höchstens 1—2 mg von Eisen befreiten salzsauren Lösung Eisenchlorid in den frischen Äther übergegangen. Dementsprechend haben weitere Nachschüttlungen die Aufgabe zu erfüllen, noch vorhandene Reste der Metallchloride aus der Eisenchloridätherlösung der oberen Kugel herauszuholen, andrerseits muß der so gewonnene Auszug, der stets etwas Eisenchlorid aus der ätherischen Eisenchloridlösung aufnimmt, in der unteren Kugel durch Behandeln mit eisenchloridarmem Äther von Eisenchlorid wieder befreit werden.

Man läßt aus der unteren Kugel die salzsaure Metallchloridlösung in die vorher benutzte Porzellanschale ab und spült, wie üblich, den in der Hahnbohrung und dem Rohransatz befindlichen Rest mit wenig Äthersalzsäure 1,10 nach. Dann läßt man die salzsaure Lösung der oberen Kugel in die untere fließen und spült ebenfalls mit wenig Äthersalzsäure nach. Zur weiteren Entfernung noch vorhandener Metallchloride wird die Eisenchloridätherlösung der oberen Kugel zum zweiten Male mit 10 ccm Äthersalzsäure 1,10 nachgeschüttelt. Nachdem die Schichten in beiden Kugeln sich wieder getrennt haben, läßt man die salzsaure Lösung der unteren Kugel in die Schale zur Hauptlösung und die salzsaure Lösung der oberen Kugel wieder in die untere abfließen. Sicherheitshalber schüttelt man noch einige Male mit je 10 ccm Äthersalzsäure 1,10 nach, um aus der Eisenchloridlösung den Rest der Metallchloride herauszuholen; in der Regel läßt sich dies mit 3—4 maligem Nachschütteln sicher erreichen und man kann dann die salzsauren Lösungen in die Schale ablassen. Die gesammelten salzsauren Auszüge enthalten alles Mangan, ferner Nickel, Kobalt, Chrom, Aluminium, Kupfer, Titan, Schwefelsäure, und falls Vanadin vorhanden ist, den größeren Teil davon, neben höchstens Spuren von Eisen.

Phosphorsäure geht zum Teil in die ätherische Eisenlösung, zum Teil in die salzsaure Lösung über. Ebenso Molybdän.

Größere Mengen von Alkalisalzen wirken störend, da sie beim Ausäthern ausfallen und die Hahnbohrungen verstopfen. Bei Herstellung der Eisenlösung zum Ausäthern ist daher die Verwendung irgendwelcher Alkalisalze zu vermeiden (also mit Salpetersäure, nicht mit Kaliumchlorat oxydieren, nicht mit Ammoniak abstumpfen u. a.).

Im Apparat behält man das Eisen in salzsaurer, ätherischer Lösung zurück. Durch Ausschütteln mit Wasser kann man daraus das Eisenchlorid von der Hauptmenge Äther trennen und die erhaltene Eisenlösung zur Bestimmung des Eisengehalts verwenden [1]). Gleichzeitig erhält man dabei die Hauptmenge des angewandten Äthers wieder, und bei häufig wiederkehrenden Ausätherungen empfiehlt es sich, den mit Wasser gewaschenen Äther zu sammeln und, wenn genügende Mengen vorhanden sind, durch Waschen mit Natronlauge, Trocknen über Chlorkalzium und Destillieren wieder verwendbar zu machen. Bei Vorhandensein von Dampfbädern bietet dies keinerlei Schwierigkeit.

Die in der Porzellanschale gesammelten salzsauren Auszüge werden wie folgt weiter behandelt.

Durch Erwärmen an einer nicht zu heißen Stelle des Dampfbades vertreibt man noch vorhandenen Äther und dampft danach zur Trockene ein.

Nach Aufnehmen mit wenig verdünnter Salzsäure spült man die Lösung in ein kleines 100 ccm fassendes Becherglas über, fügt zur Abscheidung des Kupfers einige Kubikzentimeter gesättigtes Schwefelwasserstoffwasser zu und rührt mit dem Glasstab um, bis sich der Niederschlag von Schwefelkupfer zusammenballt und absetzt [2]). Dann filtriert man in die vorher benutzte Schale ab, wäscht gut aus, setzt zum Filtrat etwas verdünnte Schwefelsäure und dampft zur Trockene ein. Den verbliebenen Rückstand löst man mit wenig verdünnter

---

[1]) Siehe unter Bestimmung des Eisens S. 256.
[2]) Bei Gegenwart von Molybdän in der ausgeätherten Lösung fällt auch dieses mit dem CuS zusammen aus.

Schwefelsäure und führt die Lösung in eine Platinschale von 11—13 cm Durchmesser über (Abb. 166). Der Zusatz von Schwefelsäure muß so bemessen sein, daß beim nachfolgenden Abdampfen in der Platinschale alle vorhandenen Chloride sicher in Sulfate übergeführt werden und bei stärkerem Erhitzen (auf dem Finkenerturm) ein geringer Schwefelsäureüberschuß abraucht. Nachdem alle freie Schwefelsäure abgeraucht ist, läßt man kalt werden und kann nun die Schmelzung vornehmen.

Die Schmelzung bezweckt, das Mangan (mit vorhandenem Nickel, Kobalt, Eisen) von vorhandener Phosphorsäure, sowie von Chrom, Vanadin und Aluminium zu trennen.

Je nach der Menge der vorhandenen Sulfate gibt man 1—5 g festes reines Ätznatron (in einem Platintiegel mit möglichst wenig Wasser gelöst) in die Schale, wobei sich die Metallsalze umsetzen. Dann befestigt man die Halter an den Ansätzen der Schale (Abb. 166) und bringt durch vorsichtiges Bewegen der

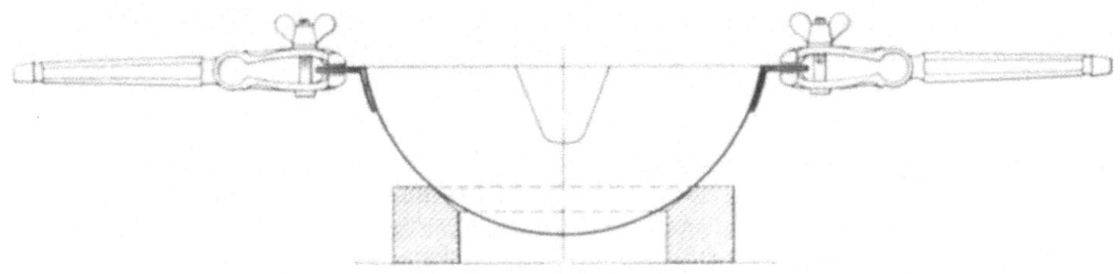

Abb. 166. Alkalischmelze.

Schale über der kleinen Flamme eines Bunsenbrenners den Schaleninhalt zur Trockene und zum Schmelzen [1]). Starkes Erhitzen ist hierzu nicht erforderlich. Ist alles glatt geschmolzen, so läßt man etwas abkühlen und bestreut mit einer kleinen Menge (eine Messerspitze voll genügt) Natriumsuperoxyd, die man mit dem Platinspatel auf der ganzen Schmelze verteilt. Auf einer nur wenig größeren Bunsenflamme erhitzt man darauf zum Schmelzen unter ständigem Hin- und Herbewegen der Schale, bis der ganze Inhalt geschmolzen ist und keine ungeschmolzenen Körnchen von Natriumsuperoxyd mehr wahrnehmbar sind. Will man nur das Mangan, nicht aber das Chrom bestimmen, so kann man an Stelle des Natriumsuperoxydes auch Kaliumchlorat zur Schmelze verwenden.

Stärkeres örtliches Erhitzen als gerade zum Schmelzen erforderlich ist, muß dabei vermieden werden, da andernfalls die Platinschale angegriffen werden kann. Bei einiger Sorgfalt ist es übrigens nicht schwer, die Schmelzen sowohl mit Kaliumchlorat, als mit Natriumsuperoxyd ohne jeglichen Angriff des Platinmaterials durchzuführen.

Nach Abkühlen der Oxydationsschmelze nimmt man die Halter ab, bedeckt mit Uhrglas und löst durch Zugießen von etwa 60 ccm heißen Wassers, wodurch überschüssiges Natriumsuperoxyd unter Sauerstoffabgabe zersetzt wird. Die von Manganat meist noch grün gefärbte Lösung wird bei aufgedecktem Uhrglas mit einer Messerspitze Natriumsuperoxyd versetzt; dadurch wird das Manganat zerstört unter Entwicklung von Sauerstoff und Abscheidung von Mangandioxyd [2]).

---

[1]) Bei zu raschem Verdampfen könnte Verspritzen eintreten, was natürlich vermieden werden muß. Für jeden Fall ist das Arbeiten mit Schutzbrille anzuraten.

[2]) In manchen Fällen behält die Aufschlußlösung trotz nachträglicher Behandlung mit Natriumsuperoxyd nach Absetzen des Niederschlages hellblaue Färbung. Dies kommt mitunter bei kupferreichen Stahlen vor, wobei ein Teil des Kupfers in der alkalischen Lösung gelöst bleibt. Diese Erscheinung trat z. B. bei einem Stahl mit 0,38°/₀ Cu auf. Das Kupfer konnte nach Ansäuern des Filtrats durch H_2S gefällt werden.

Um überschüssiges Natriumsuperoxyd zu zerstören, erhitzt man $^1/_2$ bis 1 Stunde bei aufgedecktem Uhrglas auf dem Dampfbad. Darauf spült man den Inhalt der Platinschale in ein Becherglas von 300—400 ccm Inhalt, verdünnt mit Wasser auf etwa 200 ccm und läßt gut absitzen. In der Platinschale bleibt gewöhnlich ein geringer gelbbrauner Beschlag von Mangandioxyd zurück, der durch Erwärmen mit wenig verdünnter Schwefelsäure und einigen Tropfen wäßriger schwefliger Säure in Lösung gebracht wird; diese Lösung wird zunächst für sich aufbewahrt.

Die klare Lösung über dem Mangandioxydniederschlag im Becherglas zeigt bei Roheisen und Stahl fast immer mehr oder weniger starke Gelbfärbung, von Chromat herrührend (Chrom findet sich in nahezu allen Eisen- und Stahlsorten in geringer Menge). Nach Erkalten der Lösung gießt man die klare alkalische Flüssigkeit, ohne den Niederschlag aufzurühren oder aufs Filter zu bringen, durch ein Weißbandfilter (7—9 cm Durchmesser, je nach der Menge des Niederschlags). Ist die Lösung abgegossen, so gibt man heißes Wasser auf den Niederschlag im Becherglas, läßt absitzen und gießt das Klare wieder ab. Dies wiederholt man noch ein- oder zweimal; dann setzt man den Trichter auf einen frischen Erlenmeyerkolben und bringt den Niederschlag aufs Filter. Man vermeidet so, im Falle der feine Mangandioxydniederschlag trüb durchs Filter geht, daß die ganze erst klar filtrierte Lösung nochmals filtriert werden muß. Den Niederschlag auf dem Filter wäscht man mit reinem Wasser; dies muß vorsichtig geschehen, da er beim Fortwaschen sämtlicher Alkalisalze leicht in kolloider Form durch das Filter geht. Dies kann man verhüten, wenn man gegen Ende des Auswaschens statt reinen Wassers verdünnte Ammonsulfatlösung zum Auswaschen verwendet, oder beim Auswaschen mit reinem Wasser zeitweise einen Kristall von Ammonsulfat aufs Filter bringt.

Die vereinigten Filtrate enthalten alles Chrom und Aluminium, außerdem Phosphor und Vanadin; auf dem Filter befindet sich alles Mangan, Nickel und Kobalt und eine geringe Menge Eisen (von der Ausätherung zurückgeblieben). Der Niederschlag wird mit konzentrierter Salzsäure in ein kleines Becherglas gelöst (bei erheblichen Mengen Niederschlag spritzt man die Hauptmenge mit Hilfe der Spritzflasche vom Filter ins Becherglas und löst den Rest mit Salzsäure dazu); das Filter wird mit heißer verdünnter Salzsäure gründlich ausgewaschen. Zu dieser Auflösung des Manganniederschlags gibt man den mit Schwefelsäure und schwefliger Säure gelösten Rest aus der Platinschale und dampft das Ganze zur Entfernung freien Chlors auf dem Dampfbad bis auf eine kleine Flüssigkeitsmenge ein; diese kann von kleinen Mengen Eisen gelblich, von vorhandenem Nickel mehr oder weniger gelbgrün, von Kobalt blaugrün gefärbt sein.

Bei Anwesenheit größerer Nickelmengen verfährt man für die Bestimmung des Mangans nach der Ausätherung wie weiter unten (S. 172, b) beschrieben.

Um zunächst die kleinen Eisenmengen (die bei gutgelungener Ausätherung aber nur wenige Milligramme betragen) zu entfernen, wird die freie Säure mit Ammoniak größtenteils abgestumpft, zur schwach sauren Lösung, die keinen Niederschlag enthalten darf, 1—2 ccm Ammonazetatlösung (200 g des Salzes zum Liter gelöst) gegeben und bis zum beginnenden Kochen erhitzt. Die rotbraun ausfallenden Flocken von Ferrihydroxyd werden durch ein kleines Filter abfiltriert und mit Wasser gut ausgewaschen. Sollte dieser Niederschlag erheblicher sein, so muß man ihn mit Salzsäure lösen und nochmals fällen, um alles Mangan daraus zu entfernen.

Die Filtrate vom Eisenhydroxyd werden vereinigt, mit einem Tropfen Essigsäure schwach sauer gemacht und zunächst kalt mit Schwefelwasserstoffgas gesättigt. Ohne das Einleiten von Schwefelwasserstoffgas zu unterbrechen, erhitzt man die Lösung langsam zum Kochen, dreht dann die Flamme aus und läßt unter ständigem Durchleiten von Schwefelwasserstoffgas abkühlen. Nach Absitzen des Nickel- und Kobaltsulfidniederschlags filtriert man durch ein gutlaufendes Filter ab und wäscht sorgfältig mit Wasser aus. Das Filtrat wird in der Porzellanschale eingeengt, wobei sich häufig noch kleine Mengen von Nickelsulfid abscheiden; man verdünnt die Lösung dann in der Schale mit Schwefelwasserstoffwasser, erwärmt kurze Zeit und läßt absitzen. Den Nickelsulfidniederschlag filtriert man ab und engt das gesamte Filtrat wieder ein, um den Schwefelwasserstoff zu vertreiben.

In einem etwa 300 ccm fassenden Becherglas verdünnt man die Manganlösung auf etwa 100 ccm, neutralisiert mit Ammoniak, fügt etwas Brom und in geringem Überschuß Ammoniak hinzu und erwärmt. Durch Umrühren beschleunigt man das Abscheiden des Mangandioxydniederschlags. Durch mehrmaligen Zusatz von einigen Tropfen Brom und Ammoniak und Erhitzen überzeugt man sich, ob die Menge des Niederschlags noch zunimmt, und gibt in diesem Fall weiteres Brom und Ammoniak zu.

Liegen nur geringe Manganmengen vor, so nimmt man die Ausfällung des Mangans aus einem geringeren Volumen z. B. 50 ccm vor.

Der Mangandioxydniederschlag wird nach kurzem Stehenlassen auf dem Dampfbad durch ein aschefreies Filter abfiltriert und mit warmem Wasser einige Male ausgewaschen. Die Filtrate werden mit Brom und Ammoniak nochmals auf Mangan geprüft und, falls keine Abscheidung erfolgt, zur Trockene eingedampft, wobei sich manchmal nach Versetzen mit wenig Brom und Ammoniak noch geringe Manganmengen abscheiden lassen.

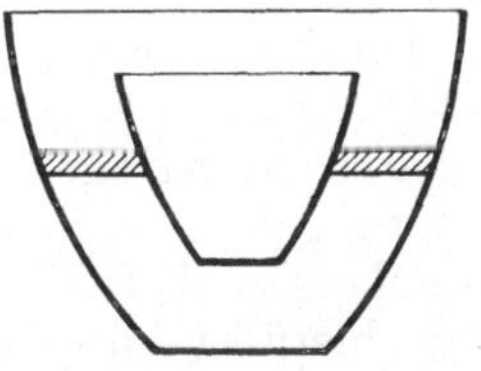

Abb. 167. Doppeltiegel.

Man verascht vorsichtig den erhaltenen Manganniederschlag im gewogenen Porzellantiegel und wägt zunächst als Mn_3O_4. Um sicher zu gehen, führt man den Manganoxyduloxydniederschlag nach dem Wägen in Sulfat über [1]). Dazu löst man ihn nach Aufdecken eines Uhrglases mit wenig konzentrierter Salzsäure, erwärmt zur Vertreibung des Chlors, setzt auf je etwa 100 mg gewogenen Manganoxydoxyduls etwa 0,5 ccm verdünnter Schwefelsäure (1 Teil konzentrierte auf 5 Teile verdünnt) zu und dampft möglichst weit ein. Zur Entfernung des Schwefelsäureüberschusses erhitzt man zuletzt im Luftbad, das man sich nach Gooch und Austin [2]) mit Hilfe eines größeren Porzellantiegels herstellt. Den äußeren Tiegel wählt man so groß, daß nach Einsetzen des kleinen Tiegels zwischen beiden ein Abstand von etwa 1 cm bleibt. Der innere Tiegel wird durch einen entsprechend geschnittenen Asbestring oder ein eingehängtes Platindreieck in der richtigen Lage gehalten (Abb. 167).

Das Erhitzen im Luftbad wird mit einem kräftigen Bunsenbrenner oder kurze Zeit mit einem Dreibrenner ausgeführt und so oft wiederholt, bis das Gewicht des Mangansulfats sich nicht mehr ändert. Das Mangansulfat muß schwach rosa gefärbt und darf am Boden nicht gebräunt sein; auch muß es sich in Wasser klar lösen; auf Zusatz von Ammonazetatlösung und nach Erwärmen darf keine Fällung entstehen.

Berechnung. Der Prozentgehalt an Mangan ergibt sich aus der Einwage (e Gramm) und der Auswage (a Gramm) wie folgt:

---

[1]) Der Sauerstoffgehalt des geglühten Manganniederschlags ist nicht völlig konstant; er hängt von der Glühtemperatur, sowie von der vorhandenen Menge Niederschlag ab.
[2]) Zeitschr. f. anorgan. Chem. 17. (1898). 264.

Bei der Wägung als Manganoxydoxydul (a = g Mn$_3$O$_4$)

$$\% \text{ Mn} = \frac{72,03 \cdot a}{e},$$

bei der Wägung als Mangansulfat (a = g MnSO$_4$)

$$\% \text{ Mn} = \frac{36,38 \cdot a}{e}.$$

Das im Vorstehenden beschriebene Verfahren wird zweckmäßig für besondere Materialien entsprechend abgeändert:

a) Manganreiche Legierungen (hochprozentiges Ferromangan, Manganmetall u. a.), die nur wenig Eisen enthalten, werden nach Lösen von 1—4 g je nach Gehalt der Probe (gute Durchschnittsprobe!) [1]) mit Salpetersäure, Zerstören der Nitrate und Abscheidung des Siliziumdioxyds [2]) wie folgt behandelt. Das Filtrat von Siliziumdioxyd wird in einem Meßkolben von 500 ccm aufgefangen und bis zur Marke aufgefüllt. Je nach der Höhe der Einwage und des Mangangehaltes — bei 80%igem Ferromangan genügt bei 2 g Einwage $^1/_{10}$, bei 30%igem Ferromangan und 3 g Einwage $^1/_5$ — werden davon 50 oder 100 ccm abgemessen [3]); diese Menge wird mit Ammoniak sorgfältig neutralisiert, Ammonazetat zugesetzt und zur Fällung des Eisens erhitzt. Ist die gefällte Eisenmenge erheblich, so muß sie wieder gelöst und die Fällung mit Ammonazetat wiederholt werden. Im Filtrat werden nach schwachem Ansäuern mit Essigsäure Kupfer, Nickel und Kobalt durch Schwefelwasserstoff abgeschieden.

Die Bestimmung des Mangans kann, wie oben beschrieben, durch Fällen als Dioxyd und Wägen als Mangansulfat erfolgen. Da indessen manche Manganlegierungen geringen Gehalt an Kalk aufweisen (nach Müller) [4]), wodurch der Mangangehalt zu hoch gefunden würde, so ist es sicherer, in solchem Falle das Mangan als Sulfid zu fällen, in Sulfat überzuführen und als solches zu wägen (vgl. hierüber unter c, Seite 173/174).

b) Nickelreiche Legierungen. (Hochprozentiger Nickelstahl, Chromnickelstahl u. a.)

Um die Fällung großer Nickelmengen mit Schwefelwasserstoff zu umgehen, wird die Hauptmenge des vorhandenen Nickels nach erfolgtem Ausäthern des Eisens auf folgende Weise entfernt. Man dampft die ätherhaltigen salzsauren Auszüge zur Trockene ein, nimmt wieder mit Salzsäure auf und stumpft den

---

[1]) Zu beachten ist hierbei das auf S. 39 ff. im ersten Teil des Buches Gesagte.

[2]) Beim Abscheiden des Siliziumdioxyds darf wegen der Flüchtigkeit des Manganchlorids nicht zu stark erhitzt werden.

[3]) Um hierbei Fehler nach Möglichkeit auszuschließen, muß man Pipette und Meßkolben vorher aufeinander einstellen. Zur Einstellung der 50 ccm-Pipette auf den 250 ccm-Kolben kann man z. B. wie folgt verfahren. Man läßt in den leeren, völlig trocken gemachten Kolben die mit Wasser gefüllte 50 ccm-Pipette 5 mal ausfließen, wozu man Wasser von gemessener Zimmertemperatur und stets die gleichen Bedingungen beim Ausfließenlassen anwendet. Die Höhe des Flüssigkeitsspiegels im Kolbenhals bezeichnet man durch eine Marke. Die Entnahme der Lösung für die Manganbestimmung hat dann unter den nämlichen Bedingungen der Temperatur und des Ausfließens aus der Pipette zu erfolgen.

Genauer als dieses Verfahren ist in jedem Fall das Auswägen der Lösung, wozu zweckmäßig eine bei höherer Belastung (bis zu 1 kg) noch hinreichend genaue Wage auf etwa 1—2 mg) benutzt wird.

Man wägt zuerst den völlig trocken gemachten, leeren 100 oder 250 ccm fassenden Kolben samt Stopfen, füllt danach die zu teilende Lösung ein und wägt wieder. Dann wird ein zweites leeres Kölbchen mit Stopfen gewogen, mit der Pipette ein Teil der gewogenen Lösung entnommen, in das leere Kölbchen eingefüllt und nach Verschließen des Kölbchens wieder gewogen.

Aus dem Gewicht der Menge Gesamtlösung und dem Gewicht des mittels Pipette entnommenen Teils ist der zur Anwendung kommende Teil der Einwage zu berechnen.

[4]) Vgl. Reis, Zeitschr. f. angew. Chem. 1892. 672 ff.

Säureüberschuß mit Ammoniak ab. Dann fügt man Brom hinzu, sowie Ammoniak im Überschuß, wiederholt den Zusatz von Brom und Ammoniak mehrere Male und erwärmt unter Umrühren. Nickel geht dann größtenteils als Oxydulhydrat in Lösung, eine blaue Lösung bildend, während Mangan, geringe Mengen Eisen mit nur wenig Nickel ausfallen. Der entstandene braune Niederschlag wird abfiltriert und die Nickellösung nochmals mit Brom und Ammoniak auf Mangan geprüft. Die Oxyde werden mit konzentrierter Salzsäure vom Filter gelöst und zur Vertreibung von Chlor und Salzsäure im Becherglas unter Zusatz von wenig verdünnter Schwefelsäure eingedampft. Die schwefelsaure Lösung wird dann in eine Platinschale übergeführt, eingedampft und der Schwefelsäureüberschuß auf dem Finkenerturm verjagt. Nach Schmelzen des Rückstandes mit Ätznatron und Natriumsuperoxyd oder Kaliumchlorat wird Eisen und Nickel abgeschieden, wie S. 169 angegeben, und Mangan als Mn_3O_4 bzw. als $MnSO_4$ bestimmt [1]).

c) Säureunlösliches Material. (Ferrochrom, Ferrowolfram, Ferrosilizium, Silikomangan u. a.)

Zur Überführung dieser Stoffe in säurelösliche Verbindungen bedient man sich des bei Bestimmung des Siliziums in säureunlöslichem Material beschriebenen Aufschlußverfahrens (s. S. 158), und zwar verwendet man zum Aufschluß zweckmäßig die von Rothe benutzte natriumkarbonatreichere Mischung.

Der Aufschluß wird mit 1—2 g manganarmem oder 0,5—1 g manganreichem Probematerial ausgeführt; die erhaltene Schmelze gibt man in eine reine Achatreibschale, befeuchtet sie mit Wasser und zerreibt mit dem Pistill zu möglichst feinem Brei, den man mit Wasser in ein Becherglas spült. Danach verdünnt man mit heißem Wasser auf etwa 200 ccm, fügt unter Aufdecken eines Uhrglases zur Reduktion etwa vorhandenen Manganates eine kleine Menge Natriumsuperoxyd hinzu und zerstört den Überschuß an Natriumsuperoxyd durch Erhitzen der Flüssigkeit. Nach gründlichem Absitzen des Niederschlags gießt man die klare Flüssigkeit durch ein Filter, gibt heißes Wasser zum Rückstand im Becherglas, gießt nach Absitzenlassen wieder die klare Lösung durchs Filter und wiederholt das Auswaschen des Niederschlags in dieser Weise noch einige Male.

Schließlich löst man den ausgewaschenen Niederschlag im Becherglas mit konzentrierter Salzsäure, gibt den auf dem Filter befindlichen Rest des Niederschlags samt Filter dazu und erhitzt nach Bedecken mit Uhrglas zum Verjagen des Chlors. Von den zurückbleibenden Filterfasern und etwaigen unaufgeschlossen gebliebenen Resten der Probe filtriert man ab und wäscht gut mit Salzsäure enthaltendem Wasser aus. Sind unaufgeschlossene Reste vorhanden (die sich gewöhnlich als schwere schwarze Teilchen am Boden des Becherglases ansammeln und beim Zerdrücken mit dem Glasstab knirschen), so verascht man Filter samt Rückstand und schließt mit Natriumkarbonat auf. Der Aufschluß wird mit Wasser gelöst, etwas Natriumsuperoxyd zur Reduktion des Manganats zugefügt, falls solches — an der Grünfärbung des wäßrigen Auszugs erkennbar — vorhanden ist. Der Niederschlag von Manganoxyden, Eisenoxyd u. a. wird abfiltriert, das Filtrat zu dem ersten alkalischen Hauptfiltrat gegeben, der Filterrückstand mit Salzsäure in Lösung gebracht und mit der salzsauren Hauptlösung vereinigt.

Das alkalische Filtrat kann für die Bestimmung von Chrom oder Phosphor Verwendung finden.

---

[1]) Sind Phosphor und Chrom nicht in nennenswerten Mengen vorhanden, so kann man das Schmelzen mit Ätznatron und Superoxyd umgehen und die Reste von Eisen und Nickel auf dem üblichen Wege direkt entfernen.

Die salzsaure Lösung des Filterrückstandes wird in der Porzellanschale möglichst weit eingedampft, dann zur stärkeren Erhitzung (auf etwa 135° C) auf die erhitzte Asbestplatte gestellt. Nach Erkalten löst man mit Salzsäure und filtriert von Siliziumdioxyd ab.

Das salzsaure Filtrat, das die gesamte Menge Mangan und im übrigen hauptsächlich Eisen und Magnesia enthält, wird auf 250 ccm gebracht; nach Abstumpfen der Salzsäure mit Ammoniak gibt man etwas Ammonazetatlösung dazu und erhitzt zur Fällung des Eisens. Der Eisenniederschlag, der noch etwas Mangan enthalten kann, wird zur größeren Sicherheit mit Salzsäure nochmals gelöst und die Fällung mit Ammonazetatlösung wiederholt.

Das schwach essigsauer gemachte Filtrat wird durch Einleiten von Schwefelwasserstoffgas und Abfiltrieren des entstehenden Niederschlags von Nickel befreit. Das Filtrat vom Schwefelnickel wird in einem 300 ccm fassenden Becherglas auf etwa 100 ccm gebracht und zur Fällung des Mangans und Trennung von der Hauptmenge Magnesiasalze mit Brom und Ammoniak versetzt; zur Beschleunigung der Fällung rührt man mit einem Glasstab tüchtig um.

Der Niederschlag wird abfiltriert und ausgewaschen, das Filtrat zur weiteren Prüfung auf Reste von Mangan verwahrt. Man spritzt den Mangandioxydniederschlag vom Filter in ein Becherglas, gibt konzentrierte Salzsäure dazu, löst die auf dem Filter bleibenden Reste mit starker Salzsäure und vereinigt die salzsauren Lösungen. Dann engt man sie auf eine möglichst kleine Flüssigkeitsmenge ein und fällt das Mangan als Sulfid mit frischem Schwefelammonium[1]).

Für die Fällung erhitzt man etwa 50—100 ccm Schwefelammoniumlösung (je nach der vorhandenen Manganmenge) in einem 300—400 ccm fassenden Becherglas zum beginnenden Sieden und gießt die ebenfalls erhitzte Manganlösung, die möglichst neutral sein muß, zur heißen Schwefelammoniumlösung hinein; den Rest Manganlösung spült man mit Hilfe der Spritzflasche dazu. Man erhitzt dann noch kurze Zeit weiter und erhält so in den meisten Fällen gut filtrierbares, grünes Mangansulfid.

Nach gründlichem Absitzenlassen des Sulfidniederschlags filtriert man durch ein gut laufendes Filter ab[2]) und wäscht mit Schwefelammonium enthaltendem Wasser aus. Filtrat samt den Waschwässern werden eingedampft und geringe noch vorhandene Manganreste mit Ammoniak und Brom daraus gefällt. Die Behandlung mit Brom und Ammoniak ist zu wiederholen, damit man sicher alles Mangan erhält.

Diese Vorsichtsmaßregel ist nötig, weil mitunter im Filtrat noch Manganreste zu finden sind, besonders wenn das grüne Sulfid erhalten wird.

Der Sulfidniederschlag wird verascht, das erhaltene Manganoxyduloxyd mit Salzsäure (1,12 spez. Gew.) nach Bedecken des Porzellantiegels gelöst und durch Zusatz von verdünnter Schwefelsäure in geringem Überschuß in Sulfat übergeführt, wie oben (S. 171) angegeben. Die geringen aus den Filtraten erhaltenen Mangandioxydmengen werden für sich verascht und als Mn_3O_4 gewogen.

Will man das Mangan als Sulfid zur Wägung bringen, so trocknet man Niederschlag samt Filter, bringt die Hauptmenge des Mangansulfids in einen

---

[1]) Zur Herstellung polysulfidfreien Schwefelammoniums leitet man in einen Teil konzentrierten Ammoniaks (spez. Gew. 0,96) Schwefelwasserstoffgas bis zur Sättigung ein und vermischt danach mit der gleich großen Menge konzentrierter Ammoniaklösung.

[2]) Sollte der Niederschlag trüb durchs Filter gehen, so filtriert man (vorausgesetzt, daß das Filter nicht zu langsam läuft) trotzdem weiter und bringt den gesamten Niederschlag aufs Filter, das danach bald klares Filtrat gibt. Sobald dies eintritt, wechselt man den Kolben zum Auffangen des Filtrats und gießt nun das trübgegangene Filtrat durch. Beim Aufgießen der Lösung aufs Filter halte man das Filter stets fast gefüllt und warte auch beim Auswaschen nicht das Auslaufen der Flüssigkeit ab.

unglasierten Rosetiegel, verascht das Filter in einem anderen, glasierten Tiegel, und bringt die Asche zur Hauptmenge in den Rosetiegel. Nach Zusatz von etwas reinem, aschefreiem Schwefel erhitzt man den Rosetiegel unter Einleiten von Wasserstoffgas mit dem Bunsenbrenner, solange noch der Geruch nach schwefliger Säure auftritt. Danach läßt man im Wasserstoffstrom erkalten und wägt das entstandene Mangansulfid.

Der Mangangehalt berechnet sich aus a Gramm Mangansulfid bei einer Einwage von e Gramm wie folgt:

$$\% \, Mn = \frac{63{,}15 \, a}{e}.$$

Bei Ferrosilizium, Silikomangan, säurefestem Gußeisen kann man sich auch des folgenden Weges zur Auflösung der Probe bedienen. Das Probematerial (je nach Höhe des Mangangehaltes 1—5 g) wird in einer Platinschale mit verdünnter Salpetersäure (1,18) überschichtet und durch kleine Zusätze von reiner Flußsäure und Erwärmen bis zum Eintreten der Hauptreaktion in Lösung gebracht, wobei man die Schale mit einem Uhrglas bedeckt. Sobald Lösung eingetreten ist, wird das Uhrglas abgespritzt, die Lösung auf dem Dampfbad zur Trockene gebracht und der Rückstand auf dem Finkenerturm erhitzt, schließlich direkt über der Flamme, bis alle Nitrate zerstört sind. Dann gibt man von neuem verdünnte Salpetersäure zu, dampft wieder ein und erhitzt zur Zerstörung der Nitrate und möglichster Vertreibung der Flußsäure. Zuletzt löst man den Rückstand mit konzentrierter Salzsäure, spült die ganze Lösung samt etwaigen unvollständig gelösten Resten in eine Porzellanschale und verfährt damit nun weiter, wie auf S. 166 für das Ätherverfahren angegeben.

d) Beschleunigung des Verfahrens. Erhebliche Beschleunigung in der Ausführung des Verfahrens bis zur Ätherbehandlung läßt sich erreichen, wenn man als Gefäß für das Auflösen usw. des Probematerials nicht eine Porzellanschale, sondern einen Rundkolben wählt.

Man wägt die Probe ab, schüttet sie in einen langhalsigen Rundkolben (für Einwagen von 5—10 g verwendet man solche von etwa 500 ccm, für Einwagen von etwa 3 g solche von etwa 300 ccm Inhalt), bringt sie durch allmählichen Zusatz der erforderlichen Menge Salpetersäure vom spez. Gew. 1,18 in Lösung, erhitzt zur vollständigen Lösung auf kleiner Flamme und dampft dann über der Flamme eines Mastebrenners (etwa 30 mm Durchmesser) oder über einem Dreibrenner zur Trockene ein. Um den Kolben halten zu können, spannt man ihn am Kolbenhals in einen nicht zu schweren Stativhalter; man bewegt den Kolben, um rasches Abdampfen zu erzielen, so über der Flamme, daß der Kolbenhals einen Kegelmantel mit möglichst stumpfem Winkel beschreibt, dessen Spitze in der Mitte der Kugel des Rundkolbens liegt. Die Lösung kommt bei hinreichend raschem Drehen des Kolbens kaum zum Blasenwerfen, dampft aber sehr schnell ab.

Ist die Lösung fast zur Trockene eingedampft, so muß man vorsichtiger weiter erhitzen und den Kolben zeitweise von der Flamme fortnehmen, falls Spritzen zu befürchten ist. Dies dauert nur kurze Zeit, dann beginnt bei weiterem starkem Erhitzen die Zersetzung der Nitrate und man fährt mit dem Erhitzen fort, bis die Entwicklung brauner Stickoxyddämpfe aufgehört hat. Danach läßt man abkühlen, löst die Oxyde durch Zugabe der notwendigen Menge rauchender Salzsäure unter Erwärmen; ist alles gelöst, so dampft man wieder durch Drehen des Kolbens über der Flamme zur Trockene, wie zuerst bei der salpetersauren Lösung. Kurz vor dem Trockenwerden des Inhalts erhitze man wieder vorsichtig weiter, bis die Farbe des Rückstandes violettbraun geworden ist; stärkeres Erhitzen bis zur Bildung roten Eisenoxyds ist nicht erforderlich. Nach

Erkalten löst man den Rückstand durch rauchende Salzsäure und Kochen, wobei man darauf achten muß, daß kein schwerlösliches Eisenoxyd am Boden zurückbleibt. Man verdünnt und filtriert das abgeschiedene Siliziumdioxyd ab. Zum Ausgießen der Lösung aus dem Kolben bedient man sich am besten kleiner, im Winkel von etwa 60° gebogener Glasstabhaken.

Für die Bestimmung des Siliziums ist diese Arbeitsweise nicht geeignet, da die vollständige Entfernung des Siliziumdioxyds aus dem Kolben nicht genügend sicher durchzuführen ist.

Nach Eindampfen des Filtrates in einer Porzellanschale kann man dann zum Ausäthern übergehen.

Beispiele.

Prüfung des Ätherverfahrens zur Trennung von Eisen und Mangan. Zur Prüfung diente eine Manganchlorürlösung, die in 25 ccm 0,0354 g Mangan enthielt (Mittel aus drei Bestimmungen als Sulfat).

Je 25 ccm der Manganlösung wurden mit reiner manganfreier Eisenchloridlösung (entsprechend 3,5 g Eisen) vermischt und nach Einengen ausgeäthert wie oben beschrieben. Aus der salzsauren ausgeätherten Lösung wurden Reste von Eisen (1—2 mg Eisenoxyd entsprechend) nach Neutralisieren durch Fällen mit Ammonazetat entfernt und, da im Filtrat kein Nickel vorhanden war, mit Brom und Ammoniak das Mangan ausgefällt.

Gefunden wurden	1. Versuch	2. Versuch	3. Versuch	g Mangan im Mittel
bei Wägung als Mn_3O_4. .	0,0504 g	0,0505 g	0,0508 g	0,0364 g Mangan
bei Wägung als $MnSO_4$.	0,0976 g	0,0975 g	0,0972 g	0,0354 g Mangan

Ergebnisse einiger Bestimmungen sind zusammen mit solchen der maßanalytischen Manganbestimmung in Tabelle 110 und 111 angegeben.

Genauigkeit der erhaltenen Werte und höchstzulässige Abweichungen.

Für die Beurteilung des Genauigkeitsgrades der angegebenen gewichtsanalytischen Manganbestimmungsverfahren kommen außer Wägefehlern die bei chemischen Arbeiten unvermeidlichen Fehler in Betracht. Sie lassen sich bei sorgfältigem Arbeiten in gewissen engen Grenzen halten. Im allgemeinen kann man für die Wägung des Mangans als Sulfat bei kleinen Mengen etwa bis zu 50 mg Sulfat ± 1 mg, bei größeren Mengen ± 2 mg als zulässige Abweichungen anerkennen.

Je nach Höhe der Einwagen (z. B. 5 g bei Material mit weniger als $2\,^0/_0$ Mn, 1 g bei manganreicheren) ergeben sich danach für die Prozentgehalte verschieden manganhaltiger Materialien etwa folgende zulässige Abweichungen:

von	bis	zulässige Abweichung
0 $^0/_0$	0,2 $^0/_0$	± 0,01 $^0/_0$
0,2 ,,	1 ,,	± 0,02 ,,
1 ,,	5 ,,	± 0,04 ,,
5 ,,	10 ,,	± 0,06 ,,
10 ,,	30 ,,	± 0,08 ,,
30 ,,	und mehr	± 0,1 ,,

Anwendbarkeit des Verfahrens.

Unter Benutzung der angegebenen Abänderungen läßt sich das gewichtsanalytische Verfahren der Manganbestimmung für alle im Stahlbetrieb vorkommenden Sorten Eisen, Stahl und sonstigen Legierungen verwenden.

2. Maßanalytische Bestimmung des Mangans.

Abgeändertes Verfahren nach Volhard, Wolff, Schöffel und Donath.

Grundlagen des Verfahrens. Beim Zusammenbringen der Lösungen von Manganoxydulsalzen und von Kaliumpermanganat setzen sich diese Stoffe unter Bildung von Mangandioxyd nach folgender Gleichung um:

$$2\,MnO_4' + 3\,Mn^{\cdot\cdot} + 2\,H_2O = 5\,MnO_2 + 4\,H^{\cdot}.$$

Diese Umsetzung ist seit der ersten Untersuchung von Gorgeu [1]), der sie auf ihre Verwendbarkeit zur maßanalytischen Manganbestimmung zu verwenden suchte, und der etwa ein Jahr später erfolgten Veröffentlichung von Guyard [2]), nach dem die Umsetzung meist genannt zu werden pflegt, häufig Gegenstand eingehender Untersuchungen gewesen, auf die aber hier im einzelnen nicht weiter eingegangen werden kann.

Die Bedingungen, die erforderlich sind, um das gesamte, in einer Lösung vorhandene Manganoxydulsalz genau dieser Gleichung entsprechend umzusetzen, werden am sichersten erfüllt, wenn man zunächst aus der verdünnten, heißen, viel Ferrichlorid enthaltenden Manganoxydulsalzlösung durch Zusatz von Zinkoxyd in geringem Überschuß das Eisen fällt, eine abgemessene, überschüssige Menge Permanganatlösung auf einen Guß, also sehr rasch, hinzufügt und nach Absitzenlassen des Niederschlages den Permanganatüberschuß in geeigneter Weise zurückmißt [3]).

Werden diese Bedingungen nicht genau erfüllt, so können erhebliche Störungen des Umsetzungsverlaufes auftreten. Setzt man wie z. B. bei dem Verfahren von Wolff [4]) die Permanganatlösung allmählich zur gefällten Lösung bis zum Auftreten der Permanganatfärbung zu, so ist weniger Permanganatlösung notwendig, um alles Mangan zu fällen; dazu kommt außerdem, daß der Permanganatverbrauch um so mehr herabgedrückt wird, je größer der zur Fällung des Eisens angewandte Zinkoxydüberschuß ist. Der Minderverbrauch an Permanganatlösung kann unter Umständen bis zu $10\,^0/_0$ betragen.

Ist der Zinkoxydüberschuß gleich Null, so daß also nur Eisenhydroxyd zugegen ist (eine Bedingung, die schwierig einzuhalten ist), so entspricht auch bei der Wolffschen Arbeitsweise der Permanganatverbrauch dem der Gleichung.

Die Ursache der durch Zinkoxydüberschuß bewirkten Störung der Umsetzung ist im wesentlichen auf die Mitfällung von Manganihydroxyd zurückzuführen.

Beim Titrieren von Manganoxydulsalz in saurer Lösung fällt der Permanganatverbrauch gleichfalls niedriger aus als die Gleichung verlangt (Verfahren von Volhard) [5]). In diesem Fall wird die Störung bei der Umsetzung hauptsächlich dadurch verursacht, daß das allmählich ausfallende Mangandioxyd Manganoxydul adsorbiert und dadurch einen Teil des Mangans der Umsetzung entzieht [6]).

Nach den Untersuchungen des Chemikerausschusses des Vereins deutscher Eisenhüttenleute [7]) wird die Titration des Mangans nach Volhard-Wolff durch das Vorhandensein von Sulfaten ungünstig beeinflußt, der Verbrauch an Permanganat fällt zu gering aus. Die Gegenwart von Chloriden (die gewöhnlich beim Volhard-Wolffschen Verfahren vorliegen) stört weniger und wenn nur

---

[1]) Ann. Chim. Phys. 1862. III. Bd. 66. 154.
[2]) Bull. soc. chim. 1864, S. 89 und Chem. News 1863, S. 292.
[3]) Deiß, Chem.-Ztg. 34. (1910). 237.
[4]) Stahl u. Eisen 1884. 702; 1891. 377.
[5]) Annal. Chem. 1879. 198. S. 318.
[6]) Näheres hierüber siehe Deiß, Über Bildung und Eigenschaften des kolloiden Mangandioxyds. Zeitschr. f. Chem. der Ind. u. Kolloide 6. (1910). 69.
[7]) Stahl u. Eisen 93. 1913. 641.

Nitrate zugegen sind, kommt die Umsetzung dem theoretischen Verlauf am nächsten.

Beim Verfahren von Schöffel und Donath [1]), wonach die durch Zinkoxydzusatz gefällte Eisenchlorid-Manganchloridlösung zu im Überschuß vorhandenem Permanganat eingetragen wird, können richtige Werte erhalten werden, wenn nämlich die beiden Lösungen rasch genug miteinander vermischt werden. Die Bedingung, daß Permanganat bei der Umsetzung ständig im Überschuß vorhanden ist, reicht allein noch nicht aus, um Störungen, wie sie bei den Verfahren von Volhard und Wolff auftreten, auszuschließen.

Bei Anwendung des Wolffschen Verfahrens ist mehrfach vorgeschlagen worden, den durch die gestörte Umsetzung bedingten Fehler dadurch auszuschalten, daß man den Mangantiter der Permanganatlösung nicht aus dem Permanganatgehalt nach der Gleichung, sondern mit Hilfe eines erfahrungsmäßig ermittelten Faktors berechnet. Da aber mit jedem verschieden großen Zinkoxydüberschuß, den man bei der Fällung des Eisens zusetzt, dieser Faktor verschiedenen Wert annimmt — was auch die verschiedenen in Vorschlag gebrachten Faktoren beweisen [2]) — so liegt auf der Hand, daß diese Art der Titerstellung für genaue Analysen nicht angewandt werden darf.

Den wichtigsten Beitrag [3]) in der Frage, ob ein erfahrungsgemäß ermittelter Faktor bei der Mangantitration nach Volhard-Wolff benutzt werden soll, hat der Chemikerausschuß des Vereins deutscher Eisenhüttenleute geliefert, der sich in dankenswerte Weise der Aufgabe unterzogen hat, die schon im Jahre 1891 [4]) von der damaligen Chemikerkommission bearbeitete gleiche Frage zu beantworten. Auf Grund des außerordentlich umfangreichen Versuchsmaterials, das von zahlreichen, unabhängig voneinander arbeitenden Versuchsstellen geliefert wurde und mit peinlicher Sorgfalt zusammengestellt worden ist, wurde für das Volhard-Wolffsche Verfahren im wesentlichen bestätigt gefunden, was schon 1891 von der Chemikerkommission ausgesprochen worden war, daß nämlich unter den benutzten Versuchsbedingungen der theoretische Wert der Titration nicht erreicht werde, und daß es daher erforderlich sei, die Permanganatlösung mit einer Substanz von genau ermitteltem Mangangehalt einzustellen und die Titerstellung genau so auszuführen wie die Titration der zu untersuchenden Metallösungen. Als geeignete Substanz von genau ermitteltem Mangangehalt empfiehlt der Chemikerausschuß wie die frühere Chemikerkommission das chemisch reine Kaliumpermanganat.

Da es übrigens schwierig ist, bei Verwendung von chemisch reinem Kaliumpermanganat die Forderung zu erfüllen, daß die Titerstellung genau so auszuführen ist wie die Titration der zu untersuchenden Metallösung, weil man in der Regel die Bedingungen, die beim Titrieren der Metallösung vorliegen, bei der Titerstellung mit reinem Kaliumpermanganat doch nicht genau übereinstimmend herstellen kann, so empfiehlt sich für die Titerstellung in vielen Fällen statt der Anwendung eines reinen Mangansalzes die Verwendung eines Normalstahles mit genau bekanntem Mangangehalt. Der Mangangehalt des Normalstahls wird am sichersten auf gewichtsanalytischem Wege ermittelt [5]) und man verwendet am besten einen Normalstahl mit solchem Mangangehalt, der den zu untersuchenden Proben annähernd entspricht. Man verwende also

---

[1]) Stahl u. Eisen 7. 1887. 30.
[2]) Skrabal, Österr. Chem.-Ztg. 1906. 300.
[3]) Stahl u. Eisen 33. (1913). 633.
[4]) Stahl u. Eisen 11. (1891). 373ff.
[5]) Normalstahlproben mit Angabe des Mangangehaltes können beispielsweise vom Staatlichen (Preußischen) Materialprüfungsamt Berlin-Dahlem bezogen werden.

nicht eine Normalprobe mit 0.2% Mangan, um mit dem damit ermittelten Mangantiter Mangangehalte z. B. von 1% zu bestimmen, sondern verwende für solche Proben einen Normalstahl mit $0.8-1.2\%$ Mangan.

Erforderliche Apparate und Lösungen. Bei Ausführung der Titrationen benützt man zweckmäßig eine nach Abb. 168 angefertigte Titrierbank aus Holz, die einen oder besser zwei Erlenmeyerkolben von etwa 1 l Inhalt in schräger Lage aufzustellen gestattet. Die in dem Gestell angebrachten Vertiefungen, in welche die Kolben eingestellt werden, sind mit Filz ausgekleidet, um die Kolben vor Stößen beim Aufstellen zu schützen. Die Titrierbank wird beim Titrieren in Augenhöhe auf einem Arbeitstisch aufgestellt, so daß man gegen ein sonnenfreies Fenster mit nicht zu hellem blendendem Licht sieht.

Zum Titrieren werden folgende Lösungen gebraucht:

1. **Permanganatlösungen.** Man verwendet je nach dem Mangangehalt des zu untersuchenden Materials verschieden starke Lösungen. Zweckmäßig hält man 2 Lösungen vorrätig und zwar eine schwächere, die etwa 16 g, und eine stärkere, die etwa 40 g Kaliumpermanganat in 5 l gelöst enthält.

Ihre Herstellung erfolgt durch Lösen der abgewogenen Menge reinsten Kaliumpermanganates im Becherglas mit frisch ausgekochtem und wieder abgekühltem destilliertem Wasser, Abgießen der Lösung in eine rein ausgespülte 5 l-Flasche (mit eingeschliffenem Stopfen) und Auffüllen der Lösung auf 5 l.

Vor ihrer Verwendung zum Titrieren läßt man die Permanganatlösungen wenigstens 3—4 Wochen vor Licht und Staub geschützt stehen. Nach dieser Zeit hat sich in der frischen Lösung als Kolloid vorhandenes Mangandioxyd abgeschieden und in Form eines braunen flockigen Niederschlags am Boden angesammelt; oft findet sich auch ein Teil des Mangandioxyds als brauner, spiegelnder Überzug an den Glaswänden.

Bei Verwendung von reinem destilliertem Wasser [1]) und reinem Kaliumpermanganat setzt sich selbst bei monatelangem Stehen der Permanganatlösung kein erheblicher Mangeniederschlag ab.

2. **Natriumarsenitlösungen.** Die Stärke der Arsenitlösungen wählt man so, daß 1 ccm der Permanganatlösungen einem oder vorteilhafter 2 ccm der Arsenitlösungen entspricht. Zur Herstellung der letzteren löst man in einem Becherglas, entsprechend der Stärke der oben angegebenen Permanganatlösungen, etwa 8 bzw. 20 g reiner arseniger Säure gleichzeitig mit halb soviel reinem Ätznatron in Wasser auf (die letzten Reste arseniger Säure lösen sich beim Erhitzen) und füllt die Lösung zu 5 l auf.

Titerstellung der Permanganatlösungen. *a) Mit Natriumoxalat (nach Sörensen.)* Die Titerstellung von Permanganatlösungen mit reinem Natriumoxalat [2]) hat sich nach den bisher von verschiedenen Seiten gemachten Erfahrungen bei richtiger Ausführung als frei von irgendwelchen erheblichen Fehlerquellen erwiesen.

Für die Ermittlung des Titers der Permanganatlösungen von oben angegebener Stärke werden etwa 0,3 bzw. 0,8 g des reinen getrockneten Salzes genau abgewogen, in einen Erlenmeyerkolben von etwa 1 l Inhalt geschüttet, durch Zugießen von 500—600 ccm kochend heißen Wassers gelöst und die Lösung mit etwa 50 ccm verdünnter Schwefelsäure (1 : 5) versetzt. Die heiße Lösung wird sogleich titriert.

---

[1]) Destilliertes Wasser ist häufig noch durch organische (fette) Stoffe verunreinigt, die auf Permanganat reduzierend wirken.

[2]) Von der Firma C. A. F. Kahlbaum, Berlin, kann reines, bei 230° C getrocknetes Natriumoxalat nach Sörensen bezogen werden. Obwohl das Salz nicht hydroskopisch ist, empfiehlt es sich, für die Titerstellungen eine Probe des Salzes im Trockenschrank bei etwa 105° C zu trocknen und im verschlossenen Wägegläschen aufzubewahren.

Die anfangs durch Permanganat erzeugte Färbung verschwindet erst nach mehreren Sekunden, was man aber nicht weiter beachtet; dann folgt eine Zeitlang fast augenblickliche Entfärbung der einfließenden Permanganatlösung beim Umschütteln und gegen Schluß geht der Entfärbung eine Braunfärbung voran, bis schließlich die Lösung durch einen Tropfen Permanganatlösung im Überschuß dauernd gefärbt bleibt.

Es ist zur Erlangung richtiger Werte notwendig, die Titrationen möglichst rasch durchzuführen.

Die Berechnung des Mangantiters der Permanganatlösung ergibt sich entsprechend folgender Betrachtung:

Der Umsetzung zwischen Permanganat und Oxalat liegt folgender Vorgang zugrunde:

$$2\,MnO_4{}' + 5\,C_2O_4{}'' + 16\,H^{\cdot} = 2\,Mn^{\cdot\cdot} + 10\,CO_2 + 8\,H_2O.$$

Demnach brauchen 5 Moleküle Oxalat 2 Moleküle Permanganat zur Oxydation. Nach der S. 177 für die Mangantitration angegebenen Gleichung brauchen 3 Moleküle Manganosalz ebenfalls 2 Moleküle Permanganat. Es entsprechen also in bezug auf ihren Permanganatverbrauch

5 Moleküle Oxalat — 3 Molekülen Manganosalz,

oder, da man den Mangantiter gewöhnlich auf Manganmetall berechnet, 5 Moleküle Oxalat — 3 Atomen Mangan. Durch Einsetzen der Molekulargewichte bzw. Atomgewichte erhält man:

670,00 g Natriumoxalat entsprechen 164,79 g Mangan.

Sind für die Titration e Gramm Natriumoxalat eingewogen worden, so entsprechen diesen:

$$\frac{164{,}79}{670}\,e = 0{,}246 \cdot e \text{ Gramm Mangan.}$$

Bezeichnet man die Anzahl der beim Titrieren der e Gramm Natriumoxalat gebrauchten Kubikzentimeter Permanganatlösung mit n, so zeigen diese n ccm Permanganatlösung 0,2460 . e Gramm Mangan an, woraus sich der Titer der Permanganatlösung auf Mangan wie folgt berechnet:

1 ccm der Permanganatlösung entspricht $0{,}2460 \cdot \frac{e}{n}$ Gramm Mangan.

b) Mit Thiosulfatlösung nach Volhard[1]). Steht genau eingestellte Zehntel-Normal-Thiosulfatlösung (deren Herstellung vgl. bei Chrom S. 234) zur Verfügung, so läßt sich damit sehr rasch und sicher der Titer von Permanganatlösungen ermitteln.

Man läßt zu diesem Zweck in eine auf etwa 300 ccm verdünnte und mit Salzsäure angesäuerte, farblose [2]) Jodkaliumlösung ungefähr 50 ccm Permanganatlösung (von der starken etwa 30 ccm) aus der zum Titrieren benutzten Bürette zufließen. Bildet sich dabei noch ein Niederschlag von Mangandioxyd, so bringt man ihn durch Zusatz weiterer Salzsäure in Lösung. Die durch freies Jod rotgefärbte Lösung wird nun mit Zehntel-Normal-Thiosulfatlösung titriert, bis sie nur noch leicht gelb gefärbt erscheint; dann setzt man einige Tropfen frisch bereitete Stärkelösung oder Jodzinkstärkelösung [3]) hinzu und titriert bis zur Entfärbung der Jodstärke.

Der Berechnung des Mangantiters der Permanganatlösung liegen folgende Umsetzungen zugrunde:

---

[1]) Lieb. Ann. 198. (1879). 333.

[2]) Etwaige Gelbfärbung der Jodkaliumlösung kann von der Verwendung jodathaltigen Jodkaliums (oder chlorhaltiger Salzsäure) herrühren; die Lösung muß dann vorher durch tropfenweises Zusetzen von $\frac{n}{10}$ Thiosulfatlösung entfärbt werden, andernfalls können erhebliche Fehler unterlaufen.

[3]) Im Handel erhältlich.

Permanganat und Jodwasserstoff bilden freies Jod nach folgender Gleichung:

$$2\,MnO_4' + 10\,J' + 16\,H^{\cdot} = 2\,Mn^{\cdot\cdot} + 5\,J_2 + 8\,H_2O \ . \ . \ . \ . \ . \ 1.)$$

d. h. 2 Moleküle Permanganat geben 10 Atome Jod.

Freies Jod und Thiosulfat wirken im Sinne folgender Gleichung aufeinander ein:

$$J_2 + 2\,S_2O_3'' = 2\,J' + S_4O_6'' \ . \ . \ . \ . \ . \ . \ . \ . \ . \ . \ . \ 2.)$$
$$\text{Thiosulfation} \qquad \text{Tetrathionation}$$

Da nach 1.) 2 Moleküle Permanganat 10 Atome Jod in Freiheit setzen, und 10 Atome Jod nach 2.) 10 Molekülen Thiosulfat entsprechen, so entsprechen auch 2 Moleküle Permanganat 10 Molekülen Thiosulfat. Da weiterhin bei der Mangantitration 2 Moleküle Permanganat 3 Atome Mangan (Oxydulsalz) in Dioxyd überführen, so haben 10 Moleküle Thiosulfat und 3 Atome Mangan (als Manganosalz) gleiche Reduktionswirkung gegen Permanganat. 1 l Zehntel-Normal-Thiosulfatlösung entspricht demnach $\frac{3}{10}$. 54,93 g Mangan und der Mangantiter der Permanganatlösung berechnet sich bei Anwendung von a ccm Permanganatlösung und einem Verbrauch von p ccm $\frac{n}{10}$ Thiosulfatlösung bei der Titerstellung wie folgt:

1 ccm Permanganatlösung entspricht $0{,}001648 \frac{p}{a}$ g Mangan.

Die mit Oxalat und mit Thiosulfatlösung ermittelten Titer einer Permanganatlösung zeigen vorzügliche Übereinstimmung; beide Verfahren der Titerbestimmung eignen sich daher sehr gut zur Kontrolle des Titers einer Permanganatlösung.

c) Mit Normalstahl von bekanntem Mangangehalt. Ist man im Besitz einer Normalstahlprobe [1]), deren Mangangehalt auf gewichtsanalytischem Wege in zuverlässiger Weise bestimmt worden ist, so läßt sich damit die Titerstellung der Permanganatlösung durchführen, indem man mehrere abgewogene Mengen der Normalprobe in der weiter unten näher beschriebenen Weise (S. 182) in Lösung bringt, die Lösungen zur Titration vorbereitet und den reinen Permanganatverbrauch mit der $KMnO_4$-Lösung ermittelt, deren Titer man bestimmen will.

War die eingewogene Menge Normalprobe e Gramm und der Mangangehalt der Probe $= m^0/_0$; waren ferner bei der Titration der e Gramm Normalstahl n ccm der Permanganatlösung erforderlich, so ergibt sich der Titer der Permanganatlösung:

1 ccm entspricht $\frac{e \cdot m}{100\,n}$ g Mn.

d) Mit reinem Kaliumpermanganat. (Nach dem Vorschlag des Chemikerausschusses des Vereins deutscher Eisenhüttenleute, vgl. S. 178.) Die abgewogene Menge reinen Kaliumpermanganates wird in einer bedeckten Porzellanschale mit Wasser und Salzsäure gelöst, die Lösung durch wiederholtes Abdampfen mit Salzsäure reduziert und die erhaltene Mangansalzlösung unter Zusatz einer abgemessenen Menge Eisenchloridlösung (von bekanntem Permanganatverbrauch) nach dem unten beschriebenen Verfahren titriert.

Waren E g $KMnO_4$ eingewogen (man wählt E gewöhnlich etwa 0,4—0,5 g), so ergeben diese nach der Reduktion 0,3476 E g Mn. Wenn bei der Titration auf diese Manganmenge ein Permanganatverbrauch von n ccm entfiel, so ergibt sich hieraus als Titer der Permanganatlösung

1 ccm entspricht $\frac{0{,}3476\,E}{n}$ g Mn.

---

[1]) Vgl. Fußnote 5 auf S. 178.

Die Titerstellung der Arsenitlösungen ist bei der Ausführung des Verfahrens beschrieben.

Ausführung der Bestimmung.

a) Vorbereitung der Proben für die Titration. Wenn in Proben mit weniger als 10% Mangan nur der Mangangehalt zu bestimmen ist, so kann man in folgender Weise verfahren:

Man wägt dreimal [1]) je 2 g des Materiales ab, löst in einer flachen Porzellanschale von 12 cm Durchmesser nach Aufdecken eines Uhrglases durch allmähliches Zugeben von 25 ccm verdünnter Salpetersäure (1,18 spez. Gew.), dampft die Lösung nach Abnehmen des Uhrglases zur Trockene ein, zerstört die Nitrate durch Erhitzen auf der Asbestplatte und schließlich durch starkes Glühen (während mindestens 20 Minuten) auf dem Asbestdrahtnetz, bis auch nach längerem Erhitzen unter dem aufgedeckten Uhrglas keine Stickoxyddämpfe mehr wahrnehmbar sind. Nach Erkalten wird der Rückstand in der Schale mit etwa 20 ccm rauchender Salzsäure (spez. Gew. 1,19) in Lösung gebracht.

Bleibt hierbei ein dunkler (graphithaltiger) Rückstand, so muß dieser nach Eindampfen der Lösung, Erhitzen des Rückstandes auf 135° C (um das Siliziumdioxyd unlöslich zu machen, da sonst die Lösung schlecht filtriert), Wiederlösen mit Salzsäure und Verdünnen abfiltriert werden, ehe die Lösung titriert werden kann. Das nach gründlichem Auswaschen des Filterrückstandes erhaltene Gesamtfiltrat wird eingeengt und ungeteilt für die Titration des Mangans verwendet.

Ist Graphit nicht vorhanden, so braucht man das Siliziumdioxyd nicht erst unlöslich zu machen und abzufiltrieren; man dampft die Lösung der Oxyde in Salzsäure zur Trockene ein, um etwa aus Manganoxyden gebildetes Chlor zu vertreiben, nimmt wieder mit starker Salzsäure auf und spült die Lösung in einen etwa 1 l fassenden Erlenmeyerkolben über.

Die Lösung wird, wie weiter unten angegeben, mit Permanganatlösung titriert.

Will man mit der Bestimmung des Mangans noch die des Siliziums, oder bei phosphorreichen Proben auch die des Phosphors und bei Nickelstahl die des Nickels verbinden, so kann man eine größere Menge des Probematerials abwägen, lösen und einen Teil der Lösung für die Manganbestimmung verwenden. Dies ist auch zur Erlangung besserer Durchschnittsproben zweckmäßiger als die Verwendung geringer Einwagen.

Von Material bis zu 10% Mn werden dann etwa 8—10 g, von manganreicheren Legierungen (Ferromangan, Manganmetall) entsprechend weniger (bis zu 2 g herab) abgewogen, mit Salpetersäure 1,18 gelöst und zur Abscheidung des Siliziumdioxyds wie bei der Bestimmung des Siliziums nach Verfahren 1 b (S. 154) angegeben weiterbehandelt. Beim Abfiltrieren des Siliziumdioxyds wird das Filtrat in einem 500 ccm fassenden Meßkolben oder falls geringere Mengen als 8—10 g eingewogen wurden, in einem 250 ccm Meßkolben aufgefangen. Der ausgewaschene Filterrückstand wird verascht, gewogen und das Siliziumdioxyd abgeraucht. Bleibt dabei ein dunkler (manganhaltiger) Rückstand, so wird dieser mit wenig konzentrierter Salzsäure aus dem Tiegel gespült und die Lösung zur Hauptmenge im Meßkolben gegeben.

Für die Titration des Mangans werden der bis zur Marke aufgefüllten Lösung aliquote Teile entweder mit einer auf den Kolben eingestellten Pipette oder genauer durch Abwägen (wie bei der gewichtsanalytischen Manganbestimmung S. 172, Anm. 3 beschrieben) entnommen.

---

[1]) Davon ist eine Einwage für die Vorprüfung bestimmt, die in der Regel kein genaues Ergebnis liefert.

Liegen in Säuren unlösliche Proben zur Untersuchung auf ihren Mangangehalt vor, so werden 2—3 g des fein gepulverten Materiales in der bei der Siliziumbestimmung beschriebenen Weise mit Magnesia-Natriumkarbonatmischung oder nach dem beim Chrom beschriebenen Aufschlußverfahren mit Natriumsuperoxyd aufgeschlossen. Den Aufschluß bringt man in eine Achatreibschale, feuchtet gut mit Wasser an, zerdrückt die groben Stücke mit dem Pistill und zerreibt sie möglichst fein. Das Ganze spült man hierauf in ein Becherglas, gibt nach Aufdecken eines Uhrglases zur Reduktion von vorhandenem Manganat etwas Natriumsuperoxyd zu und erhitzt unter zeitweiligem Umrühren auf dem Dampfbad, um alles überschüssige Natriumsuperoxyd zu zerstören. Ist die Lösung nach Absitzen des Niederschlags noch grün oder violett gefärbt, so muß die Behandlung mit Natriumsuperoxyd wiederholt werden; nach Entfernung des Manganates ist die Lösung farblos, bei Anwesenheit von Chrom mehr oder weniger gelb gefärbt. Man filtriert den Niederschlag, der alles Mangan und außerdem Eisen, Magnesia u. a. enthält, ab, wäscht gut mit heißem Wasser aus, spült den Niederschlag vom Filter in eine Porzellanschale und löst ihn mit starker Salzsäure. Die Lösung wird eingedampft, um sicher alles Chlor zu vertreiben, dann mit verdünnter Salzsäure in einen 250 ccm fassenden Meßkolben gespült, zur Marke aufgefüllt und ein Teil der Lösung für die Titration verwendet.

Welche der Permanganatlösungen für die Titration zu verwenden ist, hängt von dem Mangangehalt der zu titrierenden Lösung ab. Im allgemeinen kann man Lösungen mit nicht mehr als etwa 40—80 mg Mangan (also bei 2 g Probe mit nicht mehr als 2—4 $^0/_0$ Mangan) mit der angegebenen schwächeren Permanganatlösung (16 g $KMnO_4$ in 5 l enthaltend) titrieren; für Proben mit höherem Mangangehalt verwendet man die stärkere Permanganatlösung (etwa 40 g $KMnO_4$ auf 5 l gelöst).

Hat man Lösungen mit nur geringem Eisengehalt zu titrieren, so fügt man jeder Lösung vor dem Titrieren zweckmäßig reines Eisenchlorid (z. B. etwa einem Gramm Metall entsprechend) hinzu. Hierfür stellt man aus chemisch reinem, wasserhaltigem Eisenchlorid ($FeCl_3 + 6\,aq$) durch Lösen von etwa 500 g des Salzes mit Wasser und etwas Salzsäure und Verdünnen zu einem Liter eine geeignete Lösung her, die in 10 ccm etwa 1 g Eisen gelöst enthält.

b) Ausführung der Titration. Die in einem etwa 1 l fassenden Erlenmeyerkolben befindliche mangansalzhaltige Eisenchloridlösung — der erforderlichenfalls noch 10 ccm Eisenchloridlösung zugesetzt sind — wird, um etwaige Spuren von zweiwertigem Eisensalz zu oxydieren, zunächst mit einigen Körnchen Kaliumchlorat oder vorteilhafter (weil leichter zerstörbar) mit einigen Tropfen reiner konzentrierter Wasserstoffsuperoxydlösung versetzt und während 10 bis 15 Minuten (unter Ersatz der verdampfenden Salzsäure) zum Kochen erhitzt, um den Überschuß des Oxydationsmittels zu zerstören. (Die Lösung darf zuletzt keinen Chlorgeruch mehr erkennen lassen.)

Inzwischen bringt man das für die Titration nötige destillierte Wasser in einem Zweiliterstehkolben auf einem Fletcherbrenner zum Kochen und reibt in einer Porzellanschale das zur Fällung des Eisens nötige Zinkoxyd in einer Reibschale mit Wasser zu dünnflüssigem Brei an, welchen man in einem kleinen Erlenmeyerkolben aufbewahrt.

Ist der Verbrauch der zu titrierenden Lösung an Permanganatlösung nicht bekannt, so ermittelt man ihn annähernd durch einen Vorversuch in folgender Weise.

Die manganhaltige Lösung im Erlenmeyerkolben wird mit kochendheißem Wasser auf etwa 500—600 ccm verdünnt und soviel von dem aufgeschlämmten

Zinkoxyd nach und nach in kleinen Mengen zugesetzt, bis nach kräftigem Umschütteln gerade alles Eisen in Form brauner (nicht hellbräunlicher) Flocken
ausfällt [1]) und die Lösung nach Absitzen des Niederschlags vollkommen wasser-
klar wird.

Zum raschen Absitzenlassen des Niederschlags stellt man den Kolben in
schräger Lage auf die Titrierbank (Abb. 168). Um den Permanganatverbrauch
annähernd zu ermitteln, fügt man zur heißen Lösung 10 ccm Permanganatlösung aus der Bürette, schüttelt kräftig um und läßt auf dem Gestell absitzen.
Ist die über dem Niederschlag stehende Lösung nicht von Permanganat gefärbt,
so gibt man weitere 10 ccm Permanganatlösung zu, schüttelt wieder um und
beobachtet die Färbung der Lösung nach Absitzen des Niederschlags. Man
fährt mit dem Permanganatzusatz fort, bis die klare Lösung nach Absitzen des
Niederschlags Permanganatfärbung zeigt. Dann setzt man in kleinen Mengen
von der entsprechenden Arsenitlösung hinzu, schüttelt den Kolbeninhalt kräftig

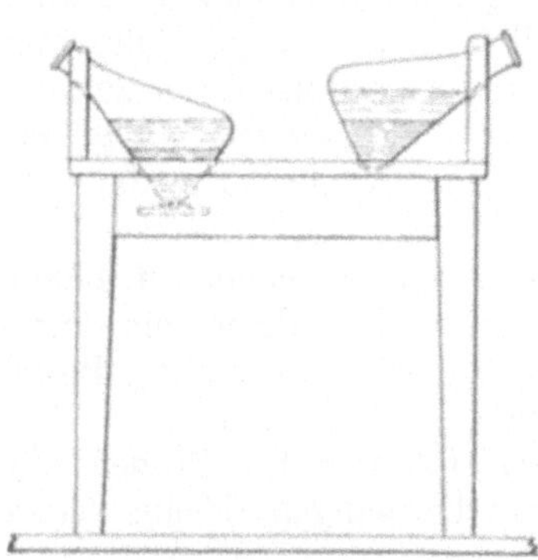

durch und läßt absitzen. Den Zusatz von Arsenitlösung wiederholt man, bis nach Absitzen des Niederschlags die klare Lösung farblos geworden ist.

Der annähernde Verbrauch an Permanganatlösung ergibt sich aus der zugesetzten Menge
Permanganatlösung, indem man die den verbrauchten Kubikzentimetern Arsenitlösung entsprechende Menge Permanganatlösung davon
abzieht. Den genauen Wirkungswert der Arsenitlösung ermittelt man im Anschluß an den gleich
darauf auszuführenden Hauptversuch [2]).

Für den Hauptversuch mißt man aus der
Bürette eine um 2—4 ccm größere Menge Permanganatlösung als die annähernd ermittelte in
ein kleines Becherglas ab; dann verdünnt man
die manganhaltige Eisenlösung im Erlenmeyer-

Abb. 168. Titrierbank für
Mangantitrationen

kolben mit kochend heißem Wasser auf 500—600 ccm, fügt die zur Fällung des
Eisens nötige Menge aufgeschlämmten Zinkoxyds hinzu und schüttelt kräftig
um. Ist alles Eisen gefällt, so schüttelt man die im Becherglas abgemessene
Permanganatlösung in einem schnellen Guß zu der heißen gefällten Lösung,
spült den im Becherglas verbliebenen Rest Permanganatlösung mit der Spritzflasche dazu und schüttelt den Inhalt des Kolbens tüchtig durch.

Sollte die Lösung nach Absitzen des Niederschlags nicht oder nur schwach
durch überschüssiges Permanganat gefärbt erscheinen, so wiederholt man den
Versuch besser mit etwas größerer Permanganatmenge.

Um den in der gefärbten Lösung vorhandenen Permanganatüberschuß zu
ermitteln, gibt man Arsenitlösung aus der Bürette in kleinen Mengen hinzu,
unter Durchschütteln und Absitzenlassen nach jedem Zusatz, bis Entfärbung
der klaren Lösung über dem Niederschlag erreicht ist. Für die Genauigkeit
der Bestimmung ist es wesentlich, daß die letzten Zusätze von Arsenitlösung
klein gewählt werden.

Zur Ermittlung des Wirkungswertes der Arsenitlösung, die unter
möglichst gleichartigen Bedingungen, wie sie bei der soeben ausgeführten Rück-

---

[1]) Zusatz von Zinkoxyd im Überschuß, so daß die Lösung nach Absitzen des Niederschlags weißlich getrübt bleibt (wie oft angegeben wird), bietet keinen Vorteil. Eine
Störung des Umsetzungsvorganges durch Zinkoxydüberschuß ist nicht zu befürchten,
solange der Permanganatzusatz, wie beim Hauptversuch angegeben, sehr rasch erfolgt:
dagegen entstehen erhebliche Fehler, wenn in solchem Falle der Permanganatzusatz allmählich erfolgt (s. die Grundlagen des Verfahrens S. 177).

[2]) Deiß, Stahl u. Eisen 30. (1910). 760.

titration vorlagen, erfolgen muß, gibt man bei den Hauptversuchen zu der noch genügend heißen, soeben fertig titrierten Lösung 5 ccm Permanganatlösung aus der Bürette, schüttelt durch und titriert die damit erzielte Färbung in gleicher Weise wie vorhin durch kleine Zusätze von Arsenitlösung zurück, bis nach Absitzenlassen gerade farblose Lösung erhalten wird.

Aus der Anzahl der dabei zugesetzten Kubikzentimeter Permanganatlösung, dividiert durch die zur Entfärbung gebrauchten Kubikzentimeter Arsenitlösung, berechnet sich der Wirkungswert von 1 ccm der Arsenitlösung, ausgedrückt in Kubikzentimetern der Permanganatlösung.

Sodann ergibt sich die Menge des bei der Hauptumsetzung im Überschuß gebliebenen Permanganates in Kubikzentimetern Permanganatlösung, wenn man die zum Rücktitrieren gebrauchten Kubikzentimeter Arsenitlösung mit dem gefundenen Wirkungswert multipliziert. Zieht man ferner die so ermittelten Kubikzentimeter überschüssigen Permanganates von den ursprünglich angewandten Kubikzentimetern Permanganatlösung ab, so erhält man die zur Umsetzung des vorhandenen Manganoxydulsalzes verbrauchte Menge Permanganatlösung und aus letzterer durch Multiplizieren mit dem Mangantiter die Manganmenge.

Wurde beim Versuch Eisenchloridlösung zugesetzt, so ist der Permanganatverbrauch der Eisenchloridlösung unter gleichen Versuchsbedingungen zu ermitteln und in Abzug zu bringen. Zur Ermittlung des Permanganatverbrauchs der Eisenchloridlösung genügt es, eine gleich große Eisenchloridmenge abzumessen, mit heißem Wasser zu verdünnen, mit Zinkoxyd zu fällen und mit Permanganatlösung bis zum Auftreten der Rotfärbung zu titrieren.

Berechnung. Bezeichnet man

1. die für den Titrierversuch in Rechnung zu ziehende Einwage mit e,

2. die zum Hauptversuch angewandten Kubikzentimeter Permanganatlösung mit a_1,

3. die zum Rücktitrieren des Permanganatüberschusses verbrauchten Kubikzentimeter Arsenitlösung mit b_1,

ferner 4. die zur Ermittlung des Wirkungswertes der Arsenitlösung zugesetzten Kubikzentimeter Permanganatlösung mit a_2,

5. die zur Entfärbung dieser Permanganatmenge verbrauchten Kubikzentimeter Arsenitlösung mit b_2,

6. den Permanganatverbrauch der etwa zugesetzten Eisenchloridlösung mit c und

7. den Titer der Permanganatlösung, auf Mangan berechnet, mit T, so berechnet sich der Mangangehalt der titrierten Probe in Prozenten nach dem Ausdruck

$$\frac{\left[a_1 - b_1 \cdot \frac{a_2}{b_2} - c\right] \cdot T \cdot 100}{e} = {}^0/_0 \ \text{Mn};$$

hierbei gibt $\frac{a_2}{b_2}$ den Wirkungswert der Arsenitlösung in Kubikzentimeter Permanganatlösung an.

Urprüfung des Verfahrens. Zur Prüfung, ob nach dem angewandten Verfahren die Umsetzung zwischen Permanganat und Manganosalz nach der angegebenen Gleichung verläuft, kann man sich zweckmäßig des von Wolff[1]) und später von de Koninck[2]) benützten Weges bedienen, wonach eine abgemessene Menge Permanganatlösung[3]) durch Eindampfen mit Salzsäure reduziert und nach Wiederlösen mit der gleichen Permanganatlösung titriert wird.

[1]) Stahl u. Eisen 11. (1891). 380.

[2]) Bull. soc. chim. de Belgique 18. (1904). 56, und Chem. Zentralbl. 1904. I. 1429.

[3]) Die verwendete Permanganatlösung muß ebenso wie für Titerstellungen völlig frei von (kolloid gelöstem oder gefälltem) Mangandioxyd sein (vgl. hierzu Stahl u. Eisen 30. (1910). 762).

Verläuft die Umsetzung entsprechend der Gleichung, so müssen beim Titrieren genau $^2/_3$ der ursprünglich angewandten Permanganatmenge verbraucht werden.

Die Ausführung der Urprüfung wird in der Weise vorgenommen, daß man eine beliebige (nicht zu kleine) Menge Permanganatlösung aus der Bürette abmißt und in der Porzellanschale nach Zugabe von konzentrierter Salzsäure eindampft. Der Eindampfrückstand wird mit verdünnter Salzsäure in einen Erlenmeyerkolben (1 l Inhalt) gespült und 10 oder 20 ccm der Eisenchloridlösung zugesetzt, deren Permanganatverbrauch wie oben angegeben, festgestellt ist. Die Titration erfolgt dann weiter wie oben beschrieben und nach Beendigung der Titration wird der Wirkungswert der Arsenitlösung wie angegeben ermittelt.

Prüfung des Zinkoxyds auf Reinheit.

Von Zeit zu Zeit muß das für die Titrierversuche verwendete Zinkoxyd geprüft werden, ob es den erforderlichen Reinheitsgrad besitzt. Die Prüfung wird am besten mit der Ermittlung des Permanganatverbrauchs von z. B. 10 ccm der Eisenchloridlösung gleichzeitig ausgeführt.

10 ccm Eisenchloridlösung werden mit heißem Wasser auf etwa 600 ccm verdünnt, 4 g in der Reibschale mit Wasser fein zerriebenes Zinkoxyd zugesetzt und mit Permanganatlösung bis zum Eintritt der Rotfärbung titriert.

Dann wird ein zweiter Versuch ausgeführt, indem man zu 10 ccm Eisenchloridlösung im Erlenmeyerkolben etwa 15 ccm konzentrierte Salzsäure gibt, mit heißem Wasser auf 600 ccm verdünnt und jetzt 10 g mit Wasser fein zerriebenes Zinkoxyd zugibt. Man läßt unter Umschütteln kleine Mengen Permanganatlösung einfließen, bis Rotfärbung eintritt.

Ist das Zinkoxyd rein, so ist der Permanganatverbrauch beim zweiten Versuch nicht größer als beim ersten. Etwaiger Mehrverbrauch würde dem Permanganatverbrauch der mehr zugefügten 6 g Zinkoxyd entsprechen.

Beispiele.

1. Ergebnisse bei der Titerstellung einer Permanganatlösung.

a) Titerstellung mit Natriumoxalat.

Versuch 1. 1,0047 g Oxalat verbrauchten 71,9 ccm Permanganatlösung;
 ,, 2. 0,9610 ,, ,, ,, 68,7 ,, ,,
 ,, 3. 0,6004 ,, ,, ,, 42,95 ,, ,,

Der Mangantiter der Permanganatlösung berechnet sich nach dem Ausdruck

$$\text{druck } 0,246 \cdot \frac{\text{e (Gramm Oxalat)}}{\text{n (ccm Permanganatlösung)}} \text{ wie folgt:}$$

$$\text{Versuch 1.} \quad 0,003437 \text{ (g Mn)}$$
$$\text{,,} \qquad 2. \quad 0,003441 \text{ (,, ,,)}$$
$$\text{,,} \qquad 3. \quad 0,003439 \text{ (,, ,,)}$$

b) Titerstellung mit Zehntelnormalthiosulfatlösung.

Versuch 4. 42,0 ccm Permanganatlösung verbrauchten 87,6 ccm $\frac{n}{10}$ Thios.
 ,, 5. 25,0 ,, ,, 52,2 ,, ,, ,,

Der Mangantiter der Permangantlösung, berechnet nach dem Ausdruck

$$0,001648 \cdot \frac{\text{n (ccm } \frac{n}{10} \text{ Thios.)}}{\text{a (ccm Permang.)}} \text{ ist demnach:}$$

$$\text{nach Versuch 4.} \quad 0,003437 \text{ (g Mn)}$$
$$\text{,,} \qquad \text{,,} \quad 5. \quad 0,003441 \text{ (,, ,,)}$$

2. Urprüfung des Umsetzungsvorganges.

50 ccm Permanganatlösung wurden durch Eindampfen mit Salzsäure reduziert; danach wurden 10 ccm Eisenchloridlösung und 600 ccm kochendes Wasser

zugesetzt und die Lösung mit Zinkoxyd gefällt; die Titration erfolgte durch
Zusatz von Permanganatlösung (a_1) . . . . 34,0 ccm
Zurückmessen des Überschusses mit Arsenitlösung (b_1) . . 0,48 ,,
Ermittlung des Wirkungswertes der Arsenitlösung:
Zusatz von Permanganatlösung (a_2) . . . . 5,0 ,,
Verbrauch an Arsenitlösung (b_2) . . . . 5,2 ,,
Permanganatverbrauch der 10 ccm Eisenchloridlösung (c) . 0,2 ,,

Die zur Umsetzung des Mangans verbrauchte Menge Permanganatlösung
beträgt demnach:

$$a_1 - b_1 \frac{a_2}{b_2} - c = 34,0 - 0,48 \cdot \frac{5,0}{5,2} - 0,2 = 33,34 \text{ ccm.}$$

Der zu erwartende Verbrauch an Permanganatlösung ist:

$$\frac{2}{3} \cdot 50 = 33^1/_3 \text{ ccm Permanganatlösung.}$$

3. Ergebnisse von Manganbestimmungen bei Proben mit hohem Mangangehalt.

Tabelle 110.

Nr.	Probematerial	Gewichtsanalytische Bestimmung $\%$ Mn	Maßanalytische Bestimmung $\%$ Mn
1	Spiegeleisen	7,84 7,81	7,95 7,98
2	Ferromangan (60$\%$ Mn)	58,8 58,9	59,0 58,9
3	Ferromangan (80$\%$)	82,1 81,9	82,0 81,9
4	Manganmetall [1]) (Goldschmidt)	99,1 99,15	99,0 99,0

4. Ergebnisse von Manganbestimmungen bei Stahl- und Eisenproben mit geringem Mangangehalt.

Tabelle 111.

Nr. der Probe	Probematerial	Mangangehalt Gewichtsanalytisch bestimmt $\%$	Maßanalytisch bestimmt $\%$	Chromgehalt der Probe (Bestimmt nach Seite 237) $\%$
1	Sehr weiches Flußeisen	0,04	0,08	Fehlt
2	Flußeisen	0,19	0,22	Spuren weniger als 0,01
3	Nickelstahl mit 2,5$\%$ Nickel	0,28	0,44	0,10
4	Gewöhnl. Stahl	0,29	0,39	0,024
5	Flußeisen (Kesselblech)	0,44	0,49	0,016
6	Gewöhnl. Stahl	0,44	0,52	0,024
7	desgl.	0,69	0,74	0,010
8	Gewöhnl. Stahl (Radreifen)	0,82	0,90	0,026
9	Gewöhnl. Stahl (Feilenmaterial)	0,97	1,10	0,19
10	desgl. (Feilenmaterial)	0,98	1,02	Spuren weniger als 0,01

[1]) Der Mangangehalt der Probe nach Bestimmung der gesamten Verunreinigungen
als Rest zu 100 berechnet, wurde gefunden zu 99,7$\%$.
Die Verunreinigungen der Probe waren: Eisen 0,40, Silizium 0,26, Nickel 0,06, Kupfer
0,02, Aluminium 0,06, Blei 0,03, Kohlenstoff 0,05, Schwefel 0,01, Phosphor 0,008$\%$.

Genauigkeit der maßanalytisch ermittelten Werte.

Der Mangangehalt in reinen, im wesentlichen nur Manganosalz und Ferrichlorid enthaltenden Lösungen kann nach vorstehend angegebenem Verfahren noch auf Bruchteile von Milligrammen genau ermittelt werden. Das Verfahren liefert aber leicht zu hohe Werte, sobald in den zu titrierenden Lösungen neben Manganosalz wesentliche Mengen anderer auf Permanganat reduzierend wirkender Stoffe enthalten sind [1]).

Als solche kommen hauptsächlich Chrom, Kobalt und Vanadin in Betracht. Von diesen Stoffen wird allgemein angenommen, daß sie in gewöhnlichen Sorten von Roheisen und Stahl nur in sehr geringer Menge vorkommen, so daß die Ergebnisse der maßanalytischen Manganbestimmungen dadurch nicht beeinflußt würden.

Bei häufiger Bestimmung des Chromgehaltes in gewöhnlichen Eisen- und Stahlsorten, die also keine absichtlichen Zusätze von Chrom und anderen Stoffen erhalten haben, hat sich indessen gezeigt, daß fast stets kleine oder größere Chromgehalte, z. B. von $0{,}02 - 0{,}10\,^0/_0$ und manchmal sogar $0{,}10\,^0/_0$ überschreitende Mengen vorkommen; nur in seltenen Fällen, wie z. B. in manchen sehr reinen Sorten schwedischen Materials, kommen kleinere Chrommengen von $0{,}01\,^0/_0$ oder darunter vor. Es kann kein Zweifel bestehen, daß diese kleinen Chrommengen eine merkliche Erhöhung des Permanganatverbrauchs verursachen, wenn man nach Volhard-Wolff, also bei Gegenwart des Eisenhydroxydniederschlages, titriert.

Der maßanalytisch nach Volhard-Wolff bestimmte Manganwert fällt aus diesem Grunde stets höher aus als der auf gewichtsanalytischem Wege gefundene (vgl. auch Tabelle 111) [2]).

Daraus ergibt sich, daß das angegebene maßanalytische Verfahren nur bei solchen Materialien genaue Werte ergeben kann, deren Gehalt an Chrom, Kobalt und Vanadin so gering ist, daß der dadurch bedingte Fehler tatsächlich innerhalb der Fehlergrenzen des Verfahrens bleibt, wie dies z. B. bei den höherprozentigen Ferromanganen (Tabelle 110) der Fall ist.

Im allgemeinen lassen sich dann für die maßanalytischen Bestimmungen folgende Abweichungen der Manganwerte als noch einhaltbar bezeichnen:

bei Mangangehalten	zulässige Abweichung
von $0{,}2$ bis $1{,}0\,^0/_0$	$\pm\ 0{,}02\ ^0/_0$
,, $1{,}0$,, $2{,}0$,,	$\pm\ 0{,}04$,,
,, $2{,}0$,, 10 ,,	$\pm\ 0{,}06$,,
,, 10 und mehr	$\pm\ 0{,}1$,,

Für die genaue Ermittlung des Mangangehaltes kann in allen Fällen nur die gewichtsanalytische Bestimmung ausschlaggebend sein.

Anwendbarkeit des Verfahrens.

Wie aus Vorstehendem hervorgeht, gibt das beschriebene maßanalytische Verfahren nur bei chrom-, vanadin- und kobaltfreiem Material richtige Werte.

Nickel wirkt erst bei hohem Gehalt und dann nur in geringem Maße störend beim Titrieren des Mangans. Die stattfindende Störung hat ihre Ursache nicht in einer chemischen Umsetzung zwischen Nickelsalz und Permanganat, sondern kommt dadurch zustande, daß das Gelblichgrün der Nickellösung und das

---

[1]) In Mischungen, die aus reiner Eisenchloridlösung und reiner Manganchloridlösung hergestellt sind, kann man mit entsprechend verdünnter Permanganatlösung noch kleine Manganmengen (z. B. 0,002 g bzw. 0,0005 g Mn) in Gegenwart von 2 g Eisen als Chlorid, also auf die Eisenmenge bezogen: 0,1 bzw. $0{,}03\,^0/_0$ Mn mit befriedigender Genauigkeit nach oben beschriebenem Verfahren bestimmen.

[2]) Vgl. auch v. Reis, Zeitschr. f. angew. Chem. 1892. 604 u. 672.

Violett der Permanganatlösung Komplementärfarben sind und bei einer bestimmten Mischung eine scheinbar farblose Lösung geben. Beim Titrieren der durch Permanganat gefärbten Flüssigkeit bis zur Entfärbung erhält man auf diese Weise einen etwas zu hohen Permanganatverbrauch. Außerdem kann das Permanganatverfahren für die Manganbestimmung im Nickelstahl nicht als genau empfohlen werden und zwar wegen des im Nickelstahl stets in mehr oder weniger erheblicher Menge vorhandenen Kobaltgehaltes, der verschieden hoch sein kann (z. B. bei einem 23%igen Nickelstahl $= 0{,}39\%$ Co betrug, entsprechend annähernd $1{,}6\%$ des vorhandenen Nickels). Kobaltsalze setzen sich mit Permanganat in ähnlicher Weise wie Manganosalze um.

Bleisalze erhöhen den Permanganatverbrauch nur in geringem Maße, sie kommen zudem in Lösungen von Eisen- und Stahlproben nicht in nennenswerten Mengen vor.

Die übrigen in Roheisen und Stahl vorkommenden Stoffe, soweit sie in der zu titrierenden Lösung zugegen bleiben, stören die Umsetzung nicht.

Um in Chrom (oder Vanadin) enthaltendem Material das Mangan zu bestimmen, ist vorgeschlagen worden, das Mangan nach dem Chloratverfahren zunächst von Chrom und der Hauptmenge Eisen zu trennen, das abfiltrierte Mangandioxyd zu lösen und unter geeigneten Bedingungen mit Permanganat zu titrieren. Dagegen ist aber einzuwenden, daß bei Gegenwart von Phosphorsäure — Phosphor findet sich in allen Stahl- und Eisensorten in wechselnden Mengen — Mangan als Manganiphosphat in Lösung bleibt [1]) und so zum Teil der Fällung entgeht. Bei kleinen Manganmengen oder hohem Phosphorgehalt der Probe wird oft nach diesem Verfahren überhaupt kein Manganniederschlag erhalten [2]).

Nach den Untersuchungen des Chemikerausschusses des Vereins deutscher Eisenhüttenleute [3]) ist für genaue Manganbestimmungen das Abfiltrieren des Eisenniederschlages nach der Fällung mit Zinkoxyd immer erforderlich; ist etwas Kobalt vorhanden, so ergeben sich auch dann noch zu hohe Manganwerte beim Titrieren.

Als sicherstes Verfahren für die maßanalytische Bestimmung kleiner Manganmengen bleibt für solche Fälle der beim gewichtsanalytischen Verfahren angegebene Weg, der auf der Wegschaffung der großen Eisenmengen durch das Ätherverfahren und der Entfernung von Chrom, Vanadin und Phosphor durch die alkalische Schmelze beruht. Die maßanalytische Bestimmung des Mangans in den zurückbleibenden Oxyden kann, falls Kobalt nicht in erheblicher Menge zugegen ist, nach Lösen der Oxyde, Zusatz von Eisenchloridlösung von bekanntem Permanganatverbrauch und Titrieren, wie beschrieben, ausgeführt werden. Vorhandenes Kobalt müßte vorher mit dem Nickel zusammen aus der schwach essigsauer gemachten Lösung der Oxyde durch Schwefelwasserstoff entfernt werden.

D. Phosphor.

Phosphor findet sich in allen Sorten Eisen und Stahl, sowie in den sonstigen bei der Stahlherstellung vorkommenden Legierungen in wechselnder Menge, für besondere Zwecke werden z. B. Eisenphosphorlegierungen mit bis zu 25% P

---

[1]) Barreswil, Compt. rend. 44. (1857). 677. Siehe auch die Verfahren von Moore, Chem. News 64, 66 und Hampe, Chem.-Ztg. 1883. 1109, die auf Überführung des Mangans in Manganiphosphat beruhen.

[2]) Das gleiche ist auch beim Persulfatverfahren der Fall, vgl. Heike, Stahl u. Eisen 29. (1909). 1929.

[3]) Stahl u. Eisen 33. (1913). 642.

hergestellt. Er tritt in phosphorärmerem Material mit Eisen zusammen als Mischkristall auf, in phosphorreichem Material (mit über 1,7 $\%$ Phosphor) findet er sich außerdem in Form von freiem Phosphid.

Da der Phosphor stark zur Seigerung neigt, so ist auf etwaiges Vorhandensein von Seigerungen bei der Probenahme und beim Einwägen des Analysenmaterials besonders sorgfältig zu achten. (Siehe hierüber das im ersten Teil des Buches Gesagte.)

1. Bestimmung des Phosphors in salpetersäurelöslichem Material.

a) Durch Wägen des Molybdatniederschlages (nach Finkener) [1]).

Grundlagen des Verfahrens. Für genaue Bestimmung des Phosphors muß zunächst der gesamte Phosphor in Phosphorsäure übergeführt werden.

Beim Lösen von Eisen- und Stahlproben in Salpetersäure vom spez. Gew. 1,18 wird nur ein Teil des vorhandenen Phosphors zu Phosphorsäure oxydiert. Der Rest befindet sich in Form weniger hoch oxydierter Säuren (phosphoriger Säure) in der Lösung. Letztere müssen, da sie mit Molybdänlösung nicht gefällt werden, durch stärkeres Oxydieren ebenfalls in Phosphorsäure übergeführt werden.

Nach einer Zusammenstellung von Hundeshagen [2]) ist für die Vollständigkeit der Phosphorfällung mit Molybdänsäurelösung im wesentlichen folgendes zu beachten:

1. Freie Salzsäure und Schwefelsäure, sowie hohe Konzentration der Lösung an freier Salpetersäure verhindern die vollständige Fällung der Phosphorsäure.

2. Geringe Mengen freier Salpetersäure, sowie Salze einbasischer Säuren (Chloride, Bromide) wirken nicht störend.

3. Ammonnitrat beschleunigt die Abscheidung des Niederschlags stark.

Erhöhte Temperatur beschleunigt zwar die Ausfällung, doch wird beim Fällen in der Kälte nach Finkener [1]) das Mitfallen von Molybdänsäure sicherer verhindert als beim Fällen in der Wärme, was für die Wägung des Phosphors als Molybdänniederschlag wichtig ist.

Zu genauen Phosphorbestimmungen in Arsen, Titan, Wolfram oder Vanadin enthaltenden Proben läßt sich das nachstehend beschriebene Verfahren nicht ohne weiteres verwenden, da ein Teil dieser Elemente in Form komplexer Verbindungen in die Molybdänfällung mit eingeht, was in erheblicherem Maße geschieht, wenn die Fällung in der Wärme erfolgt, als wenn nach Finkener in der Kälte gefällt wird. Ist Wolfram oder Titan zugegen, so kann außerdem beim Abscheiden der Kieselsäure neben Wolframsäure bzw. Titansäure auch ein Teil des Phosphors in den Niederschlag übergehen, der sich durch Auswaschen nicht entfernen läßt.

Erforderliche Lösungen. Zur Fällung des Phosphors bedient man sich der nach Finkener bereiteten Molybdänlösung.

Für 2 l der Finkenerschen Molybdänlösung werden 80 g Ammoniummolybdat in der Reibschale fein gepulvert und das Pulver in einem großen Erlenmeyerkolben mit 640 ccm Wasser und 160 ccm 20$\%$igem Ammoniak (spez. Gew. 0,925) unter kräftigem Schütteln gelöst. Dann bereitet man in einer mit Glasstöpsel verschließbaren Zweiliterflasche eine Mischung aus 960 ccm 30$\%$iger Salpetersäure (1,18 spez. Gew.) und 240 ccm Wasser, kühlt die warm gewordene Mischung ab und gießt die zuerst hergestellte Ammoniummolybdatlösung allmählich in kleinen Anteilen und unter Umschütteln in die Säuremischung (nicht umgekehrt!).

---

[1]) Ber. d. d. chem. Ges. 11. (1878). 1638.
[2]) Zeitschr. f. anal. Chem. 28. (1889). 141.

Die Lösung läßt man vor ihrer Verwendung einige Tage im Dunkeln stehen, wobei sich etwas gelber Niederschlag abscheidet. Für den Gebrauch gießt man die klare Lösung ab oder filtriert sie, wenn nötig.

Waschflüssigkeit. Die zum Auswaschen der Phosphormolybdatniederschläge dienende Waschflüssigkeit wird hergestellt durch Lösen von 150 g. Ammonnitrat in Wasser, Zusatz von 10 ccm konzentrierter Salpetersäure (1,40 spez. Gew.) und Auffüllen mit Wasser auf 1 l.

Ausführung des Verfahrens. Von Stahl- und Eisenproben werden 4—5 g [1]) abgewogen und in einer mit Uhrglas bedeckten flachen Porzellanschale (von etwa 14 cm Durchmesser) mit 50—70 ccm verdünnter Salpetersäure (spez. Gew. 1,18), die nach und nach zugesetzt werden, in Lösung gebracht. Die erhaltene Lösung wird zur Trockene eingedampft, die Nitrate werden durch starkes Glühen zerstört, um sicher allen Phosphor in Phosphorsäure überzuführen.

Der Rückstand wird mit starker Salzsäure gelöst, Siliziumdioxyd daraus abgeschieden und im übrigen genau so verfahren wie bei der Bestimmung des Siliziums nach Verfahren 1b angegeben [2]).

Das abfiltrierte Siliziumdioxyd wird sorgfältig mit heißer verdünnter Salzsäure (400 ccm Wasser und 100 ccm konzentrierte Salzsäure) ausgewaschen und das gesamte Filtrat schließlich in einem 150 oder 250 ccm fassenden Becherglas, um die freie Salzsäure möglichst zu vertreiben, bis zur Sirupdicke eingedampft, doch nicht soweit, daß die Lösung beim Abkühlen kristallisiert oder basische Eisensalze abgeschieden werden. Zum Abdampfen kann man sich vorteilhaft der auf erhitzter Eisenplatte geheizten Asbestplatte bedienen.

Ist viel Phosphor zugegen oder soll die Lösung außer zur Phosphorbestimmung auch zur Mangan- oder Nickelbestimmung Verwendung finden, so verdünnt man im Meßkolben auf 250 ccm, entnimmt der durchgemischten Lösung entsprechende Anteile und dampft den zur Phosphorbestimmung vorgesehenen, wie angegeben, möglichst weit ein.

Die stark eingeengte Eisenlösung, die nicht mehr viel freie Salzsäure enthalten darf, wird abgekühlt. Man gibt dann je nach der vorhandenen Phosphorsäuremenge 50—100 ccm von der Finkenerschen Molybdänlösung hinzu und rührt mehrmals kräftig mit dem Glasstab um, zur Beschleunigung der Abscheidung des Niederschlags. Nach $^1/_2$stündigem Stehenlassen in der Kälte trägt man nach Finkener soviel festes, reines Ammoniumnitrat [3]) in die Flüssigkeit ein, daß sie 25% davon enthält, und bringt das Salz durch Umrühren vollständig in Lösung. Wurden z. B. 100 ccm Molybdänlösung zugegeben, und nahm die Eisenlösung einen Raum von etwa 10 ccm ein, so setzt man 28 g festes Ammonnitrat zu. Die Lösung kühlt sich stark ab und die Abscheidung des Phosphormolybdatniederschlages wird vervollständigt. Nach 18—24stündigem Stehen-

---

[1]) Zur Erlangung besserer Durchschnittsproben ist es zweckmäßig, auch bei phosphorreicherem Material keine zu kleinen Einwagen (z. B. 1 g oder 0,5 g) anzuwenden, dagegen später nur einen Teil der Lösung größerer Einwagen zur Fällung des Phosphors zu benützen.

[2]) Will man die Ausführung des Verfahrens beschleunigen, so löst man die Probe im Rundkolben, wie S. 175, Abschnitt d beschrieben und verfährt mit dem Filtrat vom Siliziumdioxyd weiter wie hier angegeben.

[3]) Hat sich nach dem halbstündigen Stehenlassen der Lösung schon ein deutlicher Niederschlag ausgeschieden, so ist der Zusatz von Ammoniumnitrat nicht unbedingt erforderlich und er kann fortgelassen werden, ohne daß das Ergebnis beeinflußt wird, wie zahlreiche Versuche mit und ohne Ammoniumnitratzusatz ergeben haben. Bei den Versuchen stellte sich übrigens auch heraus, daß das im Handel befindliche Ammoniumnitrat mitunter phosphathaltig ist, so daß bei Verwendung des Salzes als Zusatz zur Fällung der Phosphorsäure zuerst blinde Versuche mit abgewogenen Mengen des Salzes angestellt werden müssen.

lassen bei gewöhnlicher Temperatur wird der Niederschlag abfiltriert. Man benützt ein gut laufendes Filter und als Vorlage einen 300 ccm fassenden Erlenmeyerkolben, gießt ohne den Niederschlag aufzurühren, zuerst die klare niederschlagfreie Lösung durch das Filter, so vollständig als dies angängig ist, dann wechselt man den Erlenmeyerkolben durch einen frischen aus, gibt den Niederschlag aufs Filter und wäscht einige Male aus. Falls vom Niederschlag dabei etwas durchgegangen ist, filtriert man diesen kleinen Teil des Filtrates nochmals, wäscht danach sorgfältig mit der Waschflüssigkeit von oben angegebener Zusammensetzung die vorhandene Eisenlösung aus Filter und Niederschlag heraus, bis das Ablaufende mit Ferrozyankalium- oder Rhodanammonlösung keine Eisenreaktion mehr gibt. Das Hauptfiltrat wird durch Zugabe weiterer Molybdänlösung geprüft, ob alle Phosphorsäure gefällt war; nach mehrstündigem Stehen darf keine gelbe Abscheidung mehr eintreten. Ist der erhaltene Niederschlag von erheblicher Menge [1]), so daß man ihn vom Filter spritzen kann, so spült man ihn mit destilliertem Wasser (aus der Spritzflasche) in einen gewogenen Porzellantiegel (von 45 ccm Inhalt) und dampft das Wasser auf dem Dampfbade weg. Die im Becherglase befindlichen Reste des Niederschlages löst man mit verdünntem Ammoniak und wäscht mit der erhaltenen Lösung das Filter aus, wobei man das Filtrat in einem kleinen (nicht gewogenen) Porzellantiegel auffängt, und Becherglas wie Filter mit verdünntem Ammoniak völlig von Molybdänsalz frei wäscht. Diese Lösung wird auf dem Dampfbad soweit eingedampft, bis eben der Ammoniakgeruch verschwunden ist. Dann wird zur Hauptmenge des Molybdänniederschlages (im gewogenen Tiegel) etwas starke Salpetersäure (spez. Gew. 1,40), etwa 5 Tropfen, zugegeben, die Lösung aus dem zweiten Tiegel hinzugefügt und letzterer mit Wasser nachgewaschen. Das Ganze wird auf dem Dampfbad zur Trockene eingedampft und nach völligem Trocknen auf dem Finkenerturm erhitzt, um das vorhandene Ammoniumnitrat aus dem Niederschlag zu vertreiben. Beim Erhitzen größerer Niederschlagsmengen muß mit besonderer Vorsicht verfahren werden, da bei etwas zu raschem Erhitzen Teile des Niederschlages durch Verspritzen verloren gehen können. Man erhitzt den auf ein dünnes Tondreieck gestellten Tiegel samt Niederschlag auf dem mit drei eingeschobenen Drahtnetzen versehenen Finkenerturm (siehe Abb. 161) zur völligen Trockenheit, entfernt dann das untere Drahtnetz und später, wenn das Wegrauchen von Ammonnitrat etwas nachgelassen hat, auch das mittlere. Schließlich erhitzt man unter zeitweiligem Drehen des Tiegels, bis kein weißer Ammonsalzrauch mehr fortgeht, faßt dann den Tiegel mit der Zange, erhitzt die Wände des Tiegels durch Schwenken über der Bunsenflamme, um zu erkennen, ob noch unzersetztes Ammonnitrat vorhanden ist, das man vorsichtig verjagt. Man hört mit dem Erhitzen auf, sobald der Niederschlag beginnt blau anzulaufen. Die Hauptmenge des Niederschlages soll indessen gelb bleiben.

Der heiße Tiegel wird zum Abkühlen in einen Schwefelsäureexsikkator gestellt, sogleich ein mit dem Tiegel zusammen gewogenes Uhrgläschen aufgedeckt und nach 20—25 Minuten möglichst schnell gewogen. Diese Vorsichtsmaßregeln sind notwendig, weil der Niederschlag aus der Luft Feuchtigkeit anzieht und beim Wägen ohne Uhrglas allmählich an Gewicht zunehmen würde.

---

[1]) Ist der Niederschlag nur gering, so löst man die im Becherglase verbliebenen Niederschlagsreste mit verdünntem Ammoniak, gibt die Lösung zum Niederschlag aufs Filter und fängt das Ablaufende im gewogenen (25—45 ccm fassenden) Porzellantiegel auf, samt den beim Auswaschen von Becherglas und Filter erhaltenen Waschwässern. Die gesamte Lösung wird eingedampft, bis der Ammoniakgeruch verschwunden ist (nicht bis zur Abscheidung fester Salze!), dann etwas konzentrierte Salpetersäure zur Fällung des gelben Salzes zugegeben, zur Trockene eingedampft und wie oben angegeben auf dem Finkenerturm erhitzt und weiter behandelt.

Nach dem Wägen wird das Erhitzen, Abkühlenlassen und Wägen wiederholt, bis das Gewicht des Niederschlages sich nicht mehr wesentlich ändert.

Berechnung. Die Zusammensetzung des nach vorstehend angegebener Arbeitsweise erhaltenen Phosphormolybdatniederschlages entspricht der Formel

$$(NH_4)_3PO_4, 12\, MoO_3;$$ er enthält demnach 1,654 % P.

Bei einer Einwage von e Gramm Probematerial und einer Auswage von a Gramm gelbem Niederschlag berechnet sich der Phosphorgehalt des Materiales zu:

$$\frac{1,65\, a}{e} = \%\ P;$$

oder falls der Gehalt an Phosphorsäure (P_2O_5) daraus zu berechnen ist:

$$\frac{3,78\, a}{e} = \%\ P_2O_5.$$

Eine abgeänderte Form des Finkenerschen Verfahrens ist von dem Chemikerausschuß des Vereins deutscher Eisenhüttenleute in sehr eingehender Weise durchgeprüft worden [1]). Der als Faktor zur Berechnung des Phosphorgehaltes aus der bei 105° getrockneten Niederschlagsmenge ermittelte Wert ergab sich aus sehr zahlreichen Versuchen im Mittel zu 0,01637. Dem nach dieser Arbeitsweise erhaltenen Niederschlag käme demnach ein etwas höheres Molekulargewicht zu als dem nach dem oben beschriebenen Verfahren hergestellten, was auf die veränderten Fällungsbedingungen des Molybdänniederschlages (Fällung der verdünnten Eisenlösung in der Wärme [ca. 65° C]) und insbesondere auf die Trocknung des Niederschlages bei 105° C gegenüber der Finkenerschen Arbeitsweise zurückzuführen ist.

Während der nach **Finkeners** Angaben erhaltene Niederschlag der Formel $(NH_4)_3PO_4 + 12\, MoO_3$ entspricht, mit dem Faktor für P = 0,01654, würde dem bei 105° C getrockneten Niederschlag der abgeänderten Bestimmungsweise unter Zugrundelegung des Faktors für P = 0,01637 annähernd die Formel $(NH_4)_3PO_4 + 12\, MoO_3 + H_2O$ zukommen. Es ist wohl anzunehmen, daß diese wasserhaltige Verbindung tatsächlich vorliegt.

b) Wägung des Phosphors als Magnesiumpyrophosphat.
(Magnesiaverfahren.)

In besonderen Fällen, z. B. wenn der Molybdänniederschlag sehr erheblich ist und man nicht sicher ist, daß alles Ammonnitrat durch Erhitzen daraus entfernt ist, kann es von Nutzen sein, sich von der Richtigkeit des gefundenen Wertes dadurch zu überzeugen, daß man den Molybdatniederschlag — entweder direkt vom Filter oder aus dem Porzellantiegel, nachdem er gewogen ist — in Ammoniak löst, die Phosphorsäure als Ammoniummagnesiumphosphat fällt, dieses in Magnesiumpyrophosphat überführt und wägt. Man verfährt dazu in folgender Weise. Mit möglichst wenig verdünntem Ammoniak (25 ccm 10%iges auf 100 ccm verdünnt) löst man den Molybdatniederschlag aus dem Tiegel (bzw. vom Filter) und filtriert, falls die Lösung nicht ganz klar sein sollte, durch ein kleines Filter. Die klare Lösung wird in einem kleinen (100—150 ccm haltenden) Becherglas aufgefangen und das Filter mit verdünntem Ammoniak ausgewaschen. Dann fügt man konzentrierte Salzsäure zu, bis eine bleibende Fällung von gelbem Molybdänniederschlag entsteht und löst diesen mit wenig Ammoniak wieder auf. Die Lösung wird, falls sie mehr als etwa 40 ccm betragen

---

[1]) Kritische Untersuchung der Verfahren zur Bestimmung des Phosphors in Eisen, Stahl, Erzen und Schlacken, berichtet von H. **Kinder**, Stahl u. Eisen 40, (1920) **381**.

sollte, eingeengt, nach Abkühlen tropfenweise mit klarer Magnesiamischung [1]) versetzt, solange noch Niederschlag ausfällt und etwa 10—15 ccm Ammoniak (spez. Gew. 0,96) hinzugegeben. Danach rührt man mit einem Glasstab tüchtig um und läßt während 4—6 Stunden absitzen. Der Niederschlag wird auf ein kleines Filter abfiltriert, mit verdünntem Ammoniak bis zum Verschwinden der Chlorreaktion ausgewaschen, bei nicht zu hoher Temperatur samt Filter verascht, dann stark geglüht, bis das Magnesiumpyrophosphat weiß ist, und gewogen.

Berechnung. Magnesiumpyrophosphat ($Mg_2P_2O_7$) enthält 27,87 % Phosphor. Bei e Gramm Einwage und a Gramm gewogenem Pyrophosphat ergibt sich somit der Phosphorgehalt der Probe zu

$$\frac{27,87 \cdot a}{e} = \% \ P.$$

Zu bemerken ist, daß die Bestimmung des Phosphors durch Wägen als Magnesiumpyrophosphat in der beschriebenen Weise nicht genauer ist als die Bestimmung durch Wägen des Molybdatniederschlages nach dem oben angegebenen Verfahren. Denn der beim Molybdatverfahren zur Wägung kommende Niederschlag besitzt das 17fache Gewicht von dem Niederschlag, der bei gleicher Phosphormenge nach dem Magnesiaverfahren zu wägen ist.

Ein Unterschied von z. B. 0,004 % im Phosphorgehalt einer Probe würde bei einer Einwage von 5 g beispielsweise nach dem Molybdatverfahren einer Menge von 0,0121 g Auswage und beim Magnesiaverfahren einer Menge von 0,0008 g Auswage entsprechen. Ein Fehler von 0,0008 g kann aber leicht durch Wägefehler, durch geringe Löslichkeit des Magnesianiederschlages, geringes Trübgehen beim Filtrieren, ungenügendes Auswaschen, Filterasche und andere möglichen Fehlerquellen entstehen, während bei der Wägung des Molybdänniederschlages ein Fehler von 0,0121 g nicht ohne weiteres auf die dem Verfahren anhaftenden Fehlerquellen zurückgeführt werden kann, wenn nicht gerade ganz grobe Verstöße bei Durchführung der Bestimmung gemacht werden.

Diese Überlegung zeigt ohne weiteres, daß die größere Schärfe auf seiten des Molybdatverfahrens liegt.

2. Bestimmung des Phosphors in salpetersäureunlöslichem Material.
(Ferrosilizium, Ferrophosphor u. a. Legierungen.)

a) **Trockenes Aufschlußverfahren.** Das Aufschließen des in Salpetersäure unlöslichen Materiales, das zu diesem Zweck möglichst fein gepulvert sein muß (Sieb mit 2500 Maschen auf den qcm), wird am besten mit Natriumkarbonat-Magnesia-Mischungen vorgenommen, wie bereits bei der Bestimmung des Siliziums (S. 158) beschrieben ist. Man verwendet 1—3 g der Probe und schließt mit der 6—8fachen Menge Natriumkarbonat-Magnesia (2 : 1) auf.

Nach dem Aufschließen wird mit Salzsäure gelöst und Siliziumdioxyd in bekannter Weise abgeschieden. Nach Abrauchen des Siliziumdioxyds mit Flußsäure-Schwefelsäure wird der Abrauchrückstand mit wenig Natriumkalium-karbonat aufgeschlossen, der Aufschluß mit Salzsäure gelöst und die Lösung auf Phosphorsäure untersucht. Das gesamte Filtrat vom Siliziumdioxyd — bei phosphorreichen Proben ein gemessener Teil davon — wird stark eingeengt, im Becherglas wie S. 191 angegeben nach Finkeners Verfahren gefällt und der Phosphorniederschlag als Molybdat gewogen.

---

[1]) Magnesiamischung wird bereitet durch Auflösen von 55 g krist. Chlormagnesium, 70 g Chlorammonium in Wasser, Zugabe von 250 ccm 10prozentigem Ammoniak (spez. Gew. 0,96) und Verdünnen auf 1 l; oder auch durch Lösen von 70 g krist. Chlormagnesium-chlorammonium, 55 g Chlorammonium in Wasser, Zusatz von 250 ccm Ammoniak (spez. Gew. 0,96) und Verdünnen auf 1 l. Die Lösung wird nach mehrtägigem Stehen filtriert.

Zur Vermeidung von Fehlern, die durch geringen Phosphatgehalt der bei Herstellung der Aufschlußmischung verwendeten Stoffe bedingt sein können, muß eine gleich große Menge Aufschlußmischung wie sie zum Aufschließen der Probe verwendet wurde, für sich abgewogen, in einem Becherglas mit Salzsäure gelöst und in der Lösung die vorhandene Phosphorsäure mit Molybdänlösung bestimmt werden; ist Phosphor zugegen, so wird von der Menge des Phosphormolybdatniederschlages der Probe ein entsprechender Betrag in Abzug gebracht.

Für die Bestimmung des Phosphorgehaltes in Ferrotitan und Titanmetall wird die durch Aufschließen des fein gepulverten Metalls mit Magnesia-Natriumkarbonat erhaltene Aufschlußmasse mit kaltem Wasser gründlich ausgelaugt, der Rückstand abfiltriert, verascht und im Platintiegel von neuem mit von Kalisalzen freiem Natriumkarbonat geschmolzen, um etwa zurückgebliebene Reste von Phosphorsäure daraus zu entfernen. Nach Auslaugen der zweiten Schmelze mit kaltem Wasser wird vom Rückstand, der alles Titan als Natriumtitanat enthält, abfiltriert, die Filtrate werden mit Salzsäure angesäuert, zur Trockene verdampft und Siliziumdioxyd durch Erhitzen auf der heißen Asbestplatte in unlösliche Form übergeführt.

Nach Erkalten wird mit konzentrierter Salzsäure und heißem Wasser aufgenommen, vom Siliziumdioxyd abfiltriert und das Filtrat in üblicher Weise durch Fällung mit Molybdänlösung auf Phosphor untersucht.

b) Flußsäureverfahren. Liegt Ferrosilizium oder säurebeständiger Guß oder dgl. zur Untersuchung vor, so kann man auch eine abgewogene Probe des fein gepulverten Metalls in einer geräumigen Platinschale bei aufgedecktem Uhrglas mit verdünnter Salpetersäure (spez. Gew. 1,18) überschichten und durch allmählichen Zusatz kleiner Mengen reiner Flußsäure [1]), die man aus einem Platintiegel zugibt, in Lösung bringen. Vor jedem neuen Zusatz wartet man die nötigenfalls durch Erwärmen auf dem Dampfbad zu befördernde Reaktion ab. Nachdem alles gelöst ist, wird die Lösung auf dem Dampfbad zur Trockne eingedampft, die Nitrate durch anhaltendes Glühen (auch der Schalenwandungen zur Vertreibung der Fluoride) zerstört. Soweit sich der Rückstand nach dem Erkalten von der Platinschale ablöst, bringt man ihn in eine Porzellanschale; die in der Platinschale verbliebenen Reste löst man mit starker Salzsäure heraus und fügt sie zur Hauptmenge in die Porzellanschale und bringt den ganzen Schaleninhalt mit Salzsäure vollends in Lösung. Die salzsaure Lösung wird dann ebenso weiter behandelt, wie dies für salpetersäurelösliches Material angegeben ist (S. 191).

3. Bestimmung des Phosphors in arsenhaltigem Material.
(Bromwasserstoffverfahren.)
Einfluß des Arsens auf die Phosphorfällung.

Nach verschiedenen Angaben in der Literatur sollen durch den geringen Arsengehalt in Stahl- und Eisenproben — solange der Gehalt an Arsen nicht höher ist als $0,10\%$ — keine wesentlichen Fehler bei der Phosphorbestimmung entstehen [2]).

---

[1]) Man verwende z. B. bei 50%igem Ferrosilizium auf jedes Gramm Einwage etwa 12 g 50%ige Flußsäure.

[2]) Ledebur gibt an, daß ein Flußeisen mit dem abnorm hohen Arsengehalt von $0,365\%$ folgende Phosphorwerte ergab:

ohne Abscheidung des Arsens $0,068\%$,

bei „ „ „ $0,053$ „ ;

er bemerkt aber dabei, daß ein geringer As-Gehalt (unter $0,10\%$) für die Phosphorbestimmung nicht von Belang sei. (Leitfaden für Eisenhüttenlaboratorien. Braunschweig 1908. S. 110.)

Dagegen ist von anderen Seiten gezeigt worden, daß auch kleine Mengen von Arsen (unter 0,10%) bei der Bestimmung des Phosphorgehaltes infolge Mitfallens von Ammoniumarsenmolybdat erhebliche Fehler verursachen können, wenn nach den üblichen Verfahren gearbeitet wird [1]). Insbesondere wiesen Frank und Hinrichsen nach, daß der Phosphorgehalt bei der Bestimmung nach Finkener bis um 0,015% zu hoch ausfällt, wenn der Arsengehalt, der in gewöhnlichen Eisen- und Stahlproben bis zu etwa 0,02% betragen kann, bei der Phosphorbestimmung nicht berücksichtigt wird. Da auch noch höhere Arsengehalte in Roheisen und Flußeisen vorkommen [2]), so ist es jedenfalls geboten, bei genauen Phosphorbestimmungen auf etwaigen Arsengehalt der Probe Rücksicht zu nehmen. Will man ganz sicher gehen, daß kein Arsenomolybdat bei der Wägung des Phosphorniederschlages mitgewogen wird, so entfernt man das Arsen vor der Phosphorfällung aus der Lösung. Die bisher in der Literatur angegebenen Verfahren sind umständlich und langwierig und nicht immer genügend sicher. Dagegen führt das im nachstehenden beschriebene Bromwasserstoffverfahren rasch und sicher zum Ziel, so daß sich dessen Anwendung überhaupt zur genauen Phosphorbestimmung empfiehlt.

Grundlagen des Bromwasserstoffverfahrens zur Phosphorbestimmung. (Hierzu die Versuche Tabelle 113.) Wird eine Arsensäure und Phosphorsäure enthaltende Eisenchloridlösung mit reiner Bromwasserstoffsäure (spez. Gew. 1,49) versetzt und auf dem Dampfbad eingedampft, so geht nach den Beobachtungen von Rothe [3]), ohne daß noch ein besonderes Mittel zur Reduktion der Arsensäure zugesetzt zu werden braucht, alles in der Lösung vorhandene Arsen (wahrscheinlich als Arsentribromid) flüchtig, während Phosphorsäure quantitativ zurückbleibt. Da die bei der Fällung der Phosphorsäure anwesenden Bromide des Eisens die Abscheidung des Molybdatniederschlages nicht stören [4]), so kann man die Bestimmung des Phosphors in der von Arsen befreiten Lösung in gleicher Weise wie bei dem zuerst angegebenen Finkenerschen Verfahren weiterführen.

Ausführung der Bestimmung. 5 g Stahl oder Eisen werden mit Salpetersäure (spez. Gew. 1,18) in der Porzellanschale gelöst und die Lösung zunächst in gleicher Weise wie beim Verfahren nach Finkener (S. 191) weiterbehandelt. Die Nitrate werden durch starkes Glühen zerstört, Siliziumdioxyd aus salzsaurer Lösung abgeschieden. Das erhaltene gesamte Filtrat bzw. bei phosphorreichem Material ein bestimmter Teil desselben wird mit 10—20 ccm reiner Bromwasserstoffsäure [5]) (spez. Gew. 1,49, etwa 48% HBr enthaltend) vermischt und die Lösung zum Verjagen des Arsens auf dem Dampfbad zur Trockene eingedampft.

Es empfiehlt sich, die Bromwasserstoffsäure vor dem Eindampfen der Eisenlösung zuzusetzen, um Spritzen zu vermeiden, das beim Zugeben der

---

[1]) Campbell, Journ. of analyt. and appl. Chem. 1893. S. 2. Referat in Stahl u. Eisen 13. (1893). 480; ferner Frank u. Hinrichsen, Stahl u. Eisen 28. (1908). 295.

[2]) v. Reis, Stahl u. Eisen 9. (1889). 720, fand in verschiedenen Roheisen und Flußeisen Gehalte von 0,05—0,08%.

[3]) Über die quantitative Verflüchtigung von Arsensäure durch Bromwasserstoff ist übrigens schon von Browning u. Drushel (Zeitschr. f. anorg. Chem. 54. (1907). 143) berichtet worden.

[4]) Hundeshagen, a. a. O. (S. 190, Fußnote 2.)

[5]) Käufliche konzentrierte Bromwasserstoffsäure (spez. Gew. 1,49) ist stets durch geringe oder größere Mengen von Phosphorsäure verunreinigt. Bei geringem Gehalt ist es am zweckmäßigsten, mit gleich großen Säuremengen, wie sie zu den Versuchen verwendet werden, blinde Versuche auszuführen (Abdampfen, Aufnehmen mit wenig Salzsäure, Fällen mit Molybdänlösung und Bestimmung des entstehenden Phosphormolybdatniederschlages) und die jeweils gefundene Menge Molybdatniederschlag von den Gewichtsmengen der eigentlichen Versuche in Abzug zu bringen.

Ist der Phosphorsäuregehalt ein größerer, so ist Destillation der Säure erforderlich.

Bromwasserstoffsäure zu konzentrierter Eisenchloridlösung infolge Bildung von Chlorwasserstoff eintreten würde.

Der nach Abdampfen verbleibende Rückstand ist dunkelrot; er wird mit wenig verdünnter Salzsäure gelöst und in ein Becherglas von 150 bzw. 250 ccm Inhalt übergespült. Nach weiterem Eindampfen zum Zweck der Entfernung der überschüssigen freien Säure wird die verbleibende dunkelrote Lösung mit 50—100 ccm Molybdänlösung (nach Finkener) kalt gefällt und der entstehende Niederschlag nach dem S. 191 beschriebenen Verfahren zur Wägung gebracht.

Auf die Ergebnisse der in vergleichender Weise mit und ohne Bromwasserstoffsäurezusatz ausgeführten Phosphorbestimmungen und die dabei auftretenden Unterschiede, wie sie in Tabelle 114 zum Ausdruck gelangen, mag noch besonders hingewiesen werden, da sie manchmal für die Entscheidung von Streitfragen von Bedeutung sein können.

Beim Abschluß von Roheisen-, Stahl-, auch Erzlieferungsverträgen werden häufig Bedingungen über den Phosphorgehalt vereinbart, nach denen nur geringe Abweichungen vom vorgeschriebenen Phosphorgehalt zulässig sind. Diese zulässigen Abweichungen sind oft erheblich geringer als die Unterschiede, die sich bei der Phosphorbestimmung infolge vorhandenen Arsens ergeben können. Daher müßte entweder nach Frank und Hinrichsen[1]) ein weiterer Spielraum für den Phosphorgehalt zugelassen werden oder aber sollte verlangt werden, daß der Phosphor nach einem Verfahren bestimmt wird, dessen Genauigkeit durch vorhandenes Arsen nicht beeinflußt wird.

4. Bestimmung des Phosphors in wolframhaltigem Material.

Grundlagen des Verfahrens. Bei der Fällung der Phosphorsäure in Gegenwart von Wolframsäure nach Finkeners Verfahren würde sich ein Phosphorsäure und Wolframsäure enthaltender Molybdatniederschlag ergeben[1]). Da aber in der Regel die Wolframsäure bei der Abscheidung der Kieselsäure schon vollständig mit abgeschieden wird, noch ehe die Phosphorfällung ausgeführt wird, so ist von Wichtigkeit zunächst die Frage, ob die nach Abscheidung der Wolframsäure und Kieselsäure erhaltene Lösung die gesamte Menge des in der Probe vorhandenen Phosphors enthält. Die Frage ist dahin zu beantworten, daß ein Teil der Phosphorsäure in die Lösung geht, während der Rest mit der Wolframsäure zusammen abgeschieden wird. Man hat also sowohl die Eisenlösung als auch die abgeschiedene Wolframsäure auf Phosphorsäure zu untersuchen.

Nach Hinrichsen[2]) läßt sich die Phosphorsäure in dem Molybdatniederschlag, wenn dieser durch (z. B. beim Filtrieren trüb durchgelaufene) Wolframsäure verunreinigt sein sollte, bestimmen, wenn man die ammoniakalische Lösung des Niederschlages nach Jörgensen[3]) heiß mit Magnesiamischung fällt. (Kalte Fällung könnte wiederum wolframhaltigen Niederschlag ergeben.)

In entsprechender Weise kann die abgeschiedene Wolframsäure nach Veraschen, Abrauchen der Kieselsäure und Aufschließen mit Kaliumnatriumkarbonat in Lösung gebracht werden und die darin vorhandene Phosphorsäure ebenso zur Bestimmung gelangen.

---

[1]) Stahl u. Eisen 28. (1908). 295.

[2]) Mitt. a. d. Kgl. Materialprüfungsamt 28. (1910). 229. Untersuchungen, die mit Hilfe reiner Lösungen, z. B. von Wolframsäure und Phosphorsäure bei Abwesenheit von Eisen durchgeführt werden, wie z. B. die Dissertationsarbeit von Motz: „Über die Bestimmung des Phosphors im Eisen und Eisenerzen in Gegenwart von Titan, Wolfram, Arsen und Vanadin" (Leipzig 1901) führen oft zu Ergebnissen, die ohne weiteres für die Untersuchung von Stahl und Eisen nicht verwendbar sind.

[3]) Zeitschr. f. anal. Chem. 45. (1906). 273.

Erforderliche Lösung. Magnesialösung nach Jörgensen. Die Lösung wird wie folgt hergestellt: 50 g kristallisiertes Chlormagnesium ($MgCl_2 + 6aq$) und 150 g Chlorammonium werden mit Wasser zu einem Liter gelöst.

Ausführung der Bestimmung. Man löst 5 g der wolframhaltigen Stahlprobe mit Salpetersäure (spez. Gew. 1,18), dampft die Lösung ein und zerstört die Nitrate des getrockneten Rückstandes durch kräftiges Glühen. Nach Erkalten durchfeuchtet man die Oxyde mit rauchender Salzsäure, erwärmt nach Zusatz weiterer Salzsäure bis zur vollständigen Lösung des Eisens, dampft dann die erhaltene Lösung zur Trockene ein und führt die vorhandene Kieselsäure und Wolframsäure durch Erhitzen bei 135° C auf der Asbestplatte oder im Trockenschrank (bis keine salzsäurehaltigen Dämpfe mehr entweichen) in unlösliche Form über. Nach Erkalten bringt man wieder mit möglichst wenig rauchender Salzsäure alles Eisen in Lösung und verdampft den Salzsäureüberschuß, soweit dies möglich ist, ohne Abscheidung von Eisensalzen in fester Form zu erhalten.

Dann läßt man einige Zeit absitzen, gibt verdünnte Salzsäure zu und filtriert den Rückstand ab.

Rückstand und Filter werden mit verdünnter heißer Salzsäure eisenfrei ausgewaschen und die Filtrate in die zuerst benutzte Porzellanschale übergeführt. Um etwaige Reste von Wolframsäure, die infolge Trübgehens beim Filtrieren in die Lösung übergegangen sein können, zu gewinnen, dampft man das Filtrat nochmals ein, macht die Wolframsäure durch Erhitzen des Trockenrückstandes bei 135° C unlöslich, nimmt wieder mit Salzsäure auf und filtriert die Reste durch ein frisches Filter ab.

Da ein Teil des Phosphors in die abgeschiedene Wolframsäure übergegangen ist, so hat man sowohl das Filtrat als die vereinigten Wolframsäureabscheidungen auf ihren Phosphorgehalt zu untersuchen.

Zur Phosphorabscheidung aus dem Filtrat engt man dieses ein, führt die Lösung in ein Becherglas über, dampft weiter bis zur Sirupdicke ein und fällt mit Molybdänlösung nach Finkener (vgl. S. 191). Sollte das Filtrat infolge Trübegehens wolframsäurehaltig geworden sein, so würde der mit Molybdänlösung gefällte Niederschlag Wolframsäure enthalten. Um den Niederschlag rein zu erhalten, löst man ihn nach dem Wägen mit Ammoniak aus dem Tiegel (bzw. nach Filtrieren und Auswaschen vom Filter) in ein kleines Becherglas, engt die Lösung auf etwa 20 ccm ein und neutralisiert mit Salzsäure bis zum Wiedererscheinen des gelben Niederschlags, dann setzt man zur Lösung nochmals etwas Ammoniak hinzu, fällt heiß mit Magnesialösung, wie unten (siehe nächsten Absatz) bei der Verarbeitung des Wolframsäurerückstandes angegeben. Der Magnesianiederschlag wird nach Abfiltrieren und Auswaschen mit Salpetersäure (spez. Gew. 1,18) gelöst, die Lösung mit Molybdänlösung nach Finkener gefällt und der nun reine Niederschlag wie üblich gewogen.

Um den vom Wolframsäurerückstand zurückgehaltenen Anteil des Phosphors zu ermitteln, verascht man die vereinigten Abscheidungen im Platintiegel und raucht die vorhandene Kieselsäure mit Schwefelsäure-Flußsäure fort. Den verbleibenden Rest schließt man mit wenig Natriumkarbonat auf, löst die Schmelze mit Wasser und filtriert vom Nichtaufgeschlossenen ab, das man mit wenig natriumkarbonathaltigem Wasser auswäscht. Das Filtrat wird mit Salzsäure angesäuert, wobei man zur Vertreibung des Kohlendioxyds bei aufgedecktem Uhrglas die Flüssigkeit erwärmt.

Die etwa sich ausscheidende Wolframsäure wird mit Ammoniak wieder in Lösung gebracht, und die Lösung zweckmäßig auf ein kleines Volumen eingedampft. Schließlich macht man die Lösung mit wenig $2\frac{1}{2}\%$igem Ammoniak schwach ammoniakalisch.

Die ammoniakalische Lösung soll bei dem meist nur geringen Phosphorgehalt der Wolframlegierungen etwa 20 ccm betragen. Sie wird nach Aufdecken eines Uhrglases bis zum Beginn des Kochens erhitzt und dann tropfenweise mit der neutralen Magnesialösung versetzt, solange der Niederschlag noch sichtlich zunimmt (in der Regel reichen hierzu 1—2 ccm aus). Dabei fällt zunächst flockiger Niederschlag aus, der sich allmählich in dichten, kristallinischen umwandelt.

Während des Abkühlens rührt man häufig um und filtriert nach wenigstens vierstündigem Stehen. Der Niederschlag wird mit $2^1/_2\,{}^0/_0$igem Ammoniak ausgewaschen und, wenn die Niederschlagsmenge hinreichend groß ist, um in der Form des Magnesiumpyrophosphats genau bestimmt werden zu können, in folgender Weise weiter behandelt: Das Becherglas wird sorgfältig von anhaftendem Niederschlag durch Ausreiben mit einem Stückchen aschefreien Filters befreit und letzteres samt dem Filter mit der Hauptmenge des Niederschlags im Platintiegel verascht.

Die Berechnung des Phosphorgehaltes aus der Menge des $Mg_2P_2O_7$ berechnet sich nach S. 194.

Ist die Menge des Magnesianiederschlages nur geringfügig, so löst man besser den ausgewaschenen Niederschlag mit verdünnter Salpetersäure (1,18) vom Filter in das zur Fällung benutzte Becherglas, wäscht das Filter mehrmals mit verdünnter Salpetersäure aus, um alle Phosphorsäure daraus zu entfernen und fällt die salpetersaure Lösung von neuem mit Molybdänlösung nach Finkener.

Die Bestimmung der Niederschlagsmenge wird wie beim Hauptverfahren angegeben zu Ende geführt.

Über die Berechnung des Phosphorgehaltes siehe S. 193.

Statt die Phosphormenge des Filtrates für sich zu bestimmen und ebenso den Phosphorgehalt im Wolframsäurerückstand, kann man auch die beide Male nach Finkener gefällten Molybdatniederschläge zusammen mit Ammoniak in einen Tiegel lösen und gemeinsam zur Wägung bringen.

Bestimmung des Phosphorgehalts in Ferrowolfram- oder Wolframmetall. Als Aufschlußmittel eignen sich sowohl Magnesia-Natriumkarbonat als auch Natriumkarbonat allein. Der Aufschluß mit ersterem Gemisch erfolgt wie beim Ferrosilizium zur Siliziumbestimmung angegeben (S. 158). Nach dem Aufschluß laugt man mit Wasser gründlich aus, filtriert vom Ungelösten ab und bestimmt den gesamten Phosphor im Filtrat zunächst durch Fällen mit Magnesiamischung nach Jörgensen (s. S. 198). Der Magnesiumammoniumphosphatniederschlag wird abfiltriert und ausgewaschen. Ist mit der Anwesenheit von Kieselsäure zu rechnen, so löst man den Niederschlag mit Salzsäure vom Filter in eine kleine Porzellanschale, scheidet durch Abdampfen und Erhitzen auf 130° C die Kieselsäure ab, nimmt wieder mit Salzsäure auf, filtriert das Siliziumdioxyd ab und wäscht sorgfältig aus. Das Filtrat wird nach dem Einengen in einem Becherglas nach Finkener gefällt und der entstandene Niederschlag gewogen.

Ist keine Kieselsäure zugegen, so löst man den ausgewaschenen Magnesianiederschlag mit Salpetersäure vom Filter und fällt die stark eingeengte Lösung mit Molybdänlösung wie oben angegeben.

5. Bestimmung des Phosphors in vanadinhaltigem Material.
(Vanadinstahl, Ferrovanadin.)

Grundlagen des Verfahrens. Bei der Fällung der Phosphorsäure durch Molybdänlösung in Gegenwart von Vanadinsalzen fällt ein geringer Teil des vorhandenen Vanadins als komplexe Verbindung mit dem Phosphorniederschlag aus. Der entstehende Niederschlag besitzt nicht rein gelbe, sondern mehr oder weniger orangerote Farbe.

Um aus dem Niederschlag das Vanadin zu entfernen, kann man nicht den bei wolframhaltigem Material benützten Weg (Fällung als Magnesiasalz) einschlagen, da das Vanadin bei jeder Fällung der Phosphorsäure wieder mitfällt. Dagegen gelingt es, Vanadinsäure von Phosphorsäure und Molybdänsäure zu trennen, wenn man das Vanadin aus der Lösung des Niederschlags in verdünntem Ammoniak mit Chlorammonium fällt. Vanadinsäure läßt sich so quantitativ entfernen, während Phosphor- und Molybdänsäure in Lösung bleiben [1].

Das Verfahren der Chlorammoniumfällung hat sich hierbei trotz der vielfach abfälligen Kritik, die dieses Verfahren in der Literatur erfahren hat, bei geeigneter Ausführung als durchaus brauchbar erwiesen, so besonders zur Trennung des Vanadins von Phosphor und Molybdän.

Nach Abfiltrieren des Ammoniumvanadats kann die Phosphorsäure im Filtrat in üblicher Weise bestimmt werden.

Ausführung der Bestimmung. Je nach dem Phosphorgehalt des Materials werden 5—10 g des Probematerials (bei stark phosphorhaltigem Ferrovanadin genügt 1 g) mit verdünnter Salpetersäure (spez. Gew. 1,18) in der bedeckten Porzellanschale gelöst und die Lösung, wie bei der Bestimmung des Siliziums (Verfahren 1b S. 154) beschrieben, weiter behandelt.

Im Filtrat vom Siliziumdioxyd wird die Phosphorsäure in der auf S. 191 beschriebenen Weise, jedoch ohne den Zusatz von festem Ammoniumnitrat, gefällt und der orangerot gefärbte Niederschlag abfiltriert [2]. Nach gründlichem Auswaschen mit schwach saurer Ammoniumnitratlösung löst man den Niederschlag mit Hilfe von Ammoniak und Wasser in ein etwa 150 ccm fassendes Becherglas, wäscht Filter und das zur Fällung benutzte Becherglas sorgfältig aus und engt die erhaltene Lösung auf etwa 20 ccm ein.

Während des Einengens fügt man von Zeit zu Zeit einen Tropfen Ammoniak hinzu, wobei die Lösung stets, falls sie gelb geworden sein sollte, nach kurzer Zeit wieder farblos werden muß. Zur schwach ammoniakalischen, abgekühlten Lösung fügt man alsdann auf je 20 ccm Lösung 5—6 g festes reines Chlorammonium auf einmal hinzu, rührt eine Zeitlang kräftig um, damit die Lösung rasch mit Chlorammonium gesättigt wird. Ein kleiner Rest des zugefügten Chlorammoniums darf dabei ungelöst bleiben. Ist die vorhandene Vanadinsäuremenge nicht zu gering, so wird die Flüssigkeit bei raschem Lösen des Chlorammoniums milchig trübe und scheidet feinflockigen Niederschlag von Ammoniummetavanadat ab; die Fällung ist nach etwa sechs Stunden eine vollständige.

Der Niederschlag wird abfiltriert und mit gesättigter Chlorammoniumlösung (250 g Chlorammonium zum Liter gelöst) ausgewaschen, bis eine Probe des Filtrates mit Molybdänlösung keine Phosphorfällung mehr gibt.

Im Filtrat kann nach schwachem Ansäuern mit verdünnter Salpetersäure und Zusatz von Molybdänlösung die Phosphorsäure ohne weiteres gefällt werden.

---

[1] Die Grundlagen des Verfahrens finden sich schon in Rose-Finkeners Handbuch der analytischen Chemie (1871. Bd. II. S. 535) angegeben.

[2] In der Literatur wird häufig empfohlen, vor Fällung des Phosphors durch Zusatz von Ferrosulfatzusatz alles 5wertige Vanadin zu 4wertigem zu reduzieren. Hierzu ist zu bemerken, daß beim Zusatz von Molybdänlösung, die stets stark salpetersäurehaltig ist, das Ferrosalz wieder unter Stickoxydentwicklung oxydiert wird, besonders dann, wenn in der Wärme gefällt wird; die beabsichtigte Wirkung des Ferrosalzzusatzes kann somit nicht sicher zur Geltung kommen. Der Ferrosalzzusatz ist aber zur Reduktion 5wertigen Vanadins nicht erforderlich, wenn man die Lösung vor der Fällung einige Male mit starker Salzsäure eindampft; das Vanadin geht dann alles in die 4wertige Stufe über (Campagne, Ber. d. d. chem. Ges. 36. (1903). 3164).

Infolge der anwesenden großen Chlorammoniummengen kann dabei der gelbe Niederschlag zusammen mit überschüssiger Molybdänsäure in feinpulvriger Form ausfallen. Um den genauen Phosphorwert zu erfahren, kann man den abfiltrierten gelben Niederschlag mit Ammoniak lösen und nach Ansäuern mit verdünnter Salpetersäure und Zusatz von etwas Molybdänlösung die Phosphorsäure als reines Ammoniumphosphormolybdat abscheiden und als solches nach Finkener zur Wägung bringen.

Liegt Phosphor in erheblicher Menge vor, so daß der zu wägende Niederschlag sehr groß wird, so empfiehlt sich die Überführung des gelben Niederschlages in den Magnesianiederschlag nach Jörgensen, und Wägung als Magnesiumpyrophosphat.

Bei gleichzeitiger Anwesenheit von Wolfram und Vanadin in dem zu untersuchenden Material bietet die Phosphorbestimmung Schwierigkeiten, besonders dann, wenn der Vanadingehalt ein erheblicher ist, was zwar im allgemeinen z. B. bei Schnelldrehstählen nicht der Fall ist. Man verfährt in diesem Falle zunächst wie für die Phosphorbestimmung in wolframhaltigem Stahl angegeben ist, bestimmt also den Phosphor sowohl im Filtrat nach Abscheidung von Kieselsäure und Wolframsäure, als auch in dem mit Flußsäure-Schwefelsäure abgerauchten Wolframsäurerückstand; für die letztere Bestimmung ist das Magnesiaverfahren anzuwenden, der Magnesianiederschlag kann nach der Filtration wieder gelöst und die Phosphorsäure daraus nach Finkener gefällt werden.

Fällt der Niederschlag bei der Fällung des Filtrates rein gelb aus, so braucht auf Vanadin keine Rücksicht genommen zu werden, der Niederschlag kann ohne weitere Reinigung zur Wägung gebracht werden; ist er dagegen orangerot gefärbt, so muß das Trennungs- und Reinigungsverfahren mit Chlorammonium in der oben beschriebenen Weise angewandt werden.

6. Bestimmung des Phosphors in titanhaltigem Material.
(Titanhaltiges Gußeisen und Stahl.)

Da bei der Abscheidung der Kieselsäure aus titanhaltigem Material nach dem oben S. 154 beschriebenen Verfahren ein Teil des Titans bei der Kieselsäure bleiben kann, so ist damit zu rechnen, daß mit dem Titan gleichzeitig ein Teil des Phosphors als Titanphosphat zurückbleibt.

Um diesen Teil des Phosphors zu erhalten, schließt man (nach Abrauchen der Kieselsäure mit Flußsäure-Kieselsäure) den kieselsäurefreien Rückstand mit reinem Natriumkarbonat (nicht Kaliumnatriumkarbonat) auf, laugt mit Wasser aus, filtriert von Natriumtitanat, Eisenoxyd usw. ab, wäscht mit verdünnter Natriumkarbonatlösung aus und fällt die Phosphorsäure im Filtrat nach Ansäuern mit Salpetersäure in üblicher Weise.

Bei der Fällung des Hauptfiltrates mit Molybdänlösung kann unter Umständen ein weiterer Teil des vorhandenen Titans in den Molybdänniederschlag eingehen. Beim Lösen des Niederschlags mit Ammoniak bleibt jedoch Titandioxyd auf dem Filter zurück und gibt zu Störungen keinen Anlaß.

Wegen der Ermittlung des Phosphorgehaltes in Ferrotitan vgl. S. 195.

Beispiele.

1. Vergleichende Bestimmungen nach dem Molybdatverfahren bei Wägung als Molybdatniederschlag und bei Wägung als Magnesiumpyrophosphat.

Probe 1. 4 g Schweißeisen ergaben an Molybdatniederschlag
0,2612 g entsprechend 0,10$_8$ % Phosphor (0,1$_1$ %).

Nach Lösen des Niederschlags, Fällen mit Magnesiamischung, Überführen in Magnesiumpyrophosphat wurden erhalten

0,0154 g $Mg_2P_2O_7$ entsprechend 0,10$_7$ % Phosphor (0,1$_1$ %).

Probe 2. Phosphorarmes Flußeisen. Je 5 g des Probematerials ergaben an Molybdatniederschlag:

a) 0,0167 g entsprechend 0,005$_5$ % Phosphor
b) 0,0163 ,, ,, 0,005$_4$,, ,,

Von der Wägung des Phosphors in Form von $Mg_2P_2O_7$ wurde abgesehen, weil bei der geringen zu erwartenden Menge $Mg_2P_2O_7$ (0,0010 g) die mit dem Molybdatverfahren erzielte Genauigkeit nicht sicher erreichbar ist.

Probe 3. Ferrophosphor. Aufschluß mit Eschkamischung; die benutzte Aufschlußmischung erwies sich als frei von Phosphorsäure.

Tabelle 112.

Versuch Nr.	Aufgeschlossene Menge der Probe g	Zur Fällung verwendet	Molybdatniederschlag g	Phosphor %
		a) Molybdatfällung		
a)	0,5002	$\frac{1}{20}$	0,3766	24,84
b)	0,5004	$\frac{1}{20}$	0,3774	24,89
		b) Magnesiafällung		
c)	1,0015	$\frac{1}{5}$	$gMg_2P_2O_7$ 0,1786	24,85

2. Phosphorbestimmungen in verschiedenen Proben.

Probe 4. Ferrosilizium. Aufschluß mit Magnesia-Natriumkarbonat.

Je 1 g des Materials (78 % Si enthaltend) ergab:

Versuch a) 0,0193 g Molybdatniederschlag entsprechend 0,03$_2$ % P
,, b) 0,0179 ,, ,, ,, 0,03$_0$,, ,,

Probe 5. Silikomangan (mit 23,$_2$ % Si und 67,$_2$ % Mn) Aufschluß mit Eschkamischung.

Versuch a) 0,5830 g gaben 0,1044 g Molybdatniederschlag entsprechend 0,29$_5$ % P
,, b) 0,5256 ,, ,, 0,0928 ,, ,, ,, 0,29$_1$,, ,, .

Probe 6. Titanmetall (mit 66 % Ti). Aufschluß mit Eschkamischung.

Versuch a) 1,0011 g gaben 0,0491 g Molybdatniederschlag entsprechend 0,08$_1$ % P .
,, b) 2,0015 ,, ,, 0,1058 ,, ,, ,, 0,08$_7$,, ,, .

Probe 7. Wolframstahl (mit 1,1$_1$ % Wolfram).

Je 4 g der Probe ergaben nach Entfernung des Wolframs:

Versuch a) 0,0672 g Molybdatniederschlag entsprechend 0,02$_8$ % P
,, b) 0,0670 ,, ,, ,, 0,02$_8$,, ,, .

Probe 8. Ferrovanadin (26 % Vanadin enthaltend).

Je 3 g der kohlenstoffarmen Probe lieferten nach Entfernung des mitgefällten Vanadins:

Versuch a) 0,6236 g Molybdatniederschlag entsprechend 0,34$_2$ % P
,, b) 0,6208 ,, ,, ,, 0,34$_1$,, ,, .

Wurde die Phosphorbestimmung in derselben Probe mit je 1 g ohne Rücksicht auf das vorhandene Vanadin ausgeführt, so wurden erhalten:

Versuch c) 0,2367 g Molybdatniederschlag [entsprechend 0,39 % P]
,, d) 0,2401 ,, ,, [,, 0,4$_0$,, P].

3. Ergebnisse vergleichender Phosphorbestimmungen nach dem Molybdatverfahren, ohne und mit Anwendung von Bromwasserstoffsäure.

a) Mit Ammonphosphatlösung.

Die benutzte Eisenlösung enthielt 2,4 g metallisches Eisen in 15 ccm, die Arsensäurelösung 0,045 g Arsen in 5 ccm.

Tabelle 113.

Ver-such Nr.	Angewandte Mengen				Molybdatniederschlag in g	
	Phosphat-lösung ccm	Eisen-chlorid-lösung ccm	Arsen-säure-lösung ccm	Bromwasser-stoffsäure [1] ccm	ohne Abzug	nach Abzug des aus angewandter HBr-Menge stammenden Molybdat-niederschlags
1	20	15	—	—	0,1882	—
2	20	15	—	25	0,1932	0,1871
3	20	15	5	—	0,2877	—
4	20	15	5	—	0,2929	--
5	20	15	10	25	0,1919	0,1858
6	20	15	10	25	0,1929	0,1868
7	20	15	5	—	0,2792 [2]	—

b) Mit verschiedenen Eisen- und Stahlproben.

Tabelle 114.

Probe Nr.	Materialbezeichnung	Phosphorgehalt, ermittelt	
		ohne	mit
		Anwendung von Bromwasserstoffsäure	
		%	%
1	Flußeisen	0,025	0,019
		0,021	0,018
2	Schweißeisen	0,148	0,127
		0,142	0,126
3	Roheisen	0,048	0,044
		0,049	0,045
4	Qualitäts-Martin-Roheisen	0,109	0,076
		0,110	0,078
5	Siemens-Martinstahl [3]	0,040	0,028
		0,042	0,029
		0,042	0,029
		0,041	0,028

Die Werte der Tabelle 114 zeigen, daß Übereinstimmung von Werten, die nach einem Verfahren erhalten sind, zwar gleichmäßige Arbeitsweise erkennen läßt, aber nicht ohne weiteres als Beweis ihrer Richtigkeit betrachtet werden darf, wenn nicht auch das richtige Verfahren für die Bestimmung angewandt ist. Die Abweichungen der nach beiden Verfahren gefundenen Phosphorwerte, die zum Teil recht erhebliche Beträge ausmachen [4], lassen sich im vorliegenden

---

[1] 25 ccm der Bromwasserstoffsäure, nach Eindampfen mit Molybdänlösung gefällt ergaben: a) 0,0064 g; b) 0,0058 g Molybdatniederschlag. Die Arsensäurelösung erwies sich als frei von Phosphorsäure.

[2] Bei Versuch 7 wurde statt mit Bromwasserstoffsäure mit 25 ccm rauchender Salzsäure eingedampft. Der Versuch zeigt, daß mit Salzsäure nicht die mit Bromwasserstoffsäure eintretende völlige Verflüchtigung des Arsens erzielt wird.

[3] Je zwei Bestimmungen wurden von verschiedenen Analytikern ausgeführt. Der Arsengehalt der Probe 5 wurde zu 0,058% gefunden.

[4] Die Phosphorwerte der Proben 4 und 5 (Tabelle 114), nach den beiden Verfahren ermittelt, verhalten sich annähernd wie 10 : 7!

Fall nicht auf Ungleichmäßigkeit des Probematerials, sondern nur auf die Anwesenheit von Arsen zurückführen.

Genauigkeit der Phosphorbestimmungen und höchstzulässige Abweichungen.

Die bei der Fällung der Phosphorsäure durch Molybdänlösung erhaltenen Niederschläge lassen sich erfahrungsgemäß bis auf einen Fehler von etwa $\pm$ 0,001 g genau bestimmen. Da indessen eine Reihe von Stoffen mit Molybdänsäure ähnliche Niederschläge liefern oder von dem Molybdatniederschlag mitgerissen werden, so kann von genauen Werten nur dann gesprochen werden, wenn alle störenden Einflüsse durch entsprechende Maßnahmen beseitigt sind; geeignete Verfahren sind im vorstehenden angegeben. Unter Annahme eines größten Fehlers von $\pm$ 0,001 g Molybdatniederschlag kann man dann folgende Abweichungen der Phosphorwerte als zulässig bezeichnen:

bei Phosphorgehalten	zulässige Abweichungen
von 0 —0,03 %	$\pm$ 0,001 %
,, 0,03—0,1 ,,	$\pm$ 0,002 ,,
,, 0,1 —0,2 ,,	$\pm$ 0,003 ,,
,, 0,2 —1,0 ,,	$\pm$ 0,005 ,,
,, 1,0 —2,0 ,,	$\pm$ 0,01 ,,
,, 2,0 —5,0 ,,	$\pm$ 0,02 ,,
,, 5,0 und mehr	$\pm$ 0,05 ,,

E. Arsen.

Kleine Mengen von Arsen gehen beim Verhütten der fast immer etwas arsenhaltigen Erze in das Eisen über und man kann geringe Arsengehalte — im allgemeinen bis zu 0,05 %, nach von Reis bis zu 0,08 % Arsen — in den meisten Eisen- und Stahlproben nachweisen.

Da ein Arsengehalt die durch den Phosphor- und Schwefelgehalt bedingten schlechten Eigenschaften eines Materials weiter steigert, so ist die Kenntnis des Arsengehaltes für die Beurteilung des Materials unter Umständen von Wichtigkeit. Wie im vorhergehenden Abschnitt gezeigt, ist ein Arsengehalt auf die Bestimmung des Phosphors von Einfluß, so daß die Kenntnis des Arsengehalts auch für den Analytiker bei der Wahl des Phosphorbestimmungsverfahrens von Bedeutung ist.

Grundlagen des Verfahrens. Da beim Lösen von Eisen und Stahl mit Salpetersäure und nachfolgendem Glühen der eingetrockneten Nitrate geringe Arsenverluste eintreten, so gelangt man sicherer zur quantitativen Bestimmung des Arsengehaltes, wenn man die Eisen- oder Stahlprobe mit der berechneten Menge chlorsaures Kali und Salzsäure in Lösung bringt. Der Lösungsvorgang erfolgt nach der Gleichung

$$2Fe + ClO_3' + 6H^{\cdot} = 2Fe^{\cdots} + Cl' + 3H_2O.$$

Danach ist also auf 2 Atome Eisen 1 Molekül $KClO_3$ erforderlich, das sind also auf 11,2 Teile Eisen 12,3 Teile $KClO_3$.

Aus der salzsauren Lösung des Rückstandes kann man dann das vorhandene Arsen als Trichlorid abdestillieren, nachdem man das in dreiwertiger Form vorliegende Eisen zuvor zur zweiwertigen Stufe reduziert hat.

Am sichersten erfolgt diese Reduktion durch Kupferchlorür [1]). Der Reduktionsvorgang läßt sich durch folgende Ionengleichung ausdrücken:

$$Fe^{\cdots} + Cu^{\cdot} = Fe^{\cdot\cdot} + Cu^{\cdot\cdot}.$$

---

[1]) Bei der Wahl des Reduktionsmittels ist zu berücksichtigen, daß durch manche Stoffe (Zinnchlorür, Natriumhypophosphit) infolge zu weitgehender Reduktion oft Arsen in

Danach sind zur Reduktion von 56 Teilen (als Chlorid vorhandenes) Eisen 99 Teile Kupferchlorür erforderlich.

Ausführung der Bestimmung. 10 g Eisen oder Stahl (bei arsenreichem Material genügen auch entsprechend kleinere Mengen) werden in den Lösungskolben des Apparates, Abb. 169, gebracht, dazu 11,1 g reines Kaliumchlorat gegeben, und der eingeschliffene Trichter mit Hahn aufgesetzt. Dann füllt man mit Hilfe einer feinen Pipette unter Schräghaltung des Apparates so viel Permanganatlösung in den Kugelrohransatz ein, daß ein Abschluß beim Entweichen von Gasen aus dem Kolben erreicht wird.

Ist dies geschehen, so kann mit dem Auflösen der Probe begonnen werden. Man läßt zu diesem Zweck 100 ccm Salzsäure (1,12 spez. Gew.) in kleinen Portionen von je etwa 10 ccm durch den Trichter in den Kolben einfließen, wobei man nach jedem Zusatz unter Umschütteln des Kolbens das Eintreten der Reaktion abwartet. Der Kolbeninhalt erhitzt sich ohne daß eine Entwicklung von Gasen stattfindet; wird die Erhitzung zu stark, so sorgt man durch Kühlen in einer großen Schale mit kaltem Wasser oder unter der Wasserleitung, daß kein Arsenverlust eintreten kann. Sollten sich hingegen die letzten Mengen Eisen nur schwer lösen, so kann man durch leichtes Erwärmen auf dem Dampfbad etwas nachhelfen.

Nunmehr wird der Destillierapparat (nach Ledebur, Abb. 170) vorbereitet. Man bringt in den Kolben a des Apparates auf je 10 g eingewogenen Eisens 18 g reines arsenfreies Kupferchlorür [1]) (oder

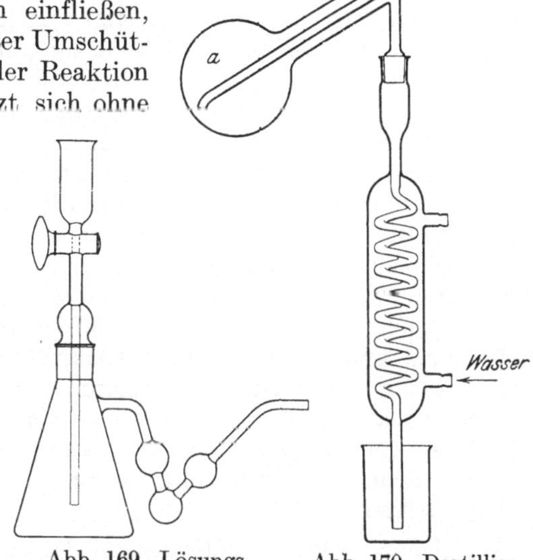

Abb. 169. Lösungs-
apparat

Abb. 170. Destillier-
apparat

zur Arsenbestimmung.

13 g Kupferoxydul) [1]) und läßt dann die arsenhaltige salzsaure Lösung des Eisens einschließlich der in dem Kugelrohransatz vorhandenen Permanganatlösung dazu fließen; die im Lösungskolben und dem Ansatzrohr verbliebenen Reste spült man mit Salzsäure vom spez. Gew. 1,12 in den Kolben nach. Hierauf verschließt man den Kolben, setzt ihn auf den Kühler, erhitzt die Lösung im Kolben zum Kochen und fängt die abdestillierende Flüssigkeit in einem etwa 500—600 ccm fassenden Becherglas auf. Wenn alles bis auf etwa

---

metallischer Form im Destillationskolben abgeschieden wird, das in solcher Form nicht überdestilliert werden kann, während bei anderen (Zink, Eisen u. a.) durch Bildung von Arsenwasserstoff Verluste an Arsen eintreten können.

Bei Verwendung nicht zu feiner Späne von reinem Eisen zur Reduktion ist der dadurch entstehende Arsenverlust nur ein geringer, falls die Reduktion in der nur schwach sauren und wenig angewärmten Lösung erfolgt.

[1]) Zweckmäßig entfernt man etwa vorhandenes Arsen aus dem Kupferchlorür vor dem Zugeben der Eisenlösung, indem man die anzuwendende Menge Kupferchlorür im Arsendestillierkolben mit etwa 100 ccm Salzsäure (vom spez. Gew. 1,19) destilliert. (Versuche mit reinem Kupferchlorür von Kahlbaum, Berlin, ergaben keine wägbaren Mengen von Arsen, diese Vorsichtsmaßregel war in diesem Falle nicht erforderlich.) Bei Anwendung von Kupferoxydul als Reduktionsmittel verfährt man ebenso.

50 ccm Flüssigkeit aus dem Kolben abdestilliert ist, stellt man das Erhitzen ein, gießt nach einigem Abkühlen noch 50 ccm rauchende Salzsäure (1,19) durch das Einfüllrohr in den Kolben und destilliert zur größeren Sicherheit nochmals bis auf etwa 50 ccm ab, wobei man das Übergehende mit dem zuerst erhaltenen Destillat vereinigt.

Weiteres Destillieren nach Zusatz frischer Salzsäure ist überflüssig, da das ganze Arsen sich im zuerst Übergegangenen befindet.

Das stark salzsaure Destillat wird mit der gleichen Menge Wasser verdünnt, mit Schwefelwasserstoff gesättigt und zum Absitzenlassen des ausgefallenen Schwefelarsens über Nacht unter eine Glasglocke gestellt.

Den Niederschlag von Arsensulfid filtriert man durch ein kleines, gut laufendes Filter ab, wäscht die Salzsäure mit Wasser aus, bis das Waschwasser nicht mehr sauer reagiert, spritzt die Hauptmenge des Sulfides vom Filter in eine flache Porzellanschale von etwa 10 cm Durchmesser, löst den Rest mit Ammoniak vom Filter in die Schale und wäscht das Filter mit ammoniakhaltigem Wasser aus. Die ammoniakalische Lösung des Arsensulfides wird zur Verjagung überschüssigen Ammoniaks eingeengt und mit konzentrierter Salpetersäure vom spez. Gew. 1,40 zur Trockene verdampft; dann gibt man einige Tropfen rauchender Salpetersäure (spez. Gew. 1,52) zu, um vorhandene Reste von Schwefel zu oxydieren, und dampft auf dem Dampfbad ein. Die erhaltene Arsensäure nimmt man mit wenig Wasser auf, filtriert durch ein kleines Filter ab und engt das Filtrat in einem etwa 50—100 ccm fassenden Becherglas auf eine kleine Flüssigkeitsmenge (etwa 10—20 ccm) ein. Man fügt hierauf 2 ccm konz. Salzsäure, ferner 2—3 ccm klarer Magnesiamischung (deren Bereitung siehe S. 194, Fußnote), und etwa die Hälfte der Flüssigkeitsmenge an Ammoniak (spez. Gew. 0,96) hinzu und rührt mit dem Glasstab tüchtig um. Der Niederschlag des Magnesiumammoniumarsenates beginnt sich alsbald abzuscheiden. Nach einiger Zeit prüft man durch Zugeben einiger weiterer Tropfen der Magnesiamischung, ob alle Arsensäure ausgefällt ist; dann fügt man noch den vierten Teil der Flüssigkeitsmenge an Alkohol hinzu und läßt bis zum anderen Tag den Niederschlag absitzen.

Die sicherste Art, den Magnesianiederschlag in wägbare Form überzuführen, ist nach Treadwell [1] folgende: Man filtriert den Niederschlag durch einen bis zum gleichbleibenden Gewicht ausgeglühten Goochtiegel oder noch besser Neubauertiegel und wäscht mit verdünntem Ammoniak, dem auf je 100 ccm 2—3 g Ammoniumnitrat zugesetzt sind, bis zum Verschwinden der Chlorreaktion aus. Dann trocknet man den Niederschlag zunächst bei 110° C im Trockenschrank und stellt den Tiegel in ein Luftbad (hergestellt aus Porzellantiegel und Asbestring nach Abb. 167, S. 171), so daß der Boden des Gooch- bzw. Neubauertiegels nur 2—3 mm vom Boden des äußeren Porzellantiegels entfernt ist, erhitzt zuerst ganz gelinde, steigert allmählich die Hitze bis zur hellen Rotglut und wägt nach Erkaltenlassen im Exsikkator das Magnesiumpyroarsenat. Durch nochmaliges Glühen in der beschriebenen Weise und Wägen hat man sich zu überzeugen, daß das Gewicht des Niederschlages sich nicht mehr ändert.

Berechnung. Unter der Annahme, daß e Gramm Probematerial eingewogen wurden und a Gramm Pyroarsenat gefunden sind, berechnet sich der Arsengehalt des Probematerials wie folgt:

$$^0/_0 \text{ As} = \frac{48,27 \cdot a}{e}.$$

---

[1] Lehrb. d. anal. Chem. Bd. 2. 7. Aufl. 1917. S. 169—170.

Genauigkeit des Verfahrens. Für Arsengehalte in Eisen- und Stahlproben bis zu $0{,}3\,\%$ kann man nach dem angegebenen Verfahren erfahrungsgemäß etwa folgende Abweichungen der Einzelwerte als noch einhaltbar und für genaue Bestimmungen zulässig bezeichnen:

für Arsengehalte in $\%$	zulässige Abweichung
von 0,01 bis 0,05	$\pm\ 0{,}005\,\%$
,, 0,05 ,, 0,10	$\pm\ 0{,}008$,,
,, 0,10 ,, 0,30	$\pm\ 0{,}01$,,.

Die Anwendbarkeit des Verfahrens erstreckt sich auf alle in einer Mischung von Salzsäure und chlorsaurem Kali löslichen Proben von Eisen und Stahl.

F. Antimon.

Antimon gelangt nur in seltenen Fällen infolge Verwendung antimonhaltiger Erze beim Verhütten in das Eisen, so daß bei der Analyse nur in Ausnahmefällen auf dieses Element Rücksicht zu nehmen ist [1].

Grundlagen des Verfahrens. Beim Lösen von Eisen und Stahl mit Salzsäure bleibt Antimon entweder als Metall im Rückstand oder in der Lösung, zugleich mit Kupfer und einem Teil des Arsens, während bei den mit dem Wasserstoff flüchtigen Verbindungen sich kein Antimon, wohl aber ein Teil des Arsens befindet. Beim Fällen der Eisenlösung mit Schwefelwasserstoff erhält man einen Niederschlag, der alles Antimon und ferner alles Kupfer und den nicht verflüchtigten Rest des Arsens enthält. Die Trennung des Antimons von Kupfer und Arsen erfolgt nach bekannten Verfahren.

Ausführung der Bestimmung. 10 g des Probematerials werden mit 80 bis 100 ccm Salzsäure vom spez. Gewicht 1,12 unter leichtem Erwärmen in Lösung gebracht; man kann hierzu ein Becherglas mit aufgedecktem Uhrglas benutzen, oder, falls man sich überzeugen will, daß kein Antimon verloren geht, einen Schwefelbestimmungsapparat (vgl. Abb. 171, Seite 210), wobei man zum Auffangen etwa übergehender Antimonverbindungen wie bei der Schwefelbestimmung das Kugelrohr mit Bromsalzsäure beschickt. (Nach Beendigung der Auflösung läßt man das Brom aus der Bromsalzsäurelösung im offenen Becherglas verdunsten und prüft durch Einleiten von Schwefelwasserstoff, ob der ausfallende Niederschlag antimonhaltig ist, oder nur aus Arsensulfid besteht, was an der Färbung der Fällung leicht zu erkennen ist.)

Nach erfolgter Lösung wird die Flüssigkeit aus dem Kolben gespült und zur Fällung des gesamten Antimons Schwefelwasserstoff eingeleitet; nach Absitzenlassen der Sulfide in der Wärme filtriert man die Sulfide durch ein Filter ab, und wäscht mit salzsäurehaltigem verdünntem Schwefelwasserstoffwasser gründlich aus. Den auf dem Filter befindlichen Niederschlag laugt man hierauf mit etwa $10\,\%$iger Natriumsulfidlösung gründlich aus, wobei Antimon- und Arsensulfid in Lösung gehen, während Kupfersulfid ungelöst bleibt. Die Lösung der Sulfosalze fängt man in einem kleinen Becherglase auf, säuert mit Salzsäure an bis zum Wiederausfallen von Antimon- und Arsensulfid und filtriert den Sulfidniederschlag, nachdem durch Stehenlassen auf dem Dampfbad die Flüssigkeit sich klar vom Niederschlag getrennt hat, durch ein kleines Filter. Filter und Niederschlag werden wiederum mit Wasser gründlich ausgewaschen, und nun mit verdünnter, warmer, aus reinem Ätznatron bereiteter

---

[1] Nach Literaturangaben ist Antimon hauptsächlich in Roheisen aus österreichischen Werken nachgewiesen worden (vgl. z. B. Wagners Jahresbericht der chemischen Technologie 22. (1876). 19).

Natronlauge behandelt, wobei der Niederschlag in Lösung geht. Die Lösung wird in einem hinreichend großen Porzellantiegel aufgefangen, und darin durch Einleiten von Chlorgas bei gleichzeitiger Erwärmung auf dem Wasserbade oxydiert. Den Chlorüberschuß verjagt man durch Erhitzen, setzt eine kleine Menge Weinsäure zu — für die in Eisen vorkommenden Antimonmengen genügen 0,5 g — sowie etwas Salzsäure. Nun wird Ammoniak im Überschuß zugesetzt, wobei kein Niederschlag entstehen darf, und zur klaren Lösung 1—2 ccm Magnesialösung (z. B. der von Jörgensen angegebenen, s. S. 198), worauf allmählich das vorhandene Arsen in Form von arsensaurer Ammoniakmagnesia ausfällt. Nach etwa 20 stündigem Stehenlassen filtriert man durch ein möglichst kleines Filter und wäscht mit verdünntem Ammoniak gut aus. Das Filtrat enthält nunmehr nur noch Antimon; es wird zu seiner Ausfällung mit Salzsäure angesäuert und durch Einleiten von Schwefelwasserstoff gefällt, der Niederschlag wird abfiltriert, mit Wasser ausgewaschen, hierauf mit Schwefelammonium vom Filter in einen gewogenen Porzellantiegel gelöst und die Lösung eingedampft. Den trockenen Rückstand oxydiert man durch wiederholtes Eindampfen mit konzentrierter Salpetersäure (spez. Gew. 1,40) und zuletzt durch Zugabe einiger Tropfen rauchender Salpetersäure (vom spez. Gew. 1,52), die ebenfalls auf dem Wasserbade verdampft wird. Der weiße Rückstand wird mit etwas Wasser und etwas Ammoniak eingedampft, auf dem Finkenterturm durch allmähliches Steigern der Hitze von Schwefelsäure befreit und dann kräftig zu Sb_2O_4 geglüht. Nach Abkühlen des Tiegels im Schwefelsäureexsikkator muß rasch gewogen werden, da das Antimontetroxyd hygroskopisch ist.

Da es sich bei Eisen- und Stahlproben höchstens um geringe Antimonmengen handeln kann, so gibt die Wägung des Antimons als Tetroxyd hinreichend genaue Werte; bei größeren Antimonmengen ist die elektrolytische Abscheidung des Antimons und Wägung des Metalls vorzuziehen.

Berechnung. Die Zusammensetzung des geglühten Antimonoxydes entspricht der Formel Sb_2O_4. Danach berechnet sich der Antimongehalt einer Probe bei einer Auswage von a Gramm und einer Einwage von e Gramm Probematerial

$$^0/_0\ Sb = \frac{78,98 \cdot a}{e}.$$

Beispiel.

Untersuchung eines Flußeisens aus einem ehemals österreichischen Hüttenwerk.

Tabelle 115.

Versuch Nr.	Einwage g	Gefunden Sb_2O_4	Antimon $^0/_0$
1	10	0,0158	0,125
2	10	0,0160	0,126

G. Schwefel.

Schwefel findet sich in Eisen- und Stahlsorten als steter Begleiter und zwar in wechselnden Mengen, die im Höchstfall einige Zehntelprozente erreichen.

Er ist stets in Form von Eisensulfür vorhanden, kann also durch Säuren in Schwefelwasserstoff übergeführt werden. Da der Schwefel leicht zur Seigerung neigt, so ist bei der Entnahme des Probematerials für die Analyse, sowie beim Einwägen der Probe hierauf Rücksicht zu nehmen. Näheres darüber ist im ersten Teil des Buches gesagt.

1. Bestimmung des Schwefels in säurelöslichem Probematerial.

Grundlagen der Verfahren. Der in Eisen oder Stahl vorhandene Schwefel kann nach zwei auf verschiedenen Grundlagen aufgebauten Verfahren bestimmt werden. Diese Verfahren sind:

a) das Entwicklungsverfahren und

b) das Ätherverfahren.

Ersteres beruht auf der Verflüchtigung des Schwefels in Form von gasförmigem Schwefelwasserstoff und Bestimmen des in geeigneter Weise aufgefangenen Schwefelwasserstoffs [1]).

Zum Auffangen des Schwefelwasserstoffs für die gewichtsanalytische Bestimmung wird gewöhnlich Bromsalzsäure verwendet; die entstandene Schwefelsäure wird in Form von $BaSO_4$ gewogen.

Dieses Verfahren ist als zuverlässig bekannt und auch von der Chemikerkommission des Vereins deutscher Eisenhüttenleute auf Grund eingehender kritischer Untersuchungen als Normalmethode für strittige Fälle vorgeschlagen worden.

Für die rascher zu erledigenden Betriebsanalysen in den Hüttenwerken werden meist solche Verfahren benutzt, bei denen der entwickelte Schwefelwasserstoff durch eine vorgelegte Kadmiumazetatlösung aufgefangen und das entstandene Kadmiumsulfid auf jodometrischem Wege bestimmt wird. Auf diese Verfahren braucht hier nicht näher eingegangen zu werden.

Das unter b) genannte Verfahren ist auf der von Rothe herrührenden Beobachtung begründet, daß aus schwefelsäurehaltigen Eisenchloridlösungen, wie sie z. B. durch oxydierendes Lösen von Stahl- und Eisenproben erhalten werden können, alles Eisen durch Äther entfernt wird, ohne daß Schwefelsäure in nachweisbaren Mengen in die Ätherlösung eingeht [2]). Durch Bestimmen der Schwefelsäure in der eisenfreien Lösung läßt sich demnach der Schwefelgehalt der Probe ermitteln.

a) Bestimmung des Schwefels nach dem Entwicklungsverfahren.

Erforderliche Apparate und Lösungen. Schwefelbestimmungsapparat. Von der großen Anzahl der vorgeschlagenen Apparate hat sich der in Abb. 171 angegebene als geeignet erwiesen [3]).

Kippscher Apparat zur Entwicklung von reinem Kohlendioxydgas.

Bromsalzsäure. Die zur Absorption des Schwefelwasserstoffes dienende Bromsalzsäure wird hergestellt durch Vermischen von etwa 13 ccm reinem, schwefelfreiem Brom mit 1 l Salzsäure vom spez. Gew. 1,12 unter kräftigem Schütteln.

Natriumchloridlösung. Wird durch Sättigen einer 10%igen Lösung von schwefelsäurefreiem Natriumkarbonat mit Salzsäure erhalten.

Ausführung der Bestimmung. In den trockenen Kolben des Apparates (Abb. 171) bringt man die abgewogene Menge des Probematerials [4]) (gewöhnlich 10 g, die auf der Handwage abgewogen werden können, vgl. S. 125).

---

[1]) Vgl. Schulte, Stahl u. Eisen 26. (1906). 985, ferner Kinder, Stahl u. Eisen 28. (1908). 249 und Stahl u. Eisen 31. (1911). 1838.

[2]) Vgl. auch Krug, Stahl u. Eisen 35. (1905). 887.

[3]) Der Apparat ist von der Firma Bleckmann & Burger in Berlin zu beziehen.

[4]) Falls das Material eisenoxydhaltig ist (d. h. Glühspan oder Rost enthält), so gibt man gleichzeitig mit der Probe 1—2 g festes Zinnchlorür in den Kolben, um zu vermeiden, daß ein Teil des Schwefels durch das entstehende Eisenchlorid in Schwefelsäure übergeführt werde. In diesem Fall kann die Eisenlösung aber nicht zur Bestimmung des Kupfergehaltes weiter verwendet werden.

Dann setzt man den aufgeschliffenen Teil mit dem Einleitrohr auf den Kolben und verdrängt durch Einleiten getrockneten Kohlendioxydgases die im Kolben vorhandene Luft. Während dies geschieht, füllt man in das Kugelrohr etwa 30 ccm Bromsalzsäure ein, d. h. so viel, daß beim Durchleiten der Gase die drei letzten der zehn Kugeln des Rohres von der Bromsalzsäure nicht erreicht werden. Liegt für die Schwefelbestimmung ein Material mit viel gebundenem Kohlenstoff, z. B. weißes Roheisen vor, so wird meist ein großer Teil des Broms von den beim Lösen entstehenden ungesättigten Kohlenwasserstoffen unter Bildung von bromierten Kohlenstoffverbindungen verbraucht. Um einem dadurch verursachten Mangel an Brom vorzubeugen, gibt man gleich bei der Füllung des Kugelrohrs etwas reines Brom zur Bromsalzsäure. Das Kugelrohr wird dann an den Entwicklungskolben angeschlossen und weiter Kohlendioxyd durchgeleitet, bis in der großen Kugel des Kugelrohres keine Bromdämpfe mehr wahrnehmbar sind. Dies pflegt nach 1—2 Minuten einzutreten.

Man schließt alsdann den Hahn am Einfülltrichter, entfernt das eingeschliffene Rohrende, das zum Einleiten des Kohlendioxyds dient, vom Einfülltrichter und füllt die zum Auflösen des Eisens nötige Salzsäuremenge ein.

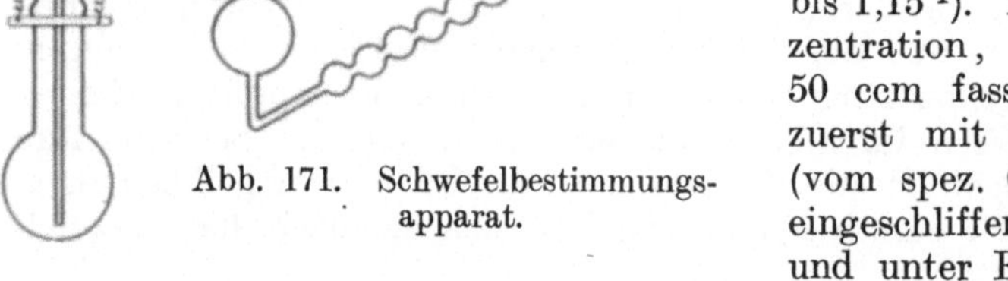

Abb. 171. Schwefelbestimmungsapparat.

Zum Auflösen von 10 g Eisen verwendet man am besten 100 ccm Salzsäure vom spez. Gew. 1,16 bis 1,15 [1]). Man erhält diese Konzentration, wenn man den etwa 50 ccm fassenden Einfülltrichter zuerst mit rauchender Salzsäure (vom spez. Gew. 1,19) füllt, das eingeschliffene Rohrstück aufsetzt und unter Einleiten von Kohlendioxyd die Salzsäure in den Kolben fließen läßt; dann füllt man den Trichter von neuem, diesmal mit konzentrierter Salzsäure (spez. Gew. 1,12) und läßt die Säure unter den gleichen Vorsichtsmaßregeln (um den Luftzutritt fernzuhalten) in den Lösungskolben einfließen.

Sollte die Einwirkung der Säure sehr heftig einsetzen, so kühlt man durch Eintauchen des Lösungskolbens in eine Schale mit kaltem Wasser. Geht die Einwirkung sehr langsam vor sich, so erwärmt man durch ein untergestelltes kleines Flämmchen (hierzu genügt das Sparflämmchen eines Bunsenbrenners).

Während des Lösungsvorganges stellt man die Kohlendioxydzuleitung ab, um nicht unnötig Brom aus der Kugelvorlage zu verjagen. Die Wärmezufuhr richtet man so ein, daß die entwickelten Gase ziemlich flott durch die Bromsalzsäure hindurchgehen. Nach und nach verstärkt man die Wärmezufuhr, bis die Flüssigkeit zum Sieden kommt; gleichzeitig muß dann auch alles Eisen in Lösung gegangen sein. Der ganze Lösungsvorgang soll nicht mehr als eine

---

[1]) Die Anwendung stärkerer Salzsäure als vom spez. Gew. 1,15—1,16 ergibt im allgemeinen keine genaueren Werte. Salzsäure von 1,19 spez. Gew. ist unvorteilhaft, weil sie schon bei gelindem Erwärmen viel Chlorwasserstoffgas entwickelt und dadurch viel Brom aus der Vorlage unnützerweise verjagt wird. Sie neigt ferner zum Überkochen und bei Übergehen von Chlorwasserstoff steigt die Bromsalzsäure (besonders bei Luftzug) oft heftig zurück, so daß Bromdämpfe bis in den Entwicklungskolben gelangen können. In solchen Fällen werden die Ergebnisse unsicher und der Versuch muß wiederholt werden. Derartige Fehlversuche lassen sich beim Lösen mit etwas schwächerer Salzsäure (spez. Gew. 1,16) vermeiden. Nur bei Wolframstahl ist wegen der Abscheidung unlöslicher metallischer Anteile (Wolfram), die leicht Sulfid einhüllen können, die Verwendung stärkster Salzsäure (1,19) ohne Wasserzusatz zu empfehlen (vgl. die Veröffentlichung der Chemikerkommission des Vereins deutscher Eisenhüttenleute, Stahl u. Eisen 28. (1908). 249).

Stunde beanspruchen; dauert er länger (z. B. bei schwerlöslichem wolfram- oder molybdänhaltigem Material), so kann leicht zu geringer Schwefelgehalt gefunden werden.

Ist alles Eisen gelöst, so kocht man etwa eine Minute lang, leitet dann in raschem Strom Kohlendioxydgas durch, dreht die Flamme aus und läßt abkühlen.

Nach 10—15 Minuten kann man das Kugelrohr abnehmen und das Durchleiten von Kohlendioxyd unterbrechen. Der Inhalt des Kugelrohres wird mit destilliertem Wasser in eine Porzellanschale gespült, 2—3 ccm der reinen Natriumchloridlösung zugesetzt und in schwefelsäurefreier Luft auf dem Dampfbad zur Trockene eingedampft. Der verbleibende Rückstand [1]) wird mit verdünnter Salzsäure aufgenommen, durch ein kleines Filter abfiltriert und in einem kleinen Becherglas von 100 ccm Inhalt das Filtrat und die Waschwässer aufgefangen. Zur Fällung der Schwefelsäure erhitzt man die Lösung zum Sieden, fügt je nach dem vorhandenen Schwefelgehalt 3—6 ccm Chlorbariumlösung (100 g kristallisiertes Salz auf 500 ccm gelöst) hinzu und läßt kurze Zeit, bis zum völligen Absitzen des Bariumsulfates, an mäßig warmer Stelle stehen. Dann filtriert man durch ein kleines aschefreies Filter (wobei man wieder vor Aufgeben des Niederschlags aufs Filter das Filtriergefäß wechselt) und wäscht zuerst mit verdünnter Salzsäure, zuletzt mit Wasser bis zum Verschwinden der Salzsäurereaktion aus.

Das feuchte Filter samt Niederschlag wird in einem gewogenen Porzellan- oder Platintiegel erst durch schwächeres Erhitzen getrocknet, dann verascht, der Rückstand schließlich über dem vollen Bunsenbrenner geglüht und nach Erkalten gewogen.

Um sicher zu gehen, daß der Schwefelgehalt nicht etwa infolge von Verunreinigungen der Lösungen zu hoch gefunden wird, empfiehlt es sich, von Zeit zu Zeit die verwendeten Lösungen auf ihren Gehalt an Schwefelsäure zu prüfen. Für genaue Werte ist es überdies stets erforderlich, bei Ausführung der Versuche nebenher einen blinden Versuch mit den benützten Lösungen auszuführen. Man mißt die gleiche Menge Bromsalzsäurelösung wie die in das Kugelrohr eingefüllte ab, dampft sie unter Zugabe von einer gleich großen Menge Natriumchloridlösung wie beim Versuch ein, löst und fällt mit wenig Chlorbariumlösung die Schwefelsäure aus. Die nach Abfiltrieren des Niederschlags, Auswaschen, Glühen und Wägen erhaltene Menge $BaSO_4$ wird von der beim Versuch gefundenen in Abzug gebracht.

Die im Lösungskolben zurückbleibende Eisenchlorürlösung kann für andere Bestimmungen Verwendung finden. Zur genauen Bestimmung des Siliziums ist sie nicht geeignet, da die an den Kolbenwandungen haftenden Teile von Siliziumdioxyd sich nicht gut entfernen lassen.

Nach Herausspülen der Lösung [2]), Unlöslichmachen des Siliziumdioxyds durch Eindampfen und Erhitzen in der bei Verfahren 1a) der Siliziumbestimmung (S. 151) angegebenen Weise kann man das Filtrat zur Bestimmung des Kupfers oder aber für die Ausätherung nach Rothe, also zur Bestimmung von Kupfer, Mangan, Nickel, Chrom, Aluminium oder Vanadin verwerten.

Abänderung des Entwicklungsverfahrens für siliziumreiches Material. (Säurefester Guß, Ferrosilizium.) Für stark siliziumhaltiges Material ist das Entwick-

---

[1]) Der Rückstand enthält bei kohlenstoffreichem Material Bromkohlenwasserstoffe, die ihn braun färben und ihm einen scharfen Geruch verleihen; sie stören bei der weiteren Fällung des Bariumsulfates in keiner Weise.

[2]) Sollte sich der aufgeschliffene Teil des Lösungskolbens während des Abkühlens der Lösung festgesetzt haben, so genügt nochmaliges Aufkochen der Flüssigkeit, die man im Kolbenhals in die Höhe steigen läßt, um den festgesetzten Teil zu lockern, der dann noch heiß abgenommen wird.

lungsverfahren nicht ohne weiteres anwendbar, weil durch Salzsäure keine Lösung erreicht wird. Derartiges Material löst sich zwar bei Zusatz von Flußsäure, doch ist die Verwendung von reiner Flußsäure eine Gefahr für den Apparat, der durch Flußsäure in kurzer Zeit zerstört würde. Als besser geeignet erwies sich die Verwendung eines Zusatzes von Natriumfluorid und zwar in einer Menge, die nach dem Siliziumgehalt berechnet wird und nicht mehr beträgt, als zur Bildung von Na_2SiF_6 notwendig ist. Bei dieser Arbeitsweise wird der Apparat zwar auch etwas angegriffen, er hält aber doch eine größere Zahl von Bestimmungen aus, ohne zerstört zu werden. Man berechnet den Natriumfluoridzusatz aus dem Siliziumgehalt s und der Einwage e nach der Formel

$$\frac{s \cdot e \cdot 10}{100} = \frac{s \cdot e}{10} \text{ g Natriumfluorid.}$$

Die Berechnung des Natriumfluoridzusatzes setzt also die Kenntnis des Siliziumgehaltes der zu untersuchenden Probe voraus. Man wählt die Einwage so, daß der Natriumfluoridzusatz im allgemeinen 10—15 g NaF nicht übersteigt.

Ausführung der Bestimmung. Die Ermittlung des Schwefelgehaltes in Ferrosilizium, säurefestem Guß (die in Salzsäure allein nicht löslich sind), kann in der gleichen Weise wie bei salzsäurelöslichem Material erfolgen, wenn man gleichzeitig mit dem Probematerial — z. B. auf 5 g Einwage eines 20%igen Ferrosiliziums: $\dfrac{5 \cdot 20}{10} \text{ g} = 10 \text{ g}$ — Natriumfluorid zusetzt und nun durch Salzsäurezusatz löst. Da das zu untersuchende siliziumreiche Material in der Regel in Form feinen Pulvers vorliegt, so muß beim Lösen vorsichtig vorgegangen werden, weil die Reaktion oft heftig verläuft. Man setze die erforderliche Salzsäure in kleinen Portionen zu und warte die einsetzende Reaktion ab, die gegebenenfalls durch Eintauchen des Kolbens in eine Schale mit kaltem Wasser gemildert wird, oder im Falle des Nichteintretens durch vorsichtiges Anwärmen eingeleitet werden muß.

Berechnung. Der Schwefelgehalt des Probematerials berechnet sich bei einer Einwage von e Gramm der Probe und Auswage von a Gramm Bariumsulfat wie folgt:

$$\% \text{ S} = \frac{13{,}74 \cdot a}{e}.$$

Urprüfung des Verfahrens. Zur Feststellung, ob das angegebene Verfahren den vorhandenen Sulfidschwefelgehalt vollständig zu ermitteln gestattet, wurden Schwefelbestimmungen in der beschriebenen Weise ausgeführt unter Verwendung einer Mischung aus 5 g kohlenstoffreichen Stahls (1,29% C) und einer gewogenen Menge reinen Zinksulfids.

Das hierzu verwendete Zinksulfid war durch Fällen reiner Zinksalzlösung bei Gegenwart freier Ameisensäure mit Schwefelwasserstoff frisch hergestellt und sorgfältig getrocknet; Sulfat war in der Probe nicht nachweisbar.

Bei der Bestimmung des Schwefelgehaltes in 5 g der Stahlprobe für sich wurden 0,0058 g Bariumsulfat erhalten.

Versuch 1. Angewandt 5 g Stahlprobe und 0,0811 g Zinksulfid.

Gefunden (nach Abzug von 0,0058 g $BaSO_4$ entsprechend dem Schwefelgehalt aus den angewandten 5 g Stahlprobe) 0,1902 g $BaSO_4$ (berechnet aus der Menge des angewandten Zinksulfids: 0,1943 g $BaSO_4$).

Versuch 2. Angewandt 5 g Stahlprobe und 0,0658 g Zinksulfid.

Gefunden (nach Abzug der 0,0058 g $BaSO_4$) 0,1576 g $BaSO_4$ (berechnet: 0,1576 g $BaSO_4$).

Blinde Versuche mit gleich großen Mengen der angewandten Bromsalzsäure, Salzsäure und Chlornatriumlösung ergaben keine wägbaren Mengen Bariumsulfat.

Beispiele an Stahl- und Eisenproben.

Versuche mit Säuren verschiedener Konzentration.

1. Salzsäure spez. Gew. 1,15 und Salzsäure spez. Gew. 1,19. Verwendet wurden je 10 g der Stahlproben.

Tabelle 116.

Nr. der Stahl- probe	Angewandt			
	Salzsäure 1,15		Salzsäure 1,19	
	Gewogen g $BaSO_4$	Schwefel %	Gewogen g $BaSO_4$	Schwefel %
1	0,0356	0,049	0,0354	0,049
2	0,0228	0,031	0,0237	0,033
3	0,0368	0,051	0,0378	0,052

Die Ergebnisse bei Anwendung von Salzsäure 1,15 und Salzsäure 1,19 zeigen somit Übereinstimmung.

2. Salzsäure spez. Gew. 1,10 und Salzsäure spez. Gew. 1,15.

Für die Versuche wurden je 5 g einer schwefelreichen Tempergußprobe verwendet; folgende in Tabelle 117 zusammengestellten Werte wurden erhalten:

Tabelle 117.

Ver- such Nr.	Spez. Gewicht der angewandten Salzsäure	Gewogene Menge $BaSO_4$ g	Schwefelgehalt %
1	1,10	0,0778	0,214
2	1,10	0,0770	0,212
3	1,15	0,0855	0,235
4	1,15	0,0864	0,237

Die Ergebnisse zeigen zwar bei Anwendung von Salzsäure einer und derselben Konzentration Übereinstimmung, die mit Salzsäure 1,10 erhaltenen Werte sind aber zu niedrig. Diese Versuche zeigen auch, daß Übereinstimmung zweier Werte, die nach ein und demselben Verfahren erhalten sind, noch keineswegs als Beweis für ihre Richtigkeit betrachtet werden darf.

3. Säurefester Guß mit 14,8 % Silizium.

6 g des Materials unter Zusatz von 9 g Natriumfluorid gelöst.

Versuch a ergab 0,0216 g $BaSO_4$ entsprechend 0,049 % S.

„ b „ 0,0210 „ „ „ 0,048 „ „.

4. Siliziumreiches Flußeisen mit 3,65 % Silizium.

Das Material löste sich äußerst langsam mit Salzsäure. Dagegen gut bei Zusatz von Natriumfluorid.

Die Schwefelbestimmung bei Verwendung von Salzsäure allein und bei Zusatz von Natriumfluorid ergab nachstehende Werte:

Tabelle 118.

Versuch Nr.	Angewandt g	Gefunden g $BaSO_4$	Schwefel %	Bemerkung
1	8,0236	0,0136	0,023	Ohne Natriumfluorid gelöst
2	8,0536	0,0144	0,025	} Unter Zusatz von je 3,0 g Natrium-
3	8,0276	0,0138	0,024	} fluorid gelöst

Genauigkeit der erhaltenen Werte und zulässige Abweichungen. Die bei Ausführung der Schwefelbestimmung nach vorstehend beschriebenem Verfahren unterlaufenden unvermeidlichen Fehler, einschließlich der Wägefehler, überschreiten erfahrungsgemäß nicht ± 1 mg von der Auswage an Bariumsulfat.

Je nach der Höhe der angewandten Einwagen, die man je nach Schwefelgehalt der Probe verschieden hoch wählen wird (z. B. zwischen 4 und 15 g), kann man als zulässige und noch einhaltbare Abweichungen bei den erhaltenen Werten folgende Beträge bezeichnen:

Bei Einwagen von g	Schwefelgehalt der Probe: % S	zulässige Abweichungen in %
10—15	0,01—0,04	$\pm$ 0,001
10	0,04—0,10	$\pm$ 0,002
8	0,10—0,15	$\pm$ 0,003
5	0,15—0,20	$\pm$ 0,004
4	0,20—0,40	$\pm$ 0,005

Anwendbarkeit des Verfahrens.

Das Verfahren ist für alle mit Salzsäure löslichen Sorten von Roheisen, Stahl und Legierungen des Eisens, Mangans usw. verwendbar.

Durch Anwendung eines Natriumfluoridzusatzes läßt sich das Verfahren auch auf Proben ausdehnen, die in reiner Salzsäure unlöslich, erst nach Zugabe eines Flußsäurezusatzes sich lösen wie Ferrosilizium und andere.

Bei Proben, die in Salzsäure unter Hinterlassung metallhaltiger Rückstände löslich sind, z. B. Wolframstahl, ist auf etwaigen Schwefelgehalt im Rückstand zu achten.

Zweckmäßig filtriert man den Rückstand ab, oxydiert Filter samt Rückstand in der Porzellanschale durch Eindampfen mit starker Salpetersäure, scheidet Wolframsäure unlöslich ab durch Eindampfen mit Salzsäure, zieht dann mit Salzsäure aus und fällt nach Abfiltrieren der Wolframsäure die salzsaure Lösung mit Chlorbarium.

Weniger umständlich ist für diesen Fall das nachfolgend beschriebene Verfahren, falls das Material durch Salpetersäure gelöst wird.

b) Bestimmung des Schwefels nach dem Ätherverfahren.

Erforderliche Apparate und Lösungen: Schüttelapparat nach Rothe für größere Einwagen (Abb. 165, S. 165), ferner die zum Ausäthern notwendigen Lösungen vergleiche die Angaben ebenda.

Ausführung der Bestimmung. 8—10 g des Probematerials (auf der Handwage abgewogen) werden in einem etwa 500 ccm fassenden Rundkolben, dessen Hals in eine zum Halten des Kolbens geeignete Klammer gespannt ist, mit etwa 70—90 ccm starker Salpetersäure vom spez. Gew. 1,40 übergossen. Da in der Kälte in der Regel keine Einwirkung erfolgt, erhitzt man vorsichtig mit anfangs kleiner Flamme bis zum Beginn der Stickoxydentwicklung. Dabei hält man eine Schale mit kaltem Wasser bereit, um nötigenfalls, bei heftig werdender Umsetzung, durch Abkühlen die Reaktion mäßigen zu können. Ist der Lösungsvorgang beendet, so dampft man den Inhalt des Rundkolbens wie bei anderer Gelegenheit zur Beschleunigung des Eindampfens beschrieben (vgl. S. 175 Abschnitt d) zur Trockene und zerstört die Nitrate durch Glühen.

Bei stark wolframsäurehaltigem Stahl kommt es häufig vor, daß der Lösungsvorgang nach kurzer Zeit aufhört, noch ehe die Probe gelöst ist; auch Erhitzen bringt die Auflösung nicht weiter. Oft führt ein kleiner Zusatz von konzentrierter Salzsäure (1—2 ccm) zur heißen Salpetersäure im Lösungskolben zum Ziel.

Mitunter setzt danach der Auflösungsvorgang so heftig ein, daß der Kolben gekühlt werden muß.

Nach Aufnehmen der Oxyde mit starker Salzsäure, Abdampfen im Kolben und Erhitzen zur Abscheidung des Siliziumdioxyds und Wolframtrioxyds, löst man nochmals mit Salzsäure, filtriert dann das unlöslich abgeschiedene Siliziumdioxyd und etwaiges Wolframtrioxyd ab und wäscht sorgfältig mit heißer verdünnter Salzsäure eisenfrei aus. Das Filtrat wird in der Porzellanschale, soweit als ohne Kristallabscheidung möglich, eingedampft und im großen Schüttelapparat nach den bei der Manganbestimmung gemachten Angaben mit Äther ausgeschüttelt.

Nach drei- bis viermaligem Nachschütteln der Lösungen in den beiden Kugeln ist alle Schwefelsäure in der salzsauren Lösung vorhanden.

Die salzsaure, von Eisen bis auf sehr geringe Reste befreite Lösung wird durch Abdunsten von Äther befreit und zur Trockene eingedampft. Der Rückstand wird mit wenig verdünnter Salzsäure aufgenommen, die erhaltene Lösung von etwa nicht löslichen Teilen (kleine Reste von Siliziumdioxyd, Wolframtrioxyd, Titandioxyd) durch Filtrieren befreit und das Filter gut ausgewaschen. Durch Einengen bringt man das Filtrat auf eine kleine Flüssigkeitsmenge von etwa 20—40 ccm, erhitzt zum Kochen und fällt die schwach salzsaure Lösung mit Chlorbariumlösung.

Nach mehrstündigem Stehenlassen der Fällung in der Wärme ist die über dem Niederschlag stehende Flüssigkeit klar; sie wird nach Abkühlenlassen durch ein kleines Filter gegossen, der Niederschlag aufs Filter gegeben und sorgfältig Becherglas, Filter und Niederschlag mit verdünnter Salzsäure, dann mit Wasser ausgewaschen. Der Bariumsulfatniederschlag wird im gewogenen Platin- oder Porzellantiegel verascht und gewogen.

Da bei diesem Verfahren erhebliche Mengen von Säuren zur Anwendung kommen, so ist es, um genaue Werte zu erhalten, wichtig, bei Ausführung der Bestimmungen stets auch einen blinden Versuch mit den verschiedenen Stoffen auszuführen; die Säuren (Salpetersäure 1,40 zum Lösen der Probe, Salzsäure zum Lösen der Oxyde, Äthersalzsäure beim Ausäthern usw.) werden in gleich großer Menge und aus der gleichen Flasche wie für den Versuch selbst entnommen, in einer Porzellanschale eingedampft und nach Lösen des Rückstandes mit verdünnter Salzsäure die vorhandene Schwefelsäure mit Bariumchloridlösung gefällt. Die gefundene Bariumsulfatmenge wird jeweils von der Bariumsulfatmenge des gleichzeitig ausgeführten Versuchs in Abzug gebracht.

Die Berechnung des prozentischen Schwefelgehaltes erfolgt wie beim Entwicklungsverfahren.

Urprüfung des Ätherverfahrens für die Trennung von Schwefelsäure und Eisenchlorid. Angewandt wurden je 50 ccm einer Eisenchloridlösung, etwa 4,5 g Eisen entsprechend.

Beim Ausäthern dieser Lösung für sich und Fällen der salzsauren eisenfreien Lösung mit Bariumchlorid wurden gefunden

$$0{,}0155 \text{ g } BaSO_4.$$

Die verwendete Schwefelsäurelösung ergab aus 10 ccm nach Fällung mit Bariumchloridlösung $\quad 0{,}0420 \text{ g } BaSO_4.$

Versuche. 50 ccm Eisenchloridlösung wurden zusammen mit 10 ccm der Schwefelsäurelösung eingedampft, ausgeäthert und die eisenfreie salzsaure Lösung mit Chlorbariumlösung gefällt.

Versuch 1 ergab $0{,}0576 \text{ g } BaSO_4$; nach Abzug der in der Eisenchloridlösung vorher vorhandenen Schwefelsäuremenge (entsprechend $0{,}0155 \text{ g } BaSO_4$) verbleiben für die 10 ccm Schwefelsäurelösung

$$0{,}0421 \text{ g (anstatt } 0{,}0420 \text{ g) } BaSO_4.$$

Versuch 2. Gefunden 0,0581 g $BaSO_4$. Für die 10 ccm Schwefelsäurelösung ergeben sich demnach

0,0426 g (anstatt 0,0420 g) $BaSO_4$.

Anwendbarkeit des Verfahrens.

Das Verfahren ist hauptsächlich auf die mit konzentrierter Salpetersäure in der Wärme reagierenden Proben beschränkt. Wolframstahlproben sind nur sehr schwierig völlig zu zersetzen, in manchen Fällen wird die Zersetzung durch kleine Mengen Salzsäure beschleunigt.

Beispiele an Eisen- und Stahlproben.

Drei Proben von Eisen und Stahl gaben bei Bestimmung des Schwefelgehaltes nach dem Entwicklungsverfahren mit Salzsäure 1,15—1,16 folgende Mengen Bariumsulfat bzw. folgende Schwefelgehalte:

5 g Probe Nr. 1 (Temperguß)   0,0855 g $BaSO_4$ entsprechend 0,23₅ % S
4 g Probe Nr. 2 (weißes Roheisen) 0,1230 g $BaSO_4$ „   0,42₃ „ „
10 g Probe Nr. 3 (Stahl)   0,0131 g $BaSO_4$ „   0,01₈ „ „

Nach Lösen von ebenso großen Mengen des gleichen Probematerials mit Salpetersäure von verschiedener Konzentration und Ausäthern wurden nachstehende Werte erhalten (Tabelle 119).

Tabelle 119.

Probe Nr.	Angewandte Einwagen	Mit Salpetersäure 1,18 Gefunden				Mit Salpetersäure 1,40 Gefunden			
		Gesamt $BaSO_4$ g	Blindversuch $BaSO_4$ g	Rein $BaSO_4$ g	S in %	Gesamt $BaSO_4$ g	Blindversuch $BaSO_4$ g	Rein $BaSO_4$ g	S in %
1	5 g (Temperguß)	0,0556	0,0026	0,0530	0,146	0,0888	0,0041	0,0847	0,234
2	4 g (Weißes Roheisen)	0,0965	0,0008	0,0957	0,329	0,1249	0,0015	0,1234	0,424
3	10 g (Stahl)	0,0119	0,0024	0,0095	0,013	0,0163	0,0026	0,0137	0,019

Bei einem weiteren Versuch mit 4 g der Probe 2 konnte beim Lösen der Probe in der offenen Porzellanschale mit Salpetersäure 1,18 kurz nach dem Zugeben der Säure und noch vor der nach 5—10 Sekunden einsetzenden Stickoxydentwicklung Schwefelwasserstoff sowohl am Geruch als durch Bleipapier erkannt werden. Der Versuch ergab 0,29₂ % S. Merkwürdigerweise zeigte sich aber, daß beim Lösen der Probe mit Salpetersäure 1,18 in einem geschlossenen Apparat (Schwefelbestimmungsapparat Abb. 168) und Durchleiten der entweichenden Gase durch Bromsalzsäure oder Kaliumpermanganatlösung keine Spur Schwefel in der Vorlage gefunden wird [1]).

Aus den Versuchen ergibt sich, daß nur beim Lösen der Proben mit Salpetersäure 1,40 der vorhandene Schwefel vollständig zu Schwefelsäure oxydiert wird.

Für die Genauigkeit des Ätherverfahrens und die zulässigen Abweichungen der gefundenen Werte ist das beim Entwicklungsverfahren Gesagte maßgebend.

---

[1]) Vermutlich bildet sich beim Lösen schwefelhaltigen Eisens mit verdünnter Salpetersäure (1,18) zum Teil freier Schwefel (vgl. auch v. Reis, Stahl u. Eisen 8. (1888). 829). Dieser geht beim Glühen der Nitrate in flüchtige Verbindungen (SO_2) über, wodurch die beobachteten Verluste sich erklären lassen.

2. Bestimmung des Schwefels in säureunlöslichem Probematerial.

Proben, die sich nicht in Salzsäure und Salpetersäure, auch nicht im Gemisch Salzsäure-Natriumfluorid lösen, können, falls sie in feingepulverter Form vorliegen, mit Magnesia-Natriumkarbonat aufgeschlossen werden; doch darf des im Leuchtgas stets vorhandenen, geringen Schwefelgehaltes wegen der Aufschluß nicht über der Gasflamme erfolgen; zweckmäßig benützt man dazu einen elektrisch geheizten Muffelofen (vgl. S. 159, Fußnote 1).

Nach erfolgtem Aufschluß wird mit heißem Wasser gründlich ausgelaugt, die Lösung unter Zusatz von Salzsäure eingedampft, Siliziumdioxyd abgeschieden und nach Abfiltrieren sowie Einengen des Filtrates die vorhandene Schwefelsäure mit Bariumchloridlösung gefällt. Der Bariumsulfatniederschlag wird wie üblich gewogen.

Beispiel.

Schwefelbestimmung in einer Probe 78%igen Ferrosiliziums. Zum Aufschließen wurden je 2 g der feingepulverten Probe und 15 g Magnesia-Natriumkarbonat (1 : 2) verwendet.

	Gefunden Bariumsulfat	entsprechend % S
Versuch 1.	0,0054 g	0,03₇
Versuch 2.	0,0064 g	0,04₄.

H. Kupfer.

Geringe Kupfergehalte finden sich in allen Sorten Roheisen und Stahl; erheblichere Kupfermengen (über 1—2 Zehntelprozente) können manchmal infolge Verwendung stark kupferhaltiger Eisenabfälle (Schrott) in das damit hergestellte Material übergehen. Zuweilen wird auch Flußeisen oder Stahl mit einigen Prozenten Kupfer für besondere Zwecke hergestellt. Kupfernickellegierungen mit einem Gehalt von z. B. 46—52% Nickel haben das Aussehen einer Stahllegierung, enthalten aber Eisen nicht als wesentlichen Bestandteil.

1. Fällung des Sulfides aus der salzsauren Lösung der Probe.

Grundlagen der Bestimmung. Nach Lösen von Eisen oder Stahl mit Salzsäure (spez. Gew. 1,12) kann man das Kupfer aus der Eisenchlorürlösung durch Einleiten von Schwefelwasserstoff ausfällen; der nach Abfiltrieren der Flüssigkeit erhaltene Niederschlag enthält neben kleinen Mengen anderer Stoffe in der Regel Siliziumdioxyd; davon ist das Kupfer in geeigneter Weise zu trennen.

Ausführung der Bestimmung. 10 g Stahl oder Roheisen werden mit 100 bis 110 ccm starker Salzsäure (spez. Gew. 1,12) in einem etwa 500 ccm fassenden Becherglas gelöst und die Lösung durch Erwärmen auf dem Dampfbad beschleunigt und vervollständigt.

Anstatt die Bestimmung des Kupfers in besonderer Einwage auszuführen, kann man sie auch mit der Schwefelbestimmung nach dem Entwicklungsverfahren (S. 209) oder mit der Siliziumbestimmung nach Verfahren 1a (S. 151) verbinden.

Die salzsaure Lösung der Probe wird sofort nach beendigter Auflösung (oder nach Abfiltrieren des Siliziums ohne langes Stehenlassen des Filtrates an der Luft) mit destilliertem Wasser auf 200—300 ccm verdünnt und während einer halben Stunde Schwefelwasserstoffgas durch die Lösung geleitet. Dann erwärmt man kurze Zeit auf dem Dampfbad, um die Hauptmenge des Schwefelwasserstoffüberschusses zu vertreiben, und filtriert durch ein rasch laufendes

Filter. Niederschlag und Filter werden mit Schwefelwasserstoff enthaltendem Wasser, zuletzt mit reinem Wasser salzsäurefrei gewaschen.

Sogleich nach vollkommenem Auswaschen der Salzsäure [1]) aus dem Kupfersulfidniederschlag verascht man vorsichtig mit kleiner Flamme in einem geräumigen, nicht gewogenen Porzellantiegel, feuchtet die Asche mit etwas konzentrierter Salpetersäure (spez. Gew. 1,40) an und erhitzt, bis Filterkohle bzw. Graphit völlig verbrannt sind. Zum Rückstand, der alles Kupfer als Oxyd enthält, gibt man einige Kubikzentimeter starker Salzsäure (1,12), bringt das Kupferoxyd durch Erhitzen in Lösung, dampft zur Trockene ein, um kleine Reste von in Lösung gegangenem Siliziumdioxyd abzuscheiden, nimmt nochmals mit konzentrierter Salzsäure auf und filtriert nach Verdünnen vom Nichtgelösten ab. Die so erhaltene reine Kupferlösung fängt man in einem kleinen (100—150 ccm fassenden) Becherglas auf und wäscht das Filter mit salzsäurehaltigem Wasser gründlich aus, ohne jedoch das Filtrat auf mehr als 30 ccm zu verdünnen.

Durch Zusatz von 10—20 ccm gesättigtem Schwefelwasserstoffwasser fällt man Kupfersulfid aus, erwärmt auf dem Dampfbad unter Umrühren bis der Niederschlag sich zusammenballt und die Flüssigkeit klar wird. Dann filtriert man durch ein kleines Filter, wäscht mit schwefelwasserstoffhaltigem Wasser salzsäurefrei, verascht vorsichtig Filter samt Niederschlag im gewogenen Porzellantiegel, glüht und wägt das Kupferoxyd.

Beim Veraschen des Kupfersulfids ist zu beachten, daß insbesondere bei etwas größeren Mengen leicht Versprühen des Oxydes eintreten kann, wodurch Verluste entstehen.

Ist das Probematerial molybdänhaltig, so fällt das Molybdän, wenigstens teilweise, mit dem Kupfer als Sulfid aus und bleibt auch beim Wiederlösen und -fällen mit dem Kupfer zusammen. Reines Kupferoxyd hat nach dem Veraschen schwarze Farbe, ist pulverig, und läßt sich leicht aus dem Tiegel entfernen; ist das Kupferoxyd dagegen molybdänhaltig, so zeigt es nach dem Veraschen grauschwarze Farbe, ist nicht pulverig, sondern sieht geschmolzen aus und haftet am Tiegel. Zur Reinigung des Kupferoxyds löst man es in Salzsäure, macht die Lösung alkalisch und fällt mit Natriumsulfidlösung das Kupfer als Sulfid, das wie oben bestimmt wird. Zur weiteren Prüfung des gewogenen Kupferoxyds auf Reinheit löst man es mit konzentrierter Salpetersäure unter Erwärmen auf dem Dampfbad, wobei kein Rückstand verbleiben darf, und versetzt mit starkem Ammoniak; das Kupferoxyd muß eine klare blaue Lösung geben.

Bei Roheisen mit viel Silizium und Graphit kann man vor Einleiten des Schwefelwasserstoffs zunächst nach Verfahren 1a der Siliziumbestimmung das Siliziumdioxyd abscheiden und abfiltrieren und das Kupfer aus der siliziumfreien Lösung fällen. Der Rückstand, der beim Abfiltrieren des unlöslich gemachten Siliziumdioxyds verbleibt, muß nach Auswaschen der Salzsäure für sich in der oben beschriebenen Weise auf noch vorhandene Reste von Kupfer untersucht werden.

Berechnung. Aus dem gefundenen Gewicht an Kupferoxyd (a Gramm) berechnet sich der Kupfergehalt des eingewogenen Probematerials (e Gramm) zu

$$\text{\% Cu} = \frac{79{,}89 \cdot a}{e}.$$

---

[1]) Bei längerem Verbleiben des feuchten Schwefelkupferniederschlags auf dem Trichter kann sich infolge teilweiser Oxydation Kupfersulfat bilden; dieses kann ins Rohr des Trichters gelangen und so der Bestimmung entgehen. Es ist daher sicherer, den Niederschlag nach dem Auswaschen sogleich in den Porzellantiegel zu bringen. Vollkommenes Auswaschen der Salzsäure ist wegen der Flüchtigkeit des Kupferchlorides beim Erhitzen geboten. Beim Veraschen salzsäurehaltiger Kupfersulfidniederschläge zeigt die beim Verbrennen des Filters entstehende Flamme grünen Saum, der Verflüchtigung von Kupferchlorid zu erkennen gibt.

2. Fällung nach Entfernung des Eisens mit Äther.

Grundlagen des Verfahrens. Geringe Mengen von Kupfer, die sich neben großen Eisenchloridmengen in einer Lösung befinden, können nach dem Ätherverfahren vom Eisenchlorid getrennt und in dem salzsauren Auszug nach bekannten Verfahren bestimmt werden.

Ausführung der Bestimmung. 10 g (oder mehr) Probematerial werden mit verdünnter Salpetersäure (spez. Gew. 1,18) nach dem Verfahren 1 b der Siliziumbestimmung (S. 154) in Lösung gebracht und, wie dort beschrieben, das Siliziumdioxyd abgeschieden und entfernt. Das Filtrat wird wie bei dem zur Manganbestimmung angegebenen Verfahren (S. 166) eingeengt, nach Rothe ausgeäthert und 3—4 mal mit je 10 ccm Äthersalzsäure 1,10 nachgeschüttelt. Die salzsaure Lösung, die höchstens noch Spuren von Eisen, alles Kupfer und Mangan, Nickel, Chrom usw. enthält, wird auf dem Dampfbad eingedampft, wieder mit wenig Salzsäure gelöst [1]), die Lösung in ein kleines Becherglas übergeführt und in der beim ersten Verfahren angegebenen Weise mit Schwefelwasserstoffwasser gefällt. Nach Filtrieren und Auswaschen der Salzsäure wird der Kupfersulfidniederschlag im gewogenen Porzellantiegel verascht, vorsichtig geglüht und das Kupferoxyd gewogen.

Die Berechnung des Kupfergehaltes erfolgt wie beim vorhergehenden Verfahren.

Sind die Kupfermengen erheblich, so kann man auch nach Fällung des Sulfids, sorgfältigem Auswaschen und Veraschen das Oxyd wieder in Salpetersäure lösen und die Lösung nach Zusatz von etwas Schwefelsäure in einem Becherglas von etwa 200 ccm Inhalt elektrolysieren. Man verwendet dazu am besten eine Netzelektrode aus Platindraht, wie beim elektrolytischen Abscheiden des Nickels angegeben (S. 225); auch kann man — bei erheblicheren Kupfermengen — zur Beschleunigung der Abscheidung den dort beschriebenen Fraryapparat gebrauchen.

Man elektrolysiert die auf etwa 50 ccm gebrachte, nicht zu saure Lösung mit einem Strom von 0,2 Amp. bei einer Klemmenspannung von 2—2,5 Volt; der Fraryapparat wird mit einem etwas stärkeren Strom gespeist. Nach 2 bis 3 Stunden ist die Abscheidung der kleinen Kupfermengen beendet, die Lösung ist farblos; man unterbricht den Strom, nimmt die Drahtnetzelektrode rasch heraus und spült sie mit heißem Wasser in das Becherglas hinein ab. Nach Trocknen mit Alkohol und Äther wägt man das abgeschiedene Kupfer. Die elektrolysierte Flüssigkeit enthält fast immer noch kleine Kupfermengen; um diese zu bestimmen, fällt man die Lösung mit Schwefelwasserstoff und bestimmt den Rest des Kupfers als Oxyd. Durch diese nicht zu umgehende Nachfällung kleiner Kupfermengen wird die elektrolytische Kupferbestimmung für Stahl und Eisen umständlich, so daß in den meisten Fällen die Bestimmung durch doppelte Fällung mit Schwefelwasserstoff und Wägen als Oxyd die vorteilhaftere Bestimmungsart ist.

Beispiele.

Trennung von Eisen und Kupfer durch das Ätherverfahren nach Rothe. Angewandt wurden 25 ccm einer Kupferchloridlösung, die nach Fällen für sich mit Schwefelwasserstoff und Veraschen des Kupfersulfidniederschlags 0,1369 g CuO ergaben.

25 ccm dieser Kupferchloridlösung wurden mit 50 ccm Eisenchloridlösung, die Eisenchlorid entsprechend 4,5 g metallischem Eisen enthielt und frei von Kupfersalzen war, vermischt und nach Eindampfen das Eisenchlorid ausgeäthert. Die salzsaure eisenfreie Lösung ergab

bei Versuch 1: 0,1379 g CuO, | bei Versuch 2: 0,1364 g CuO.

[1]) Bleibt hierbei ein geringer Rückstand (SiO_2, TiO_2), so muß vorher filtriert werden.

Ergebnisse der Kupferbestimmung in Eisen- und Stahlproben.
Tabelle 120.

Probe Nr.	Material-bezeichnung	Kupferbestimmung in je 10 g der Probe			
		Erstes Verfahren		Zweites Verfahren	
		g CuO	% Cu	g CuO	% Cu
1	Gewöhnlicher Stahl	0,0188	0,15	0,0198	0,16
2	Temperguß	0,0269	0,22	0,0255	0,20
3	Chromstahl	0,0033	0,03	0,0036	0,03
4	Nickelstahl	0,0340	0,27	0,0366	0,29

Genauigkeit der Verfahren und zulässige Abweichungen. Bei sorgfältigem Arbeiten kann man im allgemeinen den Gehalt an Kupfer bis auf einen Fehler von 0,0005 g CuO, bei höheren Kupfergehalten (über $0,1\%$ Cu) bis auf 0,001 g CuO ermitteln.

Danach können bei Einwagen von wenigstens 10 g Probematerial nach-stehende Abweichungen der Werte als noch einhaltbar bezeichnet werden:

bei Gehalten von	zulässige Abweichung
0,01 bis 0,06% Cu	$\pm$ 0,002%
0,06 bis 0,2% Cu	$\pm$ 0,005 ,,
0,2 und mehr Cu	$\pm$ 0,01 ,,

J. Nickel.

Gewöhnliche Eisen- und Stahlsorten sind nur in seltenen Fällen frei von Nickel und seinem ständigen Begleiter Kobalt; im allgemeinen übersteigt ihr Gehalt an Nickel nicht wesentlich $0,1\%$.

Besondere Stahlsorten (Nickelstahl, Chromnickelstahl und andere Spezial-legierungen mit sehr verschiedenen Nickelgehalten) werden durch Zusatz von Nickel zum Eisen hergestellt.

Zur Bestimmung des Nickelgehaltes in Eisen und Stahl können im wesent-lichen zwei verschiedene Verfahren verwendet werden: das Dimethylglyoxim-verfahren [1]), sowie das auf elektrolytischer Abscheidung beruhende.

Die nach beiden Verfahren erhaltenen Werte weisen gewöhnlich geringe Abweichungen auf, die darin begründet sind, daß beim ersten Verfahren ohne weiteres der Gehalt an Nickel gefunden wird, während man bei elektrolytischer Abscheidung die Summe an Nickel + Kobalt erhält, die mitunter als Nickel-gehalt schlechthin angegeben wird. Um Mißverständnissen vorzubeugen, sollte daher in Fällen, wo unter „Nickelgehalt" der Gehalt an Nickel+Kobalt verstanden werden soll, eine dahingehende Erläuterung beigefügt werden.

Um den mit Dimethylglyoxim gefundenen Wert für Nickel mit dem nach elektrolytischer Abscheidung erhaltenen Wert für Nickel + Kobalt in Über-einstimmung zu bringen, legt Brunck den im Handelsnickel regelmäßig vor-handenen Kobaltgehalt von rund 1% der Berechnung zugrunde und erhöht dementsprechend den mit Glyoxim erhaltenen Nickelwert um $1/_{100}$. Für genaue Bestimmungen von Nickel und Kobalt kann indessen die getrennte Bestim-mung beider Metalle nicht umgangen werden. (Siehe die Kobaltbestimmung S. 231.)

---

[1]) Fällung des Nickels mit Dimethylglyoxim nach Tschugaeff, Berichte d. dtsch. chem. Gesellsch. 38. (1905). 2520; ausgearbeitet von Brunck, Zeitschr. f. angew. Chem. 20. (1907). 1844.

Erkennung wesentlicher Nickelmengen. Zum raschen Nachweis von Nickel in Eisen oder Stahl löst man etwa 0,5 g der Probe in einem weiten (25 mm) Reagensglas, bringt mit 5 ccm verdünnter Salpetersäure (1,18 spez. Gew.) in Lösung, erwärmt bis zur vollständigen Lösung auf kleiner Flamme, setzt hierauf 5 ccm einer 50%igen Weinsäure (also $= 2{,}5$ g kristallisierte Weinsäure) hinzu, und 10 ccm 10%iges Ammoniak. Die entstehende braune, klare Lösung muß nach dem Umschütteln deutlich nach Ammoniak riechen. Man verdünnt mit etwas Wasser und gibt 0,5 ccm Dimethylglyoximlösung hinzu. Enthält die Probe Nickel als wesentlichen Bestandteil, so entsteht der charakteristische rote Nickelniederschlag. Kleine Nickelmengen von $0{,}15\%$ und weniger, wie sie in fast jedem Stahl oder Eisen vorzukommen pflegen, lassen sich auf diese Weise nicht mehr sicher nachweisen.

Nach Danheiser[1]) kann man diesen Nachweis auch mit sehr kleinen Materialmengen durchführen, ohne beispielsweise ein wertvolles Stück beschädigen zu müssen. Man löst eine stecknadelkopfgroße Menge der Probe auf einem Uhrglase mit einem Tropfen konzentrierter Salpetersäure, nötigenfalls unter schwachem Anwärmen, und setzt dieser Lösung tropfenweise von einer besonders zubereiteten Dimethylglyoximlösung zu. Bei Anwesenheit von Nickel bilden sich unter Rotfärbung der Flüssigkeit feine Nädelchen von Nickeldimethylglyoxim, die man bei schwacher Vergrößerung mit den aus einer Spur Nickelsalz erhaltenen Kriställchen identifizieren kann. Die Dimethylglyoximlösung für diesen Nachweis wird aus 5 g Zitronensäure, 90 ccm Ammoniak (45 ccm Ammoniak von 0,90 spez. Gewicht und 45 ccm Wasser) sowie 10 ccm einer 1%igen alkoholischen Dimethylglyoximlösung bereitet.

1. Bestimmung des Nickels nach dem Dimethylglyoximverfahren.

Grundlagen des Verfahrens. Aus ammoniakalischen oder schwach essigsauren Lösungen des Nickels kann man sämtliches Nickel durch Zusatz genügender Mengen von Dimethylglyoxim[2]), in alkoholischer Lösung, abscheiden. Das Dimethylglyoxim, nach seiner Herstellung aus Diazetyl und Hydroxylamin auch als Diazetyldioxim bezeichnet, setzt sich mit einem Nickelsalz entsprechend folgender Gleichung um:

$$CH_3-C-C-CH_3 \qquad\qquad CH_3-C-C-CH_3$$

$$OH-N \quad N-OH \qquad\qquad OH-N \quad N-O$$

$$+ \quad \overset{Cl}{\underset{Cl}{\diagdown\diagup}} Ni = \qquad\qquad \diagup Ni + 2\,HCl.$$

$$OH-N \quad N-OH \qquad\qquad OH-N \quad N-O$$

$$CH_3-C-C-CH_3 \qquad\qquad CH_3-C-C-CH_3$$

2 Mol.   1 Mol.

Dimethylglyoxim   Dimethylglyoximnickel

$(C_4H_8O_2N_2)$ $(C_4H_{14}N_4O_4Ni)$

Die Fällung läßt sich auch bei Gegenwart fremder Metalle (Chrom, Eisen, Mangan, Wolfram, Vanadin) ohne Störung durchführen, wenn man vor dem Ammoniakalischmachen der Lösung durch Zusatz genügender Mengen von Weinsäure die mit Ammoniak fällbaren Metalle am Ausfallen verhindert. Bei Anwesenheit von Kobalt oder viel Kupfer scheidet man das Dimethylglyoximnickel am besten aus der schwach essigsauer gemachten Lösung ab. In allen

---

[1]) Chem. and met. Engin. 23. (1920). 770.

[2]) Der Preis des Dimethylglyoxims der 1908 noch 12 Mk. für 10 g betrug, ist nach der letzten Preisliste von Kahlbaum, Berlin 1911 (Oktober) auf 1,50 Mk. für 10 g gesunken; zur Zeit (1921) ist der Preis 13 Mk. für 10 g.

Fällen ist großer Überschuß des Fällungsmittels zu vermeiden, da es in Wasser nur wenig löslich ist und durch Mitfallen zu hohe Werte ergeben würde.

Erforderliche Lösungen. Dimethylglyoximlösung. 10 g Dimethylglyoxim werden in 1 l 70%igem Alkohol gelöst und die erhaltene Lösung in eine Vorratsflasche abfiltriert.

Mit 10 ccm der Lösung können annähernd 0,025 g Nickel gefällt werden.

Weinsäurelösung. 500 g Weinsäure werden mit Wasser zu 1 l gelöst; die Lösung wird nötigenfalls filtriert.

Ausführung der Bestimmung.

a) Fällung des Nickels in Gegenwart von Eisen. (Anwendbar für gewöhnlichen Nickelstahl, Nickelchromstahl, Wolframnickelstahl; nicht geeignet für nickelarmen Stahl oder gewöhnliches Roheisen, Kobaltstahl, Kupfernickel.)

Von Nickelstahlen mit etwa 3—5% Nickelgehalt wägt man 1 g, von solchen mit weniger als 3% Nickel 2 g ab, löst in bedeckter Schale mit verdünnter Salpetersäure (spez. Gew. 1,18) und dampft die Lösung zur Trockene ab. Danach erhitzt man den Rückstand auf der Asbestplatte, zuletzt auf dem Asbestdrahtnetz stärker bis zur völligen Zerstörung der Nitrate. Der Glührückstand wird nach Erkalten mit 10—20 ccm rauchender Salzsäure unter gelindem Erwärmen in Lösung gebracht, zur Trockene eingedampft und hierauf zur Abscheidung des Siliziumdioxyds auf der Asbestplatte erhitzt. Man löst dann wieder mit Salzsäure, verdünnt mit etwas Wasser und filtriert das Siliziumdioxyd (ev. mit Wolframsäure) ab [1]).

Die erhaltene Eisenlösung wird in ein Becherglas von etwa 300 ccm Inhalt übergeführt, dann auf jedes Gramm Eisen 14 ccm der Weinsäurelösung, entsprechend 7 g Weinsäure, zugegeben und mit 10%igem Ammoniak bis zur schwach alkalischen Reaktion versetzt. (7 g Weinsäure brauchen etwa 16 ccm 10%iges Ammoniak zur Neutralisation.)

Beim Neutralisieren mit Ammoniak scheidet sich, noch ehe die Lösung ammoniakalisch ist, ein gelber Niederschlag von Ferritartrat aus (je nach der vorhandenen Weinsäuremenge mehr oder weniger), der auf Zusatz weiteren Ammoniaks sich wieder vollkommen löst. Wenn die Lösung deutlich ammoniakalisch ist, darf kein Niederschlag in der braunen Lösung vorhanden sein. Dann wird der Ammoniaküberschuß mit Salzsäure neutralisiert, die Lösung erwärmt, 10—20 ccm der alkoholischen Dimethylglyoximlösung zugegeben und mit Ammoniak schwach alkalisch gemacht (die Lösung muß deutlich nach Ammoniak riechen). Das vorhandene Nickel fällt dabei in Form eines aus feinen roten Nädelchen gebildeten Niederschlages aus. Man gibt nach einiger Zeit weitere 10 ccm Dimethylglyoximlösung zu und beobachtet, ob sich der Niederschlag vermehrt. Ist dies der Fall, so gibt man einige weitere ccm Dimethylglyoximlösung zu.

Schließlich stellt man die Fällung während etwa einer Stunde an eine nicht zu heiße Stelle des Dampfbades, läßt eine weitere halbe Stunde lang abkühlen und filtriert dann durch einen bei 120° C getrockneten und gewogenen Neubauertiegel (Platintiegel mit siebartig durchlöchertem Boden und einer Schicht von Platinmohr) oder, falls ein solcher nicht zur Verfügung steht, durch einen Porzellan-Goochtiegel [2]), der auf dem siebartig durchlöcherten Boden eine Schicht aus gewaschenem Asbest mit einem Porzellansiebplättchen enthält.

---

[1]) Scheidet man das Siliziumdioxyd nicht ab, so können, besonders bei siliziumreicheren Stahlen, fehlerhafte Werte erhalten werden; außerdem filtriert der Niederschlag bei Anwesenheit kolloidaler Kieselsäure sehr schlecht.

[2]) Porzellan-Goochtiegel mit Asbestfilter eignen sich ihrer größeren Durchlässigkeit wegen besonders zum Filtrieren größerer Mengen des Nickelniederschlags.

Der gewogene Tiegel wird mit Hilfe eines weiten Gummischlauchabschnittes auf einen zylinderförmigen Glastrichter (Saugstutzen) gesteckt und der Trichter unter Verwendung eines durchbohrten Gummistopfens auf eine Saugflasche aufgesetzt. Man filtriert unter schwachem Saugen mit der Wasserstrahlpumpe.

Um nicht die filtrierende Schicht gleich anfangs zu verstopfen, sorge man durch stetes Nachgießen von Flüssigkeit, daß der Tiegel nicht leer wird, wodurch Niederschlag auf dem Filter festgesaugt würde; auch sauge man mit der Wasserstrahlpumpe nicht stärker als eben zu mäßig raschem Filtrieren nötig ist.

Becherglas, Glasstab sowie Tiegel mit Niederschlag werden mit heißem Wasser gewaschen; der im Becherglas anhaftende Niederschlagsrest läßt sich durch Herausspritzen mit der Spritzflasche leicht in den Tiegel spülen. Je nach der Menge des Niederschlages ist nach 8—12 maligem Auswaschen alles Eisen aus Tiegel und Niederschlag ausgewaschen. Der Tiegel wird dann auf einem Platindreieck (oder Nickeldrahtdreieck) (vgl. Abb. 163, Seite 159) in einen auf 120° C vorgewärmten Trockenschrank gestellt und bei dieser Temperatur während etwa einer halben Stunde getrocknet. Nach Abkühlen im Exsikkator wägt man ihn, trocknet danach nochmals während 20—30 Minuten und wägt nach Abkühlen wieder. Falls das Gewicht von Tiegel mit Niederschlag noch abgenommen hat, wird weiter bei 120° C getrocknet und gewogen, bis keine Gewichtsabnahme mehr erfolgt [1]).

Zur Reinigung der Tiegel entfernt man die Hauptmenge des Niederschlages auf trockenem Wege, wäscht den Rest mit heißer Salzsäure und Wasser aus und trocknet den Tiegel für weitere Bestimmungen bis zu konstant bleibendem Gewicht bei 120° C.

b) Fällung des Nickels nach Entfernung der Hauptmenge Eisen (und ev. Kupfer). Anwendbar für Roheisen, Stahl, Kobaltstahl, Kupfernickel usw.

Von nickelarmem Material wägt man 5—10 g ab, bringt mit Salzsäure nach Verfahren a) (S. 151) oder mit Salpetersäure nach Verfahren b) (S. 154) in Lösung, scheidet wie dort angegeben Siliziumdioxyd (und etwaige Wolframsäure) ab und dampft das Filtrat — das nach Verfahren a) erhaltene nach vorherigem Oxydieren mit Salpetersäure — zum Ausäthern ein. Man kann ebensogut die bei der Schwefelbestimmung im Kolben zurückbleibende Lösung verwenden (vgl. S. 209), die nach Abscheidung der Kieselsäure oxydiert werden muß. Die das Eisen als Eisenchlorid enthaltende Lösung wird weiter nach S. 165 ausgeäthert.

Die von der Hauptmenge Eisen und von Siliziumdioxyd sowie von Wolframtrioxyd befreite Lösung wird zunächst eingedampft zur Entfernung des Äthers, der Rückstand mit wenig Salzsäure wieder gelöst und Kupfer mit Schwefelwasserstoffwasser — falls größere Mengen zugegen sind, durch Einleiten von Schwefelwasserstoffgas — gefällt. Durch Erwärmen auf dem Dampfbad bringt man den Niederschlag zum Zusammenballen, filtriert ihn durch ein kleines Filter ab, wäscht mit verdünnter Salzsäure und engt das Filtrat ein. Hierauf

---

[1]) Es ist auch vorgeschlagen worden, den Niederschlag der Nickelverbindung auf ein aschefreies Filter abzufiltrieren, Filter samt Niederschlag nach gutem Auswaschen im gewogenen Tiegel zu veraschen und das entstehende hellgraue NiO zu wägen. Das Verfahren wird dadurch rascher ausführbar, aber nicht genauer. Der Nickelgehalt der Probe berechnet sich in diesem Falle bei e Gramm Einwage und a Gramm gefundenem Nickeloxyd zu $\% \ Ni = \dfrac{78{,}58 \cdot a}{e}$.

gibt man [1]) zur völligen Reduktion der geringen Eisenmengen (die sich beim Einengen des mit Schwefelwasserstoff behandelten Filtrates wieder oxydiert haben können) schweflige Säure hinzu und erwärmt damit einige Zeitlang, bis der Geruch nach schwefliger Säure verschwunden ist. Dann fügt man wenig Weinsäure und noch etwas schweflige Säure hinzu, neutralisiert mit verdünntem Ammoniak und macht mit Essigsäure schwach sauer. Aus der so vorbereiteten Lösung fällt man das Nickel mit Dimethylglyoximlösung, und behandelt den erzeugten Niederschlag im übrigen wie bei Verfahren a).

Das Filtrat nimmt, falls Kobalt zugegen ist, braunrote Färbung an; ist außerdem Eisen in merklichen Mengen (als Ferrosalz) vorhanden, so entsteht eine dunkelrote Lösung, deren Farbe die hellere Kobaltfärbung überdeckt. Der Zusatz von Dimethylglyoximlösung ist dann größer zu nehmen, um auch Eisen und Kobalt in Dimethylglyoximverbindungen, die in Lösung bleiben, überzuführen.

Es ist darauf zu achten, daß der abfiltrierte Nickelniederschlag stets feine, seidenglänzende Nädelchen von der charakteristischen Farbe des Dimethylglyoximnickels besitzen muß; zeigt er andere Farbe oder Beschaffenheit, so besitzt er nicht die erforderliche Reinheit und muß durch Wiederlösen mit Salzsäure und nochmalige Fällung gereinigt werden.

Abänderung c. Will man die Nickelbestimmung mit der quantitativen Bestimmung von Mangan, Chrom, Kupfer, Vanadin usw. verbinden, so verfährt man wie bei der Manganbestimmung durch Gewichtsanalyse angegeben, bis zur Fällung von Nickel und Kobalt durch Schwefelwasserstoff aus schwach essigsaurer, ammoniumazetathaltiger Lösung.

Die Sulfide werden im Porzellantiegel verascht; der Rückstand — bestehend lediglich aus Oxyden von Kobalt und Nickel — wird mit Salzsäure und etwas Salpetersäure in der Wärme gelöst und das Nickel aus dieser Lösung nach Neutralisieren mit Ammoniak und Zusatz von wenig Essigsäure bis zum Vorherrschen der schwach sauren Reaktion mit der ausreichenden Menge Dimethylglyoximlösung gefällt und im übrigen wie üblich weiter behandelt.

Das Filtrat vom Dimethylglyoximnickel kann zur Bestimmung des Kobalts Verwendung finden.

Berechnung.

Aus der Menge (a Gramm) des erhaltenen Dimethylglyoximniederschlages, sowie der eingewogenen Probemenge (e Gramm) berechnet sich der Gehalt der Probe an Nickel entsprechend der oben angegebenen Zusammensetzung des Dimethylglyoximnickels wie folgt:

$$^0/_0\,\mathrm{Ni} = \frac{20{,}32 \cdot \mathrm{a}}{\mathrm{e}}.$$

Bemerkungen.

1. Damit bei hochprozentigen Nickelstahlproben (z. B. mit $25\,^0/_0$ Ni), Kupfernickel u. a. keine zu großen Nickelniederschlagsmengen gewogen werden müssen, verwendet man für die Fällung so kleine Probemengen, daß höchstens 0,05 bis 0,08 g Nickel zur Fällung gelangen. Anstatt so kleine Mengen Probematerial abzuwägen, ist es für die Entnahme guter Durchschnittsproben zweckmäßiger, größere Mengen einzuwägen und nach dem Auffüllen der Lösung einen Teil davon zur Fällung zu verwenden.

Bei $25\,^0/_0$igem Material verfährt man z. B. wie folgt: Abwägen von 3 g Material, Verdünnen der Lösung auf 100 ccm, Entnahme von etwa $^1/_{10}$ der Lösung durch Auswägen, Fällen mit Dimethylglyoxim usw.

2. Handelt es sich bei nickelplattiertem oder vernickeltem Eisen und Stahl um Ermittlung der Nickelmenge bzw. der Dicke des Nickelüberzuges,

---

[1]) O. Brunck, Zeitschr. f. angew. Chem. 27. (1913). Aufsatzteil S. 315.

so löst man den Nickelüberzug von einem oder mehreren Stücken, deren nickelüberzogene Fläche bekannt ist, ab, indem man das Material (unter Kühlung
von außen) mit kalter Salpetersäure vom spez. Gew. 1,45 übergießt, die erhaltene
Nickellösung in ein zweites Becherglas abgießt, die Probe mehrmals mit starker
Salpetersäure abspült, die Nickellösungen eindampft, nach Zusatz von Weinsäure mit Ammoniak neutralisiert und mit Dimethylglyoxim fällt.

Unter der Annahme des spezifischen Gewichts von Nickel zu 8,9 läßt sich
die durchschnittliche Dicke des Überzuges aus der vernickelten Fläche (f in
qmm angegeben) und der darauf gefundenen Nickelmetallmenge [1]) (n in Gramm)
wie folgt berechnen:

$$d \text{ (Dicke des Überzuges)} = \frac{n}{f \cdot 8,9} \text{ (mm)}.$$

3. **Aufarbeiten der Nickeldimethylglyoximniederschläge.** Die
gesammelten Nickelniederschläge können nach Angaben von Brunck in einfacher Weise auf reines Dimethylglyoxim verarbeitet werden. Man verfährt
dazu am besten in folgender Weise: Die Niederschläge werden in einer Reibschale
mit Wasser zerrieben. Der erhaltene Brei wird in eine Porzellanschale übergespült und unter kleinen Zusätzen von reinem Zyankalium erwärmt, bis die
rote Nickelverbindung unter Bildung einer gelbroten Flüssigkeit gelöst ist.
Die Lösung filtriert man alsdann ohne längeres Stehenlassen durch ein Faltenfilter von vorhandenem Asbest und sonstigen ungelösten Stoffen ab, läßt abkühlen und leitet dann reines Kohlendioxyd in die Lösung ein. Nach Verlauf
einer Stunde ist alles Dimethylglyoxim abgeschieden. Man saugt auf einem
Saugtrichter ab, wäscht den Niederschlag mit kaltem Wasser nach, trocknet
und wägt. Das trockene Glyoxim wird in einem Erlenmeyerkolben mit je
100 ccm Alkohol auf 1 g trockenes Glyoxim in Lösung gebracht, eine kleine
Menge Tierkohle zugegeben, erwärmt und filtriert. Die klare Lösung kann für
weitere Bestimmungen benützt werden.

2. Bestimmung des Nickels durch elektrolytische Abscheidung.

Grundlagen des Verfahrens. Nickel läßt sich nach Entfernung des Eisens
— die am besten nach dem Ätherverfahren vorgenommen wird — sowie des
vorhandenen Kupfers aus ammoniakalischer, ammonsulfathaltiger Lösung durch den elektrischen Strom abscheiden.

Erforderliche Apparate. Zylinderförmige Drahtnetzelektrode mit spiralförmig gewundenem Draht als Anode.
(Höhe des Drahtnetzzylinders etwa 70 mm, Durchmesser
etwa 40 mm.)

Sind erheblichere Nickelmengen zu bestimmen, so führt
man die Elektrolyse mit dem Fraryapparat (Abb. 172) [2])
aus, wodurch die Zeitdauer der Elektrolyse wesentlich
herabgesetzt wird. Die Wirkung des Apparates ist darauf begründet, daß ein vom elektrischen Strom durchflossener Leiter (hier die Elektrolysierflüssigkeit), der quer
zur Feldrichtung in einem magnetischen Felde liegt, sich
zu bewegen strebt. Die Flüssigkeit im Becherglas wird

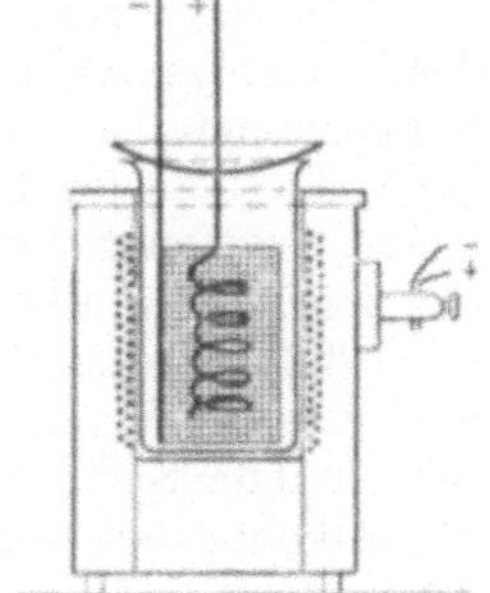

Abb. 172.
Fraryapparat.

in Drehbewegung versetzt, sobald durch Fraryapparat und Elektrolysierflüssigkeit gleichzeitig Strom hindurchgeht.

---

[1]) Berechnet aus Dimethylglyoximnickelniederschlag (a Gramm) wie folgt: 0,2032 a
= Gramm Nickelmetall.
[2]) Francis C. Frary, Zeitschr. f. Elektrochemie 13. 308.

Ausführung der Bestimmung. Von Nickelstahl werden 3—5 g, von nickelarmem Material 5—10 g in eine Porzellanschale abgewogen, und nach Lösen
mit Salpetersäure, Zerstören der Nitrate, Abscheiden des Siliziumdioxyds die
Lösung für das Ausäthern vorbereitet und die Ausätherung in gleicher Weise,
wie beim Mangan S. 166 beschrieben, vorgenommen[1]).

Aus der eisenfreien salzsauren Lösung wird nach Verjagen des Äthers mit
Schwefelwasserstoffwasser das Kupfer ausgefällt und abfiltriert (S. 168). Das
Filtrat vom Kupfersulfid wird unter Zusatz von etwas Schwefelsäure eingedampft, dann in eine Platinschale übergeführt und weiter eingeengt; zuletzt
erhitzt man auf dem Finkenerturm, um den Schwefelsäureüberschuß zu verjagen. Der Rückstand nach Abrauchen der Schwefelsäure wird in der beim
Mangan (S. 169) beschriebenen Weise mit Ätznatron und Natriumsuperoxyd
aufgeschlossen, um vorhandenes Chrom sowie den Rest der Phosphorsäure
sicher zu entfernen[2]), und der Aufschluß mit Wasser ausgezogen.

Die abgeschiedenen und abfiltrierten Oxyde (im wesentlichen Oxyde des
Nickels, Kobalts, Mangans mit geringen Mengen Eisenoxyd) werden im Becherglas mit starker Salzsäure in Lösung gebracht und der in der Platinschale
zurückgebliebene braune Beschlag mit einem Tropfen schwefliger Säure und
wenig verdünnter Schwefelsäure gelöst und die Lösung zur Hauptmenge gegeben.
Sodann scheidet man Nickel und Kobalt gemeinsam aus schwach essigsaurer
Lösung durch Schwefelwasserstoff ab, filtriert und wäscht die Sulfide aus,
verascht sie und löst die Oxyde mit Königswasser.

Die salzsaure Lösung wird mit verdünnter Schwefelsäure in geringem Überschuß eingedampft und erhitzt, bis Schwefelsäuredämpfe abzurauchen beginnen, dann in ein Becherglas von etwa 200 ccm übergeführt, das sich in den
Fraryapparat ohne viel Spielraum einsetzen läßt (Abb. 172). Zur Lösung im
Becherglas gibt man etwa 10 g festes Ammonsulfat und 20—30 ccm starkes
Ammoniak (spez. Gew. 0,90) im Überschuß, verdünnt bis die Gesamtmenge
der Flüssigkeit etwa 100 ccm beträgt, stellt das Becherglas in den Fraryapparat,
setzt die gewogene Netzelektrode samt Anode ein und verbindet die Elektroden
sowie den Fraryapparat mit den Polen der Stromquelle. Man elektrolysiert
mit einem Strom von 1—2 Ampère bei 3,5—4 Volt Spannung und prüft, falls
mit Fraryapparat gearbeitet wird, nach etwa 2 Stunden, andernfalls nach
4—5 Stunden, zunächst durch Eingießen von etwas Wasser und Fortsetzung
der Elektrolyse während 10 Minuten, ob sich an dem frisch benetzten Elektroden-
teil noch Metall abscheidet. Ist dies nicht der Fall, so nimmt man mittels Pipette
einen Tropfen der Flüssigkeit heraus und prüft durch Zusammenbringen mit
einem Tropfen Schwefelammonium auf einer Porzellanplatte, ob alles Nickel
aus der Lösung abgeschieden ist. Hat sich die Lösung als nickelfrei erwiesen,
so wird die Stromzuführung abgestellt, die Netzelektrode rasch herausgenommen
und in einer bereit gestellten Schale mit heißem Wasser durch Eintauchen,
sowie mit der Spritzflasche von anhaftenden Ammonsalzen gründlich gewaschen[3]).
Mit Alkohol und reinem (rückstandfreiem) Äther trocknet man die Elektrode,

---

[1]) Um die Abscheidung des Siliziumdioxyds in kürzerer Zeit durchzuführen, kann
man nach S. 175, Abschn. d verfahren.

[2]) Die Gegenwart von Chromsalzen bei der Elektrolyse führt zur Bildung von Chromat,
welches die Abscheidung von Nickel erheblich stört; durch Zusatz von Natriumhypophosphit läßt sich die störende Wirkung des Chromates bis zu einem gewissen Grad
aufheben.

[3]) Die elektrolysierte Lösung wird vorsichtshalber noch auf Nickel geprüft, indem
man in oben beschriebener Weise nach Zusatz von wenig Weinsäure aus schwach ammoniakalischer Lösung mit Dimethylglyoximlösung versetzt.

stellt sie auf einem Uhrglas kurze Zeit in den auf etwa 110^0 C erhitzten Trockenschrank, läßt abkühlen und wägt das abgeschiedene Metall.

Man erhält so Nickel samt vorhandenem Kobalt.

Berechnung. Der Gehalt an Nickel (samt Kobalt) berechnet sich bei einer Einwage von e Gramm Probematerial und einer gefundenen Metallmenge von a Gramm wie folgt:

$$^0/_0 \text{ Ni } (+ \text{ Co}) = \frac{100 \text{ a}}{\text{e}}.$$

Beispiele.

a) Versuche mit reiner Nickellösung.

Die Bestimmung des Nickelgehaltes durch Elektrolyse von 50 ccm der zu den nachstehenden Versuchen benützten Nickellösung ergab bei Versuch 1 0,1504 g; Versuch 2: 0,1501 g Nickel.

50 ccm Nickellösung nach Fällung mit Dimethylglyoxim und Wägen des Niederschlags lieferten bei

Versuch 3: 0,7392 g Nickelniederschlag entsprechend 0,1502 g Ni;
     „   4: 0,7407 „   „   „   0,1505 „   „
     „   5: 0,7397 „   „   „   0,1503 „   „

10 ccm Nickellösung (enthaltend 0,0301 g Ni) nach Vermischen mit 50 ccm nickelfreier Eisenchloridlösung (entsprechend 4,8 g metallischem Eisen), Zugabe von Weinsäure und Ammoniak lieferten bei Fällung mit Dimethylglyoxim:

Versuch 6: 0,1500 g Nickelniederschlag entsprechend 0,0305 g Ni.

10 ccm Nickellösung (enthaltend 0,0301 g Ni) nach Vermischen mit 50 ccm Eisenchloridlösung (entsprechend 4,8 g Eisen) und 25 ccm Manganochloridlösung (entsprechend 0,7 g Mangan), Ausäthern des Eisens und Fällen der eisenfreien Lösung nach Zusatz von wenig Eisenchlorid, Weinsäure und Ammoniak gaben:

Versuch 7: 0,1490 g Nickelniederschlag entsprechend 0,0303 g Ni.

b) Vergleichende Versuche mit den beiden Verfahren.

Probematerial: hochprozentiger Nickelstahl.

Tabelle 121.

Dimethylglyoximverfahren		
Versuch Nr.	Einwage g	Gewicht des Niederschlags g	Nickelgehalt in $^0/_0$
1	0,5000	0,5629	22,88
2	0,2088	0,2365	23,00

Elektrolytisches Verfahren		
Versuch Nr.	Einwage g	Gewicht des abgeschiedenen Metalls	Nickelgehalt in $^0/_0$
3	3,8607	0,9057	23,46
4	3,6105	0,8485	23,50
5	1,0003	0,2340	23,40

Die erhebliche Abweichung zwischen den Werten der beiden Verfahren erklärt sich durch den Kobaltgehalt der Probe. Vergleiche hierzu die beim Abschnitt über Kobalt angegebenen Beispiele (S. 232).

c) Bestimmung des Nickelgehaltes in verschiedenen Proben nach dem Dimethylglyoximverfahren.

Tabelle 122.

Nr. der Probe	Probematerial	Einwage g	Gewicht des Niederschlags g	Nickelgehalt in %
1	Nickelstahl	1,0049	0,2500	5,05
		1,0440	0,2582	5,02
2	Nickelstahl	1,0282	0,1247	2,46
		1,0625	0,1288	2,46
3	Gewöhnlicher Stahl	0,8572	0,0040 a)	0,10
		5,0310	0,0237 a)	0,10
		5,0109	0,0278 b)	0,11
		5,0799	0,0280 b)	0,11
4	Schienenstahl . . .	5,0004	keine Fällg. a)	—
		4,9320	0,0028 b)	0,011
		4,6020	0,0030 b)	0,013
5	Roheisen	10,00	0,0251 b)	0,051
		10,00	0,0233 b)	0,047

a) Bei Gegenwart der ganzen Eisenmenge gefällt.
b) Nach Ausätherung des Eisens gefällt.

Genauigkeit der erhaltenen Werte und zulässige Abweichungen. Da der Kobaltgehalt in verschiedenen Nickelstahlen von wechselnder Höhe ist, so können die nach dem Dimethylglyoximverfahren und die durch Elektrolyse erhaltenen Werte für Nickel bzw. Nickel + Kobalt um sehr verschiedene Beträge voneinander abweichen.

Handelt es sich um die Bestimmung des Gehaltes an reinem Nickel, so kann dafür nur das Dimethylglyoximverfahren in Betracht kommen, da der Weg der elektrolytischen Abscheidung von Nickel + Kobalt mit nachfolgender Bestimmung des Kobalts (s. folgendes Verfahren) für die Nickelbestimmung allein viel zu umständlich wäre.

Die Summe der bei der Bestimmung des Nickels als Dimethylglyoximnickel auftretenden Fehler überschreiten im allgemeinen nicht $\pm$ 0,001 g des Nickelniederschlages.

Je nach der Höhe der Einwagen können demnach unter Zugrundelegung eines zulässigen Fehlers von nicht mehr als $\pm$ 0,001 g Auswage folgende Unterschiede der Nickelwerte als noch zulässig bezeichnet werden:

Bei einem Nickelgehalt	Zulässige Abweichungen der Nickelwerte
von 0,05— 1 %	$\pm$ 0,005 %
„ 1 — 2 „	$\pm$ 0,01 „
„ 2 — 5 „	$\pm$ 0,02 „
„ 5 —10 „	$\pm$ 0,03 „
„ 10 und mehr	$\pm$ 0,05 „

Anwendbarkeit der Verfahren.

Die Dimethylglyoximfällung aus schwach ammoniakalischer Lösung ist für alle Sorten Eisen und Stahl mit Ausnahme von kobalthaltigem oder kupferreichem Material anwendbar; liegt letzteres Material vor, so fällt man das Nickel nach Entfernung des Eisens aus schwach essigsaurer Lösung mit Dimethylglyoxim bzw. man entfernt vorher Kupfer durch Schwefelwasserstoff.

Das elektrolytische Verfahren kommt besonders bei kobaltnickelhaltigem Material in Betracht, wobei beide Metalle bestimmt werden sollen.

K. Kobalt.

Als steter Begleiter des Nickels kommt Kobalt in allen nickelhaltigen Eisen- und Stahlsorten vor. Erheblichere Kobaltmengen können sich in Spezialstahlsorten vorfinden, die mit absichtlichem Zusatz von Kobalt hergestellt sind (Kobaltstahl, Kobaltwolframstahl u. a.).

Erkennung von Kobalt im Stahl. Wesentliche Kobaltmengen in einer Stahlprobe lassen sich mit Hilfe der Reaktion von Chancel[1]) erkennen. Man löst zu diesem Zwecke einige Stahlspäne (ca. $^{1}/_{2}$ g) der zu untersuchenden Probe im Reagenzglase mit etwa 10 ccm Salzsäure vom spez. Gew. 1,12 und beobachtet die dabei auftretenden Färbungen der Lösung.

Reiner Kohlenstoffstahl gibt von Anfang an farblose Lösung, in der vereinzelt dunkle Flocken umherschwimmen; sie nimmt bei völliger Auflösung der Probe (je nach der angewandten Menge) schwach grünliche Färbung an.

Wolframstahl, auch Chromwolframstahl, zeigt nach etwa $^{1}/_{2}$ Minute Abscheidung eines grauen Pulvers, von metallischem Wolfram herrührend. Die Lösung selbst erscheint bis dahin farblos.

Kobaltstahl, selbst mit Gehalten unter $1 \,^{0}/_{0}$, zeigt dagegen kurze Zeit nach Beginn der Lösung charakteristische Grün- oder Blaugrünfärbung, die mit dem Fortschreiten der Auflösung an Tiefe zunimmt, wenn nicht infolge metallischer Abscheidungen (z. B. bei Wolframkobaltstahl) das Erkennen der Färbung erschwert wird. Durch Abfiltrieren des metallischen Pulvers wird die von Kobalt herrührende Färbung wieder deutlicher erkennbar.

Bestimmung des Kobalts.

1. Trennung vom Nickel mit Amylalkoholäthergemisch.

Grundlagen des Verfahrens. Nickel und Kobalt lassen sich nach Rosenheim und Huldschinsky[2]) durch Behandeln der Doppelrhodanide beider Metalle mit einem Amylalkoholäthergemisch voneinander trennen (Vogels Reaktion auf Kobalt)[3]).

Apparate und Lösungen. 1. Schüttelapparat nach Rothe (Abb. 165). 2. Amylalkoholäthermischung. Die Mischung wird aus 25 Raumteilen Äther und 1 Raumteil Amylalkohol hergestellt.

Ausführung der Bestimmung. Bei hochnickelhaltigem Material werden etwa 5 g, bei nickelärmerem Stahl 10 g Probe abgewogen und nach dem auf S. 226 beschriebenen Verfahren die vorhandenen Mengen von Nickel und Kobalt zusammen auf einer Platindrahtnetzelektrode elektrolytisch niedergeschlagen.

Das Metallgemisch wird mit wenig starker Salpetersäure (spez. Gew. 1,40) unter Erwärmen von der Platinnetzelektrode abgelöst und die Elektrode sorgfältig abgespült. Man dampft die salpetersaure Lösung beider Metalle zur Vertreibung der überschüssigen Salpetersäure in der Porzellanschale zur Trockene ein und nimmt die zurückbleibenden neutralen Nitrate mit wenig Wasser auf. Auf je 0,1 g bei der Elektrolyse erhaltenen Metalles gibt man dann 4 g reines

---

[1]) Procès verbaux des séances de l'acad. de Montpellier (1863). 1, nach Gmelin-Kraut-Friedheim-Peters Handb. d. anorg. Chem. 7. Aufl. Bd. 5. Abt. 1. S. 207.

[2]) Ber. d. dtsch. chem. Gesellsch. 34. (1901). 2050.

[3]) Ber. 12. (1879). 2314; vgl. auch Morell, Zeitschr. f. anal. Chem. 16. 251.

Rhodanammonium [1]) in die Schale und bringt mit wenig Wasser in Lösung. Um die Lösung der Rhodanide möglichst konzentriert zu erhalten, engt man sie erforderlichenfalls auf dem Dampfbad etwas ein. Die konzentrierte Lösung gießt man in die obere Kugel des Rotheschen Schüttelapparates. Die in der Porzellanschale verbleibenden Reste der Nickel- und Kobaltrhodanidlösung spült man mit wenig konzentrierter Rhodanammoniumlösung zur Hauptmenge in den Schüttelapparat. Sodann gibt man 60—80 ccm des Amylalkoholäthergemisches dazu und schüttelt kräftig durch. Bei Vorhandensein selbst nur sehr geringer Kobaltmengen zeigt sich nach Trennung der beiden Flüssigkeitsschichten das Amylalkoholäthergemisch schön blau [2]) gefärbt: Kobalt ist in Form des beständigeren Ammoniumkobaltorhodanids in die ätherische Schicht übergegangen, während das Nickel in der unteren Lösung als Rhodanverbindung zurückgeblieben ist neben Resten von Kobalt. Man läßt die untere Schicht aus der oberen Kugel in die untere Kugel ab und spült den im Hahn befindlichen Rest Nickelsalzlösung mit etwas konzentrierter Rhodanammoniumlösung dazu. Dann gibt man zu der Amylalkoholätherlösung in der oberen Kugel etwa 10 ccm konzentrierte Rhodanammoniumlösung und in die untere Kugel 40 ccm Amylalkoholäthergemisch und schüttelt durch. Dabei wird in der oberen Kugel die kobalthaltige Amylalkoholätherlösung von kleinen Nickelresten befreit, während aus der Nickellösung der unteren Kugel noch kleine Mengen Kobaltdoppelrhodanid in das Äthergemisch übergehen. Nach gutem Absitzenlassen der Flüssigkeiten beider Kugeln läßt man die grüne Nickellösung aus der unteren Kugel in ein Becherglas ab und spült die an den Wandungen der Kugel, in der Hahnbohrung, sowie im angesetzten Röhrchen befindlichen Reste der Nickellösung mit wenig konzentrierter Rhodanammoniumlösung heraus. Dann läßt man die untere Schicht der oberen Kugel in die untere ab und spült gleichfalls mit etwas Rhodanammoniumlösung nach. In die obere Kugel gibt man weiter 5—10 ccm verdünnte Schwefelsäure (1 Teil konzentrierte auf 10 Teile verdünnt), schließt die Hähne und schüttelt durch. Die blaue Farbe der Amylalkoholäthermischung in der oberen Kugel verschwindet und alles Kobalt geht in die Schwefelsäure unter Bildung rosagefärbter Kobaltsulfatlösung über. Die in der unteren Kugel angesammelte Rhodanlösung, die noch geringe Reste von Nickel aufgenommen hat, läßt man ab und spült in üblicher Weise nach. Darauf läßt man die Kobaltsulfatlösung der oberen Kugel in die untere fließen und spült mit wenig Tropfen verdünnter Schwefelsäure nach. Beim Umschütteln wird auch die blaue Ätherlösung der unteren Kugel entfärbt [3]). Die schwefelsaure Kobaltlösung fängt man in einem gewogenen Porzellantiegel auf, spült die obere und die untere Ätherlösung noch einige Male mit wenig verdünnter Schwefelsäure nach und gibt die dabei erhaltenen Lösungen ebenfalls in den Porzellantiegel zur Hauptmenge der Kobaltlösung. Die vereinigten Lösungen dampft man auf dem Wasserbad soweit als möglich ein, und erhitzt darauf im Doppeltiegel (wie beim Mangansulfat, S. 171) zur Zerstörung der organischen Stoffe und schließlich bis alle überschüssige Schwefelsäure vertrieben ist. Das zurückbleibende rohe Kobaltsulfat wird gewogen und dann auf vorhandene Verunreinigungen geprüft. Man löst das rosa gefärbte

---

[1]) Käufliches Rhodanammonium ist für die Trennung und Bestimmung des Kobalts nicht immer rein genug. Vor allem ist darauf zu sehen, daß das verwendete Rhodanammonium beim Erhitzen keinen Rückstand hinterläßt, der andernfalls beim späteren Wägen des Kobaltsulfats zu hohe Werte ergeben würde.

[2]) Bei Gegenwart geringer Eisenmengen erhält man häufig statt der rein blauen Farbe des Kobaltsalzes trübrote Mischfarbe. (In solchem Fall wird nach Abrauchen der Schwefelsäure eisenhaltiges Kobaltsulfat erhalten.)

[3]) Gewöhnlich bleibt die Ätherlösung etwas rotbraun gefärbt von geringen Eisenmengen.

Salz mit wenig Wasser, fügt etwas Ammoniak hinzu, bis die Lösung schwach ammoniakalisch reagiert; falls dabei ein Niederschlag entstehen sollte (Eisenhydroxyd), wird dieser abfiltriert, ausgewaschen, mit Salzsäure in ein kleines Becherglas gelöst und nochmals gefällt, um ihn von mitgefallenem Kobalt zu befreien. Das Eisenhydroxyd wird dann verascht und gewogen; es ist wahrscheinlich als Ferrisulfat im unreinen Kobaltsulfat vorhanden gewesen und entsprechend umzurechnen.

Die Filtrate vom Eisenhydroxyd werden mit Essigsäure schwach sauer gemacht und mit Dimethylglyoximlösung gefällt, wobei ein Überschuß an Dimethylglyoxim zu verwenden ist, entsprechend der vorhandenen Kobaltmenge, die hiebei in lösliche Kobaltdimethylglyoximverbindungen übergeht. Der entstehende Niederschlag bleibt eine halbe Stunde in der Wärme stehen und wird dann wie üblich abfiltriert im Goochtiegel, getrocknet und gewogen. Man kann ihn auch, da es sich meist um kleine Nickelmengen handelt, auf ein Papierfilter abfiltrieren, veraschen und als Nickeloxyd (NiO) wägen.

Die Menge des Kobaltsulfates läßt sich aus dem Gewicht des rohen Sulfats nach Abzug der vorhandenen Verunreinigungen (Eisensulfat, Nickelsulfat) berechnen.

Um das Kobalt selbst durch Wägen zu bestimmen, dampft man das Filtrat vom Nickelniederschlag im gewogenen Porzellantiegel ein, raucht den Rückstand mit wenig Salpetersäure und Schwefelsäure ab und bringt das zurückbleibende Kobaltsulfat, in gleicher Weise wie Mangansulfat (S. 171), zu konstantem Gewicht. Das Kobalt wird als Sulfat oder nach nochmaliger elektrolytischer Abscheidung als Metall gewogen.

2. Trennung von Kobalt und Nickel mit Dimethylglyoxim.

Grundlagen. Die durch Elektrolyse abgeschiedenen Metalle Nickel + Kobalt lassen sich nach dem Dimethylglyoximverfahren in schwach essigsaurer Lösung trennen und einzeln bestimmen.

Ausführung der Bestimmung. Die Ausführung erfolgt zunächst in gleicher Weise wie bei der elektrolytischen Nickelbestimmung angegeben ist.

Nachdem die beiden Metalle Kobalt + Nickel durch Elektrolyse auf der Netzelektrode abgeschieden sind und deren Gewicht festgestellt ist, werden sie wieder gelöst mit wenig konzentrierter Salpetersäure; die Lösung wird eingedampft zur Verjagung des Säureüberschusses. Sollte sich aus der elektrolysierten Lösung mit Schwefelwasserstoff nach Ansäuern mit Essigsäure noch ein schwarzer Niederschlag gebildet haben, so wird er abfiltriert, verascht, der Rückstand mit wenig Königswasser gelöst und die Lösung zur Hauptlösung der Metalle gegeben.

Die Lösung der beiden Metalle wird mit Ammoniak neutralisiert, darauf mit Essigsäure schwach angesäuert. Sie muß dabei klar bleiben, auch wenn sie erwärmt wird; sollte eine Fällung (Eisenhydroxyd) oder Trübung entstehen, so muß filtriert werden.

Aus der klaren Lösung wird durch reichlichen Zusatz von Dimethylglyoximlösung (um auch das Kobalt in die lösliche Dimethylglyoximverbindung überzuführen) das Nickel gefällt und in üblicher Weise nach mehrstündigem Stehenlassen der gefällten Lösung in der Wärme bestimmt. Das Filtrat, das bei Vorhandensein von Kobalt braun gefärbt ist, wird eingedampft, dann wiederholt mit konzentrierter Salpetersäure eingedampft, wobei das Dimethylglyoxim und ein Teil der Ammonsalze zerstört werden. Schließlich dampft man die Lösung mit Schwefelsäure ein, erhitzt auf dem Finkenerturm bis zum beginnenden Rauchen, kühlt sodann ab, löst mit wenig Wasser und spült die ganze Lösung mit Hilfe von starkem Ammoniak in ein zur Elektrolyse geeignetes kleines Becherglas.

Das Kobalt wird dann wie zuerst die beiden Metalle Nickel + Kobalt elektrolytisch niedergeschlagen und gewogen.

Die Summe der einzelnen für Kobalt und Nickel gefundenen Werte muß mit der zuerst gefundenen Menge Gesamtmetall übereinstimmen.

Handelt es sich nur um sehr kleine Kobaltmengen, deren elektrolytische Abscheidung nicht lohnt, so fällt man sie statt durch Elektrolyse aus schwach essigsaurer Lösung als Sulfid; man verascht den abfiltrierten Niederschlag, wägt als Kobaltoxydoxydul oder besser — nach Lösen mit Königswasser und Abrauchen mit Schwefelsäure im Doppeltiegel — als Sulfat. Die Wägung als Oxydoxydul ist nur für geringe Kobaltmengen anwendbar.

Berechnung. Der Kobaltgehalt berechnet sich bei e Gramm Einwage und einer Auswage von a Gramm wasserfreies Kobaltsulfat zu

$$\% \, \mathrm{Co} = \frac{38{,}03 \cdot a}{e};$$

bei Auswage von b Gramm Metall zu

$$\% \, \mathrm{Co} = \frac{100\,b}{e};$$

bei Auswage von c Gramm Kobaltoxydoxydul zu

$$\% \, \mathrm{Co} = \frac{73{,}4 \cdot c}{e}.$$

Beispiele.

1. Trennung von Nickel und Kobalt; Versuche mit Lösungen bekannten Gehalts.

Verwendet: 25 ccm einer kobaltfreien Nickelchloridlösung, enthaltend 0,0245 g Nickel, und 25 ccm nickelfreier Kobaltchloridlösung, enthaltend 0,0110 g Kobalt; die Bestimmung des Kobalts erfolgte in Form des Sulfats und ergab bei zwei Versuchen 0,0290 und 0,0288 g $CoSO_4$.

Nach Vermischen von je 25 ccm beider Lösungen, Ausäthern des Kobaltrhodaniddoppelsalzes und Wägen des Kobalts als Sulfat wurden bei drei Versuchen erhalten:

Versuch 1: 0,0302 g $CoSO_4$ entsprechend 0,0115 g Co
     „   2: 0,0300 „   „   „   0,0114 „ „
     „   3: 0,0320 „   „   „   0,0122 „ „

Das Kobaltsulfat des dritten Versuches war infolge des verwendeten eisenhaltigen Ammoniumrhodanids nicht ganz rein; nach Lösen des Kobaltsulfats und Elektrolysieren wurden erhalten: 0,0114 g Co.

2. Ergebnisse mit Nickelstahl.

Probematerial: hochprozentiger Nickelstahl. (Dessen Nickelbestimmung siehe Tabelle 121, S. 227.)

Tabelle 123.

Versuch Nr.	Einwage	Elektrolytisch abgeschiedene Metallmenge (Ni + Co)		Rohes Kobaltsulfat	Rein-Kobalt elektrolytisch abgeschieden	
	g	g	%	in g	in g	%
1	3,6105	0,8485	23,50	0,0623	0,0138	0,38
2	3,8607	0,9057	23,46	0,0687	0,0151	0,39

Aus dem Unterschied zwischen den Werten für Nickel und Kobalt (elektrolytische Abscheidung) und Nickel (Dimethylglyoximwert) würde sich der Kobaltgehalt im Mittel zu $0,5_1\%$ ergeben.

3. Untersuchung von Nickelmetall auf Kobaltgehalt.

Tabelle 124.

Versuch Nr.	Einwage g	Elektrolytisch bestimmt (Ni + Co)	Rohes Kobaltsulfat g	Rein-Kobalt in g	Rein-Kobalt %
1	2,0000	1,9857	0,0543	0,0176	0,8₈
2	2,0017	1,9906	0,0533	0,0177	0,8₉

Tabelle 125.

Untersuchung einer Nickel und Kobalt enthaltenden Stahlprobe.

a) Nickelbestimmung nach Verfahren 1b (S. 223).

Versuch Nr.	Einwage g	Dimethyl-glyoxim-nickel in g	Nickel %
1	4,3795	0,3226	1,5₀
2	3,7699	0,2897	1,5₆

b) Bestimmung von Co + Ni und getrennte Bestimmung beider Metalle. Nach Verfahren 1 (S. 229).

Tabelle 126.

Versuch Nr.	Einwage	Gefunden	Entsprechend
3	4,0036 g	0,1532 g Co + Ni 0,2334 g CoSO₄ 0,0846 g NiO	3,83% Co + Ni 2,22% Co 1,66% Ni
4	4,0028 g	0,1530 g Co + Ni 0,2364 g CoSO₄ 0,0794 g NiO	3,82% Co + Ni 2,2₅% Co 1,5₆% Ni

L. Chrom.

Kleine Mengen von Chrom, im allgemeinen nicht über $0,1\%$ finden sich in fast allen Eisen- und Stahlproben. Besondere Sorten Stahl mit wechselndem Chromgehalt werden durch Zusatz von Chrom bzw. Chromlegierungen zum Eisen hergestellt; sie werden entsprechend ihrer sonstigen Zusammensetzung als Chromstahl, Chromnickelstahl, Siliziumchromstahl, Chromwolframstahl, Chromvanadinstahl usw. benannt. Zu ihrer Herstellung dienen hauptsächlich Ferrochrom und Chrommangan mit wechselnden Chromgehalten.

Erkennung wesentlicher Chrommengen.

0,5 g Eisen oder Stahl werden im Reagenzglas mit 5 ccm Salpetersäure von 1,18 spez. Gew. gelöst; die Lösung wird durch Erhitzen über kleiner Flamme vervollständigt. Hierauf werden 5 ccm einer 2%igen Kaliumpermanganatlösung zugesetzt und kurze Zeit gekocht. Danach wird soviel von einer etwa 5%igen Mangansulfatlösung zugesetzt, bis die Permanganatfarbe der Lösung in Braun umgeschlagen ist und nochmals aufgekocht. Die erhaltene Lösung gießt man unter Umrühren in 20 ccm einer etwa 10%igen Natronlauge, die sich in einem Becherglas befinden und filtriert einen Teil der braunen trüben Flüssigkeit in ein Reagenzglas ab. Gelbfärbung des alkalischen Filtrates zeigt das Vorhandensein von Chrom an, das noch schärfer nachgewiesen wird durch Ansäuern des Filtrates mit verdünnter Schwefelsäure und Zugabe von einigen Tropfen Wasserstoffsuperoxydlösung (oder einer Auflösung von Natriumsuperoxyd in Wasser). Bei Anwesenheit von Chrom entsteht unbeständige blaue Überchromsäure und die Gelbfärbung der Lösung verschwindet.

1. Bestimmung des Chromgehaltes in säurelöslichem Material.
a) Ätherverfahren.

Grundlagen des Verfahrens. Chrom in dreiwertiger Form läßt sich ebenso wie Mangan, Nickel, Aluminium u. a. Elemente aus salzsauren Lösungen nach Rothes Ätherverfahren vom Eisen trennen. In der von Eisen befreiten Lösung kann man nach Oxydation von Chromiion zum sechswertigen Chromation den Chromgehalt entweder maßanalytisch oder gewichtsanalytisch ermitteln. Bei maßanalytischer Bestimmung geben das jodometrische Verfahren und das Permanganatverfahren beide richtige und gut übereinstimmende Werte.

Bei hochprozentigen Ferrochromlegierungen empfiehlt es sich indessen, die Titerstellungen der Thiosulfat- und der Permanganatlösung mit reinstem Kaliumbichromat vorzunehmen, um bei den Titrationen möglichst gleichartige Versuchsbedingungen (Färbung der Lösungen durch Chromisalz am Ende der Titration) zu erhalten.

Erforderliche Apparate und Lösungen. Für die Trennung des Chroms vom Eisen und vom Mangan bedient man sich der bereits beim Mangan (S. 165) beschriebenen Apparate und Lösungen (Schüttelapparat nach Rothe, Äthersalzsäuren, Aufschlußplatinschale).

Je nach dem Verfahren, das man für die Bestimmung des Chromates wählt, sind verschiedene Lösungen erforderlich. Die jodometrische Bestimmung des Chroms führt man mit genau eingestellter Zehntelnormalthiosulfatlösung aus; wählt man das Permanganatverfahren, so ist dafür genau eingestellte Permanganatlösung, sowie eine Lösung von Ferrosulfat erforderlich.

Für die Fällung des Chromates (gewichtsanalytische Chrombestimmung) verwendet man Quecksilberoxydulnitratlösung.

a) Herstellung und Titerstellung der Zehntelnormal-Thiosulfatlösung (nach Treadwell)[1]). Titerstellung mit reinem Jod.
Man löst 124,5—125 g reines kristallisiertes Natriumthiosulfat ($Na_2S_2O_3$ $+ 5H_2O$) in Wasser und verdünnt die Lösung zu 5 l. Zum Lösen und Verdünnen verwende man nur frisch ausgekochtes und wieder abgekühltes destilliertes Wasser. Die Titerstellung kann mit Jod vorgenommen werden. Zur Herstellung des dazu nötigen reinen Jods verreibt man 5—6 g gereinigten Jods mit 2 g Jodkalium, bringt das Gemisch in ein trockenes Becherglas von 150—300 ccm Inhalt und setzt auf das Becherglas einen mit Wasser von Zimmertemperatur gefüllten Rundkolben (von etwa 300 ccm Inhalt). Das Becherglas samt Rundkolben wird auf ein Asbestdrahtnetz gestellt und mit kleiner Flamme erhitzt. Nach einiger Zeit ist die Hauptmenge des Jods an den Rundkolben sublimiert; man bringt die Jodkristalle in ein frisches Glas und wiederholt die Sublimation ohne Jodkaliumzusatz, um rückstandsfreies Jod zu erhalten. Das zweite Subli-

---

[1]) Kurzes Lehrbuch der analytischen Chemie, (1917) 7. Aufl., Quantit. Anal. Bd. II. S. 549.

mat wird im Achatmörser zerdrückt und auf e·nem Uhrglas im Chlorkalziumexsikkator mit nicht eingefettetem Deckel während 24 Stunden getrocknet.

Um die Zehntelnormalthiosulfatlösung einzustellen, beschickt man drei kleine Wägegläschen mit je 2 g reinem, jodfreiem Jodkalium [1]) und höchstens $^1/_2$ ccm Wasser, verschließt und wägt. Nach dem Wägen wirft man etwa 0,5 g des reinen und getrockneten Jods in das Wägegläschen, das sich in der konzentrierten Jodkaliumlösung rasch löst, verschließt wieder und wägt die Jodmenge als Gewichtszunahme.

Wägegläschen samt Jod werden dann in einen Erlenmeyerkolben von 600 ccm Inhalt eingeworfen, in dem sich etwa 1 g Jodkalium in 200 ccm Wasser gelöst befindet. Beim Einfallenlassen löst man den Stöpsel vom Wägegläschen ab, mit der Vorsicht, daß keine Jodverluste eintreten. Die erhaltene Jodlösung wird mit der einzustellenden Thiosulfatlösung titriert, bis die Jodlösung nur noch wenig gelb gefärbt erscheint; nach Zusatz von einigen Tropfen Jodzinkstärkelösung titriert man zu Ende, bis mit einem Tropfen Thiosulfatlösung die blaue Jodstärke eben entfärbt wird.

Der Umsetzung liegt folgender Vorgang zugrunde:

$$J_2 + 2\,Na_2S_2O_3 = 2\,NaJ + Na_2S_4O_6.$$

Danach entsprechen je 0,012692 g Jod einem Kubikzentimeter Zehntel-Normalthiosulfat.ösung.

Die Thiosulfatlösung wäre demnach genau zehntelnormal, wenn auf je 0,012692 g Jod 1 ccm Thiosulfatlösung verbraucht werden. Gewöhnlich ist indessen die Lösung etwas schwächer oder etwas stärker. Man berechnet dann aus der eingewogenen Jodmenge und dem Verbrauch an Thiosulfatlösung (in Kubikzentimetern) die 1 ccm der Thiosulfatlösung entsprechende Jodmenge. Diese Zahl, durch 0,012692 dividiert, ergibt den Faktor (f) zur Umrechnung der Kubikzentimeter Thiosulfatlösung in Kubikzentimeter Zehntelnormallösung.

Titerstellung mit reinem Kaliumbichromat. Um etwaigen Fehlerquellen aus dem Wege zu gehen, die dadurch bedingt sein können, daß man die Titerstellung mit Jod in chromfreier Lösung vornimmt, während man bei der Titration der Versuchslösungen bei Anwesenheit von Chrom arbeitet und infolgedessen der Umschlag am Endpunkt der Titration in mehr oder weniger stark grün gefärbter Lösung eintritt, stellt man den Titer der Thiosulfatlösung, besonders wenn es sich um die Untersuchung hochprozentiger Chromlegierungen handelt, mit reinem Kaliumbichromat ein.

Man wägt von völlig trockenem, reinstem Kaliumbichromat mehrere Proben von 0,2—0,24 g Gewicht ab, löst jede Probe für sich in einem Litererlenmeyerkolben mit 300—400 ccm reinem destilliertem Wasser, fügt 2 g Jodkalium (jodatfrei) und 40 ccm reine (chlorfreie) Salzsäure vom spez. Gew. 1,12 hinzu, mischt durch einmaliges Umschütteln und titriert nach kurzem Stehenlassen, zunächst ohne Stärkezusatz, bis die Lösung nur noch wenig gelb erscheint. Dann setzt man Stärkelösung zu und titriert mit der einzustellenden Thiosulfatlösung bis eben zum Verschwinden der Blaufärbung, d. h. bis zum Umschlag der blauen Jodstärkefärbung in das Grün der Chromisalzlösung.

Bei Verwendung reinen Kaliumbichromats würde einer Einwage von 0,2452 g ein Thiosulfatverbrauch von 50 ccm zehntelnormaler Lösung entsprechen.

Da die Umsetzung zwischen Chromation und Jodion nach folgender Gleichung vor sich geht:

$$2\,CrO_4'' + 6\,J' + 16\,H^{·} = 2\,Cr^{···} + 8\,H_2O + 3\,J_2$$

---

[1]) Eine Probe des Jodkaliums darf nach Lösen in reinem Wasser und Ansäuern mit reiner Salzsäure auf Zusatz von Jodzinkstärkelösung keine Bläuung geben.

und somit ein Atom Chrom drei Atomen Jod bzw. drei Molekülen Thiosulfat entspricht, so zeigt ein Molekül Thiosulfat 1 Atom Chrom an, d. h.

1 ccm Zehntel-Normalthiosulfatlösung entspricht 0,001733 g Chrom.

b) Herstellung und Titerstellung der Permanganat- und Ferrosulfatlösung.

Zur Ermittlung des Chromatgehaltes kann eine der zur maßanalytischen Manganbestimmung (S. 179) dienenden Permanganatlösungen (z. B. 16 g Kaliumpermanganat zu 5 l gelöst, einer etwa zehntelnormalen Lösung entsprechend) Verwendung finden; Herstellung vgl. ebenda. Zur Titerstellung geht man aus den gleichen Gründen wie für die Thiosulfatlösung angegeben, besser vom Kaliumbichromat aus, wozu man ebenfalls Einwagen von 0,2—0,24 g verwendet.

Die Ferrosulfatlösung kann in beliebiger Stärke hergestellt werden. Zweckmäßig löst man 60 g reines Ferrosulfat ($FeSO_4 + 7H_2O$) mit Wasser, gibt 100 ccm konzentrierte Schwefelsäure dazu und verdünnt zu 2 l.

Von der Ferrosulfatlösung mißt man zur Ermittlung ihrer Stärke jedesmal, wenn man Titrationen von Chromatlösungen auszuführen hat, eine bestimmte Menge mittels Pipette ab und stellt deren Permanganatverbrauch fest. Eine gleichgroße Ferrosulfatmenge wird der mit Schwefelsäure angesäuerten Chromatlösung zugegeben. Sie muß in jedem Fall ausreichen, um sämtliches Chromat in Chromisalz überzuführen; der dann verbleibende Ferrosalzüberschuß wird gleich darauf mit Permanganatlösung zurücktitriert. Setzt man statt der angewandten Menge Ferrosulfatlösung deren Permanganatverbrauch in Rechnung, so ergibt sich nach Abzug der beim Rücktitrieren des überschüssigen Ferrosulfats verbrauchten Kubikzentimeter Permanganatlösung diejenige Permanganatmenge, die bezüglich ihres Oxydationswertes der vorhanden gewesenen Chromatmenge entspricht.

Die Umsetzung zwischen Chromation und Ferroion geht nach folgender Gleichung vor sich:

$$CrO_4'' + 3\,Fe^{..} + 8\,H^. = Cr^{...} + 3\,Fe^{...} + 4\,H_2O.$$

Beim Rücktitrieren spielt sich zwischen Permanganation und überschüssigem Ferroion folgender Vorgang ab:

$$MnO_4' + 5\,Fe^{..} + 8\,H^. = Mn^{..} + 5\,Fe^{...} + 4\,H_2O.$$

Nach diesen beiden Gleichungen entsprechen sich also:

$$1\,MnO_4' - 5\,Fe^{..} - \tfrac{3}{3}\,CrO_4'' - \tfrac{5}{6}\,K_2Cr_2O_7;$$

unter Ausschaltung der Ferroionen bei der Berechnung zeigt demnach ein Molekül Permanganat $\tfrac{5}{3}$ Atome Chrom an.

Bei der Einstellung der Permanganatlösung mit Kaliumbichromat kann man demnach den Titer der Permanganatlösung aus der Einwage an Bichromat (e Gramm) und dem Permanganatverbrauch (n ccm) wie folgt berechnen:

$$1 \text{ ccm der Permanganatlösung entspricht } \frac{\tfrac{5}{3}\,Cr}{\tfrac{1}{6}\,K_2Cr_2O_7} \cdot \frac{e}{n} = 0{,}3535 \cdot \frac{e}{n}\,gCr.$$

Hat man die Permanganatlösung nach S. 180 mit Zehntelnormalthiosulfatlösung eingestellt und bei Anwendung von p Kubikzentimetern Permanganatlösung n Kubikzentimeter Zehntelnormalthiosulfatlösung gebraucht, so berechnet sich der Chromtiter der Permanganatlösung:

$$1 \text{ ccm entspricht } 0{,}001733 \cdot \frac{n}{p}\,g\,Cr.$$

c) Herstellung der Quecksilberoxydulnitratlösung. 100 g reines Quecksilberoxydulnitrat werden in einer Reibschale zerrieben und in einer Literflasche (mit Glasstopfen) mit Wasser geschüttelt. Um zu verhüten, daß sich die Lösung oxydiert, verwahrt man die Lösung unter Zugabe von etwas

reinem Quecksilber. Zu beachten ist für die Fällungen, daß Quecksilberoxydulnitrat durch Wasser hydrolysiert wird; die Lösung enthält infolgedessen stets
freie Säure, während basisches Salz als unlöslicher Bodensatz verbleibt.

Ausführung der Bestimmung. Von Roheisen und Stahl mit geringem Chromgehalt werden 10—15 g, von chromreicherem Material 4—5 g in der Porzellanschale mit verdünnter Salpetersäure (spez. Gew. 1,18) gelöst [1]); nach Eindampfen, Zerstören der Nitrate durch Glühen wird aus der salzsauren Lösung
des Glührückstandes Siliziumdioxyd unlöslich abgeschieden und abfiltriert (vgl.
Verfahren 1 b [2]) S. 154).

Das Siliziumdioxyd hält mitunter kleine Mengen von Chrom zurück. Der
nach Abrauchen des Siliziumdioxyds mit Flußsäure und Schwefelsäure verbleibende Rückstand muß daher für sich auf etwaigen Chromgehalt untersucht werden.

Dies geschieht wie folgt: Der Rückstand wird im Platintiegel mit etwas
Magnesia-Natriumkarbonatgemisch verrieben und durch kräftiges Erhitzen
während $^1/_2$ Stunde aufgeschlossen. Beim Auslaugen mit heißem Wasser geht
Natriumchromat neben Karbonat in Lösung. Die vom Unlöslichen abfiltrierte
Lösung wird mit Salzsäure angesäuert, schwach saure (farblose) Jodkaliumlösung
zugegeben und das ausgeschiedene Jod mit Zehntelnormalthiosulfatlösung
unter Verwendung von etwas Jodzinkstärkelösung titriert.

Das Filtrat vom Siliziumdioxyd wird eingedampft, nach S. 165 ausgeäthert,
aus der eisenfreien Lösung der Chloride Kupfer entfernt und das Filtrat vom
Schwefelkupfer, wie S. 169 beschrieben, in der Platinschale mit Ätznatron
und Natriumsuperoxyd aufgeschlossen.

Bei eisenarmen Chromlegierungen, wie z. B. Chrommangan, Chromnickel (vgl. das
Beispiel S. 246), Chrommetall u. a. ist die Ausätherung des Eisens überflüssig. Solche
Legierungen löst man zweckmäßig in Salzsäure, dampft mit Schwefelsäure ab, indem
man zuletzt bis zum beginnenden Abrauchen von Schwefelsäuredämpfen auf dem Finkenerturm erhitzt. Dann löst man mit etwas verdünnter Schwefelsäure unter Erwärmen, filtriert
ausgeschiedenes Siliziumdioxyd, sowie sonstige ungelöst gebliebene Anteile ab, die verascht und mit Flußsäure - Schwefelsäure abgeraucht werden. Der Rückstand wird für
sich aufgeschlossen und das darin vorhandene Chrom bestimmt.

Das Filtrat (bzw. ein aliquoter Teil desselben) wird in der Platinschale eingedampft,
die Schwefelsäure auf dem Finkenerturm abgeraucht und der Rückstand in gleicher Weise
wie beim Mangan S. 169 beschrieben, aufgeschlossen.

Beim Zugeben von Wasser zur Schmelze geht alles Chrom als Chromat in
Lösung; Mangan geht zum Teil als Manganat unter Grünfärbung der Flüssigkeit in Lösung. Falls noch vorhandenes, überschüssiges Natriumsuperoxyd
nicht hinreicht, um alles Manganat zu Mangandioxyd zu reduzieren, gibt man noch
ein oder zwei Messerspitzen davon hinzu, rührt die Lösung tüchtig durch und
bedeckt mit einem Uhrglas. Man füllt die Lösung des Aufschlusses in ein Becherglas von etwa 300 ccm Inhalt über, verdünnt mit Wasser auf etwa 200 ccm
und läßt auf dem Dampfbad den Niederschlag absitzen. Nach Abkühlen filtriert
man die klare, je nach Chromgehalt mehr oder weniger stark gelb gefärbte Lösung
durch ein Weißbandfilter ab, wäscht den Niederschlag, der alles Mangan, Nickel,

---

[1]) Manche Sorten chromreichen Materials lösen sich mit Salpetersäure nicht oder nur
unvollständig; in diesem Falle versuche man mit konzentrierter Salzsäure (ohne Zusatz
eines Oxydationsmittels) zu lösen. Ist die Probe löslich, so wird Siliziumdioxyd bei 135° C
nach Verfahren 1a) (s. S. 151) abgeschieden, das Filtrat nach Oxydation mit verdünnter
Salpetersäure zur Ausätherung vorbereitet und wie oben weiter behandelt. Bei der Abscheidung der Kieselsäure aus salzsauren Lösungen von chromreichem Material bleiben
häufig stark chrom- und eisenhaltige Reste ungelöst; sie bestehen anscheinend aus einer
salzartigen Verbindung (Eisenchromit).

[2]) Zur Beschleunigung der Ausführung kann man auch nach S. 175 Abschnitt d)
verfahren.

Kobalt und Reste von Eisen enthält, im Becherglas mehrmals mit heißem Wasser aus, bis er keine wesentlichen Mengen von Alkalisalz mehr enthält.

Ist die Menge des Niederschlags erheblich oder befürchtet man unvollständigen Aufschluß des Chroms, so verascht man den Niederschlag in der Aufschlußplatinschale, feuchtet dann den Rückstand mit einer hinreichenden Menge starker Natronlauge ein und wiederholt den Aufschluß mit Ätznatron und Natriumsuperoxyd in der beim Mangan beschriebenen Weise (S. 169).

Nach Lösen des erkalteten Aufschlusses mit Wasser, Zerstören etwa entstandenen Manganats, filtriert man vom unlöslichen Rückstand ab.

Der ausgewaschene Rückstand kann zur Bestimmung von Mangan, Nickel und Kobalt weiter benützt werden. Enthält das Material außer Chrom noch Phosphor, Vanadin, Wolfram oder Molybdän, so finden sich im Filtrat neben Chrom (als Chromat), Phosphor, die Hauptmenge des Vanadins, sowie kleine Reste von Wolfram und Molybdän in Form ihrer Säuren.

Bei jodometrischer Bestimmung des Chroms kann von diesen Stoffen Vanadinsäure in erheblichem Maße störend wirken, da diese aus angesäuerter Jodkaliumlösung langsam Jod in Freiheit setzt und dadurch bewirkt, daß nach Fertigtitrieren der Lösung mit Thiosulfat die farblose Lösung immer wieder nachbläut.

Auch beim Titrieren mit Ferrosulfat- und Permanganatlösung sollen bei Gegenwart von Vanadinsäure zu hohe Ergebnisse erzielt werden [1]), während nach Campagne [2]) auf diesem Weg trotz der Gegenwart von Vanadinsäure richtige Chromwerte erhalten werden. Sicherer ist es in jedem Falle, vorhandenes Vanadin vor dem Titrieren des Chromates aus der Lösung zu entfernen.

Beim Fällen mit Quecksilberoxydulnitratlösung gehen sämtliche vorhandenen Metallsäuren samt der Phosphorsäure in den Quecksilberniederschlag über. Um das Chrom daraus rein zu erhalten, muß man den Niederschlag veraschen, zur Vertreibung des Quecksilbers glühen und den Rückstand in geeigneter Weise reinigen.

Zeigt die Chromatlösung nur geringe Gelbfärbung, so kann man das gesamte Filtrat zur Titration verwenden. Bei Anwesenheit größerer Chrommengen füllt man das Filtrat beispielsweise auf 500 ccm auf und entnimmt der Lösung 50 ccm entsprechend $^1/_{10}$ der eingewogenen Materialmenge.

Größere Chrommengen (als etwa 0,1 g Cr entsprechend) für die Titrationen zu verwenden, ist nicht vorteilhaft, da die Lösungen gegen das Ende der Titration durch Chromiion stark grün gefärbt sind, so daß das scharfe Erkennen des Endpunktes — sowohl beim jodometrischen als auch beim Permanganatverfahren — stark beeinträchtigt wird. Starkes Verdünnen ist in jedem Falle notwendig.

α) **Jodometrische Bestimmung des Chroms.** Bevor die alkalische Chromatlösung angesäuert wird, muß alles Natriumsuperoxyd (bzw. daraus gebildetes Wasserstoffsuperoxyd), von dem noch geringe Reste vorhanden sein könnten, durch Erhitzen der Lösung bis zum Sieden zerstört werden. Sind beim Ansäuern noch geringe Mengen Superoxyd zugegen, so gibt ein Teil des Chromates damit blaue Überchromsäure, die rasch unter Sauerstoffabgabe zerfällt und Chromisalz bildet, so daß ein Teil des vorhandenen Chromates für die Titration verloren gehen würde.

Die superoxydfreie Lösung wird in einem 600 ccm (bei größeren Chrommengen 1 l) fassenden Erlenmeyerkolben in der Kälte mit Salzsäure angesäuert, $^1/_2$—1 g reines, jodatfreies Jodkalium zugegeben, mit Wasser auf etwa 200 bis

---

[1]) Leitfaden für Eisenhüttenlaboratorien von A. Ledebur, 10. Auflage, neu bearbeitet von Kinder und Stadeler, 1918. S. 52.
[2]) Chem. News 90. (1904). 237.

300 ccm verdünnt und nach kurzem, ruhigen Stehenlassen unter Umschütteln mit Zehntelnormalthiosulfatlösung titriert, bis die Lösung nur noch schwach gelb erscheint. Dann setzt man einige Tropfen Jodzinkstärkelösung hinzu und weiter tropfenweise Thiosulfatlösung, bis die durch Stärkelösung hervorgerufene Blaufärbung eben verschwindet.

Berechnung. Ist der Verbrauch an Zehntelnormalthiosulfatlösung für die gesamte Einwage von e Gramm = n ccm Thiosulfatlösung (wobei auch der Thiosulfatverbrauch der im Siliziumdioxydrückstand vorhandenen Chrommenge mitgerechnet ist), so ergibt sich der Chromgehalt des Probematerials in Prozenten zu:

$$\% \text{ Cr} = 0{,}1733\,\text{f} \cdot \frac{n}{e};$$

dabei ist unter f der Faktor für die Umrechnung der nicht genau zehntelnormalen Thiosulfatlösung in genau zehntelnormale Lösung zu verstehen. (Siehe hierüber die Titerstellung S. 234.)

β) **Titration mit Ferrosulfat- und Permanganatlösung.** Während die Titration mit Thiosulfat stets einwandfreie Chromwerte liefert, ergibt die Titration mit Ferrosulfat und Permanganat nach den Untersuchungen von Herwig[1]), wenn man den theoretisch berechneten Chromtiter der Permanganatlösung verwendet, zu niedrige Werte, was dann besonders bei der Untersuchung hochprozentiger Chromlegierungen (z. B. bei Ferrochrom) zum Ausdruck kommt. Es ist daher zweckmäßig, den Chromtiter der Permanganatlösung auf alle Fälle durch Kaliumbichromat zu ermitteln und für die Untersuchung hochprozentiger Chromlegierungen dem jodometrischen Verfahren den Vorzug zu geben.

Die Titration mit Ferrosulfat- und Permanganatlösung geschieht wie folgt: Zu der in einem 1 l fassenden Erlenmeyerkolben befindlichen superoxydfreien Chromatlösung gibt man verdünnte Schwefelsäure (1 : 10), bis ein ziemlicher Überschuß davon vorhanden ist, und verdünnt auf etwa 300—500 ccm. Dann entnimmt man aus der Ferrosulfatvorratslösung mittels Pipette 25 oder 50 ccm und läßt sie in die Chromsäurelösung einfließen.

Die Ferrosulfatmenge muß so bemessen sein, daß nach Einfließen der abgemessenen Menge Ferrosulfatlösung alles Chromat zu Chromisalz reduziert ist; die Farbe der Lösung muß dementsprechend von gelb in grün übergegangen sein.

Gleich nach Einfließen der Ferrosulfatlösung läßt man von der Permanganatlösung aus der Bürette zufließen, bis die Farbe der Flüssigkeit im Kolben deutlich einen geringen Überschuß an Permanganat erkennen läßt, der auch beim Umschütteln der Flüssigkeit nicht verschwindet. (Der Verbrauch an Permanganatlösung beim Rücktitrieren möge b ccm betragen.)

Dann ermittelt man durch einen besonderen Versuch, wieviel Permanganatlösung eine gleich große (mit derselben Pipette abgemessene) Menge der Ferrosulfatlösung bis zum Auftreten der Permanganatfärbung verbraucht. (Die gefundene Menge Permanganatlösung sei = a ccm.)

Unter der Annahme, daß die bei der Titration des Chroms angewandte Menge Lösung einer Einwage von e Gramm Probematerial entspricht und der Chromtiter der Permanganatlösung = T ist, berechnet sich der Chromgehalt der Probe zu

$$\% \text{ Cr} = \frac{100\,\text{T} \cdot (a - b)}{e}.$$

γ) **Fällung mit Quecksilberoxydulnitratlösung.** Für die Chrombestimmung verwendet man je nach der Menge der vorhandenen fällbaren Säuren die ganze Lösung oder einen Teil des Filtrates vom Superoxydaufschluß.

---

[1]) Stahl u. Eisen 36. (1916). 646.

Die Lösung wird in einem Becherglas von 300—400 ccm Inhalt durch Zusatz von verdünnter Salpetersäure vorsichtig neutralisiert und zum Verjagen etwa freiwerdender Kohlensäure erhitzt. Man neutralisiert soweit, bis ein in die Lösung geworfenes Stückchen Lackmuspapier weinrote Farbe angenommen hat. Dann gibt man Quecksilberoxydulnitratlösung zu, bedeckt mit Uhrglas, erhitzt kurze Zeit zum Sieden und läßt den aus schwach alkalischer Lösung grau bis graugrün, aus neutraler rot ausfallenden Niederschlag absitzen. Erscheint die Lösung über dem Niederschlag klar, so prüft man durch weiteren Zusatz von Quecksilbersalzlösung, ob die Fällung vollständig ist und fügt nötigenfalls soviel hinzu, bis Überschuß an Quecksilbersalz vorhanden ist.

Da infolge Zugebens größerer Mengen der stets schwachsauren Quecksilbersalzlösung die gefällte Lösung so sauer geworden sein kann, daß die Fällung von Chrom (bzw. Phosphor, Vanadin, Wolfram, Molybdän u. a.) unvollständig ist, so fügt man der Lösung zur Neutralisation einige Tropfen Ammoniak zu und erhitzt nochmals. Zu beachten bleibt dabei, daß auch ein Überschuß von Ammoniak unvollständige Fällung herbeiführen kann durch Bildung löslicher Ammonsalze der Chromsäure (Vanadinsäure, Wolframsäure usw.) und daher vermieden werden muß. Nach Absitzen des Niederschlags prüft man nochmals mit Quecksilberlösung, ob alles Fällbare gefällt ist, und filtriert dann den Niederschlag durch ein gut laufendes Weißbandfilter ab. Zum Auswaschen benützt man erst reines Wasser, gegen Schluß stark verdünnte Quecksilbersalzlösung (etwa 25 ccm Quecksilberoxydulnitratlösung auf 500 ccm verdünnt).

Ist weitere Reinigung des nach Veraschen des Quecksilberniederschlags verbleibenden Chromoxyds notwendig, so braucht man den Quecksilberniederschlag nicht völlig alkalifrei auswaschen.

Man verascht Niederschlag samt Filter im offenen Platintiegel oder falls der Rückstand phosphorhaltig ist, im Nickel- oder Eisentiegel unter gut ziehendem Abzug und glüht den Rückstand zuletzt kräftig. War die Probe frei von Phosphor, Vanadin, Wolfram oder Molybdän, so besteht der beim Veraschen des alkalifrei ausgewaschenen Quecksilberniederschlags verbleibende Rückstand aus reinem Chromoxyd, was aber bei der Untersuchung von Eisen- und Stahlproben nur selten der Fall ist.

In der Regel muß man mit dem Vorhandensein von Phosphor rechnen; bei Roheisen kann auch Vanadin zugegen sein, bei besonderen Stahlproben außerdem Molybdän oder Wolfram (letztere nur in geringer Menge, da die Hauptmengen beim Ausäthern bzw. beim Abscheiden des Siliziumdioxyds entfernt werden).

Reinigung des rohen Chromoxyds. (Trennung des Chroms von Phosphor, Vanadin, Wolfram und Molybdän.)

Grundlagen des Trennungsverfahrens. Durch Aufschließen des unreinen Chromoxyds mit geeigneten reduzierend wirkenden Aufschlußmitteln lassen sich die übrigen im rohen Chromoxyd vorhandenen Stoffe (Phosphorsäure, Wolframsäure, Vanadinsäure, Molybdänsäure) in wasserlösliche Alkalisalze überführen, während Chromoxyd nicht verändert wird und beim Auswaschen mit Wasser als solches rein zurückbleibt.

Herstellung einer geeigneten Aufschlußmischung. Man mischt durch Zusammenreiben in der Porzellanreibschale 4 Teile reines Natriumkaliumkarbonat oder Natriumkarbonat mit 1 Teil reinem Weinstein. (Auch eine Mischung von essigsaurem Natron und Natriumkaliumkarbonat kann verwendet werden.)

Käuflicher Weinstein ist wegen der häufig starken Verunreinigung (z. B. durch Gips) nicht geeignet. Steht reiner Weinstein nicht zur Verfügung, so kann man ihn leicht in folgender Weise herstellen: 150 g reine Weinsäure werden mit Wasser zu 500 ccm gelöst und die Lösung filtriert. Zur Weinsäurelösung schüttet man unter Umrühren eine Auflösung von 56 g reinem Ätzkali in Wasser und läßt abkühlen. Der Weinsteinniederschlag wird auf dem Saugtrichter abgesaugt und bei 105° C im Trockenschrank getrocknet.

Das Aufschließen des unreinen Chromoxyds wird in folgender Weise vorgencmmen:

Falls das aufzuschließende Chromoxyd phosphorfrei ist, was z. B. bei Wolframstahl praktisch der Fall ist, so wird der im Platintiegel veraschte Rückstand mit der 8—10fachen Menge Weinsteinmischung mit Hilfe eines dicken Glasstabstückes gut durchgemischt, der Glasstab wird zuletzt mit einem Filtrierpapierstückchen abgewischt, das Papierstückchen ebenfalls in den Tiegel getan und das Ganze noch mit etwas Weinsteinmischung überdeckt. Phosphorhaltige Rückstände müssen in gleicher Weise in Nickel- oder Eisentiegeln behandelt werden; wollte man solche Rückstände mit Weinsteinmischung im Platintiegel aufschließen, so würde der Platintiegel durch Bildung von Phosphorplatin in kürzester Zeit völlig verdorben.

Alsdann deckt man auf den Tiegel einen gut schließenden Deckel, dreht auf und erhitzt nun zunächst eine halbe Minute auf dem halbaufgedrehten Bunsenbrenner und dann noch etwa 5—10 Minuten auf dem vollen Bunsenbrenner, oder z. B. beim Aufschluß in Eisentiegeln auf dem Gebläse, mit der Vorsicht, daß der Deckel, solange der Tiegel heiß ist, nicht verschoben wird, da der Luftzutritt zur Schmelze unbedingt vermieden werden muß. Man läßt abkühlen, ohne den Deckel abzunehmen, bringt den erkalteten Tiegel samt Deckel in ein kleines Becherglas mit so viel Wasser, daß der Tiegel eben davon bedeckt ist und läßt in der Wärme stehen, bis sich die Schmelze vom Tiegel gelöst hat. Man nimmt hierauf Tiegel und Deckel heraus, spült sorgfältig ab mit destilliertem Wasser und läßt die erhaltene Lösung über Nacht absitzen. Die über dem Niederschlag von Chromoxyd stehende Losung muß bei richtig geleiteter Schmelze farblos sein. Ist sie gelblich, so ist infolge Luftzutritts während der Schmelze Oxydation von Chromoxyd zu Chromat eingetreten [1]).

Man filtriert das Chromoxyd durch ein Blaubandfilter ab und wäscht zunächst mit destilliertem Wasser aus, wobei man auf das Filter kleine Stücke von Ammoniumkarbonat legt, um Trübegehen des Chromoxyds zu vermeiden. Zuletzt kann man mit schwach salpetersäurehaltiger Ammoniumnitratlösung alkalifrei waschen, wobei man aber zur Vorsicht die Vorlage wechselt.

Das Filter samt Chromoxyd wird im gleichen Tiegel, in dem schon die Schmelze ausgeführt wurde, verascht und gewogen.

Das Filtrat kann zur weiteren Bestimmung von Vanadin benutzt werden (vgl. S. 275).

Das Chromoxyd ist rein, falls der Aufschluß im Platintiegel erfolgen konnte. Bei Aufschlüssen im Nickel- oder Eisentiegel ist er leicht durch Metalloxyd aus dem Tiegelmaterial verunreinigt und muß dann nochmals (am besten mit Natriumsuperoxyd) aufgeschlossen, das Chromat wieder gefällt, verascht und gewogen werden (vgl. S. 240).

---

[1]) Bei erheblicheren Chromoxydmengen schmilzt man zweckmäßig zuerst mit wenig reinem Natriumkarbonat die Oxyde zusammen, gibt danach Weinsteinmischung zu und verfährt wie beschrieben. Beim ersten Schmelzen entstandenes Chromat wird dabei wieder reduziert. Bei Ausführung der Schmelzen dürfen nicht Teile der Schmelze, von der Hauptmenge getrennt, an den Tiegelwandungen vorhanden sein.

Ein ähnliches Verfahren wie das angegebene ist von Campbell und Woodhams (Journ. Americ. Chem. Soc. 30. (1908). 1233) für die Trennung von Vanadin und Chrom beschrieben worden. Die genannten Verfasser schließen mit Natriumkarbonat auf, geben der Schmelze zum Schluß Holzkohlenpulver zu und erhitzen noch 10 Minuten lang.

Die gewichtsanalytische Chrombestimmung ist sehr zeitraubend und mühsam, ohne größere Zuverlässigkeit zu besitzen als die maßanalytischen Verfahren.

Berechnung. Aus der Menge des gefundenen Chromoxyds (= a Gramm) berechnet sich der Gehalt des Materials an Chrom, wenn für die Fällung des Chromoxyds e Gramm der Einwage angewandt sind, wie folgt:

$$\% \, Cr = 68{,}42 \cdot \frac{a}{e}.$$

Dazu kommt noch die beim Siliziumdioxyd verbliebene Chrommenge, die, wie angegeben, maßanalytisch ermittelt wird.

b) Das Aufschlußverfahren.

Handelt es sich lediglich um die Bestimmung des Chromgehaltes in einer Probe, so kann man auf wesentlich schnellerem Weg, als dies nach Verfahren 1 a möglich ist, zum Ziel gelangen, wenn man wie nachstehend angegeben arbeitet.

Grundlagen des Verfahrens. Führt man das Probematerial in Oxyde über, so läßt sich vorhandenes Chrom durch Schmelzen mit Natriumsuperoxyd im Eisen- oder Nickeltiegel glatt in Chromat überführen. Nach Ausziehen der Schmelze mit Wasser wird das Chromat nach einem der bereits beschriebenen Verfahren bestimmt.

Ausführung der Bestimmung. 2 g der Probe [1]) werden in kleiner Porzellanschale mit verdünnter Salpetersäure (spez. Gew. 1,18) gelöst, die Lösung eingedampft und die Nitrate durch starkes Glühen (auf dem Asbestdrahtnetz bei aufgedecktem Uhrglas) vollständig zerstört. Die Oxyde lösen sich dabei zum größeren Teil von den Wandungen der Schale ab. Man bringt die abgelösten Teile in eine Achatreibschale, verreibt sie mit Natriumsuperoxyd (im ganzen sind etwa 16 g davon notwendig) und gibt die Mischung in einen rein ausgescheuerten Eisen- [2]) oder Nickeltiegel. Die in der Schale verbliebenen Reste von Oxyden löst man vorsichtig durch Abkratzen mit einem Spatel von den Schalenwandungen ab, mischt sie gleichfalls mit Superoxyd und fügt diesen Teil zur Hauptmenge in den Tiegel. Zuletzt bringt man etwas Natriumsuperoxyd in die Porzellanschale, löst durch Abkratzen die Reste der Oxyde soweit als möglich los und gibt alles in den Tiegel. Den geringen in der Schale zurückbleibenden Rest bringt man durch Erwärmen mit schwacher Natronlauge in Lösung. Diese Lösung wird in ein Becherglas gespült und die Schale ausgerieben und ausgespült.

Die Mischung wird nach Bedecken des Tiegels mit kleiner Flamme etwa 10 Minuten lang erwärmt. Würde man gleich von Anfang an stark erhitzen, so könnte die Reaktion leicht so stürmischen Verlauf nehmen, daß das Natriumsuperoxyd mit dem Tiegelmaterial reagiert und der Boden durchschmilzt. Dies vermeidet man, wenn man die Erhitzung anfangs mäßigt. Nach 10 Minuten langem Erwärmen bei mäßig hoher Temperatur kann man die Erhitzung allmählich steigern, bis der Tiegelinhalt schmilzt. Bei Eintreten des Schmelzens faßt man den Tiegel mit der Zange und bringt durch Schwenken über der Bunsenflamme den ganzen Inhalt des Tiegels zum Schmelzen. Bei Gegenwart von viel Chrom kann man nach vollständigem glattem Schmelzen des Inhalts den Tiegel noch etwa 15 Minuten auf dunkler Rotglut erhalten, um sicher zu gehen, daß der Aufschluß vollständig erfolgt. Dann läßt man erkalten, gibt den Tiegel

---

[1]) Z. B. Chromstahl, Chromnickelstahl, Chromwolframstahl und Chromvanadinstahl; bei chromarmen Eisen- und Stahlsorten werden besser größere Mengen nach Verfahren 1 a) auf Chrom untersucht.

[2]) Gut brauchbare Eisentiegel sind von der Firma Ströhlein & Cie. in Düsseldorf unter der Bezeichnung Dillinger Tiegel zu beziehen.

mit der Schmelze in ein Becherglas, gießt heißes Wasser dazu und bedeckt mit Uhrglas. Die Schmelze löst sich rasch unter Zersetzung des Superoxydüberschusses aus dem Tiegel heraus. Man gibt die alkalische Lösung des Restes aus der Porzellanschale dazu, spült den Tiegel sorgfältig mit Wasser ab und läßt auf dem Dampfbad in der Wärme während 1—2 Stunden stehen. Sollte die Lösung nicht gelb, sondern grün (von Manganat) gefärbt sein, so reduziert man dieses durch Zugabe einer Messerspitze voll Natriumsuperoxyd und Umrühren. Die Lösung verdünnt man danach auf etwa 300 ccm, läßt abkühlen und gründlich absitzen und filtriert die klare Lauge durch ein Weißbandfilter, ohne den Niederschlag aufzurühren. Zuletzt übergießt man den Niederschlag im Becherglas mit heißem Wasser und läßt von neuem absitzen. Beim Filtrieren des zweiten Auszuges fängt man das Durchgehende in einem besonderen Erlenmeyerkolben auf, um bei etwaigem Trübegehen des Eisenoxyds nicht das ganze Filtrat nochmals filtrieren zu müssen. Ist der Niederschlag auf das Filter gebracht, so wäscht man mit heißem Wasser aus, bis alles Chrom aus dem Niederschlag entfernt ist. Da kleine Mengen von Chrom noch beim Eisen geblieben sein können, so ist es notwendig, den Rückstand samt dem Filter zu veraschen und nochmals mit Natriumkaliumkarbonat aufzuschließen, die Schmelze mit Wasser auszulaugen und vom Ungelösten abzufiltrieren.

Die alkalischen Filtrate werden aufgekocht, um vorhandenes Superoxyd vollkommen zu zerstören, und dann in einem Meßkolben auf 500 ccm aufgefüllt.

Für die Titration des Chroms verwendet man je $^1/_5$ der Lösung (entsprechend etwa 0,4 g Einwage) und verfährt wie S. 238 oder 239 angegeben.

Auch für die gewichtsanalytische Bestimmung des Chroms kann man in oben beschriebener Weise verfahren (S. 239). Zweckmäßig wird das nach Veraschen des Quecksilberniederschlags erhaltene rohe Chromoxyd vor dem Aufschließen noch mit Flußsäure-Schwefelsäure abgeraucht, um Siliziumdioxyd, wenn vorhanden, zu entfernen.

2. Chrombestimmung in salpetersäureunlöslichem Material.

(Ferrochrom, hochprozentiger Chromwolframstahl u. a.)

a) Aufschluß mit Magnesia-Natriumkarbonat.

Ausführung der Bestimmung. 0,5—2 g des möglichst fein gepulverten oder zerspanten Materials werden mit der 10fachen Menge Magnesia-Natriumkarbonatmischung (nach Rothe vgl. S. 158) in der Achatreibschale innig vermengt, die Mischung in einen geräumigen Platintiegel übergeführt und durch halbstündiges Erhitzen auf einem Dreibrenner und weiteres halbstündiges Erhitzen über der Gebläseflamme aufgeschlossen. Die erkaltete Schmelze wird soweit als möglich nach Anfeuchten mit Wasser in der Achatreibschale zerdrückt; der entstandene Brei wird in ein Becherglas gespült und mit Wasser auf dem Dampfbad erhitzt, um das entstandene Chromat auszulaugen. Nach Absitzenlassen filtriert man vom Ungelösten ab und wäscht gründlich mit heißem Wasser aus. Der Rückstand wird verascht und nach Vermischen in der Reibschale mit etwa der vierfachen Menge (von der Einwage) an Natriumkarbonat nochmals erhitzt. Nach Erkalten wird Chromat wie zuerst ausgelaugt, der Rückstand abfiltriert und zum dritten Male mit Natriumkarbonat aufgeschlossen, um vorhandene Reste von Chrom auszuziehen. Bei genügender Zerkleinerung des Probematerials finden sich im wäßrigen Auszug des dritten Aufschlusses nur noch so geringe Chrommengen, daß weiteres Aufschließen des Unlöslichen meist nicht mehr erforderlich ist.

Der zuletzt verbleibende Rückstand kann für die Bestimmung von Eisen, Mangan, Nickel benützt werden.

Die vereinigten, alles Chrom als Chromat enthaltenden Filtrate werden auf 500 oder 1000 ccm verdünnt. In einem Teil der Lösung bestimmt man alsdann das Chrom nach einem der im vorstehenden beschriebenen Verfahren, unter Berücksichtigung etwa vorhandener Vanadinsäure, Wolframsäure usw.

b) Aufschluß mit Natriumsuperoxyd.

Ausführung der Bestimmung. Von dem möglichst weitgehend zerkleinerten Material wägt man 1 g ab, mischt die Probe mit 6—10 g Natriumsuperoxyd in einem Nickel- oder Eisentiegel von 40—50 ccm Inhalt, erhitzt etwa 10 Minuten lang mit kleiner Flamme, ohne das Superoxyd zum Schmelzen zu bringen und dreht danach die Flamme allmählich größer. Die weitere Behandlung des Aufschlusses einschließlich der Titration des Chroms ist die gleiche wie unter 1 b, S. 242, beschrieben.

Kohlenstoffreiches Material (Ferrochrom mit 3 und mehr % Kohlenstoff) läßt sich im allgemeinen ziemlich leicht in feine Form bringen, dagegen ist kohlenstoffarmes Ferrochrom oder hochprozentiger Wolframchromstahl äußerst schwierig in feines Pulver zu verwandeln. Von kohlenstoffarmem Ferrochrom verwende man feine Hobelspäne, von hochprozentigem Wolframchromstahl das durch Zerkleinern im naturharten Mörser (vgl. S. 32) erhaltene Material (grobes Pulver oder feine Blättchen). Beim Aufschließen von gröberem Material muß das Erhitzen des Natriumsuperoxydaufschlusses längere Zeit fortgesetzt werden. Der Aufschluß ist erst beendet, wenn sich beim Schwenken der Schmelze über der Flamme keinerlei Körnchen mehr erkennen lassen. Ferner ist Wiederholung des Natriumsuperoxydaufschlusses mit dem beim ersten Aufschluß erhaltenen Eisenoxyd zu empfehlen.

Beispiele.

1. **Titerstellung der Thiosulfatlösung.** Beim Titrieren abgewogener Jodmengen wurden verbraucht:

$$\text{Versuch 1 für 0,8423 g Jod: 66,4 ccm Thiosulfatlösung}$$
$$\text{,,} \quad 2 \text{ ,, } 0{,}5446 \text{ ,, ,, : } 42{,}9 \text{ ,, } \text{ ,,}$$
$$\text{,,} \quad 3 \text{ ,, } 0{,}5481 \text{ ,, ,, : } 43{,}1 \text{ ,, } \text{ ,,}$$

Demnach zeigt ein Kubikzentimeter dieser Thiosulfatlösung

$$\text{nach Versuch 1} \quad 0{,}012685 \text{ g Jod}$$
$$\text{,,} \quad \text{,,} \quad 2 \quad 0{,}012694 \text{ ,, ,,}$$
$$\text{,,} \quad \text{,,} \quad 3 \quad 0{,}012717 \text{ ,, ,,}$$

im Mittel also 0,012699 g Jod an.

Der Faktor zur Umrechnung von 1 ccm der angewandten Thiosulfatlösung in Kubikzentimeter Zehntelnormallösung berechnet sich zu

$$f = \frac{0{,}012\,699}{0{,}012\,692} = 1{,}000_6.$$

2. **Trennung von Chrom und Eisen nach dem Ätherverfahren.**

a) Titration mit Permanganatlösung.

10 ccm einer Chromichloridlösung verbrauchten nach Oxydation des Chromisalzes zu Chromat beim Titrieren nach dem Permanganatverfahren 53,5 ccm Permanganatlösung. (Chromtiter der Permanganatlösung: 1 ccm zeigt 0,002024 g Cr an.)

Die 10 ccm Chromlösung enthielten somit 0,1083 g Cr.

Versuche 1 und 2. Je 10 ccm der Chromichloridlösung wurden mit 50 ccm chromfreier Eisenchloridlösung (entsprechend 4,4 g metall. Eisen) gemischt, Eisen wurde mit Äther entfernt, die eisenfreie Lösung oxydierend geschmolzen und Chromat nach dem Permanganatverfahren titriert.

Der Chromgehalt entsprach bei

Versuch 1 53,5 ccm Permanganatlösung

„ 2 53,3 „ „

Hieraus berechnen sich die Chrommengen zu

1. 0,1083 g; 2. 0,1079 g.

b) Titration mit Thiosulfatlösung.

Benützte Chromchloridlösung: 10 ccm verbrauchten nach Überführung in Chromatlösung 3,6 ccm Zehntelnormalthiosulfatlösung, entsprechend 0,0062 g Chrom.

Versuch 3. 5 ccm dieser Chromisalzlösung mit 30 ccm einer Eisenchloridlösung (entsprechend 3,2 g Eisen) vermischt, ausgeäthert und Chrom zu Chromat oxydiert.

Verbraucht 1,8 ccm $\frac{n}{10}$ Thiosulfatlösung, entsprechend 0,0031 g Cr.

Versuch 4. 10 ccm Chromisalzlösung mit 30 ccm Eisenchloridlösung (entsprechend 3,2 g Eisen) vermischt und wie bei Versuch 3 weiter behandelt.

Verbraucht 3,6 ccm $\frac{n}{10}$ Thiosulfatlösung, entsprechend 0,0062 g Cr.

3. Ergebnisse der Untersuchung verschiedenen Probematerials.

Chromstahl mit 4% Cr.

6,000 g wurden nach Verfahren 1a auf Chrom untersucht. Die Chromatlösung wurde auf 500 ccm verdünnt und $^1/_5$ entsprechend 1,20 g der Probe zur Chrombestimmung verwendet.

Maßanalytische Bestimmung des Chroms. Chromtiter der Permanganatlösung: 1 ccm entspricht 0,004563 g Cr.

50 ccm Ferrosulfatlösung verbrauchen 19,5 ccm Permanganatlösung. Nach Zusatz von 50 ccm Ferrosulfatlösung zur Chromatlösung waren zur Rücktitration des überschüssigen Ferrosalzes erforderlich 8,8 ccm Permanganatlösung.

Der Chromgehalt der Probe berechnet sich danach zu

$$\frac{(19,5 - 8,8) \cdot 0,4563}{1,2} = 4,0_7\,\% \text{ Cr.}$$

Gewichtsanalytische Bestimmung. $^1/_5$ der Lösung wurde mit Quecksilberoxydulnitratlösung gefällt, der Niederschlag verascht und wie oben beschrieben gereinigt.

Gefunden reines Chromoxyd 0,0710 g Cr_2O_3.

Der Chromgehalt beträgt demnach

$$\frac{0,0710 \cdot 68,42}{1,2} = 4,0_5\,\% \text{ Cr.}$$

Nickelchromstahl mit 3,5% Nickel.

Versuch a. 6 g der Probe wurden nach Verfahren 1a ausgeäthert und aufgeschlossen. $\frac{2}{5}$ der Chromatlösung mit $\frac{n}{10}$ Thiosulfatlösung titriert verbrauchten 3,1 ccm Thiosulfatlösung. Die Probe enthält danach

$$\frac{0,1733 \cdot 3,1}{2,4} = 0,2_4\,\% \text{ Cr.}$$

Versuch b. 10 g der Probe nach Verfahren 1a ausgeäthert und aufgeschlossen. Die ganze Chromatlösung wurde mit $\frac{n}{10}$ Thiosulfatlösung titriert; sie verbrauchte 13,1 ccm.

Der Chromgehalt der Probe beträgt:

$$\frac{0{,}1733 \cdot 13{,}1}{10} = 0{,}23 \, \%\ Cr.$$

Chromwolframstahl.
Tabelle 127.

Probe Nr.	Versuche Nr.	Chromgehalt durch Titrieren bestimmt			
		nach Verfahren 1a			nach Verfahren 1b
		beim SiO_2 zurückgeblieben $\%$ Cr	Hauptmenge $\%$ Cr	Summe $\%$ Cr	$\%$ Cr
1 mit 6% Wolfram	a)	0,04	5,78	5,82	5,85
	b)	0,04	5,78	5,82	5,84
2 mit 4% Wolfram	a)	0,58	9,62	10,20	10,30
	b)	1,06	9,19	10,25	10,42

Ferrochrom.

Untersucht nach Verfahren 2a.

Je 1,0000 g feinst gepulverten Materials wurden aufgeschlossen und $^1/_{10}$ des wäßrigen Auszugs titriert. Verbraucht wurden bei

Versuch a) 35,1 ccm $\frac{n}{10}$ Thiosulfatlösung entsprechend 60,8 % Cr.

Versuch b) 35,0 ,,   ,,   ,,   ,,   60,7 % ,,

Nickelchromdraht.

Die Analyse ergab nach dem Verfahren 1a, jedoch ohne Ausätherung:

	Versuch 1:	Versuch 2:	Mittel:
Nickel	63,72 %	63,93 %	63,8 %
Chrom	20,51 ,,	20,36 ,,	20,4 ,,
Eisen	12,42 ,,	12,36 ,,	12,4 ,,
Mangan . . .	3,29 ,,	3,28 ,,	3,3 ,,
		Summe:	99,9 %.

4. Reinigung des rohen Chromoxyds nach Fällung des Chromates mit Quecksilberoxydulnitratlösung.

a) Trennung des Chroms von Wolfram.

10 ccm Wolframatlösung (enthaltend 0,2724 g WO_3) und 10 ccm Chromatlösung (entsprechend 0,0250 g Cr_2O_3) wurden gemeinsam mit Quecksilberoxydulnitratlösung gefällt, der Niederschlag wurde verascht und mit Weinsteinmischung aufgeschlossen. Nach Lösen der Schmelze mit Wasser wurde das Zurückbleibende (Chromoxyd mit Kohle) abfiltriert, mit Wasser und Salpetersäure ausgewaschen und verascht.

Gefunden Cr_2O_3 0,0252 g (statt 0,0250 g).

b) Trennung des Chroms von Vanadin.

25 ccm Vanadatlösung (entsprechend 0,153 g V_2O_5) und 20 ccm Chromatlösung (entsprechend 0,0500 g Cr_2O_3) wurden gemeinsam mit Quecksilbersalzlösung gefällt, der Niederschlag verascht und wie bei a) weiter behandelt.

Gefunden Cr_2O_3 0,0505 g (statt 0,0500 g).

Genauigkeit der Chromwerte und zulässige Abweichungen. Um genaue Werte zu erreichen, muß sowohl bei maßanalytischer als auch gewichtsanalytischer Bestimmung auf die Abwesenheit störender Stoffe geachtet werden.

Im allgemeinen lassen sich nachstehende Abweichungen ohne Schwierigkeit einhalten:

bei Chromgehalten von	zulässige Abweichung
0,01 bis 0,05 %	± 0,002 %
0,05 ,, 0,50 ,,	± 0,005 ,,
0,50 ,, 2,00 ,,	± 0,02 ,,
2,00 ,, 5,00 ,,	± 0,03 ,,
5,0 ,, 10,0 ,,	± 0,05 ,,
10,0 und mehr	± 0,1 ,,

M. Aluminium.

Bei der Herstellung von Flußeisen und Flußstahl wird häufig zur Desoxydation des Metallbades Aluminium zugesetzt. Es tritt daher, sofern es analytisch überhaupt nachweisbar ist, vorwiegend in Form seiner Sauerstoffverbindung im Eisen auf. War der Zusatz an Aluminium wesentlich höher, als zur Desoxydation erforderlich, so kann es auch in metallischer Form (als Mischkristall mit Eisen) vorkommen. Der sichere Nachweis, ob etwa in Spuren gefundenes Aluminium als Metall oder als Aluminiumoxyd im Eisen vorhanden war, ist auch auf rein analytischem Wege zur Zeit nicht möglich.

Wesentliche Mengen von metallischem Aluminium können in gewissen Speziallegierungen (z. B. Aluminiumstahl) vorkommen.

Grundlagen des Verfahrens. Aluminium kann nach Rothes Ätherverfahren in gleicher Weise wie Mangan, Chrom, Nickel u. a. von Eisen getrennt werden. Für die weitere Bestimmung des Aluminiums ist zu berücksichtigen, daß beim Fällen des Aluminiumhydroxydes aus schwach essigsaurer Lösung auch anwesende Phosphorsäure mitfallen würde; aus diesem Grunde kann nur die Fällung des Aluminiums als Phosphat richtige Werte ergeben.

Ausführung der Bestimmung. Von Aluminiumstahl werden 5—10 g, von Flußeisen und anderen Eisenlegierungen 10 g abgewogen und in einer Porzellanschale mit 60 bzw. 120 ccm konzentrierter Salzsäure gelöst. Die Abscheidung vorhandenen Siliziumdioxyds wird nach Verfahren 1 a [1]) (S. 151) durch Erhitzen des Trockenrückstandes bei 135° C, am sichersten im Trockenschrank vorgenommen; stärkeres Erhitzen ist möglichst zu vermeiden, da sich ein Teil des Aluminiumchlorids verflüchtigen könnte. Das abfiltrierte und gut ausgewaschene Siliziumdioxyd wird verascht und mit Flußsäure sowie einer nicht zu geringen Menge Schwefelsäure abgeraucht. In manchen Fällen bleibt ein gelblicher Rückstand [2]), der für sich weiter auf Aluminium untersucht werden muß. Man schließt ihn mit Natriumkarbonat auf, löst die Schmelze mit Wasser bzw. Salzsäure und bestimmt Aluminium entweder nach Fällen des in der salzsauren Lösung vorhandenen Aluminiums mit Ammoniak und Wägen als Oxyd oder wie nachstehend für die Hauptmenge angegeben.

Das Filtrat vom Siliziumdioxyd wird in der Porzellanschale stark eingeengt, bis sich am Rande der Lösung Kristallkrusten abzuscheiden beginnen, dann

---

[1]) Das Lösen der Probe und Abscheiden des Siliziumdioxyds kann auch nach Verfahren 1 b), S. 154, und zur Beschleunigung nach Abschnitt d), S. 175, erfolgen.

[2]) Da Aluminium in metallischer Form sich leicht in Salzsäure löst, so ist anzunehmen, daß größere Aluminiummengen, die sich im Abrauchrückstand vorfinden, im wesentlichen schon im Eisen als Aluminiumoxyd vorhanden waren.

setzt man zur möglichst heißen Lösung verdünnte Salpetersäure (spez. Gew. 1,18) in kleinen Mengen zu und bedeckt mit einem Uhrglas. Ist die Oxydation vollständig, was man daran erkennt, daß ein weiterer Tropfen Salpetersäure keine Stickoxydentwicklung mehr hervorruft und daß die Flüssigkeit in der Schale durchsichtig erscheint, so nimmt man das Uhrglas ab und dampft ein. Man nimmt nochmals mit etwas konzentrierter Salzsäure auf, dampft bis zur Sirupdicke der Lösung ein und äthert dann das Eisen in gewohnter Weise aus (vgl. S. 165).

Die nahezu eisenfreie Chloridlösung wird abgedampft, um Reste des Äthers zu vertreiben, mit wenig Salzsäure wieder gelöst, Kupfer durch Zusatz einiger Kubikzentimeter Schwefelwasserstoffwasser gefällt und das Kupfersulfid abfiltriert.

Das Filtrat wird eingedampft, mit einigen Kubikzentimetern verdünnter Schwefelsäure aufgenommen und in der Platinschale erst auf dem Dampfbad, schließlich auf dem Finkenerturm bis zum beginnenden Abrauchen der Schwefelsäure erhitzt [1]). Die rückständigen Sulfate werden mit Wasser gelöst, in ein Becherglas von 200—250 ccm Inhalt übergeführt und auf etwa 100 ccm verdünnt. Dann übersättigt man mit Ammoniak — bis zur Bläuung eines eingeworfenen Stückchens Lackmuspapier — und löst die ausgefällten Hydroxyde sogleich wieder mit der eben ausreichenden Menge verdünnter Schwefelsäure. Bleibt dabei ein Teil in braunes Oxyd übergegangenes Manganhydroxyd ungelöst, so fügt man 1 ccm wäßriger schwefliger Säure hinzu. Zu der schwach sauren Lösung gibt man 2—3 ccm neutraler Ammonazetatlösung (100 g Salz zu 500 ccm gelöst); die Lösung muß dabei schwach saure Reaktion beibehalten.

Man erhitzt die Lösung zum Sieden, wobei sämtliches Aluminium mit nur geringen Verunreinigungen ausfällt; nach Absitzenlassen filtriert man den Niederschlag ab und wäscht mit heißem Wasser, dem etwas Ammonazetat oder auch Ammonsulfat zugesetzt ist, gut aus. Darauf spritzt man den Niederschlag vom Filter ins Becherglas zurück und löst ihn mit möglichst wenig verdünnter Schwefelsäure und Wasser wieder auf. Zur Vervollständigung der Lösung des Niederschlags muß auf dem Dampfbad erwärmt werden. Die Fällung des Aluminiums mit Ammonazetat wird, wie vorhin angegeben, wiederholt; der Niederschlag wird durch das vorher benutzte Filter abfiltriert und ausgewaschen.

Der nunmehr von Nickel und Mangan völlig befreite, im wesentlichen aus Hydroxyd und Phosphat bestehende Aluminiumniederschlag wird nochmals vom Filter gespritzt, wieder wie vorhin mit verdünnter Schwefelsäure gelöst und nach Zusatz von 1—2 ccm Ammoniumphosphatlösung (100 g Salz zu 500 ccm gelöst) mit sehr geringem Ammoniaküberschuß das Aluminium als Phosphat in der Hitze gefällt.

Nach erfolgter Fällung säuert man mit verdünnter Essigsäure schwach an, erhitzt zum Sieden, filtriert und wäscht den Niederschlag mit warmem, etwas Ammoniumazetat enthaltendem Wasser aus. Schließlich verascht man den Niederschlag, glüht und wägt das Aluminiumphosphat, dessen Zusammensetzung der Formel $AlPO_4$ entspricht.

In reinem Zustand ist das Aluminiumphosphat weiß. Sind geringe Mengen Chromisalz vorhanden, so fallen diese bei obiger Arbeitsweise als Chromiphosphat mit dem Aluminiumphosphat aus. Der geglühte Niederschlag hat dann graue bis grüne Farbe. In diesem Fall wird der Niederschlag durch Erhitzen mit Natriumkarbonat aufgeschlossen, das gebildete Chromat mit Zehntel-

---

[1]) Der Grund, weshalb die Chloride in Sulfate übergeführt werden, ist der, daß die aus Sulfatlösungen gefällten Aluminiumniederschläge sich wesentlich besser filtrieren und

normal-Thiosulfatlösung titriert und die der gefundenen Chrommenge entsprechende Menge Chromiphosphat ($CrPO_4$) vom Aluminiumphosphat in Abzug gebracht.

Sollte bei der ersten Fällung des Aluminiums eisenhaltiges Hydroxyd ausfallen [1]), weil infolge nicht gut gelungener Ausätherung ein Teil des Eisens in der salzsauren Lösung zurückgeblieben war — so kann man das Eisen nach Lösen des gefällten Niederschlags mit verdünnter Schwefelsäure, Eindampfen der Lösung in der Platinschale und Abrauchen der Schwefelsäure durch Aufschließen mit wenig Ätznatron und Natriumsuperoxyd (wie beim Mangan beschrieben, S. 169) entfernen. Der wäßrige Auszug der Schmelze wird mit Schwefelsäure neutralisiert, das Aluminium durch mehrmalige Fällung von Natronsalzen gereinigt, schließlich wie oben in Aluminiumphosphat übergeführt und als solches gewogen.

Berechnung. Der Gehalt der Probe an Aluminium berechnet sich bei einer Einwage von e Gramm und einer gefundenen Menge Aluminiumphosphat von a Gramm zu

$$^0/_0 \, Al = \frac{22,19 \cdot a}{e}.$$

Ist das Aluminiumphosphat chromhaltig, so berechnet man aus der durch Titrieren ermittelten Chrommenge in Grammen durch Multiplizieren mit 2,828 die entsprechende Menge Chromiphosphat, zieht diese von der Menge beider Phosphate ab und berechnet aus der Menge reinen Aluminiumphosphates den Aluminiumgehalt.

Zur Umrechnung von Aluminiumoxyd in Aluminiummetall multipliziert man die gefundene Oxydmenge mit 0,5303.

Beispiele.

1. Versuche mit Aluminiumchloridlösung.

20 ccm der phosphorsäurefreien Aluminiumchloridlösung ergaben bei der Fällung mit Ammonazetat und Wägen des Niederschlags in Form von Al_2O_3:

Versuch 1   0,0875 g Al_2O_3 entsprechend 0,0464 g Al
Versuch 2   0,0876 ,,   ,,   ,,   0,0465 ,,   ,,.

Bei der Fällung mit Ammonphosphatlösung und Wägen des Niederschlags als $AlPO_4$ wurden aus je 20 ccm erhalten:

Versuch 3   0,2141 g $AlPO_4$ entsprechend 0,0475 g Al
Versuch 4   0,2148 ,,   ,,   ,,   0,0477 ,,   ,,.

Je 20 ccm Aluminiumchloridlösung wurden mit 20 ccm Eisenchlorid (entsprechend 5 g metallischem Eisen) eingedampft und das Eisen durch Äther entfernt; bei der Fällung des Aluminiums als Phosphat wurden erhalten:

Versuch 5   0,2214 g $AlPO_4$ entsprechend 0,0491 g Al
Versuch 6   0,2141 ,,   ,,   ,,   0,0475 ,,   ,,.

2. Ergebnisse mit Aluminiumstahlproben.

Probe 1.

Versuch a   5,110 g lieferten 0,0523 g $AlPO_4$ entsprechend 0,23 $^0/_0$ Al
Versuch b   5,001 ,,   ,,   0,0567 ,,   ,,   ,,   0,25 $^0/_0$,,.

Das abgeschiedene Siliziumdioxyd erwies sich als frei von Aluminium.

---

[1]) Bei der Ausätherung des Eisens (nach den beim Mangan angegebenen Vorschriften, S. 166) ist es nicht schwierig, bei sorgfältigem Einhalten der Vorschriften, das Eisen bis auf höchstens 1 oder 2 mg zu entfernen. Ist nur sehr wenig Eisen vorhanden, so läßt sich die Arbeit des Aufschließens in vielen Fällen ersparen.

Probe 2.

Versuch a: 5,000 g der Probe gaben 0,0687 g chromhaltiges Aluminiumphosphat.

Der durch Titrieren ermittelte Chromgehalt war 0,00129 g Cr (entsprechend 0,026 % Cr); hieraus berechnet sich die Menge des im Niederschlag vorhandenen Chromiphosphats zu 0,0036 g $CrPO_4$, somit bleiben für reines $AlPO_4$: 0,0651 g entsprechend 0,292 % Al.

Nach Abrauchen des Siliziumdioxyds konnten noch 0,0032 g Al_2O_3 aus dem Rückstand erhalten werden. Aus diesen berechnet sich die Aluminiummenge durch Multiplizieren mit 0,5303. Der dieser Menge entsprechende prozentische Aluminiumgehalt ist 0,034 % Al.

Gesamtgehalt an Aluminium: 0,33 %.

Versuch b: Entsprechend dem Versuch a ergaben 5,032 g der Probe 0,0721 g Chrom- und Aluminiumphosphat.

Nach Abzug von 0,0036 Chromiphosphat verblieben 0,0685 g reines $AlPO_4$ entsprechend 0,302 % Al. Im Siliziumdioxyd fanden sich noch 0,0038 g Al_2O_3 entsprechend 0,040 % Al.

Gesamtgehalt an Aluminium 0,34 %.

Genauigkeit der Aluminiumwerte und zulässige Abweichungen.

Die Genauigkeit der Aluminiumbestimmung als Aluminiumphosphat hängt wesentlich von den zur Fällung des Phosphats gewählten Bedingungen ab. Bei Einhaltung der angegebenen Versuchsbedingungen ist die Zusammensetzung des Niederschlags in guter Übereinstimmung mit der Formel $AlPO_4$.

Als zulässige und noch einhaltbare Abweichungen bei Aluminiumwerten kann man die folgenden bezeichnen:

bei Aluminiumgehalten	zulässige Abweichung
von 0 bis 0,5 %	± 0,02 %
„ 0,5 bis 1 %	± 0,03 „
„ 1 und mehr %	± 0,05 „

N. Titan.

Geringe Mengen von Titan, aus titanhaltigen Erzen stammend, finden sich häufig in Roheisensorten. Da Titan in ähnlicher Weise wie Aluminium bei der Herstellung von Eisen und Stahl als Desoxydationsmittel Verwendung findet, so kann unter Umständen ein Teil des zugesetzten Titans in das Eisen gelangen. In der Regel wird der Titanzusatz so bemessen, daß alles Titan in die Schlacke übergeht.

Von höherprozentigen Legierungen des Titans finden im Hüttenbetrieb hauptsächlich Ferrotitan und Mangantitan Verwendung.

1. Bestimmung des Titans in säurelöslichem Material.

Grundlagen des Verfahrens. Titan und Eisen lassen sich nach Rothes Ätherverfahren aus salzsaurer, oxydierter Lösung in gleicher Weise trennen, wie dies für die Trennung von Mangan und Eisen (S. 165) beschrieben ist. Für die weitere Bestimmung des Titans in der ätherfreien Lösung ist zu beachten, daß bei der Äthertrennung außer Titan noch Mangan, Nickel, Chrom und andere Metalle, sowie Phosphorsäure in die salzsaure Lösung übergehen.

Die gewichtsanalytische Bestimmung erfolgt zweckmäßig durch Erhitzen der essigsauren Lösung (z. B. nach Barnebey und Isham) [1]; das so gefällte rohe Titandioxyd muß nach Glühen und Wägen weiter gereinigt werden.

Anstatt die Verunreinigungen (Eisenoxyd, Chromoxyd usw.) zu bestimmen und in Abzug zu bringen, kann man die Menge des Titans, falls sie nicht zu geringfügig ist, auch maßanalytisch bestimmen (nach Hinrichsen) [2].

Erforderliche Apparate und Lösungen. Zur Ausätherung des Eisens sind erforderlich:

> Schüttelapparat nach Rothe (Abb. 165),
> Salzsäure von spez. Gew. 1,10,
> Äthersalzsäuren 1,10 und 1,19;

zur Titration des Titans:

> Eisenchloridlösung.

Zur Herstellung der Eisenchloridlösung löst man 27 g wasserhaltiges, reines Eisenchlorid ($FeCl_3 + 6H_2O$) mit Wasser und Salzsäure [3] und verdünnt auf 1 l.

Zur Ermittlung des Titantiters kann man die Eisenchloridlösung entweder mit eingestellter Thiosulfatlösung, oder besser mit Hilfe einer abgewogenen Menge reiner Titansäure einstellen.

Die Titerstellung der Eisenchloridlösung mit Zehntelnormalthiosulfatlösung (deren Herstellung s. S. 234) geschieht in folgender Weise.

30—40 ccm der Eisenchloridlösung werden auf dem Dampfbad auf etwa 15 ccm eingedampft, mit wenig verdünnter Salzsäure in ein 200 ccm fassendes Erlenmeyerkölbchen übergespült und eine Auflösung von 1—2 g reinem jodatfreiem Jodkalium in wenig Wasser (diese Lösung muß auf Zusatz von wenig Salzsäure farblos bleiben) zugegeben.

Dabei wird nach folgender Gleichung Jod frei:

$$2\,Fe^{\cdots} + 2J' = 2\,Fe^{\cdot\cdot} + J_2.$$

Das in Freiheit gesetzte Jod wird mit Zehntelnormalthiosulfatlösung bestimmt.

Man läßt zunächst von der Thiosulfatlösung zufließen, bis die Eisenlösung nur noch schwach gelbe Färbung zeigt. Dann gibt man einige Tropfen Jodzinkstärkelösung hinzu und titriert weiter, bis die Blaufärbung verschwindet.

Um noch vorhandene geringe Mengen Eisenchlorid mit Jodwasserstoff umzusetzen, erwärmt man jetzt die Lösung auf 50 bis höchstens 60° C, kühlt dann in fließendem Wasser wieder auf Zimmertemperatur ab und titriert nach Zusatz weiterer Stärkelösung bis zur Entfärbung der Lösung.

Der Titer der Eisenchloridlösung läßt sich aus dem Verbrauch an Zehntelnormalthiosulfatlösung wie folgt berechnen:

Da ein Molekül $FeCl_3$ ein Atom Jod in Freiheit setzt und dieses ein Molekül Thiosulfat zur Umsetzung braucht, so entspricht ein Molekül Thiosulfat einem Molekül Eisenchlorid ($FeCl_3$) bzw. einem Atom Eisen.

Die Umsetzung, welche dem maßanalytischen Verfahren der Titanbestimmung zugrunde liegt, erfolgt nach der Gleichung:

$$Ti^{\cdots} + Fe^{\cdots} = Ti^{\cdots\cdot} + Fe^{\cdot\cdot},$$

ein Atom Eisen entspricht demnach auch einem Atom Titan.

Bei einem Verbrauch von n Kubikzentimeter Zehntelnormalthiosulfatlösung zur Titration des durch a Kubikzentimeter der Eisenchloridlösung in Freiheit

---

[1] Journ. Americ. Chem. Soc. 32. (1910). 957.
[2] Chemikerzeitung 31. (1907). 738.
[3] Salzsäurezusatz ist erforderlich um zu verhindern, daß die Eisenchloridlösung infolge Hydrolyse trübe und unbrauchbar wird.

gesetzten Jods berechnet sich also der Titantiter der Eisenchloridlösung auf folgende Weise:

$$1 \text{ ccm entspricht } \frac{n}{a} \cdot 0{,}00481 \text{ g Titan.}$$

Für die Titerstellung mit reiner Titansäure (oder auch einem Präparat von bekanntem Titansäuregehalt) wägt man 0,3—0,4 g reiner Titansäure (oder die dieser Titansäuremenge entsprechende Portion eines Titansäurepräparates) in einem Platintiegel ab, mischt mit Natriumkarbonat und erhitzt, bis die Masse gut durchgeschmolzen ist und in der Schmelze keine unaufgeschlossenen Teile mehr erkennbar sind. Nach dem Abkühlen laugt man in einem Becherglas mit Wasser aus, spült das im Tiegel befindliche Natriumtitanat in das Becherglas, neutralisiert (nach Aufdecken eines Uhrglases) mit konzentrierter Salzsäure, spült auch den Platintiegel zur Entfernung der letzten Reste Titanat mit konzentrierter Salzsäure nach, fügt dann rauchende Salzsäure (spez. Gew. 1,19) hinzu und bringt nach kurzem Stehenlassen in der Kälte durch Erwärmen die Titansäure in Lösung. Sobald Lösung eingetreten ist, engt man die stark saure Lösung ein, fällt mit konzentrierter Salzsäure in einen Erlenmeyerkolben über, reduziert die Titanlösung mit reinem Zink und titriert mit der einzustellenden Eisenchloridlösung wie weiter unten bei der Ausführung der Bestimmung des Näheren beschrieben.

Bei einer ursprünglichen Einwage von E g reiner Titansäure (TiO_2) und einem Verbrauch von N ccm Eisenchloridlösung ergibt sich als Titantiter der Eisenchloridlösung:

$$1 \text{ ccm entspricht } 0{,}6005 \ \frac{E}{N} \text{ g Ti.}$$

Ausführung der Bestimmung. Von Roheisen oder Stahl werden 10—15 g abgewogen und in der Porzellanschale mit Salpetersäure (spez. Gew. 1,18) in Lösung gebracht, Siliziumdioxyd wird abgeschieden, abfiltriert und nach Veraschen abgeraucht. Der nach Abrauchen verbleibende, meist eisenhaltige Rückstand wird zum Zweck der Bestimmung vorhandenen Titans in der weiter unten angegebenen Weise aufgeschlossen.

Das Filtrat vom Siliziumdioxyd wird eingeengt und Eisenchlorid nach dem Ätherverfahren (S. 165) möglichst vollständig entfernt. Die Anwesenheit von Titan verrät sich dabei häufig dadurch, daß die salzsaure Lösung nach dem ersten Ausschütteln etwas trübe erscheint und nach dem zweiten Ausschütteln stärker trübe wird oder auch gelblich-weiße Flocken von Titandioxyd ausscheidet (Rosenheim und Schütte)[1]. Ist die vorhandene Titanmenge dagegen sehr gering, so erhält man nach dem Ausschütteln des Eisens einen klaren, gelblich oder bräunlich gefärbten, salzsauren Auszug, in dem das Titan meist infolge geringen Superoxydgehalts des Äthers teilweise als Pertitansäure vorhanden ist. Die Abscheidung von Titandioxyd beim Ausäthern hat ihre Ursache in der hydrolytischen Spaltung des in der salzsauren Lösung vorhandenen Titansalzes, die durch die salzsäureentziehende Wirkung des Äthers hervorgerufen wird und zu einem Gleichgewichtszustand führt:

$$Ti^{\cdots\cdots} + H_2O \rightleftarrows Ti(OH)_4 + 4\,H^{\cdot}.$$

Durch möglichst sorgfältiges Einhalten der Vorschriften für das Ausäthern kann man alles Eisen bis auf sehr geringe Mengen entfernen, man dunstet danach den Äther ab und dampft die salzsaure Lösung zur Trockene ein. Den ver-

---

[1] Zeitschr. f. anorg. Chem. **26.** 241; die Gelbfärbung des Titandioxyds wird durch geringen Superoxydgehalt des verwendeten Äthers hervorgerufen, vgl. Barnebey und Isham a. a. O. Zusatz von Wasserstoffsuperoxyd färbt die salzsaure Titanlösung gelb bis orangerot. Die entstehende Pertitansäure ist in Äthersalzsäure nicht löslich; man kann sich also durch Wasserstoffsuperoxydzusatz bei den Nachschüttlungen vergewissern, ob alles Titan aus der ätherischen Eisenlösung entfernt ist.

bleibenden Rückstand versetzt man mit wenig konzentrierter Salzsäure, wobei Titandioxyd schon zum Teil ungelöst zurückbleibt, verdünnt mit Wasser auf 100—150 ccm und gibt 1—3 g festes Ammoniumazetat hinzu. Nach erfolgter Lösung des Salzes erhitzt man zum Kochen und hält die Flüssigkeit während einiger Minuten in gelindem Sieden. Alles Titan fällt in Form des Dioxyds aus; bei Anwesenheit von Eisen fällt dieses größtenteils mit. Nach Absitzen des grobflockigen Niederschlags filtriert man und wäscht Filter und Niederschlag gut mit ammoniumazetathaltigem Wasser aus. Das essigsaure Filtrat prüft man mit Wasserstoffsuperoxyd, ob alles Titan gefällt ist, nötigenfalls fällt man den zurückgebliebenen Rest des Titans durch weiteres Kochen der Lösung. Der Niederschlag wird im gewogenen Platintiegel verascht und gewogen.

Um in dem erhaltenen rohen Titandioxyd die Menge an reinem Titandioxyd zu ermitteln, schließt man im Platintiegel mit etwa der zehnfachen Menge Natriumkarbonat auf, löst nach Erkalten der Schmelze, indem man Tiegel mit Aufschluß in ein Becherglas bringt, mit kaltem Wasser übergießt und einige Zeit stehen läßt (ohne zu erwärmen). Nachdem alle löslichen Salze in Lösung gegangen sind, bleiben Natriumtitanat sowie vorhandenes Eisenoxyd zurück; diese werden abfiltriert und mit kaltem Wasser ausgewaschen. Ist dies geschehen, so entfernt man das Wasser aus dem Rohr des Trichters, durchbohrt das Filter mit einem spitzen Glasstab und spritzt den Niederschlag mit wenig verdünnter Salzsäure in einen kleinen Erlenmeyerkolben. Man gibt das 4—6fache von der vorhandenen Flüssigkeitsmenge an konzentrierter Salzsäure (spez. Gew. 1,12) hinzu[1]) und bringt Titandioxyd und Eisenoxyd durch allmähliches Erwärmen vollständig in Lösung.

Die erhaltene Titanlösung wird eingeengt; wenn die Lösung auf etwa 10 bis 20 ccm gebracht ist, wird darin entweder das vorhandene Eisen oder die Titanmenge nach entsprechendem Titrierverfahren bestimmt.

Zur Bestimmung des Eisens verfährt man wie im nächsten Abschnitt (Seite 257) angegeben; man berechnet aus der gefunde-

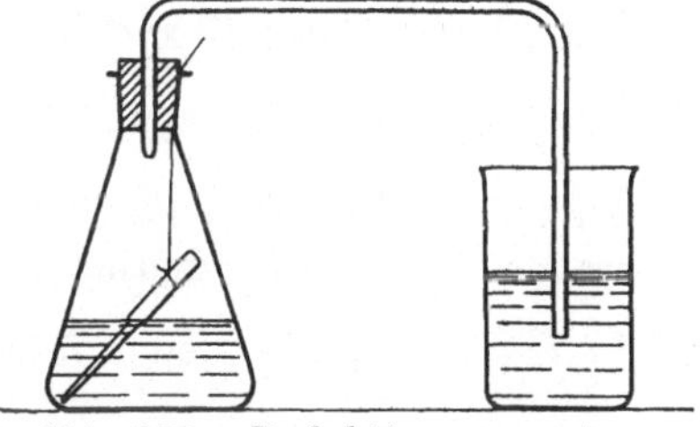

Abb. 173.   Reduktionsapparat.

nen Eisenmenge Eisenoxyd (durch Multiplizieren mit 1,430) und zieht die Menge des letzteren von dem Gewicht des rohen Titandioxyds ab.

Man erhält die Menge des reinen Titandioxyds, falls außer Eisenoxyd keine anderen Verunreinigungen zugegen sind.

Handelt es sich um Bestimmung größerer Titanmengen, so empfiehlt sich zu ihrer genauen Ermittlung nach erfolgter Reduktion zur dreiwertigen Stufe die Anwendung des maßanalytischen Verfahrens, zu dessen Ausführung wie folgt verfahren wird.

Zu der auf etwa 20—30 ccm eingeengten salzsauren Titanlösung, die sich in einem 200 ccm fassenden Erlenmeyerkölbchen befindet, gibt man 30—40 ccm rauchende Salzsäure (spez. Gew. 1,19). Das Kölbchen verschließt man mit einem durchbohrten Gummistopfen, in dessen Bohrung sich ein Bunsenventil oder besser noch ein ⊓-förmig gebogenes Glasrohr befindet; das freie (längere) Ende des Glasrohrs läßt man während der Reduktion und des späteren Abkühlens in gesättigte Natriumbikarbonatlösung eintauchen, um das Zutreten von Sauerstoff zur reduzierten Titanlösung zu verhindern (Abb. 173)[2]).

---

[1]) Mit verdünnter Salzsäure ist infolge Bildung unlöslicher Metatitansäure vollständige Lösung des Titanats nicht erreichbar.

[2]) An Stelle der abgebildeten Vorrichtung kann man den Gummistopfen auch mit einem Aufsatz nach Contat-Göckel (Zeitschr. f. angew. Chem. 13. (1899). 620) versehen.

Zur Reduktion des in vierwertiger Form vorliegenden Titans zu dreiwertigem wirft man etwa 2 g einer 50%igen Zinkmagnesiumlegierung (nach Hinrichsen a. a. O.) oder 3 g Stangenzink (in groben Stücken), das für diesen Zweck nicht besonders eisenfrei zu sein braucht, zur Titanlösung, setzt den Gummistopfen auf und läßt die Reduktion zunächst in der Kälte vor sich gehen. Ist nach einiger Zeit die Lösung violett geworden und das zur Reduktion zugegebene Zink ganz oder bis auf einen geringen Rest verbraucht, so gibt man nach Entfernung des Gummistopfens weitere 1—2 g des Metalls in groben Stücken hinzu, verschließt rasch wieder und setzt die Reduktion unter Erwärmen auf dem Dampfbad bis zur vollständigen Auflösung des Metalls fort[1]).

Man kann die Reduktion auch mit einem größeren Stück Stangenzink vornehmen, ohne dieses vollständig aufzulösen. Zu diesem Zweck hängt man das Zinkstück an einem feinen Platindraht in die zu reduzierende Lösung ein (vgl. Abb. 173). Nach etwa $^3/_4$—1 stündiger Reduktion läßt man erkalten, nimmt dann das zurückgebliebene Zink heraus und spült es mit destilliertem Wasser ab.

Zur abgekühlten Lösung gibt man 1—2 g reines eisenfreies Rhodanammonium und titriert unter Umschütteln mit salzsaurer Eisenchloridlösung bis zum Eintreten bleibender Rotfärbung.

Zweckmäßig führt man anschließend an die Untersuchung einer Probe die Titerstellung der Eisenchloridlösung mit gewogenen Mengen reiner Titansäure unter möglichst gleichartigen Bedingungen aus; man erhält auf diese Weise am besten vergleichbare Werte.

Berechnung. Die Menge des vorhandenen Titans ergibt sich aus der gefundenen Menge Titandioxyd (= a Gramm) bei einer Einwage von e Gramm zu

$$\% \ Ti = \frac{60{,}05 \cdot a}{e};$$

bei der maßanalytischen Bestimmung berechnet sich der Titangehalt bei einem Verbrauch von n Kubikzentimeter Eisenchloridlösung vom Titer auf Titan = T

zu $\% \ Ti = 100 \ T \cdot \dfrac{n}{e}$, oder falls die Eisenchloridlösung genau zehntelnormal

ist, zu $$\% \ Ti = \frac{n}{e} \cdot 0{,}481.$$

2. Bestimmung des Titans in säureunlöslichem Material.
(Ferrotitan, Titanmetall und andere Titanlegierungen.)

Ausführung der Bestimmung. 1—2 g des möglichst feingepulverten Probematerials wird mit der 5—6fachen Menge Magnesianatriumkarbonat (1 MgO : 2Na$_2$CO$_3$ vgl. S. 158) innig vermengt und die Mischung in einem geräumigen Platintiegel, dessen Boden man vor Einfüllen der Mischung mit etwas Magnesia-Natriumkarbonat bedeckt hat, in der beim Silizium (S. 158) angegebenen Weise aufgeschlossen.

Der fertige Aufschluß wird nach Erkalten in eine Achatreibschale gegeben, mit kaltem Wasser angefeuchtet und zu feinem Brei zerrieben; dieser wird

---

[1]) Bei der Reduktion des vierwertigen Titans findet folgender Vorgang statt:
$$Ti^{\cdots\cdot} + H_2 = Ti^{\cdots} + 2H^{\cdot}.$$
Damit alles vorhandene Titan in die dreiwertige Form übergeführt wird, muß die Bedingung erfüllt sein, daß alles vierwertige Titan in Ionen vorliegt. Bei der Reduktion schwach saurer Lösungen trifft dies nur zum Teil zu infolge hydrolytischer Spaltung, die auch dann eingetreten sein kann, wenn kein Niederschlag von Titandioxyd sichtbar ist (kolloide Lösung). Da nicht ionisierte Titanverbindungen nicht reduzierbar sind, so werden beim Titrieren der reduzierten, schwach sauren Titanlösungen zu niedrige Titanwerte erhalten. Um richtige Titanwerte zu erlangen, ist es somit wichtig, stark salzsaure Lösungen zu verwenden, in welchen vierwertiges Titan nicht in nennenswerter Menge hydrolysiert ist.

in ein Becherglas übergespült (wozu man nur möglichst wenig Wasser verwendet), mit etwa der 5—6fachen Menge der vorhandenen Flüssigkeitsmenge an rauchender Salzsäure (spez. Gew. 1,19) übergossen und nach Bedecken mit einem Uhrglas unter Erwärmen und zeitweisem Umrühren in Lösung gebracht. Bei genauem Einhalten dieser Bedingungen erhält man in kurzer Zeit völlig klare Lösung des Aufschlusses.

Um die vorhandene Titanmenge zu ermitteln, engt man die salzsaure Lösung des Aufschlusses stark ein, füllt dann in einen 200 ccm fassenden Erlenmeyerkolben über, reduziert mit Zink und titriert mit Eisenchloridlösung wie oben beschrieben (Verfahren 1, Seite 254)[1].

Will man nur einen Teil der salzsauren Lösung des Aufschlusses für die Titration verwenden, so füllt man unter Verwendung von konzentrierter Salzsäure (spez. Gew. 1,12) zu 250 ccm auf, entnimmt der Lösung 100 ccm (entsprechend $^2/_5$ der eingewogenen Probemenge), reduziert nach Einengen mit Zink und titriert mit Eisenchlorid. Die Berechnung erfolgt wie oben angegeben.

Beispiele.

Versuche mit Titanlösung.

Aus 20 ccm der Titanlösung wurde Titandioxyd aus schwach essigsaurer Lösung gefällt; der Niederschlag wurde abfiltriert, mit ammonazetathaltigem Wasser gewaschen, verascht und gewogen.

Die Wägung des Titandioxyds ergab:

Versuch 1. 0,0961 g TiO_2 entsprechend 0,0577 g Ti.

Versuch 2. 0,0978 g TiO_2 ,, 0,0587 g Ti.

20 ccm Titanlösung wurden mit 30 ccm Eisenchloridlösung (entsprechend 4,8 g metallischem Eisen) unter Salzsäurezusatz eingeengt, Eisen ausgeäthert und aus der nahezu eisenfreien Lösung Titandioxyd aus essigsaurer Lösung gefällt. Zur Bestimmung des vorhandenen Eisens wurde das gewogene Titandioxyd aufgeschlossen, mit Salzsäure gelöst, das Eisen titriert.

Versuch 3 ergab 0,1007 rohes Titandioxyd; zur Titration des vorhandenen Eisens wurden verbraucht 0,4 ccm Zehntelnormalthiosulfatlösung entsprechend 0,0032 g Eisenoxyd. Der Gehalt an reinem Titandioxyd berechnet sich danach zu 0,0975 g TiO_2 entsprechend 0,0586 g Ti.

Versuch 4 ergab 0,0993 g rohes Titandioxyd; die Titration des vorhandenen Eisens 0,2 ccm Zehntelnormalthiosulfat entsprechend 0,0016 g Eisenoxyd, demnach reines Titandioxyd 0,0977 g entsprechend 0,0587 g Ti.

Titrierversuche.

20 ccm der Titanlösung wurden mit Eisenchloridlösung titriert. Der Titer der Eisenchloridlösung auf Titan war: 1 ccm = 0,004912 g Titan.

Versuch 1. Verbraucht 12,18 ccm Eisenchloridlösung entsprechend 0,0598 g Titan.

Versuch 2. Verbraucht 12,10 ccm Eisenchloridlösung entsprechend 0,0594 g Titan.

20 ccm Titanlösung wurden mit 30 ccm Eisenchloridlösung (entsprechend 4,8 g metallischem Eisen) gemischt, mit Salzsäure eingeengt und ausgeäthert.

---

[1] In manchen Fällen erhält man nach dem Reduzieren der Titanlösung schmutzig violett gefärbte Lösungen, in denen sich die Titanmenge nur schwierig durch Titrieren feststellen läßt. Um die störenden Stoffe (Molybdän, Wolfram u. a.) zu entfernen, laugt man den beim einmaligen Aufschließen erhaltenen Schmelzkuchen mit heißem Wasser gründlich aus, filtriert das Unlösliche ab, verascht samt Filter im Platintiegel, mischt das 3—4fache der Einwage an Natriumkarbonat dazu und schließt von neuem durch kräftiges Erhitzen auf. Den Schmelzkuchen löst man jetzt mit wenig Wasser, aber ohne Erwärmung, aus dem Tiegel heraus, bringt alles mit starker Salzsäure in Lösung und verfährt weiter wie oben angegeben.

Die salzsaure Lösung wurde eingedampft, Titan aus essigsaurer Lösung gefällt, verascht und aufgeschlossen; der Aufschluß wurde mit Wasser aufgeweicht, mit starker Salzsäure in Lösung gebracht, reduziert und titriert.

Versuch 3. Verbraucht 12,10 ccm Eisenchloridlösung entsprechend 0,0594 g Ti.

Versuch 4. Verbraucht 12,05 ccm Eisenchloridlösung entsprechend 0,0592 g Ti.

Titanbestimmung in verschiedenen Proben.

Titanmetall. Titer der Eisenchloridlösung: 1 ccm = 0,004995 g Titan.

Versuch 1. $^1/_5$ von 2,0005 g des Metalls verbrauchten 50,5 ccm Eisenchloridlösung entsprechend einem Titangehalt von 63,0%.

Versuch 2. $^1/_5$ von 2,0008 g Einwage verbrauchten 50,7 ccm Eisenchloridlösung entsprechend 63,3% Ti.

Ferrotitan. (Goldschmidt.) Titer der Eisenchloridlösung: 1 ccm = 0,00491 g Titan.

Versuch 1. 1 g des Materials verbrauchte 38,4 ccm Eisenchloridlösung entsprechend 18,9% Titan.

Versuch 2. 1 g des Materials verbrauchte 38,6 ccm Eisenchloridlösung entsprechend 19,0% Titan.

Roheisen. Gewichtsanalytische Bestimmung des Titangehaltes.

Je 10 g der Probe geben (nach Abrauchen vorhandenen Siliziumdioxyds)

Versuch 1. 0,0117 g TiO_2 entsprechend 0,070% Ti

Versuch 2. 0,0112 g TiO_2 „   0,067% Ti.

Genauigkeit der erhaltenen Werte und zulässige Abweichungen.

Geringe Titanmengen (bis zu einigen Milligrammen TiO_2) lassen sich nach dem Ätherverfahren von Eisen trennen und gewichtsanalytisch, jedoch nicht mehr maßanalytisch bestimmen. Auch das kolorimetrische Verfahren liefert nach Dieckmann[1]) genaue Werte.

Als noch einhaltbar dürften folgende Abweichungen der Einzelwerte von Titanbestimmungen zu bezeichnen sein:

bei Gehalten von	zulässige Abweichung
0,05—0,2%	± 0,02%
0,2 —1,0 „	± 0,03 „
1,0 —5 „	± 0,06 „
5 und mehr	± 0,1 „.

O. Eisen.

Die Bestimmung des Eisengehaltes in Stahl- und Eisenproben ist von Wichtigkeit, wenn es sich darum handelt, z. B. bei Spezialstahlen und Ferrolegierungen rasch zu erfahren, welchen Betrag die übrigen Bestandteile zusammen ausmachen, oder wenn man sich bei der Gesamtanalyse von Stahlen und Ferrolegierungen überzeugen will, ob die Summe der Bestandteile 100 ergibt.

Da bei der Äthermethode fast das gesamte Eisen mit einem Teil des etwa vorhandenen Molybdäns und nur geringen Mengen von Verunreinigungen (Phosphorsäure) als Chlorid in die ätherische Lösung übergeht, so läßt sich die Eisenbestimmung sehr bequem mit der Bestimmung von Mangan, Chrom usw. nach dem Ätherverfahren verbinden. Die in die salzsauren Ausschüttlungen übergegangenen kleinen Eisenmengen sind dann im Laufe der Analyse abzuscheiden und getrennt zu bestimmen.

---

¹) Zeitschr. anal. Chem. 60. (1921). 230.

Für die Bestimmung des Eisens in der Eisenchloridlösung ist im vorliegenden Fall die jodometrische Bestimmung die bequemste. Man kann indessen nach vorheriger Überführung der Chloridlösung in Sulfatlösung und Reduktion zu Ferroeisen auch ebensogut mit eingestellter Permanganatlösung titrieren.

1. Bestimmung des Eisens in säurelöslichem Material.

a) Das jodometrische Verfahren.

Grundlagen. In salzsauren Lösungen, die alles Eisen als Chlorid enthalten, kann man den Eisengehalt mit Vorteil nach Mohr[1]) ermitteln, wenn man das Eisenchlorid mit Jokalium umsetzt und das in Freiheit gesetzte Jod, dessen Menge dem vorhandenen Eisenchlorid entspricht, mit Thiosulfatlösung titriert.

Da bei der Umsetzung zwischen Eisenchlorid und Jodwasserstoff nach:

$$2\,\mathrm{Fe}^{\cdots} + 2\,\mathrm{J}' = 2\,\mathrm{Fe}^{\cdots} + \mathrm{J}_2$$

2 Moleküle Eisenchlorid (bzw. 2 Atome Eisen) 2 Atome Jod in Freiheit setzen, und 1 Atom Jod bei der Titration 1 Molekül Thiosulfat verbraucht, so zeigt 1 Molekül Thiosulfat 1 Atom Eisen an.

Danach entspricht 1 ccm einer Zehntelnormalthiosulfatlösung $= 0{,}005584$ g Eisen.

Über Herstellung der Thiosulfatlösung vgl. bei Chrom, S. 234. Die Titerstellung kann mit reinem Jod erfolgen. Will man Versuchsausführung und Titerstellung übereinstimmend gestalten, so empfiehlt sich zur Titerstellung die Verwendung eines möglichst reinen, weichen Flußeisens, dessen Eisengehalt sich nach Ermittlung sämtlicher Verunreinigungen als Ergänzung der Summe der Verunreinigungen zu 100 ergibt.

Die Titerstellung mit Eisen erfolgt in der Weise, daß man abgewogene Eisenproben (je etwa 0,25 g) mit Salzsäure löst, nach erfolgter Lösung zur Entfernung kleiner Mengen Kupfer mit Schwefelwasserstoff fällt und von den Sulfiden abfiltriert, die sorgfältigst mit verdünnter Salzsäure ausgewaschen werden. Die Filtrate werden in der Porzellanschale stark eingeengt, dann die konzentrierte Lösung bei aufgedecktem Uhrglas mit verdünnter Salpetersäure oxydiert, das Uhrglas abgespritzt und die erhaltene Eisenchloridlösung zur Vertreibung aller Salpetersäure wiederholt mit konzentrierter Salzsäure eingedampft. Schließlich spült man die konzentrierte Eisenlösung in einen 400 ccm fassenden Erlenmeyerkolben und führt die Titration in gleicher Weise durch wie unten bei Ausführung der Bestimmung näher angegeben.

Der Titer der Thiosulfatlösung berechnet sich, wenn der Reingehalt der eingewogenen Eisenmenge $= r$ Gramm ist und der Verbrauch an Thiosulfatlösung $= n$ ccm beträgt, wie folgt:

$$1 \text{ ccm entspricht } \frac{r}{n} \text{ Gramm Eisen.}$$

Ausführung der Bestimmung. Will man die Eisenbestimmung im Anschluß an eine Ausätherung (nach S. 166) ausführen, so verfährt man in folgender Weise.

Man schüttelt die im Schüttelapparat zurückbleibende ätherische Eisenchloridlösung[2]) zuerst mehrmals mit Wasser durch, füllt die erhaltene wäßrige Eisenchloridlösung in ein hohes Becherglas ab, wäscht hierauf einige Male mit etwas verdünnter Salzsäure die in dem Apparat noch vorhandenen geringen Eisenmengen heraus, bis erneuter Salzsäurezusatz keine Gelbfärbung mehr

---

[1]) Mohr, Ann. Chem. Pharm. 105. 53 und Rose-Finkener, Handb. d. analyt. Chem. 1871. II. S. 923.

[2]) Zu beachten ist, daß ätherische Eisenchloridlösungen bei längerem Stehen am Licht, besonders bei direkter Sonnenbestrahlung reduziert werden; solche Lösungen müssen daher, ehe das Eisen titriert werden kann, oxydiert werden.

zeigt und der Äther vollkommen farblos zurückbleibt. Aus den vereinigten eisenchloridhaltigen Lösungen vertreibt man durch sachtes Erwärmen auf dem Dampfbad den Äther und engt hierauf bis auf eine kleine Flüssigkeitsmenge ein.

Enthält die Eisenchloridlösung mehr Eisen als etwa 0,25 g Metall entspricht, so füllt man die Lösung zweckmäßig zu 250 oder 500 ccm auf und entnimmt für die Titration des Eisens eine etwa 0,25 g Eisen entsprechende Menge, die man auf dem Dampfbad einengt.

Die nicht zu stark salzsaure Eisenchloridlösung füllt man in einen 300 bis 400 ccm fassenden Erlenmeyerkolben über, fügt 1,5—2 g reines (jodatfreies) Jodkalium in wenig Wasser gelöst, hinzu und titriert das freiwerdende Jod mit Zehntelnormalthiosulfatlösung. Man läßt dabei so lange Thiosulfatlösung aus der Bürette zufließen, bis die Eisenlösung nur noch wenig gelb gefärbt ist, dann setzt man etwa 10 Tropfen Jodzinkstärkelösung hinzu und titriert bis zur Entfärbung der durch Jodstärke blau oder dunkel gefärbten Lösung weiter. Ist die Lösung farblos geworden, so kann die Farbe der Jodstärke nach kurzer Zeit wiederkehren, da die letzten Reste Eisenchlorid sich bei gewöhnlicher Temperatur nur langsam unter Jodabscheidung umsetzen. Um diese Reste Eisenchlorid zur Umsetzung zu bringen, erwärmt man die auf farblos titrierte Eisenlösung auf dem Dampfbad auf 50 bis höchstens 60° C, wobei alles Eisen umgesetzt wird, kühlt dann, um titrieren zu können, unter der Wasserleitung auf Zimmertemperatur ab, fügt wieder etwas frische Stärkelösung hinzu und titriert bis zur Entfärbung.

Um die gesamte Eisenmenge zu erhalten, muß zu der im ätherischen Auszug gefundenen Menge noch der im Abrauchrückstand vom Siliziumdioxyd vorhandene Rest Eisen, sowie der beim Ausäthern in den salzsauren Teil übergegangene Rest hinzugezählt werden. Man bestimmt diese kleinen Mengen nach Abscheiden aus schwach essigsaurer Lösung und Lösen des Niederschlags mit Salzsäure durch Titrieren mit Thiosulfatlösung.

Liegt für die Bestimmung des Eisens keine ätherische Eisenchloridlösung vor, so kann man auch die bei der Bestimmung des Schwefels (nach Verfahren 1a S. 209) bzw. des Kupfers (nach Verfahren 1 S. 217) verbleibende Eisenlösung verwenden. Die von Kupfer und etwa vorhandenem Molybdän befreite Lösung wird eingeengt und durch tropfenweisen Zusatz von verdünnter Salpetersäure oder von Kaliumchlorat (auf 10 g gelöstes Eisen etwa 4 g Kaliumchlorat) oxydiert. Man titriert nach wiederholtem Abdampfen mit konzentrierter Salzsäure, wodurch überschüssige Salpetersäure oder Chlor vertrieben werden.

Die Entfernung vorhandenen Kupfers ist für genaue Eisenwerte erforderlich, da die Salze des zweiwertigen Kupfers durch Thiosulfat ebenfalls reduziert werden und daher, wenn sie nicht entfernt werden, zu hohen Verbrauch an Thiosulfat verursachen würden; desgleichen muß auch Molybdän vor der Titration entfernt werden.

Berechnung. Der Eisengehalt einer Probe ergibt sich bei der Titration einer e Gramm Einwage entsprechenden Probemenge, wenn n ccm Thiosulfatlösung vom Eisentiter T (bei zehntelnormaler Thiosulfatlösung ist T = 0,005584 g Fe) verbraucht wurden, zu:

$$\%\,\text{Fe} = \frac{n}{e} \cdot 100\,\text{T} \quad \text{bzw.} \quad \frac{n}{e} \cdot 0{,}5584.$$

b) Das Permanganatverfahren.

Grundlagen. In schwefelsauren Ferrosulfatlösungen kann der Eisengehalt nach Margueritte [1]) durch Titrieren mit Permanganatlösung ermittelt werden.

---

[1]) Ann. chim. phys. 3. série. 18. (1846). 244.

Die hierbei sich abspielende Ionenreaktion entspricht der Gleichung

$$MnO_4' + 5\,Fe^{..} + 8\,H^{.} = Mn^{..} + 5\,Fe^{...} + 4\,H_2O.$$

Da hiernach 1 Permanganation 5 Ferroionen anzeigt, so enthält eine nach dieser Gleichung zehntelnormale Permanganatlösung $\frac{1}{50}$ Mol Permanganat im Liter, d. h. $\frac{158,03}{50} = 3,1606$ g $KMnO_4$. 1 ccm dieser Lösung entspricht 0,005584 g Fe.

Über Herstellung der Permanganatlösung vgl. bei Mangan S. 179; die Titerstellung kann in der dort angegebenen Weise mit Natriumoxalat, oder jodometrisch nach Volhard oder am zweckmäßigsten mit Hilfe reinen Flußeisens von genau bekanntem Reingehalt an Eisen erfolgen.

Für letztere Art der Titerstellung werden mehrere Proben des Eisens von je etwa 0,25 g abgewogen, in bedeckten Porzellanschalen mit verdünnter Salpetersäure gelöst; die Lösungen werden verdampft und die Nitrate durch Glühen zerstört. Die Oxyde werden hierauf mit starker Salzsäure gelöst, die erhaltenen Lösungen unter Zusatz eines Überschusses verdünnter Schwefelsäure eingedampft und auf dem Finkenerturm bis zum beginnenden Entweichen von Schwefelsäuredämpfen erhitzt. Das Eisensulfat wird alsdann in ein Kölbchen gespült, unter Zusatz von Zink und Schwefelsäure reduziert und die reduzierte Lösung titriert in der gleichen Weise wie für die Ausführung der Bestimmung im folgenden Abschnitt genauer angegeben.

Die Berechnung des Titers aus der Menge des im eingewogenen Flußeisen enthaltenen reinen Eisens (= e Gramm) und der zur Titration verbrauchten Menge (= n ccm) Permanganatlösung ergibt sich

$$\text{für 1 ccm Permanganatlösung zu } \frac{e}{n} \text{ Gramm Eisen.}$$

Ausführung der Bestimmung. Für die Eisenbestimmung kann man sowoh die beim Ausäthern verbleibende ätherische Eisenchloridlösung als auch die bei der Schwefelbestimmung im Kolben verbleibende Eisenchlorürlösung verwenden. Im ersteren Fall wird der ätherischen Eisenchloridlösung durch Ausschütteln mit Wasser das Eisenchlorid entzogen und die vorhandenen kleinen Mengen Äther durch Verdunsten auf dem Wasserbad entfernt; schließlich dampft man die Eisenlösung ein, nimmt wieder mit Salzsäure auf und verdünnt in einem Meßkolben auf 250 oder 500 ccm.

Bei Verwendung der salzsauren, von der Schwefelbestimmung herrührenden Eisenchlorürlösung filtriert man diese in einem Meßkolben von 250 oder 500 ccm und wäscht Filter und Rückstand mit Salzsäure gut aus.

Diesen Lösungen entnimmt man nun soviel, daß die zu titrierende Eisenmenge nicht wesentlich mehr als 0,25 g beträgt, dampft diesen Teil in einer Porzellanschale mit einem Überschuß an verdünnter Schwefelsäure ein und erhitzt auf dem Finkenerturm bis zum beginnenden Entweichen von Schwefelsäuredämpfen. Danach läßt man etwas abkühlen, löst mit Wasser und spült die Lösung unter Vermeidung zu starker Verdünnung in einen 200 ccm fassenden Erlenmeyerkolben. In den Kolben gibt man außerdem 3—5 g chemisch reines, eisenfreies Zink (granuliert oder in Stücken) und, falls erforderlich, noch etwas starke Schwefelsäure, verschließt mit einem Contat-Göckelschen Aufsatz, der mit etwas Natriumbikarbonatlösung als Abschlußflüssigkeit beschickt ist und überläßt das Ganze während einiger Stunden der Reduktion. Die unter lebhafter Wasserstoffentwicklung vor sich gehende Reduktion wird am besten bis zur vollständigen Auflösung des Zinks fortgeführt. Man prüft zuletzt einen herausgenommenen Tropfen der Eisenlösung, indem man ihn zu farblosem

Rhodanammonium zugibt, das sich in konzentrierter Lösung auf einer Porzellan-tüpfelplatte befindet, ob alles Eisen reduziert ist.

Bleibt die Rhodanlösung farblos, so spült man die Eisenlösung in einen größeren Erlenmeyerkolben von 600 ccm bis 1 l, in dem sich 200—300 ccm verdünnte Schwefelsäure befinden. Die Schwefelsäure ist zuvor, um Luft-sauerstoff zu entfernen, frisch ausgekocht und durch Einstellen in kaltes Wasser ohne Schütteln wieder abgekühlt. Man titriert die Lösung dann so-fort mit der Permanganatlösung bis zum Auftreten einer schwachen, bleiben-den Rotfärbung.

Berechnung. Wurde von der angewandten Gesamtmenge von e Gramm, die nach dem Lösen in einem Meßkolben auf v ccm verdünnt war, ein Teil gleich p ccm für die Titration verwendet und wurden hierzu n ccm verbraucht, so ergibt sich bei dem Titer T der Permanganatlösung der Eisengehalt der Probe zu

$$\% \, \text{Fe} = \frac{n \cdot v}{e \cdot p} \cdot 100 \, T.$$

Bemerkung. Da bei Anwesenheit von Vanadin, Chrom, Nickel und Kobalt in der Ferrosulfatlösung die Schärfe der Permanganattitration leidet, so empfiehlt sich bei Anwesenheit dieser Stoffe die Benutzung der ätherischen Eisenchlorid-lösung, da diese Stoffe nicht in die ätherische Eisenlösung übergehen.

2. Bestimmung des Eisens in säureunlöslichem Material.

Ausführung der Bestimmung. Feingepulverte Metalle und Legierungen schließt man wie bei der Bestimmung des Siliziums angegeben (S. 158) mit Magnesia-Natriumkarbonat im Platintiegel auf. Nach Ausziehen des Auf-schlusses mit Wasser (wobei Chromat, Vanadat und andere Stoffe in Lösung gehen), bleibt alles Eisen als Oxyd zurück. Der ausgewaschene Rückstand wird mit starker Salzsäure gelöst und für die Bestimmung des Eisens verwendet. Man verdünnt die Eisenlösung in einem Meßkolben auf 250 oder 500 ccm, ent-nimmt der Lösung einen Teil, den man entweder durch Zusatz von etwas Salpetersäure und wiederholtes Eindampfen mit reiner Salzsäure für die jodo-metrische Bestimmung oder durch Abdampfen mit Schwefelsäure und Reduk-tion mit Zink für die Permanganattitration vorbereitet. Für die jodo-metrische Bestimmung ist Voraussetzung, daß keine wesentlichen Mengen Kupfer vorhanden sind. Ist Kupfer in merklicher Menge zugegen, so muß dieses durch Schwefelwasserstoff entfernt und die kupferfreie Eisenlösung wieder, wie vorstehend angegeben, oxydiert werden.

Bei titanreichem Material wird der mit Magnesia-Natriumkarbonat erhaltene Aufschluß durch Zugabe starker Salzsäure (spez. Gew. 1,19) unter Umrühren und Erwärmen gelöst. Will man die Aufschlußmasse vorher mit Wasser aus-laugen, so darf dies nicht mit warmem Wasser geschehen, da andernfalls mit Salzsäure keine klare Lösung mehr erhalten wird. Die beim Lösen des Auf-schlusses mit Salzsäure entstehende Pertitansäure[1] wird bei dem nachfolgenden Eindampfen der Eisenlösung zerstört.

Die Titration des Eisens selbst wird wie bei säurelöslichem Material be-schrieben ausgeführt.

Die beim Aufschließen der Legierungen mit Natriumsuperoxyd sich ergeben-den Eisenoxydmengen lassen sich gleichfalls für die Eisenbestimmung ver-wenden, vorausgesetzt, daß man zum Aufschließen einen Nickeltiegel oder einen Porzellantiegel (wobei letzterer aber meist zerstört wird) verwendet.

---

[1] Knecht und Hibbert, Journ. Soc. Chem. Ind. 30. 396.

Beispiele.

a) Eisenbestimmung in 23%igem Nickelstahl.

Versuch 1. Das aus 0,5001 g Probe durch Ausäthern gewonnene Eisenchlorid verbrauchte 67,5 ccm Thiosulfatlösung. Der Titer der Thiosulfatlösung war 1,003 zehntelnormal.

Der Eisengehalt ist demnach 75,6%.

Versuch 2. 0,5010 g der Probe verbrauchten 67,65 ccm der gleichen Thiosulfatlösung.

Der Eisengehalt der Probe ist 75,6%.

b) Kohlenstoffarmes Ferrovanadin mit 25,7% V.

Versuch 1. Das aus der Lösung von 4,0000 g der Probe ausgeätherte Eisenchlorid wurde auf 500 ccm verdünnt; davon wurden 25 ccm titriert.

Verbraucht wurden 25,6 ccm Zehntelnormalthiosulfatlösung.

Der Eisengehalt berechnet sich zu 71,5%.

Versuch 2. Einwage 4,0000 g; zur Titration verwendet 25 ccm von der auf 500 ccm verdünnten Eisenchloridlösung; verbraucht 25,65 ccm Thiosulfatlösung entsprechend einem Eisengehalt von 71,6%.

c) Kohlenstoffreiches Ferrovanadin mit etwa 50% V.

Versuch 1. Einwage 2,6370 g. $^2/_5$ des ausgeätherten Eisens samt den im Abrauchrückstand vom SiO_2 und in der ausgeätherten salzsauren Lösung verbliebenen Resten Eisen verbrauchten 58,9 ccm Zehntelnormalthiosulfatlösung. Der Eisengehalt berechnet sich zu 31,2%.

Versuch 2. 3,6663 g ebenso behandelt. $^2/_5$ der Eisenlösung verbrauchten 81,4 ccm Thiosulfatlösung entsprechend 31,0% Fe.

Versuch 3. 0,6376 g mit Magnesianatriumkarbonat aufgeschlossen (Verfahren 2) verbrauchten zur Titration des Eisens 35,5 ccm Zehntelnormalthiosulfatlösung entsprechend 31,1% Fe.

d) Ferrophosphor mit 24,9% P.

Versuch 1. 1,0015 g des Materials wurden aufgeschlossen. $^3/_{10}$ von der salzsauren Lösung des Aufschlusses (alles Eisen war in dreiwertiger Form vorhanden) verbrauchten 40,1 ccm Zehntelnormalthiosulfatlösung entsprechend einem Eisengehalt von 74,5%.

Versuch 2. 0,5081 g in gleicher Weise behandelt. $^3/_{10}$ der salzsauren Lösung verbrauchten 20,40 ccm Thiosulfatlösung entsprechend 74,7% Fe.

e) Titanmetall mit 63% Titan.

Versuch 1. 1,0011 g wurden mit Magnesianatriumkarbonat aufgeschlossen, die eingeengte salzsaure Lösung des Aufschlusses wurde mit Thiosulfatlösung titriert.

Verbraucht wurden 5,45 ccm Zehntelnormalthiosulfatlösung entsprechend 3,05% Fe.

Versuch 2. 1,0012 g in gleicher Weise behandelt, verbrauchten 5,35 ccm Thiosulfatlösung entsprechend 2,99% Fe.

Genauigkeit des Verfahrens und zulässige Abweichungen der erhaltenen Werte.

Sowohl für das jodometrische Verfahren als auch für das Permanganatverfahren der Eisenbestimmung können bei sorgsamer Ausführung erfahrungsgemäß folgende Abweichungen der Einzelwerte als zulässig bezeichnet werden:

bei Eisengehalten von	zulässige Abweichung
0,1 bis 0,5 %	± 0,01 %
0,5 „ 2,0 „	± 0,02 „
2,0 „ 10,0 „	± 0,03 „
10,0 „ 25,0 „	± 0,05 „
25,0 „ 50,0 „	± 0,10 „
50,0 „ 100,0 „	± 0,15 „

P. Wolfram.

Wolfram kann im Eisen bzw. Stahl als Mischkristall mit Eisen oder als Karbid vorhanden sein.

Ein Gehalt an Wolfram findet sich im Stahl oder Eisen nur nach absichtlichem Zusatz bei dessen Herstellung und zwar werden Spezialstahlsorten mit Wolframzusätzen bis zu 25 % hergestellt. Der Zusatz des Wolframs findet meist in Form hochprozentigen Ferrowolframs statt.

Erkennungsreaktion für wesentliche Wolframmengen.

Man löst einige Späne mit verdünnter Salzsäure unter Erwärmen in einem weiten Reagenzglas. Wird hierbei klare Lösung erhalten, so kann es sich höchstens um kleine Wolframgehalte (unter etwa 1 %) handeln. Bleibt dagegen graues Pulver ungelöst am Boden liegen, so muß die weitere Untersuchung ergeben, ob dieses Wolfram enthält. Zu der heißen Lösung setzt man einige Tropfen konzentrierte Salpetersäure, wobei unter Stickoxydentwicklung rasche Oxydation des Ferroeisens und etwas langsamer einsetzend die Oxydation des vorhandenen Wolframs zu Wolframsäure stattfindet, die sich als gelber oder grüner, zuweilen auch graugrüner Bodensatz oder Wandbeschlag beim Kochen der Lösung abscheidet.

Bei Gegenwart von Chrom ist der Niederschlag oft unrein; um sich zu überzeugen, daß Wolframsäure vorhanden ist, filtriert man den Niederschlag durch ein kleines Filter ab, wäscht Reagenzglas und Filter mit heißer verdünnter Salzsäure aus und löst zuletzt mit heißer verdünnter Natronlauge in das zuerst benutzte Reagenzglas hinein, soviel sich mit 10 ccm lösen will.

Die entstandene alkalische Lösung säuert man mit Salzsäure wieder an und setzt Zinnchlorür in frischen Kristallen dazu. Färbt sich die Lösung hiebei blau, so ist damit der Wolframnachweis erbracht.

1. Bestimmung des Wolframs in säurelöslichem Material.

a) Abscheidung des Wolframs als Trioxyd aus salzsaurer Lösung.

Grundlagen des Verfahrens. Beim oxydierenden Lösen von wolframhaltigem Stahl in Gegenwart von Salzsäure geht alles Wolfram in Wolframtrioxyd über. Das Wolframtrioxyd kann aus salzsaurer Eisenchloridlösung quantitativ abgeschieden werden, wenn solche Bedingungen eingehalten werden, daß sich kein Hydrosol des Wolframtrioxyds bildet.

Die Ausführung des Verfahrens kann auf zweierlei Weise geschehen · und zwar α) indem man zunächst in Salpetersäure löst und späterhin mit Salzsäure behandelt oder, β) indem man zuerst mit Salzsäure löst und nachher mit Salpetersäure oxydiert. Beide Verfahren können bei Einhaltung geeigneter Versuchsbedingungen brauchbare Ergebnisse liefern.

Ausführung der Bestimmung. Verfahren a. Von wolframarmem Material löst man 10 g, von wolframreicherem 5 g, von hochprozentigem Wolframstahl 2—3 g mit verdünnter Salpetersäure (10 g mit 110 ccm, 5 g mit 60 ccm Säure) in bedeckter Porzellanschale [1]), dampft die Lösung zur Trockene ein und zerstört die Nitrate durch Erhitzen auf dem Sandbad oder der Asbestplatte, zuletzt durch kräftiges Glühen auf dem Finkenerturm oder dem Asbestdrahtnetz, bis keine Stickoxyddämpfe mehr entweichen. Die erhaltenen Oxyde bringt man durch Befeuchten mit wenig rauchender Salzsäure (spez. Gew. 1,19) unter leichtem Erwärmen und Zusatz von Salzsäure (spez. Gew. 1,12) in Lösung. Der verbleibende Rückstand darf dabei nicht durch Eisenoxyd gefärbt bleiben. Die erhaltene Lösung dampft man auf dem Dampfbad wiederum zur Trockene ein und erhitzt den Rückstand zur Abscheidung von Siliziumdioxyd und Wolframtrioxyd auf dem Sandbad oder dem Finkenerturm auf 135° C, bis keine salzsäurehaltigen Dämpfe mehr entweichen. Den Rückstand befeuchtet man wieder mit wenig rauchender Salzsäure, bringt die löslichen Stoffe durch leichtes Erwärmen und Zugabe von Salzsäure (spez. Gew. 1,12, und zwar nicht mehr als zur Lösung der Eisenverbindungen nötig ist) in Lösung und dampft hierauf den vorhandenen Salzsäureüberschuß soweit ab, als dies ohne Ausscheidung fester Eisenverbindungen eben möglich ist; die Eisenlösung ist dann sirupdick geworden. Diese Bedingungen müssen eingehalten werden, wenn man alles Wolfram als Trioxyd aus der Eisenlösung abscheiden will.

Nach Abkühlenlassen der dickflüssigen Eisenlösung verdünnt man sie mit salzsäurehaltigem Wasser etwa auf die doppelte Flüssigkeitsmenge, läßt einige Minuten absitzen und filtriert Siliziumdioxyd und Wolframtrioxyd durch ein Weißbandfilter ab. Die in der Schale zurückbleibenden Oxyde spritzt man mit verdünnter Salzsäure aufs Filter. Bei Anwesenheit von Wolfram bleibt gewöhnlich ein festhaftender gelber Rand in der Schale zurück; nachdem die Schale, sowie Filter und Niederschlag mit verdünnter Salzsäure eisenfrei gewaschen sind, entfernt man den gelben Beschlag aus der Schale durch Ausreiben mit einem Stückchen ammoniakbefeuchteten Filtrierpapiers, das man zusammen mit der Hauptmenge des Niederschlags im gewogenen Platintiegel verascht. Die Schale reibt man zuletzt mit einem alkoholbefeuchteten Stückchen Filter aus, das man ebenfalls mit dem Hauptniederschlag verascht.

Wenn bei hohem Wolframgehalt zu befürchten steht, daß der Niederschlag schlecht filtriert, so kann man zweckmäßig vor dem Filtrieren etwas durch kräftiges Schütteln mit heißem Wasser aufgeschlämmte Papiermasse (aus aschefreiem Filtrierpapier hergestellt) auf das Filter geben, wodurch verhindert wird, daß die Poren des Filters gleich zu Anfang verstopft werden. Infolge trüben Filtrierens können in dem Filtrat noch geringe Mengen von Wolframtrioxyd vorhanden sein; um diese zu ermitteln, dampft man das Filtrat in jedem Falle, auch wenn das Filtrat klar erscheinen sollte, in einem Becherglas (z. B. von 250 ccm Inhalt, breite Form) so weit ein als dies ohne Abscheidung fester Salze möglich ist und läßt die Flüssigkeit abkühlen. Dabei setzt sich noch vorhandenes Wolframtrioxyd am Boden des Becherglases ab, das in der dunklen Lösung leicht zu erkennen ist. Nach einigem Verdünnen filtriert man es ab, wäscht mit verdünnter Salzsäure eisenfrei und verascht Filter und Niederschlag mit der Hauptmenge.

---

[1]) Es ist in jedem Falle zweckmäßig, möglichst feine Späne zu verwenden. Späne von hochprozentigem Chromwolframstahl lassen sich nicht immer mit verdünnter Salpetersäure allein in Lösung bringen. In manchen Fällen gelangt man aber zum Ziel, wenn man nach der Einwirkung der Salpetersäure der heißen Lösung einige Tropfen konzentrierter Salzsäure zusetzt; nach Aufhören der Einwirkung wiederholt man diesen Zusatz, bis die Späne gelöst sind.

Das Filtrat kann nunmehr zu weiteren Bestimmungen (Mangan, Nickel, Chrom, Phosphor usw.) verwendet werden, während der veraschte Niederschlag von rohem Wolframtrioxyd gereinigt werden muß.

Das erhaltene Wolframtrioxyd glüht man auf gutem Bunsenbrenner (oder Mastebrenner) bis zu konstantem Gewicht; stärkeres Glühen (z. B. auf dem Gebläse) muß vermieden werden, da anderenfalls das Wolframtrioxyd infolge Verflüchtigung ständig an Gewicht verliert.

Um das stets vorhandene Siliziumdioxyd abzurauchen, gibt man eine nicht zu geringe Menge verdünnter Schwefelsäure hinzu, hierauf 1—2 ccm Flußsäure, verdampft auf dem Wasserbad soweit als möglich und raucht die Schwefelsäure vorsichtig auf dem Finkenerturm fort. Zuletzt erhitzt man über dem gleichen Brenner, den man vorher zum Glühen von Siliziumdioxyd + Wolframtrioxyd bis zum konstanten Gewicht benutzt hatte, und wägt nach dem Erkalten. Der Gewichtsverlust entspricht der verflüchtigten Siliziumdioxydmenge, aus der man den Siliziumgehalt berechnet (vgl. S. 155). Der verbliebene Abrauchrückstand ist noch kein reines Wolframtrioxyd; er enthält in den meisten Fällen noch geringe Mengen von Oxyden des Eisens und Mangans, ferner können je nach der Zusammensetzung des Probematerials geringe Mengen von Chromoxyd, Titandioxyd, Spuren von Vanadinpentoxyd oder auch Molybdäntrioxyd darin vorhanden sein.

Zur Reinigung des Wolframtrioxyds schließt man mit etwa der sechsfachen Menge an reinem Natriumkarbonat auf; aus dem erkalteten Tiegel löst man die Schmelze in einem kleinen Becherglas mit wenig Wasser heraus, spült Tiegel und Deckel sorgfältig ab, filtriert das ungelöst Bleibende auf ein kleines Filter ab, wäscht gut mit warmem Wasser, wobei man etwas Ammoniumkarbonat aufs Filter streut, aus und verascht den Rückstand samt Filter in dem vorher benutzten, nicht weiter gereinigten Tiegel. Das Gewicht des Tiegels samt den ungelöst gebliebenen Oxyden, von dem Gewicht des Tiegels + roher Wolframsäure nach Abrauchen des Siliziumdioxyds abgezogen, ergibt ziemlich genau die Menge des vorhandenen Wolframtrioxyds, vorausgesetzt, daß keine wesentlichen Mengen von Chrom, Vanadin und Phosphor in dem Aufschluß zugegen sind. Sind diese Stoffe zugegen, so ist ihre Menge im Aufschluß einzeln zu ermitteln, und die gefundene Menge Wolframsäure durch entsprechende Abzüge richtig zu stellen.

In den weitaus meisten Fällen ist der Gehalt an Phosphor und Vanadin im Aufschluß der Wolframsäure ein so geringer, daß er vernachlässigt werden kann; dagegen muß der Chromgehalt ermittelt werden, sobald die Lösung der aufgeschlossenen Wolframsäure gelb gefärbt ist. Zu diesem Zweck säuert man das wolframsäurehaltige Filtrat mit Salzsäure an, wobei weiße oder hellgelbe Wolframsäure ausfällt, gibt etwas reines Jodkalium hinzu und titriert nach kurzem Stehen der Lösung das ausgeschiedene Jod mit zehntelnormaler Thiosulfatlösung. 1 ccm dieser Lösung zeigt 0,002533 g Chromoxyd an.

Enthält die beim Aufschließen der Wolframsäure erhaltene Wolframatlösung nur Chrom, aber keine Phosphorsäure und will man das Wolframtrioxyd (einschließlich kleiner Mengen Chromoxyd) direkt zur Wägung bringen, so fällt man das klare Filtrat des Aufschlusses in folgender Weise mit Quecksilberoxydulnitratlösung:

Zu der in einem geräumigen Becherglas befindlichen Lösung des Wolframates gibt man ein kleines Stückchen Lackmuspapier, deckt ein Uhrglas auf und neutralisiert mit verdünnter Salpetersäure.

Das dabei frei werdende Kohlendioxyd vertreibt man durch Erhitzen der Lösung auf dem Asbestdrahtnetz. Zur heißen neutralisierten Lösung fügt man von der Quecksilberoxydulnitratlösung, solange als noch Niederschlag ausfällt, kocht auf unter Umrühren und läßt absitzen. Ist die über dem Niederschlag stehende Flüssigkeit klar geworden, so prüft man zunächst durch Zusatz weiterer Quecksilberlösung, ob alles Fällbare ausgefällt ist und fügt nötigenfalls weitere Quecksilbersalzlösung hinzu. Danach erhitzt man wieder zum Kochen, läßt absitzen und fügt jetzt wenige Tropfen (nicht mehr) 10%igen Ammoniaks [1] hinzu. Dabei muß schwarzer Quecksilberniederschlag ausfallen. Man rührt die Lösung um und erhitzt kurze Zeit zum Sieden. Der graugewordene Niederschlag muß beim Erhitzen einige Zeit lang graue Farbe behalten; wird er sofort wieder gelblich, so ist noch weiteres Ammoniak zuzuführen. Man filtriert den Niederschlag, sobald die Lösung klar geworden ist, durch ein gut laufendes Filter ab, zunächst ohne den Niederschlag aufs Filter zu bringen. Ist alle klare Lösung abgegossen, so übergießt man den Niederschlag im Becherglas mit kochendem Wasser, setzt einige Kubikzentimeter der Quecksilbersalzlösung hinzu und kocht auf. Nach Absitzen des Niederschlages gießt man wieder die klare Flüssigkeit ab und wiederholt das Auslaugen des Niederschlages, falls bei der Fällung größere Mengen von Alkalisalzen zugegen waren. Man erhält auf diese Weise nach 2—4 maligem Auswaschen alkalifreien Quecksilberniederschlag, den man schließlich aufs Filter bringt und noch einige Male mit Wasser auswäscht.

Den an den Becherglaswandungen und am Glasstab verbleibenden Niederschlag reibt man mit einem Stückchen aschefreien Filtrierpapiers ab, solange er noch feucht ist; falls er schwer abgehen sollte, verwendet man ein mit Salpetersäure befeuchtetes Stückchen Filtrierpapier. Die zum Abwischen benutzten Filtrierpapierstücke verascht man zuerst im gewogenen Platintiegel für sich bei Luftzutritt. Danach bringt man den Hauptniederschlag samt Filter feucht dazu und verascht unter gut ziehendem Abzug über mittelgroßer Flamme und bei Luftzutritt [2]).

Nach Veraschen des Filters glüht man den Niederschlag über dem Bunsenbrenner, wägt nach Erkalten und wiederholt Glühen und Wägen, bis Gewichtskonstanz erreicht ist.

War die Lösung vor der Fällung mit Quecksilberoxydulnitrat farblos, so ist Chrom nicht vorhanden und der Niederschlag besteht nach dem Glühen in der Regel aus reinem Wolframtrioxyd, das in diesem Fall hellgelbe Farbe besitzt. Grünliche Färbung des Wolframtrioxyds würde auf Vorhandensein geringer Mengen von Alkalien oder auch auf geringe Mengen Molybdänoxyd hindeuten.

Zeigte hingegen die wäßrige Lösung vor der Fällung des Wolframtrioxyds gelbe Farbe, so ist auch das nach Veraschen des Quecksilberniederschlags erhaltene Wolframtrioxyd chromoxydhaltig und dementsprechend grünlichgrau gefärbt.

Zur Bestimmung des Chromoxyds, das in dem aus stark sauren Lösungen abgeschiedenen Wolframtrioxyd meist nur in geringer Menge vorhanden ist, schließt man die Wolframsäure nochmals mit Natriumkarbonat auf und ermittelt das entstandene Chromat in der Lösung des Aufschlusses durch Titration wie oben angegeben.

---

[1]) Der Ammoniakzusatz bezweckt, die überschüssige Säure, die mit dem Zusatz größerer Mengen der stets etwas sauren Quecksilberoxydulnitratlösung (vgl. S. 236) in die Lösung gelangt, zu binden. Unterläßt man den Ammoniakzusatz, so kann infolge saurer Reaktion der Lösung leicht etwas Wolframat (als Metawolframat) in der Lösung zurückbleiben; andererseits kann auch Ammoniakzusatz in geringem Überschuß zur Folge haben, daß die Lösung wolframhaltig bleibt. Um sich vor dieser Wirkung des Ammoniaks zu schützen, kann man, wie vielfach empfohlen wird, statt Ammoniak mit Wasser aufgeschlämmtes (gefälltes) Quecksilberoxyd zusetzen und durch längeres Erhitzen die Bindung der freien Säure herbeiführen.

[2]) Das Veraschen der Quecksilberniederschläge kann ohne Schaden für den Platintiegel ausgeführt werden, wenn man stets für genügenden Luftzutritt sorgt und nicht mit zu kleiner Flamme erhitzt.

Durch Abzug der gefundenen Menge Chromoxyd vom Gewicht des chromoxydhaltigen Wolframtrioxyds erhält man die Menge des reinen Wolframtrioxyds.

Berechnung. Bei einer Auswage von a Gramm reinem Wolframtrioxyd aus e Gramm Probematerial berechnet sich der Wolframgehalt des Materials zu

$$^0/_0\,W = \frac{a}{e} \cdot 79{,}31.$$

War die gewogene Wolframsäure chromhaltig und wurden beim Titrieren des Chromates n ccm zehntelnormaler Thiosulfatlösung verbraucht, so beträgt der Wolframgehalt

$$^0/_0\,W = \frac{a - 0{,}002533\,n}{e} \cdot 79{,}31.$$

Ausführung der Bestimmung. Verfahren β. (Abgeändertes Zinbergsches Verfahren [1]).) Von der gepulverten oder zerspanten Probe werden 2 g abgewogen und in einem 400 ccm fassenden Becherglas mit 120 ccm verdünnter Salzsäure (spez. Gew. 1,07, etwa durch Verdünnen von 2 Teilen Salzsäure 1,19 auf 5 Teile erhalten) bei aufgedecktem Uhrglas in Lösung gebracht. Man erwärmt dazu auf dem Dampfbad, bis keine Wasserstoffentwicklung mehr wahrnehmbar ist, bringt dann die Lösung durch Erhitzen auf dem Asbestdrahtnetz zum schwachen Sieden, wobei meist kleine, bis dahin ungelöst gebliebene Teilchen der Probe erneut Wasserstoffentwicklung geben. Die Lösung wird nun so lange in schwachem Sieden gehalten, bis keine sich lösenden Teilchen mehr zu sehen sind. Bei Anwesenheit von Wolfram hat sich dann meist am Boden eine grauschwarze, schwere, pulverige Masse abgesetzt, die aus Wolfram, Wolframkarbid und anderen Metallen bzw. Karbiden besteht.

Man setzt das Erhitzen noch kurze Zeit fort, um sicher zu sein, daß alles metallische Eisen, das mitunter von dem schweren Wolframpulver umhüllt bleibt und dem Säureangriff hartnäckig widersteht, in Lösung gebracht ist, dann wird die Flamme unter dem Drahtnetz entfernt und die Lösung, ohne daß das Uhrglas abgenommen wird, mit 4 ccm konzentrierter Salpetersäure oxydiert, die man tropfenweise aus einer Pipette zusetzt. Bei der meist sogleich einsetzenden heftigen Reaktion wird zunächst das Ferrosalz unter Stickoxydentwicklung oxydiert; gegen Ende der Ferrosalzoxydation steigt die Flüssigkeit plötzlich hoch und würde überschäumen, wenn das Becherglas nicht groß genug gewählt ist. Zu gleicher Zeit, aber etwas langsamer, findet auch die Oxydation des Wolframpulvers bzw. der mit ihm abgeschiedenen Karbide zu Wolframsäure statt (aus den Karbiden bildet sich teilweise Buttersäure, die sich durch den Geruch zu erkennen gibt). Zur vollständigen Oxydation des Wolframs und der Karbide bringt man die Lösung wieder zum Sieden, gibt nach 10 Minuten lang fortgesetztem Sieden 100 ccm kaltes Wasser hinzu, kocht die Lösung wieder auf und kocht noch 10 Minuten lang. Dann läßt man den Niederschlag absitzen und filtriert nach dem Erkalten durch ein Blaubandfilter. Den Niederschlag wäscht man mit verdünnter Salzsäure (1 Teil Salzsäure 1,12 auf 5 Teile verdünnt) eisenfrei aus; das Becherglas wird durch Ausspritzen mit verdünnter Salzsäure, soweit dies möglich ist, vom Niederschlag befreit und ebenfalls eisenfrei ausgewaschen. Dann reibt man mit Hilfe von Filtrierpapierstückchen soviel als möglich von dem festhaftenden Niederschlag von den Becherglaswänden ab und gibt die Reste zur Hauptmenge.

Die mitunter im Becherglas hartnäckig festsitzenden Anteile Wolframsäure wischt man schließlich mit einem Stückchen ammoniakbefeuchteten Filtrier-

---

[1]) Stahl u. Eisen 28. (1908). 1819 und Zeitschr. f. anal. Chem. 52. (1913). 529.

papiers heraus, reibt mit einem trockenen Stückchen Papier nach und verascht diese Teile zuerst im Platintiegel, in dem hernach die Hauptmenge Wolframsäure verascht wird.

Die erhaltene rohe Wolframsäure wird zunächst von vorhandener Kieselsäure durch Abrauchen mit wenig Flußsäure und etwas Schwefelsäure befreit — meist sind nur sehr geringe Mengen davon vorhanden, indessen hat sich das Abrauchen als notwendig herausgestellt —, dann wird der Tiegel samt kieselsäurefreier roher Wolframsäure gewogen. Da die Wolframsäure nie völlig rein erhalten wird und stets noch durch wechselnde Mengen Eisenoxyd und Chromoxyd verunreinigt ist, so muß sie noch aufgeschlossen werden. Man mischt sie mit der 5fachen Menge Kaliumnatriumkarbonat, erhitzt die Mischung bis zum ruhigen Fließen und laugt die erkaltete Schmelze in einem kleinen Becherglas mit Wasser aus. Der Tiegel wird durch Abspritzen von der Lösung befreit und die durch Eisenoxyd meist etwas trübe Lösung filtriert. Der Rückstand auf dem Filter wird mit ammoniumkarbonathaltigem Wasser alkalifrei ausgewaschen und dann in dem nicht weiter gereinigten Tiegel verascht und Tiegel + Rückstand gewogen.

In der Regel zeigt das Filtrat Gelbfärbung von Chromat herrührend; man bestimmt es durch Titrieren mit zehntelnormaler Thiosulfatlösung wie oben bei Verfahren α angegeben.

Das salzsaure Filtrat von der Hauptmenge Wolframsäure ist nicht immer frei von Wolframsäure. Um den etwa noch vorhandenen Rest davon zu ermitteln, dampft man die Lösung mit konzentrierter Salzsäure wiederholt zur Trockene ab, scheidet wie üblich Siliziumdioxyd ab (vgl. S. 155), wobei gleichzeitig der etwa vorhandene Wolframsäurerest mit abgeschieden wird, und verascht die abfiltrierte Kieselsäure im Platintiegel. Schon geringe Wolframsäuremengen geben sich durch charakteristische Gelbfärbung der Kieselsäure zu erkennen. Ist die Kieselsäure sowohl auf dem Filter als nach dem Veraschen farblos oder rein weiß und ist sie endlich nach dem Abrauchen bis auf einen geringen Rest Eisenoxyd flüchtig, so ist keine Wolframsäure mehr im Filtrat gewesen. Ist die Kieselsäure indessen gelb gefärbt, so ermittelt man den Wolframgehalt nach Abrauchen und Aufschließen in gleicher Weise wie bei der Hauptmenge angegeben, gegebenenfalls müßte auch Chrom bestimmt und als Oxyd in Abrechnung gebracht werden.

Die Filtrate von der Kieselsäure samt den Waschwässern können für die Bestimmung der übrigen Metalle verwendet werden.

Berechnung. Für die Berechnung des Wolframgehaltes ist nur die Kenntnis folgender Gewichte erforderlich:

a) Gewicht des Platintiegels mit der rohen Wolframsäure nach Abrauchen mit Flußsäure und Schwefelsäure.

b) Gewicht des gleichen Platintiegels mit den veraschten Oxyden; ferner der Verbrauch (n) an zehntelnormaler Thiosulfatlösung für das in der rohen Wolframsäure vorhandene Chrom.

Der Wolframgehalt der Probe bei e Gramm Einwage berechnet sich dann zu:

$$\frac{a - b - 0{,}002533\,n}{e} \cdot 79{,}31.$$

Anwendbarkeit beider Verfahren. Verfahren α ist im allgemeinen bei allen Wolfram enthaltenden Stahlsorten verwendbar und liefert insbesondere bei geringeren Wolframmengen noch brauchbare Ergebnisse.

Verfahren β liefert bei höheren Wolframgehalten zuverlässige Werte, wird aber bei geringen Wolframgehalten (unter 2 %) unsicher. Das Verfahren β ergibt reinere Wolframsäureabscheidungen als Verfahren α und ist in kürzerer Zeit durchführbarer als dieses.

Die Angaben Zinbergs, wonach bei diesem Verfahren eine völlig von Kieselsäure und Eisenoxyd freie Wolframsäure erhalten werde, sind nicht zutreffend; auch ist das Filtrat nicht immer frei von Wolframsäure, insbesondere nicht bei Wolframgehalten unter etwa 3%.

b) Trennung des Wolframs vom Eisen durch den Natriumsuperoxydaufschluß [1]).

Grundlagen des Verfahrens. Aus einem Gemisch der Oxyde des Eisens und des Wolframs kann man sämtliches Wolfram durch Aufschließen mit Natriumsuperoxyd und Auslaugen der Schmelze mit Wasser entfernen. Der durch Fällen der neutralisierten Lösung mit Quecksilberoxydulnitratlösung erzeugte Niederschlag enthält außer sämtlichem Wolfram auch andere im Probematerial vorhandene Stoffe, wie Phosphor, Chrom, Vanadin, Molybdän und je nach den Fällungsbedingungen mehr oder weniger Silizium in Form ihrer Oxyde. Um den Gehalt an reinem Wolframtrioxyd zu erfahren, muß der Niederschlag daher einer eingehenden Untersuchung unterzogen werden.

Ausführung der Bestimmung. Von Wolframstahl mit einem Gehalt bis zu etwa 5% Wolfram wägt man 2 g, von höherprozentigem Material 1 g in einer kleinen Porzellanschale ab, löst nach Aufdecken eines Uhrglases mit 30 bzw. 20 ccm verdünnter Salpetersäure (spez. Gew. 1,18) und dampft nach vollständiger Auflösung des Stahls zur Trockene ein. Den trockenen Rückstand erhitzt man auf der Asbestplatte weiter und schließlich auf dem Finkenerturm oder dem Asbestdrahtnetz bei aufgedecktem Uhrglas, bis keine Stickoxyddämpfe mehr entweichen. Die entstehenden Oxyde lösen sich dabei größtenteils von den Schalenwandungen ab.

Man entfernt sie möglichst vollständig aus der Porzellanschale unter Zuhilfenahme eines Platinspatels, zerreibt sie in einer Achatreibschale zu feinem Pulver, vermischt mit der 6—8fachen Menge der Einwage an Natriumsuperoxyd und trägt die Mischung in einen Nickeltiegel ein. Den Rest in der Reibschale überstreut man mit wenig Natriumsuperoxyd und bringt dieses ebenfalls in den Nickeltiegel. Den in der Schale fest haftenden Rest behandelt man mit etwas Wasser und wenig Natronlauge in der Wärme; die erhaltene Lösung vereinigt man später mit der Lösung des Hauptaufschlusses.

Zum Aufschließen der Mischung im Nickeltiegel erhitzt man mit kleiner Flamme bis zum Schmelzen der Masse und hält etwa eine halbe Stunde lang im Schmelzen, ohne viel stärker zu erhitzen, als zum Flüssighalten der Schmelze nötig ist. Danach läßt man erkalten, bringt den Nickeltiegel samt Schmelze in ein Becherglas, das man soweit mit Wasser anfüllt, daß eben der Tiegel davon bedeckt wird. Nach Herauslösen der Schmelze, das man durch Erwärmen beschleunigt, nimmt man den Tiegel heraus und spritzt ihn sorgfältig mit heißem Wasser ab. Danach verdünnt man etwa zu 100—500 ccm, gibt, falls die Lösung nach Absitzen grün gefärbt sein sollte zur Reduktion des Manganats eine kleine Messerspitze voll Natriumsuperoxyd zu und rührt um. Den vorhandenen Niederschlag läßt man gründlich absitzen, filtriert dann, ohne den Niederschlag aufzurühren, in einen 250 ccm fassenden Meßkolben und wäscht den Niederschlag im Becherglas durch mehrmaliges Aufgießen von warmer verdünnter Natriumkarbonatlösung gut aus. Dem bis zur Marke aufgefüllten Filtrat, das bei Anwesenheit von Chrom gelb gefärbt, sonst farblos ist, entnimmt man je nach dem vorhandenen Wolframgehalt einen größeren oder kleineren Teil,

---

[1]) Hinrichsen, Mitteilungen aus dem Kgl. Materialprüfungsamt 25. (1907). 308 und Stahl u. Eisen 27. (1907). 1418.

z. B. $^2/_5$, füllt diese in ein 300—400 ccm fassendes Becherglas ab, fällt nach Neutralisieren mit verdünnter Salpetersäure mit Quecksilberoxydulnitratlösung wie im vorhergehenden Abschnitt (S. 264) beschrieben, raucht den vorsichtig verglühten Quecksilberniederschlag mit Flußsäure-Schwefelsäure ab und behandelt den Rückstand wie dort angegeben.

Um sich das Wiederaufschließen des gewogenen Niederschlages zum Zweck der Chrombestimmung zu ersparen, entnimmt man nach Hinrichsen der Hauptlösung einen gleich großen Anteil und bestimmt darin das vorhandene Chrom durch Titrieren nach einem der früher angegebenen Verfahren (S. 238).

Aus der Menge des gefundenen Chroms berechnet man durch Multiplizieren mit 1,462 die Menge des Chromoxyds, zieht diese von der Summe (Wolframtrioxyd + Chromoxyd) ab und berechnet aus dem Rest den Wolframgehalt.

Zu berücksichtigen ist, daß bei Vorhandensein wesentlicher Mengen von Vanadin, Molybdän und auch von Phosphor in der Probe diese in dem Gesamtniederschlag vorhanden sind. Um in solchem Fall den reinen Wolframwert zu erhalten, müssen Vanadin und Molybdän nach weiter unten angegebenen Verfahren für sich bestimmt und nach Umrechnung auf die betreffenden Oxyde vom Gesamtniederschlag in Abzug gebracht werden. Da Vanadin die Genauigkeit der maßanalytischen Chrombestimmung beeinträchtigt, so bestimmt man bei vanadinhaltigem Material Chrom als Oxyd wie S. 241 angegeben.

Bei Anwesenheit größerer Phosphormengen muß auch die Phosphorbestimmung im Wolframtrioxyd für sich ausgeführt werden; doch kommen in Wolframstrahlen selten so hohe Phosphorgehalte vor, daß ihre Bestimmung für die Ermittlung genauer Wolframwerte erforderlich wäre. Die durch kleine Phosphorgehalte (z. B. bis zu $0,03\%$ Phosphor) entstehenden Fehler bleiben innerhalb der Fehlergrenzen des Verfahrens. Die Berechnung des Wolframgehaltes erfolgt in gleicher Weise wie oben angegeben. (Näheres hierüber siehe im Anhang Seite 271.)

2. Bestimmung des Wolframs in säureunlöslichem Material.
(Ferrowolfram, Wolframmetall.)

Grundlagen des Verfahrens. Hochprozentige Wolframeisenlegierungen können, sofern sie sich zu feinem Pulver zerkleinern lassen, in gleicher Weise mit Magnesianatriumkarbonatmischung, wie bei der Siliziumbestimmung in säureunlöslichem Material S. 158 beschrieben ist, oder Natriumkarbonat allein aufgeschlossen werden. Wolfram geht dabei in Natriumwolframat über, das sich aus der Aufschlußmasse durch Wasser ausziehen läßt.[1]

Ausführung der Bestimmung. 1—3 g des fein gepulverten Materials wird in der Achatreibschale mit etwa der 8—10fachen Menge Magnesianatriumkarbonat (natriumkarbonatreiche Mischung) gut gemengt und die Mischung im Platintiegel etwa $^3/_4$ Stunden auf einem kräftigen Mastebrenner, sodann noch $^1/_2$—1 Stunde auf dem Gebläse erhitzt. Die zusammengesinterte Aufschlußmasse wird nach Erkalten in einem Becherglas mit heißem Wasser ausgezogen und die erhaltene Wolframatlösung nach Absitzen des ungelösten Rückstandes abfiltriert[2]. Der auf dem Filter gesammelte Rückstand wird mit heißem Wasser ausgezogen, sodann im zuerst benützten Platintiegel verascht, mit etwa der vierfachen Menge des eingewogenen Metalls an reinem Natriumkarbonat vermischt und nochmals während etwa 1 Stunde kräftig erhitzt. Durch diesen

---

[1] Chem.-Ztg. 34. (1910.) 781.
[2] Sollte die Lösung durch Manganat grün gefärbt sein, so gibt man eine kleine Menge Natriumsuperoxyd hinzu und erwärmt zur Zerstörung des Überschusses.

zweiten Aufschluß werden geringe Mengen Wolfram, die bei einmaligem Aufschließen noch im Rückstand verblieben sein können, gewonnen.

Man löst mit heißem Wasser und filtriert vom Ungelösten ab. Der ausgewaschene Rückstand kann nach Lösen mit Salzsäure zur Bestimmung von Eisen und Mangan dienen.

Die vereinigten klaren Filtrate verdünnt man in einem Meßkolben auf 500 ccm und entnimmt der Lösung je nach dem vorhandenen Wolframgehalt einen größeren oder kleineren Teil (100 ccm bzw. 50 ccm) zur Fällung des Wolframs, die man in der oben beschriebenen Weise (vgl. S. 269) vornimmt. Ist das Filtrat vom Aufschluß gelb gefärbt, so ist Chrom zugegen; in diesem Fall wird der Chromgehalt ermittelt und die entsprechende Menge Oxyd vom Gesamtwolframtrioxyd in Abzug gebracht.

Über die Ermittlung der Chrommenge vgl. S. 240 u. ff.

Ebenso muß bei Anwesenheit von Vanadin oder Molybdän der Gehalt an diesen Stoffen ermittelt und ein entsprechender Abzug gemacht werden.

Zum Aufschließen von Wolframmetall und hochprozentigem Ferrowolfram kann man für die Ermittlung des Wolframgehaltes auch vorteilhaft Natriumkarbonat verwenden; dieser Weg wird vom Chemikerausschuß des Vereins deutscher Eisenhüttenleute [1]) empfohlen. Da aber für die Beurteilung einer Probe Wolframmetall die Kenntnis des Gehaltes an metallischem Wolfram häufig wichtiger ist als die des Gesamtgehaltes an Wolfram [2]), so ist es zweckmäßiger, außer dem Gesamtgehalt an Wolfram die vorhandenen Verunreinigungen, vor allem an Sauerstoff, Kohlenstoff, Silizium, Eisen, Mangan, Nickel, Kalk, Magnesia, Titan, Phosphor, Chrom, Vanadin, Molybdän, Aluminium, Thoriumoxyd, wasserlöslichem Alkaliwolframat zu bestimmen und daraus den Gehalt an Wolframmetall zu berechnen.

Welche Bedeutung schon ein geringer Sauerstoffgehalt einer Wolframmetallprobe besitzt, ist daraus zu entnehmen, daß 0,1% Sauerstoff einem Gehalt der Probe an 0,48$_3$% WO$_3$ oder 0,66$_7$% WO$_2$ — bei Annahme dieser Sauerstoffverbindungen im Metall — entsprechen würde. Über den Sauerstoffgehalt von Wolframmetallproben s. Tabellen 139 und 140, Seite 292 und 293.

Zur Bestimmung von Eisen, Mangan, Nickel, Kalk, Magnesia und Titan schließt man die Probe mit Natriumkarbonat auf. (Die Verwendung von Natriumkarbonat erweist sich wegen seines höheren Schmelzpunktes als vorteilhafter gegenüber der leichter schmelzenden Mischung Natriumkaliumkarbonat.)

Man mischt zu diesem Zweck 2—4 g des fein gepulverten Metalls mit der 5—6fachen Menge reinen Natriumkarbonats, bringt die Mischung in einen geräumigen Platintiegel, in dem man vorher eine kleine Menge Natriumkarbonat als Bodendecke angeschmolzen hat und erhitzt, während 1—2 Stunden auf dem Bunsenbrenner, womöglich so, daß der Inhalt des Tiegels noch nicht zum Schmelzen kommt. Zuletzt erhitzt man noch kurze Zeit auf dem Gebläse, und erhält auf diese Weise vollkommenen Aufschluß. Nach dem Lösen der Schmelze mit Wasser bleiben Eisenoxyd, Manganoxyd, Nickeloxyd, Natriumtitanat, Kalziumkarbonat und Magnesiumkarbonat zurück; Eisen bleibt zum Teil an den Wänden des Tiegels haften und wird mit Salzsäure herausgelöst. Ihre Trennung erfolgt nach bekannten Verfahren.

Weitere Verunreinigungen des Wolframmetalls werden nach entsprechenden Verfahren bestimmt. Näheres über diese Untersuchungen vgl. die Veröffentlichung von Hans Arnold [3]).

---

[1]) Stahl u. Eisen 40. (1920). 857. Vgl. auch Deiß, Chem.-Ztg. 34. (1910.) 781.

[2]) Gesamtgehalt an Wolfram = Summe von metallischem Wolfram + dem an Sauerstoff (oder andere Stoffe) gebundenen, nichtmetallischen Wolfram.

[3]) Zeitschr. f. anorg. Chem. 88, S. 74—87.

Anhang.

Molybdänhaltiger Wolframstahl. Enthält das zu untersuchende Material wesentliche Mengen Molybdän, so bleibt ein Teil desselben in der nach den Verfahren 1 a α und 1 a β abgeschiedenen Wolframsäure, und zwar ein größerer wenn nach 1 a α, als wenn nach 1 a β gearbeitet wird. Wird nach Verfahren 1 b (oder nach 2) gearbeitet, so findet sich das ganze Molybdän bei der Wolframsäure.

Zur Ermittlung der wirklichen Wolframsäuremenge ist daher die Bestimmung der Molybdänsäuremenge erforderlich und man bestimmt diese nach Abrauchen der Kieselsäure und Aufschließen der gewogenen, unreinen Wolframsäure, Entfernung und Wägung der unaufgeschlossenen Oxyde in einem aliquoten Teil des Filtrates in folgender Weise: Die Wolframatlösung wird mit Weinsäure versetzt, bis beim Ansäuern mit verdünnter Schwefelsäure keine Abscheidung oder Trübung durch Wolframsäure mehr erscheint; danach macht man die Lösung deutlich ammoniakalisch und sättigt mit Schwefelwasserstoff. Auf Zusatz von verdünnter Schwefelsäure fällt man braunes Molybdänsulfid aus, das wie weiter unten angegeben (S. 283) bestimmt wird. Die ermittelte Menge MoO_3 ist auf die gesamte Einwage umzurechnen und die gefundene Menge MoO_3 von der bis dahin ermittelten Menge roher Wolframsäure in Abzug zu bringen.

Phosphorhaltiger Wolframstahl. Bei der Abscheidung der Wolframsäure nach Verfahren 1 a β gehen nur geringe Anteile des vorhandenen Phosphors, nach Verfahren 1 a α dagegen wechselnde Anteile in den Wolframniederschlag über; nach den Verfahren 1 b und 2 wird bei der Fällung der Wolframsäure mit Quecksilbersalz auch die gesamte Phosphormenge mit dem Wolfram niedergeschlagen.

Zur Bestimmung der mitgefällten Phosphorsäuremenge verfährt man nach Aufschluß der unreinen Wolframsäure in gleicher Weise wie bei der Phosphorbestimmung in wolframhaltigem Material S. 197 angegeben. Man rechnet die gefundene Phosphormenge auf P_2O_5 um und bringt den ermittelten Betrag für P_2O_5 von der Wolframsäuremenge in Abzug.

Da zur Herstellung von Wolframstahl in der Regel phosphorarmes Material Verwendung findet, so kann die in den Wolframsäureniederschlag eingehende Menge Phosphorsäure, besonders wenn nach den Verfahren 1 a α und 1 a β gearbeitet wird, nicht erheblich sein.

Nimmt man beispielsweise an, daß bei einem Phosphorgehalt von $0{,}05\,\%$ im Probematerial etwa $0{,}02\,\%$ in den Wolframsäureniederschlag eingegangen seien, so würde diese Menge, auf P_2O_5 und eine Einwage von 5 g umgerechnet, eine Menge von $0{,}0023$ g P_2O_5 ergeben; diese würde bei der Umrechnung als WO_3 einem prozentischen Betrag von

$$\frac{0{,}0023 \cdot 79{,}31}{5} = 0{,}036\,\%$$

entsprechen, um welchen der Wolframwert, bei Nichtberücksichtigung der Phosphormenge im Wolframniederschlag, zu hoch gefunden würde. Da bei höheren Wolframgehalten, z. B. von 10 und mehr $\%$ die zulässige Fehlergrenze zu $\pm\,0{,}1\,\%$ angegeben ist (vgl. S. 272), also größer ist als dieser Fehler, so ergibt sich, daß für die Wolframbestimmung nach den Verfahren 1 a α und 1 a β im allgemeinen, wenn kein besonders hoher Phosphorgehalt vorliegt, die Ermittlung der mitgefällten Phosphorsäuremenge unterbleiben kann, da eine erhöhte Genauigkeit des Wolframwertes dadurch nicht erreicht wird.

Beispiele.

Versuche mit einer Natriumwolframatlösung. Bei der Gehaltsbestimmung der Lösung durch Fällen von 25 ccm mit Quecksilberoxydulnitratlösung wurden erhalten:

a) $0{,}0681$ g WO_3.   b) $0{,}0682$ g WO_3.

Abscheidung des Wolframs als Trioxyd mit Salzsäure bei Gegenwart von Eisenchlorid. Angewandt 25 ccm obiger Wolframatlösung und 10 ccm (Versuch 1) bzw. 20 ccm (Versuch 2) Eisenchloridlösung.

Versuch 1. (10 ccm Eisenchloridlösung entsprechend 1,6 g Fe.) Gewogen $0{,}0683$ g WO_3.

Versuch 2. (20 ccm Eisenchloridlösung entsprechend 3,2 g Fe.) Gewogen $0{,}0682$ g WO_3.

Versuch 3. 5 ccm Wolframatlösung (enthaltend $0{,}0136$ g WO_3) mit 10 ccm Eisenchloridlösung (entsprechend 1,6 g Fe). Gewogen $0{,}0127$ g WO_3.

Gemeinsame Abscheidung von Siliziumdioxyd und Wolframtrioxyd mit Salzsäure aus eisenchloridhaltiger Lösung.

Tabelle 128.

Ver-such Nr.	Angewandt			Gefunden	
	Wolframat entsprechend g WO_3	Eisenchlorid entsprechend g Fe	Silikatlösung entsprechend g SiO_2	$WO_3 + SiO_2$ g	Nach. Abrauchen des SiO_2 g WO_3
4	0,0204	5,0	0,0541	0,0739	0,0200
5	0,0204	5,0	0,1082	0,1268	0,0193

Vergleichende Wolframbestimmungen nach Verfahren 1a, α) und 1b) in Wolframstahl.

Tabelle 129.

Ver-such Nr.	Ver-fahren	Einwage g	Rohes WO_3 nach dem Abrauchen $(WO_3 + Fe_2O_3 + Cr_2O_3)$ g	Darin Cr_2O_3 g	Reines WO_3 g	Wolfram-gehalt in %
			Probe Nr. 1			
1	1a, α)	5,0000	0,3782	0,0010	0,3678	5,83
2	1a, α)	6,0000	0,4499	0,0013 [1])	0,1779 [1])	5,88
3	1b)	1,0000 (zur Fällung ²/₅)	0,0630	0,0342	0,0288	5,71
4	1b)	1,0006 (zur Fällung ²/₅)	0,0632	0,0342	0,0290	5,75
			Probe Nr. 2 [2])			
5	1a, α)	4,0000	0,3728	0,0338	0,2167	4,29
6	1a, α)	4,0000	0,3765	0,0624	0,2119	4,20
7	1b)	1,0000 (zur Fällung ²/₅)	0,0821	0,0602	0,0219	4,34
8	1b)	1,0000 (zur Fällung ²/₅)	0,0820	0,0609	0,0211	4,17

Hochprozentiger Wolframchromstahl. Nach Verfahren 1a, α) untersucht.

Tabelle 130.

Ver-such Nr.	Einwage g	Rohes Wolframtrioxyd [SiO_2, WO_3, Fe_2O_3, Cr_2O_3] g	Nach Aufschluß ²/₅ gefällt [WO_3, Cr_2O_3] g	Darin Cr_2O_3 g	Rein WO_3 g	Wolfram %
1	3,0022	0,7331	0,2872	0,0019	0,2853	18,84
2	2,0000	0,4930	0,1921	0,0022	0,1899	18,83

Genauigkeit des Verfahrens und zulässige Abweichungen.

Als noch einhaltbar lassen sich bei Wolframbestimmungen erfahrungsgemäß folgende Abweichungen bezeichnen:

Erforderliche Einwage	bei Gehalten von	zulässige Abweichung
mindestens 10 g	0,2— 0,5%	± 0,02%
„ 10 „	0,5— 1,0 „	± 0,03 „
„ 5 „	1,0— 5,0 „	± 0,04 „
„ 5 „	5,0—10 „	± 0,05 „
„ 2 „	10 und mehr	± 0,1 „

---

[1]) Für die Bestimmung wurden ²/₅ des Aufschlusses der rohen WO_3 verwendet.

[2]) Probe Nr. 2 war in verdünnter Salpetersäure sehr schwer löslich; sie konnte aber durch zeitweiliges Zufügen von geringen Mengen Salzsäure allmählich in Lösung gebracht werden.

Geringere Mengen als etwa 0,02°/₀ lassen sich wohl noch qualitativ erkennen; die genaue Ermittlung ihrer Menge ist nach vorstehenden Verfahren nicht mehr sicher möglich, auch nicht bei noch größeren Einwagen als 10 g.

Q. Vanadin.

Kleine Mengen von Vanadin gelangen nicht selten aus vanadinhaltigen Erzen in das Roheisen, mitunter auch aus vanadinhaltigem Koks.

Da Vanadin große Verwandtschaft zum Sauerstoff besitzt, so werden bei der Herstellung besonderer Eisen- und Stahlsorten Vanadinzusätze verwendet, um eine ähnliche günstige auf Desoxydation beruhende Wirkung zu erzielen, wie z. B. mit Aluminium oder Titan.

Ist der Vanadinzusatz gering, so braucht dabei nicht notwendigerweise Vanadin im fertigen Material nachweisbar sein.

Außerdem dient Vanadin zur Herstellung solcher Sorten von Spezialstahlen, die Vanadin als Bestandteil der Legierung enthalten.

Erkennung von Vanadin im Stahl. Da es sich sowohl bei Roheisen als auch bei vanadinhaltigem Stahl selten um größere Vanadinmengen als etwa 1°/₀ handelt, kommt es für die qualitative und die quantitative Bestimmung von Vanadin darauf an, das Vorhandensein von Vanadin auf Grund einer hinreichend sicheren Reaktion zu erkennen. Als solche kommt die Reaktion mit Wasserstoffsuperoxyd in Betracht; da bei Vorhandensein von Molybdän mit Wasserstoffsuperoxyd eine ähnliche, aber wesentlich hellere Färbung entsteht, so besteht die Möglichkeit einer Verwechslung, sobald Molybdän zugegen ist. Falls Zweifel bestehen, ob die Reaktion Molybdän oder Vanadin anzeigt, z. B. wenn die erhaltene Färbung eine rein gelbe ist, ist daher noch auf Molybdän zu prüfen (vgl. S. 281).

Der Nachweis von Vanadin wird sowohl bei Roheisen, Ferromangan, als auch bei Wolframstahl, Chromwolframstahl u. dgl. in folgender Weise ausgeführt:

1 g der Probe wird in einem Erlenmeyerkolben von 200—300 ccm Inhalt mit 25 ccm verdünnter Schwefelsäure übergossen und durch Erhitzen auf dem Dampfbade in Lösung gebracht; um vollständige Lösung zu erreichen, erhitzt man zuletzt auf der Asbestplatte. Ist alles gelöst, so setzt man etwa 2 g Ammoniumpersulfat hinzu und erhitzt weiter auf der Asbestplatte, bis Zersetzung des Persulfatüberschusses eingetreten ist. Die erhaltene Lösung filtriert man durch ein kleines Filter und fängt einen Teil des Filtrates in einem Reagenzglas auf. Diesem Teil setzt man etwa 0,5—1 ccm Phosphorsäure (spez. Gew. 1,70) zu und mischt durch tüchtiges Schütteln. Die vorher bräunliche Lösung wird dabei hell. Mittels einer Pipette läßt man hierauf, ohne zu schütteln, etwa 0,5 ccm Wasserstoffsuperoxyd in die abgekühlte Lösung einfließen und beobachtet die am Berührungsrande beider Flüssigkeiten entstehende Färbung. Bei Anwesenheit von Vanadin entsteht ein deutlicher braunroter Ring und beim Umschütteln schlägt die Farbe der ganzen Lösung im Reagenzglas in bräunlichrot um. Ist die auftretende Färbung mehr hellgelb, so könnte die Färbung von Molybdän herrühren. Durch kurzes Kochen der gefärbten Lösung kann die durch Bildung von Pervanadinsäure hervorgerufene Färbung zerstört werden. Nach Abkühlen der entfärbten Flüssigkeit kann alsdann durch frischen Zusatz von Wasserstoffsuperoxyd die Färbung erneut hervorgerufen werden.

1. Bestimmung des Vanadins in Roheisen und Stahl nach dem Ätherverfahren.

Grundlagen der Bestimmung. Eisen und Vanadin lassen sich aus salzsaurer oxydierter Lösung in ähnlicher Weise durch das Ätherverfahren trennen, wie dies z. B. für Eisen und Mangan u. a. möglich ist.

Arbeitet man genau nach dem für die Trennung von Eisen und Mangan (Seite 166) angegebenen Verfahren, so können kleine Mengen Vanadin in der ätherischen Eisenchloridlösung verbleiben, die dann auch beim Nachschütteln der Eisenchloridlösung mit Äthersalzsäure 1,10 nur sehr langsam entfernt werden können. Um das gesamte Vanadin vom Eisen getrennt zu erhalten, benützt man zum Nachschütteln Äthersalzsäure 1,10 und wenig Wasserstoffsuperoxyd, wodurch das bei der ersten Ätherbehandlung in der ätherischen Eisenchloridlösung verbliebene Vanadin in ätherunlösliche Pervanadinsäure übergeht und auf diesem Wege schnell und sicher vom Eisen getrennt wird [1]).

Zur weiteren Reinigung der Vanadinlösung wird Mangan und Nickel durch oxydierendes Schmelzen, vorhandenes Chrom durch Schmelzen mit Weinsteinmischung entfernt, während Vanadin im wäßrigen Auszug dieser Schmelze nach dem Verfahren von Holverscheit [2]) jodometrisch ermittelt wird.

Das Verfahren Holverscheits beruht auf der Umsetzung zwischen Vanadinsäure und Bromwasserstoff, die gemäß der Gleichung:

$$2V^{\cdots\cdots} + 2Br' = 2V^{\cdots\cdot} + Br_2$$

erfolgt. Das freiwerdende Brom wird in Jodkaliumlösung geleitet und das entstehende Jod durch Titrieren mit Thiosulfatlösung bestimmt. Nach der Gleichung entspricht 1 ccm Zehntelnormalthiosulfatlösung = 0,005106 g Vanadin (bzw. 0,009106 g Vanadinpentoxyd).

Da es sich bei der Bestimmung des Vanadins in Roheisen und Stahl häufig nur um kleine Vanadinmengen handelt, so verwendet man zweckmäßig schwächere Lösungen, z. B. $\frac{1}{50}$ Normalthiosulfatlösung, die man durch Verdünnen von 200 ccm Zehntelnormallösung mit frisch ausgekochtem und wieder abgekühltem destilliertem Wasser auf 1 l herstellt. Ihren Titer ermittelt man durch Titrieren von etwa 0,1 g reinem Jod in der auf S. 234 beschriebenen Weise. Ein ccm $\frac{1}{50}$ Normalthiosulfatlösung zeigt 0,001021 g Vanadin an.

Statt des Verfahrens von Holverscheit kann man zur maßanalytischen Bestimmung des Vanadins (falls nur wenig Chrom zugegen ist, ohne vorherige Abscheidung des Chroms) die Titration mit Permanganatlösung anwenden. Hierfür muß das Vanadin zunächst zur vierwertigen Stufe reduziert werden, was am besten durch schweflige Säure (und Wegkochen des Überschusses) geschieht.

Die Titration des Vanadins beruht auf der Ionengleichung

$$MnO_4' + 5V^{\cdots\cdot} + 8H^{\cdot} = Mn^{\cdot\cdot} + 5V^{\cdots\cdots} + 4H_2O.$$

Von einer genau zehntelnormalen Permanganatlösung würde demnach 1 ccm = 0,005106 g V anzeigen; bei Verwendung einer $\frac{n}{50}$ Permanganatlösung (0,6321 g reines $KMnO_4$ im Liter enthaltend) würde 1 ccm = 0,001021 g V entsprechen.

Die Einstellung der Permanganatlösung geschieht am bequemsten durch Thiosulfatlösung nach Volhard (vgl. S. 180).

Erforderliche Apparate und Lösungen. Für die Ausätherung des Eisens dient ein Rothescher Schüttelapparat nach Abb. 165, ferner

Äthersalzsäure 1,19 und
Äthersalzsäure 1,10.

---

[1]) Deiß und Leysaht, Chemiker-Ztg. 35. (1911). 869.
[2]) Dissertation. Berlin 1890.

Zur Titration des Vanadins nach Holverscheit verwendet man einen Bunsenapparat nach Abb. 174.

Ausführung der Bestimmung. Man wägt 10—15 g des Materials ab, löst in flacher Porzellanschale mit verdünnter Salpetersäure (spez. Gew. 1,18) und scheidet Siliziumdioxyd nach Verfahren 1b (S. 154) ab. Zur Beschleunigung der Bestimmung kann man die Probe nach S. 175 behandeln. Aus der von Siliziumdioxyd befreiten Lösung entfernt man Eisenchlorid durch Ausäthern (S. 166), wobei man jedoch zur Entfernung sämtlichen Vanadins aus der ätherischen Eisenchloridlösung 3—4 mal mit je 10 ccm Äthersalzsäure 1,10 unter Zusatz einiger (3—5) Tropfen konzentrierter Wasserstoffsuperoxydlösung nachschüttelt, anstatt mit Äthersalzsäure allein [1]).

Geringe Vanadingehalte geben bei der Hauptausschüttlung des Eisens infolge des im käuflichen Äther fast immer vorhandenen Superoxydgehalts Rotbraunfärbung; bei größeren Vanadinmengen ist der salzsaure Hauptauszug (bei dem noch kein Wasserstoffsuperoxyd verwendet wurde) blaugrün oder blau gefärbt. Besonders bei größeren Vanadingehalten hält die ätherische Eisenchloridlösung noch erhebliche Mengen Vanadin zurück, was man daran erkennt, daß beim Zugeben von Wasserstoffsuperoxyd zu der olivgrünen Eisenchloridlösung dunkelrotbraune Wolken von Pervanadinsäure entstehen, die beim Schütteln mit Äthersalzsäure 1,10 in diese übergehen.

Die salzsauren von Eisen befreiten Auszüge werden in der beim Mangan (S. 169) beschriebenen Weise — nach Fällen von Kupfer und etwa vorhandenem Molybdän [2]) durch Schwefelwasserstoff und Abrauchen mit Schwefelsäure — aufgeschlossen, und zwar verwendet man Natriumhydroxyd und Natriumsuperoxyd dazu. Die Schmelze wird mit Wasser gelöst.

Nach Abfiltrieren des im wesentlichen aus Oxyden des Mangans und Nickels bestehenden Niederschlages wird das bei Anwesenheit von Chrom gelb gefärbte Filtrat zum Kochen erhitzt, um alles Superoxyd zu zerstören, dann mit verdünnter Salpetersäure neutralisiert und die kalte Lösung in der beim Chrom (S. 240) beschriebenen Weise mit Quecksilberoxydulnitratlösung gefällt. Das wasserhelle Filtrat wird durch Zusatz weiterer Quecksilberlösung geprüft, ob alles Fällbare ausgefällt ist. Blieb das Filtrat klar, so fügt man etwas Salpetersäure und einige Tropfen Wasserstoffsuperoxyd zu, wobei keine Färbung der Lösung eintreten darf. Der erhaltene Quecksilberniederschlag, der alles Chrom und Vanadin und außerdem Phosphor enthält, wird abfiltriert und sorgfältig ausgewaschen. Man verascht unter den erforderlichen Vorsichtsmaßregeln im Nickel- oder Eisentiegel (falls kein Phosphor zugegen ist, kann auch ein Platintiegel benutzt werden), schließt den Rückstand mit Weinsteinmischung (vgl. beim Chrom, S. 241) auf und zieht die erkaltete Schmelze mit wenig heißem Wasser aus.

War die Menge des beim Veraschen der Quecksilbersalze verbliebenen Rückstandes einigermaßen erheblich, so empfiehlt es sich zur größeren Sicherheit das bei der ersten Schmelze mit Weinsteinmischung verbliebene Chromoxyd nochmals mit dieser Mischung zu schmelzen. Oder aber man schmilzt den Rückstand zuerst mit Natriumkarbonat allein und schließt darauf zur Reduktion entstandenen Chromates mit Weinsteinmischung auf.

Ist der Aufschluß in einem Becherglas mit wenig Wasser ausgezogen, so wird die Lösung von vorhandenem Chromoxyd, sowie von Kohlenstoff abfil-

---

[1]) Ausführlicheres über das Verhalten des Vanadins beim Ausäthern vgl. Deiß und Leysaht a. a. O.

[2]) Molybdän muß entfernt werden, da es bei der jodometrischen, wie auch der oxydimetrischen Bestimmung des Vanadins stören würde.

triert und der Rückstand auf dem Filter mit verdünnter Natriumkarbonatlösung sorgfältig ausgewaschen.

Für die jodometrische Bestimmung des Vanadins nach Holverscheit engt man das Filtrat auf etwa 30 oder 40 ccm ein, spült dann die Lösung in den Zersetzungskolben eines Bunsenschen Apparates (nach Abb. 174) über, wozu man nur möglichst wenig Wasser verwendet.

Man neutralisiert hierauf die Lösung im Kolben mit konzentrierter, chlorfreier Salzsäure, fügt der gelb gewordenen Flüssigkeit etwa 15—30 ccm konzentrierte Salzsäure, 1—3 g reines Bromkalium und einige Siedesteinchen[1]) hinzu und setzt den Apparat nach Abb. 174 zusammen, wobei man die Vorlage mit Jodkaliumlösung (etwa 5—10 g jodatfreies Jodkalium enthaltend) beschickt. Man stellt den Apparat so auf, daß man die Jodkaliumlösungsvorlage in der sie haltenden Klammer während der Destillation leicht drehen kann, um die übergegangene Luft herauszulassen. Das zum Einleiten des übergehenden Broms in die Vorlage dienende Rohr besitzt an der Spitze eine 1—2 mm weite Öffnung.

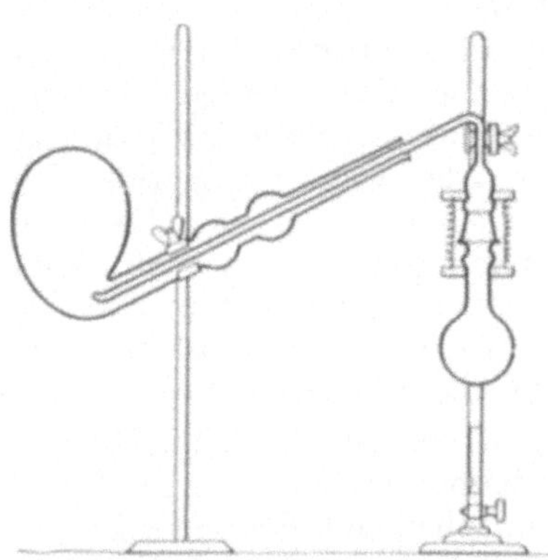

Abb. 174. Destillierapparat nach Bunsen.

Man erhitzt die Flüssigkeit im Kolben allmählich zum Sieden und entfernt von Zeit zu Zeit die übergegangene Luft aus der Vorlage durch Drehen der letzteren. Wenn die Destillation beginnt, wobei der übergehende Dampf mit zischendem Geräusch absorbiert wird, erhitzt man noch etwa 10 Minuten lang; inzwischen hat die gelbgefärbte Flüssigkeit ihre Farbe über grün und blaugrün in blau verändert, wodurch die völlige Reduktion des Vanadins zur vierwertigen Stufe angezeigt wird. Man macht dann, ohne mit dem Erhitzen des Kolbens aufzuhören, die Vorlage los und zieht sie von dem Einleitrohr weg; darauf nimmt man die Flamme vom Kolben fort. Die Vorlage wird in fließendem Wasser abgekühlt; ihr mehr oder weniger durch freies Jod gefärbter Inhalt wird in einen Erlenmeyerkolben gespült und mit eingestellter Thiosulfatlösung unter Zugabe von etwas Jodzinkstärkelösung in üblicher Weise titriert. Um sicher zu sein, daß im Zersetzungskolben kein unzersetztes Vanadat bzw. freies Brom mehr zurückgeblieben ist, füllt man die Vorlage mit frischer Jodkaliumlösung und wiederholt die Destillation.

Zur oxydimetrischen Bestimmung des Vanadins mit Permanganatlösung säuert man das völlig klare Filtrat vom Aufschluß mit Weinsteinmischung (oder, falls man beim Aufschluß mit Ätznatron und Natriumsuperoxyd eine nur schwach gefärbte Lösung erhält, dieses Filtrat) in einem Erlenmeyerkolben (von 400—600 ccm Inhalt) mit Schwefelsäure an, gibt zur Reduktion von Vanadat und etwaiger geringer Mengen Chromat einen Überschuß an wäßriger schwefliger Säure hinzu, so daß die Lösung kräftig danach riecht und kocht nun unter Durchleiten eines langsamen Kohlendioxydstromes so lange, bis jeder Geruch nach schwefliger Säure verschwunden ist. Die reduzierte Lösung, die je nach der vorhandenen Vanadinmenge mehr oder weniger stark blau gefärbt ist, wird noch warm (bei 50—60° C) mit eingestellter Permanganatlösung, bei geringen Vanadingehalten zweckmäßig mit $\frac{n}{50}$ Lösung, bis zum Bestehenbleiben einer leichten Permanganatfärbung titriert.

---

[1]) Geeignete Siedesteinchen stellt man sich aus einem alten, zersprungenen Porzellantiegel durch Zerschlagen in kleine Stücke von etwa 2 × 3 mm Fläche her.

Berechnung. Aus dem Verbrauch an Thiosulfatlösung vom Titer T, der n ccm betragen mag, und der verwendeten Einwage an Probematerial (e Gramm) berechnet sich der Prozentgehalt der Probe an Vanadin zu

$$^0/_0\,V = \frac{n}{e}\,100\,T.$$

Bei Verwendung genau $\frac{1}{50}$ normaler Thiosulfatlösung z. B. ist der Gehalt an Vanadin

$$^0/_0\,V = \frac{n}{e}\cdot 0{,}1021.$$

Für die oxydimetrische Bestimmung gilt die gleiche Berechnungsweise.

2. Bestimmung des Vanadins nach dem Aufschlußverfahren.

Grundlagen des Verfahrens. Zur raschen Bestimmung des Vanadingehaltes schließt man das Probematerial, sofern man es in feinpulverige Form bringen kann, mit einem geeigneten Mittel auf, laugt mit Wasser aus, filtriert vom Ungelösten ab und bestimmt das Vanadin in gleicher Weise wie oben angegeben. Zur Sicherheit schließt man den beim ersten Aufschluß bleibenden Rückstand nochmals auf, um geringe Reste darin vorhandenen Vanadins zu gewinnen.

Kann man das Probematerial nicht zu Pulver zerkleinern, so empfiehlt es sich, zuerst mit Salpetersäure (spez. Gew. 1,18) zu lösen, die Nitrate durch Erhitzen in Oxyde überzuführen und diese nach S. 242 aufzuschließen.

Handelt es sich um vollständige Untersuchung einer hochprozentigen Vanadinlegierung, so kann man zweckmäßig eine größere Probemenge nach dem ersten Verfahren behandeln, das Eisen nach dem Ätherverfahren (S. 166) entfernen usw.

Ausführung der Bestimmung. Von feinpulverigem Material mischt man 0,5—1 g in einer Achatreibschale mit 3—6 g Magnesianatriumkarbonat (1:2) und schließt die Mischung nach S. 158 im Platintiegel auf.

Von kohlenstoffarmem Ferrovanadin z. B., das sich nicht pulvern läßt, löst man 1—2 g in kleiner Porzellanschale mit Salpetersäure (spez. Gew. 1,18), führt die Nitrate in Oxyde über und schließt diese nach Mischung mit etwa 6—12 g Natriumsuperoxyd im Eisen- oder Nickeltiegel auf (vgl. S. 242).

In beiden Fällen laugt man die erhaltene Aufschlußmasse mit Wasser gründlich aus; ist nach einigem Erwärmen die Lösung von vorhandenem Manganat noch grün gefärbt, so reduziert man dieses durch Zugabe von wenig Natriumsuperoxyd zu Mangandioxyd.

Danach wird der ungelöste Rückstand durch ein aschefreies Filter abfiltriert, gründlich mit heißem Wasser ausgewaschen, im Platintiegel verascht, mit 3—6 g Natriumkarbonat gemischt, nochmals aufgeschlossen und der Aufschluß nach Erkalten wie zuerst mit heißem Wasser ausgelaugt.

Die vereinigten Filtrate, die sämtliches Vanadin und außerdem Kieselsäure, Phosphorsäure, Chromsäure, Wolframsäure usw. enthalten, werden mit Salpetersäure neutralisiert und nach S. 240 mit Quecksilberoxydulnitratlösung gefällt [1]).

Steht ein großer Niederschlag an Quecksilbersalzen zu erwarten, so fällt man nur einen Teil der im Meßkolben zur Marke aufgefüllten Flüssigkeitsmenge.

---

[1]) Falls Chrom nicht vorhanden, die Filtrate also farblos sind, kann man die Vanadinbestimmung in einem Teil der Lösung ausführen, ohne erst die Quecksilberfällung vorzunehmen; man kocht zur Zerstörung des überschüssigen Superoxydes und neutralisiert dann die Lösung mit Salzsäure statt mit Salpetersäure.

Der Quecksilberniederschlag wird abfiltriert, ausgewaschen und vorsichtig
verascht; die zurückbleibenden Oxyde werden mit Weinsteinmischung aufgeschlossen, der Aufschluß mit Wasser gelöst und die Lösung von Kohle und
Chromoxyd durch Abfiltrieren befreit. Das eingeengte Filtrat wird mit Salzsäure neutralisiert, mit Bromkalium und Salzsäure im Bunsenschen Apparat,
wie im vorhergehenden beschrieben, destilliert und das in der Vorlage frei-
gemachte Jod titriert.

Unter Umständen kann man das vorhandene Vanadin gewichtsanalytisch ermitteln;
diese Bestimmungsart setzt voraus, daß Wolfram, Molybdän und Chrom, sowie Siliziumdioxyd nicht zugegen sind. (Bei Gegenwart von Wolfram wählt man den bei Verfahren 1 a α
(S. 263) angegebenen Weg — Auflösen von z. B. 5 g Probematerial mit Salpetersäure,
Abscheiden von SiO_2 und WO_3 aus salzsaurer Lösung, Ausäthern des Eisens, Aufschluß
der in salzsaurer Lösung zurückbleibenden Stoffe in der Platinschale usw.)

Nach Veraschen des Quecksilberniederschlages entfernt man wiederum Chrom durch
die Weinsteinschmelze, löst mit Wasser, filtriert von Chromoxyd und Kohle ab, neutralisiert jetzt mit Salpetersäure und macht die gelb gefärbte Lösung durch Zugabe von wenig
Ammoniak und Erwärmen farblos. Man bestimmt danach annähernd den Rauminhalt
der Lösung, die man erforderlichenfalls noch etwas einengt und setzt der abgekühlten
Flüssigkeit auf je 10 ccm Lösung 2,5 g reines Chlorammonium auf einmal hinzu und bringt
dieses durch Umrühren rasch in Lösung. Die Lösung kühlt sich ab und scheidet alsbald
unter Trübwerden weißes, flockiges Ammoniummetavanadat ab, ohne an den Wänden
festsitzende Kristalle dieses Salzes abzusetzen, wie dies der Fall ist bei anderen Abscheidungs-
arten [1]).

Nach mindestens achtstündigem Stehen der Fällung filtriert man den Vanadatnieder-
schlag ab, wäscht ihn mit 25$^0/_0$iger Chlorammoniumlösung aus und verascht im Platintiegel. Das zurückbleibende Vanadinpentoxyd erhitzt man bis es vollkommen schmilzt.

Nach dem Wägen schließt man es durch Erhitzen mit wenig konzentrierter Natronlauge auf, wobei es sich, ohne Rückstand zu hinterlassen, lösen muß.

Um es auf Reinheit zu prüfen, kann man auch nach dem Wägen mit Natriumkarbonat
aufschließen, die Lösung der Schmelze im Bunsenapparat mit Bromkalium und Salzsäure
destilieren und das frei gemachte Jod titrieren.

Die **Berechnung** des prozentischen Vanadingehaltes aus dem Verbrauch
an Thiosulfatlösung wird wie oben ausgeführt. Bei der gewichtsanalytischen
Bestimmung berechnet sich aus der erhaltenen Menge (a Gramm) Vanadinpentoxyd und der Einwage von e Gramm der Vanadingehalt der Probe in
Prozenten zu:

$$^0/_0\, V = \frac{a}{e} \cdot 56{,}07.$$

Für die Bestimmung des Vanadins im Ferrovanadin empfiehlt der
Chemikerausschuß des Vereins deutscher Eisenhüttenleute [2]) folgendes, rasch
ausführbare Verfahren:

0,3 g der feingepulverten Probe werden in einem großen Erlenmeyerkolben
in 20 ccm Salpetersäure (1,2 spez. Gew.) gelöst, mit 20 ccm konzentrierter
Schwefelsäure versetzt und bis zum Auftreten der weißen Dämpfe abgeraucht.
Nach dem Abkühlen wird mit etwas Wasser verdünnt und dreimal nach
vorsichtigem Zusatz von je 25 ccm Salzsäure (1,19 spez. Gew.) eingedampft.
Nach dem letzten Eindampfen, das so weit fortgesetzt wird, bis sich reichlich weiße Schwefelsäuredämpfe entwickeln, wird der Kolben mit einem Uhrglase bedeckt, so daß oxydierende Dämpfe ferngehalten werden. Nach dem
Erkalten wird mit etwa 300 ccm ausgekochtem, sauerstofffreiem Wasser ver-

---

[1]) Das Chlorammoniumverfahren ist nicht anwendbar, wenn Wolframat zugegen ist
(vgl. Rosenheim, Zeitschr. f. anorg. Chem. 32. (1902). 181); ferner wirkt Chromat störend
durch teilweises Mitfallen, während Vanadin gleichzeitig in geringer Menge gelöst bleibt;
die dadurch entstehenden Fehler heben sich oft gerade auf, so daß scheinbar richtige Werte
erhalten werden. Wesentliche Störungen der Vanadatabscheidung konnten bei oben
angegebener Arbeitsweise nicht festgestellt werden, wenn die Fällung des Vanadins bei
Gegenwart von Phosphat, Arsenat und Sulfat ausgeführt wurde. (Vgl. die Beispiele in
Tabelle 131, Seite 279.)

[2]) Stahl u. Eisen 40. (1920). 858.

dünnt, 15 ccm Phosphorsäure (1 : 3) hinzugegeben und mit Permanganatlösung bei 60—70° C titriert.

Es empfiehlt sich, den Titer der Permanganatlösung mit reiner Vanadinsäure oder mit einem Ferrovanadin von bekanntem Gehalt zu stellen, statt den theoretischen Titer zur Berechnung zu verwenden.

Beispiele.
Bestimmung des Vanadins in Lösungen bekannten Gehaltes.

a) Fällung mit Quecksilberoxydulnitratlösung.

50 ccm einer Natriumvanadatlösung ergaben 0,3051 g V_2O_5.

b) Titration nach Holverscheit mit $1/_{10}$ - Normalthiosulfatlösung.

10 ccm der Vanadatlösung verbrauchten 6,65 ccm Thiosulfatlösung
entsprechend 0,0606 g V_2O_5, demnach 50 ccm = 0,3030 g.
25 ccm derselben Vanadatlösung 16,65 ccm Thiosulfatlösung
entsprechend 0,1517 g V_2O_5, demnach 50 ccm = 0,3034 g.
50 ccm derselben Lösung 33,3 ccm Thiosulfatlösung
entsprechend 0,3034 g V_2O_5.

c) Fällung mit Chlorammonium.

25 ccm der Vanadatlösung auf 50 ccm verdünnt, durch Zusatz von 12,5 g festem Chlorammonium gefällt, gaben 0,1528 g V_2O_5, demnach 50 ccm = 0,3056 g.

5 ccm derselben Lösung nach Verdünnung auf 50 ccm und Fällung mit 12,5 g Chlorammonium 0,0304 g V_2O_5, demnach 50 ccm — 0,304 g.

Fällungen mit Chlorammonium bei Gegenwart verschiedener Salze aus neutraler Lösung.

Angewandt je 25 ccm Vanadatlösung entsprechend 0,1526 g V_2O_5; nach Zugabe von je 1 g der angegebenen festen Salze (Tabelle 131) wurde jedesmal auf 50 ccm verdünnt und mit 12,5 g festem, reinem Chlorammonium gefällt.

Tabelle 131.

Versuch Nr.	Zugesetztes Salz (je 1 g)	Gewogene Menge V_2O_5 g	Bemerkung
1	Kaliumazetat	0,1525	Klarschmelzendes Vanadinpentoxyd; Filtrate waren frei von Vanadin.
2	Natriumnitrat	0,1520	
3	Natriumsulfat (wasserfrei)	0,1523	
4	Natriumphosphat	0,1526	
5	Kaliumarsenat	0,1528	
6	Ammoniummolybdat . . .	0,1544	Das Pentoxyd[1]) zeigte geringe Verunreinigung; Filtrat war vanadinfrei.
7	Kaliumchromat	0,1447	Enthielt noch 0,0051 g Cr_2O_3. Filtrat enthielt noch Vanadin.
8	Natriumwolframat	0,1396	Nicht klar schmelzend, gefärbtes Filtrat; Niederschlag war wolframhaltig.

d) Trennung von Vanadin und Eisen durch das Ätherverfahren.

Die angewandte Vanadinlösung wurde durch Lösen von Vanadinpentoxyd mit Salzsäure erhalten.

10 ccm der Vanadinlösung gaben 0,2300 g V_2O_5.

[1]) Infolge der Verunreinigung trat beim Erstarren des geschmolzenen Pentoxyds, auch bei wiederholtem Schmelzen, Aufblähen des Pentoxyds ein.

1. 10 ccm obiger Vanadinlösung wurden mit Eisenchloridlösung enthaltend 3,2 g metallisches Eisen, eingedampft und ausgeäthert; nach Aufschließen der eisenfreien Lösung wurde Vanadin mit Chlorammon gefällt.

Gefunden 0,2304 g V_2O_5.

2. 10 ccm obiger Vanadinlösung mit Eisenchloridlösung enthaltend 6,5 g Eisen ebenso behandelt gaben 0,2295 g V_2O_5.

3. 5 ccm einer Vanadinlösung, deren Vanadingehalt 0,0058 g V_2O_5 entsprach, wurden mit Eisenchloridlösung entsprechend 6,5 g Eisen eingedampft und die Mischung wie oben behandelt.

Gefunden 0,0060 g V_2O_5.

Bestimmung des Vanadins in verschiedenen Proben.

e) Untersuchung einer Probe Roheisen.

Je 4 g der Probe gaben nach Veraschen der Quecksilbersalzfällungen Phosphor, Chrom und Vanadin enthaltende Rückstände:

Tabelle 132.

Ver-such Nr.	Gesamt-niederschlag	nach Weinstein-aufschluß		Vanadin	
		g Cr_2O_3	% Cr	g V_2O_5	% V
1	0,0238	0,0006	0,01	0,0021	0,03
2	0,0160	0,0005	0,01	0,0018	0,03

f) Gußeisen.

Je 5 g nach Veraschen der Quecksilbersalzfällungen, Abscheiden des Chroms als Oxyd und Titration der Vanadinlösung mit $\frac{n}{50}$ Thiosulfatlösung verbrauchten:

Versuch 1. 6,8 ccm $\frac{n}{50}$ Thiosulfatlösung entsprechend $0,13_9$ % V.

Versuch 2. 6,5 ,, ,, ,, ,, $0,13_3$,, ,,

g) Spezialstahl,

enthaltend Wolfram, Chrom, Molybdän und Vanadin.

Wolfram wurde nach Verfahren 1a, α (S. 263) entfernt, die Hauptmenge des Eisens durch Ausäthern (S. 166); aus der eisenfreien Lösung wurden Kupfer und Molybdän durch Schwefelwasserstoff, Mangan und Nickel durch oxydierendes Schmelzen und Lösen der Schmelze mit Wasser abgeschieden (S. 169). Aus dem Filtrat wurden Vanadat und Chromat als Quecksilbersalze gefällt; diese wurden verglüht und der Rückstand mit Natriumkarbonat und Weinsteinmischung geschmolzen (S. 241). Nach Lösen mit Wasser wurde Chromoxyd abfiltriert und im Filtrat Vanadin nach Holverscheit titriert.

Tabelle 133.

Versuch Nr.	Einwage g	Zur Titration verwendet	Verbraucht $\frac{n}{10}$ Thiosulfat ccm	Vanadin %
1.	5,607	$^2/_5$	9,4	2,14
2.	4,703	$^2/_5$	8,0	2,17

R. Molybdän.

Molybdän findet sich in Stahl und Eisen in der Regel nur nach absichtlichem Zusatz. Für die Herstellung molybdänhaltiger Spezialstahle dient hauptsächlich Ferromolybdän; außer diesem werden noch andere Molybdänlegierungen (z. B. Chrommolybdän) und Molybdänmetall hergestellt.

Erkennung von Molybdän im Stahl.

a) Bei Anwesenheit größerer Molybdänmengen.

1 g der Probe wird in einem 200 ccm fassenden Erlenmeyerkolben mit etwa 25 ccm verdünnter Schwefelsäure in Lösung gebracht. Man erwärmt auf dem Dampfbad und schließlich auf der Asbestplatte bis zur Beendigung jeglicher Wasserstoffentwicklung. Alsdann oxydiert man die Lösung durch Zugeben von 2—3 g festem Ammoniumpersulfat und erhitzt auf der Asbestplatte weiter, bis völlige Zersetzung des überschüssigen Persulfats erfolgt ist. Dabei geht das beim Lösen mit Schwefelsäure als schwarzgraues Pulver sich abscheidende Molybdän bzw. dessen Karbid in Lösung. Man filtriert jetzt die Lösung und fängt einen Teil des klaren Filtrates in einem Reagensglase auf. Zusatz von gesättigtem Schwefelwasserstoffwasser gibt bei Anwesenheit von Molybdän braunes Schwefelmolybdän, das sich beim Schütteln zusammenballt.

b) Bei Anwesenheit geringer Molybdänmengen.

Der Molybdännachweis im Stahl wird am sichersten nach Malowan[1]) mit Xanthogensäureemulsion ausgeführt. Die hierzu erforderliche Xanthogensäurelösung wird zu jedem Versuch durch Eintragen einer Vorratslösung von Kaliumxanthogenat in verdünnte Essigsäure frisch bereitet.

Die beiden vorrätig zu haltenden Lösungen werden wie folgt hergestellt:

1. Essigsäurelösung; als solche verwendet man $30^0/_0$ige Essigsäure.

2. Kaliumxanthogenatlösung. 100 ccm einer etwa $3^0/_0$igen alkoholischen Kalilösung (3 g KOH mit Alkohol zu 100 ccm gelöst) werden unter kräftigem Schütteln in einer Glasstopfenflasche nach und nach mit so viel Schwefelkohlenstoff versetzt, bis die Lösung nichts mehr davon aufnimmt und ein kleiner Teil Schwefelkohlenstoff ungelöst am Boden der Flasche bleibt. Die so hergestellte Kaliumxanthogenatlösung bleibt lange Zeit haltbar.

Für den Molybdännachweis gießt man zu 25 ccm der Essigsäurelösung etwa 2 ccm Xanthogenatlösung und schüttelt tüchtig um. Die dabei entstehende gelblich gefärbte Emulsion bildet das eigentliche Molybdänreagens. Das Probematerial kann in beliebiger Weise in Lösung gebracht werden. Man kann sowohl die nach a) mit Schwefelsäure und Persulfat hergestellte Lösung als auch die nach S. 262 für den Wolframnachweis mit Salzsäure und nachfolgender Oxydation mit Salpetersäure hergestellte Stahllösung verwenden, oder auch die Probe mit Salpetersäure-Schwefelsäure in Lösung bringen; es bleibt sich auch gleich, ob die Lösung durch Niederschlag getrübt oder durch Chrom, Vanadin, Kobalt oder Nickel gefärbt ist.

Man verdünnt die auf irgendwelche Weise bewirkte Auflösung von 1 g der Stahlprobe mit Wasser auf etwa 20 ccm und gibt von dem obengenannten Molybdänreagens (Kaliumxanthogenatlösung in überschüssige Essigsäure eingetragen) hinzu.

---

[1] Zeitschr. f. anorg. u. allg. Chem. 108. (1919). 73.

War die Lösung klar, so läßt sich die Anwesenheit von Molybdän ohne weiteres an der auftretenden Rotfärbung erkennen. Noch schärfer gelingt der Nachweis, wenn man 10 ccm Äther zufügt und durchschüttelt; die durch Molybdän hervorgerufene rotfärbende Verbindung geht dann vollständig in den Äther über. Die Verwendung von Äther erweist sich bei Anwesenheit von trübenden Stoffen (Wolframsäure) oder von färbenden Metallverbindungen (Chrom, Kobalt, Nickel, Vanadin usw.) als besonders vorteilhaft, da keines der bekannten im Stahl vorkommenden Elemente mit Xanthogensäure eine ähnliche Reaktion gibt.

Das Malowansche Verfahren eignet sich auch zum Nachweis von Molybdän bei der Prüfung der Wolframsäure auf Reinheit. Man verwendet die Lösung des Natriumkarbonataufschlusses, die mit Essigsäure schwach angesäuert wird.

Bestimmung des Molybdäns.

Grundlagen des Verfahrens. Zur Trennung des Eisens vom Molybdän kann das Rothesche Ätherverfahren nicht verwendet werden, weil das Molybdän sowohl in der ätherischen Eisenchloridlösung als auch in der salzsauren Lösung löslich ist (ähnlich wie Phosphorsäure). Die Trennung vom Eisen muß daher nach anderen Verfahren erfolgen; als solche kann ein geeignetes Aufschlußverfahren oder die Fällung der sauren Lösung mit Schwefelwasserstoff in Betracht kommen.

Die Wägung des Molybdäns erfolgt gewöhnlich in der Form des Trioxyds.

Ausführung der Bestimmung. a) Für Material mit geringerem Molybdängehalt (Molybdänstahl, Molybdänwolframstahl u. a.). Von dem zu untersuchenden Material werden 2 g abgewogen, in einem etwa 400 ccm fassenden Becherglas mit 120 ccm verdünnter Salzsäure von 1,07 spez. Gew. gelöst, zunächst unter Erwärmen auf dem Dampfbad, schließlich durch Erhitzen mit kleiner Flamme auf dem Asbestdrahtnetz. Man setzt das Erhitzen zum schwachen Sieden der Lösung so lange fort, bis keine Wasserstoffentwicklung mehr wahrnehmbar ist.

Bei Anwesenheit von Molybdän oder Molybdän und Wolfram und auch von Wolfram allein, hat sich dann am Boden des Glases ein schweres graues bis schwarzes Metallpulver abgeschieden, das aus diesen Metallen bzw. deren Karbiden besteht. Die noch heiße Lösung wird durch vorsichtiges, tropfenweises Zugeben von 3—4 ccm Salpetersäure von 1,40 spez. Gew. oxydiert und, nachdem die unter Stickoxydentwicklung und Steigen der Lösung einsetzende Hauptreaktion vorüber ist, wieder zum Sieden erhitzt, um die noch vorhandenen metallischen Anteile vollends zu oxydieren. Ist Wolfram oder Wolfram und Molybdän zugegen, so entsteht mehr oder weniger reines, gelbes Wolframtrioxyd als Niederschlag, ist dagegen nur Molybdän, aber kein Wolfram zugegen, so geht der vor der Oxydation vorhandene metallische Rückstand ohne einen Niederschlag zu bilden bei der Oxydation in Lösung.

Man verdünnt die Lösung etwa aufs Doppelte, erhitzt während weiterer 15 Minuten zum Kochen und läßt dann abkühlen und den etwa vorhandenen Niederschlag absitzen. Hat sich die Lösung geklärt, so filtriert man vorhandenen Niederschlag ab, wäscht gründlich mit heißer verdünnter Salzsäure aus und verwahrt den Niederschlag, der bei Gegenwart von Wolfram noch kleine Mengen von Molybdän enthalten kann zur Bestimmung dieser Reste.

Das Filtrat wird in eine Porzellanschale übergeführt und mit Salzsäurezusatz wiederholt zur Trockene eingedampft, um den Salpetersäureüberschuß zu zerstören. Schließlich nimmt man wieder mit möglichst wenig Salzsäure auf, füllt die Lösung in ein Becherglas über, verdünnt mit destilliertem Wasser und sättigt die Lösung mit Schwefelwasserstoff durch etwa 1 bis 2 Stunden währendes Einleiten des Gases.

Unter vorstehenden Bedingungen kann alles Molybdän abgeschieden werden; wesentlich ist hierbei, daß die Lösung bei der Fällung durch Schwefelwasserstoff nur wenig mineralsauer ist und keine niedrigeren Oxydationsstufen des Molybdäns enthält; man vermeide daher Zusätze organischer, reduzierend wirkender Stoffe (z. B. Indikatoren) und leite den Schwefelwasserstoff in die kalte Lösung ein, um auch die reduzierende Wirkung des Schwefelwasserstoffs zu vermeiden (vgl. hiezu Štěrba-Böhm und Vostřebal[1])), und erhitze erst gegen Ende der Sättigung auf 40—50° C. Leitet man Schwefelwasserstoff in die von Anfang an heiße Lösung ein, so entstehen häufig blaugefärbte Filtrate, die noch Molybdän enthalten.

Zu langes Einleiten von Schwefelwasserstoff bewirkt ein Schleimigwerden des Molybdänsulfids und im Zusammenhang damit erschwertes Filtrieren und Auswaschen des Niederschlages.

Statt besonderer Einwagen kann man für die Molybdänbestimmung auch die bei der Abscheidung der Wolframsäure nach den Verfahren 1 a α und 1 a β (S. 263 bzw. 266) sich ergebenden Filtrate verwenden und das vorhandene Molybdän mit Schwefelwasserstoff fällen.

Man läßt den Niederschlag, der aus Molybdänsulfid und meist nur kleinen Mengen Kupfersulfid besteht, eine kurze Zeitlang sich absetzen und filtriert nach erfolgter Klärung der Lösung durch ein Weißbandfilter. Der Niederschlag wird zunächst mit schwach schwefelsäure- und schwefelwasserstoffhaltigem Wasser, zuletzt mit reinem Wasser ausgewaschen, das Filtrat durch nochmaliges Behandeln mit Schwefelwasserstoff auf Reste von Molybdän geprüft.

Niederschlag samt Filter werden in gewogenem, geräumigen Porzellantiegel sehr vorsichtig bei niedriger Temperatur verascht, um Verflüchtigung von Molybdäntrioxyd zu vermeiden.

Man erhitzt den Porzellantiegel mit einem kleinen etwa 1—2 cm hohen nichtleuchtenden Flämmchen, so daß die Spitze des Flämmchens gerade den Porzellantiegel berührt und dreht den Tiegel von Zeit zu Zeit ein klein wenig, um den Tiegelinhalt nach und nach in Molybdäntrioxyd überzuführen. Zum Schluß, wenn nur noch wenige Reste von Filterkohle vorhanden sind, läßt man abkühlen, löst mit Ammoniak das Molybdäntrioxyd auf, fügt einige Kristalle von reinem Ammoniumnitrat hinzu, dampft zur Trockene ein und erhitzt, um alles Ammonsalz zu vertreiben und den Rest von Kohle zu verbrennen, in gleich vorsichtiger Weise wie zuerst[2]).

Das meist nur schwach gefärbte, mit Kriställchen durchsetzte Molybdäntrioxyd wird gewogen. Um den Rest Molybdän, der sich in dem zuerst abfiltrierten, etwa Wolframsäure enthaltenden Niederschlag befinden kann, zu bestimmen, verascht man den Niederschlag im Platintiegel, raucht mit Flußsäure und Schwefelsäure die Kieselsäure ab und schließt die zurückbleibenden Oxyde mit wenig kalifreiem Natriumkarbonat auf. Die Aufschlußmasse wird mit Wasser ausgelaugt und von ungelöst bleibendem Eisenoxyd abfiltriert. Das Filtrat wird mit soviel Weinsäurelösung versetzt, daß eine herausgenommene Probe (die man nachher wieder quantitativ zur Lösung zurückgibt) beim Ansäuern mit verdünnter Schwefelsäure keine Trübung durch Wolframsäure mehr

---

[1]) Zeitschr. f. anorg. u. allg. Chem. 110. (1920). 81.
[2]) Über Wägung des Molybdäns als Trioxyd vgl. Friedheim und Euler, Berichte. 28. (1895). 2061.

zeigt [1]). Die noch alkalische Lösung wird hierauf mit Schwefelwasserstoff gesättigt und nach erfolgter Sättigung mit verdünnter Schwefelsäure angesäuert, worauf vorhandenes Molybdän als Sulfid ausfällt, das wie oben beschrieben, unter den erforderlichen Vorsichtsmaßregeln verascht und gewogen wird.

Da bei Anwesenheit von Kupfer die Hauptmenge des Molybdänniederschlages durch Kupfersulfid verunreinigt ist, welches sich im veraschten Niederschlag in Form von Kupferoxyd vorfindet, so muß das gewogene Molybdäntrioxyd noch auf seinen Kupfergehalt geprüft werden. Zu diesem Zweck schüttet man das Molybdäntrioxyd in ein Becherglas, gibt starkes **Ammoniak** dazu, und spült den Rest aus dem Tiegel mit erwärmtem Ammoniak dazu.

Durch anhaltendes Erwärmen unter Ersatz des entweichenden Ammoniaks bringt man sodann sämtliches Molybdäntrioxyd und Kupferoxyd in Lösung. Verbleibt hierbei ein Niederschlag (Fe_2O_3), so wird dieser abfiltriert, ausgewaschen, im Porzellantiegel verascht und gewogen. Die gefundene Menge ist von der Hauptmenge Molybdäntrioxyd in Abzug zu bringen. Die ammoniakalische Molybdän- bzw. Kupferlösung wird stark eingeengt und heiß mit Natriumsulfidlösung versetzt, wobei Kupfer ausfällt, Molybdän aber gelöst bleibt. Man erwärmt die Lösung bis zum Zusammenballen der braunen Kupferfällung und filtriert nach Klärung der Lösung. Der Niederschlag wird gut ausgewaschen, verascht und gewogen und seine Menge ebenfalls von der Hauptmenge Molybdäntrioxyd in Abzug gebracht.

b) **Material mit höherem Molybdängehalt** (Ferromolybdän und andere Molybdänlegierungen). Ist das Probematerial löslich in Salzsäure oder Salpetersäure, so kann man unter Verwendung einer Einwage von 1 g den gleichen Weg wie bei a) einschlagen.

Für nichtlösliches, oder unvollständig lösliches Material ist am zweckmäßigsten das Aufschlußverfahren, das sich indessen ebensogut auch für lösliche molybdänreiche Proben anwenden läßt.

Der Aufschluß wird in der Weise ausgeführt, daß man 1 g der feingepulverten Probe in einem Nickel- oder Eisentiegel mit einem Gemenge von 3 g Natriumkarbonat und 4 g Natriumsuperoxyd vermischt und das Ganze zunächst 15 Minuten lang über einer kleinen Flamme erhitzt; dann dreht man die Flamme von 5 zu 5 Minuten etwas größer und erhitzt schließlich, bis der Inhalt des Tiegels zu schmelzen beginnt. Ist dieser Punkt erreicht, so faßt man den Tiegel mit der Zange und schwenkt so lange über der vollen Bunsenflamme, bis der Aufschluß vollständig ist und keine unaufgeschlossenen Körnchen in der Schmelze mehr wahrnehmbar sind. Alsdann läßt man erkalten, bringt den Tiegel in ein Becherglas, fügt Wasser zu und erwärmt auf dem Dampfbad. Nachdem die Schmelze gelöst ist, nimmt man den Tiegel heraus, spült ihn sorgfältig mit Wasser ab, verdünnt auf etwa 300 ccm und läßt den vorhandenen Niederschlag absitzen. Den Niederschlag filtriert man ab, wäscht gut aus, verascht ihn wieder im selben Tiegel und schließt ihn, um etwaige Reste von Molybdän daraus zu entfernen, nochmals mit Natriumkarbonat und etwas Natriumsuperoxyd auf. Das beim Lösen der Schmelze und Filtrieren der Lösung erhaltene Filtrat wird am besten für sich auf Molybdän geprüft, was in gleicher Weise wie beim Hauptfiltrat geschieht. Das Hauptfiltrat wird zunächst durch eine Vorprobe geprüft, ob beim Ansäuern eines herausgenommenen kleinen Teils eine Ausscheidung (z. B. von Wolframsäure) erfolgt. Ist dies der Fall, so muß der Lösung so viel Weinsäure zugefügt werden, bis die Lösung beim Ansäuern klar bleibt. (Die Vorproben werden jedesmal wieder quantitativ der Lösung zugeführt, der sie entnommen waren.)

---

[1]) **Friedheim** und **Meyer**, Zeitschr. f. anorg. Chem. 1. (1892). 76.

Die Lösung wird sodann mit verdünnter Schwefelsäure angesäuert, um die Kohlensäure zu verjagen und das Alkali abzusättigen, schließlich mit starkem Ammoniak versetzt und durch Einleiten von Schwefelwasserstoff mit diesem Gas gesättigt. Darauf säuert man mit verdünnter Schwefelsäure an, erwärmt unter anhaltendem Durchleiten von gasförmigem Schwefelwasserstoff zum Sieden und läßt im Schwefelwasserstoffstrom abkühlen.

Das sich rasch absetzende Schwefelmolybdän filtriert man durch ein Weißbandfilter ab, wäscht mit schwach schwefelsäurehaltigem, danach mit reinem Wasser aus und verascht Filter samt Schwefelmolybdänniederschlag im gewogenen Porzellantiegel bei möglichst niedriger Temperatur, wie bei Verfahren a) bereits näher angegeben.

Die Reinigung des veraschten und gewogenen Molybdäntrioxyds erfolgt in gleicher Weise wie oben beschrieben.

Reines Molybdäntrioxyd ist nach dem Erkalten hellgelb gefärbt und häufig von glitzernden Kriställchen durchsetzt.

Berechnung. Aus der gefundenen Menge Molybdäntrioxyd (a Gramm) berechnet sich der Gehalt der Probe an Molybdän bei e Gramm Einwage zu

$$\% \, \mathrm{Mo} = \frac{a}{e} \, 66{,}67 \cdot \left(= \frac{2}{3} \cdot \frac{100 \, a}{e} \right).$$

Beispiele.

1. Versuche mit reiner Molybdänsäure.

Abgewogene Mengen reiner Molybdänsäure wurden mit wenig Natronlauge in Lösung gebracht; die Lösung wurde mit Salzsäure schwach angesäuert, 20 ccm einer Eisenchloridlösung (entsprechend 2 g metall. Eisen) zugesetzt und das Molybdän durch Schwefelwasserstoff gefällt. Das Filtrat wurde nochmals durch Einleiten von Schwefelwasserstoff auf Reste von Molybdän untersucht.

Tabelle 134.

Versuch	Einwage g MoO$_3$	1. Fällung g MoO$_3$	2. Fällung g MoO$_3$	Gefunden Gesamt g MoO$_3$	Unterschied g MoO$_3$
1	0,1004	0,0950	0,0042	0,0992	—0,0012
2	0,1000	0,0956	0,0028	0,0984	—0,0016

2. Untersuchung von Molybdänchromstahl[1]).

Tabelle 135.

Versuch	Einwage g	Gefunden			% Mo
		Rohes MoO$_3$ g	Darin fremde Oxyde g	Reines MoO$_3$ g	
1	2,0020	0,2459	0,0089	0,2370	7,89
2	1,9998	0,2407	0,0038	0,2369	7,90

[1]) Sonstige Zusammensetzung der Probe:

C 0,48%	S 0,039%	W fehlt
Si . . . . 0,21 „	Cr . . . . 4,82 „	
Mn . . . . 0,11 „	Ni . . . . 0,19 „	
P 0,029%	Co . . . . 1,40 „	

3. Molybdänhaltiger Chromwolframstahl[1]).

Tabelle 136.

Versuch	Einwage g	Gefunden MoO_3			% Mo
		in der Lösung g MoO_3 [2])	in der abgeschiedenenWolframsäure g	Gesamt g	
1	5,0106	0,0158	0,0143	0,0301	0,40
2	5,0019	0,0167	0,0141	0,0308	0,41

4. Verhalten des Molybdäns in Eisenchlorid-Molybdänchloridlösungen beim Ausäthern.

Abgewogene Mengen reiner Molybdänsäure wurden mit konzentrierter Salzsäure gelöst, 50 ccm Eisenchloridlösung entsprechend 5 g metallischem Eisen zugegeben und die Mischung in der bei der Manganbestimmung S. 166 beschriebenen Weise (mit dreimaligem Nachschütteln) ausgeäthert. Die Molybdänmenge des salzsauren Auszuges, sowie die in der ätherischen Eisenchloridlösung vorhandene Menge wurden getrennt bestimmt. Die erhaltene Molybdänsäure wurde aufgeschlossen; die verbleibenden unlöslichen Oxyde (Eisenoxyd) wurden bestimmt und in Abrechnung gebracht.

Tabelle 137.

Versuch	Einwage g MoO_3	Gefunden g MoO_3		Fremde Oxyde g	Reine MoO_3 Gesamtmenge g	Unterschied g
		salzsaure Lösung	Ätherlösung			
1	0,0402	0,0240	0,0182	0,0022	0,0400	− 0,0002
2	0,0600	0,0330	0,0358	0,0100	0,0588	− 0,0012
3	0,0802	0,0390	0,0524	0,0120	0,0794	− 0,0008

S. Uran.

In neuerer Zeit scheint Stahl mit einem Zusatz von Uran hergestellt zu werden. Der Zusatz dürfte in Form von Ferrouran erfolgen.

Uranhaltiger Stahl zählt in der Praxis bis heute zu den Seltenheiten.

Bestimmung des Urans.

Grundlagen des Verfahrens. Die Trennung des Urans von großen Mengen Eisen erfolgt am sichersten durch das Ätherverfahren.

Nach dem Vorschlage von H. König[3]) kann man die Trennung des Urans vom Eisen auch durch Elektrolyse der Sulfate bei Gegenwart von Ammoniumoxalat vornehmen, wobei das Eisen auf der Kathode niedergeschlagen wird, während Uran neben anderen Metallen in der Elektrolytlösung verbleibt.

---

[1]) Sonstige Zusammensetzung des Materials:

C	. . . . . 0,54 %		Cu	. . . . . 0,16%
Si	. . . . . 0,19 „		Ni	. . . . . 0,22 „
Mn	. . . . . 0,24 „		Co	. . . . . 0,37 „
P	. . . . . 0,030 „		W	. . . . . 14,07 „
S	. . . . . 0,031 „		Cr	. . . . . 3,09 „

[2]) Nach Abscheidung des Kupfers.
[3]) Chemiker-Ztg. 1913, 1106.

Bei beiden Arbeitsweisen erhält man das Uran in einer Lösung, die Eisen nur noch in Spuren, ferner Mangan, Chrom, Vanadin, Aluminium enthalten kann.

Die Abscheidung des Urans erfolgt nach Entfernung dieser Elemente schließlich durch Fällung mit Ammoniak.

Ausführung der Bestimmung. Von uranarmem Material werden 5—10 g Einwage in gleicher Weise behandelt wie beim Mangan angegeben (S. 166), und zwar wird Kieselsäure abgeschieden, das Eisen ausgeäthert und aus der ausgeätherten eisenarmen Lösung nach Eindampfen und Wiederaufnehmen mit Salzsäure das Kupfer sowie etwaige Reste von Molybdän durch Schwefelwasserstoff gefällt und abfiltriert.

Das hierbei erhaltene Filtrat wird in der Porzellanschale eingedampft, der Rückstand mit wenig Salzsäure gelöst, mit Wasser in ein Becherglas gespült und die Lösung nach Zusatz von überschüssigem Ammoniumkarbonat mit Schwefelammonium gefällt. Das mit Uhrglas bedeckte Becherglas wird über Nacht unter eine Glasglocke gestellt. Der Niederschlag, der aus den Sulfiden von Nickel, Eisen, Mangan, ferner den Hydroxyden von Chrom und Aluminium besteht, wird abfiltriert und mit Ammoniumkarbonat und Schwefelammonium enthaltendem Wasser ausgewaschen. Im Filtrat ist nun sämtliches Uran vorhanden; es wird in der Porzellanschale zur Trockene eingedampft, dann mit wenig Salpetersäure aufgenommen und nochmals eingedampft. Der Rückstand wird mit Wasser gelöst, die Lösung in ein Becherglas übergeführt, zum Kochen erhitzt und mit Ammoniak das vorhandene Uran als Ammoniumuranat (hellgelber Niederschlag) gefällt. Der Niederschlag wird abfiltriert, mit ammoniakhaltigem Wasser gewaschen, sodann im gewogenen Platintiegel verascht und nach kräftigem Glühen in Form von schmutziggrünem oder schwarzem Uranoxyduloxyd U_3O_8 gewogen.

Liegt ein Ferrouran mit höherem Urangehalt zur Untersuchung vor, so verwendet man zweckmäßig Einwagen von 1 bis 2 g, löst mit Salzsäure, scheidet Kieselsäure in üblicher Weise ab, verdünnt das Filtrat in einem Meßkolben auf 250 oder 500 ccm und fällt einen aliquoten Teil, z. B. ein oder zwei Fünftel der Lösung in oben angegebener Weise — ohne vorherige Ausätherung — nach Zusatz von überschüssigem Ammoniumkarbonat mit Schwefelammonium. Das Filtrat wird wie oben beschrieben auf Uran untersucht und das gefällte Ammoniumuranat zunächst durch Glühen im Platintiegel in U_3O_5 übergeführt; sind die Uranmengen erheblich, so führt man den Glührückstand in einen Rosetiegel über, glüht ihn unter Durchleiten von Wasserstoff, bis er in braunes Urandioxyd umgewandelt ist. Die Wägung des Urans als UO_2 gilt als die zuverlässigere.

Berechnung. Der Urangehalt eines Materials bei einer Einwage von e Gramm berechnet sich aus der gefundenen Menge (a) der Uranverbindung wie folgt:

$$\text{bei Wägung von } U_3O_8 \text{ zu } \frac{84,81\,a}{e} \text{ }^0/_0 \text{ U,}$$

$$\text{bei Wägung von } UO_2 \text{ zu } \frac{88,16\,a}{e} \text{ }^0/_0 \text{ U.}$$

T. Zirkon.

Auch Zirkon scheint neuerdings als Zusatz zum Stahl Verwendung gefunden zu haben. Bei geringen Zusatzmengen braucht jedoch Zirkon nicht notwendigerweise im Stahl nachweisbar zu sein, da kleine Zirkonmengen leicht vollständig in die Schlacke übergehen.

Bestimmung des Zirkons.

Grundlagen des Verfahrens. Eisen und Zirkon lassen sich in salzsaurer Lösung in gleicher Weise voneinander trennen, wie dies beim Ätherverfahren für Eisen und Mangan beschrieben ist. Die weitere Trennung des Zirkons von den übrigen Stoffen kann auf Grund geeigneter Fällungsreaktionen erfolgen.

Ausführung der Bestimmung. Von zirkonarmem Material werden 5—10 g, von zirkonreicherem (z. B. Ferrozirkon) 1—2 g abgewogen und in der Porzellanschale mit verdünnter Salpetersäure in Lösung gebracht und die Lösung wie beim Mangan (S. 166) angegeben, weiterbehandelt.

Die abgeschiedene Kieselsäure wird im Platintiegel verascht und gewogen, danach mit Schwefelsäure und reiner Flußsäure abgeraucht und wieder gewogen. Verbleibt nach dem Abrauchen der Kieselsäure ein nennenswerter Rückstand, so ist dieser auf Zirkon zu prüfen, wie unten für die Hauptmenge angegeben.

Die nach dem Ausäthern der Eisenlösung verbleibende salzsaure Lösung wird mit Schwefelwasserstoffwasser vom Kupfer befreit und hierauf in einem Becherglas zur Vertreibung überschüssiger Säure, und um ein kleines Flüssigkeitsvolumen zu erhalten, stark eingeengt. Dann setzt man von einer etwa 5%igen Natriumthiosulfatlösung eine hinreichende Menge hinzu und erhitzt eine Zeitlang zum Sieden. Ist Zirkon zugegen, so fällt dieses mit Schwefel vermischt, als Hydroxyd aus. Bei Abwesenheit von Zirkon entstehende Trübung rührt nur von Schwefel her. Der Niederschlag wird abfiltriert, im Platintiegel verascht und gewogen.

Zur Prüfung auf Reinheit werden sowohl der beim Abrauchen der Kieselsäure verbliebene Rückstand als der beim Veraschen der Thiosulfatfällung erhaltene Glührückstand mit Flußsäure-Schwefelsäuremischung erhitzt, bis sich das Zirkondioxyd löst; danach wird die Flußsäure größtenteils abgedampft, die verbleibende schwefelsaure Lösung mit Wasser verdünnt und mit Hilfe eines Platintrichters durch ein kleines Filter filtriert. Das Filtrat läßt man in ein Becherglas einfließen, das eine zur Sättigung der Schwefelsäure hinreichende Menge Ammoniak enthält. Ist Zirkon zugegen, so fällt dieses als Hydroxyd aus, das danach abfiltriert, verascht und gewogen wird. Das reine Zirkondioxyd ist weiß, doch übt eine grünliche Färbung des geglühten Niederschlags noch keinen störenden Einfluß auf das Ergebnis der Zirkonbestimmung aus.

Berechnung. Aus der gefundenen Menge Dioxyd (a) berechnet sich der Zirkongehalt der Probe bei einer Einwage von e Gramm wie folgt:

$$\%\, Zr = \frac{73{,}90 \cdot a}{e}.$$

U. Sauerstoff.

Kohlenstoffarme Flußeisen enthalten häufig gebundenen Sauerstoff, und zwar kann der Gehalt daran um so höher sein, je weiter bei der Herstellung des Materials die Entkohlung durch Oxydieren getrieben ist.

Der Sauerstoff ist in der Hauptsache in Verbindung mit Eisen als Eisenoxydul im Flußeisen gelöst vorhanden; außerdem kann ein Teil des Sauerstoffs noch in Form anderer Oxyde (Manganoxydul, Chromoxyd u. a.) vorhanden sein. Letzterer Sauerstoff wird aber bei nachstehend beschriebenem Verfahren nicht mitbestimmt.

Bestimmung des Sauerstoffs (Verfahren von Ledebur).[1]

Grundlagen des Verfahrens. An Eisen gebundener Sauerstoff läßt sich durch Erhitzen des Materials im Wasserstoffstrom in Wasser überführen und durch Wägen des entstandenen Wassers bestimmen. Um genaue Werte zu erhalten, muß das Probematerial vor Ausführung der Bestimmung sorgfältig von Feuchtigkeit und organischen Stoffen befreit und das benützte Wasserstoffgas in geeigneter Weise sauerstofffrei gemacht werden.

Erforderliche Apparate. Den für die Reduktion erforderlichen Wasserstoff entnimmt man am besten einem Finkenerschen Wasserstoffapparat [2]); ist die Bestimmung des Sauerstoffs nur selten auszuführen, so kann der nötige Wasserstoff auch aus einem Kippschen Apparat entwickelt werden.

Die Apparate werden mit Zinkstücken und verdünnter Salzsäure beschickt. Der entwickelte Wasserstoff wird durch mehrere hintereinander geschaltete Waschflaschen [3]) von Verunreinigungen befreit; zuletzt noch etwa vorhandener Sauerstoff wird entfernt, indem man das Wasserstoffgas durch ein erhitztes, mit platiniertem Asbest gefülltes Porzellanrohr leitet. Das dabei gebildete Wasser wird in einem an das Platinasbestrohr angeschlossenen Absorptionsröhrchen, das zwischen Glaswollstopfen lose eingeschüttetes Phosphorpentoxyd enthält, aufgefangen.

Von letzterem Phosphorpentoxydröhrchen geht der Wasserstoffstrom in ein Verbrennungsrohr aus Porzellan, das sich in einem durch Gas heizbaren Verbrennungsofen befindet und das zur Aufnahme des Probematerials dient. Das bei der Verbrennung entstehende Wasser wird in einem unmittelbar an das Verbrennungsrohr angeschlossenen Phosphorpentoxydröhrchen aufgefangen, das vor und nach der Verbrennung gewogen wird.

Um das letzte Phosphorpentoxydrohr vor dem Zutreten von Feuchtigkeit zu schützen, wird es mit einer Waschflasche verbunden, die konzentrierte Schwefelsäure enthält und gleichzeitig dazu dient, die Geschwindigkeit des durchgehenden Gasstromes erkennen und regeln zu können. Den zusammengesetzten Apparat zeigt Abb. 175. Sind Sauerstoffbestimmungen häufiger oder in größerer Zahl auszuführen, so ist die Beschaffung des von Oberhoffer [4]) angegebenen Apparates, bei dem der Wasserstoff elektrolytisch erzeugt wird und die Erhitzung auf elektrischem Wege erfolgt, sehr zu empfehlen.

Ausführung der Bestimmung. Für die Bestimmung des Sauerstoffgehaltes ist das Probematerial mit besonderer Sorgfalt vorzubereiten. Organische Stoffe werden durch Abspülen der Späne mit rückstandsfreiem Chloroform, Alkohol, Äther usw. entfernt; rostige Teile, Hammerschlag usw. müssen durch Abfeilen vor der Entnahme der Späne, Auslesen des bereits in Form von Spänen vorliegenden Materials usw. entfernt werden (falls es sich nur um Bestimmung des im Eisen gelösten Sauerstoffs handelt).

Das gereinigte Probematerial wird dann von anhaftender Feuchtigkeit durch Trocknen im Trockenschrank bei 105° C befreit.

Liegt das auf seinen Sauerstoffgehalt zu untersuchende Material in Form eines kompakten Stückes vor, so ist es am besten, wenn die Entnahme der Späne unter den Augen des Chemikers erfolgt, der dann darauf zu achten hat, daß bei

---

[1]) Stahl u. Eisen 2. (1882). 193.
[2]) Zu beziehen durch die Firma Warmbrunn & Quilitz, Berlin NW. 40, Haidestr. 55/57.
[3]) Man benützt z. B. 3 Waschflaschen; die erste wird mit Kalilauge gefüllt (um Salzsäure, Schwefelwasserstoff u. dgl. zurückzuhalten), die zweite mit alkalischer Pyrogallollösung (um Reste von Sauerstoff zu entfernen), während die dritte starke Phosphorsäurelösung zur Trocknung des Gases enthält.
[4]) Stahl u. Eisen 38. (1918). 105.

der Entfernung von Außenschichten und bei der Entnahme der erforderlichen Späne nur ganz saubere und trockene Werkzeuge benutzt und die Späne auf völlig reiner, trockener Papierunterlage aufgefangen werden und daß bei der Bearbeitung keinerlei Schmiermittel oder Wasser zur Anwendung gelangen. Ehe man mit der eigentlichen Sauerstoffbestimmung beginnt, empfiehlt es sich stets, durch Ausführung eines blinden Versuchs festzustellen, ob nicht schon bei Versuchen ohne Probematerial, die unter sonst gleichen Bedingungen wie die Versuche mit Probematerial ausgeführt werden, wesentliche Gewichtszunahmen des Phosphorpentoxydröhrchens auftreten.

Man leitet zunächst eine Zeitlang Wasserstoffgas durch den ganzen Apparat ohne zu erhitzen. Nach etwa $^1/_2$—$^3/_4$ Stunde prüft man eine am Ende des Apparates mittels Reagensglases entnommene Wasserstoffgasprobe, ob sie beim Entzünden lautlos verbrennt. Wenn dies der Fall ist, so erhitzt man das Platinasbestrohr — die Erhitzung dieses Rohres wird so lange ununterbrochen fortgesetzt, als man Wasserstoff durch den Apparat leitet — dann wägt man das Phosphorpentoxydrohr, schaltet es wieder an und erhitzt das leere Verbrennungsrohr während etwa 30—45 Minuten zum Glühen. Dann löscht man die Flammen des Verbrennungsofens und läßt im Wasserstoffstrom abkühlen. Das abgenommene Absorptionsrohr bleibt 20—30 Minuten im Wägeraum liegen und wird dann wieder gewogen. Wenn die dabei sich ergebende Gewichtszunahme unter 1 mg bleibt, so kann man mit der Verbrennung des Probematerials beginnen.

15 g (oder auch mehr) Probematerial werden auf einem Porzellanschiffchen abgewogen; wenn größere Mengen als etwa 15—20 g verwendet werden sollen, wägt man sie auf einem Uhrglas ab, trocknet die Probe im Trockenschrank bei 105° C und ermittelt die Gewichtsabnahme. Zeigt sich nach weiterem Trocknen und Wägen keine wesentliche Gewichtsabnahme mehr, so bringt man das Probematerial (entweder im Porzellanschiffchen oder bei größeren Einwagen ohne ein solches unmittelbar zwischen Stopfen von ausgeglühtem Asbes) in das im Wasserstoffstrom sorgfältig ausgeglühte Verbrennungsrohr und leitet zunächst, ohne das Verbrennungsrohr zu erhitzen, während einer Stunde sauerstoff- und wasserfreien Wasserstoff über die Probe, um allen Luftsauerstoff zu verdrängen.

Man schaltet das gewogene Absorptionsröhrchen wieder an und beginnt mit dem Erhitzen des Verbrennungsrohres. Nach allmählichem Steigern der Hitze läßt man etwa während 30 Minuten das Rohr bei heller Glut, dreht dann die Flammer des Verbrennungsofens aus und läßt abkühlen. Das abgenommene Phosphorpentoxydröhrchen wird nach 20—30 Minuten gewogen.

Nach Auskühlen des Verbrennungsofens im Wasserstoffstrom entfernt man das Probematerial aus dem Rohr und kann dann eine neue, getrocknete Probe einsetzen und in gleicher Weise verbrennen.

Berechnung. Der Prozentgehalt des Probematerials an Sauerstoff ergibt sich aus der angewandten Probemenge von e Gramm Eisen und der gefundenen Wassermenge (a Gramm) zu:

$$^0/_0 \, O = \frac{a}{e} \cdot 88{,}81.$$

Anwendbarkeit des Verfahrens. Außer zur Bestimmung von gebundenem Sauerstoff im Eisen läßt sich das beschriebene Verfahren auch verwerten für die annähernde Bestimmung des Rostsauerstoffs von Eisenspänen und ferner für die Bestimmung des an Wolfram und Molybdän gebundenen Sauerstoffs in diesen Metallen oder ihren Legierungen mit Eisen.

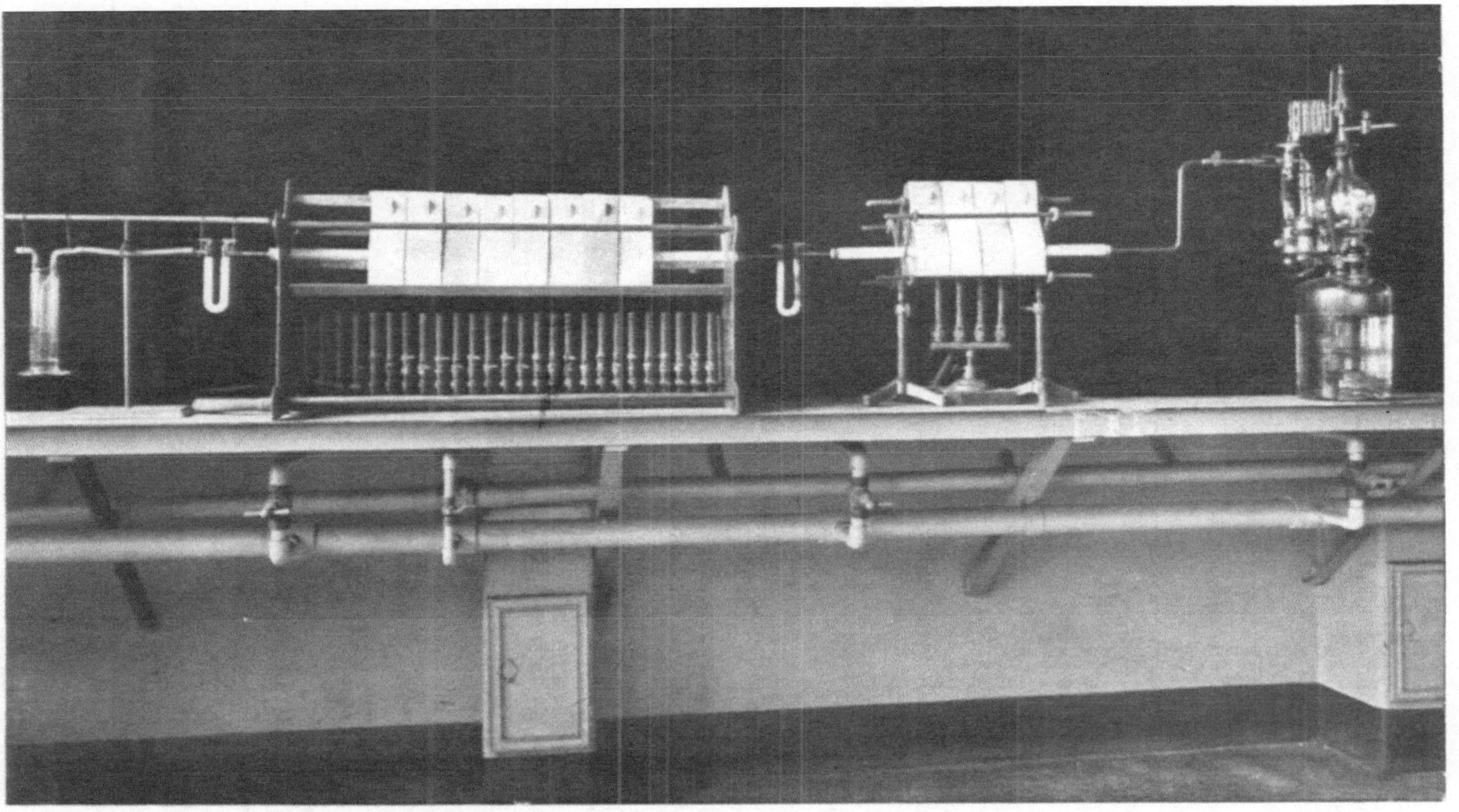

Abb. 175.   Sauerstoffbestimmung nach Ledebur.

Beispiele.

1. Sauerstoffbestimmung in weichem Flußeisen.

Die ausgeführten blinden Versuche ergaben keine merkliche Gewichtszunahme des Phosphorpentoxydrohres.

Tabelle 138.

Probe Nr.	Einwage g	Gewogene Wassermenge g	Sauerstoffgehalt $\%$
1	40	0,0080	0,018
	40	0,0092	0,020
2	40	0,0072	0,016
	40	0,0069	0,015

2. Bestimmung des Rostgehaltes von Gußeisenspänen.

Da die Späne aus sehr groben und sehr feinen Teilen bestanden, so wurden sie durch Absieben in drei Korngrößen geteilt und für die Bestimmung von jeder der drei Siebproben Teile im Verhältnis der abgesiebten Mengen entnommen. (Vgl. Teil I, S. 50.)

15 g Späne setzten sich zusammen aus

6,795 g feinen Spänen,
4,747 ,, mittleren ,, und
3,458 ,, groben ,,

Die Gewichtszunahme des Phosphorpentoxydröhrchens nach Verbrennung von je 15 g des getrockneten Materials betrugen

Versuch 1. 0,4398 g, Versuch 2. 0,4222 g.

Hieraus ergeben sich bei Berechnung der ermittelten Gewichtszunahmen der Phosphorpentoxydröhrchen auf Sauerstoff folgende Werte [1])

Versuch 1. $2{,}60\%$, Versuch 2. $2{,}50\%$.

3. Bestimmung des Sauerstoffgehaltes in Ferrowolfram.

Je 10 g des getrockneten, gepulverten Materials ergaben beim Verbrennen im Wasserstoff

Versuch 1. 0,0063 g H_2O entsprechend $0{,}056\%$ Sauerstoff,
Versuch 2. 0,0056 ,, ,, ,, $0{,}050$,, ,,

4. Bestimmung des Sauerstoffgehaltes in Wolframmetallpulver.

Blinder Versuch ergab keine Gewichtszunahme. Das zu den Versuchen verwendete Probematerial wurde bei 105^0 C getrocknet.

Tabelle 139.

Versuch Nr.	Einwage g	Gewogen g H_2O	Sauerstoff $\%$
1	28,063	0,0138	0,044
2	30,196	0,0146	0,043

[1]) Die Gewichtsabnahmen des Probematerials beim Glühen im Wasserstoffstrom sind infolge Mitverflüchtigung anderer Stoffe wesentlich höhere als dem Sauerstoffgehalt entsprechen würde; sie betrugen im vorliegenden Falle: Versuch 1. 0,6553 g; Versuch 2. 0,6593 g.

5. Sauerstoffbestimmung in einigen Proben Wolframmetall und Molybdänmetall.

Die Proben wurden nach Verbrennung im Wasserstoffstrom wieder gewogen und die Gewichtsabnahmen ermittelt. Sie finden sich in nachstehender Tab. 140 angegeben.

Tabelle 140.

Probe Nr.	Probematerial	Einwage g	Gewichtsabnahme nach Glühen g	Gefunden H_2O g	Aus gefund. H_2O berechneter Sauerstoffgehalt %
1	Wolframmetall	10	0,0463	0,0520	0,46
2	Wolframmetall N	10	0,0568	0,0586	0,52
3	Molybdänmetall G	10	0,0252	0,0249	0,22
4	Molybdänmetall N	10	0,0659	0,0663	0,59

V. Stickstoff.

Geringe Mengen von Stickstoff — einige Tausendel bis zu wenigen Hundertel Prozenten — sind in fast allen Sorten Eisen und Stahl enthalten. Die höheren Gehalte, nach den neueren eingehenden Untersuchungen von Wüst und Duhr [1] etwa 0,02 %, finden sich z. B. im Thomasmaterial; diese kleinen Stickstoffmengen werden vom flüssigen Eisen unmittelbar aus der durchgeblasenen Luft aufgenommen. Während die technischen Eisensorten beim Erhitzen im Stickstoffstrom nur so wenig Stickstoff zu binden vermögen, nehmen Ferrolegierungen wie Ferrochrom, Ferromangan, Ferrotitan, Ferroaluminium und Ferrovanadin wesentlich höhere Stickstoffmengen auf.

Beim Erhitzen im Ammoniakgasstrom statt im Stickstoffstrom vermag auch das Eisen größere Stickstoffmengen aufzunehmen; bei genügend lange fortgesetzter Behandlung mit Ammoniak und bei geeigneter Temperatur läßt sich auf diesem Wege die Stickstoffverbindung des Eisens, Eisennitrid Fe_2N mit 11,14 % Stickstoff erhalten.

Grundlagen des Verfahrens. Beim Lösen von Eisen oder Stahl in starker Salzsäure (oder Schwefelsäure) wird der an Eisen gebundene Stickstoff in Ammoniak bzw. das entsprechende Ammoniumsalz übergeführt; durch nachfolgende Destillation der Lösung mit starker Natronlauge kann das Ammoniak in eine reine wäßrige Lösung übergeführt und in geeigneter Weise bestimmt werden.

Auf die obengenannten Ferrolegierungen kann das Verfahren nur soweit angewandt werden, als das Probematerial ohne Rückstand in der Säure löslich ist.

Erforderliche Lösungen und Apparate. 1. $\frac{n}{100}$ Schwefelsäure. Zu ihrer Herstellung wird von einer $\frac{n}{10}$ Schwefelsäure ausgegangen, deren Titer man mittels genau eingestellter $\frac{n}{10}$ Thiosulfatlösung (vgl. S. 234) auf jodometrischem Wege bestimmt. Man verdünnt z. B. 20 ccm der $\frac{n}{10}$ Schwefelsäure mit reinem destilliertem Wasser, fügt 1 g reines Jodkalium sowie 5 ccm einer 5 %igen Kaliumjodatlösung hinzu und titriert das ausgeschiedene Jod mit der $\frac{n}{10}$ Thio-

---

[1] Mitteilungen aus dem Kaiser-Wilhelm-Institut für Eisenforschung. 2. (1921). 39. In der Arbeit sind auch die früheren Verfahren zur Bestimmung des Stickstoffes kurz behandelt.

sulfatlösung. Gegen Ende der Titrierung fügt man noch einige Tropfen einer neutralen Stärkelösung hinzu und titriert bis zu dem jetzt scharf bestimmbaren Endpunkt.

Für die $\frac{n}{100}$ Schwefelsäure entnimmt man der auf vorstehende Weise eingestellten zehntelnormalen Vorratslösung 100 ccm und verdünnt sie mit reinem, frisch destilliertem Wasser auf 1 l.

2. $\frac{n}{100}$ Natronlauge. Einer $\frac{n}{10}$ Natronlauge, die mit Hilfe der Jodid-Jodatreaktion auf die Vorratslösung von $\frac{n}{10}$ Schwefelsäure unter 1. genau eingestellt ist, werden 100 ccm entnommen und mit frisch destilliertem Wasser auf 1 l aufgefüllt.

Die beiden hundertelnormalen Lösungen werden alsdann nach dem von Mylius und Foerster[1]) angegebenen Verfahren aufeinander eingestellt. (Dessen Ausführung siehe unter Ausführung der Bestimmung.)

3. Jodeosinlösung nach Mylius und Foerster. 10 mg des trockenen, reinen Jodeosinfarbstoffs werden mit 100 ccm feuchtem, aber von Säure befreitem Äther gelöst (Vorratslösung). Von dieser Vorratslösung verdünnt man 10 ccm mit feuchtem, aber säurefreiem Äther auf 500 ccm (Indikatorlösung); von dieser werden für jede Titration 30 ccm verwendet.

Der zur Herstellung der Eosinlösung erforderliche Äther wird vor seiner Verwendung in einem Schütteltrichter mit $\frac{n}{10}$ Natronlauge, und danach wiederholt mit reinem, destilliertem Wasser ausgeschüttelt, zur Entfernung etwaiger sauer reagierender Bestandteile.

4. Destilliertes Wasser. Das Wasser, das zur Herstellung der Natronlauge und zum Verdünnen und Überspülen der Eisenlösung in den Destillierkolben dienen soll, wird unter Zusatz von etwas Kaliumpermanganat und gelöschtem Ätzkalk sowie einem Stückchen granuliertem Zink nochmals destilliert, wobei der zuerst übergehende Anteil verworfen wird.

Da bei den Titrationen auch die Alkaliaufnahme des Wassers aus den benutzten Glasgeräten einen merklichen Einfluß auf die Titrationsergebnisse ausübt, so ist zu empfehlen, bei den Hauptversuchen und den Blindversuchen möglichst den gleichen Apparat, die gleichen Gefäße und Wasser aus der gleichen Vorratsflasche zu verwenden.

5. Salzsäure vom spez. Gewicht 1,19. Die Säure soll möglichst frei von Ammoniumsalz sein.

6. Natronlauge für die Destillation. 150 g reines Ätznatron werden in einem etwa 1,5 l fassenden Erlenmeyerkolben mit etwa 1 l destilliertem Wasser gelöst, nach Zusatz eines Körnchens granulierten Zinks gekocht, bis ein Teil des Wassers verdampft ist und die erhaltene, ammoniakfreie Lauge mit frisch destilliertem Wasser in einen Meßkolben von 1 l übergespült und zur Marke aufgefüllt.

7. Destillierapparat nach Abb. 176, bestehend aus Destillationskolben von 800—1000 ccm Inhalt mit Sandbad (Eisenschale), Kühler mit Verbindungsrohr zum Destillierkolben; als Auffangflasche für das Destillat wird eine Stöpselflasche aus völlig farblosem Glas von 250—300 ccm benutzt, die bei etwa 170 ccm eine Marke trägt.

Ausführung der Untersuchung. 10 g des zu untersuchenden Eisens oder Stahls werden in einem etwa 600 ccm fassenden Erlenmeyerkolben, der durch

[1]) Ber. d. Dtsch. Chem. Ges. 24. (1891). 1482.

einen lose aufgesetzten Trichter verschlossen ist, mit 50 ccm reiner (ammon-
salzfreier) Salzsäure von 1,19 spez. Gewicht gelöst. Um zu vermeiden, daß
durch Ammoniumsalzdämpfe Fehler in die Bestimmung hineingetragen werden,
führt man das Lösen und ebenso die späteren Operationen, das Destillieren
und Titrieren in einem von Ammoniakverbindungen völlig freien Raum unter
einem geeigneten Abzug aus. Sobald alle metallischen Teilchen gelöst sind,
und auch beim Erhitzen auf dem Asbestdrahtnetz keine Entwicklung von
Wasserstoff mehr erfolgt, spült man die Lösung unter Verwendung von 50 ccm
reinem Wasser in den Destillierkolben über und kühlt auf Zimmerwärme ab.

Dann fügt man 200 ccm der
Natronlauge (s. unter 6) und
100 ccm reines destilliertes Wasser, sowie einige Körner granulierten Zinks hinzu, mischt durch
Umschütteln und läßt eine kurze
Zeit lang stehen.

Das Glasrohr mit dem Auf-
satz, welches nach Abb. 176 den
Destillierkolben und den Kühler
miteinander verbindet, wird mit
Hilfe zweier durchbohrter Gummistopfen aufgesetzt; die Gummistopfen sind vorher durch wieder
holtes, abwechselndes Auskochen
und Abspülen mit verdünnter
Salzsäure und verdünnter Natronlauge und zuletzt mit Wasser
sorgfältig gereinigt.

Nachdem der ganze Apparat,
dessen übrige Einzelteile ebenfalls gründlich mit destilliertem
Wasser durchgespült sind, nach
Abb. 176 aufgebaut ist, wird in
die Vorlage eine kleine Menge
(etwa 20 ccm) $\frac{n}{100}$ Schwefelsäure
eingefüllt und nun mit der Destillation des Ammoniaks begonnen.

Sind die vorstehend ange-
gebenen Mengenverhältnisse annähernd eingehalten worden, so

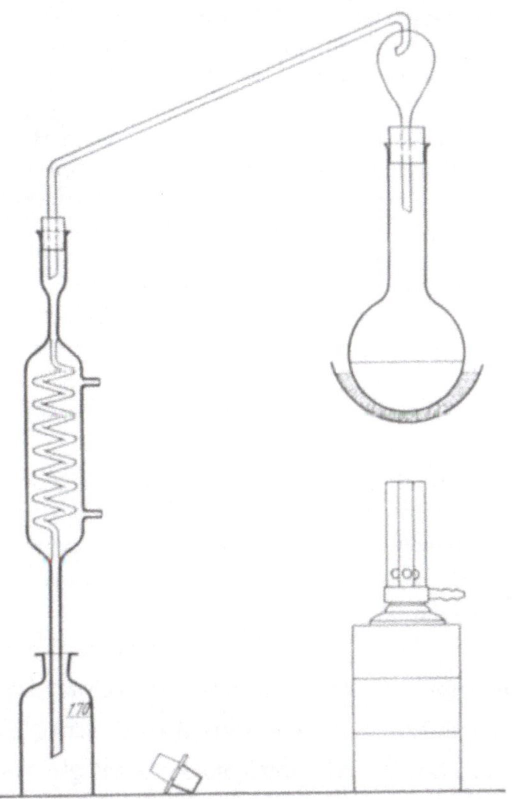

Abb. 176. Apparat zur Destillation
des Ammoniaks.

kann die Lösung im Kolben auf dem Sandbade mit einem kräftigen Dreibrenner zum Kochen gebracht und größtenteils abdestilliert werden, ohne
daß Stoßen der Flüssigkeit eintritt. Nachdem 150 ccm Destillat (alo bis zur
Marke etwa 170 ccm) überdestilliert sind, stellt man das Erhitzen ein und
titriert das Destillat in folgender Weise:

In das Auffangegefäß gibt man zum Destillat 30 ccm Indikatorlösung,
verschließt mit dem Glasstopfen und schüttelt kräftig durch. War die vorgelegte Menge $\frac{n}{100}$ Schwefelsäure hinreichend, um das übergegangene Ammoniak
abzusättigen, so ist die wäßrige Lösung nach dem Absitzen farblos. Man neutralisiert hierauf den Säureüberschuß mit $\frac{n}{100}$ Natronlauge, bis nach dem Schütteln
ein deutlicher roter Farbton in der wäßrigen Lösung erscheint. Selbst ein ganz
schwacher roter Ton der Lösung läßt sich leicht erkennen, wenn man hinter

die Flasche ein Stück weißen Papiers hält und durch die Flüssigkeit hindurch auf das Papier sieht. Bei etwa zu großem Zusatz von $\frac{n}{100}$ Natronlauge setzt man tropfenweise soviel $\frac{n}{100}$ Schwefelsäure zu, bis der rote Farbton eben verschwindet und liest dann den Gesamtverbrauch an $\frac{n}{100}$ Schwefelsäure und $\frac{n}{100}$ Lauge ab.

Aus der hieraus sich ergebenden Menge $\frac{n}{100}$ Schwefelsäure kann aber noch nicht ohne weiteres die vorhandene Stickstoffmenge berechnet werden, da infolge der nicht vermeidbaren Fehlerquellen — Alkaliaufnahme des Destillates aus dem Glas des Apparates, Verunreinigungen in Salzsäure und destilliertem Wasser, so klein diese auch an sich sein mögen — die zur Neutralisation des Destillates erforderliche Säuremenge zu hoch ausfällt.

Um diese Fehlerquellen zu beseitigen, führt man unter möglichst gleichartigen Versuchsbedingungen wie beim Hauptversuch mit gleich großen Mengen Salzsäure, Wasser, Alkali — nur unter Weglassung des Probematerials — blinde Versuche aus. In den Destillierkolben des Apparates, der zuvor gut gereinigt ist, gibt man hiefür 50 ccm Salzsäure (1,19), 150 ccm destilliertes Wasser und 200 ccm Natronlauge — sämtlich den gleichen Vorratslösungen entnommen wie zuvor beim Hauptversuch —, setzt einige Körner Zink hinzu und destilliert eine gleich große Menge Flüssigkeit wie zuerst daraus ab. In die Vorlage hat man die gleich große Menge $\frac{n}{100}$ Schwefelsäure eingefüllt wie beim Hauptversuch und titriert nach der Destillation in gleicher Weise den Säureüberschuß des Destillates wie oben beschrieben.

Aus dem Verbrauch an $\frac{n}{100}$ Schwefelsäure läßt sich der Gehalt an alkalischreagierenden Verunreinigungen berechnen, die bei jedem Versuch aus den angewandten Lösungen mit in die Vorlage übergehen.

Berechnung. Man bestimmt zunächst für jeden Versuch die Menge $\frac{n}{100}$ Schwefelsäure, die zur Neutralisation des Destillates erforderlich war in folgender Weise:

Die Anzahl ccm $\frac{n}{100}$ Natronlauge, die zum Neutralisieren des mit der vorgelegten $\frac{n}{100}$ Schwefelsäure vermischten Destillates gebraucht werden, rechnet man auf die entsprechende Anzahl ccm $\frac{n}{100}$ Schwefelsäure um und bringt diese Zahl von der Gesamtmenge vorgelegter bzw. verbrauchter $\frac{n}{100}$ Schwefelsäure in Abzug.

Man erhält so die Anzahl ccm $\frac{n}{100}$ Schwefelsäure, die der Menge überdestillierter, alkalisch reagierender Stoffe (Ammoniak) entspricht.

Waren beim Hauptversuch p ccm $\frac{n}{100}$ Schwefelsäure, beim Blindversuch q ccm $\frac{n}{100}$ Schwefelsäure gefunden, so berechnet sich die Menge der alkalisch reagierenden Stoffe (Ammoniak), die aus der angewandten Probematerialmenge stammen, zu $(p - q) \cdot 0{,}000\,140$ g Stickstoff. und der Prozentgehalt der Probe bei e Gramm Einwage ist $\dfrac{(p - q) \cdot 0{,}0140}{e}\,^0/_0$ Stickstoff.

Beispiel.

Bei zwei Hauptversuchen mit je 10 g einer Flußeisenprobe wurden beim Titrieren des Destillates im ganzen gebraucht:

bei Versuch a) 21,25 ccm; bei Versuch b) 18,97 ccm $\frac{n}{100}$ H_2SO_4.

Zum Zurücktitrieren der vorhandenen überschüssigen Säure waren erforderlich:

bei Versuch a) $3{,}84$ ccm; bei Versuch b) $0{,}91$ ccm $\frac{n}{100}$ NaOH.

Somit waren zur Neutralisaticn der überdestillierten alkalischen Stoffe (Ammoniak) verbraucht worden:

bei Versuch a) $17{,}41$ ccm; bei Versuch b) $18{,}06$ ccm $\frac{n}{100}$ H_2SO_4.

Bei zwei Blindversuchen ergaben sich die zur Neutralisation des Destillats erforderlichen Mengen $\frac{n}{100}$ Schwefelsäure zu

$3{,}68$ ccm und $2{,}90$ ccm $\frac{n}{100}$ Schwefelsäure,

im Mittel $3{,}29$ ccm.

Die Menge Ammoniak, die aus der angewandten Probematerialmenge stammt, entspricht demnach

bei Versuch a) $17{,}41 - 3{,}29 = 14{,}12$ ccm $\frac{n}{100}$ H_2SO_4

bei Versuch b) $18{,}06 - 3{,}29 = 14{,}77$ ccm $\frac{n}{100}$ H_2SO_4

und der Prozentgehalt der Probe an Stickstoff beträgt

nach Versuch a) $0{,}02_0$ % N

nach Versuch b) $0{,}02_1$ % N.

Anwendbarkeit des Verfahrens und Zuverlässigkeit der erzielten Werte. Das beschriebene Verfahren läßt sich auf alle Eisen- und Stahlsorten anwenden, soweit sie in Salzsäure ohne (stickstoffhaltigen) Rückstand löslich sind.

Gewöhnliche Eisen- und Stahlsorten ergeben meist nur sehr geringe Stickstoffgehalte, die einem nicht wesentlich größeren Schwefelsäureverbrauch entsprechen als ihn die Blindversuche erfordern.

Wird der Destillationsrückstand — sei es beim Blindversuch oder beim Hauptversuch — nochmals mit reinem Wasser destilliert, so gehen wieder wesentliche Mengen alkalisch reagierender Stoffe über, so daß man im Zweifel sein kann, ob die Destillation des Ammoniaks beendet war. Infolge der Schwierigkeit, alkalisch reagierende Stoffe und Ammoniak bei der Ausführung der Versuche vollständig auszuschließen, haften der Stickstoffbestimmung nach dem Destillationsverfahren ohne Zweifel Mängel an, so daß die damit erzielten Werte keinen Anspruch auf weitgehende Genauigkeit erheben können.

W. Schlacke.

Schlackeneinschlüsse können in allen Arten Roheisen und Stahl vorkommen; sie können aus allen möglichen, im Eisenbad nicht löslichen Verunreinigungen bestehen, die bei der Herstellung des Eisens zugegen sind, z. B. aus Zuschlägen, Desoxydationsmitteln, Ofenschlacken, verschlacktem Ofenfutter, Brennmaterialteilchen usf. Ihre Erkennung als fremde Einschlüsse ist auf metallographischem Wege nicht schwierig. Die Erkennung der Art der Schlackeneinschlüsse aus dem mikroskopischen Bild ist jedoch bis jetzt nicht immer möglich.

Der chemischen Untersuchung der Schlackeneinschlüsse ihrer Menge und Art nach stehen weit erheblichere Schwierigkeiten entgegen, da 1. die Menge der Schlackeneinschlüsse in einem Material meist keine große ist und 2. für ihre Trennung vom metallischen Hauptteil keine genügend sicheren Verfahren bekannt sind. Die bisher bekannt gewordenen Verfahren, bei denen das Metall unter möglichster Schonung der Schlacke aufgelöst wird, geben keine Gewähr dafür, daß sämtliche Schlacke unangegriffen zurückbleibt.

Grundlagen des Verfahrens. Als mildestes Mittel zum Auflösen des Eisens unter Schonung der Schlackenbestandteile dürfte das von Eggertz empfohlene Jod in Gegenwart von Wasser anzusehen sein. Das Verfahren ist von Fischer [1]) als dasjenige bezeichnet worden, das von allen bisher vorgeschlagenen noch die einwandfreiesten Ergebnisse liefert, obwohl auch diese Arbeitsweise nicht mit Sicherheit den reinen Schlackengehalt gibt.

Von Wüst und Kirpach [2]) ist ferner das von Schneider ausgebaute Bromverfahren durchgeprüft und in Einzelheiten verbessert worden, ohne daß jedoch eine zuverlässigere Bestimmung der Schlackeneinschlüsse dadurch erreicht worden wäre.

Ausführung der Untersuchung (Eggertz' Verfahren nach Fischer) [1]). 10 g feine Späne werden in einem durch Eis von außen gut gekühlten Becherglase mit 50 ccm ausgekochtem und mit Eis abgekühltem Wasser übergossen und dazu 60 g reines, frisch sublimiertes Jod gegeben. Unter ständigem Umschütteln werden die Späne gelöst; zum Schlusse wird das Ganze, um die etwa vorhandenen Karbide und Phosphide, die bei kohlenstoff- bzw. phosphorreicherem Material auftreten, in Lösung zu bringen, kurze Zeit auf dem Wasserbad erwärmt. Nach Erkalten der so erhaltenen Eisenjodürlösung werden etwa 200 ccm frisch ausgekochtes, luftfreies Wasser hinzugegeben, worauf man den vorhandenen Niederschlag absitzen läßt. Der Rückstand, der neben Schlacke noch Kohlenstoff enthält, wird durch einen gewogenen Neubauertiegel abfiltriert, dann im Tiegel zuerst mit sehr verdünnter Salzsäure bis zum Verschwinden der Eisenreaktion, darauf mit destilliertem Wasser wieder salzsäurefrei gewaschen, bei 105° C getrocknet und gewogen.

Man entfernt hierauf den Rückstand soweit als möglich aus dem Neubauertiegel, entnimmt der Probe einen Teil, dessen Gewicht man genau bestimmt, verbrennt ihn mit Sauerstoff im elektrischen Ofen und ermittelt die dabei entstehende Kohlendioxydmenge nach dem S. 135 beschriebenen Verfahren. Aus der Gesamtmenge Trockenrückstand und der in dieser enthaltenen Menge Kohlenstoff ergibt sich der Schlackengehalt der Probe.

Sofern beim Verbrennen des Kohlenstoffs im Schiffchen eine hinreichende Menge Schlacke zurückbleibt, kann mit dieser wenigstens qualitativ in üblicher Weise die Zusammensetzung ermittelt werden.

Berechnung. Wurde bei einer Einwage von E Gramm die Menge trockenen Lösungsrückstandes = A Gramm gefunden und ergab sich die Menge Kohlendioxyd, die beim Verbrennen der Teilmenge a Gramm des trockenen Lösungsrückstandes gefunden wurde, zu c Gramm CO_2, so berechnet sich die Menge des in der gesamten Rückstandsmenge (A) enthaltenen Kohlenstoffs zu

$$\frac{0{,}27273 \cdot c \cdot A}{a}$$

und der Schlackengehalt der Probe berechnet sich zu

$$\frac{100\,A \cdot (a - 0{,}27273\,c)}{a \cdot E}\ \%.$$

---

[1]) Stahl u. Eisen 32. (1912). 1563.
[2]) Mitteilungen aus dem Kaiser-Wilhelm-Institut für Eisenforschung. 1. (1920). 31.

Praktische Atomgewichte.
(1921.)

Ag	Silber	107,88	Mo	Molybdän	96,0
Al	Aluminium	27,1	N	Stickstoff	14,008
Ar	Argon	39,9	Na	Natrium	23,00
As	Arsen	74,96	Nb	Niob	93,5
Au	Gold	197,2	Nd	Neodym	144,3
B	Bor	10,90	Ne	Neon	20,2
Ba	Barium	137,4	Ni	Nickel	58,68
Be	Beryllium	9,1			
Bi	Wismut	209,0	**O**	**Sauerstoff**	**16,000**
Br	Brom	79,92	Os	Osmium	190,9
C	Kohlenstoff	12,00	P	Phosphor	31,04
Ca	Calcium	40,07	Pb	Blei	207,2
Cd	Cadmium	112,4	Pd	Palladium	106,7
Ce	Cer	140,25	Pr	Praseodym	140,9
Cl	Chlor	35,46	Pt	Platin	195,2
Co	Kobalt	58,97	Ra	Radium	226,0
Cr	Chrom	52,0	Rb	Rubidium	85,5
Cs	Caesium	132,8	Rh	Rhodium	102,9
Cu	Kupfer	63,57	Ru	Ruthenium	101,7
Dy	Dysprosium	162,5	S	Schwefel	32,07
Em	Emanation	222,0	Sb	Antimon	120,2
Er	Erbium	167,7	Sc	Scandium	45,10
Eu	Europium	152,0	Se	Selen	79,2
F	Fluor	19,00	Si	Silicium	28,3
Fe	Eisen	55,84	Sm	Samarium	150,4
Ga	Gallium	69,9	Sn	Zinn	118,7
Gd	Gadolinium	157,3	Sr	Strontium	87,6
Ge	Germanium	72,5	Ta	Tantal	181,5
H	Wasserstoff	1,008	Tb	Terbium	159,2
He	Helium	4,0	Te	Tellur	127,5
Hg	Quecksilber	200,6	Th	Thorium	232,1
Ho	Holmium	163,5	Ti	Titan	48,1
In	Indium	114,8	Tl	Thallium	204,0
Ir	Iridium	193,1	Tu	Thulium	169,4
J	Jod	126,92	U	Uran	238,2
K	Kalium	39,10	V	Vanadin	51,0
Kr	Krypton	82,92	W	Wolfram	184,0
La	Lanthan	139,0	X	Xenon	130,2
Li	Lithium	6,94	Y	Yttrium	88,7
Lu	Lutetium	175,0	Yb	Ytterbium	173,5
Mg	Magnesium	24,32	Zn	Zink	65,37
Mn	Mangan	54,93	Zr	Zirkon	90,6

Faktorentafeln.

a) Für gewichtsanalytische Bestimmungen.

Gesucht	Gefunden	Faktor	log Faktor	Gesucht	Gefunden	Faktor	log Faktor
Al	Al_2O_3	0,5303	0.72455 — 1	O	H_2O	0,8881	0.94850 — 1
	$AlPO_4$	0,2219	0.34625 — 1		Molybdän-		
As	$Mg_2As_2O_7$	0,4827	0.68371 — 1	P	niederschlag	$0,0165_3$	0.21842 — 2
C	CO_2	$0,2727_3$	0.43573 — 1	P_2O_5	nach	$0,0378_4$	0.57800 — 2
	$BaSO_4$	$0,0514$	0.71091 — 2		Finkener		
	Fe (aus Fe_3C)	0,0716	0.85511 — 2	P	$Mg_2P_2O_7$	0,2787	0.44519 — 1
Co	Co_3O_4	0,7344	0.86591 — 1	P_2O_5	$Mg_2P_2O_7$	0,6379	0.80477 — 1
	$CoSO_4$	0,3803	0.58022 — 1	S	$BaSO_4$	0,13734	0.13781 — 1
Cr	Cr_2O_3	0,6842	0.83519 — 1	SO_3	$BaSO_4$	0,3430	0.53526 — 1
Cu	CuO	0,7989	0.90250 — 1	Sb	Sb_2O_4	0,7898	0.89749 — 1
Fe	Fe_2O_3	0,6994	0.84472 — 1	Si	SiO_2	0,4693	0.67147 — 1
$Fe_2(SO_4)_3$	Fe_2O_3	2,5044	0.39870	Ti	TiO_2	0,6005	0.77851 — 1
Mn	Mn_3O_4	0,7203	0.85749 — 1	U	UO_2	0,8817	0.94532 — 1
	$MnSO_4$	0,3638	0.56086 — 1		U_3O_8	0,8482	0.92852 — 1
	MnS	0,6315	0.80034 — 1	V	V_2O_5	0,5604	0.74853 — 1
Mo	MoO_3	0,6667	0.82391 — 1	W	WO_3	0,7931	0.89933 — 1
	MoS_2	0,5995	0.77777 — 1	Zr	ZrO_2	0,7390	0.86864 — 1
Ni	Ni-Dimethyl-glyoxim	0,2032	0.30784 — 1				
	NiO	0,7858	0.89529 — 1				

b) Für maßanalytische Bestimmungen.

Gesucht	Titriervorgang	Titrierlösung·Verbrauch in ccm	Titer 1 ccm =	log Titer
C (Karbidkohle)	$Fe^{\cdots}$ (aus Fe_3C) $\rightarrow Fe^{\cdot\cdot}$	$\frac{n}{10}$ $Na_2S_2O_3$	0,00040 g	0.60206 — 4
Cr		$\frac{n}{10}$ $Na_2S_2O_3$	0,001733 g	0.23888 — 3
Cr_2O_4	$CrO_4^{\prime\prime} \rightarrow Cr^{\cdots}$	oder	0,002533 g	0.40370 — 3
$CrPO_4$		$\frac{n}{10}$ $KMnO_4$	0,004901 g	0.69028 — 3
Fe	$Fe^{\cdots} \rightarrow Fe^{\cdot\cdot}$	$\frac{n}{10}$ $Na_2S_2O_3$	0,005584 g	0.74695 — 3
Fe_2O_3	$Fe^{\cdot\cdot} \rightarrow Fe^{\cdots}$	$\frac{n}{10}$ $KMnO_4$	0,007984 g	0.90222 — 3
Mn	$Mn^{\cdot\cdot} \rightarrow Mn^{\cdots\cdot}$	$\frac{n}{10}$ $KMnO_4$	0,001648 g	0.21696 — 3
N	$OH^{\prime} + H^{\cdot} \rightarrow H_2O$	$\frac{n}{100}$ H_2SO_4	0,000140 g	0.14638 — 4
Ti	$Ti^{\cdots} \rightarrow Ti^{\cdot\cdot}$	$\frac{n}{10}$ $FeCl_3$	0,00481 g	0.68215 — 3
V	$V^{\cdots\cdot} \rightarrow V^{\cdots\cdot\cdot}$ $V^{\cdots\cdot\cdot} \rightarrow V^{\cdots\cdot}$	$\frac{n}{10}$ $KMnO_4$ $\frac{n}{10}$ $Na_2S_2O_3$	0,00510 g	0.70757 — 3

Sachverzeichnis.

Abdruckverfahren auf Seide 10.
Abgeschreckter Stahl, Kohlenstoffbestimmung 121, 147.
Abkühlungsgeschwindigkeit beim Gußeisen 61.
— beim Weißeisen 40.
Abrauchen des Siliziumdioxyds 153.
Aluminium, Bestimmung 247.
Aluminiumoxyd im Stahl 247.
Aluminiumphosphat 248.
Ammoniaktitration 205.
Amylalkohol-Äthermischung 229.
Angelassener Stahl, Kohlenstoffbestimmung 121, 147.
Anlauffarben 15.
Anlegen der Filter 152.
Antimon, Bestimmung 207.
Arsen, Bestimmung 204.
— Destillation von — 205.
— Einfluß bei Phosphorbestimmungen 195.
— Entfernung durch Bromwasserstoff 195.
Arsenhaltiger Stahl, Phosphorbestimmung 195.
Arsenitlösung 179.
Asbestfilter 146.
Äthersalzsäuren 166.
Ätherverfahren für Mangan 165.
— für Molybdän 286.
— für Schwefel 214.
— für Vanadin 274.
Ätzmittel, Oberhotter-Rosenhainsches 8.
Ätzung mit alkoholischer Salpetersäure 10.
— — — Salzsäure 9.
— — Kupferammoniumchlorid 7.
Aufarbeiten von Nickeldimethylglyoxim 225.
Aufschließen mit Magnesia-Natriumkarbonat 158.
— — Natriumsuperoxyd 244.
— — Weinsteinmischung 240.
— von Ferrochrom 244 (243).
— — Ferrosilizium 158.
— — Metallegierungen 158.
— — Wolfram 270.
Ausblühungen bei grauem Roheisen 60.
Ausglühen vor der Probenahme 31.
Austenit als Gefügebestandteil 17.
Auswägen von Lösungen 172.

Bariumsulfat als Wägungsform bei Kohlenstoffbestimmungen 140.
Barytlauge 141.
Barytverfahren zur Kohlenstoffbestimmung 140.
Bedeutung der Probenahme 1.

Beschleunigung des Eindampfens 175.
Bleche 101.
Blöcke, chemische Untersuchung der 79.
— metallographische Untersuchung der 86.
Bromsalzsäure für Schwefelbestimmungen 209.
Bromsilberpapier, Abdruckverfahren 11.
Bromwasserstoffsäure, Prüfung 196.
Bromwasserstoffverfahren zur Phosphorbestimmung 195.
Bunsenapparat 174.

Chemikerausschuß des Vereins deutscher Eisenhüttenleute, Manganbestimmung 178, 189.
— — — — Vanadinbestimmung 278.
— — — — Wolframbestimmung 270.
Chloraufschluß zur Kohlenstoffbestimmung 138, 160.
— zur Bestimmung oxydischen Siliziums 160.
Chlorverfahren s. Chloraufschluß.
Chrom 233.
— Bestimmung durch Aufschließen 243, 244.
— — in salpetersäureunlöslichem Material 243, 244.
— Einfluß auf die maßanalytische Manganbestimmung 188.
— Erkennung 233.
— Fällung durch Quecksilbersalzlösung 239.
— Jodometrische Bestimmung 238.
— Oxydimetrische Bestimmung 239.
— Trennung des Chroms von Eisen 243, 244.
— Trennung von Vanadin 240.
Chromoxyd, Reinigung 240.
Chromschwefelsäure 124.
Chromschwefelsäureverfahren zur Kohlenstoffbestimmung 122.
Corleis' Verfahren der Kohlenstoffbestimmung 122.

Dimethylglyoximlösung 222.
Dimethylglyoximnickel, Aufarbeiten von 225.
Dimethylglyoximverfahren zur Nickelbestimmung 221.
Durchschnittsprobe, Entnahme aus flüssiger Charge 78.
— — aus ungleichmäßigem Material 50.

Einrichtung eines metallographischen Laboratoriums 3.
Einwage in Stückchenform bei Graphitbestimmungen 61.
Einwägen von Analysenproben 125.
— — Durchschnittsproben bei Graueisen 50.
— — — bei Schweißeisen 108.
Eisen, Ausätherung 256.
— Bestimmung durch Titrieren 256.
— — in säureunlöslichem Material 260.
— Jodometrische Bestimmung 257.
— Oxydimetrische Bestimmung 258.
Eisenkarbid, Abscheidung 147.
— Bestimmung 150.
Elektrischer Röhrenofen 132.
— Muffelofen 159.
Elektrolytische Nickelabscheidung 225.
Entmischung von Graueisenspänen bei der Probenahme 50.
Entmischungserscheinungen beim Flußeisen 79.
— — Gußeisen 56.

Ferrit 12.
Ferrochrom, Aufschlußverfahren 243, 244.
— Chloraufschluß 161.
— Chrombestimmung 243, 244.
— Kohlenstoffbestimmung 138.
Ferromangan, Manganbestimmung 172.
— Probenahme 33.
Ferromolybdän, Molybdänbestimmung 284.
Ferrophosphor, Phosphorbestimmung 194.
Ferrosilizium, Bestimmung des oxydischen Siliziums 160.
— Manganbestimmung 175.
— Phosphorbestimmung 195.
— Schwefelbestimmung 211.
— Siliziumbestimmung 158.
Ferrosulfatlösung 236.
Ferrotitan, Phosphorbestimmung 195.
— Siliziumbestimmung 164.
— Titanbestimmung 254.
Ferrowolfram, Phosphorbestimmung 199.
— Wolframbestimmung 270.
Ferrovanadin, Phosphorbestimmung 199.
— Vanadinbestimmung 278.
Filtrieren 152.
Finkeners Molybdänlösung 190.
— Phosphorbestimmung 190.
Finkenerturm 152.
Fluoridverfahren zur Schwefelbestimmung 212.
Flußeisen, Probenahme von — 78.
Flußsäure, Verwendung zum Abrauchen des Siliziumdioxyds 153.
Flußstahl, Probenahme 78.
Fraryapparat 225.
Freier Kohlenstoff, Bestimmung 121, 147.

Gefügeuntersuchung, makroskopische 7.
— mikroskopische 7.
Gehärteter Stahl, Kohlenstoffbestimmung 121, 147.

Gesamtkohlenstoff 121.
— Bestimmung durch Verbrennen mit Sauerstoff 131.
— — nach Corleis 122.
Glühen, Einfluß auf Graueisen 69.
— — — Weißeisen 45.
Glühfrischen 45.
Graphit als Gefügebestandteil 11.
— Bestimmung 145.
— — in säureunlöslichem Material 147.
Graphitierung 71.
Graues Roheisen 50, 52.
Gußeisen 50, 52, 56.

Handwage, Verwendung zum Einwägen 125.
Hartguß 33, 40.
— umgekehrter 44.
Härtungskohle, Bestimmung 121, 147.
Heräusofen 132.
Hilfsmittel für die Probenahme 3.
Hobelmaschine 4.
Hobeln und Sammeln der Analysenspäne 31.

Jodeosinlösung nach Mylius und Förster 294.
Jörgensens Magnesialösung 198.

Kaliumpermanganat s. Permanganat.
Kaliumxanthogenatlösung 281.
Kaltsäge 3.
Karbidbestimmung 149.
Karbidbestimmungsapparat nach Mars 148.
Karbidkohlenstoff 119, 147.
Kobalt 229.
— Bestimmung als Sulfat 232.
— Einfluß auf die Mangantitration 188.
— Trennung von Eisen 229.
— Trennung von Nickel 229, 231.
Kohlenstoff, Arten des — im Stahl 121.
— Bestimmung durch Verbrennen mit Sauerstoff 131.
— — in Ferrochrom 138.
— — in kohlenstoffarmem Material 140.
— — nach Corleis 122.
— — nach dem Barytverfahren 140.
Kristallbildung in Hohlräumen 36, 60.
Kügelchen und Nieren 35, 58.
Kupfer, Bestimmung durch Fällen aus der Eisenlösung 217.
— — nach dem Ätherverfahren 219.
— Trennung von Molybdän 218.

Ledeburit als Gefügebestandteil 21.
— Kohlenstoffbestimmung 120.
Ledeburs Verfahren zur Sauerstoffbestimmung 288.

Magnesialösung nach Jörgensen 198.
Magnesia-Natriumkarbonatmischung 158.
Magnesiaverfahren zur Phosphorbestimmung 193.

Malowans Molybdännachweis 281.
Mangan 165.
— Bestimmung als Oxyduloxyd 171.
— — als Sulfat 171.
— — als Sulfid 174.
— — beschleunigte Ausführung 175.
— — in Ferrochrom 173.
— — in Ferromangan 172.
— — in Ferrosilizium 175.
— — in nickelreichen Legierungen 172.
— — maßanalytisch 177.
— — nach dem Ätherverfahren 165.
— — nach Volhard-Wolff 177.
Mars' Apparat zur Bestimmung der Karbid-
	kohle 148.
Martensit als Gefügebestandteil 18.
— Kohlenstoffbestimmung 120.
Maßanalytische Bestimmung von Chrom
	238, 239.
— — — Eisen 257, 258.
— — — Mangan 177.
— — — Vanadin 275.
Metallographie, Nutzen der 2.
Metallographisches Laboratorium 3.
Mikroskop 5.
Molybdän, Bestimmung 281.
— Erkennung 281.
— Fällung als Sulfid 283.
— Nachweis neben Wolfram 281.
Molybdän-Eisenlösung, Verhalten beim Aus-
	äthern 286.
Molybdänlösung 190.
Molybdatverfahren zur Phosphorbestim-
	mung 190.

Nachbehandlung der Schliffe 7.
Natriumarsenitlösung s. Arsenitlösung.
Natriumfluorid als Zusatz bei der Schwefel-
	bestimmung 212.
Natriumoxalat als Urtitersubstanz zur
	Kohlenstoffbestimmung 127.
— zur Titerstellung von Permanganat-
	lösungen 179.
Nichtmetallische Einschlüsse 26.
Nickel, Bestimmung durch Elektrolyse 225.
— — mit Dimethylglyoxim 221.
— Erkennung 221.
Nickelplattierungen, Bestimmung der Dicke
	von 224.
Nierenbildung in Gußeisen 35, 58.
Normalstahlproben 178.

Osmondit als Gefügebestandteil 18.
— Kohlenstoffbestimmung 120.

Perlit 15.
Permanganatlösungen 179.
Permanganattitration des Chroms 239.
— des Eisens 258.
— des Mangans 177.
— des Vanadins 276.
Phosphid im Roheisen 14.

Phosphor, Bestimmung in arsenhaltigem
	Material 195.
— — in Ferrophosphor 194.
— — in Ferrosilizium 195.
— — in Ferrotitan 195.
— — in Ferrovanadin 199.
— — in Ferrowolfram 199.
— — in säureunlöslichem Material 194.
— — in Titanmetall 195.
— — in Wolframmetall 199.
— — nach dem Magnesiaverfahren 193.
— — nach Finkener 190.
— im Flußeisen und Stahl 21.
Phosphoranreicherungen 21.
Polieren 4.
Polierrot 5.
Probenahme, Bedeutung der 1.
— bei Drähten 33.
— bei Weißeisen 32.
— fehlerhafte 98, 103.
— Hilfsmittel für die 3.
— in besonderen Fällen 111.
— in der Werkstatt 30.
Profileisen 96.
Profile, metallographische und chemische
	Untersuchungen der 92.

Quecksilberoxydulnitratlösung, Herstellung
	der 236.

Reinigen der Oberfläche 30.
Rostgehalt von Gußeisenspänen 292.
Rothes Schüttelapparat 165.

Sammeln der Späne 31.
Sauerstoff, Bestimmung in Flußeisen nach
	Ledebur 288.
— — in Wolfram, Molybdän 292, 293.
Schlacke, Bestimmung 297.
Schleifbank 4.
Schleifen 4.
Schliffe, Nachbehandlung der 7.
Schmirgelpapier 5.
Schwefelabdrucke auf Seide 105.
Schwefel, Bestimmung in säureunlöslichem
	Material 217.
— — in siliziumreichem Material 211.
— — nach dem Ätherverfahren 214.
— — nach dem Entwicklungsverfahren
	209.
Schwefelsäure $\frac{n}{100}$ Normal 295.
Schweißeisen 108.
Schwitzkugeln 35.
Silizium, Bestimmung 151, 158.
— — durch Chloraufschluß 160.
— — in säureunlöslichem Material 158.
— oxydisches in Ferrosilizium 160.
Sorbit als Gefügebestandteil 18.
— Kohlenstoffbestimmung 120.
Spritzkugeln 35.
Stickstoff, Bestimmung nach Wüst und
	Duhr 293.
Sulfideinschlüsse 25.

Temperguß 33.
Temperkohle, als Gefügebestandteil 11.
— Bestimmung 145.
Tempern 45.
Thiosulfatlösung, Herstellung und Titerstellung 234.
Titan, Bestimmung 250.
— in säureunlöslichem Material 254.
Troostit als Gefügebestandteil 18.
— Kohlenstoffbestimmung 120.

Umgekehrter Hartguß 44.
Umschmelzen des Graueisens 68.
— des Weißeisens 38.
Uran, Bestimmung 286.

Vanadin 273.
— Bestimmung nach dem Ätherverfahren 274.
— — nach Holverscheit 275, 276.
— — durch Permanganattitration 276.
— Einfluß auf die maßanalytische Manganbestimmung 188.
— Erkennung 273.
— Trennung von Chrom 240.
Volhard-Wolffs Mangantitration 173.

Wanzenbildungen 37, 61.
Waschflüssigkeit für Phosphorfällungen 191.

Weinsäurelösung 222.
Weinstein, Herstellung 240.
Weinsteinmischung für Aufschlüsse 240.
Weißeisen 33.
Wirkungswert von Arsenitlösungen 184.
Wismut als Zusatz bei Kohlenstoffbestimmungen 138.
Wolfram 262.
— Abscheidung als Quecksilbersalz 268, 269.
— — als Wolframsäure 262, 266.
— Bestimmung in molybdänhaltigem Stahl 271.
— — in phosphorhaltigem Stahl 271.
— — in Wolframmetall 270.
— Einfluß eines Phosphorgehaltes auf die Bestimmung von 269, 271.
— Erkennung 262.
— Trennung von Molybdän 271, 283.

Xanthogensäurelösung 281.
Xanthogenreaktion auf Molybdän 281.

Zementit 14.
Zersetzungserscheinungen an Gußeisen 71.
Zinkoxyd, Prüfung auf Reinheit 186.
Zirkon, Bestimmung 287.

Die Werkzeugstähle und ihre Wärmebehandlung.

Berechtigte deutsche Bearbeitung der Schrift: „The heat treatment of tool steel" von **H. Brearley** (Sheffield). Von Dr.-Ing. **Rudolf Schäfer** (Berlin). Zweite, durchgearbeitete Auflage. Mit 212 Abbildungen. 1919. Gebunden Preis M. 16.—

Die Schneidstähle, ihre Mechanik, Konstruktion und Herstellung. Von

Dipl.-Ing. **Eugen Simon**. Zweite, vollständig umgearbeitete Auflage. Mit 545 Textfiguren. 1919. Preis M. 6.—

Lagermetalle und ihre technologische Bewertung.

Ein Hand- und Hilfsbuch für den Betriebs-, Konstruktions- und Materialprüfungsingenieur. Von Obering. **J. Czochralski** (Frankfurt a. M.) und Dr.-Ing. **G. Welter**. Mit 130 Textabbildungen. 1920. Preis M. 9.—; gebunden M. 12.—

Die Verfestigung der Metalle durch mechanische Beanspruchung. Die bestehenden Hypothesen und ihre Diskussion. Von

Professor Dr. **H. W. Fraenkel** (Frankfurt a. M.). Mit 9 Figuren im Text und 2 Tafeln. 1920. Preis M. 6.—

Handbuch der Materialienkunde für den Maschinenbau. Von Prof. Dr.-Ing. **A. Martens,** Direktor des Materialprüfungsamts in

Großlichterfelde. In 2 Bänden.

Erster Band: Materialprüfungswesen, Probiermaschinen und Meßinstrumente. Zweite Auflage. In Vorbereitung.

Zweiter Band: Die technisch wichtigen Eigenschaften der Metalle und Legierungen. Von Prof. **E. Heyn**. Hälfte A: Die wissenschaftlichen Grundlagen für das Studium der Metalle und Legierungen. Metallographie. Unveränderter Neudruck. In Vorbereitung.

Metallurgische Berechnungen. Praktische Anwendung thermochemischer Rechenweise für Zwecke der Feuerungskunde, der Metallurgie des Eisens und

anderer Metalle. Von Prof. **Jos. W. Richards** (Lehigh-Universität). Autorisierte Übersetzung nach der 2. Auflage von Prof. Dr. **B. Neumann** (Darmstadt) und Dr.-Ing. **P. Brodal** (Christiania). Unveränderter Neudruck 1920.

Gebunden Preis M. 64.—

Die Messung hoher Temperaturen. Von **G. K. Burgess** und **H. Le Chatelier**. Nach der dritten amerikanischen Auflage übersetzt und mit

Ergänzungen versehen von Prof. Dr. **G. Leithäuser** (Hannover). Mit 178 Textfiguren. 1913. Preis M. 15.—; gebunden M. 16.—

Die hydraulischen Schmiede-Pressen nebst einer Untersuchung über den Vorgang beim Pressen eines Stahlstückes in geschlossener Matrize. Von Dr.-Ing. **F. J. Hofmann.** 1912. Preis M. 22.—

Hochofen-Begichtungsanlagen unter besonderer Berücksichtigung ihrer Wirtschaftlichkeit. Von Dr.-Ing. **Friedr. Lilge.** Mit zahlreichen Textfiguren und 15 z. Teil farbigen lithographischen Tafeln. 1913. Gebunden Preis M. 22.—

Grundlagen der Kokschemie. Von Prof. **Oskar Simmersbach** (Breslau). Zweite, vollständig umgearbeitete Auflage. Mit 46 Textabbildungen und 8 Tafeln. 1914. Gebunden Preis M. 10.—

Entstehung und Ausbreitung der Alchemie. Mit einem Anhange: Zur älteren Geschichte der Metalle. Ein Beitrag zur Kulturgeschichte. Von Prof. Dr. **E. O. von Lippmann** (Halle a. S.). 1919.
Preis M. 36.—; gebunden M. 48.—

Die Kessel- und Maschinenbaumaterialien nach Erfahrungen aus der Abnahmepraxis kurz dargestellt für Werkstätten- und Betriebsingenieure und für Konstrukteure. Von **O. Hönigsberg** (Wien). Mit 13 Textfiguren. 1914.
Preis M. 2.—

Konstruktion und Material im Bau von Dampfturbinen und Turbodynamos. Von Dr.-Ing. **O. Lasche,** Direktor der Allgemeinen Elektrizitäts-Gesellschaft. Zweite Auflage. Mit 345 Textabbildungen. 1921. Gebunden Preis M. 70.—

Taschenbuch für den Maschinenbau. Unter Mitarbeit bewährter Fachleute herausgegeben von Prof. **H. Dubbel,** Ingenieur (Berlin). Dritte, erweiterte und verbesserte Auflage. Mit 2620 Textfiguren und 4 Tafeln. In zwei Teilen. 1921.
In einem Band gebunden M. 70.—; in zwei Bänden gebunden M. 84.—

Hilfsbuch für den Maschinenbau. Für Maschinentechniker sowie für den Unterricht an technischen Lehranstalten. Unter Mitwirkung von bewährten Fachleuten herausgegeben von Oberbaurat **Fr. Freytag** †, Professor i. R. Sechste, erweiterte und verbesserte Auflage. Mit 1288 in den Text gedruckten Figuren, einer farbigen Tafel und 9 Konstruktionstafeln. 1920. Gebunden Preis M. 60.—

Die Formstoffe der Eisen- und Stahlgießerei. Ihr Wesen, ihre Prüfung und Aufbereitung. Von **Carl Irresberger.** Mit 241 Textabbildungen. 1920. Preis M. 24.—

Handbuch der Eisen- und Stahlgießerei. Unter Mitarbeit von hervorragenden Fachleuten herausgegeben von Dr.-Ing. **C. Geiger** (Düsseldorf).
Erster Band: Grundlagen. Mit 171 Figuren im Text und auf 5 Tafeln. Unveränderter Neudruck 1920. Gebunden Preis M. 160.—
Zweiter Band: Betriebstechnik. Mit 1276 Figuren im Text und auf 4 Tafeln. Unveränderter Neudruck 1920. Gebunden Preis M. 220.—
Dritter (Schluß-) Band: Anlage, Einrichtung und Verwaltung der Gießerei. In Vorbereitung.

Die Herstellung des Tempergusses und die Theorie des Glühfrischens nebst Abriß über die Anlage von Tempergießereien. Handbuch für den Praktiker und Studierenden. Von Dr.-Ing. **Engelbert Leber.** Mit 213 Abbildungen im Text und auf 13 Tafeln. 1919.
Preis M. 28.—; gebunden M. 31.—

Leitfaden für Gießereilaboratorien. Von Prof. **Bernhard Osann.** Mit 9 Abbildungen im Text. 1915. Gebunden Preis M. 1.60

Der Poterieguß und seine formmaschinenmäßige Herstellung. Von Gießereiingenieur **R. Schmidt** (München). 1913. Preis M. 1.—

Die moderne Gußputzerei mit besonderer Berücksichtigung des Sandstrahlgebläses. Von Gießereiing. **R. Schmidt** (München). 1913. Preis M. 1.—

Der basische Herdofenprozeß. Eine Studie. Von Ing.-Chemiker **Carl Dichmann.** Zweite, verbesserte Auflage. Mit 42 Textfiguren. 1920.
Preis M. 42.—; gebunden M. 50.—

Lehrgang der Härtetechnik. Von Studienrat Dipl.-Ing. **Joh. Schiefer** und Fachlehrer **E. Grün.** Zweite, vermehrte und verbesserte Auflage. Mit 192 Textfiguren. 1921. Preis M. 38.—; gebunden M. 44.—

Härte-Praxis. Von **Carl Scholz.** 1920. Preis M. 4.—

Härten und Vergüten. Von **Eugen Simon.** Erster Teil: Stahl und sein Verhalten. Mit 52 Figuren und 6 Zahlentafeln im Text. 1921. Preis M. 7.—

Härten und Vergüten. Von **Eugen Simon.** Zweiter Teil: Die Praxis der Warmbehandlung. Mit 92 Figuren und 10 Zahlentafeln im Text. 1921.
Preis M. 6.60